全国本科院校机械类创新型应用人才培养规划教材

机械原理、机械设计
学习指导与综合强化

主　编　张占国
参　编　孙丽霞　孙晓锋　王立才
　　　　杨秋晓　刘彦华　王开宝
主　审　姜生元

北京大学出版社
PEKING UNIVERSITY PRESS

内 容 简 介

本书是机械原理、机械设计课程的学习辅导书,也是高等院校工科机械原理、机械设计课程学习的辅助教材。

本书以西北工业大学机械原理及机械零件教研室编写的《机械原理》《机械设计》为主要参考,同时兼顾了几种目前比较常用的两门课程的教材。主要内容包括:学习要求、重点及难点、学习指导、典型例题解析、同步训练题及其参考解答、综合测试卷及其参考解答和机械设计综合课程设计题目汇编。目的是帮助读者在学习机械原理和机械设计两门课程时,明确各章的基本要求,把握重点和难点所在;通过学习指导,对学生起到课程同步辅导的作用;通过典型例题解析、同步训练题和综合测试卷的练习,使学生掌握解题思路和分析问题、解决问题的方法,以加深理解、巩固课程内容。课程设计题目适用于机械原理和机械设计课程设计整合后的综合课程设计,也可用于独立安排的机械原理或机械设计课程设计教学。

本书可作为高等院校机械类及近机械类各专业的教材,也可供相关专业师生参考使用。

图书在版编目(CIP)数据

机械原理、机械设计学习指导与综合强化/张占国主编. —北京:北京大学出版社,2014.1
(全国本科院校机械类创新型应用人才培养规划教材)
ISBN 978 - 7 - 301 - 23195 - 1

Ⅰ. ①机… Ⅱ. ①张… Ⅲ. ①机构学—高等学校—教学参考资料②机械设计—高等学校—教学参考资料 Ⅳ. ①TH111②TH122

中国版本图书馆 CIP 数据核字(2013)第 215134 号

书　　　　名:	机械原理、机械设计学习指导与综合强化
著作责任者:	张占国　主编
策 划 编 辑:	童君鑫
责 任 编 辑:	黄红珍
标 准 书 号:	ISBN 978 - 7 - 301 - 23195 - 1/TH · 0369
出 版 发 行:	北京大学出版社
地　　　　址:	北京市海淀区成府路 205 号　　100871
网　　　　址:	http://www.pup.cn　新浪官方微博:@北京大学出版社
电 子 信 箱:	pup_6@163.com
电　　　　话:	邮购部 62752015　发行部 62750672　编辑部 62750667　出版部 62754962
印　　刷　　者:	北京富生印刷厂
经　销　者:	新华书店
	787 毫米×1092 毫米　　16 开本　　31.75 印张　　743 千字
	2014 年 1 月第 1 版　　2014 年 1 月第 1 次印刷
定　　　　价:	63.00 元

前　　言

　　机械原理和机械设计是高等工科学校机械类专业本科学生必修的机械基础系列课程中的两门主干技术基础课，在培养学生的机械产品设计和创新能力方面占有不可替代的重要地位。机械原理课程不同于理论课，也不同于专业课，其具有一定的理论系统性、逻辑性和较强的工程实践性。在学习本课程时，应注意建立基本概念，理解基本原理，掌握基本方法。机械设计是一门关于机械装置实体设计的课程，涉及零件材料及热处理方式的选择、受力及工作能力的分析计算和结构设计等内容，同时要考虑零件的工艺性、标准化、经济性、环境保护等要求。课程具有涉及面广、实践性强、无重点又都是重点、设计问题无统一答案等特点。其研究对象和性质上的特点，决定了内容本身的繁杂性，主要体现在"关系多、门类多、要求多、公式多、图形多、表格多"。学习时，应注意找出各零件的共性，明确相应的设计规律，使"六多"为我所用，应把主要精力放在零件的选材、工况和失效形式分析、设计准则的确定、受力及工作能力计算和结构设计上来，而对公式的推导、曲线的来历、经验数据的取得等只作一般的了解。

　　随着课程改革的不断深入，机械原理和机械设计课程内容在不断更新和增加，教学学时在相对减少，但教学目标没有降低，反而有所提高（主要体现在实践能力和创新能力培养方面）。学时与内容形成了突出矛盾。如何提高学生学习的自主性和能动性，使学生在较短时间内既能掌握主要内容，又有一定的基本技能训练，培养和提高学生的工程实践和创新设计能力，成了教学改革的重要课题。由于学时和讲授内容的限制，课堂上无法安排较多的习题课进行教学重点和难点内容的强化，这就需要学生利用较多的课外时间对课程进行复习和巩固。

　　在本书的帮助下，学生可根据各章的学习要求、重点及难点形成课程的知识脉络，把握知识的主要内容；学习指导起到课程同步辅导的作用；典型例题知识点明确，具有代表性和示范性，可以使学生掌握解题思路和分析问题、解决问题的方法，并有利于学生作业的规范化；同步训练题和综合测试卷知识点突出、目的性强、综合性强、题型多、题量适中，通过课程同步练习，可使学生基础扎实，启发学生的思维，锻炼学生独立思考能力，提高学生构思与表达能力、设计与创新能力、分析与综合能力。所编制的机械设计综合课程设计题目强调机械设计中总体设计能力的培养，整合机械原理课程设计和机械设计课程设计内容，建立了较完善的机械设计综合课程设计体系，适应机械设计系列课程综合设计实践的教学要求，注重培养学生发现问题、分析问题和解决问题的综合创新能力。

　　参加本书编写的有：北华大学的张占国（第 8、9、10、14、15、19、22 章和机械原理综合测试卷、机械设计综合测试卷、机械设计综合课程设计题目汇编）、孙丽霞（第 18、20、21 章）、王立才（第 13、16、17、24 章）、杨秋晓（第 11、12 章）、刘彦华（第 6、7章）、王开宝（第 4、5 章）和吉林化工学院的孙晓锋（第 1、2、3、23 章），全书由张占国担任主编。

　　本书承哈尔滨工业大学姜生元教授审阅，并提出了许多宝贵意见，在此编者表示衷心的感谢。本书在编写过程中，参考了书后所列的参考文献，在这里我们向各参考文献的作者表示衷心的感谢。

由于编者水平有限，疏漏和欠妥之处在所难免，欢迎广大同仁和读者批评指正。

编　者
2013 年 9 月

目　　录

第一部分

机械原理学习指导与同步训练题

第**1**章
绪　　论

1.1　学习要求、重点及难点

1. 学习要求

（1）明确机械原理和机械设计课程的研究对象及内容。

（2）了解两门课程的性质、任务、特点和学习方法。

（3）分别从运动、功能和制造角度了解机器的组成。

（4）弄清机器和机构、构件和零件、通用零件和专用零件等概念。

2. 学习重点

机器和机构、构件和零件、通用零件和专用零件等概念。

1.2　学　习　指　导

1. 关于机械原理和机械设计两门课程

1）机械原理课程的研究对象和研究内容

（1）研究对象：常用机构。

（2）研究内容：机构的结构分析、机构的运动分析、机器动力学分析、常用机构的分析和设计、机械系统的方案设计。

2）机械原理课程的性质、任务、特点和学习方法

（1）课程性质：机械类专业的主干技术基础课。

（2）课程任务：掌握机构学和机器动力学的基本理论、基本知识和基本技能，学会各种常用机构的分析与设计方法，并初步具有按照机械的使用要求拟定机械系统方案的

能力。

（3）课程特点和学习方法：本课程的学习不同于理论课的学习，也不同于专业课，而具有一定的理论系统性、逻辑性和较强的工程实践性的特点。因此，在学习本课程时应注意掌握基本的概念、原理及机构分析与设计的方法。学习时，要注意以下几点：在学习知识的同时，注重应用能力的培养；在重视逻辑思维的同时，加强形象思维能力的培养；注意运用理论力学的有关知识；理论联系实际，能够做到举一反三。

3）机械设计课程的研究对象和研究内容

（1）研究对象：通用零（部）件。

（2）研究内容：机械装置的实体设计，涉及零件材料与热处理方式的选择、受力及工作能力的分析计算和结构设计等内容，同时要考虑零件的工艺性、标准化、经济性和环境保护等要求。

4）机械设计课程的性质、任务、特点和学习方法

（1）课程性质：机械类专业的设计性主干技术基础课。

（2）课程任务：树立正确的设计思想，突出创新意识和创新能力的培养；掌握通用零件的设计原理、方法和机械设计的一般规律，具有设计机械传动装置和简单机械的能力；具有运用标准、规范、手册、图册等有关技术资料的能力和应用计算机辅助设计的能力；掌握典型零件的实验方法，获得基本实验技能的训练；了解国家当前的有关技术经济政策，对机械设计的新发展有所了解。

（3）课程特点和学习方法：本课程研究对象和性质上的特点，决定了内容本身的繁杂性，主要体现在"关系多、门类多、要求多、公式多、图形多、表格多"。学习时，应注意找出各零件间的某些共性，明确相应的设计规律，使"六多"为我所用。应把主要的精力放在零件的选材、工况和失效形式分析、设计准则的确定、受力及工作能力计算和结构设计上来，而对公式的推导、曲线的来历、经验数据的取得等只作一般了解。

2. 从功能角度看机器的组成

从机器的各部分功能划分，一部完整的机器由原动机部分、传动部分、执行部分3个基本组成部分和控制部分及辅助系统（润滑、显示、照明等）组成。

（1）原动机部分：包括人力、畜力、风力、水力、电动机、内燃机等，用来接受外部能源，通过转换而自动运行，为机器提供动力输入。

（2）传动部分：包括机械传动、电力传动、流体传动等，用于将原动机的运动形式、运动及动力参数进行变换，变为执行部分所需的运动形式、运动和动力参数。

（3）执行部分：具体实施做功的工作装置，它用来完成机器预定的功能。

（4）控制部分：实现启动、停车、安全保护等功能，使机器各部分协调动作。

3. 机器和机构、构件和零件、通用零件和专用零件等概念

（1）机器：根据某种使用要求而设计的执行机械运动的装置，可用来变换或传递能量、物料和信息。机器是由机构组成的。如：原动机——电动机、内燃机等；工作机——发电机、起重机、金属切削机床、录音机等。

（2）机构：用来传递与变换运动和力的可动装置。如：连杆机构、凸轮机构、齿轮机构、间歇运动机构、螺旋机构等。

（3）构件：组成机械（机器或机构）的基本运动单元。构件可以是单一零件，也可以是

几个零件的刚性连接。如：内燃机连杆机构中的气缸、活塞、连杆、曲轴。

（4）零件：组成机械(机器或机构)的基本制造单元。如：连杆上的连杆体、连杆盖、轴瓦、螺栓、螺母。

（5）部件：为完成同一使命而协同工作的许多零件的组合。如：滚动轴承、联轴器等。

（6）通用零(部)件：各种机器中普遍使用的零(部)件。如：连接件——螺栓、螺母、垫圈、键、花键、销等；传动件——V 带、V 带轮、链条、链轮、齿轮、蜗杆、蜗轮、摩擦轮等；轴系零部件——轴、滑动轴承、滚动轴承、联轴器、离合器等；其他零件——弹簧、机架、箱体等。

（7）专用零(部)件：只在一定类型机器中使用的零(部)件。如：活塞、曲轴、水轮机叶片、飞机螺旋桨、犁铧、枪栓等。

1.3　同步训练题

1.3.1　判断题

1. 机器和机构都是人为的产物，有确定的运动，并可实现能量的转化。　　　（　　）
2. 机器的传动部分都是机构。　　　（　　）
3. 机构都是可动的。　　　（　　）
4. 从运动方面讲，机构是具有确定相对运动的构件的组合。　　　（　　）

1.3.2　简答题

1. 机器与机构有哪些区别和联系？
2. 机器具有哪些特征？机器的 3 个基本组成部分是什么？各部分的功能是什么？
3. 构件与零件有什么区别？

第2章
机构的结构分析

2.1 学习要求、重点及难点

1. 学习要求

(1) 理解构件、运动副、自由度、约束、运动链和机构等重要概念。
(2) 能绘制平面机构的运动简图。
(3) 能正确计算平面机构的自由度，并能正确判断其是否具有确定的运动。
(4) 了解平面机构的组成原理、结构分类。
(5) 掌握平面机构结构分析的方法。

2. 学习重点

(1) 构件、运动副、运动链和机构等概念。
(2) 平面机构运动简图的绘制。
(3) 平面机构自由度的计算及其运动确定性的判断。

3. 学习难点

机构中虚约束的识别和处理。

2.2 学 习 指 导

1. 本章中的一些重要概念

学习时，要把构件、运动副、运动链、机构、机构运动简图、机构的自由度、机构具有确定运动的条件、复合铰链、局部自由度、虚约束、基本杆组和平面机构的组成原理等基本概念搞清楚。应做到正确理解和准确解释，并能对机构做出正确的分析和判断。要注意结合教具、模型、实物的观察和分析来加深对这些概念的理解和掌握，不要死记硬背。

（1）构件：组成机构的基本运动单元。构件是组成机构的基本要素之一。机架（固定件）——支承活动构件的构件；原动件——运动规律已知的活动构件；从动件——随原动件的运动而运动的构件，其中输出机构中实现预期运动规律的从动件为输出构件。

（2）运动副：两构件之间直接接触而又能产生一定相对运动的可动连接。运动副是组成机构的另一基本要素。

（3）运动链：若干个构件通过运动副连接而构成的可相对运动的系统。

（4）机构：如果将运动链中的某一个构件固定作为机架（参考系），并有一个或几个构件为原动件（给定运动规律），使其余各构件（从动件）具有确定的相对运动，则该运动链就成为机构。

$$零件 \xrightarrow[\text{或静连接}]{\text{单一零件}} 构件 \xrightarrow[\text{（动连接）}]{\text{运动副}} 运动链 \xrightarrow[\text{和机架}]{\text{原动件}} 机构 \xrightarrow[\text{辅助系统}]{\text{控制系统}} 机器。$$

（5）机构运动简图：用简单的线条和规定的符号代表构件和运动副，并按比例绘制出各运动副位置，表示机构的组成和运动传递情况。这种方法所绘制出的能够表达机构运动特性的简明图形就称为机构运动简图。

（6）约束：两构件间的运动副对构件间的某些相对运动所起的限制作用称为约束。一个运动副应至少要引入 1 个约束，也至少要保留 1 个自由度。

（7）机构自由度：机构具有确定运动时所必须给定的独立运动参数的数目。

（8）复合铰链：两个以上构件在同一处构成的重合的转动副称为复合铰链。

（9）局部自由度：对整个机构运动无关的自由度称为局部自由度。

（10）虚约束：机构中某些运动副或某些运动副与构件的组合所形成的约束与其他约束重复，而不单独起限制作用的约束称为虚约束。

（11）基本杆组：最简单的、不可再分的、自由度为零的构件组称为基本杆组，简称杆组。

（12）平面机构的组成原理：任何机构都可以看作是由若干个基本杆组依次连接于原动件和机架上所组成的。

2. 机构运动简图的绘制

机构运动简图与原机构具有完全相同的运动特性，可以利用运动简图对现有机构进行结构分析、运动分析和力分析。设计新机械也首先要设计机械的机构运动简图，所以对机构运动简图的绘制必须十分重视，能正确阅读和绘制机构运动简图是工程技术人员必备的基本技能。绘制机构运动简图的步骤如下。

（1）分析机构的构造和运动传递情况，确定机构中的机架、原动件、传动部分和执行构件。

（2）沿着运动传递的路线细心观察，确定构件数量、两构件间通过何种运动副连接、运动副所在的相对位置。

（3）恰当地选择投影面，一般选择与机构的多数构件的运动平面相平行的平面作为投影面。

（4）选取适当的比例尺，根据机构的运动尺寸定出各运动副之间的相对位置（转动副的中心、移动副的导路方位及高副的接触点等），画出相应的运动副符号，用简单的线条或几何图形将各运动副连接起来，最后标出构件的数字代号、运动副的字母代号、原动件的运动方向箭头。

3．平面机构自由度的计算

机构自由度的计算是分析现有机械或设计新机械时，确定所绘机构运动简图的结构正确性及运动确定性的必要前提。因此，要重点掌握平面机构自由度的计算方法。平面机构自由度的计算可根据不同情况采用不同的方法。

1）不含局部自由度和虚约束的简单机构

(1) 确定机构中的活动构件数 n、低副数 p_l 和高副数 p_h。

(2) 代入平面机构自由度计算公式 $F = 3n - (2p_l + p_h)$ 进行计算。

2）含有局部自由度和（或）虚约束的机构

(1) 预先去除局部自由度和虚约束，变成不含局部自由度和虚约束的简单机构，然后按照上述步骤进行计算。

(2) 不预先去除局部自由度和虚约束，其计算步骤如下：① 确定机构中活动构件数 n、低副数 p_l、高副数 p_h、局部自由度数 F' 和虚约束数 p'（$p' = 2p_l' + p_h' - 3n'$，n'、p_l' 和 p_h' 分别为虚约束结构中的构件数、低副数和高副数）；② 代入含有局部自由度和虚约束的机构自由度计算公式 $F = 3n - (2p_l + p_h) - F' + p'$ 进行计算。

4．平面机构运动确定性的判断

(1) 若 $F \leqslant 0$，则机构不能动。

(2) 若 $F > 0$，而原动件数 $<F$，则构件间的相对运动不确定。

(3) 若 $F > 0$，而原动件数 $>F$，则机构不能运动或产生破坏。

(4) 若 $F > 0$，且原动件数 $=F$，则机构具有确定的运动。这就是机构具有确定运动的条件。

5．计算平面机构自由度时应注意的事项

1）复合铰链

由 m 个构件汇集而成的复合铰链包含 $m-1$ 个转动副，如图 2-1 所示。

2）局部自由度的识别与处理

为了减少尖顶推杆与凸轮之间的摩擦、磨损，改用滚子推杆。滚子连同其上的转动副产生局部自由度（$F' = 1$），如图 2-2 左图所示。

在计算机构自由度时，可将产生局部自由度的构件及与其相连接的运动副去除，如图 2-2 右图所示。

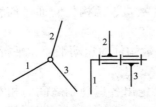

图 2-1　复合铰链

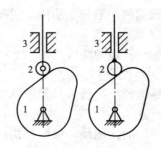

图 2-2　局部自由度

3）虚约束的识别与处理

虚约束的存在对机构的运动没有影响，但引入虚约束后可以改善机构的受力情况，可以增加构件的刚度，因此在机构的结构中得到较多使用。机构中的虚约束都是在一些特定的几何条件下出现的，如果这些条件不满足，则原认为是虚约束的约束就将成为实际有效的约束，使机构的自由度减少，而影响到机构的运动。虚约束经常出现的情况及去除方法如下。

（1）两构件通过多个移动副连接，且其导路互相重合或平行时，则只有1个移动副起约束作用，其余的移动副都是虚约束，如图2-3所示。两构件通过多个转动副连接，且轴线互相重合时，则只有1个转动副起约束作用，其余的转动副都是虚约束，如图2-4所示。上述两种情况中，设置虚约束的目的是为了增加构件的支承刚度。计算机构自由度时，可将"多余"的移动副或转动副（图中移动副D'、转动副A'）去除或不计入低副个数。

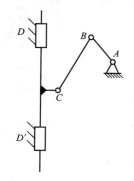

图 2-3　两构件在多处组成移动副

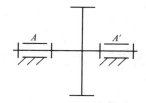

图 2-4　两构件在多处组成转动副

（2）两构件在多处接触而构成平面高副，且各接触点处的公法线彼此重合，则只能算作1个高副，如图2-5(a)所示。

（3）两构件在多处接触而构成平面高副，且各接触点处公法线彼此相交或平行，则应算作2个高副，即相当于1个转动副（图2-5(b)）或1个移动副（图2-5(c)）。

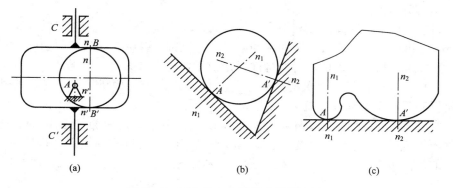

图 2-5　两构件在多处组成平面高副

（4）如果用转动副连接的是两构件上运动轨迹相重合的点，则该连接引入1个虚约束，如图2-6所示。设置这种虚约束的目的是使机构能顺利通过运动不确定的瞬时位置（死点）。计算机构自由度时，可将产生虚约束的"多余"的运动副及连接的构件（图中转动副C及构件3）去除。

（5）在机构运动过程中，如果两构件上某两点之间的距离始终保持不变，这两点之间如用双转动副构件连接，则该构件及其上的两个转动副将引入 1 个虚约束，如图 2-7 所示。设置这种虚约束的目的是使机构能顺利通过运动不确定的瞬时位置（死点）。计算机构自由度时，可将产生虚约束的"多余"的构件及其上的 2 个转动副（图中杆 5 及转动副 E、F）去除。

（6）某些不影响机构运动的对称或重复部分所引入的约束为虚约束，如图 2-8 所示。设置这种虚约束的目的是改善机构的受力情况。计算机构自由度时，可将产生虚约束的对称或重复部分（图中构件 $2'$ 和 $2''$ 及其上的转动副）去除。

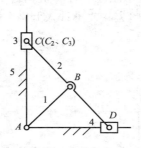

图 2-6　点的轨迹相
　　　　重合的虚约束

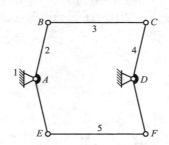

图 2-7　点之间的距离始终保持
　　　　不变的虚约束

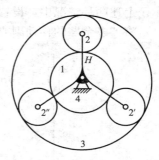

图 2-8　对称机构的虚约束

6．平面机构的组成原理和结构分析

根据平面机构的组成原理知，任何平面机构都是由机架、原动件和若干个基本杆组组成的。因此，在对现有机构进行运动分析或力分析时，可就原动件和基本杆组进行，对于相同的基本杆组可采用相同的方法（可编成子程序调用），由于基本杆组的类型不多，这就给运动分析和力分析提供了很大的方便。机构结构分析就是将机构分解为原动件、机架和若干个基本杆组，进而了解机构的组成，并确定机构的级别。

机构结构分析的步骤如下。

（1）如果机构中含有高副，利用高副低代的办法将原机构变为只含有低副的机构。

（2）除去机构中的局部自由度和虚约束，计算机构的自由度并确定原动件。

（3）拆杆组。从离原动件最远的构件开始试拆，先拆Ⅱ级杆组，若不成，再拆Ⅲ级杆组……。每拆出一个杆组后，机构的剩余部分仍应是一个与原机构具有相同自由度的机构，直至拆到只剩下原动件和机架为止。

（4）确定机构的级别。基本杆组的级别是以该杆组中所构成的封闭图形（由一个或若干个构件所构成的）中所包含的最多运动副数来确定的。而机构的级别则是按组成机构的基本杆组的最高级别来确定的。一般来说，机构的级别越高，其运动分析和力分析的难度也就越大。

2.3　典型例题解析

例 2-1　绘制图 2-9(a)、(b)所示二液压泵的机构运动简图，并从机构的运动情况分析它们属于何种机构？计算其自由度。

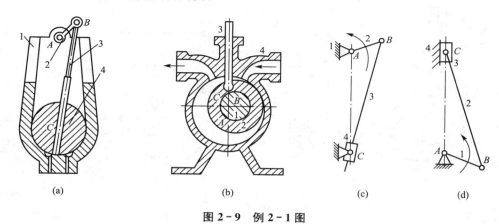

图 2-9　例 2-1 图

解：（1）绘制机构运动简图时，首先要搞清机构的组成及其运动传递情况。

（a）机构由机架 1、原动件 2 和从动件 3、4 组成。机构中构件 1 和 2、2 和 3、1 和 4 之间的相对运动为转动，即两构件用转动副连接，转动副中心分别位于 A、B、C 点。构件 3、4 之间的相对运动为移动，即两构件间形成移动副，移动副导路方向与构件 3 的中心线平行。

（b）机构中的偏心轮 1 绕固定轴心 A 转动；构件 2 套在偏心轮 1 上，可相对转动，其相对转动中心为偏心轮的几何中心 B；构件 2 与隔离板 3 在 C 点铰接，可绕 C 点相对摆动；隔离板 3 只能在泵体 4（即机架）的竖槽内上下移动。油泵工作时，由于偏心轮的偏距 AB 与构件 2 的外半径之和始终等于泵体油腔部分的内半径，故构件 2 与泵体 4 构成虚约束。

根据上述分析，选择与各构件运动平面平行的平面作为绘制机构运动简图的投影平面，再选定一适当比例尺，并依次定出各转动副的位置和移动副导路的方位，画出各运动副的符号并用简单的线条连接，标明机架、原动件及原动件的转动方向，即可得到二液压泵的机构运动简图，如图 2-9(c)、(d) 所示。

（2）根据二液压泵的机构运动简图及运动情况可知它们均为平面四杆机构，其中图 2-9(a) 为曲柄摇块机构，图 2-9(b) 为曲柄滑块机构。

（3）由机构运动简图可知，两个机构均具有 3 个活动构件、3 个转动副（A、B、C）和 1 个移动副，没有高副，也没有局部自由度和虚约束，故两个机构的自由度均为：$F=3n-(2p_1+p_h)=3\times3-(2\times4+0)=1$。

例 2-2　试计算图 2-10(a) 所示凸轮-连杆组合机构的自由度。

解： 该机构 B、C 两处存在局部自由度，移动副 E、E' 之一及 F、F' 之一为虚约束。

解法一： 预先去除局部自由度和虚约束。$n=5$、$p_1=6$、$p_h=2$。

该机构的自由度为：$F=3n-(2p_1+p_h)=3\times5-(2\times6+2)=1$。

解法二： 不预先去除局部自由度和虚约束。

$n=7$、$p_1=10$、$p_h=2$、$F'=2$、$p'=2p_1'+p_h'-3n'=2\times2+0-3\times0=4$。

该机构的自由度为：$F=3n-(2p_1+p_h)-F'+p'=3\times7-(2\times10+2)-2+4=1$。

在 (a) 机构中，D 处铰接的两滑块分别以移动副与两个推杆连接，由 D 点作轨迹输出。

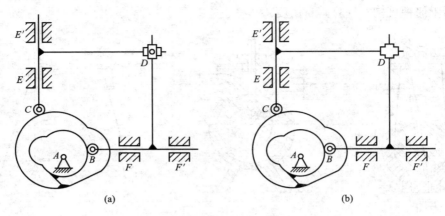

图 2-10　例 2-2 图

如果将 D 处结构改为图(b)所示的十字滑块的形式。此时在该处带入 1 个虚约束，因为滑块中的两个移动副均要限制滑块在图纸平面的转动，故其中一个应为虚约束。

经分析可知：$n=6$、$p_1=9$、$p_h=2$、$F'=2$、$p'=5$。

该机构的自由度为：$F=3n-(2p_1+p_h)-F'+p'=3\times 6-(2\times 9+2)-2+5=1$。

上述两种结构的机构虽然自由度均为 1，但在性能上却各有千秋。前者的结构较复杂，但在 D 处没有虚约束，在运动中不易产生卡涩现象；后者则相反，由于 D 处有一个虚约束，假如不能保证在运动过程中两推杆始终垂直，在运动中就会出现卡涩甚至卡死现象，故其对制造精度要求较高。

例 2-3　已知机构的尺寸和位置如图 2-11(a)所示。试：(1)计算机构的自由度，若存在复合铰链、局部自由度和虚约束请明确指出；(2)画出高副低代的机构运动简图；(3)对机构进行结构分析，并确定机构的级别。

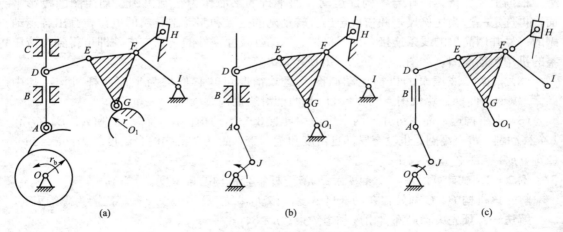

图 2-11　例 2-3 图

解：(1)计算机构的自由度。

该机构 F 处存在复合铰链，A、G 两处存在局部自由度，移动副 B、C 之一为虚约束。

解法一：预先去除局部自由度和虚约束。$n=7$、$p_1=9$、$p_h=2$。

该机构的自由度为：$F=3n-(2p_1+p_h)=3\times 7-(2\times 9+2)=1$。

解法二： 不预先去除局部自由度和虚约束。

$n=9$、$p_1=12$、$p_h=2$、$F'=2$、$p'=2p_1'+p_h'-3n'=2\times 1+0-3\times 0=2$。

该机构的自由度为：$F=3n-(2p_1+p_h)-F'+p'=3\times 9-(2\times 12+2)-2+2=1$。

（2）高副低代的机构运动简图如图 2-11（b）所示。

（3）拆分杆组并确定机构的级别。

图 2-11（b）所示的全低副机构已无局部自由度和虚约束，故可就其对机构进行结构分析。

从远离原动件处开始拆分基本杆组。先拆出Ⅱ级杆组，接下来拆出一个Ⅲ级杆组和一个Ⅱ级杆组，最后剩下原动件和机架，如图 2-11（c）所示。

因杆组的最高级别为Ⅲ级，故该机构为为Ⅲ级机构。

2.4 同步训练题

2.4.1 填空题

1. 组成机构的基本要素有_____和_____；构件是机构中_____的单元体。

2. 运动副是指两构件之间既保持_____，又能产生一定形式相对运动的_____。

3. 两构件之间通过点或线接触所组成的平面运动副称为_____，它使构件引入_____个约束，保留_____个自由度。

4. 在机构中，相对静止的构件称为_____；按给定的运动规律独立运动的构件称为_____。机构具有确定运动时，所必须给定的独立运动参数的数目称为_____。

5. 机构是由机架、原动件、从动件和_____组成的。

6. 计算机构自由度的目的是_____。

7. 机构具有确定运动的条件是_____；若机构自由度 $F>0$，而原动件数$<F$，则构件间的运动是_____；若机构自由度 $F>0$，而原动件数$>F$，则机构_____。

8. 构件通过运动副连接后，独立运动受到限制，这种限制称为_____；机构中不影响原动件和输出构件运动传递关系的个别构件的局部运动的自由度，则称为_____；在机构中不产生实际约束效果的重复约束称为_____。

9. 根据机构的组成原理，任何机构都可以看作是由若干个_____依次连接到原动件和_____上所组成的。

10. 拆分机构的杆组时，应先按_____级杆组级别考虑。机构的级别按杆组中的_____级别确定。

2.4.2 判断题

1. 两构件通过面接触构成的运动副是低副。 （   ）

2. 转动副和移动副都是平面低副。 （   ）

3. 在绘制机构运动简图时，不仅要考虑构件的数目，而且要考虑构件的构造。

（   ）

4. 在机构中，构件自由度的减少数等于其受到的约束数。 （　　）

5. 具有 2 个自由度的运动副称为Ⅱ级副。 （　　）

6. 平面高副连接的两个构件只能作相对滑动。 （　　）

7. 在平面机构中，一个低副引入一个约束。 （　　）

8. 机构可能会有自由度 $F \leqslant 0$ 的情况。 （　　）

9. 只有自由度为 1 的机构才具有确定的运动。 （　　）

10. 构件都是可动的。 （　　）

2.4.3　选择题

1. 按引入约束数进行运动副分类，转动副属于____副。

　　A. Ⅱ级　　　　　B. Ⅲ级　　　　　C. Ⅳ级　　　　　D. Ⅴ级

2. 两构件以螺旋副相连接后，每个构件被约束掉的自由度有____个。

　　A. 2　　　　　　B. 3　　　　　　C. 4　　　　　　D. 5

3. 一个平面机构共有 5 个构件，含有 5 个低副、1 个高副，则该机构的自由度是____。

　　A. 1　　　　　　B. 2　　　　　　C. 3

4. 将某个自由度为 0 的机构方案修改成能在 1 个原动件的情况下具有确定的运动，可在原机构的适当位置处____。

　　A. 增加 1 个构件及 1 个低副　　　　B. 增加 1 个构件及 2 个低副

　　C. 去掉 1 个构件及 1 个低副

5. 两个平面机构的自由度都等于 1，现用一个带有两个铰链的运动构件将它们串成一个平面机构，则其自由度等于____。

　　A. 0　　　　　　B. 1　　　　　　C. 2

6. 在具有确定运动的差动轮系中，其原动件数目____。

　　A. 至少应有 2 个　　　　　　　　　B. 最多有 2 个

　　C. 只有 2 个　　　　　　　　　　　D. 不受限制

7. 图 2-12 所示机构要有确定的运动，需要有____原动件。

　　A. 1 个　　　　　B. 2 个　　　　　C. 3 个　　　　　D. 4 个

8. 图 2-13 所示机构的虚约束个数为____。

　　A. 1 个　　　　　B. 2 个　　　　　C. 3 个　　　　　D. 没有

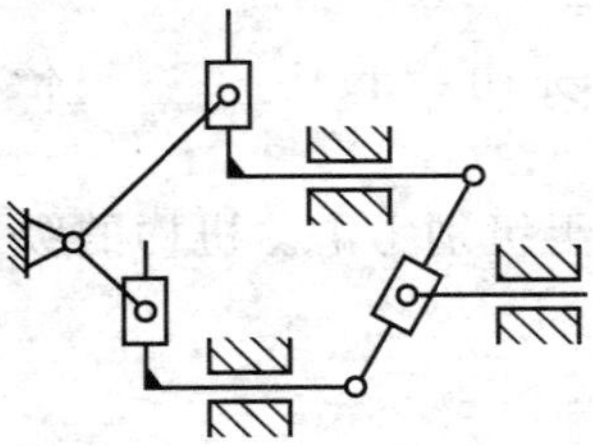

图 2-12　题 2.4.3-7 图 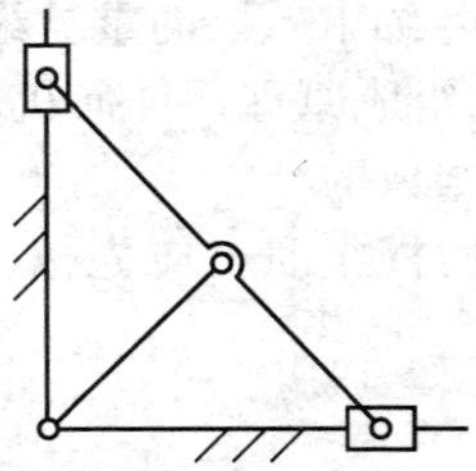　　　　　　　图 2-13　题 2.4.3-8 图

9. 基本杆组是自由度等于____的运动链。

　　A. 0　　　　　　B. 1　　　　　　C. 原动件数

10. 常见的Ⅱ级基本杆组由 2 个构件及____个低副组成。

A. 2   B. 3   C. 4   D. 5

11. 在图示的 4 个图中，图＿＿＿是Ⅲ级杆组，其余都是Ⅱ级杆组的组合。

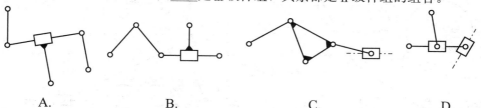

A.   B.   C.   D.

12. 某机构为Ⅲ级机构，那么该机构应满足的充分必要条件是＿＿＿。

    A. 含有一个原动件   B. 至少含有一个基本杆组

    C. 至少含有一个Ⅱ级杆组   D. 至少含有一个最高级别为Ⅲ级的杆组

2.4.4　分析与计算题

1. 绘制图 2-14 所示两个机构的运动简图，并计算它们的自由度。

2. 图 2-15 所示为一具有急回运动的冲床。图中绕固定轴心 A 转动的菱形盘 1 为原动件，滑块 2 在 B 点铰接，通过滑块 2 推动拨叉 3 绕固定轴心 C 转动，而拨叉 3 与圆盘 4 为同一构件，当圆盘 4 转动时，通过连杆 5 使冲头 6 实现冲压运动。试绘制其机构运动简图，并判断该机构是否具有确定的相对运动。

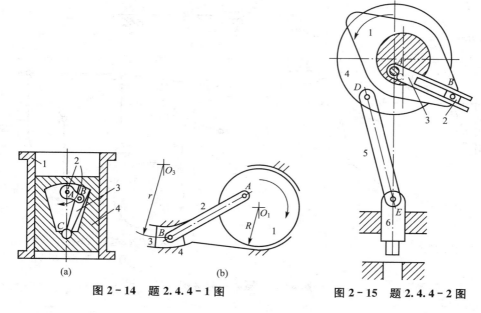

图 2-14　题 2.4.4-1 图   图 2-15　题 2.4.4-2 图

3. 计算图 2-16 所示机构的自由度，若含复合铰链、局部自由度、虚约束，请指出。

4. 计算图 2-17 所示机构的自由度，并确定杆组及机构的级别（图(a)所示机构分别以构件 2、4、8 为原动件）。

5. 对于图 2-18 所示两个机构，标有运动方向箭头的构件为原动件。（1）求机构的自由度；（2）直接在原机构图上将其中的高副化为低副；（3）画出机构所含各杆组，并确定杆组的级别和机构的级别。

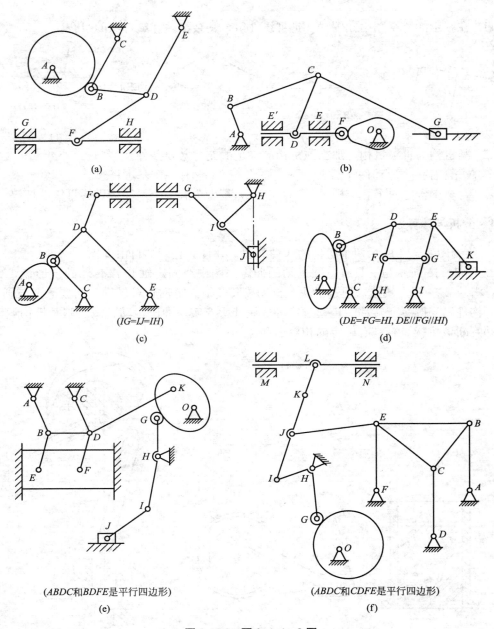

(a)

(b)

(IG=IJ=IH)

(c)

(DE=FG=HI, DE//FG//HI)

(d)

(ABDC和BDFE是平行四边形)

(e)

(ABDC和CDFE是平行四边形)

(f)

图 2-16 题 2.4.4-3图

2.4.5 分析与设计题

1. 图 2-19 所示为一简易冲床的初拟设计方案。设计者的思路是：动力由齿轮 1 输入，使轴 A 连续回转；而固装在轴 A 上的凸轮 2 与推杆 3 组成的凸轮机构，将使冲头 4 上下运动以达到冲压的目的。试绘制出机构运动简图，分析其是否能实现设计意图，如不能请提出修改方案。

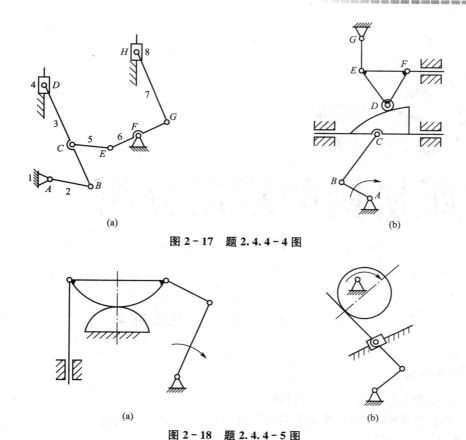

图 2 - 17　题 2.4.4 - 4 图

图 2 - 18　题 2.4.4 - 5 图

2. 试分析图 2 - 20 所示运动链能否具有确定运动并实现设计者意图。如不能，应如何修改？画出修改后的机构运动简图。（改进方案应保持原设计意图，原动件与输出构件的相对位置不变，固定铰链位置和导路位置不变。）

3. 图 2 - 21 所示为牛头刨床设计方案草图。设计思路为：动力由曲柄 1 输入，通过滑块 2 使摆动导杆 3 作往复摆动，并带动滑枕 4 作往复移动，以达到刨削加工的目的。试问图示的构件组合是否能达到此目的？如果不能，该如何修改？

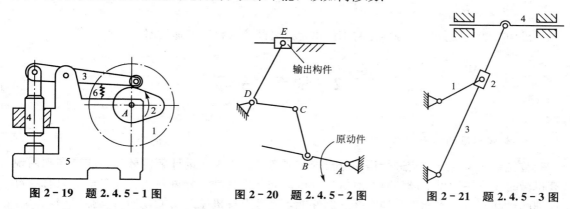

图 2 - 19　题 2.4.5 - 1 图　　　图 2 - 20　题 2.4.5 - 2 图　　　图 2 - 21　题 2.4.5 - 3 图

4. 构思出自由度分别为 1、2 和 3 的 Ⅲ 级机构的设计方案。

第3章
平面机构的运动分析

3.1 学习要求、重点及难点

1. 学习要求

（1）了解进行机构运动分析的目的。

（2）理解速度瞬心（包括绝对瞬心和相对瞬心）的概念，并能运用"三心定理"确定一般平面机构各瞬心的位置。

（3）能用瞬心法对简单的平面机构进行速度分析。

（4）能用矢量方程图解法或解析法对平面Ⅱ级机构进行运动分析。有条件的应掌握运用计算机进行机构运动分析的方法。

2. 学习重点

平面Ⅱ级机构的运动分析。

3. 学习难点

机构的加速度分析，特别是两构件重合点之间含有科氏加速度时的加速度分析。

3.2 学习指导

1. 本章学习的注意事项

首先要认识到对机构进行运动分析的重要意义。无论在设计新机械时，或是在利用现有机械时，或在做反求设计时，对机构进行运动分析都是十分重要的。许多机械只有经过详细的运动分析，才能很好地掌握它的性能，充分发挥机械的功能。如摇动筛机构，只有知道了在一个周期中摇筛的速度、加速度变化情况，才能知道它是否能达到很好的筛分效果；在反求设计中，常常只有经过运动分析后才能充分了解原设计的意图，也才可能进行创造性的改进和发展。

其次，要注意抓住运动分析的程次。对机构进行运动分析一般说是比较容易的，有固定程次可以遵循，而机构的设计，因无固定程次，一般说是比较难的，但因计算技术和计算机的发展，可以把机构的设计与机构的分析融合起来，即先选定一个适当的机构，对其进行运动分析，看是否能满足预期的运动要求，若不满足，则对原机构做适当调整，再进行运动分析，如此循环迭代，直至满足预期的设计要求为止，以做到化难为易。

2. 用速度瞬心法对平面机构作速度分析

1）速度瞬心的概念

（1）速度瞬心（简称瞬心）：作平面相对运动的两构件上瞬时绝对速度相等的点或者相对速度等于零的点。

（2）绝对瞬心：绝对速度等于零的瞬心。即两构件之一是静止的（机架）。

（3）相对瞬心：绝对速度不等于零的瞬心。即两构件都是运动的。

2）机构中瞬心位置的确定

（1）直接以运动副连接的两构件的瞬心：①当两构件组成转动副时，转动副中心即为两构件的瞬心，如图 3-1(a)所示；②当两构件组成移动副时，瞬心在垂直于导路方向上的无穷远处，如图 3-1(b)所示；③当两构件组成纯滚动的高副时，接触点相对速度为零，该接触点即为其瞬心，如图 3-1(c)所示；④当两构件在高副处既作相对滑动又作滚动时，其瞬心位于过高副接触点的公法线上，具体位置需要根据其他条件确定，如图 3-1(d)所示。

（2）不直接以运动副连接的两构件的瞬心利用三心定理来确定——3 个彼此作平面平行运动的构件的 3 个瞬心必位于同一条直线上，如图 3-1(e)所示。

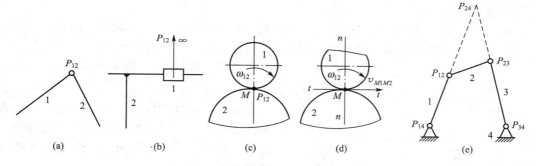

(a) (b) (c) (d) (e)

图 3-1　瞬心位置的确定

3）用速度瞬心法对机构进行速度分析

用速度瞬心法对机构进行速度分析是利用"瞬心为两构件上的瞬时绝对速度相等的重合点（等速点）"的概念，建立待求运动构件与已知运动构件的速度关系来求解的。进而可以求出两构件的角速度比、构件的角速度或构件上某点的速度。速度瞬心法比较直观、简便，也不受机构级别的限制，所求构件与已知运动构件无论相隔多少构件，都可以直接求得。

应用瞬心法对平面机构进行速度分析的关键是正确找出所需瞬心的位置，即找出待求运动构件与已知运动构件之间瞬心的位置。

构件的速度瞬心一般不是构件的加速度瞬心，所以不能应用速度瞬心法来对机构进行加速度分析。利用瞬心法对四杆机构和平面高副机构进行速度分析很方便，但是如果瞬心数目过多就太繁琐，并且瞬心法不能对机构进行加速度分析。又由于该方法是图解法，精确度较差，所以应用起来有很大的局限性。

3. 用矢量方程图解法作机构的速度分析及加速度分析

矢量方程图解法的基本原理是理论力学中的刚体平面运动和点的复合运动这两个原理。在对机构作速度及加速度图解时，必须按照如下程次进行。

(1) 选择适当的长度比例尺 μ_l，并按给定的原动件位置，准确作出机构运动简图。

(2) 确定解题思路，即确定求解的先后次序。

(3) 列出求解所需的运动分析矢量方程。矢量方程有两类，一类是同一构件上两点之间的速度及加速度关系；另一类是两构件重合点之间的速度及加速度关系。

(4) 对矢量方程中的各项逐项分析其大小和方向。最好能在矢量方程各项的下面简要标注出其大小和方向的已知(用"√"号)或未知(用"?"号)情况。若一个矢量方程中只有两个未知量，即可用作图法求解。否则就需列出补充方程式，以减少未知量个数。

(5) 选择适当的速度和加速度比例尺 μ_v 及 μ_a、速度图及加速度图极点 P 及 P'，分别按矢量方程的指引，依次作出速度图及加速度图。

(6) 所需要的解可直接从图中量取相关尺寸并计算。

4. 两构件重合点之间科氏加速度的判断与计算

1) 科氏加速度的判断

(1) 牵连构件要有转动，即 $\vec{\omega} \neq 0$。

(2) 两构件要有相对移动，即 $\vec{v}^r \neq 0$。

2) 科氏加速度的计算

(1) 大小：$\vec{a}^k = 2\vec{\omega} \times \vec{v}^r$，其中：$\vec{\omega}$——牵连构件角速度；$\vec{v}^r$——两构件相对运动速度。

(2) 方向：将相对速度沿牵连构件的角速度的方向转过 $90°$ 之后的方向。

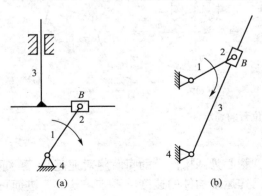

图 3-2 科氏加速度举例

举例：如图 3-2 所示机构，$a^k_{B_2B_3} = 2\omega_3 v_{B_2B_3}$。(a)机构在任何位置 $\omega_3 = 0$，所以无科氏加速度。(b)机构除 4 个特殊位置外，均有科氏加速度。无科氏加速度的 4 个特殊位置是：当构件 1、3、4 共线，即 B 点处于最高或最低位置时，此时 $v_{B_2B_3} = 0$；当构件 1 与 3 垂直，这时构件 3 处于左右两个极限位置，此时 $\omega_3 = 0$。

5. 用解析法作机构的运动分析

工程上，用于机构运动分析的解析法主要有矢量方程解析法、复数法和矩阵法。它们所采用的数学工具不同，使用的方便程度也有一定差别。对于Ⅱ级机构的运动分析，用这3种方法均可求解，也比较容易。但如果要获得所求运动参数的显式表达式，采用矢量方程解析法和复数法显得更为方便。其中矢量方程解析法的概念较为直观、清晰，容易判断正误，但求解过程较为繁琐，故一般多用于对新机构的分析；相比之下用复数法求解较为简单，其多用于对现有机构的分析。如果只需获得所求运动参数的结果，采用矩阵法最为方便，可借助于目前普遍使用的数学工具软件（如 MATLAB）用计算机很方便地求解。当前作Ⅲ级及以上机构的运动分析时，一般求解较困难，其机构的位置参数难以直接求得，需借助于数值法求解，用矩阵法较为方便。

用解析法作机构的运动分析也有很强的程次性，要按一定的步骤求解。而其求解的关键是要正确作出机构的矢量多边形，并写出相应的位置方程式。

在用矢量方程解析法作机构的运动分析时，不需要准确作出机构运动简图，只要画出机构示意图即可。注意各杆矢的方位角均由 x 轴开始，沿逆时针方向计量。做这样的规定，在书写方程和进行运算时具有统一的格式，给运算带来很大的方便，同时也便于确定各方位角所在的象限。

用解析法作机构运动分析的步骤如下。

1）位置分析

（1）首先建立一直角坐标系，并把各构件当作杆矢量对待。

（2）根据机构具有的独立封闭环数的多少，为每一独立封闭环各建立一矢量封闭方程。

（3）从只有两个未知量的矢量封闭方程开始求解，求解时可利用适当的矢量点积的方法消去一个未知量，从而求得另一未知量。

2）速度分析

位置方程对时间进行求导。

3）加速度分析

速度方程对时间进行求导。

3.3　典型例题解析

例3-1　图3-3(a)为一凸轮-连杆组合机构，已知凸轮1的角速度 ω_1，试用瞬心法确定在图示位置时构件4角速度 ω_4 的大小和方向。

说明：应用瞬心法对平面机构进行速度分析的关键是正确找出所需瞬心的位置。速度瞬心的数目 $K=C_N^2=\dfrac{N(N-1)}{2}$（$N$ 为机构中构件的个数）。可见当 $N>4$ 时，确定未通过运动副直接相连的两构件的瞬心是比较麻烦的，为了便于应用三心定理确定机构中各瞬心的位置，可借助于瞬心多边形的帮助。在瞬心多边形中，用各顶点的数字代表机构中各相应构件的编号（按顺序），各顶点间的连线代表相应两构件的瞬心，已知瞬心位置的连线用实线表示，尚未求出其位置的瞬心用虚线表示。由三心定理可知，在瞬心多边形中任一三角形的3个边所代表的3个瞬心应位于同一条直线上，据此就不难求得未知瞬心所在的位置。

解：为了确定构件4角速度的大小和方向，首先需要求出绝对瞬心 P_{45} 及相对瞬心 P_{14}

的位置。如图 3 - 3(b)所示，该机构中速度瞬心 P_{12}、P_{15}、P_{23}、P_{34}、P_{35} 的位置可直接确定，其他所需瞬心借助于瞬心多边形(图 3 - 3(c))，应用三心定理确定。

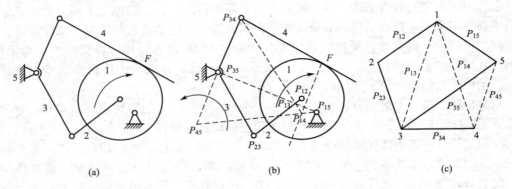

图 3 - 3 例 3 - 1 图

构件 1 和 4 在 F 点高副接触，两构件所作的相对运动既有滚动又有滑动，其速度瞬心 P_{14} 在通过 F 点的公法线上，具体位置可利用三心定理(△134)来确定。速度瞬心 P_{13} 的位置在 P_{12}、P_{23} 的连线(△123)及 P_{15}、P_{35} 连线(△135)的交点处。速度瞬心 P_{45} 的位置在 P_{15}、P_{14} 的连线(△145)及 P_{34}、P_{35} 连线(△345)的交点处。

由于瞬心 P_{45} 是构件 4 的绝对瞬心，P_{14} 是构件 1 与 4 的等速重合点，所以有：

$$v_{P_{14}}=\omega_4\overline{P_{45}P_{14}}=\omega_1\overline{P_{15}P_{14}}, \quad \omega_4=\omega_1\frac{\overline{P_{15}P_{14}}}{\overline{P_{45}P_{14}}}$$

在此瞬时，$v_{P_{14}}$ 的方向为垂直于 $P_{15}P_{14}$ 向上，所以 ω_4 沿逆时针方向，如图 3 - 3(b)所示。

3.4 同步训练题

3.4.1 填空题

1. 速度瞬心是指互作平面相对运动的两构件上_____的重合点或_____的重合点。

2. 绝对瞬心与相对瞬心的相同点是_____，不同点是_____。

3. 3 个彼此作平面相对运动的构件共有_____瞬心，这几个瞬心必定位于_____。含有 6 个构件的平面机构，其瞬心共有_____个，其中有_____个绝对瞬心，有_____个相对瞬心。

4. 当两构件组成转动副时，其瞬心在_____；组成移动副时，其瞬心在_____；组成纯相对滚动的平面高副时，其瞬心在_____；组成兼有相对滑动和滚动的平面高副时，其瞬心在_____。当确定机构中未通过运动副直接连接的两构件的瞬心时，可应用_____。

5. 当两构件的相对运动为_____动，牵连运动为_____动时，两构件的重合点之间有科氏加速度；科氏加速度的大小为_____，方向与_____的方向一致。

3.4.2 分析与计算题

1. 在图 3 - 4 所示凸轮机构中，已知 $r=50\text{mm}$，$l_{OA}=22\text{mm}$，$l_{AC}=80\text{mm}$，$\varphi_1=90°$，凸轮 1 以角速度 $\omega_1=10\text{rad/s}$ 逆时针方向转动。试用瞬心法求从动件 2 的角速度 ω_2。

2. 在图 3 - 5 所示的平面六杆机构中，已知构件 2 的角速度 ω_2，求滑块 6 的速度 v_6。

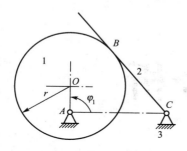

图 3 - 4 题 3.4.2 - 1 图

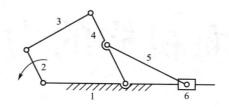

图 3 - 5 题 3.4.2 - 2 图

3. 在图 3 - 6 所示的四杆机构中，$AB=30\text{mm}$，$BC=40\text{mm}$，$CD=50\text{mm}$，$AD=60\text{mm}$，输入角 $\alpha=60°$，△ABE 是正三角形。试找出此瞬时在连杆 2 和摇杆 3 上与连架杆 1 上 E 点速度相同的点 E_2 和 E_3。（要求写出求解步骤。）

4. 图 3 - 7 为一个铰链四杆机构及其速度矢量多边形和加速度矢量多边形。作图的比例尺分别为：$\mu_1=10\ \dfrac{\text{mm}}{\text{mm}}$，$\mu_v=10\ \dfrac{\text{mm/s}}{\text{mm}}$，$\mu_a=20\ \dfrac{\text{mm/s}^2}{\text{mm}}$。（1）按所给出的两个矢量多边形，分别列出与其相对应的速度和加速度矢量方程；（2）根据加速度多边形，求出点 C 的加速度 a_C 的大小（已知 $\overline{\pi c}=26\text{mm}$）；（3）已知：在速度多边形中 $\overline{bc}=15.5\text{mm}$，在加速度多边形中 $\overline{n_3 c}=20.5\text{mm}$，在铰链四杆机构中 $\overline{BC}=35\text{mm}$，$\overline{CD}=13.5\text{mm}$，求出构件 2 的角速度 ω_2 和构件 3 的角加速度 ε_3（大小和方向）；（4）已知：在速度多边形中，取线段 bc 的中点 e，连接 pe 并画箭头，且 $\overline{pe}=24\text{mm}$；在加速度多边形中，连接 bc，取 bc 的中点 e，连接 πe 并画箭头，且 $\overline{\pi e}=22\text{mm}$。利用速度影像和加速度影像原理，求出构件 2 中点 E 的速度 v_E 和加速度 a_E 的大小。

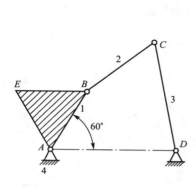

图 3 - 6 题 3.4.2 - 3 图

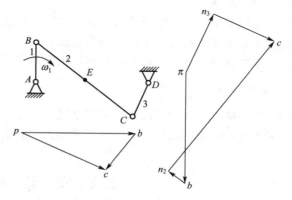

图 3 - 7 题 3.4.2 - 4 图

第**4**章
平面机构的力分析

4.1 学习要求、重点及难点

1. 学习要求

(1) 了解机构中作用的各种力的分类及机构力分析的目的和方法。

(2) 会计算机构中构件的惯性力。

(3) 搞清当量摩擦系数、摩擦圆及总反力的概念及意义，能对常见的几种运动副中摩擦力(摩擦力矩)和总反力进行分析和计算。

(4) 能对几种最常见的简单机构在考虑运动副中摩擦力的情况下进行力分析和计算。

(5) 能对平面Ⅱ级机构进行动态静力分析。

2. 学习重点

(1) 构件惯性力的计算。

(2) 几种常见运动副中摩擦力(摩擦力矩)及总反力的确定。

(3) 几种常见机构考虑摩擦时的力分析。

(4) 用图解法和解析法对平面Ⅱ级机构作动态静力分析。

3. 学习难点

(1) 转动副中总反力作用线方向的确定。

(2) 考虑运动副中摩擦力的情况下机构的力分析。

4.2 学习指导

机器动力学主要研究两类基本问题：一是分析机器在运转过程中其各构件的受力情况

以及这些力的做功情况；二是研究机器在已知外力作用下的运动情况、不平衡惯性力的平衡问题和机器速度波动的调节。

1. 关于机构的力分析

1）力分析的任务
（1）确定运动副中的反力。
（2）确定机械上的平衡力（力矩）。
2）静力分析
对于质量小、速度较低的机械，因其加速度引起的惯性力小，故常略去不计，此时只需对机械作静力分析。
3）动态静力分析
对于高速及重型机械，因其惯性力很大，故必须计及惯性力，这时需对机械作动态静力分析。即假想地将惯性力当作一般外力施加在相应构件上，并将该机构视为处于静力平衡状态，仍采用静力分析的方法进行受力分析，这种力分析称为机构的动态静力分析。进行机构的动态静力分析时需求解构件的惯性力和运动副中的反力。而欲求构件的惯性力，又必须先求出其角加速度及质心的加速度。为此，机构的动态静力分析必须以机构的运动分析为前提。

2. 动态静力分析的方法

对机构进行动态静力分析的理论基础是理论力学中已介绍过的达朗伯原理，本课程在应用该原理时，为便于其在工程实践中的应用，增加了一些便于为工程实践应用的方法，如质量代换法、图解法等。同时本章的力分析与前一章的运动分析有许多相同之处，都是矢量方程的建立和求解，所不同的仅是建立矢量方程所依据的原理一个是力的平衡条件，一个是运动学原理，故将两者联系起来学习既可相互借鉴和补充，又便于扩展思路。

动态静力分析的步骤如下。
（1）根据运动分析求出构件和运动副及质心等点的运动参数。
（2）计算出各构件的惯性力和运动副中的反力。
（3）根据机构或构件的力系平衡原理，在已知以上各种力的基础上，求出机构所需的平衡力（或平衡力矩）。

在对机构进行受力分析时，若需同时求得作用在机构上的平衡力和各运动副中的反力，则需将机构拆分为基本杆组，然后对各基本杆组进行受力分析。可以证明，各基本杆组同时也都是静定杆组。所谓静定杆组是指杆组中包含的未知量的个数恰与杆组所能列出的独立的力平衡方程式的个数相等。拆分基本杆组的方法与机构结构分析时基本相同，但不是由远离原动件的地方开始拆分杆组，而是从远离作用有未知平衡力的构件开始，在拆出的杆组中不应包含有未知的外力。通过对各杆组的受力分析，最后才分析作用有未知平衡力的构件，以求出平衡力。

利用矩阵法对机构进行力分析，可同时求出各运动副中的反力和所需的平衡力，而不必按静定杆组逐一进行推算。且矩阵运算有标准子程序或 MATLAB 工具软件可以利用，这是矩阵法的优点。

在对机构进行受力分析时，在一般情况下可不考虑摩擦，所带来的误差也不会太大。

但当机构处于某些特殊位置时(如教材第8章将会讲到的死点、极位等),这时若不考虑摩擦将会带来巨大误差,故在确定冲压类设备所能产生的最大冲压力、钢筋剪类设备的实际增力倍数时,就不能不考虑摩擦。对一些较复杂的机构在考虑摩擦的情况下作受力分析时,只有采用逐步逼近的方法才能得到解。

3. 运动副中的摩擦力

摩擦在机器中是一个普遍存在的重要问题。摩擦对机器的工作有其不利的一面(摩擦引起能量的损耗,使运动副元素遭到磨损,摩擦发热改变机器的尺寸精度、配合性质和润滑剂的性能),也有有利的一面(许多传动和装置是靠摩擦来工作的,如带传动、螺纹连接、制动器、摩擦焊接机等)。机器中摩擦主要发生在运动副中,因运动副中有产生摩擦的全部必需的条件,故研究机器中的摩擦也就主要是研究运动副中的摩擦。研究运动副中的摩擦力主要是要确定其中摩擦力的大小和总反力的方向。

考虑摩擦时机构受力分析的关键是运动副中总反力方向的确定。根据两构件之间的相对运动(或运动趋势)方向,正确确定总反力作用线方向是本章的一个重点和难点。

如图4-1和图4-2所示,F_{R21}表示构件2对构件1的总反力,它是法向反力 F_{N21} 与摩擦力 F_{f21} 的合力。

1) 移动副(图4-1)

摩擦力:$F_{f21}=f_vG$,其中 G 为外载荷;f_v 为当量摩擦系数。

移动副中总反力作用线的方向可根据以下两点来确定。

(1) 总反力 F_{R21} 作用线的方向总是与构件1相对构件2的相对移动速度 v_{12} 方向呈 $90°+\varphi_v$ 的钝角(φ_v 为当量摩擦角)。

(2) 总反力 F_{R21} 的箭头方向始终指向被约束的构件。

2) 转动副(图4-2)

摩擦力:$F_{f21}=f_vG$,摩擦力矩:$M_f=f_vGr$,其中 G 为外载荷;f_v 为当量摩擦系数;r 为轴颈(转动副)半径。

转动副中的轴承对轴颈总反力的作用线方向可根据以下三点来确定。

(1) 在不考虑摩擦的情况下,根据力的平衡条件初步确认总反力 F_{R21} 的方向。

(2) 只要轴颈与轴承之间有相对运动,总反力 F_{R21} 必切于摩擦圆。

(3) 总反力 F_{R21} 对轴颈中心之矩的方向必与轴颈相对于轴承的相对角速度 ω_{12} 的方向相反。

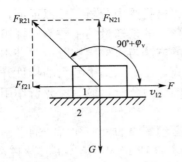

图4-1 平面移动副受力分析

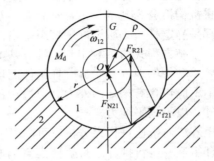

图4-2 径向轴颈受力分析

　　在确定运动副中总反力方向时，要注意遵循"二力杆所受二作用力共线，且大小相等、方向相反；三力杆的三个作用力作用线交于一点"的原则，一般先从二力杆开始，逐个分析各运动副总反力的方向。

4.3　典型例题解析

　　例4-1　机械效益 Δ 是衡量机构放大程度的一个重要指标。其定义为在不考虑摩擦的条件下机构的输出力（力矩）与输入力（力矩）之比值，即 $\Delta = \left| \dfrac{F_r}{F_d} \right| = \left| \dfrac{M_r}{M_d} \right|$。试求图4-3(a)所示一小型压力机的机械效益(计算中所需各尺寸从图中量取)。

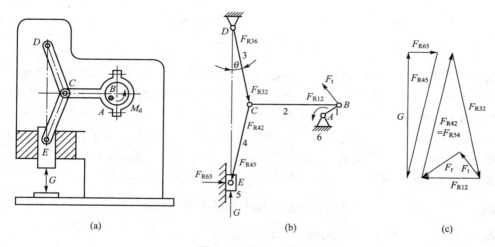

(a)　　　　　　　　(b)　　　　　　　　(c)

图4-3　例4-1图

　　解：先作出该压力机的机构运动简图，如图4-3(b)所示。该压力机所采用的传动机构为肘杆机构。在不考虑摩擦、构件重力及惯性力的前提下，构件2、3、4的传力均只能沿着构件上两铰链间的连线进行。

　　由滑块5的力平衡条件有：$\vec{G} + \vec{F}_{R65} + \vec{F}_{R45} = 0$。

　　由构件2的力平衡条件有：$\vec{F}_{R42} + \vec{F}_{R32} + \vec{F}_{R12} = 0$。

　　式中 $\vec{F}_{R42} = -\vec{F}_{R45}$，按以上两式作力的多边形，如图4-3(c)所示。

　　将 $\vec{F}_{R12}$ 分解为垂直于构件1的圆周力 $\vec{F}_t$ 和沿着构件1的径向力 $\vec{F}_r$。压力机的机械效益为 $\Delta = \dfrac{G}{F_t}$。

　　该压力机的机械效益 Δ 随着 θ（图4-3(b)所示）的减小而迅速增大，当 $\theta \rightarrow 0$ 时，在不计摩擦和构件的弹性变形条件下，理论上其机械效益将增至无限大。在计及摩擦后，这时其机械效益只是一个比较大的有限值。故这种情况下考虑和不考虑摩擦其结果大不相同。

　　例4-2　图4-4(a)为按 $\mu_l = 0.001 \dfrac{\text{m}}{\text{mm}}$ 绘制的一摆动推杆盘形凸轮机构运动简图，凸轮1沿逆时针方向回转，Q 为作用在从动件2上的外载荷。已知凸轮1与从动件2接触处

的摩擦角 $\varphi=30°$，各转动副处的摩擦圆如图 4-4(a)所示，设重物 $Q=150$N。试求在图示位置时，需加在凸轮上的驱动力矩 M_1 的大小。

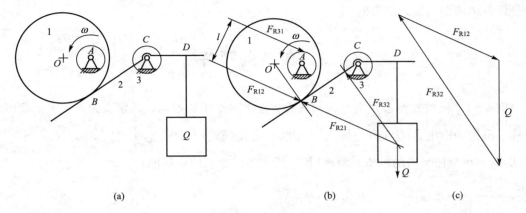

(a)　　　　　　(b)　　　　　　(c)

图 4-4　例 4-2 图

解：首先确定各个运动副中总反力的方向，如图 4-4(b)所示。凸轮逆时针方向回转时，v_{12} 方向沿摆杆由 B 指向 C，所以 F_{R21} 方向为沿接触点公法线向右偏离 $\varphi=30°$ 指向凸轮；F_{R12} 与 F_{R21} 互为相反力；F_{R31} 切于摩擦圆，对凸轮回转中心 A 之矩的方向与凸轮转向相反（顺时针），且与 F_{R21} 大小相等、方向相反；F_{R32} 切于摩擦圆，对回转中心 C 之矩的方向与摆杆摆动方向相反（顺时针）。构件 2 所受的 3 个力（F_{R12}、F_{R32} 和 Q）应汇交于一点。

选取构件 2 为分离体，再选取力的比例尺 μ_F，作出其受力多边形，如图 4-4(c)所示。$F_{R12}=\dfrac{20}{13}Q=\dfrac{20}{13}\times150=231$N，依据作用力与反作用的关系，得 $F_{R21}=F_{R12}=231$N。

最后得需加在凸轮上的驱动力矩 M_1 为：$M_1=F_{R21}\mu_l l=231\times0.001\times14=3.2$N·m。

4.4　同步训练题

4.4.1　填空题

1. 对机构进行力分析的目的是确定_____和_____。
2. 在滑动摩擦系数 f 相同条件下，槽面摩擦力比平面摩擦力大，其原因是_____。
3. 风力发电机中的叶轮受到流动空气的作用力，此力在机械中属于_____。
4. 在空气压缩机工作过程中，气缸中作往复运动的活塞受到压缩空气的压力，此压力属于_____。

4.4.2　分析与计算题

1. 图 4-5 所示为一四杆机构，构件 1 为主动件，已知驱动力矩 M_1，各转动副处的摩擦圆如图所示，不计各构件的重量和惯性力。求各运动副中的反力及作用在构件 3 上的平衡力矩 M_3。

2. 图 4-6 所示为按 $\mu_l=0.001\ \dfrac{m}{mm}$ 所画的机构运动简图，滑块 3 为原动件，驱动力 $P=80N$。各转动副处的摩擦圆如图所示，滑块与导路之间的摩擦角 $\varphi=20°$，不计各构件的重量和惯性力。试求在图示位置，构件 AB 上所能克服的阻力矩 M_Q 的大小和方向。

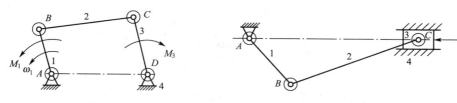

图 4-5 题 4.4.2-1 图 　　　　　图 4-6 题 4.4.2-2 图

3. 图 4-7 所示为一曲柄滑块机构，设各构件的尺寸（包括转动副的半径）已知，各运动副中的摩擦系数均为 f，作用在滑块上的水平阻力为 Q。试对该机构在图示位置时进行力分析（各构件的重量及惯性力忽略不计），并确定加于点 B 与曲柄 AB 垂直的平衡力 p_b 的大小。

4. 在图 4-8 所示的楔块机构中，已知：$\beta=\gamma=60°$，$G=1000N$，各接触面摩擦系数 $f=0.15$。如 G 为工作阻力，试求所需的驱动力 F。

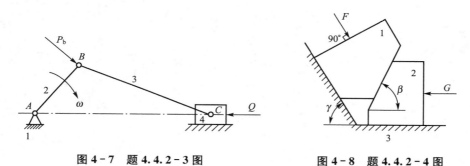

图 4-7 题 4.4.2-3 图 　　　　　图 4-8 题 4.4.2-4 图

5. 在如图 4-9 所示的凸轮机构中，已知各构件的尺寸、凸轮匀速运转的角速度 ω_1、推杆 2 上的生产阻力矩 M_2，各转动副的摩擦圆半径为 ρ，凸轮高副处的摩擦角为 φ，不计各构件的重量及惯性力。试求在图示位置作用于凸轮 1 上的驱动力矩 M_1。

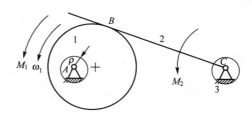

图 4-9 题 4.4.2-5 图

6. 图 4-10 所示为一冲压机床的机构位置图，转动副摩擦圆和移动副摩擦角 φ 已示于图中，不计齿轮副中的摩擦，Q 为生产阻力，齿轮 1 为原动件。试：(1) 在图上画出机构各运动副反力的作用线及方向；(2) 写出构件 2 和 4 的力平衡矢量方程式，并画出它们的力多边形。

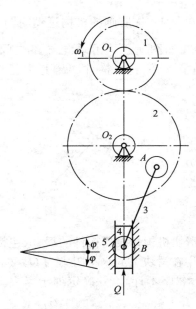

图 4 - 10   题 4.4.2 - 6 图

第5章
机械的效率和自锁

5.1 学习要求、重点及难点

1. 学习要求

能确定简单机械的机械效率及自锁条件。

2. 学习重点

(1) 机械效率的计算。
(2) 机械的自锁现象和自锁条件的确定。

3. 学习难点

机械自锁条件的确定。

5.2 学 习 指 导

1. 机械的效率

机械的输出功与输入功的比值称为机械效率，用 η 来表示。机械的效率反映了输入功在机械中的有效利用程度，是衡量机械质量好坏的重要指标之一。

机械的效率有以下几种计算表达式。

1) 功的形式

$\eta = \dfrac{W_r}{W_d} = 1 - \dfrac{W_f}{W_d}$，其中 W_d、W_r、W_f 分别为输入功、输出功及损失功，一般用以计算机械的平均效率。

2) 功率的形式

$\eta=\dfrac{P_r}{P_d}=1-\dfrac{P_f}{P_d}$，其中 P_d、P_r、P_f 分别为输入功率、输出功率及损失功率，一般用以计算机械的瞬时效率。

3）力或力矩的形式

$\eta=\dfrac{\text{理想驱动力（力矩）}}{\text{实际驱动力（力矩）}}=\dfrac{F_0}{F}=\dfrac{M_0}{M}$，此式对机械效率的计算具有普遍性、有效性和简便性，一般用以计算机械的瞬时效率。在计算机构的效率时，在计及摩擦的情况下，对机构进行受力分析可求得 F 或 M，再令式中的摩擦系数或摩擦角为零，即可求得 F_0 或 M_0，从而可求得机构的效率。

常用机构的效率数据一般在设计手册中可以查到，对于由若干个机构组成的机组或机械系统，整机的效率可由各个机构的效率计算出来，具体的计算方法按连接方式的不同分为以下三种情况。

1）串联（图 5-1）

$\eta=\eta_1\eta_2\cdots\eta_k$，其中 η_1，η_2，$\cdots$，η_k 分别为各机器（机构）的效率。

2）并联（图 5-2）

$\eta=\dfrac{\eta_1 P_1+\eta_2 P_2+\cdots+\eta_k P_k}{P_1+P_2+\cdots+P_k}=\dfrac{\eta_1 P_1+\eta_2 P_2+\cdots+\eta_k P_k}{P_d}$，其中 η_1，η_2，$\cdots$，η_k 分别为各机器（机构）的效率，P_1，P_2，$\cdots$，P_k 分别为各机器（机构）的输入功率。

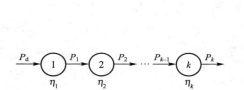

图 5-1 机构或机器的串联

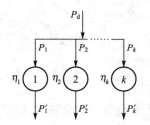

图 5-2 机构或机器的并联

3）混联（图 5-3）

$\eta=\dfrac{\sum P_r}{\sum P_d}$，其中 $\sum P_r$ 为总的输出功率，$\sum P_d$ 为总的输入功率。

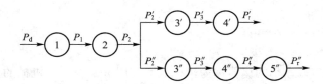

图 5-3 机构或机器的混联

2. 机械的自锁

机械的自锁是一个重要的概念，对机械的性能有重要影响。有时需要克服自锁，有时又需要利用自锁（如手摇螺旋千斤顶）。因此必须正确理解什么是机械的自锁，所谓机械的自锁是指：自由度 $F\geqslant 1$，从机构结构来讲原本可以运动的机械，在驱动力任意增大的情况下，都不能使之运动的现象。

所谓机构具有自锁性，是指机构以某一构件为主动件，在某些方向力作用下不能运动，而不是说机构根本不能运动，机构根本不能运动也就失去了作为机构的意义。在蜗杆传动中，以蜗杆为主动件时，不会发生自锁；而以蜗轮为主动件时，则可能发生自锁（如采用蜗杆传动的手动绞车）。

为了判断机械是否自锁和在什么条件下自锁，可根据已知条件和具体情况，采用下列方法之一来确定机械的自锁条件。

1）根据运动副的自锁条件来确定

机械的自锁实质上就是其中的运动副发生了自锁。所以，机构中某一运动副自锁的条件，也是该机构自锁的条件。此种方法适用于只有一个驱动力且几何关系比较简单的情况。

（1）移动副：驱动力作用于摩擦角之内，即 $\beta \leqslant \varphi$，其中 β 为传动角，φ 为摩擦角。

（2）转动副：驱动力作用于摩擦圆之内，即 $e \leqslant \rho$，其中 e 为力臂，ρ 为摩擦圆半径。

（3）螺旋副：螺纹升角小于或等于螺旋副的当量摩擦角，即 $\psi \leqslant \varphi_v$，其中 ψ 为螺纹升角，φ_v 为当量摩擦角。（连接用单线普通螺纹的螺纹升角一般为 $\psi = 1°42' \sim 3°2'$，而其当量摩擦角 $\varphi_v = 6.5° \sim 10.5°$，故是自锁的。）

2）根据机械效率小于或等于零（即 $\eta \leqslant 0$）的条件来确定

（1）若 $\eta = 0$，即 $W_d = W_f$。若机器原来就在运动，那它仍能运动，但此时输入功等于摩擦功，所以机器不能做任何有用的功，机器的这种运动称为空转。若机器原来就不动，无论驱动力为多大，它所做的功（输入功）总是刚好等于摩擦阻力所做的功，没有多余的功可以变成机器的动能，所以机器总不能运动，即发生自锁。$\eta = 0$ 为有条件的自锁。若 $\eta < 0$，驱动力所能做的功 W_d 总不足以克服摩擦所引起的损失功 W_f，即 $W_d < W_f$，机器必定发生自锁。

（2）机器的运动行程。正行程：驱动力作用在原动件时，运动从原动件向从动件传递过程；反行程：将正行程的生产阻力作为驱动力，运动从从动件向原动件传递过程。

（3）正行程效率 $\eta \neq$ 反行程效率 η'。$\eta > 0$、$\eta' > 0$，表示正、反行程时机器都能运动；$\eta > 0$、$\eta' < 0$，反行程时发生自锁。凡是反行程自锁的机构称为自锁机构。

3）根据机械自锁时生产阻力 G 小于或等于零的条件来确定

由于当机械自锁时，机械已不能运动，所以这时它所能克服的生产阻抗力 $G \leqslant 0$。$G = 0$ 意味着即使去掉生产阻力，机械也不能运动；而 $G < 0$ 则意味着只有当生产阻力反向变为驱动力后，才可能使机械运动。所以，对受力状态或几何关系复杂的机构，可先假定机构未自锁，求出工作阻力与驱动力之间的数学关系式，然后令生产阻力 $G \leqslant 0$，求解该不等式即可求出机构的自锁条件。

4）根据机械自锁的概念来确定

机械的自锁大多是由于摩擦的原因，驱动力无论多大都无法使机械产生运动的现象，故可由作用于机械上的生产阻力一定时，而驱动力趋于无穷大，且考虑到摩擦力总是大于驱动力的有效分力，得出机械的自锁条件。或直接根据作用在构件上的驱动力的有效分力总是小于或等于由其引起的最大摩擦力来确定。

5.3 典型例题解析

例 5-1 在图 5-4(a)所示的机构中,已知 AB 杆的长度为 l,轴颈半径为 r,F 为驱动力,G 为生产阻力,设各构件相互接触处的摩擦系数为 f,不计各构件的重力和惯性力。试求该机构的效率和自锁条件。

解:(1)确定各运动副中的反力。

各转动副中摩擦圆半径 $\rho=fr$。滑块 3 在力 F 作用下向下运动时,构件 2 承受压力,并沿顺时针方向转动。由此可定出各运动副中总反力方位如图 5-4(b)、(c)、(d)所示。其中 $\gamma=\arcsin\dfrac{2\rho}{l}$,$\varphi=\arctan f$。

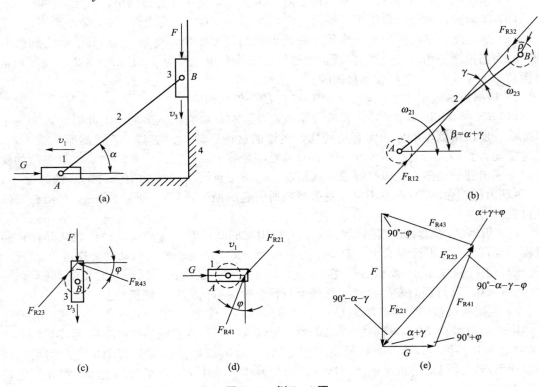

图 5-4 例 5-1 图

(2)求力 F 和 G。

滑块 3 力的平衡条件为 $\vec{F}+\vec{F}_{R23}+\vec{F}_{R43}=0$。

滑块 1 力的平衡条件为 $\vec{G}+\vec{F}_{R21}+\vec{F}_{R41}=0$,其中 $F_{R21}=-F_{R23}$。

按上式作出力的多边形如图 5-4(e)所示,由正弦定理可得

$$F_{R23}=F\frac{\sin(90°-\varphi)}{\sin(\alpha+\gamma+\varphi)},\quad F_{R21}=G\frac{\sin(90°+\varphi)}{\sin(90°-\alpha-\gamma-\varphi)}$$

故 $G=F\dfrac{\cos(\alpha+\gamma+\varphi)}{\sin(\alpha+\gamma+\varphi)}=\dfrac{F}{\tan(\alpha+\gamma+\varphi)}$，$F=G\tan(\alpha+\gamma+\varphi)$。

（3）求 η。

对于理想机械，$\varphi=0$，$\gamma=0$，$F_0=G\tan\alpha$。

故 $\eta=\dfrac{F_0}{F}=\dfrac{\tan\alpha}{\tan(\alpha+\gamma+\varphi)}$。

（4）求自锁条件。

由 $G=\dfrac{F}{\tan(\alpha+\gamma+\varphi)}\leqslant0$ 及 $\alpha=0°\sim90°$ 得 $\alpha>90°-\gamma-\varphi$。

例 5-2 如图 5-5 所示为一输送辊道的传动简图。设已知一对圆柱齿轮传动的效率为 0.95，一对圆锥齿轮传动的效率为 0.92（均已包括轴承效率）。求该传动装置的总效率。

解：此传动装置为一混联系统。

圆柱齿轮 1、2、3、4 为串联，$\eta'=\eta_{12}\eta_{34}=0.95^2$。

圆锥齿轮 5-6、7-8、9-10、11-12 为并联，$\eta''=\eta_{56}=0.92$。

此传动装置的总效率：$\eta=\eta'\eta''=0.95^2\times0.92=0.83$。

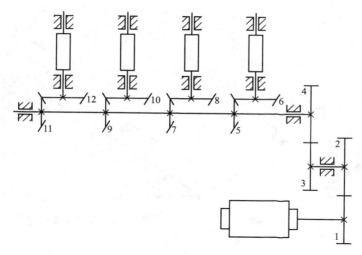

图 5-5 例 5-2 图

5.4 同步训练题

5.4.1 填空题

1. 机械效率等于_____功与_____功之比，它反映了_____在机械中的有效利用程度。

2. 设机构中的实际驱动力为 F，在同样的工作阻力和不考虑摩擦时的理想驱动力为 F_0，则机构效率的计算式为_____。

3. 串联的机器数目越多，机组的总效率越_____；多个机器并联后，机组的总效

率不仅与各机器的效率有关，还与_____有关。

4. 在移动副中，如果驱动力作用在_____之内，将发生自锁；在转动副中，如果驱动力为一单力，且作用在_____之内，则将自锁；在螺旋副中，如果_____，也将自锁。

5. 从效率角度来看，机械自锁的条件是_____。

6. 所谓自锁机构，即在_____时自锁。自锁机构正行程的机械效率一般小于_____。

5.4.2　分析与计算题

1. 一颚式破碎机原理简图如图 5-6 所示，设要破碎的料块为圆柱形，其重量忽略不计，料块和动、静颚板之间的摩擦系数为 f。求料块被夹紧又不会向上滑脱时颚板夹角 α 应多大？

2. 有一楔形滑块沿倾斜 V 形导路滑动，如图 5-7 所示，已知 $\alpha=35°$，$\theta=60°$，摩擦系数 $f=0.13$，载荷 $Q=1000\text{N}$。试求滑块等速上升和下降时的 P 和 P'、效率 η 和 η' 及反行程自锁条件。

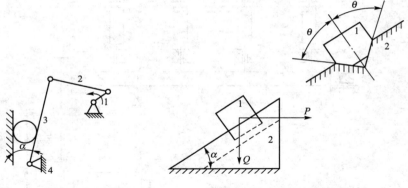

图 5-6　题 5.4.2-1 图　　　　图 5-7　题 5.4.2-2 图

第**6**章
机械的平衡

6.1 学习要求、重点及难点

1. 学习要求

(1) 掌握刚性转子静平衡和动平衡的原理及计算方法。
(2) 明确转子许用不平衡量的意义。
(3) 了解平面四杆机构的平衡原理。

2. 学习重点

刚性转子静平衡和动平衡的原理及计算方法。

6.2 学 习 指 导

机械平衡要解决的问题是设法消除或减小在机械运转中构件所产生的不平衡惯性力和惯性力矩，以达到完全或部分消除不平衡惯性力对机械工作的不良影响。为了使机械达到平衡，通常需要做两方面的工作：首先在机械的设计阶段，对所设计的机械在满足其工作要求的前提下，应在结构上保证其不平衡惯性力为零或最小，即进行平衡设计；其次，经过平衡设计后的机械，由于材质不均、加工及装配误差等因素的影响，生产出来的机械达不到设计要求的平衡精度，此时需要用实验的方法加以平衡，即进行平衡试验。

不同结构及运动形式的构件，其平衡原理不同，应重点掌握刚性转子的平衡原理及计算方法。

1. 刚性转子的平衡原理

1) $\dfrac{b}{D} < 0.2$ 的刚性转子

对于齿轮、带轮、车轮、风扇叶轮、飞机的螺旋桨、砂轮等轴向尺寸较小的盘状转子，其所有质量都可认为分布在垂直于轴线的同一平面内。其不平衡的原因是质心位置不在回转轴线上，回转时其偏心质量将产生不平衡的离心惯性力，从而在转动副中引起附加动压力。对于这种不平衡转子，其惯性力的平衡问题实质上是一个平面汇交力系的平衡问题，即静平衡问题。静平衡为单面平衡，即在同一个平面内用增减平衡质量的方法，使其质心回到轴线上，从而使转子的惯性力得以平衡（即惯性力之和为零）的一种平衡措施。

2）$\dfrac{b}{D} \geqslant 0.2$ 的刚性转子

对于多缸发动机的曲轴、汽轮机转子、电机转子、机床主轴等轴向尺寸较大的转子，不能再认为其所有质量分布在垂直于轴线的同一平面内，回转时各偏心质量产生的惯性力是一个空间力系，将形成惯性力矩。由于这种惯性力矩只有在转子转动时才能表现出来，所以需要对转子进行动平衡，即不仅要平衡各偏心质量产生的惯性力，而且还要平衡惯性力形成的力矩。动平衡为双面平衡，即在两个平衡基面内用增减平衡质量的方法来使构件获得平衡。

2. 刚性转子的平衡设计计算

1）刚性转子的静平衡设计计算

（1）平衡条件：分布于转子上的各个偏心质量的离心惯性力的合力为零或质径积的矢量和为零，即：$\sum \vec{F}=0$ 或 $\sum m\vec{r}=0$。

（2）平衡计算步骤：①按其结构形状及尺寸确定出各不平衡质量的大小及位置。②计算各不平衡质量的质径积。③根据平衡条件列出包含平衡质量质径积的平衡方程式。④用图解法（即取质径积比例尺 $\mu\left(\dfrac{\text{kg}\cdot\text{m}}{\text{mm}}\right)$ 作质径积矢量多边形）或用解析法进行求解，求出应加（或减）的平衡质量的大小及方位。

2）刚性转子的动平衡设计计算

（1）平衡条件：转子分布在不同平面内的各个偏心质量所产生的空间离心惯性力系的合力和合力矩均为零，即 $\begin{cases}\sum \vec{F}=0\\ \sum \vec{M}=0\end{cases}$。

（2）平衡计算步骤：①按其结构形状及尺寸确定出各不平衡质量的大小及方位（包括所在平面的位置）。②计算各不平衡质量的质径积。③选择两个平衡基面（根据转子结构人为选定的安装平衡质量的平面），并根据力的平行分解原理，将各不平衡质量的质径积分别等效到两平衡基面上。④分别在每个平衡基面建立质径积的平衡方程。⑤最后用图解法或解析法求解出需加（或减）在两平衡基面的平衡质量的大小及方位。

转子的平衡，尤其是高速转子的平衡必须认真对待，在设计时需经过平衡计算来达到所需要的平衡精度，转子做好后还需进行平衡试验。实际操作中，如有可能，在装配之前最好先对转子的各组成构件单独进行静平衡，这样可减小装配后的动不平衡量，同时也使轴上的弯曲力矩减小。如飞机上的涡轮机由许多圆形的排列在轴上的涡轮叶轮组成，由于其高速旋转，所以惯性力引起的不平衡量很大，如果在装配之前先对各个叶轮进行静平衡，则可减小装配后的动不平衡量。而像电动机转子这类设备的平衡，则必须在装配以后在两个校正平面上进行，因为不可能随意改变转子线圈的局部质量，使其达到平衡而危及其安全性。对转速较高的转子，在其零件图上，应明确提出动平衡要求，即应在图纸上标出允许的残余不平衡量的大小。

3. 刚性转子的平衡试验

经过平衡设计后生产出来的转子通常需要进行平衡试验。对于 $\frac{b}{D} < 0.2$ 的刚性转子，可在平衡架上进行静平衡试验；对于 $\frac{b}{D} \geq 0.2$ 的刚性转子，则需要在动平衡机上进行动平衡试验。

机械经过平衡后，如果其运转速度发生波动，即有角加速度存在，仍会产生动载荷，但此动载荷的方向在转子周向。所以，机械的平衡和机械的调速虽然都是为了减轻机械中的动载荷，但却是两类不同性质的问题，不能互相混淆。

4. 偏心质量的等效平衡

有些结构在所需平衡的回转面上不能安装平衡质量。如图 6-1(a) 所示的单缸内燃机的曲轴，偏心质量不能在图中所示的平衡基面上得到平衡(无法安装平衡质量)，即不能通过一个基面得到平衡。可选另两个回转面分别安装平衡质量使转子达到平衡，如图 6-1(b) 所示。

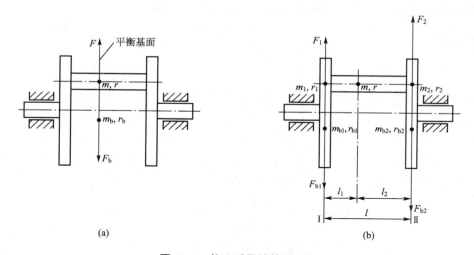

图 6-1 偏心质量的等效平衡

(1) 将偏心质量 m(或质径积 mr)等效到所选定的两个平衡基面上。

由 $\begin{cases} m_1 r_1 + m_2 r_2 = mr \\ m_1 r_1 l_1 = m_2 r_2 l_2 \end{cases}$ 得 $\begin{cases} m_1 r_1 = mr \dfrac{l_2}{l} \\ m_2 r_2 = mr \dfrac{l_1}{l} \end{cases}$

(2) 分别在两个基面内加上平衡质量 $m_{b1}(r_{b1})$、$m_{b2}(r_{b2})$，使它们达到静平衡。

即 $\vec{F}_{b1} + \vec{F}_1 = 0$，$\vec{F}_{b2} + \vec{F}_2 = 0$ 或 $m_{b1}\vec{r}_{b1} + m_1\vec{r}_1 = 0$，$m_{b2}\vec{r}_{b2} + m_2\vec{r}_2 = 0$

结论：对任意一个偏心质量，可在另外两个回转平面内分别安装平衡质量，使转子达到平衡。

6.3 典型例题解析

例6-1 高速水泵的凸轮轴系由3个互相错开120°的偏心轮组成，每一偏心轮的质量为 m，其偏心距为 r，其他尺寸如图6-2所示。设在平衡平面 A 和 B 上各装一个平衡质量 m_A 和 m_B，其回转半径为 $2r$，试求 m_A 和 m_B 的大小。

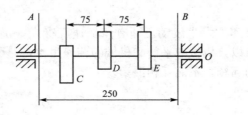

图6-2 例6-1图

解：（1）计算各不平衡质量的质径积。

$$m_C r_C = m_D r_D = m_E r_E = mr$$

（2）将各不平衡质量的质径积分别等效到平衡基面 A 和 B 上。

$$(m_C r_C)_A = \frac{200mr}{250} = \frac{4mr}{5}, \quad (m_D r_D)_A = \frac{125mr}{250} = \frac{mr}{2}, \quad (m_E r_E)_A = \frac{50mr}{250} = \frac{mr}{5}$$

$$(m_C r_C)_B = \frac{50mr}{250} = \frac{mr}{5}, \quad (m_D r_D)_B = \frac{125mr}{250} = \frac{mr}{2}, \quad (m_E r_E)_B = \frac{200mr}{250} = \frac{4mr}{5}$$

（3）分别在平衡基面 A 和 B 上进行静平衡计算（取 OC 为 x 轴）。

$$(m_b \vec{r}_b)_A + (m_C \vec{r}_C)_A + (m_D \vec{r}_D)_A + (m_E \vec{r}_E)_A = 0$$
$$(m_b \vec{r}_b)_B + (m_C \vec{r}_C)_B + (m_D \vec{r}_D)_B + (m_E \vec{r}_E)_B = 0$$

$$\begin{cases} (m_b \vec{r}_b)_{Ax} + (m_C \vec{r}_C)_{Ax} + (m_D \vec{r}_D)_{Ax} + (m_E \vec{r}_E)_{Ax} = 0 \\ (m_b \vec{r}_b)_{Ay} + (m_C \vec{r}_C)_{Ay} + (m_D \vec{r}_D)_{Ay} + (m_E \vec{r}_E)_{Ay} = 0 \end{cases}$$

$$\begin{cases} (m_b r_b)_A \cos\theta + \frac{4}{5}mr + \frac{1}{2}mr\cos240° + \frac{1}{5}mr\cos120° = 0 \\ (m_b r_b)_A \sin\theta + \frac{1}{2}mr\sin240° + \frac{1}{5}mr\sin120° = 0 \end{cases}$$

$$\begin{cases} (m_b r_b)_A \cos\theta = -\frac{9}{20}mr \\ (m_b r_b)_A \sin\theta = \frac{3\sqrt{3}}{20}mr \end{cases}, \quad (m_b r_b)_A = \sqrt{\left(-\frac{9}{20}mr\right)^2 + \left(\frac{3\sqrt{3}}{20}mr\right)^2} \approx \frac{1}{2}mr$$

$(m_b)_A = \frac{mr}{2} \times \frac{1}{2r} = \frac{1}{4}m$，根据对称关系可知 $(m_b)_B = (m_b)_A = \frac{1}{4}m$。

例6-2 有一特殊要求的中型电动机转子，其质量为 $m=80$kg，转速 $n=3000$r/min，已测得两平衡基面上的不平衡质径积分别为 $m_I r_I = 360$g·mm，$m_{II} r_{II} = 280$g·mm，转子质心至两基面的距离如图6-3所示。试问其是否满足平衡精度要求？

解：查相关机械设计手册可知，有特殊要求的中型电动机转子推荐平衡精度等级为

G2.5，其平衡精度 $A = \dfrac{[e]\omega}{1000} = 2.5$，故许用偏心距为

$[e] = \dfrac{1000A}{\omega} = \dfrac{1000 \times 2.5 \times 60}{2\pi \times 3000} = 7.96\mu m$。

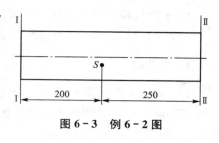

图6-3 例6-2图

质心 S 处的许用不平衡质径积为 $[me] = 80 \times 10^3 \times$

$7.96 \times 10^{-3} = 636.8 \mathrm{g} \cdot \mathrm{mm}$。

分解到两平衡基面上的许用不平衡质径积分别为

$[me]_\mathrm{I} = \dfrac{250}{450}[me] = 353.78 \mathrm{g} \cdot \mathrm{mm}$，$[me]_\mathrm{II} = \dfrac{200}{450}$

$[me] = 283.02 \mathrm{g} \cdot \mathrm{mm}$

由于 $m_1r_1 = 360 \mathrm{g} \cdot \mathrm{mm} > [me]_\mathrm{I} = 353.78 \mathrm{g} \cdot \mathrm{mm}$，故不能满足平衡精度要求，应进一步提高基面 I 的平衡精度。

6.4 同步训练题

6.4.1 填空题

1. 外形较薄的圆盘状回转件，可以认为它们的质量分布在_____平面内。质量分布在同一回转平面内的回转件的平衡属于_____。

2. 交流异步电动机转子的平衡应为_____平衡，因为其_____较大。

3. 刚性转子静平衡的力学条件是_____；动平衡的力学条件是_____。

4. 达到动平衡的刚性转子_____是静平衡的；达到静平衡的刚性转子_____是动平衡的。

5. 刚性转子静平衡计算时，需要选_____个平衡基面(校正平面)；而动平衡计算时，需要选_____个平衡基面(校正平面)。

6. 符合静平衡条件的刚性转子，其质心位置在_____；静不平衡的刚性转子，由于重力矩的作用，质心处于_____位置时静止，由此可确定应加上或除去平衡质量的相位。

6.4.2 选择题

1. 机械平衡研究的内容是____。
   A. 驱动力与阻力间的平衡　　　　B. 各构件作用力间的平衡
   C. 惯性力系间的平衡　　　　　　D. 输入功率与输出功率间的平衡

2. 刚性转子的动平衡中，平衡基面是____。
   A. 由不平衡惯性力确定的平面　　B. 安装配重的平面
   C. 转子的支承平面　　　　　　　D. 测振动传感器的安装平面

3. 转子的许用不平衡量可用质径积 $[mr]$ 或偏心距 $[e]$ 来表示，前者____。
   A. 便于比较平衡的检测精度　　　B. 与转子质量无关
   C. 便于平衡操作

4. 平面机构的平衡问题，主要讨论机构的总惯性力和总惯性力偶矩对____的平衡。

    A. 曲柄   B. 连杆   C. 基座   D. 从动件

6.4.3 计算题

1. 图 6-4 所示盘状转子上有两个不平衡质量：$m_1=5$kg，$m_2=0.8$kg，$r_1=140$mm，$r_2=180$mm，相位如图所示。现用去重法进行平衡，求所需挖去的质量大小和相位（取平衡质量 m_b 的失径 $r_b=140$mm）。

2. 图 6-5 所示系统的转速为 300r/min，$m_1=2$kg，$m_2=1.5$kg，$m_3=3$kg，$R_1=25$mm，$R_2=35$mm，$R_3=40$mm。(1)求轴承 A 和轴承 B 处的动压力；(2)若对转子进行静平衡，平衡质量 m_b 位于半径 $R_b=50$mm 处，求它的大小与位置角。

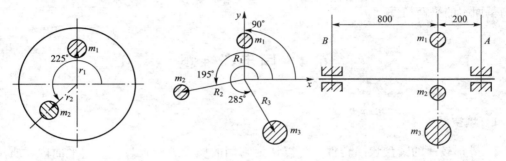

图 6-4 题 6.4.3-1 图   图 6-5 题 6.4.3-2 图

3. 图 6-6 所示 3 个不平衡重量位于同一轴面内，大小及其重心至回转轴线的距离各为：$Q_1=100$N，$Q_2=150$N，$Q_3=200$N，$r_1=r_3=100$mm，$r_2=80$mm。又各重量的回转平面到平衡基面 Ⅰ 及两平衡基面间的距离为 $L_1=200$mm，$L_2=300$mm，$L_3=400$mm，$L=600$mm。如果置于平衡基面 Ⅰ 和 Ⅱ 中的平衡重量 Q' 和 Q'' 的重心至回转轴线的距离取为 $r'=r''=100$mm，求 Q' 与 Q'' 的大小和方位。

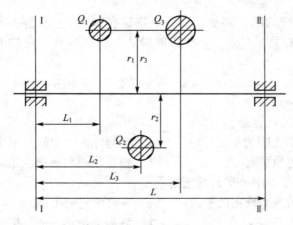

图 6-6 题 6.4.3-3 图

4. 对图 6-7 所示转子进行动平衡计算，平衡基面为 Ⅰ-Ⅰ 和 Ⅱ-Ⅱ。

5. 图 6-8 所示盘类转子 A 与轴类转子 B 安装在同一轴上，并在截面 Ⅰ 和 Ⅱ 上分别有

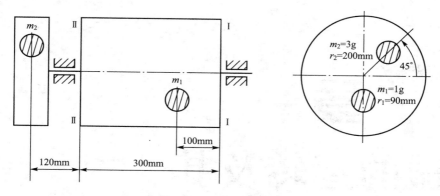

图 6－7　题 6.4.3－4 图

不平衡质量 $m_A=m_B=2\text{kg}$，且 m_A 与 m_B 位于同一轴截面上。又知 $r_A=20\text{mm}$，$r_B=30\text{mm}$，截面 I 和 II 间距离 $L_{\text{I-II}}=200\text{mm}$，截面 II 与轴承 C 处距离 $L_{\text{II-}C}=600\text{mm}$，截面 I 与轴承 D 处距离 $L_{\text{I-}D}=200\text{mm}$。(1)若限定由于偏心质量所产生的惯性力及其力矩在轴承 C 处产生的动压力的最大值 $R_{C\max}=160\text{N}$，试求轴转动角速度的最大值为多少？(2)选定一垂直轴的平面 III 为平衡面，在其上加平衡质量 m_b。现给定平衡半径 $r_\text{b}=40\text{mm}$，那么 $m_\text{b}=$？截面 III 至截面 II 的距离 $L_{\text{II-III}}=$？

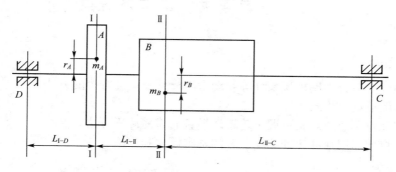

图 6－8　题 6.4.3－5 图

第7章
机械的运转及其速度波动的调节

7.1 学习要求、重点及难点

1. 学习要求

(1) 了解建立单自由度机械系统等效动力学模型及运动方程的方法。
(2) 能求解运动方程式。
(3) 了解飞轮调速原理,掌握飞轮转动惯量的简易计算方法。
(4) 了解机械非周期性速度波动调节的基本概念和方法。

2. 学习重点

(1) 关于等效质量、等效转动惯量和等效力、等效力矩的概念及计算方法。
(2) 单自由度机械系统等效动力学模型的建立。
(3) 机械运转产生周期性和非周期性速度波动的根本原因及其调节方法的基本原理。

3. 学习难点

(1) 机械运动方程式的求解。
(2) 计算飞轮转动惯量时,最大盈亏功的确定。

7.2 学 习 指 导

1. 单自由度机械系统的等效动力学模型

研究机器运动和外力的关系时,必须研究所有运动构件的动能变化和所有外力所做的功，这样不方便。对于单自由度机械系统，只要确定其中某一构件的真实运动规律，其余构件的运动规律也就确定了。因此，研究机械系统的运转情况时，可以对某一选定的构件（等效构件）来分析。但为了不失真实性，要将机械系统中所有构件的质量、转动惯量均等效转化到这个构件上来，把各构件上所作用的力、力矩也等效转化到该等效构件上，然后列出等效构件的运动方程式，研究其运动规律，这一过程即机械系统等效动力学模型的建立。等效构件：具有等效质量或等效转动惯量，其上作用有等效力或等效力矩，而且其运动与原机械系统相应构件的运动保持相同的构件。

建立机械系统等效动力学模型应遵循的原则是：使机械系统在转化前后的动力学效应不变。即动能等效：作用有等效质量或等效转动惯量的等效构件的动能等于原机械系统的动能。瞬时功率等效：作用在等效构件上的等效力或等效力矩的瞬时功率等于作用在原机械系统上的所有外力的同一瞬时功率之和。

如果一个单自由度机械系统由 n 个构件组成，作用在构件 i 上的作用力为 F_i，力矩为 M_i，力 F_i 作用点的速度为 v_i，构件 i 的角速度为 ω_i，则该机械系统的等效动力学模型如下。

1）机械系统运动方程式的一般表达式（图7-1(a)）

$$d\left[\sum_{i=1}^{n}\left(\frac{1}{2}m_iv_{Si}^2+\frac{1}{2}J_{Si}\omega_i^2\right)\right]=\left[\sum_{i=1}^{n}(F_iv_i\cos\alpha_i\pm M_i\omega_i)\right]dt$$

2）取转动构件为等效构件（图7-1(b)）

（1）等效转动惯量计算式：$J_e=\sum_{i=1}^{n}\left[m_i\left(\dfrac{v_{Si}}{\omega}\right)^2+J_{Si}\left(\dfrac{\omega_i}{\omega}\right)^2\right]$。

（2）等效力矩计算式：$M_e=\sum_{i=1}^{n}\left[F_i\cos\alpha_i\left(\dfrac{v_i}{\omega}\right)\pm M_i\left(\dfrac{\omega_i}{\omega}\right)\right]$。

（3）等效形式的运动方程式：$d\left(\dfrac{1}{2}J_e\omega^2\right)=M_e(\varphi,\omega,t)\omega dt=M_e d\varphi$。

（4）力矩形式的运动方程式：$J_e\dfrac{d\omega}{dt}+\dfrac{1}{2}\omega^2\dfrac{dJ_e}{d\varphi}=M_e$。

（5）动能形式的运动方程式：$\dfrac{1}{2}J_e\omega^2-\dfrac{1}{2}J_{e0}\omega_0^2=\int_{\varphi_0}^{\varphi}M_e d\varphi$。

3）取移动构件为等效构件（图7-1(c)）

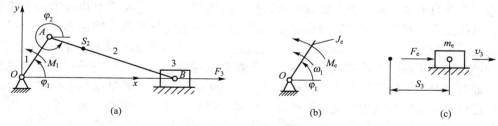

(a)　　　　　　　(b)　　　　　　　(c)

图7-1　等效动力学模型

（1）等效质量计算式：$m_e=\sum_{i=1}^{n}\left[m_i\left(\dfrac{v_{Si}}{v}\right)^2+J_{Si}\left(\dfrac{\omega_i}{v}\right)^2\right]$。

（2）等效力计算式：$F_e=\sum_{i=1}^{n}\left[F_i\cos\alpha_i\left(\dfrac{v_i}{v}\right)\pm M_i\left(\dfrac{\omega_i}{v}\right)\right]$。

（3）等效形式的运动方程式：$\mathrm{d}\left(\dfrac{1}{2}m_\mathrm{e}v^2\right)=F_\mathrm{e}(s,\ v,\ t)v\mathrm{d}t=F_\mathrm{e}\mathrm{d}s$。

（4）力形式的运动方程式：$m_\mathrm{e}\dfrac{\mathrm{d}v}{\mathrm{d}t}+\dfrac{1}{2}v^2\dfrac{\mathrm{d}m_\mathrm{e}}{\mathrm{d}s}=F_\mathrm{e}$。

（5）动能形式的运动方程式：$\dfrac{1}{2}m_\mathrm{e}v^2-\dfrac{1}{2}m_\mathrm{e0}v_0^2=\displaystyle\int_{s_0}^{s}F_\mathrm{e}\mathrm{d}s$。

通过等效动力学模型的建立可知，对于单自由度机械系统，无论其如何复杂，均可简化为只含有一个活动构件的等效动力学模型。

2. 机械运转时速度波动的原因及其调节方法

1）速度波动

机械的等速运转只有在等效驱动力矩 M_ed 和等效阻抗力矩 M_er 随时相等（也即驱动功率和阻抗功率随时相等）的情况下才能实现。只要 $W_\mathrm{d}\neq W_\mathrm{r}$，则 $\Delta E\neq0$，ω 就会变化，机械运转的速度将发生波动。机械运转速度的波动有两种不同形态，一种是周期性速度波动，另一种是非周期性速度波动。产生周期性速度波动的条件是：在一个周期内机械的等效驱动力矩和等效阻抗力矩的平均值是相等的，也即其驱动功和阻抗功是相等的。在某一瞬时，其所做的驱动功与阻抗功一般是不相等的，即出现盈功或亏功，从而使机械的速度增加或减小，所以机械处于变速稳定运转状态，产生周期性的速度波动。对于非周期性速度波动，机械的驱动功和阻抗功已失去平衡，机械已不再是稳定运转，机械运转的速度将持续升高或持续下降，如不加以调节就不可能恢复到稳定运转状态。机械的周期性速度波动和非周期性速度波动是两种性质完全不同的现象。

2）周期性速度波动

若等效力矩 M_ed、M_er 的变化是周期性的，在 M_ed、M_er 和等效转动惯量 J_e 变化的公共周期内，驱动功等于阻抗功，机械动能增量为零，则等效构件的角速度在公共周期的始末是相等的，机械运转的速度波动将呈现周期性。周期性速度波动的危害：引起动压力，机械效率和可靠性下降；可能在机器中引起振动，影响寿命和强度；影响加工工艺，产品质量下降。

对于周期性速度波动，在等效力矩一定的情况下，加大等效构件的转动惯量，将会使等效构件的角加速度 ε 减小，可以使机构的运转趋于均匀。因此，对于周期性速度波动，可以通过安装具有很大转动惯量的回转构件（飞轮）来调节。飞轮实质上相当于一个能量储存器，其作用是当机器出现盈功时以动能的形式把多余的能量吸收并储存起来，而使主轴角速度上升的幅度减小；当机器出现亏功时又把储存的能量释放出来以弥补能量之不足，使主轴的角速度下降的幅度减小。J_F 越大，调速效果越好。即在机器内部起转化和调节的作用，而其本身并不能产生新的能量使机器在一个运动循环中的能量增加或减少。瞬时过载时，还可利用飞轮释放的能量克服载荷，以减小原动机功率。例如：玩具小车利用飞轮提供前进的动力；锻压机械在一个运动循环内，工作时间短，但载荷峰值大，利用飞轮在非工作时间内储存的能量来克服尖峰载荷，选用小功率原动机以降低成本；缝纫机等机械利用飞轮顺利越过死点位置。

3）非周期性速度波动

若等效力矩 M_ed、M_er 的变化是非周期性的，则机械运转的速度波动将呈现非周期性。非周期性速度波动的危害：当驱动力或工作阻力发生突变时，若 $W_\mathrm{d}>W_\mathrm{r}$，则出现盈功，动能增加，速度 ω 增加，如果速度持续增高，将出现"飞车"现象，机器会因速度过高而损坏；若 $W_d < W_r$，则出现亏功，动能减少，速度 ω 减小，如果速度持续下降，将会出现"闷车"现象，使机器被迫停车。

对于非周期性速度波动，其调节就是设法使驱动力矩 M_{ed} 和阻力矩 M_{er} 恢复平衡关系。对于选用电动机作为原动机的机械，其本身就有自调性，即本身就可以使驱动力矩和工作阻力矩协调一致，能自动地重新建立能量平衡关系。而对于蒸汽机、内燃机等为原动机的机械，其调节非周期性速度波动的方法是安装调速器。调速器的作用是从机器的外部来调节输入（或输出）机器的能量，使机器恢复稳定运转。飞轮和调速器的调速原理不同，解决的问题也不同。正因为如此，在同一部机器中可能既装有飞轮又装有调速器。

3. 飞轮的设计计算

1）飞轮设计计算的基本问题

根据机器的等效驱动力矩 M_{ed} 和等效阻抗力矩 M_{er}、等效转动惯量 J_e、平均角速度 ω_m 和许用的运转速度不均匀系数 $[\delta]$ 来确定飞轮的转动惯量 J_F。对于各种机器，$[\delta]$ 因工作性质不同而不同，ω_m、$[\delta]$ 是设计飞轮的设计指标，ω_m 可以由机械的名牌上的额定转速 n 进行换算得到。

（1）M_{ed}、M_{er}、J_e 为常数，则 ω 为常数，机械处于等速稳定运转状态，不需要飞轮调速。

（2）M_{ed}、M_{er}、J_e 为变量，则 ω 是变化的，机械处于周期变速稳定运转状态，需要安装飞轮进行调速。

2）飞轮设计计算的步骤

（1）求出转动轴（等效构件）的 ω_{max}、ω_{min}，根据 $\omega_m = \dfrac{\omega_{max} + \omega_{min}}{2}$ 计算出 ω_m。

（2）确定最大盈亏功 ΔW_{max}。

（3）利用飞轮转动惯量的简易算法计算公式 $J_F \geq \dfrac{\Delta W_{max}}{\omega_m^2 [\delta]}$（或 $J_F \geq \dfrac{900 \Delta W_{max}}{\pi^2 n^2 [\delta]}$）进行计算。

（4）一般机器的 J_e 与 J_F 相比很小，为简化飞轮转动惯量的计算，常略去 J_e。如果 J_e 不能忽略，则 $J_F \geq \dfrac{\Delta W_{max}}{\omega_m^2 [\delta]} - J_e$。

4. 最大盈亏功 ΔW_{max} 的确定

1）最大盈亏功的定义

最大盈亏功 ΔW_{max} 是指机械系统在一个运动循环中动能变化的最大值（动能最大增量），即 $\Delta W_{max} = E_{max} - E_{min} = \Delta E_{max}$。如图 7-2(a) 所示，$E_\varphi$ 曲线上从一个极值点（E_{min}）跃变到另一个极值点（E_{max}）的高度，正好等于两点之间的阴影面积的代数和，即最大盈亏功等于一个运动循环中最大动能与最小动能对应点之间盈功与亏功的代数和，但不一定等于系统盈功或亏功的最大值。

2）最大盈亏功的确定

（1）方法一：如图 7-2(a) 所示，在 M_{ed}、M_{er} 交点位置的动能增量 ΔE 正好是从起始点 a 到该交点区间内各代表盈、亏功的阴影面积的代数和。由 $E_b = E_a + W_{a-b}^{盈亏功}$、$E_c = E_b + W_{b-c}^{盈亏功}$、$\cdots$ 求出 E_{max}、E_{min}；利用定义 $\Delta W_{max} = E_{max} - E_{min}$ 确定。

（2）方法二：借助于能量指示图来确定，作图方法如下：如图 7 - 2(b) 所示，任意绘制一水平线，并分割成对应的区间，从左至右依次向上画带箭头线段表示盈功，向下画带箭头线段表示亏功，线段长度与盈、亏功(阴影面积)相等，由于循环始末的动能相等，故能量指示图为一个封闭的台阶形折线。则最大盈亏功(最大动能增量)等于指示图中最低点到最高点之间的高度值。

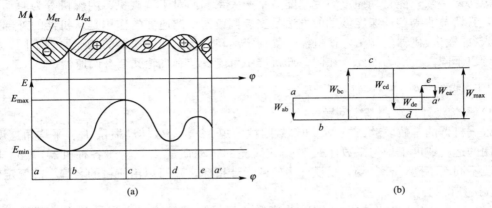

图 7 - 2　等效力矩与机械能的变化曲线

5. 设计飞轮时应注意的问题

（1）为减小飞轮的转动惯量(即减小飞轮的质量和尺寸)，应尽可能将飞轮安装在系统的高速轴上。

（2）安装飞轮只能减小周期性速度波动，但不能消除速度波动。因此，不能过分追求机械运转速度的均匀性，否则将会使飞轮过于笨重。

（3）凡是运动的构件都具有动能，都能储存能量及释放能量。因此，有的系统用较大的带轮或齿轮代替飞轮兼传动和调速。

7.3　典型例题解析

例 7 - 1　在图 7 - 3(a) 所示导杆机构中，各构件的长度为 $l_{AB}=150\text{mm}$，$l_{BC}=420\text{mm}$，$l_{CD}=550\text{mm}$；各构件的质量为 $m_1=5\text{kg}$（质心 S_1 在 A 点），$m_2=3\text{kg}$（质心 S_2 在 B 点），$m_3=10\text{kg}\left(\text{质心 } S_3 \text{ 在 } \dfrac{l_{CD}}{2} \text{ 处}\right)$；各构件的转动惯量为 $J_{S1}=0.05\text{kg}\cdot\text{m}^2$，$J_{S2}=0.002\text{kg}\cdot\text{m}^2$，$J_{S3}=0.2\text{kg}\cdot\text{m}^2$；驱动力矩 $M_1=1000\text{N}\cdot\text{m}$。当取构件 3 为等效构件时，求机构在图示位置的等效转动惯量、转化到 D 点的等效质量以及 M_1 的等效力矩。

解：（1）求等效转动惯量和转化到 D 点的等效质量。

对于自由度为 1 的机构，其各构件之间的速度比只决定于机构的位置，而与各构件的真实速度无关，故此时等效转动惯量和等效质量为机构位置的函数。在图示位置，机构的速度多边形如图 7 - 3(b) 所示。

计算等效转动惯量：$J_{e3}=J_{S1}\left(\dfrac{\omega_1}{\omega_3}\right)^2+J_{S2}\left(\dfrac{\omega_2}{\omega_3}\right)^2+J_{S3}+m_2\left(\dfrac{v_{S2}}{\omega_3}\right)^2+m_3\left(\dfrac{v_{S3}}{\omega_3}\right)^2$。

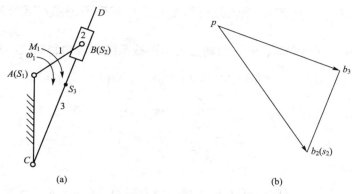

图7-3 例7-1图

根据速度多边形有：$\dfrac{\omega_1}{\omega_3}=\dfrac{v_{B2}/l_{AB}}{v_{B3}/l_{BC}}=\dfrac{\overline{pb_2}\,l_{BC}}{\overline{pb_3}\,l_{AB}}=\dfrac{27\times420}{23\times150}=3.29$，$\dfrac{\omega_2}{\omega_3}=1$，

$\dfrac{v_{S2}}{\omega_3}=\dfrac{\overline{pb_2}\,l_{BC}}{23}=\dfrac{27\times420}{23}=493\text{mm}=0.493\text{m}$，$\dfrac{v_{S3}}{\omega_3}=l_{CS3}=275\text{mm}=0.275\text{m}$。

故 $J_{e3}=0.05\times3.29^2+0.002+0.2+3\times0.493^2+10\times0.275^2=2.23\text{kg}\cdot\text{m}$。

（2）转化到 D 点的等效质量为：$m_D=\dfrac{J_{e3}}{l_{CD}^2}=\dfrac{2.23}{0.55^2}=7.37\text{kg}$。

（3）求 M_1 的等效力矩：$M_{e3}=M_1\dfrac{\omega_1}{\omega_3}=1000\times3.29=3290\text{N}\cdot\text{m}$。

例7-2 已知某电动机的驱动力矩为 $M_d=1000-9.55\omega\text{N}\cdot\text{m}$，用它来驱动一个阻抗力矩为 $M_r=200\text{N}\cdot\text{m}$ 的齿轮减速器，其等效转动惯量 $J_e=5\text{kg}\cdot\text{m}^2$。试求电动机角速度从零增至 50rad/s 时需要多长时间？

解：力矩形式的运动方程为：$J(\varphi)\dfrac{\text{d}\omega(\varphi)}{\text{d}t}+\dfrac{1}{2}\omega^2(\varphi)\dfrac{\text{d}J(\varphi)}{\text{d}\varphi}=M(\varphi,\ \omega,\ t)$。

因等效转动惯量是常数，故上式可以简化为：

$J_e\dfrac{\text{d}\omega}{\text{d}t}=M_d(\omega)-M_r$，即 $\text{d}t=\dfrac{J_e\text{d}\omega}{M_d(\omega)-M_r}$

对上式进行积分，可得：$t=t_0+J_e\displaystyle\int_{\omega_0}^{\omega}\dfrac{\text{d}\omega}{M_d(\omega)-M_r}$。

式中 $t_0=0$，$\omega_0=0$，故

$$t=5\int_0^{50}\dfrac{\text{d}\omega}{1000-9.55\omega-200}=-\dfrac{5}{9.55}\ln\left(\dfrac{800-9.55\omega}{800}\right)\bigg|_0^{50}=0.476\text{s}$$

即该系统电动机的角速度从零增至 50rad/s 时需要 0.476s。

例7-3 已知某机械稳定运转时的等效驱动力矩 M_d 和等效阻力矩 M_r 如图7-4所示，机械的等效转动惯量为 $J_e=1\text{kg}\cdot\text{m}^2$，等效驱动力矩为 $M_d=30\text{N}\cdot\text{m}$，机械稳定运转开始时等效构件的角速度 $\omega_0=25\text{rad/s}$。试确定：
（1）等效构件稳定运转时的运动规律 $\omega(\varphi)$；
（2）速度不均匀系数 δ；（3）最大盈亏功

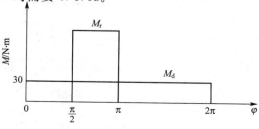

图7-4 例7-3图

$\Delta W_{\max}$；（4）若要求 $[\delta]=0.05$，系统是否满足要求？如果不满足，求安装飞轮的转动惯量 J_{F}。

解：（1）机械处在稳定运转时，驱动力矩对机械系统所做功和阻抗力矩对机械系统所做功相等，即：$\int_0^{2\pi} M_d \mathrm{d}\varphi = \int_0^{2\pi} M_r \mathrm{d}\varphi$，$M_d \times 2\pi = M_{r\max} \times \left(\pi - \dfrac{\pi}{2}\right)$，$M_{r\max} = 120\mathrm{N}\cdot\mathrm{m}$。

$$M_r = \begin{cases} 0 & 0 \leqslant \varphi < \dfrac{\pi}{2} \\ 120 & \dfrac{\pi}{2} \leqslant \varphi \leqslant \pi \\ 0 & \pi < \varphi \leqslant 2\pi \end{cases}$$

机械运转时，在任一时间间隔 $\mathrm{d}t$ 内，所有外力所做的功 $\mathrm{d}W$ 应等于机械系统动能的增量 $\mathrm{d}E$，即 $\mathrm{d}W = \mathrm{d}E$，$\dfrac{1}{2}J_e\omega^2 - \dfrac{1}{2}J_e\omega_0^2 = \int_0^\varphi (M_d - M_r)\mathrm{d}\varphi$，则：

$$\omega = \sqrt{\omega_0^2 + \frac{2}{J_e}\int_0^\varphi (M_d - M_r)\mathrm{d}\varphi} = \sqrt{25^2 + 2\int_0^\varphi (M_d - M_r)\mathrm{d}\varphi}$$

等效构件稳定运转时的运动规律为：

$$\omega = \begin{cases} \sqrt{625 + 2\int_0^\varphi (30-0)\mathrm{d}\varphi} & 0 \leqslant \varphi < \dfrac{\pi}{2} \\ \sqrt{625 + 2\int_0^{\frac{\pi}{2}} (30-0)\mathrm{d}\varphi + 2\int_{\frac{\pi}{2}}^\varphi (30-120)\mathrm{d}\varphi} & \dfrac{\pi}{2} \leqslant \varphi \leqslant \pi \\ \sqrt{625 + 2\int_0^{\frac{\pi}{2}} (30-0)\mathrm{d}\varphi + 2\int_{\frac{\pi}{2}}^\pi (30-120)\mathrm{d}\varphi + 2\int_\pi^\varphi (30-0)\mathrm{d}\varphi} & \pi < \varphi \leqslant 2\pi \end{cases}$$

$$\omega = \begin{cases} \sqrt{625 + 60\varphi} & 0 \leqslant \varphi < \dfrac{\pi}{2} \\ \sqrt{625 + 120\pi - 180\varphi} & \dfrac{\pi}{2} \leqslant \varphi \leqslant \pi \\ \sqrt{625 - 120\pi + 60\varphi} & \pi < \varphi \leqslant 2\pi \end{cases}$$

（2）计算驱动力矩与阻抗力矩曲线交点处动能。

$$E_{\frac{\pi}{2}} = E_0 + \frac{1}{2}\pi \times M_d = E_0 + 15\pi$$

$$E_\pi = E_{\frac{\pi}{2}} - \left(\pi - \frac{1}{2}\pi\right) \times (M_{r\max} - M_d) = E_0 + 15\pi - 45\pi = E_0 - 30\pi$$

$$E_{2\pi} = E_\pi + (2\pi - \pi) \times M_d = E_0 - 30\pi + 30\pi = E_0$$

由此可知在 $\dfrac{\pi}{2}$ 处系统的角速度最大，在 π 处系统的角速度最小。

$$\omega_{\max} = \omega\left(\frac{\pi}{2}\right) = \sqrt{625 + 120\pi - 180 \times \frac{\pi}{2}} = 26.82\mathrm{rad/s}$$

$$\omega_{\min} = \omega(\pi) = \sqrt{625 + 120\pi - 180 \times \pi} = 20.89\mathrm{rad/s}$$

$$\omega_m = \frac{1}{2}(\omega_{\max} + \omega_{\min}) = \frac{1}{2} \times (26.82 + 20.89) = 23.855\mathrm{rad/s}$$

所以速度不均匀系数为：$\delta = \dfrac{\omega_{\max} - \omega_{\min}}{\omega_m} = \dfrac{26.82 - 20.89}{23.855} = 0.25$。

（3）求最大盈亏功。

$$\Delta W_{max}=E_{max}-E_{min}=E_{\frac{\pi}{2}}-E_{\pi}=(E_0+15\pi)-(E_0-30\pi)=45\pi=141.37\text{N}\cdot\text{m}$$

（4）若要求 $[\delta]=0.05$，由于 $\delta=0.25>[\delta]=0.05$，系统不能满足要求。

飞轮的转动惯量为 $J_F=\dfrac{\Delta W_{max}}{\omega_m^2[\delta]}-J_e=\dfrac{141.37}{23.855^2\times0.05}-1=3.97\text{kg}\cdot\text{m}^2$。

7.4　同步训练题

7.4.1　填空题

1. 以转动构件作为等效构件建立机械系统的等效动力学模型时，其主要工作是计算_____和_____；在以移动构件作为等效构件建立机械系统等效动力学模型时，其主要工作是计算_____和_____。

2. 等效转动惯量和等效质量可根据等效原则：_____来确定。

3. 自由度为 1 的机械系统的等效转动惯量可能是_____的函数，也可能是_____。

4. 对于单自由度机械系统来说，等效力或等效力矩仅与机构中各活动构件的_____有关，与各构件的_____无关。

5. 在机械的稳定运转阶段，机械主轴的转速可有两种不同情况，即_____稳定运转和_____稳定运转。前一种情况，机械主轴速度是_____；后一种情况，机械主轴速度是_____。

6. 设某机械的等效转动惯量为常数，则该机械作等速稳定运转的条件是_____；机器作周期变速稳定运转的条件是_____，其运转速度不均匀系数 δ 可表达成_____。

7. 机械速度波动的类型有_____和_____两种。前者一般用_____调节，后者一般用_____调节。

8. 当机械系统中的驱动功与阻抗功不等时将出现_____功，当驱动功大于阻抗功时称为_____功。

9. 最大盈亏功是指机械系统在一个运动周期中的_____与_____的差值。

10. 已知机械系统的最大盈亏功为 ΔW_{max}，等效构件的平均角速度 ω_m，系统的许用速度不均匀系数为 $[\delta]$，未加飞轮时系统的等效转动惯量的常量部分为 J_e，则飞轮的转动惯量 $J_F\geqslant$_____。

7.4.2　判断题

1. 某构件的等效质量或等效转动惯量是机器中所有运动构件的质量或转动惯量的总和。
（　　）

2. 用等效构件上作用的等效力或等效力矩代替作用于机器上的所有外力和外力矩，则机器的运动规律不变。
（　　）

3. 机械作等速稳定运转时，在任一时间间隔内驱动功等于阻抗功，在任一瞬时机械

的动能增量等于零。 （ ）

4. 机械运转的速度不均匀系数的许用值选得越小，则机器速度波动越小，因此选用时最好取为 0。 （ ）

5. 在机械的起动阶段及停车阶段，动能增量不等于零。 （ ）

6. 内燃机输出的驱动力矩是活塞位置的函数；电动机输出的驱动力矩是转子角速度的函数。 （ ）

7.4.3 选择题

1. 等效构件的等效转动惯量＿＿。
   A. 一定是常数　　B. 一定不是常数　C. 可能小于零　　D. 一定大于零

2. 对于存在周期性速度波动的机器，安装飞轮主要是为了在＿＿阶段进行速度调节。
   A. 起动　　　　　B. 停车　　　　　C. 稳定运转

3. 有 3 个机械系统，它们主轴的 ω_{max} 和 ω_{min} 如下，其中＿＿运转速度最不均匀，＿＿运转速度最均匀。
   A. 1035rad/s、975rad/s　　　　B. 512.5rad/s、487.5rad/s
   C. 525rad/s、475rad/s

4. 飞轮能进行调速，是因为它能＿＿能量。
   A. 产生　　　　　B. 消耗　　　　　C. 储存和释放

5. 在周期性速度波动中，机器在一个周期内的盈亏功之和＿＿。
   A. 大于 0　　　　B. 等于 0　　　　C. 小于 0

6. 在机器中安装飞轮后，＿＿会降低。
   A. 机器运转的速度　　　　　　B. 机器运转的速度波动
   C. 机器运转的机械效率

7. 在机械运转速度波动的一个周期中的某一时间间隔内，当系统出现＿＿时，系统的运动速度＿＿，此时飞轮将＿＿能量。
   A. 亏功、减小、释放　　　　　B. 亏功、加快、释放
   C. 盈功、减小、储存　　　　　D. 盈功、加快、释放

8. 在机械中安装飞轮后可使其周期性速度波动＿＿。
   A. 消除　　　　　B. 变小　　　　　C. 增加　　　　　D. 不变

9. 在机械运转的启动阶段，机械的动能＿＿，并且＿＿。
   A. 减少、输入功大于总消耗功　　　B. 增加、输入功大于总消耗功
   C. 增加、输入功小于总消耗功　　　D. 不变、输入功等于零

7.4.4 分析与计算题

1. 已知 $z_1=20$、$z_2=60$、J_1、J_2、m_3、m_4、M_1、F_4、曲柄长为 l，现取曲柄（构件 2）为等效构件。求图 7-5 所示位置时的 J_e 和 M_e。

2. 在图 7-6 所示的减速器中，已知各轮的齿数 $z_1=z_3=25$，$z_2=z_4=50$，各轮的转动惯量 $J_1=J_3=0.04kg\cdot m^2$，$J_2=J_4=0.16kg\cdot m^2$（忽略各轴的转动惯量），作用在轴Ⅲ上的阻力距 $M_3=100N\cdot m$。试求选取Ⅰ轴为等效构件时，该机构的等效转动惯量 J_e 和等效阻力距 M_r。

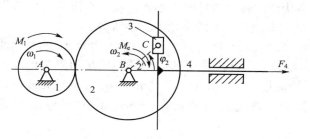
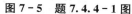

图 7-5 题 7.4.4-1 图

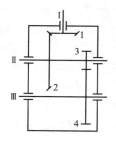

图 7-6 题 7.4.4-2 图

3. 在图 7-7 所示行星轮系中，已知各轮的齿数为 $z_1 = z_2 = 20$，$z_3 = 60$，各构件的质心均在其相对回转轴线上，它们的转动惯量分别为 $J_1 = J_2 = 0.01 \text{kg} \cdot \text{m}^2$，$J_H = 0.16 \text{kg} \cdot \text{m}^2$，行星轮 2 的质量 $m_2 = 2 \text{kg}$，模数 $m = 10 \text{mm}$，作用在系杆 H 上的力矩 $M_H = 40 \text{N} \cdot \text{m}$，方向与系杆的转向相反。求以构件 1 为等效构件时的等效转动惯量 J_e 和等效力矩 M_e。

4. 在图 7-8 所示轮系中，已知 $z_1 = 18$，$z_2 = 27$，$z_3 = 36$，轮 1 上受力矩 $M_1 = 65 \text{N} \cdot \text{m}$，轮 3 上受力矩 $M_3 = 100 \text{N} \cdot \text{m}$，方向如图所示。各轮的转动惯量为 $J_1 = 0.12 \text{kg} \cdot \text{m}^2$，$J_2 = 0.18 \text{kg} \cdot \text{m}^2$，$J_3 = 0.4 \text{kg} \cdot \text{m}^2$（忽略各轴的转动惯量）。求该轮系由静止状态启动后，经过 3s 时轮 1 的角速度 ω_1 和角加速度 α_1。

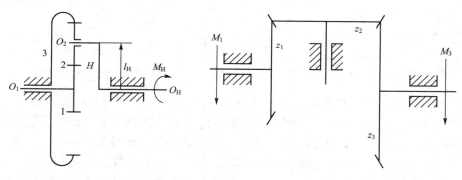

图 7-7 题 7.4.4-3 图   图 7-8 题 7.4.4-4 图

5. 已知某机械主轴与制动器直接相连，以主轴为等效构件时，机械的等效转动惯量 $J_e = 1 \text{kg} \cdot \text{m}^2$，设主轴的稳定运转角速度为 $\omega_s = 150 \text{rad/s}$。求要在 3 秒钟内实现制动时，制动器的制动力矩。

6. 某机械系统的等效阻力矩 M_r 变化曲线如图 7-9 所示，等效驱动力矩 M_d 为常数，$\omega_m = 100 \text{rad/s}$，$[\delta] = 0.05$，不计机器的等效转动惯量 J_e。求：（1）等效驱动力矩 M_d；（2）最大盈亏功 ΔW_{max}；（3）在图上标出 $\varphi_{\omega_{max}}$ 和 $\varphi_{\omega_{min}}$ 的位置；（4）调速飞轮的转动惯量 J_F。

7. 由电动机驱动的某机械系统，已知电动机的转速为 $n = 1440 \text{r/min}$，转化到电动机轴上的等效阻抗力矩 M_{er} 的变化情况如图 7-10 所

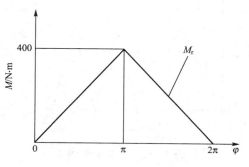

图 7-9 题 7.4.4-6 图

示。设等效驱动力矩 M_{ed} 为常数，各构件的转动惯量略去不计，机械系统运转的许用速度不均匀系数 $[\delta]=0.05$。试确定安装在电动机轴上的飞轮的转动惯量 J_F。

8. 一台发动机驱动的机械系统，以曲柄为等效构件，等效驱动力矩 M_d 的变化曲线如图 7-11 所示，等效阻抗力矩 M_r 为常数，不计机械中其他构件的质量而只考虑飞轮的转动惯量。当其运转的许用速度不均匀系数 $[\delta]=0.02$，平均转速 $n=1000$r/min 时，试确定：（1）等效阻抗力矩 M_r；（2）曲柄的角速度何处最大？何处最小？（3）最大盈亏功 ΔW_{max}；（4）飞轮的转动惯量 J_F。

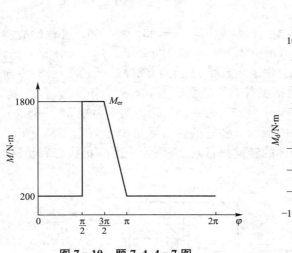

图 7-10 题 7.4.4-7 图

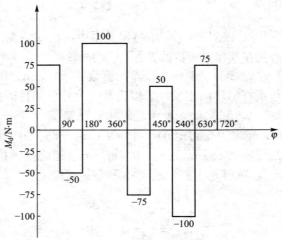

图 7-11 题 7.4.4-8 图

9. 一机械系统所受等效阻抗力矩 M_r 的变化规律如图 7-12 所示。等效驱动力矩为一常数，一个周期内所做的功为 3140N·m，等效构件的转速为 1000r/min。试求当运转不均匀系数 $\delta \leqslant 0.05$ 时，所需的飞轮转动惯量（其余构件的转动惯量忽略不计）。

10. 已知某机组在稳定运转阶段的等效阻抗力矩的变化曲线 M_r-φ 如图 7-13 所示，等效驱动力矩为常数 $M_d=19.6$N·m，主轴的平均角速度 $\omega_m=10$rad/s。为了减小主轴的速度波动，现装一个飞轮，飞轮的转动惯量 $J_F=9.8$kg·m²，主轴本身的等效转动惯量不计。试求主轴运转的速度不均匀系数 δ。

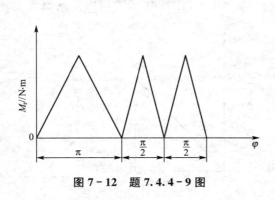

图 7-12 题 7.4.4-9 图

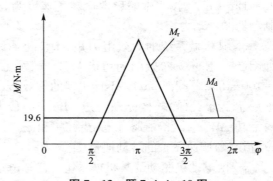

图 7-13 题 7.4.4-10 图

第 8 章
平面连杆机构及其设计

8.1 学习要求、重点及难点

1. 学习要求

（1）了解连杆机构的传动特点及其主要优缺点。

（2）了解平面四杆机构的基本形式、演化形式（演化方法）及平面四杆机构的一些应用实例。

（3）对四杆机构一些基本知识（如四杆机构有曲柄的条件、急回运动及行程速比系数、传动角、死点以及运动连续性等）应有明确的认识，并能分析出常见四杆机构的这些基本特性。

（4）能按连杆的两个（三个）预定位置、两连架杆的两个（三个）对应位置及行程速比系数等条件设计平面四杆机构。

（5）了解实现连杆多个预定位置、两连架杆多个对应位置及预定连杆曲线的平面四杆机构的设计方法。

（6）对多杆机构的功能、特点及类型有所了解。

2. 学习重点

（1）平面四杆机构的基本形式及演化方法。

（2）有关四杆机构的一些基本知识。

（3）平面四杆机构的一些基本设计方法。

3. 学习难点

（1）机构设计的反转法原理。

（2）按连杆的多个精确位置、两连架杆多对对应位置或轨迹的多个精确点的平面四杆机构设计。

8.2 学习指导

1. 平面四杆机构的类型

连杆机构的应用非常广泛，在日常生活和生产中经常遇到各种形式的连杆机构，尽管连杆机构的外形千变万化，但通过用机构运动简图来表示及机构的演化知识，可将其归纳为少数几种基本类型，这就为连杆机构的分析和综合提供了方便，也为将来连杆机构的结构设计提供了很大的自由度。另外，本章内容实际上是以平面四杆机构的基本形式——铰链四杆机构为主线展开的，即主要介绍铰链四杆机构的基本知识和机构设计的内容。也就是说，只要很好地掌握了铰链四杆机构的基本知识和设计方法，就不难将这些基本知识和设计方法推广应用到其他演化形式的平面四杆机构上。

1）平面四杆机构的基本形式

平面四杆机构的基本形式有曲柄摇杆机构、双曲柄机构和双摇杆机构3种，如图8-1所示。

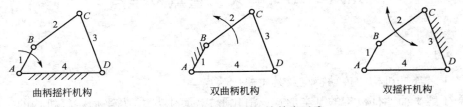

| 曲柄摇杆机构 | 双曲柄机构 | 双摇杆机构 |

图 8-1 平面四杆机构的基本形式

2）平面四杆机构的演化形式及其演化方法

（1）改变构件的形状和运动尺寸（变转动副为移动副），如图8-2和图8-3所示。

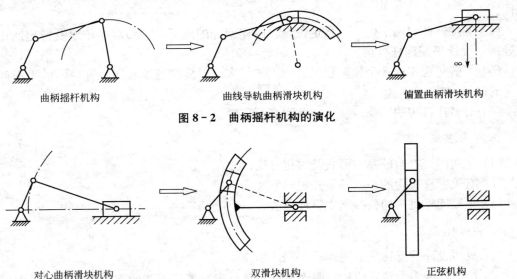

曲柄摇杆机构　　　曲线导轨曲柄滑块机构　　　偏置曲柄滑块机构

图 8-2 曲柄摇杆机构的演化

对心曲柄滑块机构　　　双滑块机构　　　正弦机构

图 8-3 曲柄滑块机构的演化

　　由改变构件的形状及运动尺寸所作的机构演化可知，移动副可认为是转动副的一种特殊情况，即转动中心位于垂直移动副导路的无限远处的一个转动副。从工程实际的角度来看，往往可以把无限远理解为足够远的一个有限值，这样就可把含有移动副的四杆机构与全转动副的四杆机构完全统一起来，将铰链四杆机构的结论直接推广到含移动副的四杆机构中去。

　　（2）改变运动副尺寸（变曲柄为偏心轮），如图8-4所示。

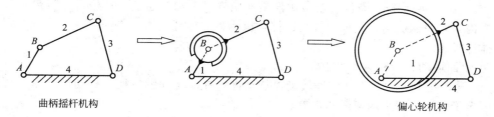

曲柄摇杆机构　　　　　　　　　　　　　　　　　　　　偏心轮机构

图8-4　偏心轮机构的形式

　　由改变运动副的尺寸所作的机构演化可知，偏心轮机构与曲柄摇杆机构在运动学上是完全等效的。当然从强度的观点来说，偏心轮的强度要高得多；而从摩擦的观点，由于 $M_f = f_v Gr$，因偏心轮的半径 r 大得多，故其摩擦损耗也就大得多。这些知识一般分散在全书各处，甚至分散在不同学科中，但在解决工程实际的问题时，必须联系在一起综合考虑，统筹兼顾，才能做出正确的决策。

　　（3）取不同构件为机架（机构的倒置），如图8-1和图8-5所示。

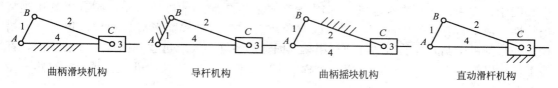

曲柄滑块机构　　　　　　导杆机构　　　　　　曲柄摇块机构　　　　　　直动滑杆机构

图8-5　机构的倒置

　　选取不同构件作为机架的演化是相对运动原理在机械学中的应用。如图8-5所示的曲柄滑块机构以杆4为机架，若给整个机构加上一个 $-\omega_1$（或 $-\omega_2$、或 $-\omega_3$）角速度后，各构件之间的相对运动虽未改变，但各构件的绝对运动却改变了，机构变成了以杆1（或杆2、或杆3）为机架的四杆机构。利用机构的倒置，可将已知机架位置求连杆上铰链位置的设计以及已知两连架杆对应位置的设计转化为简单的已知连杆位置求机架上铰链位置的设计问题。

　　（4）运动副元素的逆换，如图8-6所示。

　　由低副的运动副元素可以逆换知，导杆机构和曲柄摇块机构在运动学上是完全等效的。

　　2. 四杆机构的基本知识

　　有关四杆机构的基本知识是深入了解四杆机构性能的重要基础，应给以足够的重视。对这部

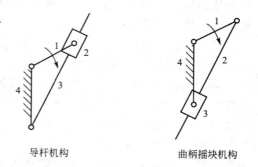

导杆机构　　　　　　曲柄摇块机构

图8-6　运动副两元素的包容关系逆换

分内容的学习，仍要以掌握铰链四杆机构的基本知识为重点。在此基础上，再利用机构的演化可将这些基本知识推广到其他演化形式的四杆机构的分析上去。

1）曲柄存在的条件

（1）存在周转副条件：满足杆长条件时，则最短杆两端的转动副为周转副，其余的为摆转副；不满足杆长条件时，则无周转副。

（2）存在曲柄条件：满足杆长条件，且最短杆为连架杆或机架。

（3）推论：满足杆长条件，若最短杆是连架杆，机构为曲柄摇杆机构；若最短杆是机架，机构为双曲柄机构；若最短杆是连杆，机构为双摇杆机构。不满足杆长条件，则机构为双摇杆机构。

2）急回运动和行程速比系数

（1）急回运动：原动件作匀速转动，从动件作往复运动的机构，从动件工作行程的平均速度慢于空回行程平均速度的现象。

（2）极位夹角θ：当输出构件在两极位时，原动件所处两个位置之间所夹的锐角。

（3）曲柄摇杆机构的行程速度变化系数（行程速比系数）K：摇杆空回行程与工作行程平均速度之比，它表明了急回运动的急回程度，$K=\dfrac{180°+\theta}{180°-\theta}\left(\theta=180°\dfrac{K-1}{K+1}\right)$。

（4）注意事项：①曲柄摇杆机构一般有急回运动，但也可能无急回运动（属于特例）。机构是否有急回运动需用极位夹角来判断：若$\theta\neq0$，则有急回运动；若$\theta=0$，就无急回运动。②急回运动有方向性，即有急回运动的四杆机构，其曲柄反向转动就变成急进运动。③急回运动应用有3种情况：一般机械大多利用慢进快退的特性，以节约辅助时间（如：牛头刨床、插床、往复式输送机）；但在破碎矿石、焦炭等的破碎机中，则利用其快进慢退特性，使矿石有充足的时间下落，以避免矿石被多次破碎而形成过粉碎；也有一些机械，如收割机中割刀片的运动等则利用无急回运动特性，要求进程和回程的速度相同，都能工作，以提高工效。由此可见机械工程要求的多样性，故在设计机械时我们的思路一定要放开。

3）压力角和传动角

（1）压力角α和传动角γ：压力角和传动角是表征机构传力性能好坏的重要指标，连杆机构、凸轮机构、齿轮机构等中都涉及压力角的问题，所以一定要把压力角的概念弄清楚。压力角是指不考虑摩擦时，机构输出构件上作用力F的作用线与该力作用点绝对速度方向所夹的锐角。传动角和压力角互为余角，两者的作用是相当的。由于在连杆机构中连杆和从动件之间所夹的锐角即为传动角，很直观，也便于计算，故连杆机构中常采用传动角来表征其传力性能的好坏。

（2）最小传动角γ_{min}：①在分析现有连杆机构的特性或评判所设计连杆机构的性能时，根据传动角大小对其机构的传力性能好坏可直观、快捷地做出评判。从传力性能来看，传动角越大越好。②在机构运动过程中，传动角的大小是变化的，为了保证机构具有良好的传力性能，推荐传力大的机构$\gamma_{min}\geqslant40°\sim50°$，但对一些受力很小或不常使用的操纵机构，当空间尺寸受到限制时，最小传动角可以小一些，只要不自锁即可。③连杆机构传力性能评判的关键是要正确确定出其机构的最小传动角。曲柄摇杆机构的最小传动角出现在曲柄与机架共线的两位置之一，这两个位置的传动角较小者即为此机构的最小传动角。

4）死点

（1）平面连杆机构中，若以往复运动构件为主动件，当连杆与从动件共线时（$\gamma = 0°$），主动件通过连杆作用于从动件上的力恰好通过从动件的回转中心，而不能使从动件转动，出现了顶死现象，此位置叫做机构的死点位置。这时不论驱动力多大，都不能使机构运动。这一点似乎与"自锁"相似，但两者的实质是不同的。机构之所以发生自锁，是由于机构中存在摩擦的关系；而当连杆机构处于死点时，即使不存在摩擦，机构也不能运动，这就是它们之间的区别。在计及摩擦时，当连杆与从动件接近共线时，机构就自锁了。

（2）连杆机构的死点也是机构的转折点。在死点机构是不能运动的，但因一些偶然因素（如冲击振动等），机构可能会动起来，但这时从动件的转向可能正转也可能反转，即从动件的运动方向在该处可能发生转折，故死点又叫转折点。

（3）可借助惯性（如安装飞轮）或相同机构错位组合来克服死点。

5）运动连续性

连杆机构的运动连续性是指连杆机构在运动过程中能否连续实现给定的各个位置的问题。在设计连杆机构时，不能要求其从动件在两个不连通的区域内连续运动，否则会出现错位不连续。此外，连杆应按预定的次序要求来运动，避免出现错序不连续。因此，常需要检查所设计的机构是否满足运动连续性的要求。

3. 平面连杆机构的应用

（1）实现有位置、运动规律或轨迹要求的运动，如图8-7所示。

（2）实现从动件运动形式及运动特性的改变，如图8-8所示。

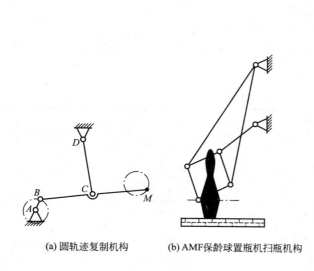

(a) 圆轨迹复制机构　　(b) AMF保龄球置瓶机扫瓶机构

图8-7　平面连杆机构的应用一

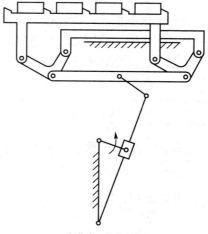

步进式工件传送机构

图8-8　平面连杆机构的应用二

（3）实现较远距离的传动或操纵（自行车手闸）。

（4）调节、扩大从动件行程，如图8-9所示。图(a)通过调节α可改变滑块D的行程；图(b)将曲柄CD变长，滑块行程加大。

（5）获得较大的机械效益：机械效益为输出力（矩）与输入力（矩）之比。如图8-10（a）所示的肘杆机构、图8-10(b)所示的剪切机构均可使机械效益加大。

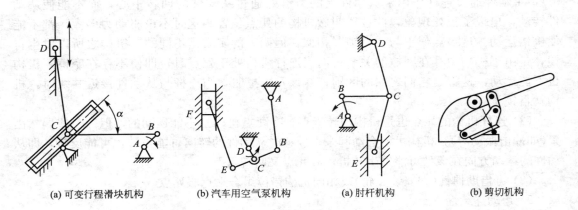

| (a) 可变行程滑块机构 | (b) 汽车用空气泵机构 | (a) 肘杆机构 | (b) 剪切机构 |

图8-9　平面连杆机构的应用三　　　　　**图8-10　平面连杆机构的应用四**

4. 四杆机构的设计

1）基本任务

（1）满足设计要求的运动规律。

（2）满足其他各种附加条件，如结构条件（如要求存在曲柄、杆长比适当等）、动力条件（如适当的传动角等）和运动连续条件。

2）三类基本设计问题

（1）刚体引导问题：按预定连杆位置设计。

（2）函数生成问题：按两连架杆对应位置（角位移）设计。

（3）轨迹生成问题：按预定的轨迹设计。

3）设计方法（表8-1）

表8-1　设计方法

设计问题	已知条件	设计方法	
按预定连杆位置设计	活动铰链位置	图解法	或解析法
	固定铰链位置	反转图解法	
按两连架杆对应位置（角位移）设计	二对对应位置	反转图解法	
	三对对应位置	点位归并法	
	多对对应位置	样板试凑法	
按预定的轨迹设计	轨迹上五个点	点位归并法	
	轨迹上多个点	实验试凑法	
	轨迹形状	连杆曲线图谱法	
按给定的急回运动要求设计	行程速度变化系数 K、摇杆长度及摆角	图解法	

8.3 典型例题解析

例8-1 图8-11(a)为一偏置曲柄滑块机构，设曲柄 $AB=r$，连杆 $BC=l$，偏距为 e。求该偏置曲柄滑块机构有曲柄的条件。

解：解法一： 应用铰链四杆机构有曲柄的条件，将该曲柄滑块机构中的移动副视为转动中心位于垂直于滑块导路无穷远处的转动副，则可推导出机构有曲柄存在的条件。

如图(b)所示，该偏置曲柄滑块机构中：$l_{\min}=AB=r$，$l_{\max}=CD+e$

有曲柄的条件：$r+(\overline{CD}+e)\leqslant l+\overline{CD}$，从而得出：$r+e\leqslant l$

解法二： 如图(b)所示，B_1、B_2 为 AB 成为曲柄的关键点。AB 要想通过 B_1、B_2 点实现整周回转，必须满足下列条件：$\begin{cases} l\geqslant r+e \\ l\geqslant r-e \end{cases}$，从而得出：$r+e\leqslant l$

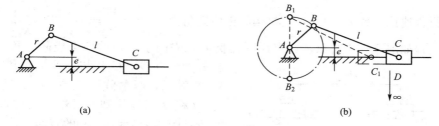

图8-11 例8-1图

例8-2 图8-12(a)为开槽机上所用的急回机构。原动件 BC 作匀速转动，已知 $a=80\text{mm}$，$b=200\text{mm}$，$l_{AD}=100\text{mm}$，$l_{DF}=400\text{mm}$。(1)确定滑块 F 的上、下极限位置；(2)确定机构的极位夹角；(3)欲使极位夹角增大，BC 的杆长 b 应当如何调整？

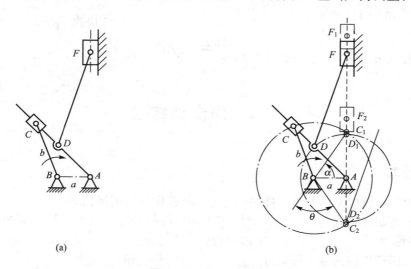

图8-12 例8-2图

解：（1）由于 $a=80\text{mm}<b=200\text{mm}$，所以四杆机构 ABC 为转动导杆机构，导杆 AC 也是曲柄滑块机构 ADF 的曲柄，则滑块 F 的上、下极限位置如图（b）中 F_1、F_2。

$$l_{AF_1}=l_{DF}+l_{AD}=400+100=500\text{mm}, \quad l_{AF_2}=l_{DF}-l_{AD}=400-100=300\text{mm}$$

（2）对应滑块 F 的极限位置，可以确定出导杆 AC 上点 C 的位置在滑块 F 的导路上，如图（b）中 C_1、C_2。由图（b）中几何关系得：$\alpha=\arccos\dfrac{a}{b}=\arccos\dfrac{80}{200}=66.42°$。

则极位夹角 $\theta=180°-2\alpha=47.16°$。

（3）欲使极位夹角增大，应使 α 角减小，所以 BC 的杆长 b 就应当减小。

此机构由一转动导杆机构和一对心曲柄滑块机构组成，两机构均无急回特性。经图示组合后整个机构存在急回特性。由此例可见，在设计中若能对机构进行适当组合可使机构获得新的性能。

例 8-3　设计一个偏置曲柄滑块机构，已知滑块两极限位置之间的距离 $\overline{C_1C_2}=50\text{mm}$，导路的偏距 $e=20\text{mm}$，机构的行程速比系数 $K=1.5$。试确定曲柄和连杆的长度 l_{AB}、l_{BC}。

解：行程速比系数 $K=1.5$，则机构的极位夹角为 $\theta=180°\dfrac{K-1}{K+1}=180°\times\dfrac{1.5-1}{1.5+1}=36°$

作图过程如图 8-13 所示，选定作图比例 μ_1，先画出滑块的两个极限位置 C_1 和 C_2，

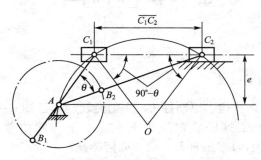

再分别过点 C_1、C_2 作与直线 C_1C_2 成 $90°-\theta=54°$ 的射线，两射线交于点 O。以点 O 为圆心，OC_2 为半径作圆，再作一条与直线 C_1C_2 平行且距离为 $e=20\text{mm}$ 的直线，该直线与先前所作的圆的交点就是固定铰链点 A。

直接由图中量取 AC_1、AC_2 的长度，再乘以作图比例尺 μ_1，得：

$$AC_1=25\text{mm}, \quad AC_2=68\text{mm}$$

图 8-13　例 8-3 图

曲柄 AB 的长度为 $l_{AB}=\dfrac{AC_2-AC_1}{2}=$ $\dfrac{68-25}{2}=21.5\text{mm}$。连杆 BC 的长度为 $l_{BC}=\dfrac{AC_1+AC_2}{2}=\dfrac{25+68}{2}=46.5\text{mm}$。

8.4　同步训练题

8.4.1　填空题

1. 平面连杆机构是由多个构件用_____连接而形成的机构。

2. 在铰链四杆机构中，与机架直接相连的构件称为_____，其中能相对于机架作整周回转的称为_____，不能作整周回转的称为_____。

3. 铰链四杆机构的基本形式有_____、_____和_____。

4. 平行四边形机构的两个显著运动特征为_____、_____。

5. 在双摇杆机构中，若两摇杆长度相等并最短，则构成_____机构。

6. 在曲柄摇杆机构中，变_____而形成曲柄滑块机构；在曲柄滑块机构中，变_____而形成偏心轮机构；一对心曲柄滑块机构，若以滑块为机架，则将演化成_____机构。

7. 在曲柄滑块机构中，若增大曲柄长度，则滑块行程将_____。

8. 在铰链四杆机构中，当最短杆与最长杆长度之和大于其他两杆长度之和时，只能获得_____机构。

9. 在图 8-14 所示构件系统中，已知 $a=60\mathrm{mm}$，$b=65\mathrm{mm}$，$c=30\mathrm{mm}$，$d=80\mathrm{mm}$。将构件_____作为机架，则得到曲柄摇杆机构。

10. 在图 8-15 所示运动链中，若以 a 杆为机架可获得_____机构；若以 b 杆为机架可获得_____机构。

11. 在曲柄摇杆机构中，如果将_____作为机架，则与机架相连的两杆都可以作_____运动，即得到双曲柄机构。

12. 在双曲柄机构中，如果将_____对面的杆作为机架时，则与机架相连的两杆均为摇杆，即得到双摇杆机构。

13. 平行四边形机构的极位夹角 $\theta=$_____，行程速比系数 $K=$_____。

14. 在平面四杆机构中，能实现急回运动的机构有_____、_____、_____。

15. 在平面四杆机构中，_____或_____为反映机构传力性能的重要指标。

16. 机构的压力角 α 是指_____。压力角越大，则平面连杆机构的传力性能越_____。

17. 铰链四杆机构某一位置的压力角 $\alpha=40°$，则机构在该位置的传动角 $\gamma=$_____。

18. 压力角为恒定值的平面四杆机构是_____。在该机构中，若以曲柄为原动件，则机构的压力角为_____，其传动角为_____。

19. 一对心曲柄滑块机构的曲柄长为 a，连杆长为 b，则最小传动角 $\gamma_{\min}$ 等于_____，它出现在_____位置。

20. 图 8-16 所示为一偏置曲柄滑块机构，AB 杆成为曲柄的条件是_____。若以曲柄为主动件，机构的最大压力角 $\alpha_{\max}=$_____，发生在_____位置。

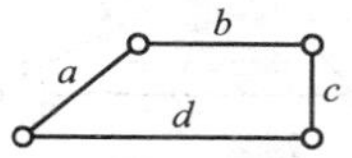

图 8-14 题 8.4.1-9 图 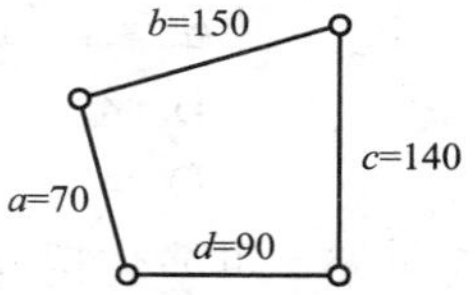　　图 8-15 题 8.4.1-10 图 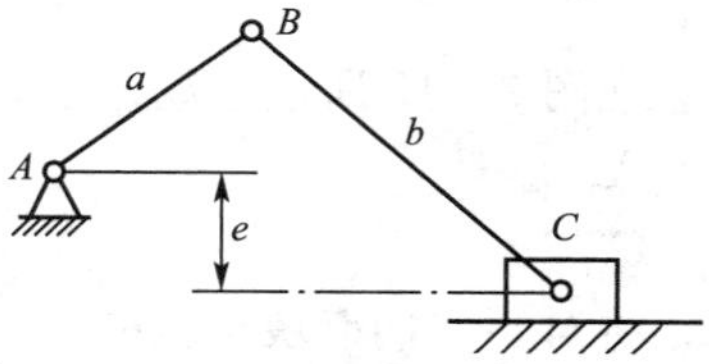　　图 8-16 题 8.4.1-20 图

21. 在曲柄摇杆机构中，只有取_____为主动件时，才会出现死点。处于死点位置时，机构的传动角 $\gamma=$_____，压力角 $\alpha=$_____。

22. 铰链四杆机构连杆上某点精确的运动轨迹取决于_____个机构参数；用铰链四杆机构能精确再现_____个给定的连杆平面位置。

8.4.2 判断题

1. 在平面连杆机构中，连杆与曲柄是同时存在的，即有连杆就有曲柄。　　　（　　）

2. 将对心曲柄滑块机构中的曲柄作为机架，则机构成为曲柄摇块机构。 （　　）

3. 在铰链四杆机构中，若有曲柄存在，则曲柄必为最短杆。 （　　）

4. 在铰链四杆机构中，若有周转副，则必有曲柄。 （　　）

5. 在铰链四杆机构中，只要最短杆为机架，必为双曲柄机构。 （　　）

6. 在铰链四杆机构中，取最长杆作为机架，就可得到双摇杆机构。 （　　）

7. 一个铰链四杆机构若为双摇杆机构，则最短杆与最长杆长度之和一定大于其他两杆长度之和。 （　　）

8. 从动件正向运动的阻力与反向运动的阻力不同是连杆机构产生急回运动的原因。 （　　）

9. 曲柄摇杆机构的极位夹角 θ 越大，则机构的急回运动特性越显著。 （　　）

10. 要使平面四杆机构具有急回运动特性，则其极位夹角应满足 $\theta > 0°$。 （　　）

11. 曲柄滑块机构都具有急回运动特性。 （　　）

12. 在对心曲柄滑块机构中，若曲柄为主动件，则滑块的行程速比系数一定等于1。 （　　）

13. 以曲柄为原动件的所有摆动导杆机构都具有急回运动特性。 （　　）

14. 若要使平面连杆机构受力良好，运转灵活，希望其传动角 γ 大一些。 （　　）

15. 平面四杆机构的压力角大小不仅与机构中主、从动件的选取有关，还随构件尺寸及机构所处位置的不同而变化。 （　　）

16. 在曲柄摇杆机构中，当以曲柄为主动件时，最小传动角出现在曲柄与机架两次共线位置之一。 （　　）

17. 在曲柄摇杆机构中，若以摇杆为原动件，当摇杆与连杆共线时，机构出现死点。 （　　）

18. 对于传动机构来讲，死点是不利的，应采取措施使机构能顺利通过死点。 （　　）

19. 机构处于死点与机构的自锁现象在实质上是相同的。 （　　）

20. 在曲柄滑块机构中，当以曲柄为原动件时，存在死点。 （　　）

8.4.3　选择题

1. 在图8-17所示运动链中，以构件____为机架，可获得曲柄摇块机构。

A. 1　　　　　　　　　　　　　　B. 2

C. 3　　　　　　　　　　　　　　D. 4

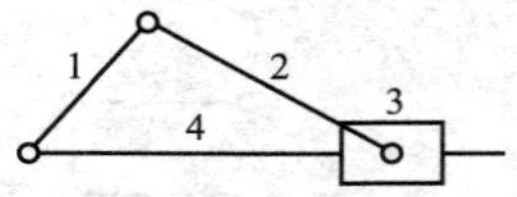

2. 将对心曲柄滑块机构的____作为机架，可演化得到导杆机构。

图8-17　题8.4.3-1图

A. 滑块　　　　　　B. 连杆　　　　　　C. 机架　　　　　　D. 曲柄

3. 在曲柄摇杆机构演化得到的偏心轮机构中，偏心轮为曲柄，则扩大的是____相连的转动副。

A. 机架与曲柄　　　B. 曲柄与连杆　　　C. 连杆与摇杆　　　D. 摇杆与机架

4. 要将一个曲柄摇杆机构变为双摇杆机构，可用倒置法将原机构的____变为机架。

A. 曲柄　　　　　　B. 连杆　　　　　　C. 摇杆

5. 在下列机构中，____能把转动转换成往复摆动；____能把转动转换成往复直线运动，也可以把往复直线运动转换成转动。

A. 曲柄摇杆机构　　B. 双曲柄机构　　　C. 双摇杆机构

D. 曲柄滑块机构　　E. 摆动导杆机构　　F. 转动导杆机构

6. 在图示铰链四杆机构中，____是双曲柄机构。

A.　　　　　　　　B.　　　　　　　　C.　　　　　　　　D.

7. 在双曲柄机构中，$a = 80$mm，$b = 150$mm，$c = 120$mm，若 a 为机架，则 d 杆的长度范围是____。

A. $0 < d \leqslant 50$mm

B. $0 < d \leqslant 110$mm

C. 110mm $\leqslant d \leqslant 190$mm

D. $d \geqslant 190$mm

8. 在曲柄摇杆机构中，当____共线时，摇杆处于极限位置。

A. 曲柄与机架

B. 摇杆与机架

C. 曲柄与连杆

D. 摇杆与连杆

9. 曲柄滑块机构的行程速比系数为____。

A. $K > 1$

B. $1 \leqslant K < 3$

C. $K < 1$

10. 在以曲柄为主动件的曲柄摇杆机构中，机构的传动角是____。

A. 摇杆两个极限位置之间的夹角

B. 连杆与曲柄之间所夹的锐角

C. 连杆与摇杆之间所夹的锐角

D. 摇杆与机架之间所夹的锐角

11. 在设计连杆机构时，为使机构具有良好的传力性能，应使____。

A. 传动角和压力角都小一些

B. 传动角和压力角都大一些

C. 传动角大一些，压力角小一些

D. 传动角小一些，压力角大一些

12. 在曲柄摇杆机构中，当曲柄与____处于两次共线位置之一时出现最小传动角。

A. 连杆

B. 摇杆

C. 机架

13. 对心曲柄滑块机构以曲柄为原动件时，其最大传动角 $\gamma_{max} = $____。

A. $30°$

B. $45°$

C. $90°$

14. 在曲柄摇杆机构中，若曲柄为主动件，____死点。

A. 曲柄与连杆共线时出现

B. 摇杆与连杆共线时出现

C. 不存在

15. 在以摇杆为主动件的曲柄摇杆机构中，曲柄在死点瞬时的运动方向是____。

A. 原运动方向

B. 反方向

C. 不定的

16. 以摇杆为主动件的曲柄摇杆机构处于死点时，作用在曲柄上的力矩____。

A. $M > 0$

B. $M = 0$

C. $M < 0$

17. 双曲柄机构____死点。

A. 存在

B. 可能存在

C. 不存在

18. 在曲柄摇杆机构中，连杆作____。

A. 平面运动

B. 定轴转动

C. 摆动

D. 移动

8.4.4 分析与计算题

1. 在图 8-18 所示的偏心轮机构中，1 为偏心轮，2 为滑块，3 为摆轮，4 为机架。试绘制该机构的运动简图，计算其自由度，并说明它属于何种机构？

2. 在图 8-19 所示的冲床冲头装置中，当偏心轮 1 绕固定中心 A 转动时，构件 2 绕活动中心 C 摆动，同时带着冲头 3 上下移动，点 B 为偏心轮的几何中心。问该装置是何种机构？它是如何演化来的？

3. (1)试述铰链四杆机构曲柄存在的条件；(2)根据图 8-20 中所注尺寸判断它们是哪一种铰链四杆机构，并写出判断过程。

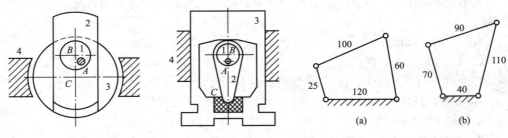

图 8-18　题 8.4.4-1 图　　图 8-19　题 8.4.4-2 图　　图 8-20　题 8.4.4-3 图

4. 在图 8-21 所示运动链中，已知 $a=150\text{mm}$，$b=500\text{mm}$，$c=300\text{mm}$，$d=400\text{mm}$。欲设计一个铰链四杆机构，机构的输入运动为单向连续转动，确定在下列情况下，应取哪一个构件为机架？(1)输出运动为往复摆动；(2)输出运动也为单向连续转动。

5. 在图 8-22 所示铰链四杆机构中，已知：$l_{BC}=50\text{mm}$，$l_{CD}=35\text{mm}$，$l_{AD}=30\text{mm}$，AD 为机架。(1)此机构为曲柄摇杆机构，且 AB 是曲柄，求 l_{AB} 最大值；(2)若此机构为双曲柄机构，求 l_{AB} 的最小值；(3)若此机构为双摇杆机构，求 l_{AB} 的取值范围。

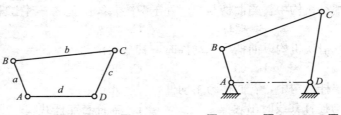

图 8-21　题 8.4.4-4 图　　　　图 8-22　题 8.4.4-5 图

6. 图 8-23 所示为毛纺设备洗毛机中所采用的双重偏心轮机构，偏心轮 1 可以在偏心轮 2 中相对转动，偏心轮 2 可以在构件 3 的圆环中相对转动。试绘制其在图示位置时的机构运动简图(所需尺寸可直接从图中量取)，并回答下列问题：(1)当偏心轮 1 为原动件时，该机构是否有确定的运动？(2)偏心轮 1 能否作整周转动？(3)从强度、效率、自锁等方面来分析，该机构有何优缺点？

7. 图 8-24(a)为偏置曲柄滑块机构，图 8-24(b)为摆动导杆机构时。(1)说明如何从一个曲柄摇杆机构演化为图(a)的曲柄滑块机构，再演化为图(b)的摆动导杆机构；(2)确定图(a)、(b)中构件 AB 为曲柄的条件；(3)画出图(a)、(b)中构件 3 的极限位置，并标出极位夹角 θ。

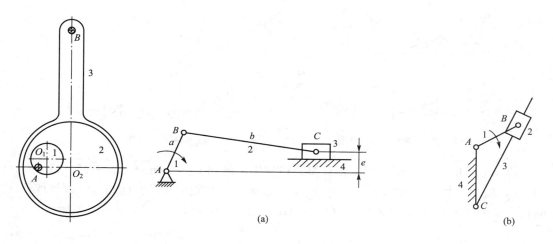

图8-23 题8.4.4-6图

图8-24 题8.4.4-7图

8. 在偏置曲柄滑块机构中，已知连杆长为 $l=100$mm，偏距 $e=20$mm，曲柄为原动件。试求：（1）曲柄长度 r 的取值范围；（2）若给定曲柄长为 $r=60$mm，那么滑块的行程速比系数 $K=$？

9. 试求图8-25所示机构的最大压力角 α_{max} 和最小传动角 γ_{min}。

10. 图8-26所示为一曲柄摇杆机构，各杆长度如图所示，设曲柄 AB 为原动件，试用作图的方法作出：（1）该机构的极位夹角 θ；（2）该机构的最小传动 γ_{min}；（3）若要使摇杆向右摆动时速度慢、向左摆动时速度快，在图中标出曲柄的合理转向。

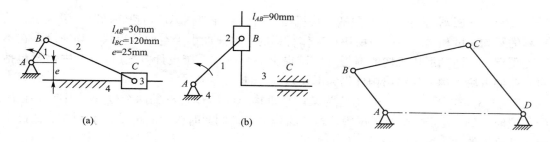

图8-25 题8.4.4-9图

图8-26 题8.4.4-10图

11. 在图8-27所示的导杆机构中，已知 $l_{AB}=40$mm，偏距 $e=10$mm。试问：（1）若使其为摆动导杆机构，l_{AD} 的最小值为多少？（2）若 l_{AB} 不变，而 $e=0$，欲使其为转动导杆机构，l_{AD} 的最大值为多少？（3）若 AB 为原动件，试比较在 $e=0$ 和 $e>0$ 两种情况下，摆动导杆机构的传动角哪个是常数？哪个是变化的？哪种情况的传力效果好？

12. 在图8-28所示偏置曲柄滑块机构中，已知滑块行程为80mm，当滑块处于两个极限位置时，机构压力角各为30°和60°。试求：（1）杆长 l_{AB}、l_{BC} 及偏距 e；（2）机构的行程速比系数 K；（3）机构的最大压力角 α_{max}。

13. 在图8-29所示机构中，以构件1为主动件，机构是否会出现死点？以构件3为主动件，机构是否会出现死点？画出机构的死点，并标明机构的主动件是哪一个构件。

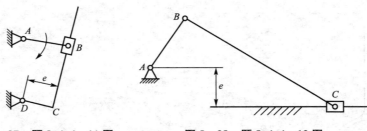

图 8-27　题 8.4.4-11 图　　　图 8-28　题 8.4.4-12 图

14. 在图 8-30 所示的齿轮-连杆组合机构中，已知 $l_{AB}=45$mm，$l_{BC}=100$mm，$l_{CD}=70$mm，$l_{AD}=120$mm。试分析：(1)齿轮 1 能否绕 A 点作整周转动？(说明理由)(2)该机构的自由度为多少？(要有具体计算过程)(3)在图示位置瞬心 P_{13} 在何处？$i_{13}=$？

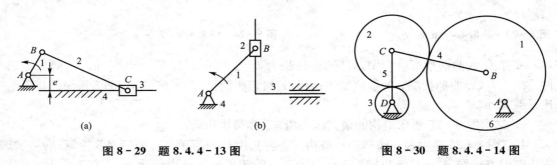

(a)　　　　　　　　(b)

图 8-29　题 8.4.4-13 图　　　　图 8-30　题 8.4.4-14 图

8.4.5　分析与设计题

1. 图 8-31 所示为一对心曲柄滑块机构，当原动件曲柄 AB 匀速转动时，滑块正、反行程的平均速度相等。现欲使滑块在工作行程的平均速度小于空回行程的平均速度，在不改变现有对心曲柄滑块机构的前提下，试提出一个机构系统设计方案(该方案中仍要包括对心曲柄滑块机构，且输出构件仍为滑块)，画出机构示意图。

2. 图 8-32 所示 B_1C_1 和 B_2C_2 为某四杆机构 AB_1C_1D 连杆的两个位置，当连杆在 B_1C_1 位置时，DC_1 处于一个极限位置，若 AB_1 作原动件则此时机构的传动角 $\gamma=60°$。试确定该四杆机构的两个固定铰链 A、D 的位置。

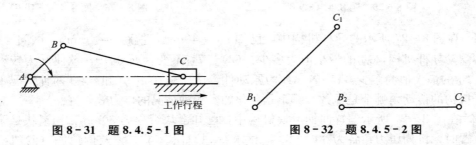

工作行程

图 8-31　题 8.4.5-1 图　　　　图 8-32　题 8.4.5-2 图

3. 如图 8-33 所示，设计一曲柄摇杆机构。已知摇杆 CD 的行程速比系数 $K=1$，摇杆的长度 $l_{CD}=150$mm，摇杆的极限位置与机架所成的角度 $\varphi'=30°$ 和 $\varphi''=90°$。用图解法求曲柄的长度 l_{AB} 和连杆的长度 l_{BC}。

4. 用图解法设计一铰链四杆机构 $ABCD$。已知机架 $AD=80$mm，主动连架杆 $AB=20$mm，如图 8-34 所示。要求 AB 在与机架相垂直的位置时，机构的传动角等于 $90°$，且当 AB 从该位置起顺时针转过 $90°$ 与机架 AD 相重叠时，从动连架杆 CD 逆时针转过 $60°$。试求连杆 BC 和从动连架杆 CD 的长度。该机构属何种形式的铰链四杆机构？写明其简要的设计步骤。

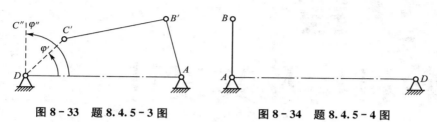

图 8-33 题 8.4.5-3 图   图 8-34 题 8.4.5-4 图

第9章
凸轮机构及其设计

9.1 学习要求、重点及难点

1. 学习要求

(1) 了解凸轮机构的类型和应用。
(2) 对推杆的基本运动规律、组合运动规律和推杆运动规律的选择有明确的概念。
(3) 掌握盘形凸轮廓线的设计方法。
(4) 对凸轮机构的压力角和自锁有明确的概念。
(5) 能确定盘形凸轮机构的基本尺寸。

2. 学习重点

(1) 推杆常用的运动规律。
(2) 盘形凸轮廓线的设计方法。
(3) 凸轮机构的压力角与机构的受力情况和机构尺寸的关系。

9.2 学 习 指 导

1. 凸轮机构的分类

凸轮机构的最大优点是能使推杆获得各种预期的运动规律,便于与其他机构协调配合工作,因而应用广泛。凸轮机构的类型很多,可根据凸轮的形状、推杆的端部结构、推杆的运动形式、推杆与凸轮的相对位置以及凸轮高副的锁合方式等对其进行综合分类,应熟练掌握凸轮机构的这些分类方法。

1）按凸轮形状分类（图9-1）

平面凸轮（盘形凸轮、移动凸轮）、空间凸轮（圆柱凸轮、端面凸轮）。

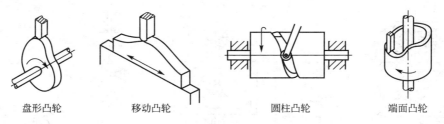

盘形凸轮　　　　移动凸轮　　　　　圆柱凸轮　　　　端面凸轮

图9-1　凸轮的种类

2）按推杆端部结构分类（图9-2）

（1）尖顶推杆：尖顶可与任意凸轮轮廓保持接触，能实现任意预期的运动规律，点接触，滑动摩擦，磨损快，用于低速、轻载的凸轮机构。

（2）滚子推杆：滚子与凸轮之间为滚动摩擦，耐磨损，承载较大，应用最普遍。

（3）平底推杆：不能与凹陷的凸轮轮廓接触，接触面间易形成油膜，利于润滑，常用于高速的场合。

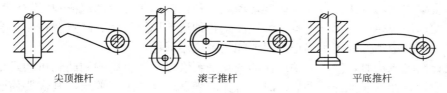

尖顶推杆　　　　　　滚子推杆　　　　　　平底推杆

图9-2　推杆的种类

3）按推杆运动形式分类（图9-3）

直动推杆、摆动推杆。

4）按直动推杆与凸轮的相对位置分类（图9-4）

对心推杆、偏置推杆。

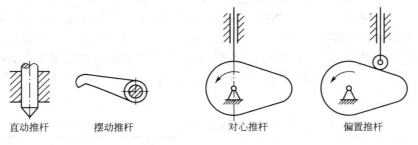

直动推杆　　　摆动推杆　　　　　对心推杆　　　　偏置推杆

图9-3　推杆的运动形式　　　　**图9-4　对心和偏置推杆**

5）按凸轮与推杆高副接触的方式分类（图9-5）

力封闭（力锁合）——利用推杆的重力、弹簧力使推杆与凸轮保持接触；几何封闭（形封闭、形锁合）——利用凸轮或推杆的特殊几何结构使凸轮与推杆保持接触（如沟槽凸轮机构、等宽凸轮机构、等径凸轮机构、共轭凸轮机构等）。

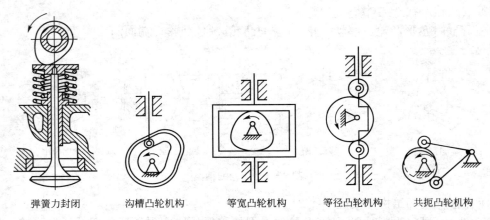

弹簧力封闭　　沟槽凸轮机构　　等宽凸轮机构　　等径凸轮机构　　共扼凸轮机构

图 9 - 5　力封闭和几何封闭的凸轮机构

2. 推杆的运动规律

推杆的位移 s、速度 v 和加速度 a 随凸轮转角 δ（或时间 t）的变化规律称为推杆的运动规律。常用的推杆运动规律又可分为基本运动规律（等速运动规律、等加速等减速运动规律、五次多项式运动规律、余弦加速度运动规律和正弦加速度运动规律）和组合运动规律。学习推杆的运动规律这一部分内容时，应注意各种运动规律的优、缺点及适用场合。对于各种运动规律的运动方程不用强记，只要能正确应用即可。

在设计凸轮机构时，推杆运动规律的选择是否恰当将严重影响到凸轮机构乃至整个机器的工作质量。在选择推杆运动规律时，首先应满足机器的工作要求，其次要使凸轮机构具有良好的动力特性，最后要考虑到便于凸轮轮廓曲线的加工。在满足前两点的前提下，若实际工作中对推杆的推程和回程无特殊要求，应考虑凸轮便于加工，采用圆弧、直线等易加工曲线。

在选择推杆运动规律时，除要考虑刚性冲击与柔性冲击外，还应对各种运动规律的速度幅值 v_{max}、加速度幅值 a_{max} 及其影响加以分析和比较。v_{max} 越大，则推杆动量幅值 mv_{max} 越大，为安全与缓和冲击起见，v_{max} 值越小越好。a_{max} 值越大，则推杆惯性力幅值 ma_{max} 越大，从减少凸轮副的动压力、振动和磨损等方面考虑，a_{max} 值越小越好。所以对于重载凸轮机构，考虑到推杆质量 m 较大，应选择 v_{max} 值较小的运动规律；对于高速凸轮机构，为减小推杆惯性力，宜选择 a_{max} 值较小的运动规律，并尽量避免因加速度突变引起的柔性冲击。表 9 - 1 列出了上述几种常用运动规律的 v_{max}、a_{max} 值及冲击特性，并给出其适用范围，供选用时参考。

表 9 - 1　几种常用运动规律的 v_{max}、a_{max} 值及冲击特性

运动规律	$v_{max}\left(\dfrac{h\omega}{\delta_0}\times\right)$	$a_{max}\left(\dfrac{h\omega^2}{\delta_0^2}\times\right)$	冲击	应用场合
等速运动规律	1.00	∞	刚性	低速轻载
等加速等减速运动规律	2.00	4.00	柔性	中速轻载
余弦加速度运动规律	1.57	4.93	柔性	中低速重载

（续）

运动规律	$v_{max}\left(\dfrac{h\omega}{\delta_0}\times\right)$	$a_{max}\left(\dfrac{h\omega^2}{\delta_0^2}\times\right)$	冲击	应用场合
正弦加速度运动规律	2.00	6.28	—	中高速轻载
五次多项式运动规律	1.88	5.77	—	高速中载
改进等速运动规律	1.33	8.38	—	低速重载
改进等加等减速（改进梯形）运动规律	2.00	4.89	—	高速轻载

3. 凸轮廓线的设计

凸轮轮廓曲线的设计方法有作图法和解析法两种。作图法形象直观，推杆与凸轮之间的相对运动关系一目了然，易懂易会，为解析法的建立创造了鲜明的几何关系。但作图法的误差较大，只能用于要求不高的简单凸轮，对要求较高的凸轮用作图法一般都难以满足尺寸精度要求，而必须借助于解析法。故两种方法都应掌握。

两种方法所采用的基本原理都是反转法，即设凸轮是相对固定不动的，而推杆随机架一道作反转运动，同时按选定的运动规律作预期运动，以便作图或计算。凸轮机构设计的步骤如下：①确定凸轮机构的类型；②选定推杆运动规律；③确定有关的各基本尺寸；④凸轮轮廓曲线的设计；⑤校验凸轮机构的压力角（$\alpha_{max}\leqslant[\alpha]$）、凸轮轮廓的最小曲率半径（$\rho_{min}\geqslant[\rho_{min}]$）；⑥设计凸轮结构并绘制零件工作图。

4. 凸轮机构的压力角

1）定义

如图9-6所示，推杆在与凸轮廓线接触点 B 处所受正压力的方向（即凸轮轮廓曲线在该点法线 $n-n$ 的方向）与推杆上点 B 的速度方向之间所夹的锐角定义为凸轮机构的压力角，并用 α 表示。

2）压力角 α 对凸轮机构的影响

凸轮机构压力角是考查凸轮机构受力情况的一个重要参数。在外载荷一定的情况下，压力角增大，则维持推杆运动所需的凸轮对推杆的作用力 F 将增大，当压力角 α 增大到超过某一临界值 α_c 时，凸轮机构将发生自锁。α 接近 α_c 时，F 值急剧增大，导致机构的效率降低和凸轮的严重磨损。因此，从凸轮机构受力的观点看，压力角越小越好。一般来说，凸轮廓线上不同点处的压力角是不同的。为保证凸轮机构能正常运转，为提高机械效率，改善受力情况，通常规定凸轮机构的最大压力角 $\alpha_{max}\leqslant[\alpha]$。

3）压力角 α 与基本尺寸的关系

由图9-6可推导出：$\tan\alpha=\dfrac{\overline{OP}-e}{s_0+s}=\dfrac{\dfrac{ds}{d\delta}-e}{\sqrt{r_0^2-e^2}+s}$。从式中不难看出，压力角 α 随凸轮基圆半径 r_0 的增大而减小。当基圆半径 r_0 一定时，压力角 α 随推杆的位移 s 和类速度 $\dfrac{ds}{d\delta}$ 的变化而变化。

为了改善传力性能，减小机构尺寸，经常采用偏置凸轮机构。为了达到上述目的，其偏置必须随凸轮转向的不同而按图9-7所示的方位确定，应使偏置与推程时的瞬心 P_{12} 位于凸轮轴心的同一侧（正偏置）。即凸轮逆时针转动时推杆导路应偏置于凸轮轴心的右侧；凸轮顺时针转动时，推杆导路应偏于凸轮轴心的左侧。若推杆导路位置与图示相反配置时（负偏置），反而会使凸轮机构的推程压力角增大，使机构的传力性能变坏。此时，用公式计算压力角时，e 须代入负值。

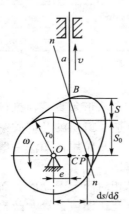

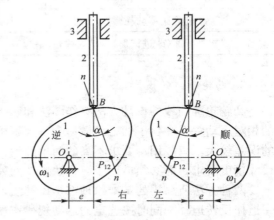

图9-6　偏置尖顶直动推杆盘形凸轮机构的压力角　　图9-7　偏置方向与凸轮转向的合理关系

5. 盘形凸轮机构基本尺寸的确定

设计凸轮轮廓时，需事先确定凸轮基圆半径 r_0、直动推杆的偏距 e 或摆动推杆长度 l、摆动推杆与凸轮的中心距 a 以及滚子半径 r_r 等基本尺寸。

1）基圆半径 r_0

（1）对凸轮机构的影响：在偏距一定、推杆的运动规律已知的条件下，加大基圆半径 r_0，可减小压力角 α，从而改善机构的传力特性，同时使凸轮轮廓曲线的曲率半径增大，凸轮推程廓线变得平缓，但却会使整个凸轮机构的尺寸增大。因此，在保证 $\alpha_{max} \leqslant [\alpha]$ 的条件下，应选较小的基圆半径，以减小机构的尺寸及重量。

（2）确定方法：有诺模图可以利用时，可用诺模图来确定基圆半径。无诺模图可以利用时，可根据机器的总体布置和结构上的需要，初步确定基圆半径的大小，然后验算凸轮机构的压力角是否符合要求，再做必要调整；对于一些重要的高速凸轮可用计算机辅助设计和优化技术等来确定合适的基圆半径。

2）滚子半径 r_r

（1）对凸轮机构的影响：①凸轮理论廓线的内凹部分：实际廓线曲率半径 ρ_a、理论廓线曲率半径 ρ 与滚子半径 r_r 三者之间的关系为：$\rho_a = \rho + r_r$，这时，实际廓线曲率半径恒大于理论廓线曲率半径，即 $\rho_a > \rho$。这样，当理论廓线作出后，不论选择多大的滚子，都能作出实际廓线。②凸轮理论廓线的外凸部分：ρ_a、ρ 与 r_r 三者之间的关系为：$\rho_a = \rho - r_r$。当 $\rho > r_r$ 时，$\rho_a > 0$，可以作出凸轮的实际廓线；当 $\rho = r_r$ 时，$\rho_a = 0$，这时，虽然能作出凸轮的实际廓线，但出现了尖点，尖点处是极易被磨损掉的；当 $\rho < r_r$ 时，$\rho_a < 0$，这时，作出的实际廓线出现了相交的包络线，这部分实际廓线无法加工，因此也无法实现推杆的预期运动规律，即出现"失真"的现象。

（2）确定方法：①为避免失真，滚子半径 r_r 不宜过大（$\rho_{a\min}=\rho_{\min}-r_r\geqslant 3\text{mm}$）。但因滚子装在销轴上，其尺寸还受强度、结构的限制，故也不宜过小。一般推荐：$r_r\leqslant 0.8\rho_{\min}$ 或 $r_r\leqslant 0.4r_0$。②对于重载凸轮，可取 $r_r\approx\rho_{a\min}\approx\dfrac{\rho_{\min}}{2}$，这时滚子与凸轮间的接触应力最小，从而可提高凸轮的寿命。

除基圆半径、滚子半径外，直动推杆的导轨长度及悬臂尺寸、摆动推杆的摆杆长度及摆动中心的位置、平底推杆的平底长度也都是重要的基本尺寸，它们会影响到凸轮机构的受力情况、尺寸、变尖、失真、强度等一系列问题，应仔细斟酌确定。

6. 反转法在凸轮机构分析中的应用

所谓凸轮机构的分析就是由已知的凸轮机构求出推杆的运动规律，以便进行运动学和动力学分析。反转法不仅是凸轮机构设计的基本方法，也是凸轮机构分析常用的方法。凸轮机构分析常见的问题有：已知凸轮机构的尺寸、位置及凸轮转动的角速度及方向，要求推程运动角 δ_0、远休止角 δ_{01}、回程运动角 δ_0'、近休止角 δ_{02} 的大小和推杆的行程 h；或者要求当凸轮转过某一个角度 δ 时，推杆所产生的位移 s、速度 v 等运动参数及机构的压力角 α 的大小。这时，如果让凸轮转过 δ 角来求解，显然是很不方便的。为此，可让推杆相对凸轮转过一个 $-\delta$ 角来进行分析，即利用反转法求解，其图解顺序与已知推杆的运动规律绘制凸轮廓线的顺序是完全相反的。

9.3　典型例题解析

例 9-1　在如图 9-8(a)所示的摆动滚子推杆盘形凸轮机构中，已知摆杆 AB 在起始位置时垂直于 OB，$l_{OB}=40\text{mm}$，$l_{AB}=80\text{mm}$，滚子半径 $r_r=10\text{mm}$，凸轮以等角速度 ω 逆时针方向转动。推杆的运动规律是：凸轮转过 180° 时，推杆以正弦加速度运动规律逆时针方向摆动 30°；凸轮再转过 150° 时，推杆以等加速等减速运动运动规律返回原来位置；凸轮转过其余 30° 时，推杆停歇不动。(1)试写出凸轮理论廓线和实际廓线的方程式。(2)画出凸轮的实际廓线，看看是否出现变尖、失真等现象。如果出现了这些现象，提出改进设计的措施。

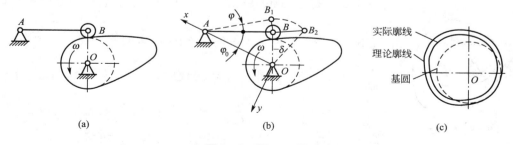

图 9-8　例 9-1 图

解：（1）由题意可知，推程运动角为 $\delta_0=180°$，回程运动角为 $\delta_0'=150°$，近休止角为 $\delta_{02}=30°$，行程为 $\psi=30°$。确定推杆的运动规律为：

$$\begin{cases} \varphi = 30° \times \left(\dfrac{\delta}{180°} - \dfrac{1}{2\pi}\sin 2\delta \right), & 0° \leqslant \delta \leqslant 180° \\[2mm] \varphi = 30° - \dfrac{60°}{(150°)^2}(\delta - 180°)^2, & 180° \leqslant \delta \leqslant 255° \\[2mm] \varphi = \dfrac{60°}{(150°)^2}\left[150° - (\delta - 180°) \right]^2, & 255° \leqslant \delta \leqslant 330° \\[2mm] \varphi = 0, & 330° \leqslant \delta \leqslant 360° \end{cases}$$

建立直角坐标系，将坐标原点选在点 O，x 轴沿 OA 方向，如图 9-8(b) 所示。

凸轮的基圆半径 $r_0 = l_{OB} = 40\text{mm}$，$l_{OA} = \sqrt{l_{AB}^2 + l_{OB}^2} = \sqrt{80^2 + 40^2} = 89.44\text{mm}$，$\varphi_0 = \arctan\dfrac{l_{OB}}{l_{AB}} = \arctan\dfrac{40}{80} = 26.57°$

由图 9-8(b) 中的几何关系可以写出 $\overline{OB_1} = \begin{bmatrix} x_{B1} \\ y_{B1} \end{bmatrix} = \begin{bmatrix} l_{OA} - l_{AB}\cos(\varphi_0 + \varphi) \\ -l_{AB}\sin(\varphi_0 + \varphi) \end{bmatrix}$

$\overline{OB_2} = [R_{-\delta}]\overline{OB_1}$，式中 $[R_{-\delta}] = \begin{bmatrix} \cos\delta & \sin\delta \\ -\sin\delta & \cos\delta \end{bmatrix}$

所以凸轮理论轮廓线的方程式为 $\begin{bmatrix} x \\ y \end{bmatrix} = \begin{bmatrix} \cos\delta & \sin\delta \\ -\sin\delta & \cos\delta \end{bmatrix} \begin{bmatrix} l_{OA} - l_{AB}\cos(\varphi_0 + \varphi) \\ -l_{AB}\sin(\varphi_0 + \varphi) \end{bmatrix}$

滚子半径 $r_r = 10\text{mm}$，凸轮实际廓线的方程式为 $\begin{cases} x' = x - 10\dfrac{-\mathrm{d}y/\mathrm{d}\delta}{\sqrt{(\mathrm{d}y/\mathrm{d}\delta)^2 + (\mathrm{d}x/\mathrm{d}\delta)^2}} \\[3mm] y' = y - 10\dfrac{\mathrm{d}x/\mathrm{d}\delta}{\sqrt{(\mathrm{d}y/\mathrm{d}\delta)^2 + (\mathrm{d}x/\mathrm{d}\delta)^2}} \end{cases}$

(2) 画出凸轮的实际廓线如图 9-8(c) 所示，从图中可以看出没有出现变尖、失真等现象。（如果出现了这些现象，就应该增大基圆半径或减小滚子半径重新设计。）

例 9-2 一偏置直动滚子推杆盘形凸轮机构如图 9-9 所示。试问：①该凸轮机构为何种偏置？②偏置方向对凸轮机构的压力角有何影响？③对于一个已加工好的凸轮，偏置方向、偏距的大小以及滚子半径的大小是否允许再改变？

解：(1) 凸轮沿逆时针方向回转，推杆位于凸轮回转中心的右侧，故图示凸轮机构为正偏置，即偏距 e 为正值。

(2) 由公式 $\tan\alpha = \dfrac{\dfrac{\mathrm{d}s}{\mathrm{d}\delta} - e}{\sqrt{r_0^2 - e^2} + s}$ 可知，在推杆运动规律一定的情况下，若为正偏置（e 为正值），由于推程时 $\dfrac{\mathrm{d}s}{\mathrm{d}\delta}$ 为正，式中 $\dfrac{\mathrm{d}s}{\mathrm{d}\delta} - e < \dfrac{\mathrm{d}s}{\mathrm{d}\delta}$，故压力角 α 减小。而在回程时，由于 $\dfrac{\mathrm{d}s}{\mathrm{d}\delta}$ 为负，式中分子为 $\left| \dfrac{\mathrm{d}s}{\mathrm{d}\delta} - e \right| = \left| \dfrac{\mathrm{d}s}{\mathrm{d}\delta} \right| + e > \left| \dfrac{\mathrm{d}s}{\mathrm{d}\delta} \right|$，故压力角增大。负偏置则相反。即正偏置：推程压力角减小，回程压力角增大；负偏置：推程压力角增大，回程压力角减小。

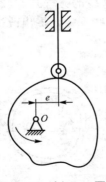

图 9-9 例 9-2 图

(3) 凸轮已加工好，若改变偏置方向、偏距的大小以及滚子半径的大小，均会使推杆的运动规律改变，故一般是不允许的。

9.4 同步训练题

9.4.1 填空题

1. 原动件作整周回转，能使输出构件作往复摆动的机构有＿＿＿＿＿、＿＿＿＿＿、＿＿＿＿＿。

2. 保持凸轮与推杆高副接触的方式有＿＿＿＿＿和＿＿＿＿＿。

3. 在凸轮机构常用的推杆基本运动规律中，＿＿＿＿＿运动规律具有刚性冲击；＿＿＿＿＿运动规律具有柔性冲击；＿＿＿＿＿运动规律无冲击。

4. 根据图9-10所示的$\dfrac{d^2s}{d\delta^2}-\delta$运动线图，可判断推杆的推程运动是＿＿＿＿＿运动规律，推杆的回程运动是＿＿＿＿＿运动规律。

5. 设计凸轮廓线所依据的基本原理是＿＿＿＿＿。即将整个凸轮机构以角速度$-\omega_1$绕凸轮轴心转动，此时＿＿＿＿＿将静止不动，＿＿＿＿＿并未改变。

6. 在滚子推杆盘形凸轮机构中，滚子中心的运动轨迹称为凸轮的＿＿＿＿＿廓线；滚子包络的凸轮廓线称为凸轮的＿＿＿＿＿廓线。

7. 凸轮理论廓线上某点的法线与推杆速度方向之间所夹的锐角称为凸轮机构在该点的＿＿＿＿＿。

8. 当推杆的运动规律已定时，凸轮的基圆半径越小，则机构越＿＿＿＿＿，但过小的基圆半径会导致压力角＿＿＿＿＿，从而使凸轮机构出现＿＿＿＿＿现象。

9. 在直动尖顶（或滚子）推杆盘形凸轮机构中，若推杆置于凸轮回转中心的左边，则凸轮合理的转向应为＿＿＿＿＿方向。

10. 在设计直动滚子推杆盘形凸轮机构时，若发现凸轮实际廓线出现尖点或交叉现象，可采取的措施有＿＿＿＿＿或＿＿＿＿＿。

11. 在设计直动尖顶（或滚子）推杆盘形凸轮机构时，通常按＿＿＿＿＿来确定凸轮的基圆半径；在设计平底推杆盘形凸轮机构时，凸轮基圆半径通常按＿＿＿＿＿条件来确定。

12. 在图9-11所示的两个直动平底推杆盘形凸轮机构中，(a)中A点的压力角数值$\alpha_1=$＿＿＿＿＿；(b)中A点的压力角数值$\alpha_2=$＿＿＿＿＿。

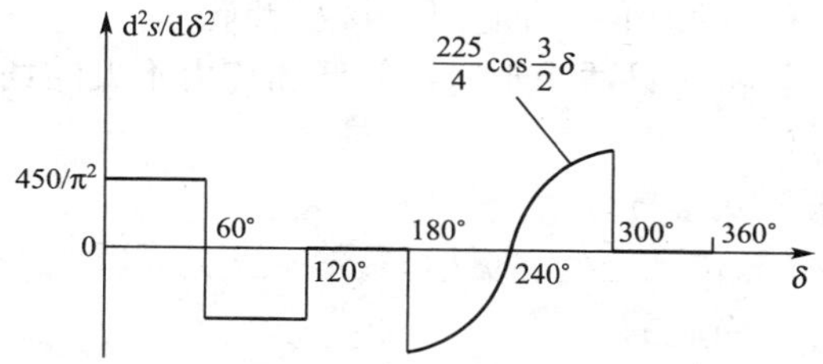

图9-10 题9.4.1-4图

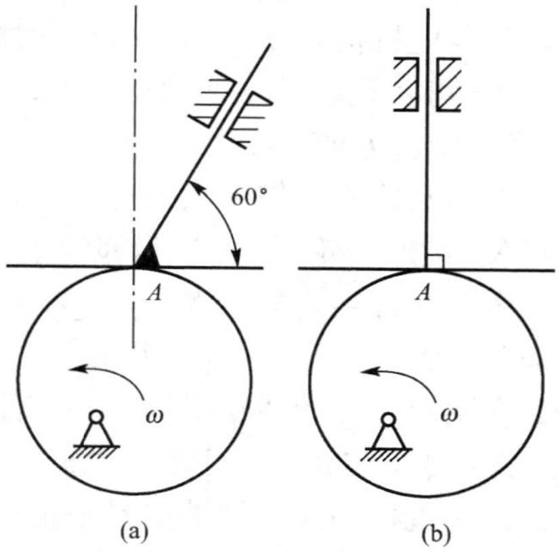

图9-11 题9.4.1-12图

9.4.2 判断题

1. 在凸轮机构中，推杆只能实现往复直线运动。　　　　　　　　　　　　（　　）

2. 尖顶推杆的优点是无论凸轮为何种廓线，推杆都能与凸轮轮廓上所有点接触，从而实现所需要的运动规律。　　　　　　　　　　　　　　　　　　　　（　　）

3. 在圆柱面上开有曲线凹槽轮廓的圆柱凸轮只适用于滚子式推杆。　　　（　　）

4. 在尖顶推杆盘形凸轮机构中，凸轮的理论廓线和实际廓线相同。　　　（　　）

5. 在凸轮机构中，推杆按等加速等减速规律运动是指推杆在推程按等加速运动，在回程按等减速运动。　　　　　　　　　　　　　　　　　　　　　　（　　）

6. 凸轮转速的高低，影响推杆的运动规律。　　　　　　　　　　　　　（　　）

7. 将一对心直动尖顶推杆盘形凸轮机构的推杆换成滚子推杆，而凸轮不变，则推杆的运动规律不会改变。　　　　　　　　　　　　　　　　　　　　　　（　　）

8. 在尖顶推杆盘形凸轮机构中，凸轮基圆上至少有一点是实际廓线上的点。（　　）

9. 盘形凸轮的理论轮廓曲线与实际轮廓曲线是否相同，取决于所采用推杆的形式。
　　　　　　　　　　　　　　　　　　　　　　　　　　　　　　　　（　　）

10. 同一条凸轮轮廓曲线对 3 种不同形式的推杆都适用。　　　　　　　（　　）

11. 对于力封闭的凸轮机构，其回程的许用压力角可以取得大一些。　　（　　）

12. 平底与推杆导路垂直的对心直动平底推杆盘形凸轮机构的压力角是恒定的。
　　　　　　　　　　　　　　　　　　　　　　　　　　　　　　　　（　　）

13. 在平底推杆盘形凸轮机构中，不允许凸轮有内凹轮廓。　　　　　　（　　）

14. 为了保证凸轮机构的推杆不出现运动失真现象，设计滚子推杆盘形凸轮机构时应使推杆的滚子半径小于理论廓线外凸部分的最小曲率半径。　　　　　　　（　　）

9.4.3 选择题

1. 凸轮与推杆接触处的运动副属于____。
   A. 高副　　　　　B. 转动副　　　　C. 移动副

2. 与连杆机构相比，凸轮机构的最大缺点是____。
   A. 惯性力难以平衡　　　　　　　　B. 点、线接触，易磨损
   C. 设计较为复杂　　　　　　　　　D. 不能实现间歇运动

3. 与其他机构相比，凸轮机构的最大优点是____。
   A. 可实现各种预期的运动规律　　　B. 便于润滑
   C. 制造方便　　　　　　　　　　　D. 推杆行程可较大

4. 下列凸轮不是按形状来分类的是____。
   A. 盘形凸轮　　　B. 移动凸轮　　　C. 尖顶推杆凸轮　　D. 圆柱凸轮

5. 由于推杆结构的特点，____推杆的凸轮机构只适用于速度较低和传力不大的场合。
   A. 尖顶　　　　　B. 曲面　　　　　C. 平底　　　　　D. 滚子

6. 在要求____的凸轮机构中，宜使用滚子式推杆。
   A. 转速较高　　　B. 传力较大　　　C. 传动准确、灵敏

7. 凸轮机构中的刚性冲击是由推杆的____引起的。
   A. 过载　　　　　B. 质量过大　　　C. 速度突变　　　D. 运动失真

8. 对于转速较高的凸轮机构，为了减小冲击和振动，推杆的运动规律最好采用____运动规律。

    A. 等速   B. 等加速等减速 C. 正弦加速度   D. 余弦加速度

9. 若推杆的运动规律选择为等加速等减速运动规律、简谐运动规律或正弦加速度运动规律，当把凸轮转速提高一倍时，推杆的加速度是原来的____倍。

    A. 1   B. 2   C. 4   D. 8

10. 凸轮转速的大小将会影响____。

    A. 推杆的行程   B. 凸轮机构的压力角

    C. 推杆的速度   D. 推杆的位移

11. 在凸轮机构中，凸轮的基圆半径是指凸轮转动中心到____距离。

    A. 理论轮廓线上的最大   B. 实际轮廓线上的最大

    C. 实际轮廓线上的最小   D. 理论轮廓线上的最小

12. 在滚子推杆盘形凸轮机构中，凸轮的理论廓线与实际廓线____。

    A. 为两条法向等距曲线   B. 为两条近似的曲线

    C. 互相平行   D. 之间的径向距离处处相等

13. 凸轮机构的推杆运动规律与凸轮的____有关。

    A. 实际廓线   B. 理论廓线   C. 表面硬度   D. 基圆

14. 在理论廓线相同而实际廓线不同的两个对心直动滚子推杆盘形凸轮机构中，二者推杆的运动规律____。

    A. 相同   B. 不相同   C. 可能相同也可能不同

15. 凸轮机构的压力角是指____间所夹的锐角。

    A. 凸轮上接触点的法线与推杆上该点的速度方向

    B. 凸轮上接触点的法线与该点线速度方向

    C. 凸轮上接触点的切线与推杆上该点的速度方向

16. 凸轮与直动推杆接触点处的压力角在机构运动时是____。

    A. 恒定的   B. 变化的   C. 时有时无变化的

17. 对心直动尖顶推杆盘形凸轮机构的推程压力角超过许用值时，可采用____措施来解决。

    A. 增大基圆半径   B. 改用滚子推杆

    C. 改变凸轮转向   D. 改用负偏置直动尖顶推杆

18. 在直动推杆盘形凸轮机构中，当推程为等速运动规律时，最大压力角发生在行程____。

    A. 起点   B. 中点   C. 终点

19. 在尖顶推杆盘形凸轮机构中，基圆的大小会影响____。

    A. 推杆的位移   B. 推杆的速度   C. 推杆的加速度 D. 凸轮机构的压力角

20. 设计滚子推杆盘形凸轮机构凸轮廓线时，若将滚子半径加大，那么凸轮实际廓线上各点曲率半径____。

    A. 一定变大   B. 一定变小   C. 不变   D. 可能变大也可能变小

21. 为减小直动尖顶(或滚子)推杆盘形凸轮机构的压力角，可采用偏置推杆位置和选择相应的凸轮转动方向实现，即需要满足____的条件。

A. 推杆置于凸轮转动中心左边，凸轮顺时针转动

B. 推杆置于凸轮转动中心左边，凸轮逆时针转动

C. 推杆置于凸轮转动中心右边，凸轮顺时针转动

9.4.4　作图求解题

1. 图 9-12 所示为推杆在推程部分的运动曲线，凸轮机构的远休止角 $\delta_{01} \neq 0$，近休止角 $\delta_{02} \neq 0$。试根据 s、v 和 a 之间的关系定性地补全该运动曲线；并指出该凸轮机构工作时，何处有刚性冲击？何处有柔性冲击？

2. 补全不完整的推杆位移、速度和加速度线图，并指出该凸轮机构在哪些位置有刚性冲击？哪些位置有柔性冲击？

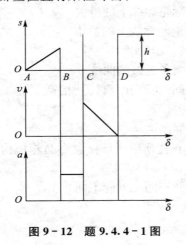

图 9-12　题 9.4.4-1 图

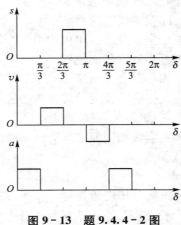

图 9-13　题 9.4.4-2 图

3. 在图 9-14 所示的凸轮机构中，凸轮为主动件，画出凸轮逆时针转过 30° 时机构的压力角。

4. 图 9-15 所示的凸轮为半径为 R 的圆盘，凸轮为主动件，其回转方向为逆时针。(1)写出机构的压力角 α 与凸轮转角 δ 之间的关系式；(2)如果 $\alpha \geqslant [\alpha]$，可采取哪些办法进行改进？

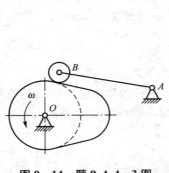

图 9-14　题 9.4.4-3 图

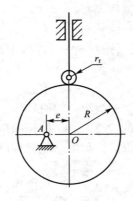

图 9-15　题 9.4.4-4 图

5. 图 9-16 所示为一凸轮机构，试在图中作出：(1)推杆与凸轮从 A 点接触到 B 点接触，凸轮的转角 δ；(2)B 点接触时的压力角 α_B；(3)B 点接触时推杆的位移 s_B。

6. 图 9-17 所示为一凸轮机构，试在图中作出：(1)凸轮机构此位置的压力角 α；(2)凸轮自此位置转过 45° 时推杆的位移 s；(3)推杆的行程 h。

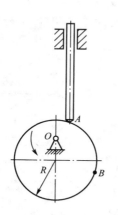

图 9-16　题 9.4.4-5 图

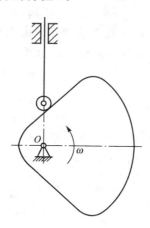

图 9-17　题 9.4.4-6 图

7. 图 9-18 所示为一摆动平底推杆盘形凸轮机构，已知凸轮的轮廓为一偏心圆，其圆心为 C。用图解法求：(1)凸轮从初始位置到达图示位置的转角 δ_B 及推杆的角位移 φ_B；(2)推杆的最大角位移 φ_{max} 及凸轮的推程运动角 δ_0；(3)凸轮从初始位置转过 90°，推杆的角位移 $\varphi_{90°}$。

8. 图 9-19 所示为一摆动滚子推杆盘形凸轮机构，已知凸轮的轮廓为一偏心圆，其圆心为 C。试在图中作出：(1)凸轮的理论廓线；(2)凸轮的基圆；(3)凸轮机构在图示位置时的压力角 α；(4)推杆从最低位置摆到图示位置时所摆过的角度 φ 及凸轮相应转过的角度 δ。

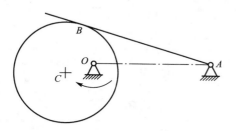

图 9-18　题 9.4.4-7 图

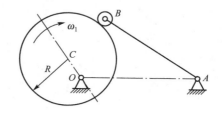

图 9-19　题 9.4.4-8 图

9. 在图 9-20 所示的对心直动滚子推杆盘形凸轮机构中，凸轮的实际轮廓为一圆，圆心在 A 点，半径 $R=40$mm，凸轮转动方向如图所示，$l_{OA}=25$mm，滚子半径 $r_r=10$mm。试问：(1)凸轮的理论廓线为何种曲线？(2)凸轮的基圆半径 $r_0=$？(3)在图上标出图示位置推杆的位移 s，并计算推杆的行程 $h=$？(4)用反转法作出当凸轮沿 ω 方向从图示位置转过 90° 时凸轮机构的压力角，并计算推程中的最大压力角 $\alpha_{max}=$？(5)若凸轮实际廓线不变，而将滚子半径改为 15mm，推杆的运动规律有无变化？

10. 在图 9-21 所示的偏置直动滚子推杆盘形凸轮机构中，凸轮 1 的实际轮廓为圆，其圆心和半径分别为 C 和 R。已知：$R=100$mm，$OC=20$mm，偏距 $e=10$mm，滚子半径

$r_r = 10$mm。试：(1)绘出凸轮的理论轮廓；(2)凸轮基圆半径 $r_0 =$？推杆行程 $h =$？(3)推程运动角 $\delta_0 =$？回程运动角 $\delta_0' =$？远休止角 $\delta_{01} =$？近休止角 $\delta_{02} =$？(4)标出凸轮机构在图示位置时的压力角 α；(5)凸轮机构的最大压力角 $\alpha_{max} =$？最小压力角 $\alpha_{min} =$？又分别在实际轮廓上哪点出现？

11. 在图 9-22 所示的凸轮机构中，已知凸轮的基圆半径 $r_0 = 25$mm，$\angle AOO' = 90°$，凸轮廓线是以 O' 点为圆心的圆弧。求当凸轮由图示位置转过 $45°$ 时，推杆位移 $s =$？推杆与廓线接触点处压力角 $\alpha =$？（用解析法计算。）

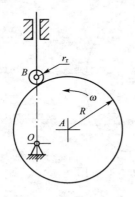

图 9-20　题 9.4.4-9 图

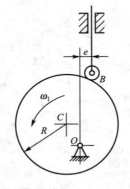

图 9-21　题 9.4.4-10 图

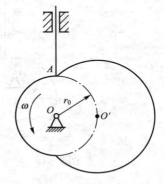

图 9-22　题 9.4.4-11 图

第**10**章
齿轮机构及其设计

10.1 学习要求、重点及难点

1. 学习要求

（1）了解齿轮机构的类型和应用。

（2）明确齿廓啮合基本定律的概念。

（3）掌握标准直齿圆柱齿轮传动的基本参数和各部分几何尺寸的计算。

（4）深入了解渐开线直齿圆柱齿轮传动的啮合特性。

（5）明确根切现象及不发生根切的最少齿数、齿轮变位修正和变位齿轮传动的基本概念。

（6）了解平行轴斜齿圆柱齿轮的啮合特点。

（7）掌握标准斜齿圆柱齿轮传动几何尺寸的计算。

（8）了解标准直齿锥齿轮传动的特点及其几何尺寸的计算。

2. 学习重点

渐开线直齿圆柱齿轮外啮合传动的基本理论和设计计算，对于其他类型的齿轮传动应注意其与直齿圆柱齿轮传动的异同点。

3. 学习难点

（1）齿轮的变位修正和变位齿轮传动。

（2）斜齿轮和锥齿轮的当量齿轮和当量齿数。

10.2 学习指导

1. 渐开线标准直齿圆柱齿轮传动

1）齿廓啮合基本定律

（1）齿廓啮合基本定律：如图 10-1 所示，对齿轮传动齿廓曲线的要求：直观上——

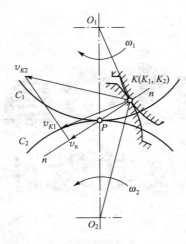

图 10-1 齿廓啮合基本定律

不卡不离；几何学上——处处相互接触；运动学上——法线上没有相对运动。相互啮合传动的一对齿廓，在任意位置啮合时的传动比与其连心线 O_1O_2 被接触点处的公法线分成的两线段长度成反比。这个规律称为齿廓啮合基本定律。它反映了齿轮的瞬时传动比与齿廓曲线的形状有关。

（2）节点与节圆：①两齿廓接触点公法线 nn 与两轮连心线 O_1O_2 的交点 P 称为节点。②节点 P 在两齿轮固连平面上的运动轨迹，称为两齿轮的节线。③当两齿轮作定传动比传动时，节点 P 为连心线 O_1O_2 上的一个定点，节点在齿轮 1、2 的运动平面上的轨迹是分别以 O_1、O_2 为圆心，以 $\overline{O_1P}$、$\overline{O_2P}$ 为半径的两个圆，这两个圆分别称为齿轮 1 和齿轮 2 的节圆。④节点与节圆均在齿轮啮合时才出现。两齿轮的啮合传动相当于两节圆作纯滚动。

（3）共轭齿廓：①凡能满足齿廓啮合基本定律的一对齿廓称为共轭齿廓。理论上共轭齿廓曲线有很多种，在定传动比齿轮传动中可采用渐开线、摆线、变态摆线、圆弧等。②齿廓曲线的选择不但要满足定传动比的要求，还要考虑设计、制造等因素。渐开线齿廓不仅可保证定传动比，且具有传动的可分性，能用直线刀刃切制等一系列优点，故至今仍在齿轮传动中占据主导地位。

2）渐开线的 5 大特性

（1）对渐开线的 5 大特性（详见教材）应有充分的认识，这是进一步研究渐开线齿轮传动的重要基础。

（2）对渐开线上任意点的压力角 α_K 与该点的向径 r_K 及基圆半径 r_b 的关系式 $\cos\alpha_K=\dfrac{r_b}{r_K}$ 应记住，它在以后的学习中将经常用到。

3）单个渐开线标准直齿圆柱齿轮

（1）齿轮的 5 个参数：因渐开线的形状取决于基圆的大小，而 $d_b=mz\cos\alpha$，故 m、z、α 是齿轮的 3 个基本参数。除此之外，齿轮的参数还有齿顶高系数 h_a^* 和顶隙系数 c^*。①模数 m 是齿轮计算的基本参数，也为轮齿大小的标志。国家标准中人为地规定一些特定的模数值，称为标准模数，如：1，1.25，1.5，2，2.5，3，…。m 越大，轮齿越厚，抗弯能力越强，它是轮齿抗弯能力的重要标志。②同一齿廓的不同半径处，压力角不同。分度圆：$\cos\alpha=\dfrac{r_b}{r}$；齿顶圆：$\cos\alpha_a=\dfrac{r_b}{r_a}$；基圆：$\cos\alpha_b=\dfrac{r_b}{r_b}=1$。因此，基圆上压力角 α_b 等于零；齿顶圆上压力角 α_a 最大；分度圆上压力角 α 为标准值。

（2）齿轮的各部分几何尺寸计算：①渐开线标准直齿圆柱齿轮的几何尺寸计算公式在相关教材中都已列出，在有关的机械设计手册中也有公式汇集，供我们在学习和实际工作中使用。②分度圆是一个重要的概念。分度圆是指模数 m 和压力角 α 均为标准值的圆。每个齿轮都有且只有一个分度圆，它是齿轮各部分尺寸计算的基准。

（3）标准齿轮：m、α、h_a^*、c^*都为标准值，而且$e=s$的齿轮。

4）一对渐开线直齿圆柱齿轮啮合传动

（1）一对轮齿的啮合过程。如图10-2所示，主
动齿轮的齿根与从动齿轮的齿顶进入啮合，啮合点沿
啮合线移动，同时沿齿廓移动，由从动齿轮的齿顶逐
渐移向齿根。当啮合进行到主动轮的齿顶圆与啮合线
的交点时，两轮齿即将脱离啮合。N_1N_2为理论啮合
线（两基圆内共切线、接触点的公法线、啮合点运动
轨迹、正压力方向线四线合一），N_1、N_2为极限啮合
点。开始啮合时，主动轮的齿根与从动轮的齿顶接
触，逐渐下移，即接触点逐渐从主动轮的齿根→齿
顶，从动轮的齿顶→齿根；脱离啮合时，主动轮齿顶
与从动轮的齿根接触。从动轮的齿顶圆与理论啮合线
N_1N_2的交点B_2称为啮合起始点，主动轮的齿顶圆与
啮合线N_1N_2的交点B_1称为啮合终止点，B_1B_2为实际
啮合线。齿顶圆越大，B_2、B_1就越趋近于N_1、N_2。

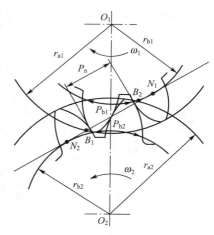

图10-2 渐开线齿廓的啮合传动

（2）正确啮合条件和连续传动条件。①正确啮合条件：两齿轮的模数和压力角分别相
等，即$m_1=m_2=m$、$\alpha_1=\alpha_2=\alpha$。这个条件对直齿圆柱齿轮，无论是标准齿轮还是变位齿
轮，无论是外啮合还是内啮合均适用，对齿轮齿条啮合也同样适用。②连续传动条件：重
合度（重叠系数）计算公式：$\varepsilon_a=\dfrac{1}{2\pi}\left[z_1(\tan\alpha_{a1}-\tan\alpha')+z_2(\tan\alpha_{a2}-\tan\alpha')\right]\geqslant 1$。重合度不
仅是齿轮传动的连续性条件，而且是衡量齿轮承载能力和传动平稳性的重要指标。重合度
越大，表明双齿啮合的时间越长，传动越平稳，每对轮齿所承受的载荷越小。③正确啮合
条件和连续传动条件是保证一对齿轮能够正确啮合并连续平稳传动的缺一不可的条件。如
前者不满足，两齿轮便不能正确进入啮合，更谈不上传动是否连续的问题；如后者得不到
保证，两轮的啮合传动将会出现中断现象。故这两个条件解决的问题不同，在概念上应予
以分清。

（3）安装条件。①标准顶隙：顶隙为标准值，即$c=c^*m$。②无侧隙啮合：在齿轮
传动中，为避免或减小轮齿的冲击，应使两轮齿侧间隙为零；而为防止轮齿受力变
形、发热膨胀以及其他原因引起轮齿间的挤轧现象，两轮非工作齿廓间又要留有一定
的齿侧间隙。这个齿侧间隙一般很小，通常由制造公差来保证。所以在实际设计中，
齿轮的公称尺寸是按无侧隙计算的。由于轮齿传动时，仅两轮节圆作纯滚动，故无侧
隙啮合条件是：一个齿轮节圆上的齿厚等于另一个齿轮节圆上的齿槽宽，即：$s_1'=e_2'$
及$s_2'=e_1'$。

（4）标准齿轮的安装。①如图10-3（a）所示，标准安装时，各齿轮的节圆和分度圆重
合；$s_1'=e_1'=s_2'=e_2'=\dfrac{\pi m}{2}$，能实现无侧隙啮合；中心距等于两轮分度圆半径之和，即$a=r_1'+$
$r_2'=r_1+r_2=\dfrac{m(z_1+z_2)}{2}$，此中心距称为标准中心距；顶隙$c=h_f-h_a=(h_a^*+c^*)m-h_a^*m=$
c^*m，为标准值。②如图10-3（b）所示，非标准安装时，中心距等于两轮节圆半径之和，

即 $a'=r_1'+r_2'$；$r_1'=\dfrac{r_{b1}}{\cos\alpha'}=r_1\dfrac{\cos\alpha}{\cos\alpha'}$，$r_2'=\dfrac{r_{b2}}{\cos\alpha'}=r_2\dfrac{\cos\alpha}{\cos\alpha'}$，$a'=r_1'+r_2'=(r_1+r_2)\dfrac{\cos\alpha}{\cos\alpha'}=$

$a\dfrac{\cos\alpha}{\cos\alpha'}$；所以：$a'>a$，$a'>a$，$r_1'>r_1$，$r_2'>r_2$，$c'>c$，有侧隙。

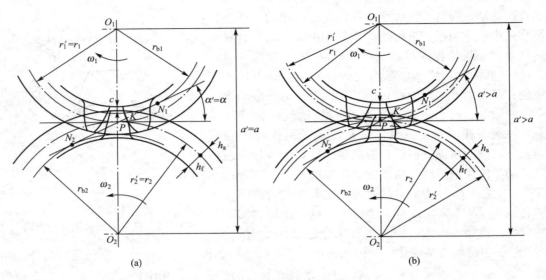

图 10-3　标准齿轮外啮合传动

（5）分度圆和节圆。①分度圆和节圆是两个不同的概念。分度圆是计算齿轮几何尺寸的基准，每个齿轮都有一个大小完全确定的分度圆（$d=mz$），与齿轮的啮合情况无关；而节圆是在一对齿轮啮合时两齿轮上彼此相切作纯滚动的圆，单个齿轮无节圆。②当两齿轮标准安装时，齿轮的节圆和分度圆重合；当两齿轮非标准安装时，节圆和分度圆不再重合。如将中心距增大，这时两轮的分度圆不再相切，而是相互分离，两轮的节圆半径将大于各自的分度圆半径。

（6）啮合角和压力角。①啮合角 α' 是一对齿轮在啮合传动时，节点 P 的圆周速度方向（节圆内公切线）与啮合线 N_1N_2 之间所夹的锐角，故其值恒等于齿轮在节圆上的压力角，啮合角也随齿轮中心距的增大而增大。②当两轮中心距为标准中心距时，啮合角 α' 等于齿轮分度圆压力角 α；非标准安装时，其中心距与啮合角的关系式为：$a'\cos\alpha'=a\cos\alpha$。

2．渐开线变位直齿圆柱齿轮传动

渐开线变位齿轮是由渐开线标准齿轮存在的不足提出的，标准齿轮的一个较大缺点是易发生根切，必须弄清楚什么是齿轮的根切现象，在什么条件下发生根切，以及不发生根切的最少齿数和如何避免根切等。

1）关于根切

（1）根切：用范成法加工齿轮时，有时刀具的顶部会切入轮齿的根部，而把齿根切去一部分，破坏了渐开线齿廓，这种现象称为根切。

（2）根切对齿轮传动的影响：根切的齿轮会削弱轮齿的抗弯强度、降低传动的重合度和平稳性，所以在设计、制造中应力求避免根切。

（3）产生根切的原因：刀具齿顶线（齿条型刀具）或齿顶圆（齿轮插刀）超过了极限啮合点（啮合线与被切齿轮基圆的切点）N_1 而产生的。

（4）标准齿轮不发生根切的最少齿数：用齿条刀具加工渐开线标准齿轮不发生根切的最少齿数为：$z_{\min} = \dfrac{2h_a^*}{\sin^2\alpha} \begin{cases} \alpha = 20°、 h_a^* = 1.0, & z_{\min} = 17 \\ \alpha = 20°、 h_a^* = 0.8, & z_{\min} = 14 \end{cases}$

（5）避免根切的措施：①提高啮合极限点 N_1：加大压力角 α——会使重合度降低，对传动不利，同时降低传动效率；增加齿数 z——使传动装置的结构尺寸加大。②降低刀具齿顶线：减小齿顶高系数 h_a^*——会使重合度降低，对传动不利；改变刀具分度线与轮坯分度圆的相对位置——变位修正。

齿轮的变位修正不仅可以避免根切，更重要的是可以用变位修正来提高齿轮传动的承载能力（而齿轮的尺寸和重量变化不大），改善齿轮的啮合性能或配凑齿轮传动的中心距。因而在机械工程中许多重要的齿轮传动都采用了变位修正。故对齿轮的变位修正应给予必要的重视。

2）标准齿轮和变位齿轮的切削加工

（1）标准齿轮加工：首先将轮坯的外圆按被切齿轮的齿顶圆直径预先加工好。刀具用与被加工齿轮相同模数和压力角的齿条型刀具（齿条插刀和齿轮滚刀）。齿条型刀具与普通齿条基本相同，仅仅是在齿顶部分高出一段 c^*m，以便切出齿轮的顶隙 c。加工齿轮时，刀具的分度线（或称中线）与轮坯分度圆相切并作纯滚动。由于刀具分度线的齿厚和齿槽宽均为 $\dfrac{\pi m}{2}$，故加工出的齿轮在分度圆上 $s = e = \dfrac{\pi m}{2}$。被切齿轮的齿顶高为 $h_a^* m$，齿根高为 $(h_a^* + c^*)m$，这样便加工出所需的标准齿轮。

（2）变位齿轮加工：这种用改变刀具与轮坯相对位置（齿条型刀具的分度线不与轮坯的分度圆相切）的齿轮加工方法称为变位修正法，加工出的齿轮称作变位齿轮。刀具移动的距离称作变位量，用 xm 表示，x 称作变位系数。相对于轮坯中心，刀具向外移动称作正变位，$x > 0$；刀具向里移动，称作负变位，$x < 0$。正变位加工出的齿轮称作正变位齿轮；负变位加工出来的齿轮称作负变位齿轮。

3）变位齿轮的参数及几何尺寸

由于刀具相同，故变位齿轮的基本参数 m、z、α、h_a^*、c^* 与标准齿轮均相同，其分度圆直径 d 及基圆直径 d_b 与标准齿轮也相同，齿廓曲线取自同一条渐开线的不同段。变位后，齿轮的齿厚、齿槽宽、齿顶高与齿根高等都发生了变化。尤其是正变位，不仅在被切齿轮的齿数 $z < z_{\min}$ 时可避免发生根切，而且可以用这种方法来增大齿厚和齿廓曲线的平均曲率半径，从而提高轮齿的承载能力，还可以通过齿厚、齿槽宽的变化调整齿轮的中心距。

4）变位齿轮传动

（1）标准齿轮传动：①参数特点：$x_\Sigma = x_1 = x_2 = 0$、$a' = a$、$\alpha' = \alpha$、$y = 0$、$\Delta y = 0$；②齿数条件：$z_1 > z_{\min}$，$z_2 > z_{\min}$；③传动优缺点：a. 抗弯曲能力较弱，因小齿轮的齿根较薄，抗弯曲强度较低，从而限制了一对齿轮的承载能力和使用寿命；b. 小齿轮的齿数如小于不发生根切的最少齿数，必将发生根切；c. 齿廓磨损沿齿高方向不均匀，齿根磨损严重，尤其小齿轮齿根部分磨损更严重；d. 当实际中心距与标准中心距不等时，如 $a' > a$ 则会产生齿侧间隙，$a' < a$ 又无法安装。

(2) 等变位齿轮传动(高度变位齿轮传动)：①参数特点：$x_\Sigma = x_1 + x_2 = 0$ 且 $x_1 = -x_2 \neq 0$、$a' = a$、$\alpha' = \alpha$、$y = 0$、$\Delta y = 0$，一般，小齿轮采用正变位，大齿轮采用负变位，以改善传动的磨损及应力状态；②齿数条件：$z_1 + z_2 \geqslant 2z_{min}$；③传动优缺点：a. 大小齿轮趋于等强度，从而使一对齿轮的承载能力相对提高；b. 可以制造 $z_1 < z_{min}$ 小齿轮而无根切，结构紧凑、尺寸小；c. 两齿轮必须成对使用，互换性差；d. 重合度略有减小。

(3) 不等变位齿轮传动(角度变位齿轮传动)：

正传动：$x_\Sigma = x_1 + x_2 > 0$

①参数特点：$a' > a$、$\alpha' > \alpha$、$y > 0$、$\Delta y > 0$；②齿数条件：$z_1 + z_2 \geqslant 2z_{min}$——配凑中心距，$z_1 + z_2 < 2z_{min}$——避免根切；③传动优缺点：a. 大小齿轮趋于等强度，从而使一对齿轮的承载能力有较大提高；b. 可以制造 $z_1 < z_{min}$ 的小齿轮而无根切，结构紧凑、尺寸小；c. 可以凑中心距；d. 两齿轮必须成对使用，互换性差；e. 正变位齿轮齿顶变尖，需验算齿顶厚度；f. 重合度略有减小。

负传动：$x_\Sigma = x_1 + x_2 < 0$

①参数特点：$a' < a$、$\alpha' < \alpha$、$y > 0$、$\Delta y > 0$；②齿数条件：$z_1 + z_2 > 2z_{min}$；③传动优缺点：a. 可以凑中心距；b. 重合度增大；c. $z_1 + z_2 > 2z_{min}$，结构尺寸大；d. 齿轮机构的承载能力减小；e. 两齿轮必须成对使用，互换性差。

5) 变位齿轮传动的设计

变位系数的选取：变位齿轮传动的设计过程并不复杂也不困难，只要按照教材上介绍的步骤进行即可。变位齿轮设计的难点在于变位系数的选取，因为变位系数的选取要考虑多方面的因素，变位系数选取是否恰当将影响到齿轮多方面的性能。好在有许多专著和机械设计手册介绍了变位系数的选取问题，在设计时可按资料中的指示进行选取。

在设计变位齿轮时，要用到下列重要关系式，这些关系式虽不用强记，但应明确式中各符号的意义，并能正确使用公式。

(1) 无侧隙啮合方程式：$\mathrm{inv}\,\alpha' = 2\dfrac{\tan\alpha(x_1 + x_2)}{z_1 + z_2} + \mathrm{inv}\,\alpha$。

(2) 不产生根切的最小变位系数：$x_{min} = \dfrac{h_a^*(z_{min} - z)}{z_{min}}$。

(3) 中心距与啮合角的关系式：$a'\cos\alpha' = a\cos\alpha$。

(4) 中心距变动系数：$y = \dfrac{a' - a}{m}$。

(5) 齿顶高变动系数：$\Delta y = x_\Sigma - y = (x_1 + x_2) - y$。

最后要注意的是：齿轮的正、负变位和齿轮的正、负传动是两个不同的概念，前者是就一个齿轮而言，说的是该齿轮的变位系数 x 是正还是负；后者是就一对啮合齿轮而言，指的是两啮合齿轮的变位系数和 $x_\Sigma = x_1 + x_2$ 是大于零还是小于零。

3. 斜齿圆柱齿轮传动

1) 斜齿圆柱齿轮的切削加工

同直齿圆柱齿轮一样，斜齿圆柱齿轮可用仿形法或范成法(滚齿)加工。用仿形法加工斜齿轮时，铣刀沿螺旋齿槽的方向进刀，即斜齿轮的法面齿形与刀具齿形相同。用仿形法加工斜齿轮时应按法面齿形确定刀号，不发生根切最少齿数应依法面齿形为依据确定，刀具的模数应与斜齿轮的法面模数一致，即斜齿轮在法面上的模数和压力角为标准值。

2）单个斜齿圆柱齿轮

（1）基本参数：由于轮齿的倾斜而引入螺旋角这个基本参数，一般取 $\beta=8°\sim20°$。并且模数、压力角、齿顶高系数及顶隙系数有法面和端面之分，其中法面基本参数 m_n、α_n、h_{an}^*、c_n^* 为标准值，取值与直齿轮相同。

（2）几何尺寸计算：①斜齿轮的几何尺寸计算应在端面内进行，从端面看，斜齿轮啮合与直齿轮完全相同，所以只要把斜齿轮的端面参数带入直齿轮几何尺寸计算公式，即可得到斜齿轮几何尺寸计算公式。②在几何尺寸的计算公式中，尤其应指出的是斜齿轮传动中心距的计算公式 $a=m_n\dfrac{z_1+z_2}{2\cos\beta}$。该式表明，在设计斜齿轮传动时，可以采用改变螺旋角 β 的办法来调整中心距的大小，中心距一般应圆整为一个整数，以利加工与装配，这是斜齿轮传动设计中的一个重要特点。③要能正确计算斜齿轮各部分的几何尺寸，在计算中一定要注意达到工程上所需的计算精度。如螺旋角 β 要计算到 $\times\times°\times\times'\times\times''$ 甚至计算到 $\times\times°\times\times'\times\times.\times''$，由法面模数 m_n 计算端面模数 m_t 时要精确到小数点后 3～4 位。

（3）当量齿轮：①定义：与斜齿轮法面齿形相当的直齿轮，称为该斜齿轮的当量齿轮，其齿数称为当量齿数 z_v。②当量齿数计算公式：$z_v=\dfrac{z}{\cos^3\beta}$。③当量齿数作用：a. 用仿形法加工斜齿轮时，要用当量齿数来决定铣刀的号数；b. 用来确定斜齿轮不发生根切的最少齿数：$z_{min}=z_{vmin}\cos^3\beta$；c. 在计算斜齿轮强度时，要用当量齿数查得其齿形系数 Y_{Fa} 及应力校正系数 Y_{Sa}。

3）一对斜齿圆柱齿轮的啮合传动

（1）正确啮合条件：①斜齿圆柱齿轮传动分为平行轴斜齿圆柱齿轮传动（简称斜齿轮传动）和交错轴斜齿圆柱齿轮传动（又称螺旋齿轮传动）两种。就单个齿轮来说两者并无区别，而作为一对啮合齿轮，因为安装条件不同，两者出现很大的差异。②一对平行轴斜齿圆柱齿轮传动的正确啮合条件：两齿轮的法面模数和法面压力角分别相同、螺旋角大小相等、旋向相反（外啮合）或相同（内啮合），即：$m_{n1}=m_{n2}=m_n$、$\alpha_{n1}=\alpha_{n2}=\alpha_n$、$\beta_1=\mp\beta_2$。③一对交错轴斜齿圆柱齿轮的正确啮合条件：两齿轮的法面模数和法面压力角分别相等，且两齿轮的螺旋角之和等于轴交角，即 $m_{n1}=m_{n2}=m_n$、$\alpha_{n1}=\alpha_{n2}=\alpha_n$、$\Sigma=|\beta_1+\beta_2|$（当两轮螺旋角方向相同时，$\beta_1$、$\beta_2$ 均用正号代入；当两轮螺旋角方向相反时，β_1 和 β_2 一个用正值另一个用负值代入）。

（2）重合度：斜齿轮传动的重合度 ε_γ 包含端面重合度 ε_α 和轴面重合度 ε_β 两部分。端面重合度与直齿轮一样，是用端面参数按直齿轮的重合度计算公式来计算。而轴面重合度则与斜齿轮的螺旋角 β、斜齿轮的宽度 B 有关，且随 β 和 B 的增大而增大，这是斜齿轮传动的一大优点。$\varepsilon_\gamma=\varepsilon_\alpha+\varepsilon_\beta=\dfrac{1}{2\pi}\left[z_1(\tan\alpha_{at1}-\tan\alpha_t')+z_2(\tan\alpha_{at2}-\tan\alpha_t')\right]+\dfrac{B\sin\beta}{\pi m_n}$。

4. **直齿锥齿轮传动**

锥齿轮传动主要用来传递两相交轴之间的运动和动力。锥齿轮的轮齿是分布在一个截锥体上的，齿形从大端到小端逐渐变小，这是锥齿轮区别于圆柱齿轮的特殊点之一。所以，对应圆柱齿轮中的各有关"圆柱"，在这里都变成了"圆锥"，例如齿顶圆锥、分度圆锥、齿根圆锥等。为计算和测量方便，通常取大端参数为标准值。

一对锥齿轮两轴线间的夹角 Σ 称为轴交角。其值可根据传动需要任意选取，在一般机械中，多取$\sum=90°$。

锥齿轮按两轮啮合形式的不同，分为外啮合、内啮合及平面啮合3种。锥齿轮的轮齿有直齿、斜齿及曲齿（圆弧齿）等多种形式。由于直齿锥齿轮的设计、制造和安装均较方便，故应用最为广泛。曲齿锥齿轮由于传动平稳、承载能力较高，故常用于高速重载的传动场合，如汽车、拖拉机中的差速器齿轮、中央传动等。斜齿锥齿轮介于两者之间，传动较平稳，设计较简单。

1）基本参数

（1）根据国家标准规定，现多采用等顶隙锥齿轮传动形式，即两轮顶隙从轮齿大端到小端都是相等的。

（2）锥齿轮的基本参数：大端参数为标准值，模数 m 按《锥齿轮模数》表（GB/T 12368—1990)查询选择，压力角一般为 $\alpha=20°$。对于正常齿，当 $m\leqslant1$ 时，$h_a^*=1$、$c^*=0.25$；当 $m>1$ 时，$h_a^*=1$、$c^*=0.2$。对于短齿，$h_a^*=0.8$。

2）背锥及当量齿轮

（1）背锥：由于锥齿轮的齿廓曲线为球面曲线，球面无法展开成平面，致使锥齿轮的设计和制造存在许多困难。为了使球面齿廓的问题转化成平面问题，就引入了背锥的概念。所谓背锥是过锥齿轮大端，其母线与锥齿轮分度圆锥母线垂直的圆锥。

（2）当量齿轮：将锥齿轮大端球面渐开线齿廓向其背锥上投影，得到近似渐开线齿廓。接下来将背锥展成扇形齿轮，设想把扇形齿轮补足成一个完整的圆柱齿轮。该假想的圆柱齿轮称作锥齿轮的当量齿轮，其齿数称作锥齿轮的当量齿数，用 z_v 表示。这样，当量齿轮的齿型与锥齿轮大端齿型相当，其模数和压力角与锥齿轮大端的模数和压力角相一致。因此，锥齿轮的啮合传动可利用其当量齿轮的啮合传动来研究。

（3）当量齿数：$z_v=\dfrac{z}{\cos\delta}$（$\delta$——锥齿轮的分度锥角）。

3）直齿锥齿轮的啮合传动

（1）正确啮合的条件：一对锥齿轮的啮合传动相当于一对当量圆柱齿轮的啮合传动，故其正确啮合的条件为：两锥齿轮大端的模数和压力角分别相等，且锥距相等，锥顶重合。

（2）重合度 ε_a：直齿锥齿轮传动的重合度可近似地按当量圆柱齿轮传动的重合度计算，即：$\varepsilon_a=\dfrac{1}{2\pi}\left[z_{v1}(\tan\alpha_{va1}-\tan\alpha)+z_{v2}(\tan\alpha_{va2}-\tan\alpha)\right]$。

（3）传动比：$i_{12}=\dfrac{\omega_1}{\omega_2}=\dfrac{z_2}{z_1}=\dfrac{r_2}{r_1}=\dfrac{\sin\delta_2}{\sin\delta_1}$。当 $\sum=\delta_1+\delta_2=90°$ 时，$i_{12}=\tan\delta_2$。

10.3 典型例题解析

例 10-1 已知一对标准安装的外啮合直齿圆柱齿轮传动，其 $\alpha=20°$，$m=3\,mm$，$i_{12}=1.5$，当两齿轮的齿顶圆分别通过对方的啮合极限点时重合度 $\varepsilon_a=1.738$。试求两轮的齿数、齿顶圆半径和齿顶高系数。

解：对于一对标准安装的外啮合直齿圆柱齿轮传动，其啮合角 α' 等于分度圆压力角 α，

中心距 a' 等于标准中心距 a。当两轮的齿顶圆分别通过对方的啮合极限点时，其实际啮合线 $\overline{B_1B_2}$ 等于其理论啮合线 $\overline{N_2N_1}$，如图 10-4 所示。

$$\overline{B_1B_2}=\overline{N_2N_1}=\overline{N_2P}+\overline{PN_1}=\overline{O_2P}\sin\alpha+\overline{O_1P}\sin\alpha=a\sin\alpha$$

根据重合度的定义，可知

$$\overline{B_1B_2}=\varepsilon_\alpha p_{\rm b}=\varepsilon_\alpha\pi m\cos\alpha=1.738\times\pi\times3\times$$
$$\cos20°=15.392{\rm mm}$$

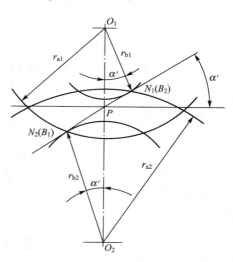

图 10-4 例 10-1 图

于是可得中心距 $a=\dfrac{m(z_1+z_2)}{2}=\dfrac{mz_1(1+i_{12})}{2}=$

$\dfrac{\overline{B_1B_2}}{\sin\alpha}=\dfrac{15.392}{\sin20°}=45{\rm mm}$。

$z_1=\dfrac{2a}{m(1+i_{12})}=\dfrac{2\times45}{3\times(1+1.5)}=12$，$z_2=i_{12}z_1=$

$1.5\times12=18$

$r_1=\dfrac{mz_1}{2}=\dfrac{3\times12}{2}=18{\rm mm}$，$r_2=\dfrac{mz_2}{2}=\dfrac{3\times18}{2}=$

$27{\rm mm}$

$r_{\rm b1}=r_1\cos\alpha=18\cos20°=16.914{\rm mm}$，$r_{\rm b2}=$

$r_2\cos\alpha=27\cos20°=25.372{\rm mm}$

由图可得 $r_{\rm a1}=\sqrt{(\overline{B_1B_2})^2+r_{\rm b1}^2}=$

$\sqrt{15.392^2+16.914^2}=22.869{\rm mm}$。

$$r_{\rm a2}=\sqrt{(\overline{B_1B_2})^2+r_{\rm b2}^2}=\sqrt{15.392^2+25.372^2}=29.676{\rm mm}$$

$$h_{\rm a1}^*=\frac{r_{\rm a1}-r_1}{m}=\frac{22.869-18}{3}=1.623,\quad h_{\rm a2}^*=\frac{r_{\rm a2}-r_2}{m}=\frac{29.676-27}{3}=0.892$$

可见，这两个齿轮均为非标准齿轮。

例 10-2 已知一对外啮合齿轮传动的参数为：$z_1=z_2=10$，$m=5{\rm mm}$，$\alpha=20°$，$h_{\rm a}^*=1$，$a'=54{\rm mm}$。试设计这对齿轮，并对其重合度进行验算。

解：（1）计算标准中心距

$$a=\frac{m(z_1+z_2)}{2}=\frac{5(10+10)}{2}=50{\rm mm}$$

（2）计算啮合角

$$\alpha'=\arccos\left(\frac{a\cos\alpha}{a'}\right)=\arccos\left(\frac{50\times\cos20°}{54}\right)=29.5314°$$

（3）计算变位系数

$$x_1+x_2=\frac{({\rm inv}\alpha'-{\rm inv}\alpha)(z_1+z_2)}{2\tan\alpha}=\frac{({\rm inv}29.5314°-{\rm inv}20°)(10+10)}{2\tan20°}=0.9938$$

（4）分配变位系数。既然两个齿轮相同，若无特殊需要，变位系数自然应均分，故 $x_1=x_2=0.4969$。

（5）验算变位后齿轮是否发生根切。

不发生根切的最小变位系数 $x_{\min}=\dfrac{h_{\rm a}^*(z_{\min}-z)}{z_{\min}}=\dfrac{1\times(17-10)}{17}=0.4118$。

由于 $x_1=x_2>x_{\min}$，故知变位后齿轮不会发生根切。

（6）计算中心距变动系数

$y=\dfrac{a'-a}{m}=\dfrac{54-50}{5}=0.8$，由于 $y>0$，故知此对齿轮传动时，其分度圆是分离的。

（7）计算齿顶高变动系数

$$\Delta y=(x_1+x_2)-y=0.9938-0.8=0.1938$$

（8）计算齿轮的几何尺寸

$$d=mz=5\times10=50\text{mm}, \quad d_\text{b}=d\cos\alpha=50\times\cos20°=46.985\text{mm}$$

$$d_\text{a}=d+2m(h_\text{a}^*+x-\Delta y)=50+2\times5\times(1+0.4969-0.1938)=63.031\text{mm}$$

（9）验算重合度

$$\alpha_\text{a}=\arccos\dfrac{d_\text{b}}{d_\text{a}}=\arccos\dfrac{46.985}{63.031}=41.804°$$

$$\varepsilon_\alpha=\dfrac{2z}{2\pi}(\tan\alpha_\text{a}-\tan\alpha')=\dfrac{2\times10}{2\pi}(\tan41.804°-\tan29.5314°)=1.043>1$$

重合度的值虽然较小，但在变位较大的齿轮传动中还是可以接受的。

10.4 同步训练题

10.4.1 填空题

1. 渐开线上任意一点的法线必与_____相切，渐开线上各点的曲率半径是_____的。

2. 渐开线齿廓上任一点 K 的曲率半径等于_____；渐开线齿廓在基圆上的曲率半径等于_____；渐开线齿条齿廓上任一点 K 的曲率半径等于_____。

3. 渐开线齿廓上任意点的压力角是_____所夹的锐角。齿廓上各点的压力角都不相等，_____圆上的压力角为零，_____圆上压力角最大，_____圆上压力角为标准值。

4. 渐开线齿轮传动的可分性是指两轮实际安装中心距略有误差时，_____不变。

5. 决定单个渐开线标准直齿圆柱齿轮几何尺寸的 5 个基本参数是_____，其中参数_____是标准值。

6. 分度圆尺寸一定的渐开线齿轮的齿廓形状取决于参数_____的大小；渐开线标准齿轮分度圆上的齿厚取决于参数_____的大小。

7. 一渐开线标准直齿圆柱齿轮的齿数 $z=26$，模数 $m=3\text{mm}$，压力角 $\alpha=20°$，则其齿廓在分度圆处的曲率半径为_____mm。

8. 齿距 P 与 π 的比值 $\dfrac{P}{\pi}$ 称为_____。

9. $m=4\text{mm}$，$\alpha=20°$ 的一对正常齿制标准直齿圆柱齿轮，按标准中心距安装时顶隙等于_____，侧隙等于_____；当中心距加大 0.5mm 时，顶隙等于_____，侧隙_____零。

10. 一对渐开线直齿圆柱齿轮在传动时无齿侧间隙的条件是_____。

11. 按标准中心距安装的渐开线标准直齿圆柱齿轮，节圆与_____重合，啮合角在数值上等于_____。

12. 为了使一对渐开线直齿圆柱齿轮能连续定传动比工作，应使实际啮合线长度大于或等于_____。

13. 一对渐开线直齿圆柱齿轮传动，已知其中心距 $O_1O_2=a'$，传动比 i_{12}，则齿轮1的节圆半径 $r_1'=$_____。如已知齿轮1的基圆半径为 r_{b1}，则啮合角 $\alpha'=$_____。

14. 一对渐开线直齿圆柱齿轮传动的重合度 ε_a 与齿轮的_____有关，与齿轮的_____无关。当 $\varepsilon_a=1.3$ 时，说明在整个啮合过程中两对齿啮合的时间占整个啮合时间的_____%，一对齿啮合的时间占整个啮合时间的_____%。

15. 若一对渐开线标准直齿圆柱齿轮传动的重合度太小，要求齿数和中心距保持不变时，可采取_____的办法来提高重合度。

16. 一对渐开线标准直齿圆柱齿轮传动，当齿轮的模数 m 增大一倍时，其重合度_____，两齿轮齿顶圆上的压力角 α_a_____，两齿轮的分度圆齿厚 s_____。

17. 采用标准齿条型刀具加工标准齿轮时，刀具的分度线与轮坯_____圆之间作纯滚动；加工变位齿轮时，刀具的分度线与轮坯_____圆之间作纯滚动。

18. 当采用范成法切制渐开线齿轮齿廓时，可能产生根切。若被加工齿轮 $h_a^*=1$，$\alpha=20°$，则加工渐开线标准齿轮不发生根切的最少齿数为_____。

19. 加工齿数少于不发生根切的最少齿数 z_{min} 的直齿圆柱齿轮，可采用_____变位的办法来避免根切。

20. 在模数、齿数、压力角相同的情况下，正变位齿轮与标准齿轮相比较，下列几何尺寸的变化是：齿顶圆直径_____；分度圆直径_____；齿根圆直径_____；基圆直径_____；分度圆齿厚_____；齿根高_____。

21. 在设计直齿圆柱齿轮机构时，首先考虑的传动类型是_____，其次是_____；在不得已的情况下：如_____，只能选择_____。

22. 渐开线斜齿圆柱齿轮的标准参数在_____面上；几何尺寸计算时应将_____面参数代入直齿轮的计算公式。

23. 一对渐开线外啮合斜齿圆柱齿轮的正确啮合条件是_____、_____和_____。

24. 基本参数相同的斜齿圆柱齿轮传动与直齿圆柱齿轮传动相比，斜齿轮比直齿轮的重合度_____，不发生根切的最少齿数_____。

25. 齿数相同的斜齿圆柱齿轮传动的重合度将随着_____和_____的增大而增大。

26. 直齿锥齿轮的当量齿数 $z_v=$_____，标准模数和压力角定义在锥齿轮的_____。

10.4.2 判断题

1. 在任意圆周上，相邻两轮齿同侧渐开线齿廓间的弧长称为该圆周上的齿距。

                                        （   ）

2. 渐开线标准直齿圆柱齿轮的齿廓形状取决于齿轮的模数、齿数和压力角。（   ）

3. 渐开线内齿轮的基圆一定位于齿顶圆之内。（   ）

4. 渐开线标准直齿圆柱齿轮是指参数 m、α、h_a^*、c^* 均为标准值的直齿轮。（   ）

5. 齿轮的标准模数和标准压力角都定义在分度圆上。（   ）

6. 单个齿轮既有分度圆，又有节圆。 （ ）

7. 外啮合渐开线直齿圆柱齿轮的啮合线既是两齿轮基圆的内公切线，又是齿廓接触点的公法线。 （ ）

8. 一对渐开线直齿圆柱齿轮能够正确啮合的条件是两轮的模数相等。 （ ）

9. 一对相互啮合的渐开线直齿圆柱齿轮的分度圆总是相切的。 （ ）

10. 模数和压力角相同，齿数不同的两个直齿圆柱齿轮，可用同一把齿轮滚刀进行加工。 （ ）

11. 当一对无侧隙啮合的渐开线直齿圆柱齿轮的中心距 $a' = \dfrac{m(z_1+z_2)}{2}$ 时，则必定是一对标准齿轮传动。 （ ）

12. 齿数 $z > 17$ 的渐开线直齿圆柱齿轮用范成法加工时，即使变位系数 $x < 0$，也一定不会发生根切。 （ ）

13. 斜齿圆柱齿轮以端面模数为标准模数。 （ ）

14. 改变斜齿圆柱齿轮螺旋角的大小，可以凑配齿轮传动的中心距。 （ ）

15. 锥齿轮只能用于轴交角 $\Sigma = 90°$ 的两相交轴之间的传动。 （ ）

10.4.3 选择题

1. 下列机构为平面齿轮机构的是_____。
   A. 锥齿轮传动机构　　　　　　　　B. 蜗杆传动机构
   C. 平行轴斜齿圆柱齿轮传动机构

2. 渐开线齿轮的基圆越大，则_____。
   A. 分度圆越大　　　　　　　　　　B. 齿廓上压力角相同点的曲率半径越大
   C. 模数越大

3. 渐开线齿轮传动平稳是因为_____。
   A. 其传动比 $i_{12} = \dfrac{z_2}{z_1}$　　　　　　B. 其啮合线与受力线重合
   C. 其啮合线通过节点

4. 当一对渐开线齿轮制成后，即使两轮的中心距稍有改变，其角速度比仍保持不变的原因是_____。
   A. 啮合角不变　　B. 压力角不变　　C. 基圆半径不变　　D. 节圆半径不变

5. 对于齿数相同的齿轮，模数越大，齿轮的几何尺寸和承载能力_____。
   A. 越小　　　　　　B. 越大　　　　　　C. 不变化

6. 一正常齿制渐开线标准直齿圆柱齿轮的分度圆齿距 $P = 15.7$mm，齿顶圆直径 $d_a = 400$mm，则该齿轮齿数 z 为_____。
   A. 82　　　　　　B. 78　　　　　　C. 80　　　　　　D. 76

7. 一正常齿制渐开线标准直齿圆柱齿轮的齿高等于 9mm，则模数等于_____。
   A. 2mm　　　　　B. 3mm　　　　　C. 4mm　　　　　D. 5mm

8. 为了能正确啮合，一对齿轮的_____必须相同。
   A. 齿数　　　　　B. 宽度　　　　　C. 分度圆直径　　　D. 基圆齿距

9. 一对渐开线直齿圆柱齿轮的正确啮合条件是两轮的_____分别相等。

    A. 分度圆半径和模数   B. 分度圆半径和压力角

    C. 模数和压力角   D. 分度圆半径和齿顶圆半径

10. 在一对渐开线直齿圆柱齿轮啮合传动中，其啮合角 α' 的大小是____。

    A. 由大到小逐渐变化   B. 由小到大逐渐变化

    C. 由小到大再到小逐渐变化   D. 始终保持不变

11. 渐开线直齿圆柱齿轮与直齿条啮合时，若齿条相对齿轮作远离轮心的径向平移时，其啮合角____。

    A. 加大   B. 不变   C. 减小   D. 上述选项都不对

12. 一对作定比传动的齿轮在传动过程中，它们的____一定是作纯滚动的。

    A. 分度圆   B. 基圆   C. 节圆   D. 齿顶圆

13. 一对直齿圆柱齿轮的中心距____等于两轮分度圆半径之和，____等于两轮节圆半径之和。

    A. 一定   B. 不一定   C. 一定不

14. 无论是标准安装还是非标准安装，渐开线直齿圆柱齿轮传动的啮合角均等于____上的压力角。

    A. 齿顶圆   B. 齿根圆   C. 分度圆   D. 节圆

15. 一对渐开线齿轮传动的安装中心距大于标准中心距时，齿轮的节圆____分度圆。

    A. 大于   B. 等于   C. 小于

16. 渐开线标准直齿圆柱齿轮传动的重合度等于____。

    A. 理论啮合线长度与齿距之比   B. 实际啮合线长度与齿距之比

    C. 理论啮合线长度与基圆齿距之比   D. 实际啮合线长度与基圆齿距之比

17. 若使一对渐开线齿轮实现连续传动，其重合度应____。

    A. $\varepsilon \leqslant 1$ B. $\varepsilon \geqslant 1$ C. $\varepsilon \geqslant 1.3$ D. $\varepsilon \geqslant 2$

18. 已知一对渐开线直齿圆柱齿轮传动的重合度 $\varepsilon_a = 1.6$，则双齿啮合区占实际啮合线长的____。

    A. 70%   B. 75%   C. 80%

19. 现要加工两个正常齿制渐开线标准直齿圆柱齿轮，其中齿轮 1：$m_1 = 2$mm，$z_1 = 50$；齿轮 2：$m_2 = 4$mm，$z_2 = 25$。这两个齿轮____加工。

    A. 可用同一把铣刀   B. 可用同一把滚刀

    C. 不能用同一把刀具

20. 用齿条型刀具范成法加工标准齿轮时，齿轮产生根切的原因是____。

    A. 齿条型刀具刀齿数太少   B. 齿轮齿全高太长

    C. 齿轮齿数太少

21. 加工负变位齿轮时，移动刀具使____。

    A. 刀具中线与分度圆相切   B. 刀具中线与分度圆相离

    C. 刀具中线与分度圆相交

22. 等变位齿轮传动的中心距和啮合角分别____标准中心距和分度圆压力角。

    A. 大于   B. 小于   C. 等于

23. 负传动的一对外啮合直齿圆柱外齿轮，其齿数条件为____。

    A. $z_1 + z_2 \geqslant 2z_{min}$ B. $z_1 + z_2 < 2z_{min}$ C. $z_1 + z_2 > 2z_{min}$

24. 已知两直齿圆柱齿轮的齿数 $z_1 = 10$、$z_2 = 22$，则该齿轮传动应采用____。
    A. 标准齿轮传动　　　　　　　　　　B. 等变位齿轮传动
    C. 正传动　　　　　　　　　　　　　D. 负传动

25. 设一对渐开线直齿圆柱齿轮的参数为 $z_1 = 20$，$z_2 = 80$，$m = 2$mm，若经过变位修正安装在中心距 $a = 102$mm 的箱体上，则采用____。
    A. 等变位齿轮传动　　　　　　　　　B. 正传动
    C. 负传动

26. 一对外啮合直齿圆柱齿轮的变位系数之和小于零时，它们的分度圆是____的。
    A. 相交　　　　　B. 相切　　　　　C. 相离　　　　　D. 重合

27. 当两直齿圆柱齿轮的变位系数之和不等于 0 时，若两齿轮不作齿顶高降低，则满足无侧隙安装的中心距____满足标准顶隙安装的中心距。
    A. 不一定大于　　　B. 不一定小于　　　C. 一定大于　　　D. 一定小于

28. 渐开线斜齿圆柱齿轮在啮合过程中，一对轮齿齿廓上的接触线长度是____。
    A. 由小到大逐渐变化　　　　　　　　B. 由大到小逐渐变化
    C. 由小到大再由大到小逐渐变化　　　D. 始终保持不变

29. 斜齿圆柱齿轮的____为标准值。
    A. 法面模数、法面压力角　　　　　　B. 端面模数、端面压力角
    C. 法面模数、法面压力角、螺旋角　　D. 端面模数、端面压力角、螺旋角

30. 斜齿圆柱齿轮的端面压力角 α_t 与法面压力角 α_n 相比较，应是____。
    A. $\alpha_t = \alpha_n$　　B. $\alpha_t > \alpha_n$　　C. $\alpha_t < \alpha_n$　　D. $\alpha_t \leqslant \alpha_n$

31. 斜齿圆柱齿轮的法面模数 m_n 与端面模数 m_t 之间的关系是____。
    A. $m_n = \dfrac{m_t}{\sin\beta}$　　B. $m_n = m_t \sin\beta$　　C. $m_n = \dfrac{m_t}{\cos\beta}$　　D. $m_n = m_t \cos\beta$

32. 斜齿圆柱齿轮的齿数 z 与模数 m_n 不变，若增大螺旋角 β，则分度圆直径 d ____。
    A. 增大　　　　　　　　　　　　　　B. 不变
    C. 减小　　　　　　　　　　　　　　D. 不一定增大或减小

33. 一个齿数为 z、螺旋角为 β 的斜齿圆柱齿轮，其当量齿数为____。
    A. $z_v = \dfrac{z}{\cos\beta}$　　B. $z_v = \dfrac{z}{\cos^3\beta}$　　C. $z_v = \dfrac{z}{\sin\beta}$

34. 斜齿圆柱齿轮的当量齿数可用来____。
    A. 计算传动比　　B. 计算重合度　　C. 选择盘铣刀

35. 当两轴相交时，两轴之间的传动可采用____。
    A. 圆柱齿轮传动　　B. 锥齿轮传动　　C. 蜗杆传动

36. 在直齿锥齿轮传动的传动比公式中，$i = \dfrac{\omega_1}{\omega_2}$，$i = \dfrac{z_2}{z_1}$，$i = \dfrac{d_2}{d_1}$，$i = \cot\delta_1$，$i = \tan\delta_2$，$i = \dfrac{\sin\delta_1}{\sin\delta_2}$ 中有____是正确的。
    A. 3 个　　　　　B. 4 个　　　　　C. 5 个　　　　　D. 6 个

37. 直齿锥齿轮的当量齿数 z_v ____其实际齿数 z。
    A. 小于　　　　　B. 大于　　　　　C. 等于

10.4.4 简答题

1. 一对轮齿的齿廓曲线应满足什么条件才能使其传动比为常数？渐开线齿廓为什么能满足定传动比的要求？

2. 为什么说渐开线齿轮传动具有中心距的可分性？

3. 节圆与分度圆有什么区别？

4. 齿轮的压力角对齿轮传动有何影响？

5. 何谓标准齿轮？何谓标准中心距？具有标准中心距的标准齿轮传动具有哪些特点？

6. 何谓齿轮的根切？它是怎样产生的？有何危害？

7. 斜齿圆柱齿轮传动中，若要改变中心距，可采取哪些办法？

10.4.5 分析与计算题

1. 在一机床的主轴箱中有一正常齿制渐开线标准直齿圆柱齿轮，经测量其齿数 $z=40$，齿顶圆直径 $d_a=84$mm。现发现该齿轮已经磨损，需重做一个齿轮替换。试确定这个齿轮的模数 m，并计算该齿轮的分度圆直径 d、齿根圆直径 d_f 和齿高 h。

2. 某传动装置中有一对渐开线标准直齿圆柱齿轮（正常齿），大齿轮已损坏。小齿轮的齿数 $z_1=24$，齿顶圆直径 $d_{a1}=78$mm，中心距 $a=135$mm。试确定这对齿轮的模数 m 和传动比 i，并计算大齿轮的分度圆直径 d_2、基圆直径 d_{b2}、齿顶圆直径 d_{a2} 和齿根圆直径 d_{f2}。

3. 已知一对外啮合渐开线标准直齿圆柱齿轮，传动比 $i_{12}=2.4$，模数 $m=5$mm，压力角 $\alpha=20°$，$h_a^*=1$，$c^*=0.25$，中心距 $a=170$mm。试求该对齿轮的齿数 z_1、z_2；分度圆直径 d_1、d_2；齿顶圆直径 d_{a1}、d_{a2}；基圆直径 d_{b1}、d_{b2}。

4. 现测得一渐开线标准直齿圆柱齿轮的齿顶圆直径 $d_a=110$mm，齿根圆直径 $d_f=87.5$mm，齿数 $z=20$。试确定该齿轮的模数 m、齿顶高系数 h_a^*、顶隙系数 c^*，并计算其分度圆直径 d 和齿高 h。

5. 若渐开线标准直齿圆柱齿轮的分度圆压力角 $\alpha=20°$、齿顶高系数 $h_a^*=1$。当齿根圆和基圆重合时，它的齿数应该是多少？如果齿数大于或小于这个数值，那么基圆和齿根圆哪一个大些？

6. 已知一对渐开线标准直齿圆柱齿轮的 $z_1=22$，$z_2=33$，$m=2.5$mm，$\alpha=20°$，$h_a^*=1$，$c^*=0.25$。求：这对齿轮作无侧隙啮合时的中心距、啮合角、节圆半径和重合度。

7. 有一对外啮合正常齿渐开线标准直齿圆柱齿轮传动，如图 10-5 所示。已知：标准中心距 $a=100$mm，传动比 $i_{12}=1.5$，压力角 $\alpha=20°$。试求：（1）模数 m 和齿数 z_1、z_2。要求：a. 模数 m 不小于 3，且按第一系列（…3，4，5，6，…）选择；b. 小齿轮齿数 z_1 按不发生根切选择；（2）计算齿轮 2 的 r_2、r_{a2}、r_{f2}、r_{b2}，并将计算结果在图中标注出来；（3）在图中作出理论啮合线和实际啮合线。

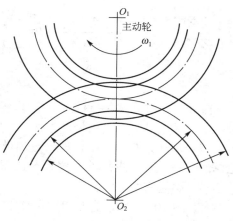

图 10-5　题 10.4.5-7 图

机械原理、机械设计学习指导与综合强化

8. 设有一对外啮合直齿圆柱齿轮，$z_1=30$，$z_2=40$，$m=20$mm，$\alpha=20°$，$h_a^*=1$。试求当 $a'=725$mm 时，两轮的啮合角 α'。又当啮合角 $\alpha'=22.5°$时，试求其中心距 a'。

9. 一对渐开线标准直齿圆柱齿轮传动，已知齿数 $z_1=25$，$z_2=55$，$m=2$mm，$\alpha=20°$，$h_a^*=1$，$c^*=0.25$。试求：(1)齿轮 1 在分度圆上齿廓的曲率半径 ρ；(2)齿轮 2 在齿顶圆上的压力角 α_{a2}；(3)如果这对齿轮安装后的实际中心距 $a'=81$mm，求啮合角 α' 和两齿轮的节圆半径 r_1'、r_2'。

10. 一对外啮合正常齿渐开线标准直齿圆柱齿轮传动，已知标准中心距 $a=120$mm，$m=3$mm，$i_{12}=3$，由于安装误差使实际中心距 a' 比标准中心距大 1mm。求大齿轮齿数 z_2，大齿轮齿顶圆直径 d_{a2}，两轮节圆半径 r_1'、r_2'，啮合角 α'，顶隙 c。

11. 用范成法加工渐开线直齿圆柱齿轮，刀具为标准齿条型刀具，其基本参数为：$m=2$mm，$\alpha=20°$，正常齿制。(1)齿坯的角速度 $\omega=\dfrac{1}{22.5}$rad/s 时，欲切制齿数 $z=90$ 的标准齿轮，确定齿坯中心与刀具分度线之间的距离 a 和刀具移动的线速度 v；(2)在保持上面的 a 和 v 不变的情况下，将齿坯的角速度改为 $\omega=\dfrac{1}{23}$rad/s，这样所切制出来的齿轮的齿数 z 和变位系数 x 各是多少？齿轮是正变位齿轮还是负变位齿轮？(3)同样，在保持 a 和 v 不变的情况下，将齿坯的角速度改为 $\omega=\dfrac{1}{22.1}$rad/s，所切制出来的齿轮的齿数 z 和变位系数 x 各是多少？最后加工的结果如何？

12. 用一个标准齿条型刀具范成法加工齿轮。刀具的模数 $m=4$mm，压力角 $\alpha=20°$，齿顶高系数 $h_a^*=1$，顶隙系数 $c^*=0.25$，齿轮转动中心到刀具分度线之间的距离为 $H=29$mm，并且被加工齿轮没有发生根切现象。试确定被加工齿轮的齿数 z、变位系数 x、分度圆半径 r、基圆半径 r_b、齿顶圆半径 r_a 和齿根圆半径 r_f。

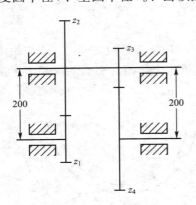

图 10-6 题 10.4.5-13 图

13. 图 10-6 所示为一个减速器中的齿轮传动系统。已知 z_1、z_2 是斜齿圆柱齿轮，$z_1=15$，$z_2=75$，$m_n=4$mm，$\alpha_n=20°$，$h_{an}^*=1$，$c_n^*=0.25$。z_3、z_4 是直齿圆柱齿轮，$z_3=13$，$z_4=67$，$m=5$mm，$\alpha=20°$，$h_a^*=1$，$c^*=0.25$，两对齿轮传动的中心距均为200mm。试求：(1)齿轮 1 的齿顶圆半径 r_{a1}？(2)为使齿轮 3 不根切，需采用哪种变位修正？x_3=？应采用哪种变位齿轮传动？x_4=？(3)齿轮 3 的齿顶圆半径 r_{a3}=？

14. 在图 10-7 所示的机构中，已知各直齿圆柱齿轮的模数均为 $m=2$mm，$z_1=15$，$z_2=32$，$z_2'=20$，$z_3=30$，要求齿轮 1、3 同轴线。试问：(1)齿轮 1、2 和齿轮 2'、3 最好选什么传动类型？为什么？(2)若齿轮 1、2 改为斜齿轮传动来凑中心距，当齿数和模数不变时，斜齿轮的螺旋角为多少？(3)若用范成法(如用齿轮滚刀)来加工齿数 $z_1=15$ 的斜齿轮 1 时，是否会产生根切？(4)这两个斜齿轮的当量齿数是多少？

15. 图 10-8 所示为龙门铣主轴箱齿轮传动。各齿轮有关参数列于题后，啮合中心距标于图上。所有齿轮压力角均为 $\alpha=20°$，齿顶高系数 $h_a^*=1$。试回答以下问题：(1)分别说明三对齿轮是否必须采用变位传动？（2）若需采用变位传动，请说明采用何种传动类型。（第一对：$z_1=12$，$z_2=28$，$m_1=3$mm；第二对：$z_3=23$，$z_4=39$，$m_2=4$mm；第三对：$z_5=23$，$z_6=45$，$m_3=4$mm。）

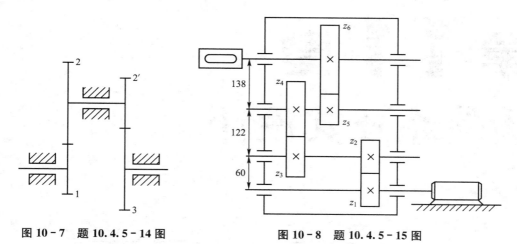

图 10-7　题 10.4.5-14 图　　　　　图 10-8　题 10.4.5-15 图

16. 一对外啮合标准斜齿圆柱齿轮传动，已知：$m_n=4$mm，$z_1=24$，$z_2=48$，$h_{an}^*=1$，$a=150$mm。试求：（1）螺旋角 β；（2）两轮的分度圆直径 d_1、d_2；（3）两轮的齿顶圆直径 d_{a1}、d_{a2}；（4）若改用 $m=4$mm，$\alpha=20°$，$h_a^*=1$ 的外啮合直齿圆柱齿轮传动，中心距 a 与齿数 z_1、z_2 均不变，应采用何种类型的变位齿轮传动？为什么？

第11章
齿轮系及其设计

11.1　学习要求、重点及难点

1. 学习要求

（1）了解轮系的分类。
（2）掌握定轴轮系、周转轮系及复合轮系传动比的计算方法。
（3）了解轮系的功用。
（4）了解行星轮系的效率计算。
（5）了解选型和齿数选择等行星轮系设计的基本知识。

2. 学习重点

轮系传动比的计算，特别是周转轮系和复合轮系传动比的计算。

3. 学习难点

将复合轮系正确划分为各个基本轮系。

11.2　学习指导

1. 轮系及其分类

1）轮系的定义
用若干个相互啮合的齿轮将主动轴和从动轴连接起来传递运动和动力，这种由一系列齿轮组成的传动系统称为轮系。

2）轮系的分类
（1）定轴轮系（普通轮系）：①该类轮系运转时，所有齿轮的轴线相对于机架的位置都是固定不动的。②各轮轴线相互平行(只包含圆柱齿轮)的定轴轮系称为平面定轴轮系；包含空间齿轮机构(锥齿轮、蜗杆蜗轮等)的定轴轮系称为空间定轴轮系，如图 11-1 所示。

　　(2) 周转轮系：①轮系中至少有一个齿轮的轴线不固定，而绕其他齿轮的轴线转动的轮系。②一个基本周转轮系由一个系杆 H(支撑行星轮，又称行星架)、若干个行星轮(轴线不固定，既有自转又有公转的齿轮)及中心轮(直接与行星轮啮合的定轴齿轮)组成。③轴线与主轴线(行星架绕之转动的轴线)重合而又承受外力矩的构件称基本构件。如图 11-2 所示的周转轮系中，系杆 H 或中心轮 1、3 为基本构件。④周转轮系根据其基本构件的不同可分为：2K-H 型、3K 型(K 表示中心轮，H 表示行星架)。⑤根据周转轮系的自由度进行划分，自由度为 2 的周转轮系称为差动轮系，自由度为 1 的周转轮系称为行星轮系。

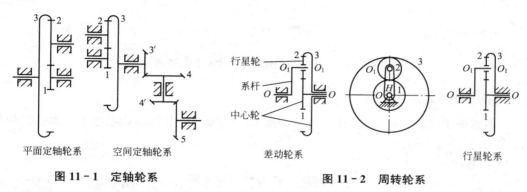

平面定轴轮系　　空间定轴轮系

图 11-1　定轴轮系

差动轮系　　　　　行星轮系

图 11-2　周转轮系

　　(3) 复合轮系：既包含定轴轮系部分又包含周转轮系部分，或者是由几个基本周转轮系组成的复杂轮系，如图 11-3 所示。

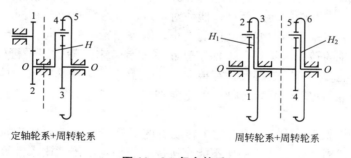

定轴轮系+周转轮系　　　　周转轮系+周转轮系

图 11-3　复合轮系

2. 一对齿轮的传动比

1) 传动比大小

主、从动轮传动比的大小：$i_{12} = \dfrac{\omega_1}{\omega_2} = \dfrac{z_2}{z_1}$。

2) 从动轮转向判断

(1) 圆柱齿轮传动(图 11-4(a))：外啮合：与主动轮转向相反。内啮合：与主动轮转向相同。

(2) 圆锥齿轮传动(图 11-4(b))：以节点为基准，同时指向节点(面对面)或同时背离节点(背靠背)。

(3) 蜗杆传动(图 11-4(c))：用左、右手螺旋法则判断：左旋伸左手，右旋伸右手；四指握住蜗杆轴线，指向蜗杆圆周速度方向；大拇指所指方向的反方向即为蜗轮在节点处的圆周速度方向。

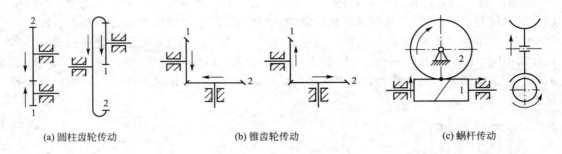

(a) 圆柱齿轮传动   (b) 锥齿轮传动   (c) 蜗杆传动

图 11-4   一对齿轮传动主从动轮转向关系

3. 轮系传动比的计算

轮系传动比的计算是基础知识，应熟练掌握。传动比计算包括两项任务，即确定传动比的大小及从动轮的转向。

1) 定轴轮系

(1) 传动比大小：$i_{mn} = \dfrac{\omega_m}{\omega_n} = \dfrac{\text{所有从动轮齿数的连乘积}}{\text{所有主动轮齿数的连乘积}} = $ 各对齿轮传动比的连乘积，其中：m——轮系中的首轮，n——轮系中的末轮。

(2) 从动轮转向的确定：①平面定轴轮系首末两轮的转向可根据外啮合齿轮的对数确定，奇数对，首、末两轮的转向相反；偶数对，首、末两轮的转向相同。也可用箭头法标定各轮的转向。②惰轮：不改变传动比的大小，但改变轮系的转向。③空间定轴轮系只能用箭头法标定各轮的转向。④对于平面定轴轮系和首、末两轮轴线平行的空间定轴轮系，可根据首末两轮的转向相同或相反，在传动比前赋予"＋"号或"－"号；对于首、末两轮轴线不平行的空间定轴轮系，传动比前不能加"＋"、"－"号。

2) 周转轮系

(1) 传动比大小：周转轮系中有一个转动着的系杆，由于转动系杆的存在使行星轮既自转又公转。所以周转轮系的传动比不能直接按照定轴轮系传动比来计算，而是将它转化为定轴轮系再计算。即假想给整个轮系加上一个公共的角速度$-\omega_H$，使系杆固定不动，这样，周转轮系就转化成了一个假想的定轴轮系了，这个假想的定轴轮系称为原周转轮系的"转化轮系"或"转化机构"。周转轮系中各构件的转速或传动比，可通过计算其转化轮系的传动比求得。

差动轮系($F=2$)：①设差动轮系中两个中心轮为 m 和 n，系杆为 H，则其转化轮系的传动比 i_{mn}^{H} 的计算公式为：$i_{mn}^{H} = \dfrac{\omega_m - \omega_H}{\omega_n - \omega_H} = \pm \dfrac{\text{在转化轮系中由 } m \text{ 至 } n \text{ 各从动轮齿数的连乘积}}{\text{在转化轮系中由 } m \text{ 至 } n \text{ 各主动轮齿数的连乘积}}$。②注意事项：a. 等式右端的"±"号取决于转化轮系中轮 m 和 n 的转向是否相同，相同时取"＋"号，反之取"－"号。b. ω_m、ω_n、ω_H 为代数值，在计算时应代入相应的正、负号，计算所得的结果也为代数值，即同时得出从动件转速的大小和方向。c. 对于圆锥齿轮周转轮系,公式只适用于计算其基本构件之间的传动比,而不适于其行星轮角速度的计算。因为在公式中各角速度系按代数量在进行计算,故其只适用于平行轴之间角速度的运算。要计算圆锥齿轮周转轮系中行星轮的角速度,必须按角速度矢量来处理。d. 对于圆柱齿轮周转轮系,公式则适用于其所有构件角速度的计算。

行星轮系($F=1$):在周转轮系中,当中心轮 n 固定时,就变成自由度为 1 的行星轮系。相应行星轮系的传动比为 $i_{mH}=1-i_{mn}^{H}$。

(2) 从动轮转向的确定:由计算结果所含正、负号确定。即周转轮系传动比(或构件角速度)的正、负号是计算出来的,而不是判断出来的。

3) 复合轮系

(1) 传动比大小:在计算复合轮系传动比时,既不能将整个轮系作为定轴轮系来处理,也不能对整个轮系采用转化机构的办法。复合轮系传动比计算的方法及步骤:①将复合轮系划分为各个基本轮系。分清轮系中哪些部分是定轴轮系,哪些部分是周转轮系。②分别计算。即定轴轮系部分按照定轴轮系传动比计算方法来计算,周转轮系部分按照周转轮系传动比计算方法来计算,分别列出它们的计算式。③根据各部分列出的计算式,联立求解。

轮系的划分:轮系划分的关键是先要找出轮系中的周转轮系部分。为此,先要找出轮系运转中轴线不固定的行星轮及与之用转动副相连的行星架,然后再找出与行星轮相啮合的轴线位置固定的中心轮。每一行星架连同行星架上的行星轮和与行星轮相啮合的中心轮就组成一个周转轮系,一般每一行星架就对应一个周转轮系。当将这些周转轮系一一找出后,剩下的便是定轴轮系部分了。

(2) 从动轮转向的确定:综合应用定轴轮系和周转轮系从动轮转向的确定方法。

4. 轮系的功用

(1) 实现变速传动。例如在汽车等类似的机械中,在主轴转速不变的条件下,利用轮系可以使从动轴获得若干个不同的转速,如图 11-5 所示。

(2) 实现分路传动。利用轮系可以使一个主动轴带动若干个从动轴同时旋转,实现多路输出,带动多个附件同时工作,如图 11-6 所示。

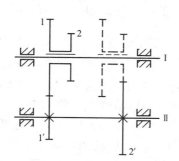

图 11-5 变速传动轮系

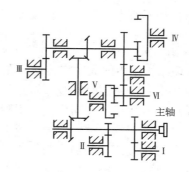

图 11-6 分路传动轮系

(3) 获得大的传动比。当两轴之间需要较大传动比时,仅用一对齿轮传动,必然会使两轮的尺寸相差过大,这时小齿轮就容易损坏。大传动比可用定轴轮系多级传动实现,也可利用周转轮系和复合轮系实现。如图 11-7 所示,用二级齿轮传动代替一对齿轮传动,既节省空间、材料，又方便制造、安装。

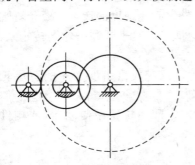

图 11-7　获得大传动比轮系

（4）实现换向传动。在一对外啮合圆柱齿轮传动中，从动轮与主动轮的转向是相反的。利用轮系可改变输出轴的转向，如图 11-8 所示。

（5）实现运动的合成。对于差动轮系来说，它的 3 个基本构件都是运动的，必须给定其中任意两个基本构件的运动，第三个构件才有确定的运动。这就是说，第三个构件的运动是另外两个构件运动的合成。差动轮系的运动合成特性，被广泛应用于机床、计算机构和补偿调整等装置中。利用差动轮系的双自由度特点，可把两个运动合成为一个运动，图 11-9 所示的差动轮系就常

被用来进行运动的合成。$i_{13}^{H} = \dfrac{\omega_1 - \omega_H}{\omega_3 - \omega_H} = -\dfrac{z_3}{z_1}$，$z_1 = z_3$ 时有：$\omega_H = \dfrac{\omega_1 + \omega_3}{2}$——加法机构；

$\omega_1 = 2\omega_H - \omega_3$——减法机构。

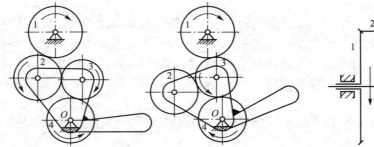

图 11-8　换向传动轮系

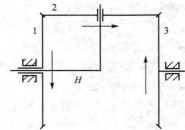

图 11-9　运动合成轮系

（6）实现运动的分解。差动轮系不但可以将两个独立的运动合成一个运动，而且还可以将一个主动基本构件的转动按所需比例分解为另外两个基本构件的转动，例如汽车、拖拉机等车辆上常用的差速装置就利用了差动轮系的这一特性。如图 11-10 所示的汽车后桥的差速器能根据汽车不同的行驶状态，自动将主轴的转动分解为两个后轮不同速度的转动。$\dfrac{n_1}{n_3} = \dfrac{r-L}{r+L}$，$\dfrac{n_1 - n_4}{n_3 - n_4} = -1$。则：$n_1 = \dfrac{r-L}{r}n_4$，$n_3 = \dfrac{r+L}{r}n_4$。

（7）实现结构紧凑的大功率传动。在行星齿轮减速器中，多采用多个行星轮的结构形式。由于有多个行星轮同时啮合，而且常采用内啮合，利用了内齿轮中间的空间部分，故与定轴轮系减速器相比，在同样的体积和重量条件下，可以传递较大的功率，工作也更为可靠。因而在大功率的传动中，为了减小传动装置的尺寸和质量，广泛采用行星轮系。同时，由于行星齿轮减速器的输入与输出轴在同一轴线上，行星轮在其周围均匀对称布置，尺寸十分紧凑，这一点特别是对于飞行器十分重要，因而在航空用主减速器中这种轮系得到普遍应用。图 11-11 为某涡轮螺旋桨航空发动机主减速器的传动简图。其右部是差动轮系，左部是定轴轮系。动力自太阳轮 1 输入后，分两路从行星架 H 和内齿轮 3 输往左部，最后汇合到一起输往螺旋桨。该装置的外廓尺寸仅 $\phi 430\text{mm}$，传递功率达 2850kW，整个轮系的减速比 $i_{1H} = 11.45$。

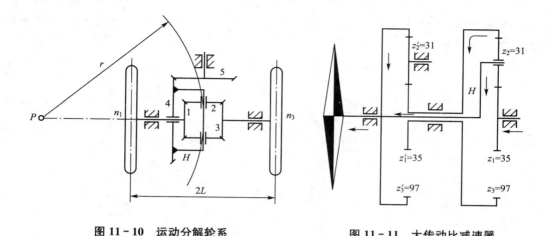

图 11-10 运动分解轮系　　　　　　　图 11-11 大传动比减速器

5. 轮系效率的计算

1）定轴轮系

按机组效率的计算方法进行计算（详见第 5 章）。

2）行星轮系

（1）用转化轮系法（啮合功率法）计算。用转化轮系法计算行星轮系效率的基础是认为行星轮系的摩擦损失功率与其转化轮系相等。机械中的摩擦损失功率主要取决于各运动副中的作用力、运动副元素间的摩擦系数和相对运动速度的大小。在中、低速的行星轮系传动中，行星轮的公转速度较低，其所产生的离心惯性力较小，可略去不计。在不考虑各回转件惯性力的前提下，当给整个行星轮系施加一个 $-\omega_H$ 的角速度使其变成其转化轮系时，轮系中各齿轮之间的相对角速度和轮齿之间的作用力没有改变，摩擦状态也没有改变，因而摩擦力及摩擦损失功率也不会改变。也就是说，可以利用转化轮系求出行星轮系的摩擦损失功率 P_f。

（2）$\eta = \dfrac{P_d - P_f}{P_d}$ 或 $\eta = \dfrac{P_r}{P_r + P_f}$（$P_d$——输入功率，$P_r$——输出功率，$P_f$——摩擦损失功率）。计算效率时，可以认为输入功率 P_d 或输出功率 P_r 有一个是已知的。因此，只要根据此已知功率确定出摩擦损失功率 P_f，就可以根据以上两式之一计算出轮系的效率。

（3）由行星轮系的效率计算式或效率曲线可得出如下两个重要结论：①在增速比较大时，行星轮系会发生自锁；②负号机构（其转化轮系传动比<0）无论用于增速或减速其传动效率总是比较高的，故在动力传动中大多采用负号机构。

3）复合轮系

先计算各基本轮系的效率，再按机组效率的计算方法计算总效率。

6. 封闭式行星轮系

有一种复合轮系，其核心部分是一个差动轮系，而差动轮系的两个基本构件被一定轴轮系或一行星轮系封闭起来，使得差动轮系两个基本构件之间保持一定的速比关系，从而使整个复合轮系变成了自由度为 1 的行星轮系，这种特殊的轮系称为封闭式行星轮系。其主要特征是必含差动轮系，其主轴线上有两个基本构件(中心轮、系杆)与其他轮系相连。在复合轮系传动比计算中，它是较难的一种。如图 11-12 和图 11-13 所示的两个轮系即为封闭式行星轮系。

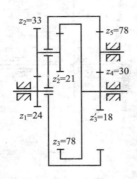

图 11-12　封闭式行星轮系一

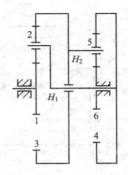

图 11-13　封闭式行星轮系二

7. 行星轮系设计的基本知识

1) 选型原则

轮系类型选择的主要出发点是根据工作所提出的功能要求和使用场合。首先要考虑的问题是所选择的轮系能否满足工作所要求的传动比、能否满足效率的要求等。

(1) 非动力传动：轮系类型的选择以结构紧凑为主。

(2) 动力传动：应优先选择负号机构或其组合机构，在选择封闭式行星轮系时，应避免出现封闭功率流。

(3) 充分考虑新型行星传动的应用，这是目前最具创新的增长点。

2) 齿数选择

(1) 保证实现给定的传动比：$z_3 = (i_{1H} - 1)z_1$。

(2) 满足同心条件(保证中心轮和系杆的轴线重合)：$z_3 = z_1 + 2z_2$。

(3) 满足安装条件(保证 k 个行星轮能够均布地装入两中心轮之间)：$\dfrac{z_1 + z_3}{k} = N$。

(4) 满足邻接条件(保证 k 个行星轮不致相互碰撞)：$(z_1 + z_2)\sin\dfrac{180°}{k} > z_2 + 2h_a^*$。

3) 均载装置设计

参阅专著或机械设计手册。

11.3　典型例题解析

例 11-1　图 11-14 所示为绕线机的计数器，图中 1 为单头蜗杆，其一端装手把，另一端装绕制线圈。2、3 为两个窄蜗轮，$z_2 = 99$，$z_3 = 100$。在计数器中有两个刻度盘，在固定刻度盘的一周上有 100 个刻度，在与蜗轮 2 固连的活动刻度盘的一周上有 99 个刻度，指针与蜗轮 3 固连。问指针在固定刻度盘上和活动刻度盘上的每一格读数各代表绕线圈的匝数是多少？又在图示情况下，线圈已绕制了多少匝？

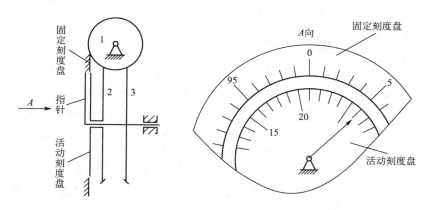

图 11-14 例 11-1 图

解： 因 $i_{13}=\dfrac{n_1}{n_3}=\dfrac{z_3}{z_1}=100$，故 $n_3=\dfrac{n_1}{100}$，即蜗杆每转一转，蜗轮 3 转过 $\dfrac{1}{100}$ 转，指针相对固定刻度盘转过一个刻度，说明指针在固定刻度盘上每一格读数代表线圈绕制了一匝。

$i_{12}=\dfrac{n_1}{n_2}=\dfrac{z_2}{z_1}=99$，故 $n_2=\dfrac{n_1}{99}$，即蜗杆转一转，蜗轮 2 转过 $\dfrac{1}{99}$ 转。由于蜗轮 2、3 转向相同，故蜗杆每转一转，指针相对活动刻度盘转过 $\dfrac{1}{99}-\dfrac{1}{100}=\dfrac{1}{9900}$ 转（即相对向后倒转，所以活动刻度盘刻度的增大方向与固定刻度盘正相反），因活动刻度盘上有 99 个刻度，故指针在活动刻度盘上每一格读数，代表被绕制线圈已绕制了 $\dfrac{9900}{99}=100$ 匝。

今指针在活动刻度盘上的读数为 26.××，在固定刻度盘上的读数为 5.××，所以线圈已绕制的匝数为：活动刻度盘上的整数读数×100＋固定刻度盘上整数读数＝26×100＋5＝2605 匝。

例 11-2 在图 11-15 所示的电动三爪卡盘传动轮系中，设已知各轮齿数为 $z_1=6$，$z_2=z_2'=25$，$z_3=57$，$z_4=56$。试求传动比 i_{14}。

分析： 该轮系只有一个行星架，共有 3 个中心轮，故该轮系为 3K 型周转轮系。轮 1、2、3 和系杆 H 组成一行星轮系，轮 1、2、2'、4 和系杆 H 组成一差动轮系。求解此轮系的传动比，必须列出两个方程。

解：（1）在由轮 1、2、3 和系杆 H 组成的行星轮系中，其转化机构的传动比为

$$i_{13}^{H}=\frac{\omega_1-\omega_H}{\omega_3-\omega_H}=-\frac{z_3}{z_1}=-\frac{57}{6}=-\frac{19}{2}$$

由于 $\omega_3=0$，所以有：$i_{13}^{H}=\dfrac{\omega_1-\omega_H}{0-\omega_H}=-\dfrac{19}{2}$，即：$\omega_H=\dfrac{2}{21}\omega_1$。

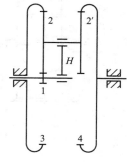

图 11-15 例 11-2 图

（2）在由轮 1、2、2'、4 和系杆 H 组成的差动轮系中，其转化机构的传动比为

$$i_{14}^{H}=\frac{\omega_{1}-\omega_{H}}{\omega_{4}-\omega_{H}}=-\frac{z_{2}z_{4}}{z_{1}z_{2}'}=-\frac{z_{4}}{z_{1}}=-\frac{56}{6}=-\frac{28}{3}$$

将 $\omega_{H}=\frac{2}{21}\omega_{1}$ 代入上式得：$i_{14}=\frac{\omega_{1}}{\omega_{4}}=-588$。

例 11 - 3　在图 11 - 16 所示轮系中，已知各轮齿数：$z_{1}=z_{4}=z_{6}=20$，$z_{3}=30$，$z_{5}=z_{7}=40$，且各轮均为标准齿轮，模数相同。试求该轮系的传动比 i_{19}。

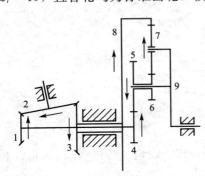

图 11 - 16　例 11 - 3 图

分析：齿轮 5、6、7 均为行星轮，构件 9 为系杆，齿轮 4、8 为中心轮，它们组成一个基本周转轮系。齿轮 1、2、3 组成一定轴轮系。周转轮系部分为一个差动轮系，其两个基本构件（中心轮 4、8）被定轴轮系部分所封闭，所以整个轮系为一封闭式行星轮系。

解：（1）对于定轴轮系部分有：$i_{13}=\frac{n_{1}}{n_{3}}=-\frac{z_{3}}{z_{1}}=-\frac{30}{20}=-\frac{3}{2}$，$n_{3}=-\frac{2}{3}n_{1}$。

（2）对于周转轮系部分，齿轮 8 的齿数可根据同心条件确定。由于各轮模数相同，所以

$$z_{8}=z_{4}+z_{5}+z_{6}+2z_{7}=20+40+20+2\times40=160$$

$$i_{48}^{9}=\frac{n_{4}-n_{9}}{n_{8}-n_{9}}=\frac{z_{5}z_{7}z_{8}}{z_{4}z_{6}z_{7}}=\frac{z_{5}z_{8}}{z_{4}z_{6}}=\frac{40\times160}{20\times20}=16$$

（3）由图可见，$n_{4}=n_{1}$，$n_{8}=n_{3}$，所以有：$\dfrac{n_{1}-n_{9}}{-\dfrac{2}{3}n_{1}-n_{9}}=16$，$i_{19}=\dfrac{n_{1}}{n_{9}}=-\dfrac{9}{7}$。

例 11 - 4　图 11 - 17(a)为隧道掘进机的齿轮传动，已知 $z_{1}=30$，$z_{2}=85$，$z_{3}=32$，$z_{4}=21$，$z_{5}=38$，$z_{6}=97$，$z_{7}=147$，模数均为 10mm，且均为标准齿轮传动。现已知 $n_{1}=1000$r/min，求在图示位置时，刀盘最外一点 A 的线速度。

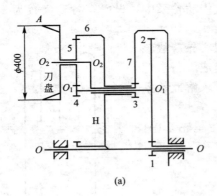
(a)

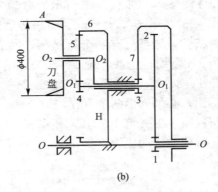
(b)

图 11 - 17　例 11 - 4 图

分析：该轮系为一装载式（一个行星轮系装载在另一行星轮系的行星架上）的复杂行星轮系。为了求解这种行星轮系，可采用两次转化的办法。第一次转化时给整个轮系施加一个绕 OO 轴转动的角速度 $-\omega_{H}$，所得的转化轮系如图(b)所示。转化后，左边是一个以齿轮 6 为固定轮的行星轮系，右边为一定轴轮系。然后在第一次转化的轮系中，以齿轮 3 为

系杆进行第二次转化，进而求解。

解：（1）对整个轮系施加一个绕 OO 轴转动的角速度 $-\omega_H$，转化后的轮系如图（b）所示。各构件的转速为 $n_i^H=n_i-n_H$。对右边的定轴轮系进行传动比计算，则有

$$\frac{n_1-n_H}{n_2-n_H}=-\frac{z_2}{z_1}=-\frac{85}{30}, \quad \frac{1000-n_H}{n_2-n_H}=-\frac{85}{30}, \quad n_2=-352.94+1.35n_H$$

$$\frac{n_3-n_H}{n_7-n_H}=\frac{z_7}{z_3}=\frac{147}{32}, \quad n_7=0, \quad \frac{n_3-n_H}{0-n_H}=\frac{147}{32}, \quad n_3=-3.59n_H$$

（2）左边行星轮系（以齿轮 3 为系杆）的传动比为

$$i_{4^H6^H}^{3^H}=\frac{(n_4-n_H)-(n_3-n_H)}{(n_6-n_H)-(n_3-n_H)}=-\frac{z_5z_6}{z_4z_5}=-\frac{z_6}{z_4}=-\frac{97}{21}$$

由图可知：$n_6=n_H$，$n_2=n_4$，所以 $\dfrac{(n_2-n_H)-(n_3-n_H)}{-(n_3-n_H)}=\dfrac{-352.94+4.94n_H}{4.59n_H}=-\dfrac{97}{21}$。

通过计算可得：$n_H=13.5\text{r/min}$，$n_2=-334.72\text{r/min}$，$n_3=-48.47\text{r/min}$。

再由左边行星轮系的传动比 $i_{5^H6^H}^{3^H}=\dfrac{(n_5-n_H)-(n_3-n_H)}{(n_6-n_H)-(n_3-n_H)}=\dfrac{z_6}{z_5}=\dfrac{97}{38}$ 可得

$\dfrac{n_5+3.59n_H}{4.59n_H}=\dfrac{97}{38}$，解得：$n_5=109.71\text{r/min}$。

（3）$r_1=\dfrac{mz_1}{2}=150\text{mm}$，$r_2=\dfrac{mz_2}{2}=425\text{mm}$，$r_4=\dfrac{mz_4}{2}=105\text{mm}$，$r_5=\dfrac{mz_5}{2}=190\text{mm}$

刀盘 A 点的线速度为：$v=\dfrac{2\pi\times[(r_1+r_2)n_H+(r_4+r_5)n_3+200n_5]}{60\times1000}=1.612\text{m/s}$。

11.4　同步训练题

11.4.1　填空题

1. 根据轮系运转时各个齿轮的轴线相对机架的位置是否固定，轮系可分为_____、_____和_____三大类。

2. 轮系运转时，所有齿轮的轴线相对机架的位置都是固定的，这样的轮系为_____。

3. 在周转轮系中，轴线位置固定的齿轮称为_____，兼有自转和公转的齿轮称为_____，支撑行星轮的构件称为_____，_____和_____为周转轮系的基本构件。

4. 自由度为1的周转轮系称为_____；自由度为2的周转轮系称为_____。

5. 含有空间齿轮传动的定轴轮系，应通过_____来确定从动轮的转向。

6. 轮系中不影响传动比的大小，只起传动的中间过渡或改变从动轮转向作用的齿轮称为_____。

7. 在周转轮系中，i_{mn}^H 表示_____，i_{mn} 表示_____。

11.4.2　判断题

1. 平面定轴轮系中的各齿轮的轴线互相平行。 （　　）

2. 转动齿轮几何轴线的位置均不固定的轮系称为周转轮系。 　　　　　(　　)

3. 周转轮系的中心轮都应该是可转动的。 　　　　　　　　　　　　　(　　)

4. 在周转轮系中，通常以太阳轮、行星架作为运动的输入或输出构件。(　　)

5. 汽车后桥采用的是差动轮系。 　　　　　　　　　　　　　　　　　(　　)

6. 定轴轮系的传动比大小等于首、末两轮的齿数比。 　　　　　　　　(　　)

7. 定轴轮系的传动比大小等于所有主动轮齿数的连乘积与所有从动轮齿数的连乘积之比。 　　　　　　　　　　　　　　　　　　　　　　　　　　　　　(　　)

8. 只有平面定轴轮系的传动比前能加正负号。 　　　　　　　　　　　(　　)

9. 将周转轮系转化为定轴轮系，就是使周转轮系中行星轮的角速度变为零。
　　　　　　　　　　　　　　　　　　　　　　　　　　　　　　　(　　)

10. 计算周转轮系转化轮系的传动比时，参考系取在系杆上。 　　　　(　　)

11. 利用定轴轮系可以实现运动的合成。 　　　　　　　　　　　　　(　　)

12. 差动轮系可以将一个构件的转动按所需的比例分解成另外两个构件的转动。
　　　　　　　　　　　　　　　　　　　　　　　　　　　　　　　(　　)

11.4.3　分析与计算题

1. 在图 11-18 所示轮系中，已知蜗杆的转速 $n_1 = 900\text{r/min}$，$z_2 = 60$，$z_{2'} = 25$，$z_3 = 20$，$z_{3'} = 25$，$z_4 = 20$，$z_{4'} = 30$，$z_5 = 35$，$z_{5'} = 28$，$z_6 = 135$。(1)写出 i_{16}、i_{26}、$i_{5'6}$ 的表达式；(2)确定 n_6 的大小和方向。

2. 在图 11-19 所示轮系中，已知各轮齿数为：$z_1 = z_{2'} = z_{3'} = 15$，$z_2 = 25$，$z_3 = z_4 = 30$，$z_{4'} = 2$，$z_5 = 60$，$z_{5'} = 20$(模数 $m_{5'} = 4\text{mm}$)。若 $n_1 = 500\text{r/min}$，转向如图所示，试求齿条 6 的速度 v_6 的大小和方向。

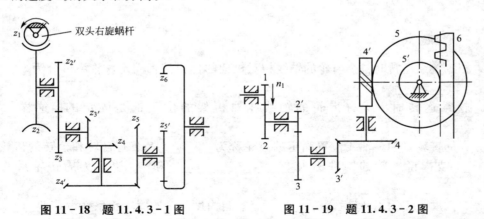

图 11-18　题 11.4.3-1 图　　　　图 11-19　题 11.4.3-2 图

3. 自动化照明灯具的轮系如图 11-20 所示，已知 $n_1 = 19.5\text{r/min}$，$z_1 = 60$，$z_2 = z_{2'} = 30$，$z_3 = z_4 = 40$，$z_5 = 120$。(1)轮系属于什么类型的周转轮系；(2)确定箱体的转速和转向。

4. 图 11-21 所示为一电动卷扬机的减速器运动简图，已知各轮齿数，试求传动比 i_{15}。

5. 在图 11-22 所示轮系中，已知各齿轮齿数为：$z_1 = z_3 = z_5 = 20$，$z_2 = z_4 = z_6 = 40$，

$z_7 = 100$。求传动比 i_{17}，并判断 ω_1 和 ω_7 是同向还是反向？

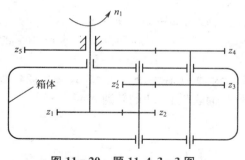
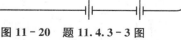

图 11-20 题 11.4.3-3 图

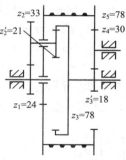

图 11-21 题 11.4.3-4 图

6. 在图 11-23 所示轮系中，已知各轮齿数 $z_1=60$，$z_2=40$，$z_{2'}=z_3$，$z_4=20$，$z_5=40$，$z_{5'}=z_6$，$z_{6'}=1$，$z_7=60$。求：(1)i_{17} 的大小；(2)若轮 1 按图示方向转动，确定轮 7 的转动方向。

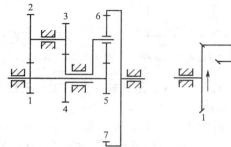

图 11-22 题 11.4.3-5 图

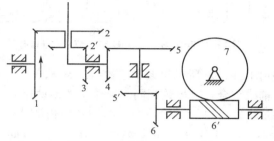

图 11-23 题 11.4.3-6 图

7. 图 11-24 所示为一提升重物装置，蜗杆 E 为右旋，卷筒直径为 250mm，齿轮 A 的转速为 700r/min。试确定重物上升的速度和齿轮 A 的正确转向。

8. 在图 11-25 所示轮系中，已知各轮的齿数 $z_1=2$（右旋），$z_2=60$，$z_4=40$，$z_5=20$，$z_6=40$，且各轮均为正确安装的标准齿轮，各轮的模数相同。当轮 1 以 $n_1=900$r/min 按图示方向转动时，求齿轮 6 的转速 n_6 的大小和方向。

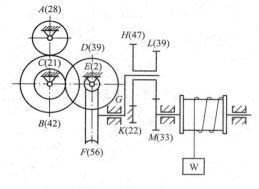

图 11-24 题 11.4.3-7 图

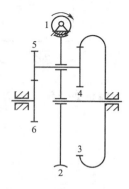

图 11-25 题 11.4.3-8 图

9. 在图 11-26 所示轮系中，已知 $z_1=z_4=40$，$z_2=z_5=30$，$z_3=z_6=100$，齿轮 1 的转速 $n_1=100\text{r/min}$。求系杆 H 的转速 n_H 的大小和方向。

10. 在图 11-27 所示轮系中，已知各轮齿数为 $z_1=30$，$z_2=60$，$z_3=150$，$z_4=40$，$z_5=50$，$z_6=75$，$z_7=15$，$z_{3'}=z_{7'}=180$，$z_8=150$，$n_1=1800\text{r/min}$。求齿轮 7 的转速及转向。

11. 在图 11-28 所示轮系中，已知各轮齿数为 $z_1=28$，$z_3=78$，$z_4=24$，$z_6=80$，$n_1=2000\text{r/min}$。试求：分别将轮 3 和轮 6 刹住时，转臂 H 的转速 n_H。

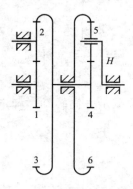
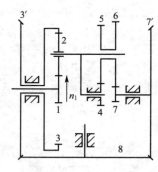
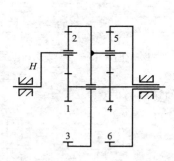

图 11-26　题 11.4.3-9 图　　　图 11-27　题 11.4.3-10 图　　　图 11-28　题 11.4.3-11 图

12. 在图 11-29 所示轮系中，$z_2=z_5=25$，$z_{2'}=20$，组成轮系的各齿轮模数相同，齿轮 1' 和 3' 轴线重合，且齿数相同。求轮系的传动比 i_{54}。

13. 在图 11-30 所示轮系中，已知各轮齿数为 $z_1=18$，$z_2=45$，$z_{2'}=z_4=50$，$z_{4'}=40$，$z_5=30$，$z_{5'}=20$，$z_6=48$，$n_A=100\text{r/min}$，方向如图所示。试求：(1)B 轴转速大小及方向；(2)在不改变轮系的运动特性、保持各直齿轮齿数不变的条件下，把图中轮 2'、3、4 的锥齿轮改用圆柱齿轮，画出运动示意图，并列出其齿数必须满足的条件。

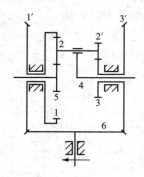
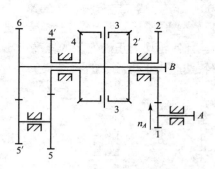

图 11-29　题 11.4.3-12 图　　　图 11-30　题 11.4.3-13 图

第12章 其他常用机构

12.1 学习要求、重点及难点

1. 学习要求

（1）结合专业需要对棘轮机构、槽轮机构、擒纵机构、凸轮式间歇运动机构、不完全齿轮机构、星轮机构、非圆齿轮机构、螺旋机构和万向铰链机构等一些其他常用机构的工作原理、运动特点、应用情况及设计要点有所了解。

（2）对组合机构的组合方式及特点有所了解。

（3）对含有某些特殊元器件的广义机构的工作原理有所了解。

2. 学习重点

常用的一些其他基本机构（棘轮机构、槽轮机构、凸轮式间歇运动机构、不完全齿轮机构、螺旋机构和万向铰链机构）和某些组合机构的工作原理、运动特点及其应用。

12.2 学习指导

学习本章的主要目的在于开阔视野、扩大思路。只有知道更多的机构，在设计中才会得心应手、择优选用，以获得良好的设计。在学习本章时要注意各种机构的组成情况、工作特点、适用场合以及在设计和使用中一些需要特别注意的问题。

1. 间歇运动机构

当原动件作连续运动时，从动件作周期性的运动和停歇，这类机构称为间歇运动机构，也称为步进机构。它在各种自动化机械中得到广泛的应用，用来满足送进、制动、转位、分度、超越等工作要求。

1）棘轮机构

（1）组成：如图 12-1(a)所示，齿啮式棘轮机构由摇杆 1、棘爪 2、棘轮 3、止动爪 4 及机架组成。

（2）功能：将主动摇杆的周期性往复摆动转换为从动棘轮的间歇转动。

（3）特点：齿啮式棘轮机构运动可靠，从动棘轮步进转角的大小和方向可调，但有噪声、冲击，轮齿易磨损，高速时尤其严重，常用于低速、轻载的场合。

（4）应用：常用在各种机床（如牛头刨床的横向进给机构）、自动机、自行车、螺旋千斤顶等各种机械中。棘轮机构还被广泛地用作防止机械逆转的制动器中，这类棘轮制动器常用在卷扬机、提升机、运输机和牵引设备中。

（5）设计要点：如图 12-1(b)所示。①棘轮轮齿工作齿面偏斜角 α 的确定：棘轮齿与棘爪接触的工作齿面应与半径 OA 倾斜一定角度 α，以保证棘爪在受力时能顺利地滑入棘轮轮齿的齿根。设棘轮齿对棘爪的法向压力为 P_n，将其分解成 P_t 和 P_r 两个分力，其中径向分力 P_r 把棘爪推向棘轮齿的根部。而当棘爪沿工作齿面向齿根滑动时，棘轮齿对棘爪的摩擦力 $F=fP_n$，将阻止棘爪滑入棘轮齿根。为保证棘爪的顺利滑入，必须使 $P_r>fP_n\cos\alpha$。又 $P_r=P_n\sin\alpha$，所以可以得到 $\tan\alpha>f=\tan\varphi$（φ 为摩擦角），即 $\alpha>\varphi$。在无滚动的情况下，钢对钢的摩擦系数 $f\approx0.2$，$\varphi\approx11°30'$，故常取 $\alpha=20°$。②模数及齿数的确定：与齿轮相同，棘轮轮齿的有关尺寸也用模数 m 作为计算的基本参数，但棘轮的标准模数是根据棘轮齿顶圆直径 d_a 来确定的，即 $m=\dfrac{d_a}{z}$。棘轮齿数 z 一般由棘轮机构的使用条件和运动要求选定。对于一般进给和分度所用的棘轮机构，可根据所要求的棘轮最小转角 φ_{min} 来确定棘轮的齿数 $\left(\dfrac{360°}{\varphi_{min}}\leqslant z\leqslant250$，一般取 $z=8\sim30\right)$，然后选定模数。③棘轮机构的其他参数和几何尺寸计算可参阅有关技术资料。

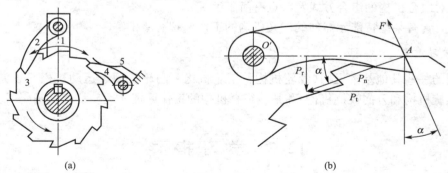

图 12-1 单动式棘轮机构及棘爪的受力分析

2）槽轮机构

（1）组成：如图 12-2(a)所示，槽轮机构由主动拨盘 1、从动槽轮 2 及机架组成。

（2）功能：可将主动拨盘的连续转动转换为槽轮的间歇转动。

（3）特点：结构简单，工作可靠，能准确控制槽轮转动的角度。普通槽轮机构在圆销啮入和啮出时有柔性冲击，没有刚性冲击，故可较平稳地单向转位，且传动效率较高，常用于要求恒定旋转角度的分度机构中。但对一个已定的槽轮机构来说，槽轮每次转位的角度大小不能调节。

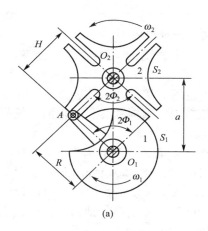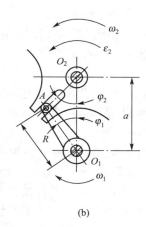

图 12 - 2　外槽轮机构及其运动分析

（4）应用：应用在转速不高，要求间歇转动的装置中。在自动机械、轻工机械和仪表中，实现间歇送进和转位功能。如电影放映机中用以间歇地移动影片、自动机中的自动传送链装置。

（5）外槽轮机构的运动系数及运动特性如下。

① 运动系数：当主动拨盘回转一周时，从动槽轮运动时间 t_d 与主动拨盘转一周的总时间 t 之比称为槽轮的运动系数，用 k 表示。单销外槽轮机构的运动系数：$k = \dfrac{t_d}{t} = \dfrac{1}{2} - \dfrac{1}{z}$（$z$——槽轮的槽数）。

a. 若 $k=0$，槽轮始终不动，所以运动系数 k 必须大于零而小于 1。因此，$z \geqslant 3$，一般取 $z=4 \sim 8$。

b. 单销外槽轮机构的运动系数 $k = \dfrac{1}{2} - \dfrac{1}{z} < \dfrac{1}{2}$，槽轮的运动时间总小于静止时间。要使 $k > \dfrac{1}{2}$，必须在主动拨盘上安装多个圆销。

c. 如果在拨盘上均匀分布有 n 个圆销，则该槽轮机构的运动系数为 $k = n\left(\dfrac{1}{2} - \dfrac{1}{z}\right)$。

② 运动特性：如图 12 - 2(b) 所示，主动拨盘以等速度 ω_1 转动。当主动拨盘处在 φ_1 位置角时，从动槽轮所处的位置角 φ_2、角速度 ω_2 及角加速度 ε_2 分别为

$$\varphi_2 = \arctan \frac{\lambda \sin\varphi_1}{1 - \lambda\cos\varphi_1}$$

$$\omega_2 = \frac{\mathrm{d}\varphi_2}{\mathrm{d}t} = \frac{\lambda(\cos\varphi_1 - \lambda)}{1 - 2\lambda\cos\varphi_1 + \lambda^2}\omega_1$$

$$\varepsilon_2 = \frac{\mathrm{d}\omega_2}{\mathrm{d}t} = \frac{\lambda(\lambda^2 - 1)\sin\varphi_1}{(1 - 2\lambda\cos\varphi_1 + \lambda^2)^2}\omega_1^2$$

式中：$\lambda = \dfrac{R}{a} = \sin\Phi_2 = \sin\dfrac{\pi}{z}$。

当拨盘的角速度 ω_1 一定时，槽轮的角速度及角加速度的变化取决于槽轮的槽数 z，且随槽数 z 的增多而减少。此外，当圆销在啮入和啮出径向槽时，由于角加速度有突变，故在此两瞬时有柔性冲击。而且槽轮的槽数 z 越少，柔性冲击越大。

3）凸轮式间歇运动机构

（1）组成：如图 12-3 所示，由主动凸轮和从动盘组成。

（2）功能：主动凸轮作连续转动，通过其凸轮廓线推动从动盘作预期的间歇分度运动。

（3）特点：从动盘的运动规律取决于凸轮廓线的形状，可通过选择适当的运动规律来减小冲击和动载荷，适应高速运转的要求，定位精确，结构紧凑。凸轮加工较复杂，安装调整要求严格。

（4）机构的类型：①圆柱凸轮间歇运动机构：常取凸轮槽数为 1，从动盘的柱销数一般取 $z_2 \geqslant 6$，在轻载下间歇运动的频率可高达 1500 次/分。②蜗杆凸轮间歇运动机构：常用单头蜗杆凸轮，从动盘的柱销数一般取 $z_2 \geqslant 6$，从动盘按正弦加速度规律设计，可通过调整中心距的办法来消除滚子和凸轮轮廓之间的间隙，以提高传动精度，承载能力高，能实现间歇运动频率 1200 次/分左右，分度精度可达 30″。

（5）应用：在制瓶机、纸烟包装机、拉链嵌齿机、高速冲床、多色印刷机等机械中，实现高速、高精度的分度转位。

4）不完全齿轮机构

（1）工作原理：如图 12-4 所示，不完全齿轮机构是由普通渐开线齿轮机构演变而成的间歇运动机构。它与普通齿轮机构的主要区别在于该机构中的主动轮仅有一个或几个齿。根据运动时间和停歇时间的要求在从动轮上做出与主动轮相啮合的轮齿。其余部分为锁止圆弧。当两轮齿进入啮合时，与齿轮传动一样，无齿部分由锁止弧定位使从动轮静止。

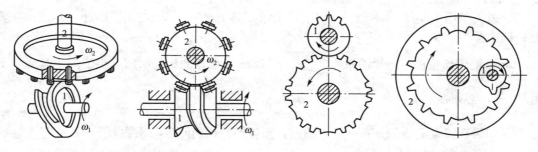

图 12-3　凸轮式间歇运动机构　　　　图 12-4　不完全齿轮机构

（2）工作特点：①与普通齿轮机构一样，当主动轮匀速转动时，其从动轮在运动期间也保持匀速转动，但在从动轮运动开始和结束时，即进入啮合和脱离啮合的瞬时，速度是突变的，故存在刚性冲击。②不完全齿轮机构从动轮每转一周的停歇时间、运动时间及每次转动的角度变化范围比较大，设计灵活。但由于其存在刚性冲击，故不完全齿轮机构一般只用于低速、轻载的场合。

（3）应用：多用于一些具有特殊运动要求的专用机械中。如乒乓球拍周缘铣削加工机床、蜂窝煤饼压制机等。

2. 其他机构

1）螺旋机构

（1）组成：如图 12-5 所示，螺旋机构由螺杆 1、螺母 2 及机架 3 组成。一般情况下，它是将螺杆的旋转运动转换为螺母沿螺杆轴线方向的移动。但在螺纹的导程角 γ 大于螺旋副当量摩擦角 φ_v 的情况下，也可将螺母移动转换为螺杆的转动。

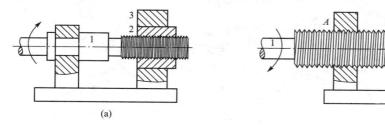

图 12-5 螺旋机构

（2）特点：能获得很大减速比和力的增益，可通过选择适当的螺纹导程角使机构具有自锁性，但机构效率较低（具有自锁性时效率将低于 50%）。

（3）应用：螺旋压力机、螺旋千斤顶、机床进给装置、微调机构等。

（4）运动分析如下。

① 简单螺旋机构：如图 12-5(a)所示，当螺杆 1 转过角度 φ 时，螺母 2 沿螺杆 1 轴向移动的距离为 $s = \dfrac{l\varphi}{2\pi}$（$l$ 为螺纹的导程）。

② 微（差）动螺旋机构：如图 12-5(b)所示，此螺旋机构中的螺杆具有两段不同导程 l_A 和 l_B，且螺纹旋向相同。当螺杆 1 转过角度 φ 时，螺母相应移动的距离为 $s = \dfrac{\varphi}{2\pi}(l_A - l_B)$。当导程 l_A 与 l_B 相差很小时，位移 s 很小。这种螺旋机构称为微（差）动螺旋机构，用于测微计（如千分尺）、分度机构、调节机构（如镗刀微调机构）中。

③ 复式螺旋机构：图 12-5(b)所示的螺旋机构中，如果螺纹旋向相反，则当螺杆转过角度 φ 时，螺母相应移动的距离为 $s = \dfrac{\varphi}{2\pi}(l_A + l_B)$。此种螺旋机构可实现螺母的快速移动。

（5）设计要点：螺旋机构设计的关键是确定合适的螺纹导程角、导程及头数等参数。根据不同的工作要求，螺旋机构应选择不同的几何参数。①若要求螺旋具有自锁性（起重螺旋）或具有较大的减速比（机床的进给丝杠）时，宜选用小导程角及导程的单头螺纹，但效率较低。②若要求传递大的功率（螺旋压力机）或快速运动的螺旋机构时，宜选用大导程角的多头螺旋。

2）万向铰链机构

（1）组成：如图 12-6(a)所示，单万向铰链机构由主动轴 Ⅰ、从动轴 Ⅱ、中间十字构件及机架组成。可用于轴夹角可变的两轴之间的运动和动力传递。

（2）应用：万向铰链机构用于主、从动轴的相对位置经常发生变化的场合，广泛应用于汽车、机床等机械传动系统中。

（3）运动特性如下。

单万向铰链机构：工作中，其主、从动轴之间的夹角可以任意变化，其平均传动比为1，但其瞬时传动比却是变化的。当两轴夹角为 α 时，若主动轴 Ⅰ 以等角速度 ω_1 回转，则从动轴 Ⅱ 的角速度 ω_2 的变化范围为：$\omega_1\cos\alpha \leqslant \omega_2 \leqslant \dfrac{\omega_1}{\cos\alpha}$。且变化幅度与两轴夹角 α 的大小有关，α 越大，ω_2 的变化幅度越大，故一般 $\alpha \leqslant 30°$。

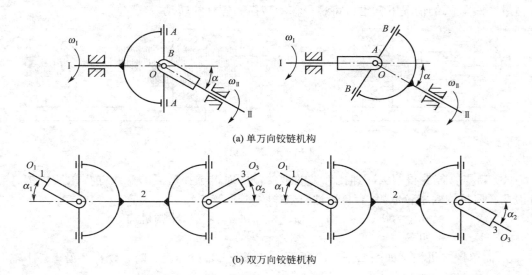

(a) 单万向铰链机构

(b) 双万向铰链机构

图 12 - 6　万向铰链机构

　　双万向铰链机构：为了消除单万向铰链机构中从动轴变速转动的缺点，常采用由两个单万向铰链机构形成的双万向铰链机构，如图 12 - 6(b)所示。为了实现主、从动轴的角速度恒相等，其结构必须满足以下 3 个条件：①主动轴 1、从动轴 3 和中间轴 2 必须位于同一平面内；②主动轴 1、从动轴 3 与中间轴 2 的轴线之间的夹角相等（$\alpha_1 = \alpha_2$）；③中间轴两端的叉面应位于同一平面内。

　　3．机构的组合方式与组合机构

　　在工程实际中，对于比较复杂的运动变换，单一的基本机构往往由于其本身所固有的局限性而无法满足多方面的要求。由此，人们把若干种基本机构用一定方式连接起来成为组合机构，以便得到单个基本机构所不具有的运动性能。机构的组合是发展新机构的重要途径之一。

　　1）定义

　　组合机构指的是用一种机构去约束和影响另一个多自由度机构所形成的封闭式机构系统，或者是由几种基本机构有机联系、互相协调和配合所组成的机构系统。在机构组合系统中，单个的基本机构称为组合机构的子机构。子机构中，自由度大于 1 的基本机构（差动机构）称为组合机构的基础机构，自由度为 1 的基本机构称为组合机构的附加机构。

　　2）应用

　　组合机构多用来实现一些特殊的运动轨迹或获得特殊的运动规律，广泛地应用于纺织、印刷和轻工业等生产部门所使用的机器中。

　　3）组合方式

　　(1) 串联式组合：如图 12 - 7(a)所示，前一级子机构的输出构件作为后一级子机构的输入构件，依次串联的组合方式。在图 12 - 7(b)所示的机构中，凸轮机构的推杆为后一级连杆机构的运动输入构件，该机构是由凸轮机构和连杆机构串联组合而成的。

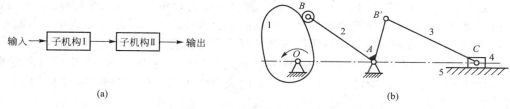

图 12 - 7　机构的串联式组合

（2）并联式组合：如图 12 - 8(a)所示，几个子机构共用同一个输入构件，而它们的输出运动又同时输入给一个多自由度的子机构，从而形成一个自由度为 1 的机构系统的组合方式。在图 12 - 8(b)所示的双色胶版印刷机的接纸机构中，当凸轮 1 转动时，同时带动四杆机构 $ABCD$ 和四杆机构 $GHKM$ 运动，而这两个四杆机构的输出运动又同时传给五杆机构 $DEFNM$，从而使其连杆 9 上的 P 点描绘出一条工作所要求的运动轨迹。

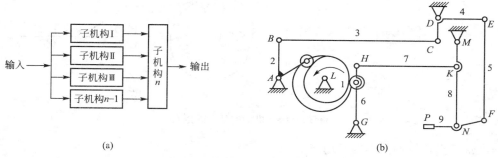

图 12 - 8　机构的并联式组合

（3）反馈式组合：如图 12 - 9(a)所示，在机构组合系统中，其多自由度子机构的一个输入运动是通过单自由度子机构从该多自由度子机构的输出构件回授的组合方式。在图 12 - 9 (b)所示的滚齿机上所用的校正机构就是这种组合方式的一个实例。在此机构中，蜗杆 1 为原动件，蜗轮 2 为从动件(组成子机构Ⅰ)。如果由于制造误差等原因，使蜗轮 2 的运动输出精度达不到要求时，则可根据输出的误差，设计出与蜗轮 2 固装在同一轴上的凸轮 2' 的轮廓曲线。当此凸轮 2' 与蜗轮 2 一起转动时，将推动推杆 3 移动(组成子机构Ⅱ)，而推杆上齿条 3 又推动齿轮 4 转动，齿轮 4 的转动则又通过差动机构 K 使蜗杆 1 得到一附加转动，从而使蜗轮 2 的输出运动得到校正，从而可以大幅度提高滚齿机的加工精度。

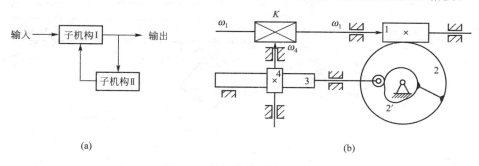

图 12 - 9　机构的反馈式组合

(4) 复合式组合：如图 12－10(a)所示，复合式组合是由一个或几个串联的基本机构去封闭一个具有两个或多个自由度的基本机构的组合方式。在这种组合方式中，各基本机构有机连接，互相依存，它与串联式组合和并联式组合既有共同之处，又有不同之处。在图 12－10(b)所示的凸轮机构加五杆机构的复合式组合中，构件 1、4、5 组成自由度为 1 的凸轮机构(子机构 1)，构件 1、2、3、4、5 组成自由度为 2 的五杆机构(子机构 2)。当构件 1 为主动件时，C 点的运动是构件 1 和构件 4 运动的合成。与串联式组合相比，其相同之处在于子机构 1 和子机构 2 的组成关系也是串联关系；不同的是子机构 2 的输入运动并不完全是子机构 1 的输出运动。与并联式组合相比，其相同之处在于 C 点的输出运动也是两个输入运动的合成；不同的是这两个输入运动一个来自子机构 1，而另一个来自主动件。

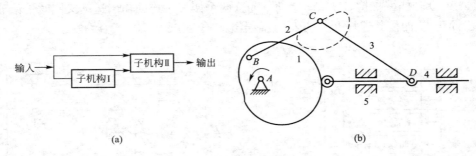

图 12－10　机构的复合式组合

4) 常用组合机构的类型及功能

(1) 连杆-连杆组合机构：图 12－11(a)所示的手动冲床中的连杆-连杆组合机构，它可以看成是由两个四杆机构组成的。第一个是由原动件(手柄)1、连杆 2、从动摇杆 3 和机架 4 组成的双摇杆机构；第二个是由摇杆 3、小连杆 5、冲杆 6 和机架 4 组成的摇杆滑块机构。前一个四杆机构的输出构件被作为第二个四杆机构的输入构件。摇动手柄 1，冲杆就上下运动。采用六杆机构，使摇动手柄的力获得两次放大，从而增大了冲杆的作用力。这种增力作用在连杆机构中经常用到。图 12－11(b)所示的筛料机中的连杆-连杆组合机构，这个六杆机构也可看成由两个四杆机构组成。第一个是由原动曲柄 1、连杆 2、从动曲柄 3 和机架 4 组成的双曲柄机构；第二个是由曲柄 3(原动件)、连杆 5、滑块 6(筛子)和机架 4 组成的曲柄滑块机构。

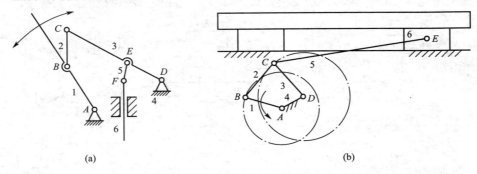

图 12－11　连杆-连杆组合机构

（2）凸轮-凸轮组合机构：图 12-12 所示的机构是由两个凸轮机构协调配合控制十字滑块 3 上的点 M 准确地描绘出虚线所示的运动轨迹。

（3）连杆-棘轮组合机构：在图 12-13 所示的机构中，棘轮的单向间歇运动是由摇杆 3 的摆动通过棘爪 4 推动的，而摇杆的往复摆动又需要由曲柄摇杆机构 $ABCD$ 来完成，从而实现将输入构件（曲柄 1）的等速回转运动转换成输出构件（棘轮 5）的间歇转动。

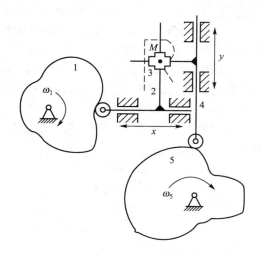

图 12-12　凸轮-凸轮组合机构

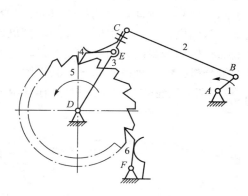

图 12-13　连杆-棘轮组合机构

（4）凸轮-连杆组合机构：凸轮-连杆组合机构多由自由度为 2 的连杆机构（作为基础机构）和自由度为 1 的凸轮机构（作为附加机构）组合而成。利用这类组合机构可以比较容易地准确实现从动件的多种复杂的运动轨迹或运动规律，因此在工程实际中得到广泛应用。在图 12-14(a) 所示的平板印刷机上的吸纸机构中，它由自由度为 2 的五杆机构和两个自由度为 1 的摆动推杆盘形凸轮机构所组成，可使吸纸头 P 实现如图所示的复杂运动轨迹。在图 12-14(b) 所示的机构中，其基础机构为自由度为 2 的五杆机构（由构件 1、2、3、4、5 组成），其附加机构为沟槽凸轮机构。只要适当地设计凸轮的轮廓曲线，就能使从动滑块 4 按照预定的复杂规律运动。从例子可看出：将凸轮机构和连杆机构适当加以组合，既发挥了两种基本机构的特长，又克服了它们各自的局限性。这是凸轮-连杆组合机构在工程实际中日益得到广泛应用的主要原因之一。

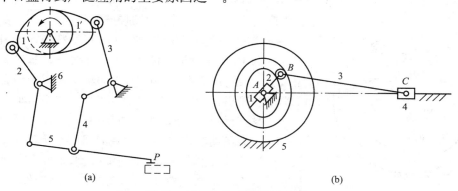

(a)　　　　　　　　　　　　　　(b)

图 12-14　凸轮-连杆组合机构

（5）齿轮-连杆组合机构：齿轮-连杆组合机构是由定传动比的齿轮机构和变传动比的连杆机构组合而成。近年来，这类组合机构在工程实际中应用日渐广泛，这不仅是由于其运动特性的多种多样，还因为组成它的齿轮和连杆便于加工、精度易保证和运转可靠。如图 12-15(a) 所示的实现复杂运动轨迹的齿轮-连杆组合机构，这类组合机构多是由自由度为 2 的连杆机构作为基础机构，自由度为 1 的齿轮机构作为附加机构组合而成。利用这类组合机构的连杆曲线，可方便地实现工作要求的预定轨迹。图 12-15(a) 所示的机构由定轴轮系 1、4、5 和自由度为 2 的五杆机构组成 1、2、3、4、5 经复合式组合而成。当改变两轮的传动比、相对相位角和各杆长度时，连杆上 M 点即可描绘出不同的轨迹。如图 12-15(b) 所示的实现复杂运动规律的齿轮-连杆组合机构，这类组合机构多是以自由度为 2 的差动轮系为基础机构，以自由度为 1 的连杆机构为附加机构组合而成的。其中最具特色的是用曲柄摇杆机构来封闭自由度为 2 的差动轮系而形成的齿轮-连杆组合机构。图 12-15(b) 为这类组合机构的几种基本形式。其中图(1)和图(2)为两轮式齿轮-连杆组合机构，图(3)和图(4)分别为三轮式和多轮式齿轮-连杆组合机构。

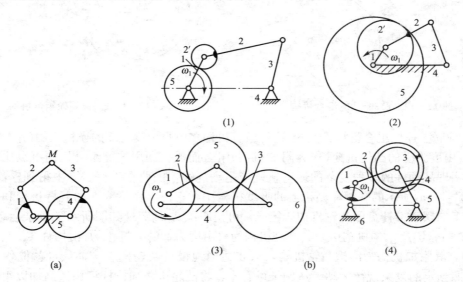

图 12-15　齿轮-连杆组合机构

（6）凸轮-齿轮组合机构：这类组合机构多是自由度为 2 的差动轮系作为基础机构，自由度为 1 凸轮机构作为附加机构组合而成。可实现任意停歇或复杂运动规律的间歇运动和特殊规律的补偿运动等。图 12-16 所示机构为由中心轮 1、行星轮 2（为扇形齿轮）、系杆 H 组成的简单差动轮系，以及由摆动推杆沟槽凸轮机构（凸轮固定不动）经复合式组合而成的凸轮-齿轮组合机构。在该组合机构中系杆 H 为原动件，中心轮 1 为运动输出构件。当系杆 H 绕 O 轴转动时，带动行星轮轴 B 作周转运动，由于行星轮上摇臂 AB 上的滚子置于固定凸轮槽中，故在系杆 H 转动过程中，凸轮槽将迫使行星轮 2 相对于系杆 H 绕 B 点有一个附加

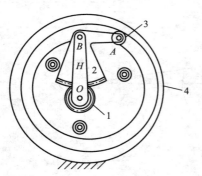

图 12-16　凸轮-齿轮组合机构

的转动。这样从动轮1的输出运动就是系杆 H 的运动与行星轮2相对于系杆的附加运动的合成。由周转轮系的传动比关系可知 $i_{12}^H = \dfrac{\omega_1 - \omega_H}{\omega_2 - \omega_H} = -\dfrac{z_2}{z_1}$。因此，$\omega_1 = -\dfrac{z_2}{z_1}(\omega_2 - \omega_H) + \omega_H$，式中 $\omega_2 - \omega_H$ 为行星轮2相对系杆 H 的相对角速度，用 ω_{2H} 表示。在原动件系杆 ω_H 一定的情况下，改变凸轮的廓线形状，也就改变 ω_{2H}，即可得到不同规律的中心轮1的输出角速度 ω_1。当凸轮的某段廓线满足关系 $\omega_H = \dfrac{z_2}{z_1}(\omega_2 - \omega_H)$ 时，从动轮1在此段时间内将处于停歇状态。

由上可知，该类型的凸轮-齿轮组合机构，在输入轴连续等速转动的情况下，可使输出构件产生多种复杂的运动规律，如作周期性的等速、增速、停歇、减速不同组合的复杂运动。

12.3 典型例题解析

例 12-1 在外槽轮机构中，已知主动拨盘等速回转，槽轮槽数 $z = 6$，槽轮运动角 ψ 与停歇角 ψ' 之比 $\dfrac{\psi}{\psi'} = 2$。试求：(1)槽轮机构的运动系数 k；(2)圆销数 n。

解：(1) 槽轮运动角为：$\psi = \pi - \dfrac{2\pi}{z} = \pi - \dfrac{2\pi}{6} = \dfrac{2}{3}\pi$。

槽轮停歇角为：$\psi' = \dfrac{1}{2}\psi = \dfrac{1}{3}\pi$。

主动拨盘转过一周时，槽轮运动和停歇的次数为：$\dfrac{2\pi}{\psi + \psi'} = \dfrac{2\pi}{\pi} = 2$。

主动拨盘转过一周时，主动拨盘的运动时间为：$t = \dfrac{2\pi}{\omega_1}$。

主动拨盘转过一周时，槽轮的运动时间为：$t_d = \dfrac{2\psi}{\omega_1} = \dfrac{4\pi}{3\omega_1}$。

槽轮机构的运动系数为：$k = \dfrac{t_d}{t} = \dfrac{2}{3}$。

(2) 根据槽轮机构运动系数的计算公式有 $k = n\left(\dfrac{1}{2} - \dfrac{1}{z}\right) = n\left(\dfrac{1}{2} - \dfrac{1}{6}\right) = \dfrac{2}{3}$，解得 $n = 2$。

例 12-2 一螺旋机构如图 12-17 所示，螺旋副 A、B、C 均为右旋，导程分别为 $l_A = 6\text{mm}$，$l_B = 4\text{mm}$，$l_C = 24\text{mm}$。试求当构件1按图示方向转1周时，构件2的轴向位移 s_2 及转角 φ_2 的大小和方向。同时要此机构能正常工作，必须满足什么条件？

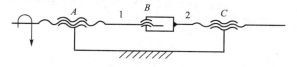

图 12-17 例 12-2 图

解：（1）设轴向位移向右为正，构件 1 所示转动方向为正。

构件 1 轴向位移：$s_1 = l_A \dfrac{\varphi_1}{2\pi}$（$\varphi_1$ 为构件 1 的转角） $\hfill (1)$

构件 2 相对于 1 的轴向位移：$s_{21} = l_B \dfrac{\varphi_{21}}{2\pi} = l_B \dfrac{\varphi_2 - \varphi_1}{2\pi}$ $\hfill (2)$

构件 2 转角：$\varphi_2 = 2\pi \dfrac{s_2}{l_C}$ $\hfill (3)$

构件 2 轴向位移：$s_2 = s_1 + s_{21}$ $\hfill (4)$

由式(1)～(4)可解出：$s_2 = \dfrac{\varphi_1}{2\pi} \dfrac{l_A - l_B}{l_C - l_B} l_C$。

代入已知量 $\varphi_1 = 2\pi$，l_A、l_B、l_C 得：$s_2 = 2.4\text{mm}$，即构件 2 向右移动 2.4mm。

再将 $s_2 = 2.4\text{mm}$ 代入式(3)得：$\varphi_2 = \dfrac{\pi}{5}$，与构件 1 转向相同。

（2）要此机构能正常工作，螺旋副 C 的导程角 γ_2 必须大于其当量摩擦角 φ_v，否则机构将因自锁而不能动。

12.4   同步训练题

12.4.1   填空题

1. 在棘轮机构中，当主动件连续地_____时，棘轮作单向的间歇运动。

2. 如果需要无级调节棘轮转角的大小，可以采用_____棘轮机构。

3. 在棘轮机构中，止动爪的作用是_____。

4. 槽轮的运动时间 t_d 与主动拨盘转一周的总时间 t 之比称为槽轮机构的_____。

5. 槽轮机构由_____、_____和_____组成。对于单销外槽轮机构来说，槽轮的槽数 z 应不小于_____，其运动系数 k 总小于_____。

6. 在槽轮机构中，为避免圆销和径向槽发生刚性冲击，设计时应保证_____。

7. 若槽轮机构的拨盘角速度 ω_1 一定，在圆销开始进入和退出径向槽时，由于槽轮的角速度有突变，故在此两瞬时有柔性冲进。槽轮受到的柔性冲击将随槽数的增多而_____，运动系数将随拨盘圆销数的增多而_____。

8. 在单万向铰链机构中，主、从动轴的瞬时传动比 $i_{12} = \dfrac{\omega_1}{\omega_2}$ 的变化幅度与_____有关，其变化范围是_____。

9. 在其他常用机构中，能实现间歇运动的机构有_____、_____、_____、_____、_____、_____等几种；能实现变传动比传动的机构是_____；能实现回转运动与移动相互转换的机构是_____。

12.4.2   判断题

1. 能实现间歇运动要求的机构不一定都是间歇运动机构。　　　　　　　　（　　）

2. 棘轮机构只能用在要求间歇运动的场合。　　　　　　　　　　　　　　（　　）

3. 在齿啮式棘轮机构中，为了使棘爪能顺利进入棘轮的齿底，则要求棘轮工作齿面的倾斜角大于摩擦角。　　　　　　　　　　　　　　　　　　　（　　）

4. 外槽轮机构的槽轮是从动件，而内槽轮机构的槽轮是主动件。　　（　　）

5. 在外槽轮机构中，从动轴与主动轴的旋转方向是相同的。　　　（　　）

6. 不论是外啮合还是内啮合的槽轮机构，其槽轮的槽形都是径向的。（　　）

7. 只有槽轮机构才有锁止弧。　　　　　　　　　　　　　　　　（　　）

8. 在螺旋机构中，只要螺纹的导程角大于螺旋副的当量摩擦角，就可以变移动为回转运动。　　　　　　　　　　　　　　　　　　　　　　　　　　　（　　）

9. 万向铰链机构的输入轴与输出轴的夹角可以在机构运转的过程中改变。（　　）

12.4.3　选择题

1. 在单向间歇运动机构中，棘轮机构常用于____场合。
   A. 低速轻载　　　B. 高速轻载　　　C. 低速重载　　　D. 高速重载

2. 在齿啮式棘轮机构中，棘轮的转角一般是____。
   A. 摇杆的摆角　　　B. 棘爪的摆角　　　C. 棘轮相邻两齿所夹中心角的整数倍

3. 单向式棘轮机构的棘轮齿形通常采用____，双向式棘轮机构的棘轮齿形一般采用____。
   A. 矩形齿　　　B. 梯形齿　　　C. 锯齿形齿　　　D. 渐开线齿

4. 要改变齿啮式棘轮机构棘轮每次转动角度的大小，可采用____方法。
   A. 改变锁止弧长度　　　　　　　B. 改变止动爪位置
   C. 装棘轮罩

5. 设计棘轮机构时，棘轮齿面与棘爪间的摩擦角 φ 与棘轮齿面的偏斜角 α 的关系必须满足____。
   A. $\alpha < \varphi$　　　B. $\alpha = \varphi$　　　C. $\alpha > \varphi$

6. 槽轮机构所实现的运动变换是____。
   A. 变等速连续转动为不等速连续转动　　B. 变转动为移动
   C. 变等速转动为间歇转动　　　　　　　D. 变转动为摆动

7. 单销外槽轮机构槽轮的运动时间总是____静止时间。
   A. 大于　　　B. 等于　　　C. 小于

8. 已知外槽轮机构拨盘上的圆销数 $n=1$，运动系数 $k=0.25$，则槽轮的槽数 $z=$ ____。
   A. 3　　　B. 4　　　C. 5

9. ____可使外槽轮机构的运动系数 k 增加。
   A. 加快拨盘转速　　B. 增加销数　　C. 减小槽轮槽数　　D. 以上均不能

10. 在下列机构中，能适用于高速运转的间歇运动机构是____。
    A. 凸轮式间歇运动机构　　　　　　B. 槽轮机构
    C. 棘轮机构　　　　　　　　　　　D. 不完全齿轮机构

11. 不完全齿轮机构安装瞬心线附加杆的目的是____。
    A. 减小冲击，提高运动平稳性　　　B. 提高齿轮啮合的重合度
    C. 便于齿轮加工

12. 下列机构中，在不改变原动件运动方向的情况下，____可以获得不同转向的间歇

运动。

    A. 棘轮机构   B. 槽轮机构   C. 不完全齿轮机构

13. ＿＿＿可将连续的单向转动变换成具有停歇功能的单向转动。

    A. 棘轮机构   B. 不完全齿轮机构 C. 曲柄摇杆机构

14. 在实际使用中，为防止从动轴的速度波动幅度过大，单万向铰链机构中两轴的夹角 α 一般不能超过＿＿＿。

    A. 20°   B. 30°   C. 40°   D. 50°

12.4.4　简答题

1. 齿轮机构要求有一对及以上的啮合轮齿同时工作，而槽轮机构为什么不允许有两个及以上的主动拨销同时工作？

2. 双万向铰链机构为保证其主、从动轴间的传动比为常数，应满足哪些条件？

12.4.5　计算题

1. 某自动机的工作台要求有 6 个工位，转台停歇时进行工艺动作，其中最长的一道工序为 30s。现拟采用一槽轮机构来完成间歇转位工作，试确定主动拨盘的转速。

2. 设在 n 个工位的自动机中，用不完全齿轮机构来实现工作台的间歇转位运动，若主、从动齿轮的假想齿数（即补全的齿数）相等。试求从动轮运动时间 t_2 与停歇时间 t_2' 之比 $\dfrac{t_2}{t_2'}$。

3. 一螺旋拉紧装置如图 12-18 所示，若按图上箭头方向旋转中间零件，能使两端螺杆 A 和 B 向中央移动，从而将两零件拉紧。试确定该装置中螺杆 A 和 B 上的螺纹旋向。

4. 在图 12-19 所示螺旋机构中，螺杆 1 分别与构件 2 和 3 组成螺旋副，螺杆 1 的转向如图所示，导程分别为 $l_{12}=2$mm，$l_{13}=3$mm，如果要求构件 2 和 3 如图示箭头方向由距离 $H_1=100$mm 快速趋近至 $H_2=90$mm。试确定：（1）两个螺旋副的旋向；（2）螺杆 1 应转过的角度。

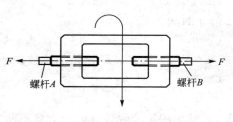

图 12-18　题 12.4.5-3 图

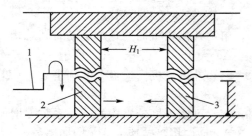

图 12-19　题 12.4.5-4 图

第13章
机械系统的方案设计

13.1 学习要求、重点及难点

1. 学习要求

(1) 了解机械设计的一般过程。

(2) 了解机械系统方案设计的任务和在拟定机械系统方案时应考虑的基本原则。

(3) 了解执行系统方案设计的主要步骤及要点。

(4) 了解机构选型和构型的基本知识。

(5) 了解执行系统协调设计必须满足的要求，了解机械运动循环图及其绘制方法。

(6) 了解传动系统方案设计的基本知识。

(7) 了解原动机的类型及选择。

(8) 了解机械系统方案评价的基本知识。

2. 学习重点

(1) 机构选型和构型的基本知识。

(2) 机械运动循环图及其绘制方法。

(3) 传动系统方案设计的基本知识。

13.2 学习指导

1. 机械设计的一般过程

机械设计是指规划和设计能够实现预期功能的新机械或改进原有机械的性能。根据机械设计任务大小的不同，设计过程的繁简程度也不会一样，但大致都要经过下面几个阶段，见表 13-1。

表 13-1　机械设计的一般过程

阶段	内容	应完成的工作
计划	(1) 根据市场需要，或受用户委托，或由上级下达，提出机器功能要求，明确设计任务 (2) 进行可行性研究，重大问题应召开有各方面专家参加的评审论证会 (3) 编制设计任务书	(1) 提出可行性报告 (2) 提出设计任务书。任务书应尽可能详细具体，它是以后设计、评审、验收的依据
方案设计	(1) 根据设计任务书，通过调查研究和必要的试验分析，提出若干个可行方案 (2) 经过分析对比、评价、决策，确定最佳方案	提出最佳方案的原理图和机构运动简图
技术设计	(1) 绘制总装配图和部件装配图 (2) 绘制零件工作图 (3) 绘制电路系统图、润滑系统图等 (4) 编制各种技术文件	(1) 提出整个设备的标注齐全的全套图纸 (2) 提出设计计算说明书、使用维护说明书、外购件明细表等
试制试验	通过试制、试验发现问题，加以改进	(1) 提出试制、试验报告 (2) 提出改进措施
投产以后	产品投产后，并非设计工作的终结，还要根据用户的意见、生产中发现的问题以及市场的变化作相应改进或更新设计	收集问题，发现问题，改进设计

2. 机械系统方案设计的任务

机械系统方案设计的主要任务是如何选择和组合机构，实现工艺动作所需要的运动要求。

机械系统方案设计包括从原动机→传动系统→执行系统的整个系统的设计，其结果是给出一份满足运动要求的运动简图。

3. 机械系统方案拟定的一般原则

(1) 优先选用基本机构。由于基本机构结构简单、设计方便、技术成熟，故在满足功能要求的前提下，应优先选用基本机构。若基本机构不能满足或不能很好地满足机械的运动或动力要求时，可适当地对其进行变异或组合。

(2) 采用尽可能短的运动链。采用简短的运动链，有利于降低机械的重量和制造成本，也有利于提高机械效率和减小积累误差。图 13-1(a)为圆盘锯机构，可实现 E 点精确的直线运动轨迹，但运动链复杂；如果 E 点运动轨迹不要求十分精确，可采用图 13-1(b)所示的近似直线机构，使运动链得到简化。

(3) 尽量减小机构尺寸。图 13-2(a)采用曲柄滑块机构，滑块的行程 h 为主动曲柄长度 a 的 2 倍，即 $h=2a$；利用杠杆行程放大原理(图 13-2(b))或利用活动齿轮倍增行程原理(图 13-2(c))可将滑块的行程变为曲柄长度的 4 倍，即 $h=4a$。

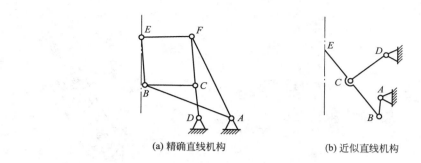

(a) 精确直线机构　　　　　　(b) 近似直线机构

图 13-1　直线机构

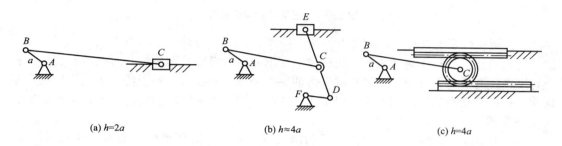

(a) h=2a　　　　　(b) h≈4a　　　　　(c) h=4a

图 13-2　行程放大机构

（4）选择合适的运动副形式。运动副在机械传递运动和动力的过程中起着重要作用，它直接影响到机械的结构形式、传动效率、寿命和灵敏度等。一般来说，转动副易于制造，易于保证运动副元素的配合精度，且效率较高；移动副制造较困难，不易保证配合精度，效率低且易自锁或楔紧，故一般只宜用于作直线运动或将转动变为移动的场合。如图 13-3 所示的近似直线机构中，图 13-3(a)图采用曲柄滑块机构，图 13-3(b)图采用曲柄摇杆机构，它们都能实现连杆上 M 点近似的直线运动轨迹，但曲柄摇杆机构为全低副机构，应优先选用。

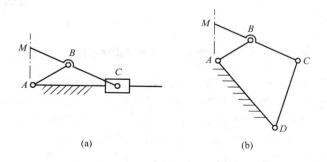

(a)　　　　　　　　　　(b)

图 13-3　近似直线机构

（5）使机械具有调节某些运动参数的能力。图 13-4(a)通过紧定螺钉和螺旋副的调整可调节连杆长度，以满足不同要求。图 13-4(b)是通过转动螺杆使螺母移动，改变 R 的大小从而调节曲柄长度。

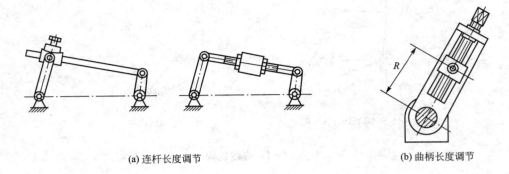

(a) 连杆长度调节　　　　　　　　　　(b) 曲柄长度调节

图 13 - 4　运动参数调节装置

（6）使执行系统具有良好的传力和动力特性。这一原则对于高速机械或者载荷变化大的机构尤应注意。对于高速机械，机构选型要求应尽量考虑其对称性，对机构或回转构件进行平衡使其质量合理分布，以求惯性力的平衡和减小动载荷。对于传力大的机构要尽量增大机构的传动角和减小压力角，以防止机构的自锁，增大机器的传力效益，减小原动机的功率及其损耗。

（7）考虑动力源的形式。选择合适的动力源，有利于简化机构结构和改善机械性能。图 13 - 5 为执行构件作等速往复直线运动的两种运动方案。图 13 - 5(a)所示方案需要单独的电动机和传动机构驱动原动件，且采用连杆机构把转动变为执行构件的等速往复直线运动，结构复杂。图 13 - 5(b)所示方案不仅省去了传动机构，而且一个动力源可以驱动多个执行机构，机构简单、紧凑，反向时运转平稳，易于调节移动速度。

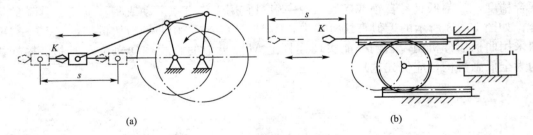

(a)　　　　　　　　　　　　　　　　　(b)

图 13 - 5　执行构件作等速往复直线运动的两种运动方案

（8）应使机械具有较高的机械效率。机械的效率取决于组成机械的各个机构的效率，因此，当机械中包含效率较低的机构时，就会使机械的总效率随之降低。但要注意，机械中各运动链所传递的功率往往相差很大，在设计时应着重考虑使传递功率最大的主运动链具有较高的机械效率；而对于传递功率很小的辅助运动链，其机械效率的高低则可放在次要地位，而着眼于其他方面的要求（如简化机构、减小外廓尺寸等）。

（9）合理安排不同类型传动机构的顺序。一般说来，在机构的排列顺序上有如下一些规律：首先，在可能的条件下，转变运动形式的机构（如凸轮机构、连杆机构、螺旋机构等）通常总是安排在运动链的末端，与执行构件靠近；其次，带传动等摩擦传动，一般都安排在转速较高的运动链的起始端，以减小其传递的转矩，从而减小其外廓尺寸。这样安排，也有利于起动平稳和过载保护，而且原动机的布置也较方便。斜齿圆柱齿轮运转平稳，承载能力强，用于传动链的高速端较直齿圆柱齿轮有更大的优越性。

（10）合理分配传动比。一部机器的总传动比一经确定之后，还应将其合理地分配给整个传动链中的各级传动机构。每一级传动比的大小不应超出各种机构的常规范围，否则将造成机构尺寸增大，性能降低。当传动链为减速时，从电动机至执行机构间的各级传动比一般宜由小到大，这样有利于中间轴的高转速、低转矩，使轴及轴上零件有较小的尺寸，使机构结构紧凑。

（11）保证机械的安全运转。机械运转必须满足其使用性能的要求，但设计中对安全问题绝不可忽视。起重机在重物作用下不可倒转，为此，可使用自锁机构或安装制动器完成此项功能。某些机械为防止过载损坏，可安装安全联轴器或采用过载打滑的摩擦传动机构。

4. 执行系统方案设计的主要步骤及要点

执行系统是机械系统中的重要组成部分，是直接完成机械系统预期工作任务的部分。执行系统由一个或多个执行机构组成。执行构件是执行机构的输出构件，其数量及运动形式、运动规律和传动特性等要求决定了整个执行系统的结构方案。执行系统的方案设计是机械系统方案设计的核心，是整个机械设计工作的基础，其过程如图 13 - 6 所示。

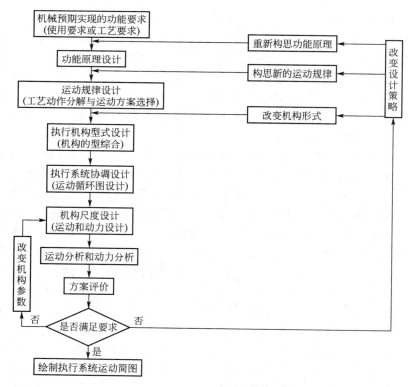

图 13 - 6 执行系统设计流程图

1）功能原理设计

根据机器预期的功能，考虑选择何种工作原理来实现所需的功能要求。采用不同的工作原理设计出的机械，其性能、结构、工作品质、适用场合等都会有很大的差异，因此必须根据机械的具体工作要求，如强度、精度、寿命、效率、产量、成本、环保等诸多因素综合考虑确定。同时在满足要求的前提下尽可能地多拟定几个方案，其中能用最简单的方法实现同一功能的方案是最佳方案。

2）运动规律设计

根据工艺要求进行工艺动作的分解及执行运动的确定。同一个工作原理，可以有多种工艺动作分解。不同的工艺动作分解，将会得到不同的运动方案。

3）执行机构型式设计

根据各基本动作或功能要求，选择或创造合适的机构型式来实现这些动作的工作过程，称为执行机构的型式设计，又称为机构的型综合。执行机构型式设计的优劣，将直接影响机械的工作质量、使用效果和结构的繁简程度，这是一项极具创造性的工作。

（1）机构的选型：由于能够变化转速大小的传动机构和能够转换输入构件与输出构件运动型式的执行机构往往有很多种，他们各有优缺点，应当按照实际情况选用其中最合适的一种。

（2）机构的构型：用选型的方法选出的机构有时不能完全满足预期的要求，或虽能实现预期功能但结构复杂、运动精度较差或动力性能欠佳，在这种情况下，就需要通过机构构型进行新机构的设计。这一环节的创新性远大于机构选型阶段的工作。

4）执行系统的协调设计

当根据生产工艺要求确定了机械的工作原理和各执行机构的运动规律，并确定了各执行机构的型式及驱动方式后，还必须将各执行机构统一于一个整体，形成一个完整的执行系统，使这些机构以一定的次序协调工作、互相配合，以完成机械预定的功能和生产过程。这方面的工作称为执行系统的协调设计。

（1）执行系统协调设计必须满足的要求：①满足各执行机构动作先后的顺序性要求。执行系统中各执行机构的动作过程和先后顺序必须符合工艺过程所提出的要求，以确保系统中各执行机构最终完成的动作及能量、物料和信息变换或传递的总体效果能满足设计要求。②满足各执行机构动作在时间上的同步性要求。为了保证各执行机构的动作不仅能够以一定的先后顺序进行，而且整个系统能够周而复始地循环协调工作，必须使各执行机构的运动循环时间间隔相同，或按工艺要求成一定的倍数关系。③满足各执行机构在空间布置上的协调性要求。各执行机构的空间位置应协调一致，对于有位置制约的执行系统，必须进行各执行机构在空间位置上的协调设计，以保证在运动过程中各执行机构间及机构与环境间不发生干涉。④满足各执行机构在操作上的协同性要求。当两个或两个以上的执行机构同时作用于同一对象完成同一执行动作时，各执行机构之间的运动必须协调一致。⑤各执行机构的动作安排要有利于提高劳动生产率。为了提高生产率，应尽量缩短执行系统的工作循环周期。通常有两种办法，一是尽量缩短各执行机构工作行程和空回行程的时间；二是在前一个执行机构回程结束之前，后一个执行机构就开始工作行程，即在不产生干涉的前提下，充分利用两个执行机构的时间富裕量。⑥各执行机构的布置要有利于系统的能量协调和效率的提高。当系统中包含多个低速大功率执行机构时，宜采用多个运动链并联的连接方式；当系统中有几个功率不大、效率均很高的执行机构时，采用串联方式比较适宜。

（2）执行系统协调设计方法：①确定机械的工作循环周期；②确定机械在一个运动循环中各执行构件的各个行程段及其所需时间；③确定各执行构件动作间的配合关系。

5）机构的尺度设计

对所选择的各个执行机构进行运动和动力设计，确定各执行机构的运动学尺寸，如转动副间的相对位置尺寸、移动副的导路位置、高副运动副元素的几何形状及尺寸等。

6）运动和动力分析

对整个系统进行运动分析和动力分析，检验是否满足运动要求和动力性能方面的要求。

7）方案评价与决策

实现同一种功能，由于工作原理、工艺动作分解方法及机构型式的不同，会形成多种设计方案。方案评价的目的在于通过科学的评价、决策来优选出最佳的方案。

5. 执行机构的型式设计与创新

1）执行机构的选型

所谓机构的选型，是利用发散思维的方法，将前人创造发明的各种机构按照运动特性或工艺动作进行分类，然后根据设计对象中执行构件所需要的运动特性或工艺动作进行搜索、选择、比较和评价，选出执行机构的合适形式。实现各种运动要求的现有机构的类型可以在各种机构手册上获得，表 13-2 为常见的执行机构所能实现的常见工艺动作。除了表 13-2 所列的执行机构的运动形式外，还有其他特殊功能的运动形式，如微动、补偿和换向等。表中所列的实现这些运动形式的机构只是很少的一部分，实际上具有下面几种运动形式的机构有数千种之多，可在各种机构设计手册中查阅。

表 13-2　常见的执行机构所能实现的常见工艺动作

执行构件运动形式		常用执行机构	实际应用举例
旋转运动	连续旋转运动	双曲柄机构、转动导杆机构、齿轮机构、轮系、摩擦传动机构、挠性传动机构、双万向铰链机构、某些组合机构等	车床、铣床的主轴以及缝纫机的转动等
	间歇旋转运动	棘轮机构、槽轮机构、不完全齿轮机构、凸轮式间歇运动机构等	自动机床工作台的转位、步进运动、滚齿机的步进运动等
	往复摆动	曲柄摇杆机构、曲柄摇块机构、双摇杆机构、摆动导杆机构、摆动推杆凸轮机构、某些组合机构等	颚式破碎机动颚板的打击运动、电风扇的摇头运动等
直线移动	往复移动	曲柄滑块机构、直动滑杆机构、正弦机构、正切机构、直动推杆凸轮机构、齿轮齿条机构、螺旋机构、某些组合机构等	压缩机活塞的往复运动、冲床冲头的冲压运动、插齿机的切削运动等
	间歇往复移动	棘齿条机构、摩擦传动机构、间歇往复运动推杆凸轮机构、连杆机构	插齿机的让刀运动、自动机的间歇供料运动等
	单向间歇移动	棘齿条机构、液压机构等	刨床工作台的进给运动等

（续）

执行构件运动形式	常用执行机构	实际应用举例
曲线运动	多杆机构、凸轮-连杆组合机构、齿轮-连杆组合机构、行星轮系与连杆组合机构等	揉面机中揉面爪的运动、电影放映机抓片机构中抓片爪的运动等
刚体导引运动	铰链四杆机构、曲柄滑块机构、凸轮-连杆组合机构、齿轮-连杆组合机构等	造型机工作台的翻转运动、折叠椅的折叠运动等

2）机构构型的创新设计

从常用机构中选择一种功能和原理与工作要求相近的机构，在此基础上重新构造机构的型式称为机构构型的创新设计。机构构型创新设计的一般流程如图 13-7 所示。选择：对现有的数千种机构进行分析、研究，通过类比选择出基本机构的雏形。突破：以选择的雏形作为创新构型的生长点，通过扩展、组合和变异等方法去尝试突破，以获得新构思。重新构型：在突破的基础上，重新构筑能完成预期功能且性能优良的新机构。

机构构型的常用方法有如下几种。

（1）扩展法：用类比法选择的基本机构雏形在满足运动特性或功能上有欠缺时，可以以此机构为生长点，在其上连接若干个基本杆组构筑出新的机构形式。其优点是在不改变机构自由度的情况下，能增加或改善机构的功能。例如要设计一个急回特性比较显著、运动行程比较大的执行机构。如图 13-8 所示，以摆动导杆机构 ABC 为基本机构，在其导杆 CB 的延长线上 D 点处连接一个二级杆组，形成六杆机构，满足了急回、扩大行程等工作要求。

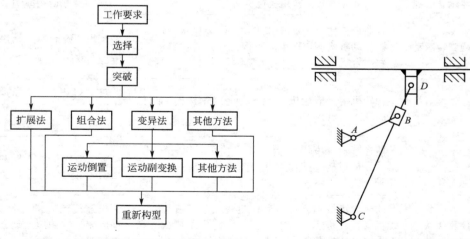

图 13-7　机构构型创新设计的一般流程　　　　图 13-8　摆动导杆机构的扩展

（2）组合法：将几种基本机构用适当的方式组合起来，实现基本机构不易实现的运动或功能。常见的组合方式详见第 12 章。例如要使作往复摆动的执行构件具有显著的急回特性和较大的摆动行程。当不能完全满足要求时，可将摆动导杆机构与齿轮机构串联组合

（图 13-9）。这样，固结在小齿轮上的执行构件不仅具有显著的急回特性，且可获得较大的摆动行程。

（3）变异法：当所选机构不能全面满足工艺动作所要求的运动和动力特性或为了改善所选机构的性能时，可以通过对原始机构进行变异，以获得运动和动力特性得以改善的新机构。常见的变异法有如下几种。

① 更换原动件。如图 13-10 所示的风扇摇头机构，取双摇杆机构中的连杆作为原动件，可把风扇转子的旋转转化为连架杆的摇动，以实现风扇的摇头。

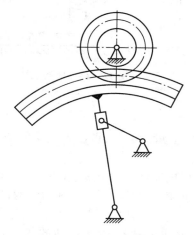

图 13-9　摆动导杆机构与齿轮机构的组合

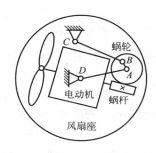

图 13-10　风扇摇头机构

② 运动倒置。如图 13-11 所示的封罐机上的罐头封口机构，它由图 13-11(a) 所示的摆动推杆凸轮机构通过运动倒置（取不同构件为机架）演化为图 13-11(b) 所示的凸轮-连杆组合机构，最终变异为图 13-11(c) 所示的罐头封口机构。改换 13-11(c) 中凸轮轮廓曲线，可以达到对不同筒形罐头封口的目的。

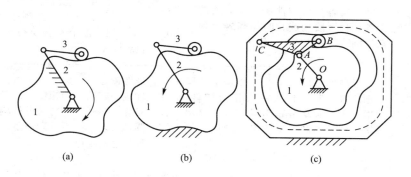

(a)　　　　　　(b)　　　　　　(c)

图 13-11　罐头封口机构的演化过程

③ 改变构件结构形状。如图 13-12 所示，将摆动导杆机构中的直线导槽改为圆弧导槽，可获得较长时间的停歇。

④ 改变构件运动尺寸。如图 13-13 所示，将槽轮机构的槽轮直径变为无穷大，槽数无穷多时，演变为槽条机构。

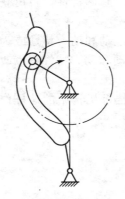

图 13-12 具有停歇特性的摆动导杆机构

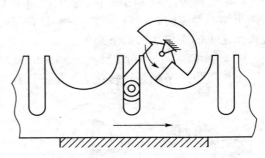

图 13-13 槽条机构

6. 机械的运动循环图

用来描述机械在一个运动循环中各执行构件运动间相互协调配合关系的图形称为机械的运动循环图。

由于机械在主轴或分配轴转动一周或若干周内完成一个运动循环，故运动循环图常以主轴或分配轴的转角为坐标来编制。通常选取机械中某一主要的执行构件为参考件，取其有代表性的特征位置作为起始位置（通常以生产工艺的起始点作为运动循环的起始点），由此来确定其他执行构件的运动相对于该主要执行构件运动的先后次序和配合关系。

1) 运动循环图的形式（表 13-3）

表 13-3 运动循环图的形式

形式	绘制方法	特点
直线式	将机构各执行构件在一个运动循环中各行程区段的起止时间和先后顺序按比例绘制在直线坐标轴上	绘制方法简单，能清楚表示一个运动循环中各执行构件运动的相互顺序和时间（或转角）关系；但不能显示各执行构件的运动规律，直观性差
圆周式	以极坐标系原点为圆心作若干个同心圆，每个圆环代表一个执行构件，并由各相应圆环分别引径向直线表示各执行构件不同运动状态的起始和终止位置	直观性较强，能显示各个执行机构原动件在主轴或分配轴上的相位，便于各机构的设计、安装与调试。但当执行机构较多时，因同心圆环太多，而不宜看清楚，也不能表达各构件的运动规律
直角坐标式	用横坐标表示机械主轴或分配轴转角，纵坐标表示各执行构件的角位移或线位移，各区段之间用直线连接	能清楚地表示出各执行构件动作的先后顺序和各执行构件在各区段的运动规律。类似于执行构件的位移线图，使执行机构的设计非常便利

2) 运动循环图的功用

（1）机器的运动循环图反映了它的生产节奏，因此可用来核算机器的生产率，并可用来作为分析、研究提高机器生产率的依据。

（2）用来确定各个执行机构原动件在主轴上的相位，或者确定控制各个执行机构原动件的凸轮安装在分配轴上的相位。

（3）用来指导机器中各个执行机构的具体设计。

（4）用来作为装配、调试机器的依据。

（5）用来分析、研究各执行机构的动作相互配合、相互协调关系，以保证机器的工艺动作过程能顺利实现。

7. 机械传动系统方案设计

1）机械传动的作用和类型

根据工作原理的不同，可将传动分为机械传动、流体传动和电传动三类。机械传动是一种最基本的传动形式，其作用是通过减速（或增速）、变速、换向或变换运动形式，将原动机的运动和动力传递并分配给工作机，使工作机获得所需要的运动形式和生产能力。

机械传动的类型有很多种，发展甚为迅速，新型传动不断涌现。按工作原理，机械传动分为推压传动、摩擦传动和啮合传动三类（表 13-4）。

表 13-4　机械传动的类型

传动类型			主要形式
推压传动		连杆机构	铰链四杆机构、曲柄滑块机构、多杆机构
		凸轮机构	盘形凸轮机构、移动凸轮机构、圆柱凸轮机构
		间歇运动机构	棘轮机构、槽轮机构、不完全齿轮机构
		组合机构	齿轮-连杆组合机构、凸轮-连杆组合机构、凸轮-齿轮组合机构
摩擦传动	直接接触传动	摩擦轮传动	圆柱形、圆锥形、圆盘形、槽形
		摩擦式无级变速传动	定轴、动轴
	挠性件传动	带传动	平带、V带、圆带、多楔带
		绳传动	线绳、钢丝绳
啮合传动	直接接触传动	圆柱齿轮传动	啮合形式：外啮合、内啮合、齿轮齿条
			齿廓曲线：渐开线、摆线、圆弧
			齿向曲线：直齿、斜齿
		锥齿轮传动	啮合形式：外啮合、内啮合
			齿廓曲线：渐开线、圆弧
			齿向曲线：直齿、斜齿、弧齿
		蜗杆传动	圆柱蜗杆、圆弧面蜗杆、锥蜗杆
		螺旋传动	滑动螺旋传动、滚动螺旋传动、静压螺旋传动
	挠性件传动	链传动	滚子链、齿形链
		同步带传动	

2）常用传动装置的性能及适用范围（表 13-5）

表 13-5　常用传动装置的性能及适用范围

	平带传动	V带传动	圆柱摩擦轮传动	链传动	齿轮传动		蜗杆传动
常用功率/kW	小 ≤30	中 ≤100	小 ≤20	中 ≤100	大 ≤50000		小 ≤50
单级传动比推荐值	2～4 ≤5	2～4 ≤7	2～4 ≤5	2～5 ≤6	圆柱 3～6 ≤8	圆锥 2～3 ≤8	10～40 ≤80
传动效率	中	中	较低	中	高		较低
许用圆周速度/(m/s)	≤25	≤25～30	≤15～25	≤15 (滚子链)	6级精度直齿≤18、非直齿≤36，5级精度直齿≤200		≤15～35
外廓尺寸	大	较大	大	较大	小		小
传递运动	有滑差	有滑差	有滑差	有波动	传动比恒定		传动比恒定
工作平稳性	好	好	好	差	较好		好
自锁能力	无	无	无	无	无		可有
过载保护能力	有	有	有	无	无		无
使用寿命	较短	较短	较短	中等	长		中等
缓冲吸振能力	好	好	好	较差	差		差
制造安装精度要求	低	低	中等	中等	高		高
润滑要求	无	无	少	中等	较高		高
环境适应性	不能接触酸、碱、油类和爆炸性气体	中等	好	中等		中等

3）传动系统方案设计的过程

（1）确定传动系统的总传动比。

（2）选择传动类型。根据设计任务书中所规定的功能要求和执行系统对动力、传动比或速度变化的要求以及原动机的工作特性，选择合适的传动装置类型。

（3）拟定传动链的布置方案。根据空间位置、运动和动力传递路线及所选传动装置的传动特点和适用条件，合理拟定传动路线，安排各传动机构的先后顺序，完成从原动机到各执行机构之间传动系统的总体布置方案。

（4）分配传动比。即根据传动系统的组成方案，将总传动比合理分配至各级传动机构。

（5）计算传动系统的各项运动学和动力学参数，为传动系统方案评价和各级传动机构的强度计算、结构设计提供依据和指标。

（6）绘制传动系统运动简图。

4) 选择传动方案时应考虑的问题

（1）大功率、高强度、长期工作的工况，宜用齿轮传动。

（2）低速、大传动比可用单级蜗杆传动和多级齿轮传动，也可采用带-齿轮传动或带-齿轮-链传动，但带传动宜放在高速级，链传动宜放在低速级。

（3）斜齿轮传动的平稳性较直齿轮传动好，常用在高速级或要求传动平稳的场合。

（4）开式齿轮传动的工作环境较差，润滑条件不好，磨损较严重，寿命较短，应布置在低速级。

（5）带传动多用于平行轴传动，链传动只能用于平行轴传动，齿轮传动可用于各种轴线传动，蜗杆传动常用于空间垂直交错轴传动。

（6）带传动可缓冲吸振，同时还有过载保护作用，但因摩擦生电，不宜用于易燃、易爆的场合。

（7）链传动、闭式齿轮传动和蜗杆传动，可用于高温、潮湿、粉尘、易燃、易爆的场合。

（8）有自锁要求时宜用螺旋传动或蜗杆传动。

（9）改变运动形式的机构（连杆机构、凸轮机构、螺旋传动）应布置在运动系统的末端，并且常为工作机的执行机构。

（10）一般外廓尺寸较大的传动（如带传动和链传动）和传动能力较低的传动（如锥齿轮传动），应分配给较小的传动比。

（11）小功率机械易用结构简单、标准化程度高的传动，如减速器、液压缸、带传动、链传动等。

8. 原动机的类型及选择

1) 常用原动机的类型及主要特点

（1）动力电动机。电动机的类型很多，不同类型的电动机具有不同的结构形式和特性，可满足不同的工作环境和机械不同的负载特性要求。主要优点为：驱动效率高、有良好的调速性能、可远距离控制；启动、制动、反向调速都易控制，与传动系统或工作机连接方便；作为一般传动，电动机的功率范围很广。主要缺点为必须有电源，不适于野外使用。根据使用电源的不同，又分为交流电动机和直流电动机两大类。

（2）伺服电动机：伺服电动机是指能精密控制系统位置和角度的一类电动机。特点：体积小、质量轻；具有宽广而平滑的调速范围和快速响应能力，其理想的机械特性和调节特性均为直线。应用：伺服电动机广泛应用于工业控制、军事、航空航天等领域，如数控机床、工业机器人、火炮随动系统中。

（3）内燃机：按燃料种类分：柴油机、汽油机和煤油机；按工作循环中的冲程数分：四冲程和二冲程内燃机；按汽缸数目分：单缸和多缸内燃机；按主要机构的运动形式分：往复活塞式和旋转活塞式。特点及应用：优点是功率范围宽、操作简便、启动迅速；适用于工作环境无电源的场合，多用于工程机械、农业机械、船舶、车辆等；缺点为对燃油的要求高，排气污染环境、噪声大、结构复杂。

（4）液压马达：又称为油马达，它是把液压能转变为机械能的动力装置。其主要优点是可获得很大的动力或转矩，可通过改变油量来调节执行机构速度，易进行无级调速，能快速响应，操作控制简单，易实现复杂工艺过程的动作要求。缺点是要求有高压油的供给系统，液压系统的制造、装配要求高，否则易影响效率和运动精度。

（5）气动马达是以压缩空气为动力，将气压能转变为机械能的动力装置。常用的有叶片式和活塞式。其主要优点为：工作介质为空气，故容易获取且成本低廉，易远距离输送，排入大气也无污染；能适应恶劣环境，动作迅速、反应快。缺点为：工作稳定性差、噪声大，输出转矩不大，只适用于小型轻载的工作机械。

2）原动机的选择

（1）原动机类型的选择原则如下。

① 若工作机械要求有较高的驱动效率和较高的运动精度，应选用电动机。电动机的类型和型号较多，并具有各种特性，可满足不同类型工作机械的要求。

② 在相同功率下，要求外形尺寸尽可能小、质量尽可能轻时，宜选用液压马达。

③ 要求易控制、响应快、灵敏度高时，宜采用液压马达或气动马达。

④ 要求在易燃、易爆、多尘、振动大等恶劣环境中工作时，宜采用气动马达。

⑤ 要求对工作环境不造成污染，宜选用电动机或气动马达。

⑥ 要求启动迅速、便于移动或在野外作业场地工作时，宜选用内燃机。

⑦ 要求负载转矩大、转速低的工作机械或要求简化传动系统的减速装置，需要原动机与执行机构直接连接时，宜选用低速液压马达。

（2）原动机转速的选择原则如下。

原动机的额定转速一般是直接根据工作机械的要求进行选择的。但需考虑以下两方面。

① 原动机本身的综合因素。例如，对于电动机来说，在额定功率相同的情况下，额定转速越高的电动机尺寸越小，质量和价格也低，即高速电动机反而经济。

② 传动系统的结构。若原动机的转速选得过高，势必增加传动系统的传动比，从而导致传动系统的结构复杂。

（3）原动机容量的选择原则如下。

原动机的容量主要指功率。它是由负载所需的功率、转矩及工作制来决定的。负载的工作情况大致可分为连续恒负载、连续周期性变化负载、短时工作制负载和断续周期性工作制负载等。各种工作制负载情况下所需的原动机容量的计算方法，可查阅有关手册。

9. 机械系统方案的评价

（1）评价准则：评价准则是评价设计方案优劣的依据。包含两方面的内容：一是设计目标，指从哪些方面、以什么原则、达到什么标准为优；二是设计指标，指具体的约束限制。评价就是在设计指标的约束下，寻找最优的设计目标。

（2）评价指标：常用的评价指标有：①系统功能：实现运动规律或运动轨迹，实现工艺动作的准确性、特定功能等；②工作性能：效率高低、寿命长短、可操作性、安全性、可靠性、适用范围等；③运动性能：运转速度、行程可调性、运动精度等；④动力性能：承载能力、增力特性、传力特性、振动噪声等；⑤经济性：加工难易、能耗大小、制造成本等；⑥结构紧凑性：尺寸、质量、结构复杂性等。

（3）评价体系：通过一定范围内的专家咨询，确定评价指标及其评定方法，建立评价体系，要注意其针对性和科学性。

（4）评价方法：① 经验性的概略评价法：请多名有经验的专家根据经验采用排队法或

排除法直接评价。

② 计算性的数学分析评价法如下。

a. 评分法：建立评价体系→选择评分方法→选择评分标准→对各个项目进行评分→选择总分计分法，计算总分→选取高分者为优选方案。评分方法有直接评分法和加权系数法。后者按各评价项目的重要程度确定其权重，每项打分都乘以相应的加权系数。

评分标准是指将定性评价的项目按优劣程度分成区段，见表13-6。

表 13 - 6　评 分 标 准

分值	0	1	2	3	4
优劣程度	不能用	达标	比较好	良好	理想

总分计分法是总分计算的方法，一般有：

方法	计算公式
相加法	$Q = \sum q_i$
连乘法	$Q = \Pi q_i$
均值法	$Q = \dfrac{\sum q_i}{n} (i = 1, 2, \cdots, n)$
相对值法	$Q = \dfrac{\sum q_i}{n Q_0} (i = 1, 2, \cdots, n, Q_0$ 为理想值$)$
有效值法	$Q = \sum W_i q_i (W_i$ 为加权系数$)$

b. 技术-经济评价法：综合考虑了技术类指标和经济类指标，评价值一般为相对于理想状态的相对值。

c. 模糊评价法：用 $[0, 1]$ 区间内的连续数值代替评分法中的离散数值来表达评价值，使评价结果更为准确。

③ 试验评价法：对重要的方案设计问题，可通过模型试验或计算机模拟实验来进行评价。

（5）评价结果的处理-再设计：设计的过程是一个设计→评价→再设计→再评价的过程，直到达到最优方案。

13.3　典型例题解析

例 13-1　在机电产品中，一般均采用电动机作为动力源。为了满足产品的动作要求，经常需要把电动机输出的旋转运动进行变换（例如改变转速的大小和方向，或改变运动形式），以实现产品所要求的运动形式。现要求把电动机的旋转运动变换为直线运动，请列出 5 种可实现该运动变换的传动形式，并画出机构运动简图。若要求机构的执行构件能实现复杂的直线运动规律，则该采用何种传动形式？

解：（1）（a）直动推杆盘形凸轮机构（尖顶、滚子、平底推杆均可）、（b）曲柄滑块机构、(c)齿轮齿条机构、(d)螺旋机构、(e)摆动导杆滑块机构，对应的机构运动简图如图 13 - 14 所示。

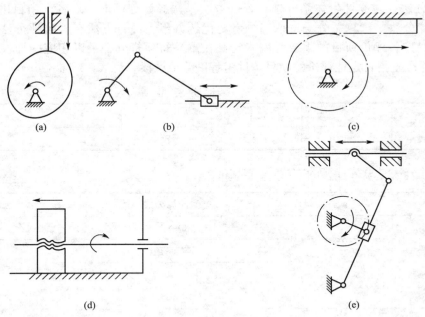

图 13 - 14　例 13 - 1 图

（2）应选用直动推杆盘形凸轮机构。

例 13 - 2　设计牛头刨床切削运动机构。动作要求：将连续回转运动转换为往复直线移动，刨头在切削过程中的移动速度应近似于等速，具有急回特性，加速度的变化不应过于剧烈，有良好的传力特性，行程可调。

解：（1）基础机构的选择：可供选择的基础机构有螺旋机构、齿轮齿条机构、直动推杆凸轮机构、曲柄（摇杆）滑块机构、移动导杆双滑块机构等。根据传力要求约束，以选择低副机构为宜。因此，选择输出运动为往复移动的曲柄滑块机构或摇杆滑块机构作为基础机构，如图 13 - 15(a)所示。（2）机构的构型：前置输入机构要能为基础机构的曲柄或摇杆提供一非匀速的运动，使之具有急回特性和在工作行程中滑块近似等速。而且能满足减少纵向尺寸、易于调整安装、使用维护方便的要求。前置机构与基础机构组合后的牛头刨床切削运动机构如图 13 - 15(b)所示。

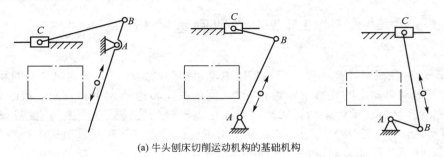

(a) 牛头刨床切削运动机构的基础机构

图 13 - 15　例 13 - 2 图

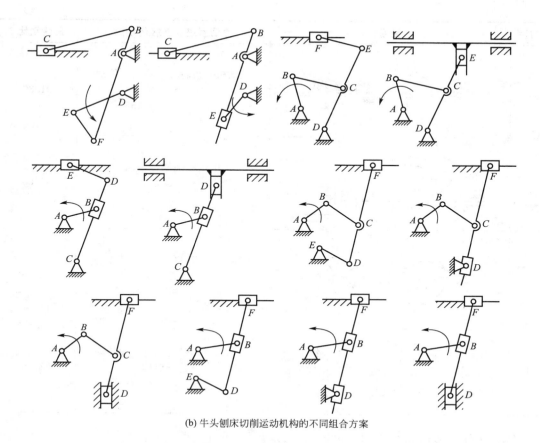

(b) 牛头刨床切削运动机构的不同组合方案

图 13-15 例 13-2 图（续）

例 13-3 实现剪铁机活动刀剪开合运动的传动方案见表 13-7。活动刀剪每分钟摆动 23 次，电动机功率 7.5kW，电动机满载转速 720r/min。试对这 6 种传动方案进行分析比较。

表 13-7 传 动 方 案

方案	简图	传动系统及各级传动比	总传动比 i
A		电动机→V 带传动→齿轮传动 →连杆机构 $i_1=7$，$i_2=4.48$	31.36
B		电动机→链传动→齿轮传动→ 连杆机构 $i_1=7$，$i_2=4.48$	31.36

（续）

方案	简图	传动系统及各级传动比	总传动比 i
C		电动机→齿轮传动→齿轮传动 →连杆机构 $i_1=7$，$i_2=4.48$	31.36
D		电动机→蜗杆传动 →连杆机构 $i=31$	31.00
E		电动机→齿轮传动→V 带传动 →连杆机构 $i_1=4.48$，$i_2=7$	31.36
F		电动机→V 带传动→齿轮传动 →连杆机构 $i_1=4.48$，$i_2=7$	31.36

解：工作轴转速 $n_w=23r/min$（即活动刀剪每分钟往复摆动次数）。

总传动比：$i=\dfrac{n_m}{n_w}=\dfrac{720}{23}=31.30$。

经验算，传动比（转速）误差在 $\pm(3\sim5)\%$ 范围内。从实现的总传动比来看，上述 6 种传动方案均符合要求。其他方面比较见表 13-8。

表 13-8 传动方案比较

方案	方案分析比较	结论
A	高速级用带传动，可缓冲减振，使传动平稳。带轮兼做飞轮，有调速作用。齿轮传动置于低速级，降低了对齿轮的精度要求和齿轮传动的噪声	好
B	链传动不适合高速传动，而适合低速传动，应布置在低速级	不好
C	齿轮传动不能缓冲吸振。需加飞轮进行调速，成本增加	不好
D	蜗杆传动效率低，不能缓冲吸振。需加飞轮进行调速，成本增加	不好
E	V 带传动应放在高速级，齿轮传动应置于低速级	不好
F	与方案 A 相比，飞轮调速效果差	较好

第二部分

机械设计学习指导与同步训练题

第14章
机械设计总论

14.1 学习要求、重点及难点

1. 学习要求

(1) 从机械零件设计应满足的基本要求出发，掌握机械零件的主要失效形式和设计准则，了解机械零件设计的一般步骤和方法，了解机械零件的常用材料及选用原则，了解机械设计中用到的国家标准、规范等，对常用的现代机械设计方法和手段有所了解。

(2) 了解机械零件所受载荷与应力的分类及名义载荷、计算载荷和载荷系数等概念。

(3) 了解材料的疲劳曲线和零件的极限应力曲线的来源、意义及用途。

(4) 能根据零件材料的几个基本机械性能(σ_B、σ_S、σ_{-1}、σ_0)及零件的几何特性，绘制零件极限应力简化线图。

(5) 掌握机械零件在受单向稳定循环变应力时和复合(双向)稳定循环变应力时的疲劳强度计算方法，了解应力等效转化的概念。

(6) 了解疲劳损伤累积假说(Miner 法则)的意义及其应用。

(7) 会查用教材第 3 章附录中的有关线图及数表。

(8) 了解机械零件的接触强度及其计算方法。

(9) 对于干摩擦、边界摩擦、流体摩擦、混合摩擦的形成机理和物理特征要有扼要的了解。

(10) 初步了解磨损的一般规律(即磨损曲线)及各种磨损(粘附磨损、磨粒磨损、疲劳磨损、冲蚀磨损、腐蚀磨损和微动磨损)的机理和物理特征。

(11) 了解润滑的作用及润滑剂(油、脂)的常用的性能评价指标及应用场合。

(12) 掌握设计机械零件结构时应注意的工艺性方面的问题。

2. 学习重点

(1) 机械零件的主要失效形式和设计准则。

（2）机械零件在受单向稳定循环变应力时和复合（双向）稳定循环变应力时的疲劳强度计算。

（3）各类摩擦和磨损的机理、物理特征及其影响因素。

（4）机械零件的结构工艺性。

3. 学习难点

（1）变应力作用下材料的疲劳曲线、零件的极限应力简化线图。

（2）疲劳损伤累积假说及其应用。

14.2 学 习 指 导

本章论述了机械设计的基本知识和一些共性问题，学习以后各章时，将会经常用到。所以切实学好本章内容，对学好这门课程有着十分重要的意义。

1. 本课程常见的一些概念

在本课程学习过程中，下述这些概念会经常见到。所以要正确理解这些概念，以便于后面课程内容的学习。

（1）强度：机械零件在载荷作用下抵抗断裂、塑性变形及表面点蚀的能力。

（2）刚度：机械零件在载荷作用下抵抗弹性变形的能力。

（3）失效：机械零件在规定的使用期限内丧失工作能力或达不到设计要求的性能。

注意：①失效并不单纯指零件的破坏，如带传动打滑、螺栓连接松动、轴弹性变形过大、滚动轴承产生初始疲劳点蚀等，虽然零件没有破坏，但也属于失效。②同一种机械零件可能的失效形式往往有数种。

（4）设计准则：在设计中，应保证所设计的机械零件在正常工作中不发生任何失效。为此，对于每种失效形式都制定了防止这种失效应满足的条件，这样的条件就是所谓的机械零件设计准则，它是设计机械零件的理论依据。主要设计准则有强度、刚度、寿命、振动稳定性和可靠性准则等。

（5）工作能力：机械零件在规定的使用期限内不发生失效的安全工作限度。这个限度通常是以零件承受载荷的大小来表示，所以又常称为承载能力。

（6）零件的结构工艺性：是指零件所具有的结构是否便于制造、装配和拆卸。它是评价零件结构设计优劣的重要指标。

（7）载荷：作用于零件上的力或力矩。

（8）静载荷：大小和方向不随时间变化或变化缓慢的载荷称为静载荷。如物体的重力、锅炉压力等。

（9）变载荷：大小或方向随时间周期性变化或非周期性变化的载荷称为变载荷。如往复式动力机械的零件受周期性变载荷；汽车、拖拉机的行驶部分的零件受非周期性变载荷。

（10）工作载荷：机械正常工作时零件上所受的实际载荷称为工作载荷，工作载荷一般由实测的方法得到。

（11）名义载荷：由理论方法计算出的作用在零件上的载荷称为名义载荷。如原动机

的额定功率为 $P(kW)$，额定转速为 $n(r/min)$，则传动零件上的名义转矩 $T(N \cdot m)$ 为 $T = 9550 \dfrac{P}{n} \eta i$（$i$——由原动机到所计算的零件之间的总传动比；$\eta$——由原动机到所计算的零件之间传动链的总效率）。

（12）计算载荷：名义载荷（F 或 T）与载荷系数 K 的乘积称为计算载荷，即 $F_{ca} = KF$ 或 $T_{ca} = KT$。载荷系数 $K \geqslant 1$，K 主要考虑由于外部因素（如原动机参数的变化和工作机工作阻力的变化）引起过载或由于内部原因（机械系统的振动、载荷分布不均等）引起的附加动载荷。强度计算时，一般用计算载荷代替工作载荷。

（13）静应力：不随时间变化或变化缓慢的应力称为静应力，一般由静载荷产生。

（14）变应力：随时间变化的应力称为变应力，一般由变载荷产生，也可由静载荷产生。

（15）稳定循环变应力：应力幅和平均应力均为常数的周期性变化应力，称为稳定循环变应力。

（16）不稳定循环变应力：如图 14-1 所示，应力变化周期、应力幅或平均应力之一随时间而变者，称为不稳定循环变应力。

（17）随机变应力：如图 14-2 所示，随机变化的应力称为随机变应力。

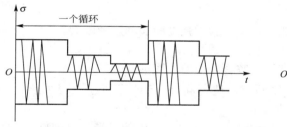

图 14-1　不稳定循环变应力

图 14-2　随机变应力

2. 机械零件设计的基本知识

学习这部分内容时，首先要从总体上建立起机器设计，尤其是机械零件设计的总括性的概念。即从机器的总体要求出发，引出对机械零件的要求；根据零件的失效形式，拟定出设计准则；在选择出适用的材料后，按照一定的步骤，用理论设计或经验设计的方法，设计出机械零件来。这个过程的系统性是严密的，它对以后各章的学习都具有提纲挈领的作用。

1）对机器设计的主要要求

对机器的要求在很大程度上是要靠零件满足设计要求来保证的。不管机器的类型如何，一般来说，会对机器提出如下基本要求。

（1）使用功能要求。实现机器预定的功能，满足其运动和动力性能等。

（2）经济性要求。设计制造经济性——低成本；使用经济性——高生产率、高效率、低消耗、低维护和管理费用。

（3）劳动保护和环境保护要求。机器的操作要方便、安全，操作者及机器的环境要得到改善，要尽可能避免或减少对环境的污染。

（4）寿命与可靠性的要求。在预定的寿命期内始终能够安全可靠地工作。

（5）其他要求。体积小，质量轻，外形美观，色彩与功能相适应，易于标准化、系列化、通用化等。

2）设计机械零件时应满足的基本要求

（1）避免在预定寿命期内失效的要求。所设计的零件应具有强度大、刚度足、抗疲劳、耐磨损和防腐蚀等性能，否则就容易提前失效。

（2）结构工艺性要求。机械零件具有良好的结构工艺性，就是要求所设计的零件结构合理、外形简单，在既定的生产条件下易于加工和装配。

（3）经济性要求。经济性要求就是要降低零件的生产成本。

（4）质量小的要求。设计零件时，要尽量减轻机械零件的质量，以减少材料的消耗，降低运动零件的惯性以改善机器的动力性能。

（5）可靠性要求。机器的可靠性取决于机械零件的可靠性。为提高零件的可靠性，设计零件时，尽量使零件的性能满足工作条件的要求，并在使用时加强维护，对工作条件进行检测。

在上述 5 项基本要求中，避免在预定寿命期内失效的要求和结构工艺性要求是最主要的；经济性和质量小的要求是不言而喻的；可靠性要求是随着机器越来越复杂而提出的新要求。

3）机械零件的主要失效形式

（1）整体断裂：拉（压）断、弯断、扭断，又分为静强度断裂和疲劳断裂。

（2）过大的塑性变形或弹性变形。

（3）零件的表面破坏：接触疲劳、磨损、胶合、压溃、腐蚀。

当体积强度不足时，可能发生静强度断裂、疲劳断裂、塑性变形；当表面强度不足时，可能发生接触疲劳、磨损、压溃。

（4）破坏正常工作条件引起的失效：带传动由于过载而发生的打滑，高速转子的工作转速与共振转速接近而发生的共振，滑动轴承由于润滑条件变差而发生的过热、胶合、磨损等失效形式。

4）机械零件的设计准则（表 14-1）

表 14-1 机械零件的设计准则

设计准则	计算公式	主要失效形式	典型零部件
强度准则（最重要、最基本的设计准则）	工作应力≤许用应力，即：正应力 $\sigma \leqslant [\sigma]$，剪应力 $\tau \leqslant [\tau]$	断裂、疲劳破坏、塑性变形	轴、齿轮、带轮等
刚度准则	实际变形量≤许用变形量，即： （1）弯曲刚度。挠度条件：$y \leqslant [y]$ 或倾角条件：$\theta \leqslant [\theta]$。 （2）扭曲刚度。扭转角条件：$\varphi \leqslant [\varphi]$。 y、θ、φ——零件在载荷作用下产生的弹性变形量 $[y]$、$[\theta]$、$[\varphi]$——零件的许用弹性变形量	过大的弹性变形	对刚度要求严格的轴（如机床主轴、重要的齿轮轴）和蜗杆等
寿命准则	满足额定寿命	疲劳、磨损、腐蚀	滚动轴承等

（续）

设计准则	计算公式	主要失效形式	典型零部件
振动稳定性准则	（1）共振：当零件本身的固有频率与激振源的频率相同或整数倍时，零件就会发生共振，此时振幅急剧增大，导致零件破坏或机器工作条件失常等 （2）振动稳定性：零件工作时振幅不能超过许可值 （3）振动稳定性准则：$0.85f > f_p$ 或 $1.15f < f_p$ 式中：f 为零件的固有频率；f_p 为激振源的频率	共振产生的工作失常	轴等
耐热性准则	（1）高温引起承载能力降低、蠕变，也会造成热变形、附加热应力，破坏正常的润滑条件，改变零件间的间隙，降低精度等 （2）耐热性准则：工作温度低于许用值	高温引起的润滑不良、蠕变	蜗杆、齿轮、滑动轴承等
可靠性准则	进行可靠度的计算		

5）机械零件设计的一般步骤

（1）根据总体设计要求，选择零件的类型。

（2）根据机器的工作情况，确定作用在零件上的载荷，进行受力分析。

（3）根据零件的工作条件及受力情况，选择材料及热处理方式，并确定其许用应力。

（4）根据失效分析，确定零件的设计计算准则，应用理论设计方法或经验设计方法进行设计计算。

（5）根据计算结果，同时考虑零件的加工和装配工艺等要求，对零件进行结构设计。

（6）绘制零件工作图。工作图必须符合国家制图标准，尺寸齐全并标注必要的尺寸公差、形位公差、表面粗糙度及技术条件等。

6）机械零件的设计方法

（1）机械零件的设计方法分为常规设计方法和现代设计方法。现代设计方法是在新的设计思想以及有了现代的技术和物质手段的条件下，由常规设计方法发展而来的，在必要时用来弥补常规设计方法的不足，但它并不能完全取代常规设计方法，因为现代设计方法本身是离不开常规设计方法的。例如优化设计方法中很多约束条件就是依靠常规设计方法来建立的。所以要摆正这两种设计方法间的关系。

（2）机械零件的常规设计方法包括理论设计(半经验设计)方法、经验设计方法和模型实验设计方法。在学习和今后的工作中要对经验设计方法给予足够的重视，经验设计是很有效的设计方法。所谓经验，总会随着社会的不断发展而不断地积累，经验并不总是陈旧的、过时的东西。相反，它恰恰是在理论还不成熟时，用来解决各种问题的一种可靠的方法。模型实验设计是在理论设计知识还不完备，原有的经验又不足以解决设计问题时，人们获取新经验和发展新理论的一种设计方法。

（3）在机械零件的设计中，最终是要确定零件的结构尺寸。通常情况下，都希望尺寸小、质量轻，同时又不能在工作中发生任何失效。应用理论设计方法进行设计时，就需要进行必要的计算，常用的计算方法有两种：①设计计算——先分析零件的可能失效形式，根据该失效形式的计算准则通过计算确定零件的结构尺寸。②校核计算——先根据经验确定零件的结构尺寸，然后再验算零件是否满足计算准则。如不满足，则应修改零件的尺寸，重新计算。

3. 单向稳定循环变应力的基本类型（表 14 - 2）

表 14 - 2　单向稳定循环变应力的基本类型

变应力类型	非对称循环变应力	对称循环变应力	脉动循环变应力	静应力（特例）
应力循环线图				
应力比 r（循环特性）	$r=\dfrac{\sigma_{min}}{\sigma_{max}}$ $-1<r<0,\ 0<r<1$	$r=-1$	$r=0$	$r=+1$
应力参数之间关系	$\sigma_m=\dfrac{1}{2}(\sigma_{max}+\sigma_{min})$ $\sigma_a=\dfrac{1}{2}(\sigma_{max}-\sigma_{min})$	$\sigma_m=0$ $\sigma_a=\sigma_{max}=-\sigma_{min}$	$\sigma_m=\sigma_a=\dfrac{1}{2}\sigma_{max}$ $\sigma_{min}=0$	$\sigma_m=\sigma_{max}=\sigma_{min}$ $\sigma_a=0$
持久极限（对应于 N_0）	σ_r	σ_{-1}	σ_0	σ_{+1}
实例	轴上 A 点应力为：轴向力 F_a 产生的平均应力 σ_m 和径向力 F_r 作用产生的弯曲变应力 σ_b（应力幅 σ_a）的叠加	轴上 A 点应力为径向力 F_r 作用产生的弯曲变应力 σ_b（应力幅 σ_a）	齿轮传动啮合的接触应力或单向转动齿轮轮齿的齿根弯曲应力	静力拉杆等
注意事项	（1）最大应力 σ_{max} 和最小应力 σ_{min} 按绝对值大小区分，各自带符号，正值表示拉应力，负值表示压应力 （2）平均应力 $\sigma_m=\dfrac{1}{2}(\sigma_{max}+\sigma_{min})$ 表示循环变应力中的不变部分，应力幅 $\sigma_a=\dfrac{1}{2}(\sigma_{max}-\sigma_{min})$ 表示循环变应力中的变化部分 （3）应力循环特性 $r=\dfrac{\sigma_{min}}{\sigma_{max}}$ 表示变应力的不对称程度			

4. 机械零件的强度

在静应力作用下，零件的主要失效形式为静强度断裂或塑性变形。绝大多数零件都是在变应力下工作的，因此，各式各样的疲劳破坏是零件的主要失效形式。

1) 零件受单向应力作用的强度条件

$$强度条件：\begin{cases} \sigma \leqslant [\sigma] = \dfrac{\sigma_{\lim}}{[S_\sigma]} \\ \tau \leqslant [\tau] = \dfrac{\tau_{\lim}}{[S_\tau]} \end{cases} 或 \begin{cases} S_\sigma = \dfrac{\sigma_{\lim}}{\sigma} \geqslant [S_\sigma] \\ \tau_\sigma = \dfrac{\tau_{\lim}}{\tau} \geqslant [S_\tau] \end{cases}$$

式中：$\sigma_{\lim}$、$\tau_{\lim}$ 为极限正应力和极限切应力；σ、τ 为危险截面处的最大正应力、切应力；S_σ、S_τ 为实际安全系数；$[S_\sigma]$、$[S_\tau]$ 为许用安全系数。

（1）零件在静应力下工作时，对于塑性材料，按不发生塑性变形的条件进行强度计算时，$\sigma_{\lim} = \sigma_S$、$\tau_{\lim} = \tau_S$；对于脆性材料，$\sigma_{\lim} = \sigma_B$、$\tau_{\lim} = \tau_B$。

（2）零件在变应力下工作时，对于塑性材料和脆性材料 $\sigma_{\lim}$、$\tau_{\lim}$ 均取疲劳极限。

2) 零件受复合（双向）应力作用的强度条件

复合（双向）应力作用下的塑性材料零件，用第三（适用于弯、扭复合应力）和第四（适用于拉、扭复合应力）强度理论计算复合应力。

强度条件：复合应力 $\sigma_{ca} = \sqrt{\sigma^2 + 4\tau^2} \leqslant [\sigma]$ 或 $\sigma_{ca} = \sqrt{\sigma^2 + 3\tau^2} \leqslant [\sigma]$

复合（双向）安全系数：$S = \dfrac{S_\sigma S_\tau}{\sqrt{S_\sigma^2 + S_\tau^2}} \leqslant [S]$

5. 机械零件在变应力作用下极限应力的确定

在变应力作用下，零件的极限应力取决于应力循环特性 r、应力循环次数 N、材料的持久疲劳极限 σ_r 和零件的形状、尺寸大小、表面状态等因素，具体确定方法如下。

1) 极限应力 $\sigma_{\lim} = \sigma_{rN}$

（1）定义：一定循环特性 r 下，对应循环次数 N 的疲劳极限，表示为 σ_{rN}。

（2）求解依据：根据图 14-3(a) 所示的 σ_{rN}-N 曲线（疲劳极限 σ_{rN} 与应力循环次数 N 之间的关系曲线）求解。疲劳曲线 σ_{rN}-N 是在一定循环特性 r 条件下，由材料疲劳试验得到的极限应力与循环次数的关系曲线。

（3）求解方法如下。

① 该曲线在有限寿命区内的方程可表示为：$\sigma_{rN}^m N = \sigma_r^m N_0 =$ 常数（$10^3 \sim 10^4 < N < N_0$，N_0 为循环基数，对于钢一般规定 $N_0 = 5 \times 10^6 \sim 10^7$。）由此可得应力循环次数为 N 时的疲劳极限为：$\sigma_{rN} = \sigma_r \sqrt[m]{\dfrac{N_0}{N}} = K_N \sigma_r$。其中：$m$——由材料而定的常数；$\sigma_r$——一定循环特性 r 下，对应循环次数 N_0 的疲劳极限（材料的持久疲劳极限）（对称循环时，$\sigma_r = \sigma_{-1}$；脉动循环时，$\sigma_r = \sigma_0$；任意循环特性 r 时，σ_r 由极限应力曲线确定；当循环特性未知时，按对称循环处理，即取 $\sigma_r = \sigma_{-1}$）；K_N——寿命系数，当 $N < N_0$ 时，$K_N = \sqrt[m]{\dfrac{N_0}{N}}$。

② 无限寿命区内，即 $N \geqslant N_0$ 时，应力循环次数为 N 时的疲劳极限为 $\sigma_{rN} = \sigma_r$（即 $K_N = 1$）。

2) 极限应力 $\sigma_{\lim} = \sigma_{\max}$

（1）定义：特定寿命条件下（应力循环次数 N 一定），在循环特性为 r 的变应力作用下，零件所能承受的最大应力 $\sigma_{\max}$。

（2）求解依据：根据图 14-4(b) 所示的零件的极限应力简化线图求解。（$\sigma_{\max} = \sigma_m + \sigma_a$、$r = \dfrac{\sigma_m - \sigma_a}{\sigma_m + \sigma_a}$，所以 $\sigma_{\max}$ 与 r 的关系曲线可用平均应力 σ_m 与应力幅 σ_a 的关系曲线代替。）

图 14-3(b)所示的等寿命曲线是在不同循环特性 r 条件下做材料疲劳试验得到的，用以分析非对称循环变应力。可是要得到这条曲线，需要耗费惊人的人力、物力和时间。

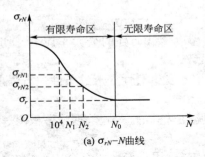

(a) $\sigma_{rN}-N$曲线

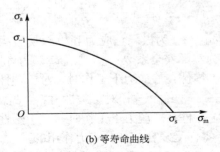

(b) 等寿命曲线

图 14-3　材料的疲劳曲线

为了便于计算，将图 14-3(b)简化成图 14-4(a)所示的材料的极限应力简化线图。图中 A' 为对称循环点，D' 为脉动循环点，C 为静应力点。折线 $A'G'C$ 上的点表征对应于 $-1 \leqslant r \leqslant +1$ 时的极限应力。横坐标轴上的点都代表应力幅 $\sigma_a = 0$ 的应力（静应力），$G'C$ 线上的任一点均代表极限应力等于屈服极限 σ_S 的应力状态。若工作应力点处于 $OA'G'C$ 区域内，则试件是安全的。

因机械零件受到应力集中、零件尺寸、表面状态等因素的影响，因此引入综合影响系数 $K_\sigma(K_\tau)$ 对变应力的应力幅部分进行修正。修正后的机械零件的极限应力图如图 14-4(b)所示。

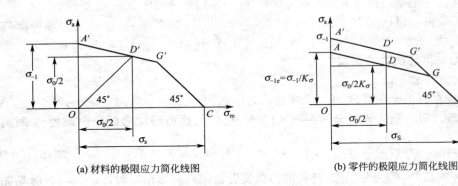

(a) 材料的极限应力简化线图　　　(b) 零件的极限应力简化线图

图 14-4　材料及零件的极限应力简化线图

① AG 的方程：由坐标点 $A\left(0, \dfrac{\sigma_{-1}}{K_\sigma}\right)$ 及 $D\left(\dfrac{\sigma_0}{2}, \dfrac{\sigma_0}{2K_\sigma}\right)$ 求得：$\sigma_{-1} = K_\sigma\sigma'_{ae} + \psi_\sigma\sigma'_{me}$。式中，$K_\sigma$ 为综合影响系数（综合影响系数只对应力幅有作用，对平均应力不产生影响），$K_\sigma = \left(\dfrac{k_\sigma}{\varepsilon_\sigma} + \dfrac{1}{\beta_\sigma} - 1\right)\dfrac{1}{\beta_q}$；$\psi_\sigma$ 为试件受循环弯曲应力时的材料常数，$\psi_\sigma = \dfrac{2\sigma_{-1} - \sigma_0}{\sigma_0}$，其含义相当于某种材料能把所承受的弯曲平均应力转化为等效的弯曲应力幅的一种特性，所以 ψ_σ 也叫做"弯曲平均应力转化系数"，即用它乘以弯曲应力的平均应力部分之后，就具有与弯曲应力的应力幅同等的疲劳损伤作用了；σ'_{ae}、σ'_{me} 为一定循环特性零件的极限应力幅、平均应力。

② GC 的方程：$\sigma'_{me} + \sigma'_{ae} = \sigma_S$。

6. 单向稳定循环变应力作用下机械零件的疲劳强度(安全系数)计算

单向稳定循环变应力虽然在实际的机械零件中是较少遇见的工况，但它的计算方法却是疲劳强度计算的基础。这是因为人们所知道的材料抗疲劳破坏的机械性能——σ_{-1} 或 σ_0 都是在实验室中按照单向稳定变应力的工作状况用试验方法确定的。因此，一定要学好本部分内容。

1) 单向稳定循环变应力作用下机械零件的疲劳强度计算方法和步骤

(1) 根据零件材料的屈服极限 σ_S、疲劳极限 σ_{-1}、σ_0 及综合影响系数 K_σ(经查表计算获得)按比例画出零件的极限应力简化线图。

(2) 求出零件危险截面上的最大工作应力 σ_{max} 和最小工作应力 σ_{min}，计算出平均应力 σ_m 和应力幅 σ_a。

(3) 在极限应力图中标出工作应力点 $M(\sigma_m, \sigma_a)$ 的位置。

(4) 确定工作应力点 $M(\sigma_m, \sigma_a)$ 所对应的零件的极限应力点 $M'(\sigma'_{me}, \sigma'_{ae})$，从而求出零件的极限应力：$\sigma_{lim} = \sigma'_{max} = \sigma'_{me} + \sigma'_{ae}$。

(5) 计算安全系数：$S_{ca} = \dfrac{\sigma_{lim}}{\sigma} = \dfrac{\sigma'_{max}}{\sigma_{max}} \geqslant [S]$。

2) 三种典型应力变化规律作用下机械零件的疲劳强度计算

计算安全系数 S_{ca} 所用的极限应力 $\sigma_{lim} = \sigma'_{max}$ 应是零件极限应力折线 AGC 上的某一点。该点要由零件工作应力的变化规律确定。零件工作应力变化规律通常有以下三种。

(1) 变应力的循环特性不变 $\left(r = C, \text{即} \dfrac{\sigma_a}{\sigma_m} = C'\right)$ (如绝大多数转轴中的应力状态)，如图 14-5(a)所示，$r = C$ 时机械零件的疲劳强度(安全系数)计算要点如下。

① 计算时所用极限应力的循环特性必须与零件工作应力的循环特性相同。

② 当工作应力点位于 OAG 内时，零件将会首先发生疲劳破坏，极限应力为疲劳极限，按疲劳强度计算。

联立直线 AG、OM' 的方程求得：$\sigma'_{me} = \dfrac{\sigma_{-1}\sigma_m}{K_\sigma\sigma_a + \psi_\sigma\sigma_m}$，$\sigma'_{ae} = \dfrac{\sigma_{-1}\sigma_a}{K_\sigma\sigma_a + \psi_\sigma\sigma_m}$。

零件的极限应力为：$\sigma_{lim} = \sigma'_{max} = \sigma'_{me} + \sigma'_{ae} = \dfrac{\sigma_{-1}(\sigma_m + \sigma_a)}{K_\sigma\sigma_a + \psi_\sigma\sigma_m} = \dfrac{\sigma_{-1}\sigma_{max}}{K_\sigma\sigma_a + \psi_\sigma\sigma_m}$。

强度条件为：$S_{ca} = \dfrac{\sigma_{lim}}{\sigma_{max}} = \dfrac{\sigma'_{max}}{\sigma_{max}} = \dfrac{\sigma_{-1}}{K_\sigma\sigma_a + \psi_\sigma\sigma_m} \geqslant [S]$。

③ 工作应力点位于 OGC 内时，零件将会首先发生因静强度不足而引起的破坏，极限应力为屈服极限 σ_S。极限应力点 $N'(\sigma'_{me}, \sigma'_{ae})$ 位于 GC 上，$\sigma_{lim} = \sigma'_{max} = \sigma'_{me} + \sigma'_{ae} = \sigma_s$。

强度条件为：$S_{ca} = \dfrac{\sigma_{lim}}{\sigma_{max}} = \dfrac{\sigma_S}{\sigma_{max}} = \dfrac{\sigma_S}{\sigma_a + \sigma_m} \geqslant [S]$。

(2) 变应力的平均应力不变($\sigma_m = C$) (如振动着的受载弹簧中的应力状态)，如图 14-5(b)所示，$\sigma_m = C$ 时机械零件的疲劳强度(安全系数)计算要点如下。

① 计算时所用极限应力的平均应力必须与零件工作应力的平均应力相同。

② 当工作应力点位于 $OAGH$ 区域时，极限应力为疲劳极限，按疲劳强度计算。

将 $\sigma'_{me} = \sigma_m$ 与直线 AG 的方程联立可求得

$$\sigma_{\text{lim}} = \sigma'_{\text{max}} = \sigma'_{\text{me}} + \sigma'_{\text{ae}} = \frac{\sigma_{-1} - \psi_\sigma \sigma_m}{K_\sigma} + \sigma_m = \frac{\sigma_{-1} + (K_\sigma - \psi_\sigma)\sigma_m}{K_\sigma}$$

强度条件为：$S_{\text{ca}} = \dfrac{\sigma_{\text{lim}}}{\sigma_{\text{max}}} = \dfrac{\sigma'_{\text{max}}}{\sigma_{\text{max}}} = \dfrac{\sigma_{-1} + (K_\sigma - \psi_\sigma)\sigma_m}{K_\sigma(\sigma_a + \sigma_m)} \geqslant [S]$。

③ 当工作应力点位于 GHC 区域内时，极限应力为屈服极限，按静强度计算。极限应力点 N' 位于 GC 上，$\sigma_{\text{lim}} = \sigma'_{\text{max}} = \sigma'_{\text{me}} + \sigma'_{\text{ae}} = \sigma_S$

强度条件为：$S_{\text{sa}} = \dfrac{\sigma_{\text{lim}}}{\sigma_{\text{max}}} = \dfrac{\sigma_S}{\sigma_{\text{max}}} = \dfrac{\sigma_S}{\sigma_a + \sigma_m} \geqslant [S]$。

（3）变应力的最小应力不变（$\sigma_{\text{min}} = C$）（如紧螺栓连接中螺栓受轴向变载荷时的应力状态），如图 14-5(c) 所示，$\sigma_{\text{min}} = C$ 时机械零件的疲劳强度（安全系数）计算要点如下。

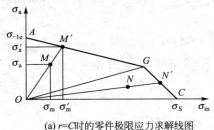

(a) $r=C$ 时的零件极限应力求解线图

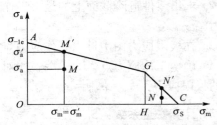

(b) $\sigma_m=C$ 时的零件极限应力求解线图

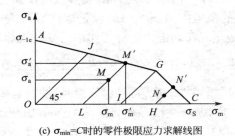

(c) $\sigma_{\text{min}}=C$ 时的零件极限应力求解线图

图 14-5　3 种典型应力变化规律作用下零件极限应力求解线图

① 计算时所用极限应力的最小应力必须与零件工作应力的最小应力相同。

② 工作应力点位于 $OJGI$ 区域内时，极限应力为疲劳极限，按疲劳强度计算。将 $\sigma'_{\text{min}} = \sigma_m - \sigma_a$ 与直线 AG 的方程联立可求得

$$\sigma_{\text{lim}} = \sigma'_{\text{max}} = \sigma'_{\text{me}} + \sigma'_{\text{ae}} = \frac{2\sigma_{-1} + (K_\sigma - \psi_\sigma)\sigma_{\text{min}}}{K_\sigma + \psi_\sigma}$$

强度条件为

$$S_{\text{ca}} = \frac{\sigma_{\text{lim}}}{\sigma_{\text{max}}} = \frac{\sigma'_{\text{max}}}{\sigma_{\text{max}}} = \frac{2\sigma_{-1} + (K_\sigma - \psi_\sigma)\sigma_{\text{min}}}{(K_\sigma + \psi_\sigma)(\sigma_a + \sigma_m)} = \frac{2\sigma_{-1} + (K_\sigma - \psi_\sigma)\sigma_{\text{min}}}{(K_\sigma + \psi_\sigma)(2\sigma_a + \sigma_{\text{min}})} \geqslant [S]$$。

③ 工作应力点位于 IGC 区域内时，极限应力为屈服极限，按静强度计算。极限应力点 N' 位于 GC 上，$\sigma_{\text{lim}} = \sigma'_{\text{max}} = \sigma'_{\text{me}} + \sigma'_{\text{ae}} = \sigma_S$。

强度条件为：$S_{\text{ca}} = \dfrac{\sigma_{\text{lim}}}{\sigma_{\text{max}}} = \dfrac{\sigma_S}{\sigma_{\text{max}}} = \dfrac{\sigma_S}{\sigma_a + \sigma_m} = \dfrac{\sigma_S}{2\sigma_a + \sigma_{\text{min}}} \geqslant [S]$。

④ 工作应力位于 OAJ 区域内，σ_{min} 为负值，工程中罕见，故不作考虑。

3）注意事项

（1）若零件所受应力变化规律不能确定时，一般按照 $r=C$ 的情况计算。

（2）上述计算均为按无限寿命进行零件设计。若按有限寿命要求设计零件时，即应力循环次数 $10^3 \sim 10^4 < N < N_0$ 时，上述公式中的极限应力应为有限寿命的疲劳极限 $\sigma_{rN} = \sigma_r \sqrt[m]{\dfrac{N_0}{N}}$。即应以 σ_{-1N} 代 σ_{-1}，以 σ_{0N} 代 σ_0。

（3）当不能确定工作应力点所在区域时，应同时考虑可能出现的几种情况。

（4）零件只受单向切应力 τ 时，上述公式同样适用，只需将 σ 改为 τ 即可。

（5）等效应力幅 $\sigma_{ad} = K_\sigma \sigma_a + \psi_\sigma \sigma_m$。

7. 单向不稳定循环变应力作用下机械零件的疲劳强度（安全系数）计算

单向不稳定循环变应力可分为非规律性的和规律性的两大类。非规律性单向不稳定循环变应力的安全系数用统计方法进行计算，规律性单向不稳定循环变应力安全系数计算的依据是疲劳损伤累积假说（常称为迈纳（Miner）法则）。这是一个基于能量观点的假说，该假说认为材料发生疲劳破坏是该材料上所有的外力对材料所做的功积累到一定值时的必然结果，并认为同等的变应力每一次应力循环都做同等的功，都对材料起同样的损伤作用。设该变应力循环 N 次使材料发生破坏，则每一次应力循环中力所做的功就是引起破坏的总能量的 $\dfrac{1}{N}$，这个值就是一次循环的损伤率。虽然迈纳法则在许多实验条件下与实验数据不能很好地吻合，但作为概念，它还是反映了总损伤率的统计关系。因此，就工程计算精确性的意义上来说还是可用的。

假说认为各级变应力的最大值（图 14-6（a）中的 σ_1、σ_2、σ_3）造成损伤积累达到 100% 时发生疲劳破坏，即 $\displaystyle\sum_{i=1}^{z} \frac{n_i}{N_i} = 1$，其中：$N_i = N_0 \left(\dfrac{\sigma_{-1}}{\sigma_i}\right)^m$。

计算应力：$\sigma_{ca} = \sqrt[m]{\dfrac{1}{N_0} \displaystyle\sum_{i=1}^{z} n_i \sigma_i^m}$；计算安全系数：$S_{ca} = \dfrac{\sigma_{-1}}{\sigma_{ca}} \geqslant [S]$。

注意：①若 $\sigma_i < \sigma_{-1}$，计算时不予考虑；②对于非对称循环的不稳定变应力，可先对各级应力的 σ_m 乘以 ψ_σ，再加上该级的应力幅，把各级非对称循环变应力等效对称化，求出各等效的对称循环变应力 σ_{adi}，再求计算应力和计算安全系数。

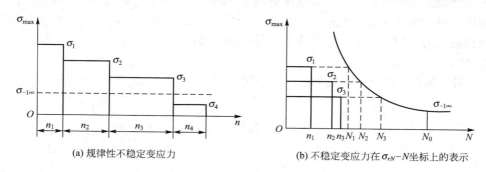

(a) 规律性不稳定变应力   (b) 不稳定变应力在 σ_{rN}-N 坐标上的表示

图 14-6　单向不稳定循环变应力作用下机械零件的疲劳强度计算

8. 双向稳定循环变应力作用下机械零件的疲劳强度(安全系数)计算

零件同一剖面上同时作用有 σ 和 τ 时，一般有拉扭复合或弯扭复合应力状态，目前，只有对称循环下弯扭复合应力在同周期、同相位状态下的疲劳强度理论比较成熟，应用比较多，对非对称循环也可作近似计算。

(1) 当零件剖面上同时作用着相位相同的正向和切向对称循环稳定变应力 σ_a 和 τ_a 时，强度条件为：$S_{ca}=\dfrac{S_\sigma S_\tau}{\sqrt{S_\sigma^2+S_\tau^2}}\geqslant[S]$。其中：$S_\sigma=\dfrac{\sigma_{-1e}}{\sigma_a}$——零件只受对称循环正应力时的安全系数；$S_\tau=\dfrac{\tau_{-1e}}{\tau_a}$——零件只受对称循环切应力时的安全系数。

(2) 零件受非对称循环变应力时，强度条件为：$S_{ca}=\dfrac{S_\sigma S_\tau}{\sqrt{S_\sigma^2+S_\tau^2}}\geqslant[S]$。其中：$S_\sigma=\dfrac{\sigma_{-1}}{K_\sigma\sigma_a+\psi_\sigma\sigma_m}$，$S_\tau=\dfrac{\tau_{-1}}{K_\tau\tau_a+\psi_\tau\tau_m}$。

9. 影响机械零件疲劳强度的主要因素

影响机械零件疲劳强度的主要因素有材料的性能、应力循环特性 r 和循环次数 N、应力集中、零件尺寸、表面状态等，在计算零件的疲劳强度时，应充分考虑这些影响因素。还应注意以下几点。

(1) 应采取减少应力集中及适当提高表面质量的措施。因为在其他条件相同的情况下，钢的强度越高(如合金钢)，综合影响系数 $K_\sigma(K_\tau)$ 值越大，所以对于高强度钢制造的零件来说，采取此措施，可达到提高强度的效果。

(2) 当零件的危险截面处有多个不同的应力集中源，在考虑应力集中影响时，则应取各有效应力集中系数 $k_\sigma(k_\tau)$ 中较大者代入 $K_\sigma(K_\tau)$ 的计算式中计算。

(3) 其他条件相同时，零件尺寸越大，在各种冷、热加工中出现缺陷、产生微观裂纹等疲劳源的可能性越大，从而使疲劳强度降低。

(4) 当零件表面未做强化处理时，零件的强化系数 β_q 取 1。

10. 机械零件的接触强度

1) 定义

两零件高副接触时，理论上是点接触或线接触，实际上由于接触部分的局部弹性变形而形成面接触。由于接触面积很小，使表层产生的局部应力很大，该应力称为接触应力。在表面接触应力作用下的零件强度称为零件的接触强度。

2) 接触应力计算公式

(1) 计算依据：弹性力学的赫兹(Hertz)公式。

① 两圆柱体接触(图 14-7(a))：最大接触应力：$\sigma_{Hmax}=\sqrt{\dfrac{F\dfrac{1}{\rho_\Sigma}}{\pi b\left(\dfrac{1-\mu_1^2}{E_1}+\dfrac{1-\mu_2^2}{E_2}\right)}}$。

当 $\mu_1=\mu_2=0.3$，$E_1=E_2=E$ 时，$\sigma_{Hmax}=0.418\sqrt{\dfrac{FE}{b\rho_\Sigma}}$。

② 两球面接触：最大接触应力：$\sigma_{Hmax}=\dfrac{1}{\pi}\sqrt[3]{\dfrac{F\dfrac{1}{\rho_\Sigma}}{\dfrac{1-\mu_1^2}{E_1}+\dfrac{1-\mu_2^2}{E_2}}}$。

当 $\mu_1=\mu_2=0.3$，$E_1=E_2=E$ 时，$\sigma_{Hmax}=0.388\sqrt[3]{\dfrac{FE^2}{\rho_\Sigma^2}}$。

（2）说明如下。

① ρ_Σ——综合曲率半径，$\dfrac{1}{\rho_\Sigma}=\dfrac{1}{\rho_1}\pm\dfrac{1}{\rho_2}$（"+"——外接触；"−"——内接触）。

② 圆柱体 $\sigma_{Hmax}\propto F^{\frac{1}{2}}$，球 $\sigma_{Hmax}\propto F^{\frac{1}{3}}$，所以 σ_{Hmax} 与 F 不呈线性关系。

③ 圆柱体 $\sigma_{Hmax}\propto\dfrac{1}{\rho_\Sigma^{\frac{1}{2}}}$，球 $\sigma_{Hmax}\propto\dfrac{1}{\rho_\Sigma^{\frac{1}{3}}}$，所以 ρ_Σ 越大，σ_{Hmax} 越小。

④ 在同样的 ρ_1、ρ_2 下，内接触时 ρ_Σ 较大，σ_{Hmax} 较小，约为外接触时的 48%，所以重载情况下，采用内接触有利于提高承载能力或减少运动副接触尺寸。

3）失效形式

（1）静应力时：脆性材料——表面被压碎；塑性材料——表面塑性变形。

（2）变应力（脉动循环应力）时：疲劳点蚀（图 14-7(b)）——齿轮、滚动轴承的常见失效形式。

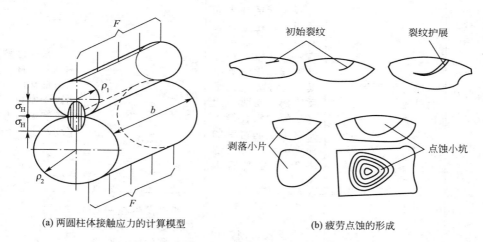

(a) 两圆柱体接触应力的计算模型　　　　　　(b) 疲劳点蚀的形成

图 14-7　机械零件的接触疲劳强度与疲劳点蚀

4）提高接触疲劳强度的措施

（1）控制最大接触应力 $\sigma_{Hmax}\leqslant[\sigma_H]$。

（2）提高接触表面硬度，改善表面加工质量。

（3）增大综合曲率半径 ρ_Σ。

（4）改外接触为内接触，点接触为线接触。

（5）采用高黏度润滑油。

11. 摩擦、磨损及润滑

随着科学技术的发展，材料和能源的节约日益重要，因此形成了一门新兴的学科——

摩擦学。摩擦学研究的主要内容是摩擦、磨损和润滑的基本问题。

摩擦是引起能量损耗的主要原因，磨损是造成零件失效和材料损耗的主要原因，润滑则是减小摩擦和磨损的最有效手段。

1）摩擦

根据摩擦面间存在润滑剂的情况，滑动摩擦状态分为干摩擦、边界摩擦、流体摩擦和混合摩擦 4 种，其形成机理和物理特征见表 14-3。设计时，可以用膜厚比 λ $\left(\lambda = \dfrac{h_{min}}{\sqrt{R_{q1}^2 + R_{q2}^2}}\right)$ 大致估计两滑动表面所处的摩擦状态。

表 14-3 摩擦状态的形成机理和物理特征

摩擦状态	干摩擦	边界摩擦	流体摩擦	混合摩擦
图解	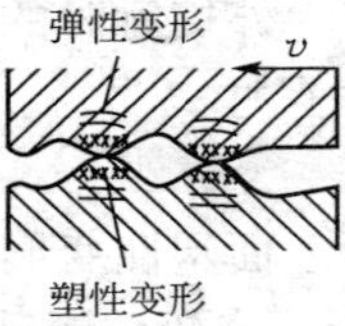 弹性变形 v 塑性变形	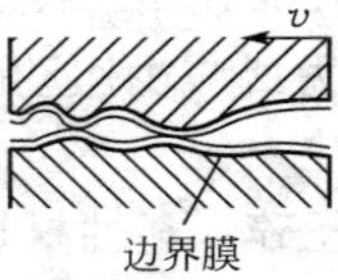 边界膜 v	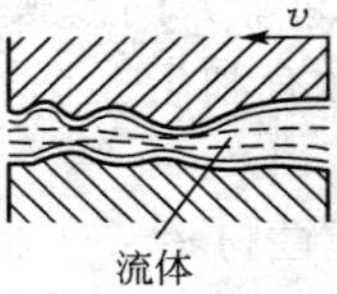 流体 v	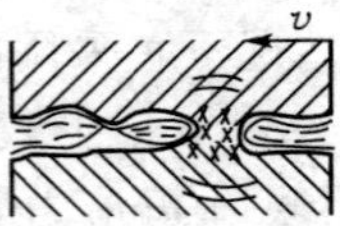 v
形成机理	摩擦表面间没有润滑剂	两表面间加入润滑剂后，在金属表面会形成一层边界膜，它可能是物理吸附膜、化学吸附膜，也可能是化学反应膜。前两种边界膜的润滑性能主要取决于润滑油的油性，后一种则取决于润滑油的极压性	表面间有足够厚的油膜，将两表面完全隔开	当流体摩擦条件不具备，且有边界膜遭破坏时，就会出现干摩擦、边界摩擦和流体摩擦的平均性质的摩擦
物理特征	相对运动的零件表面直接接触	油膜较薄时，在载荷的作用下，油膜不能将两表面完全隔开。实际上，我们所说的边界摩擦都是边界摩擦与干摩擦的混合	摩擦发生在润滑剂内部，油分子大都不受金属表面吸附作用的支配而能自由移动，摩擦表现为油的黏性，摩擦系数很小。这种摩擦状态不容易获得，形成流体摩擦是有一定条件的	干摩擦、边界摩擦和流体摩擦同时出现，混合摩擦是生产实际中最常见的摩擦状态
摩擦系数 f	>0.15~0.3	0.1 左右	0.001~0.008	0.008~0.1
膜厚比 λ	0	≤1	>3	1~3

（续）

摩擦状态	干摩擦	边界摩擦	流体摩擦	混合摩擦
常见场合	利用摩擦的场合，如带传动、摩擦轮传动和汽车及拖拉机的制动器	两摩擦表面间的间隙很小或机器启动及停车时，均会出现这种摩擦状态	实现流体摩擦的滑动轴承在稳定运转阶段的摩擦状态	在滑动轴承中，当轴颈滑动速度不足或润滑不足，而载荷过大时，便可产生这种混合摩擦（如内燃机的连杆销、十字滑块销轴和活塞销等）；甚至正确设计和计算能达到流体摩擦的轴承在启动、停车及在磨合时间内也不可避免地会产生混合摩擦；此外，如在油中有硬质颗粒，其尺寸超过了油膜厚度，也会发生混合摩擦

2）磨损

（1）机械零件磨损的普遍规律：图 14-8 为表示机械零件磨损过程的曲线，展示了零件磨损的普遍规律。客观地说，机械零件的磨损是难以避免的。通过对曲线的分析可知，磨损过程分磨合（跑和）磨损、稳定磨损和剧烈磨损三个阶段。从而明确了设计者的职责在于采取措施，力求缩短磨合期、延长稳定磨损期、推迟剧烈磨损期的到来。若不经磨合或压力过大、速度过高、润滑不良等，则很快进入剧烈磨损阶段而导致零件失效。要使零件的使用寿命延长，可采用以下措施。

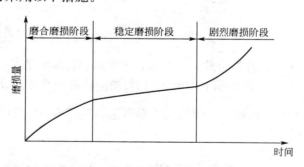

图 14-8　机械零件的磨损曲线

① 缩短跑和时间，即严格遵守跑和规程，适当加研磨剂，跑和后换油、清洗。
② 合理选择润滑剂，降低磨损率，延长稳定磨损阶段，推迟剧烈磨损阶段的到来。

（2）六种形式的磨损：按机理分，磨损有粘附磨损（胶合）、磨粒磨损、疲劳磨损、冲蚀磨损、腐蚀磨损和微动磨损六种类型。对这六种磨损形式的机理及减少磨损的措施，学习时应有一个概括性的认识。其中，粘附磨损、磨粒磨损和疲劳磨损是学习掌握的重点。对冲蚀磨损、腐蚀磨损及复合形式的磨损（即粘附、磨粒、疲劳和腐蚀磨损形式的复合）——微动磨损则只需有个基本概念即可。

粘附磨损、磨粒磨损及疲劳磨损在后续章节的链传动、齿轮传动、蜗杆传动、滑动轴承和滚动轴承的失效分析中会碰到，因而要善于把这三种磨损形式的机理和有关概念与以后有关章节中所讲到的零件磨损情况联系起来，这样对各种磨损的机理定能逐步加深理解。

（3）减少磨损的主要方法：①选用合适的润滑剂和润滑方法；②按零部件的主要磨损类型选择材料，如易发生粘附磨损时，不要选同种材料；易发生磨粒磨损时，要选用硬度高的材料；③合理选择热处理和表面处理方法，如表面淬火、表面化学处理等均可提高耐磨性；④适当降低表面粗糙度值；⑤用滚动摩擦代替滑动摩擦。

3）润滑

（1）润滑的作用：润滑是向承载的两个摩擦表面引入润滑剂，其作用有：①降低摩擦功耗、节约能源；②减少机器中形成运动副零件的磨损；③降低温升；④防锈；⑤缓冲、吸振；⑥清洗摩擦表面；⑦密封和防尘。

（2）润滑剂：润滑时，应首先根据工况条件正确选择润滑剂和润滑方式。润滑剂有润滑油、润滑脂、固体和气体润滑剂，前两者应用广泛。学习润滑剂及其主要性能指标时，重点应放在润滑油上，而其他润滑剂只作一般了解。润滑油属于黏性流体，符合牛顿黏性定律。润滑油黏度是重要的概念，对常用的黏度单位（动力黏度、运动黏度）的定义、量纲及不同黏度单位的相互换算方法应能掌握，对黏-温、黏-压特性及其对润滑的影响要有一定的了解。关于其他指标，只需建立一个印象，以便需要时查阅有关手册。润滑油、润滑脂的添加剂种类很多，主要了解添加剂的作用，特别是油性添加剂、极压添加剂对提高润滑油边界膜的强度所起的作用。要掌握润滑剂的选用原则。

（3）润滑剂主要性能指标：①黏度：黏度是润滑油的最主要性能指标，也是选择润滑油的主要依据。它反映了润滑油在外力作用下抵抗剪切变形的能力，也是内摩擦力大小的标志。黏度值越高，油越稠，反之越稀。黏度的种类有很多，包括动力黏度、运动黏度、条件黏度等。

动力黏度 η：a. 牛顿流体黏性定律：$\tau = -\eta \dfrac{\partial u}{\partial y}$，即流体中任意点处的切应力 τ 均与该处流体的速度梯度成正比。凡符合此定律的流体称为牛顿流体，否则称为非牛顿流体。b. 流体摩擦面间的切应力 τ（单位面积上的剪切阻力）与流体沿垂直于运动方向（即流体膜厚度方向）的速度梯度 $\dfrac{\partial u}{\partial y}$ 的比值 η 称为流体的动力黏度。国际单位制（SI）中的动力黏度的单位为 Pa·s（帕·秒）。

运动黏度 v：动力黏度 η 与同温度下该流体密度 ρ 的比值称为运动黏度，即 $v = \dfrac{\eta}{\rho}$。工程中常用运动黏度，其单位有 St（斯）、cSt（厘斯）。工业润滑油的牌号与运动黏度有一定的对应关系，如：牌号为 L-AN32 的润滑油在 40℃时的运动黏度中心值大约为 32cSt。

② 黏-温特性：润滑油的黏度一般随温度的升高而降低。

③ 黏-压特性：润滑油的黏度会随压力的增加而增大，在高压（＞100MPa）时尤为显著。但在一般情况下，压力对润滑油的黏度影响不大，可以忽略。

④ 油性（也称润滑性）：在边界润滑条件下，润滑油在摩擦表面形成物理吸附膜和化

学反应膜，以减小摩擦和磨损的性能。油性越好，油膜与金属表面的吸附能力越强，摩擦系数越小。这是在较苛刻使用条件下（如低速、重载或润滑不充分的场合）选用润滑油的一个重要指标。一般认为动物油、植物油和脂肪酸油油性较好。

⑤ 闪点：润滑油在标准仪器中加热所蒸发出的油气，一遇火焰即能发出闪光时的最低温度。它是衡量油的易燃性的指标，反映润滑油的高温工作性能。润滑油的闪点范围为120～340℃。选择润滑油时，通常应使油的最高工作温度比其闪点低 30～40℃。

⑥ 凝点：润滑油在规定条件下不能自由流动时的最高温度。它是衡量润滑油低温工作性能的重要指标，直接影响到机器在低温下的启动性能和磨损情况。通常工作环境的最低温度应比润滑油的凝点高 5～7℃。

⑦ 锥（针）入度（稠度）：表征润滑脂的稀稠度，类似于油的黏度，标志着润滑脂内阻力的大小和受力后流动性的强弱（润滑脂在外力作用下抵抗变形的能力），是润滑脂的一项重要指标。它等于一个重 1.5N 的标准锥体，于 25℃恒温下，由润滑脂表面经 5s 后刺入的深度（以 0.1mm 计）。锥入度越小表明润滑脂越稠，越不易从摩擦表面被挤出，承载能力越强，密封性越好。但摩擦阻力也越大，且不易填充较小的摩擦间隙。润滑脂的牌号也是根据锥入度的等级编制的，按锥入度自大到小分 0～9 号共 10 个牌号。号数越大，锥入度越小，脂越稠，常用 0～4 号润滑脂。

⑧ 滴点：在规定的加热条件下，润滑脂从标准测量杯的孔口滴下第一滴液态油时的温度，表征润滑脂的耐热性能。润滑脂的滴点大致决定了它的工作温度，一般工作温度要比脂的滴点低 20～30℃，以免过分流失。

（4）润滑剂的添加剂：为改善润滑剂的使用性能而加入到润滑剂中的少量物质称为添加剂。使用添加剂是现代改善润滑剂润滑性能的重要手段，所以其品种和产量发展迅速。添加剂很多，大致可分为两类：一类为影响润滑剂物理性能的添加剂，如各种降凝剂、增黏剂、消泡剂等；另一类为影响润滑剂化学性能的添加剂，如各种极压抗磨剂、抗氧化剂、油性剂和抗腐剂等。

在高速重载或中载条件下（如金属切削加工中刀具与工件间极高的接触压力、准双曲面齿轮的高接触压力和高相对滑动速度等工作情况），常使用极压抗磨剂。这种添加剂可以在高速重载导致的高摩擦温度条件下，与金属表面发生化学反应，生成低剪切强度和低熔点的化学反应膜，可以有效地防止和减轻粘附、咬死及擦伤。蜗杆传动的润滑属于特殊情况下的边界润滑，除了减小磨损外还应降低摩擦，因此要加入提高油膜强度的油性剂。

（5）润滑剂的选用：选用润滑剂时，既要考虑具体零部件对润滑性能的要求，又要注意具体工况对润滑剂的影响。各种润滑剂的性能比较和几种机械零部件对润滑剂性能要求的重要程度见表 14-4。

表 14-4　润滑剂的选用

润滑剂性能比较				
性能	矿物油	合成油	润滑脂	固体润滑剂	气体润滑剂
形成流体动力润滑性	A	A	D	不能	B
低摩擦性	B	B	C	C	A
边界润滑性	B	C	A	—	D

(续)

润滑剂性能比较

性能	矿物油	合成油	润滑脂	固体润滑剂	气体润滑剂
冷却性	A	B	D	D	A
使用温度范围	B	A	B	A	A
密封防污性	D	D	A	B	D
可燃性	D	A	C	A	与气体有关
价格	低	高	中等	高	与气体有关
影响寿命因素	变质，污染	变质，污染	变质	变质，杂质	与气体有关

注：A——很好；B——好；C——中等；D——差

几种机械零部件对润滑剂性能要求的重要程度

润滑剂性能	滑动轴承	滚动轴承	齿轮传动、蜗杆传动(闭式)	齿轮传动、蜗杆传动(开式)
黏度	A	B	B	C
边界润滑性	C	B	A	B
低摩擦性	C	B	B	D
冷却性	B	B	D	C
密封性	D	B	D	C
工作温度范围	A	B	D	B
抗腐蚀性	C	B	D	B
抗挥发性	C	C	D	B

注：A——重要；B——次重要；C——中等；D——不重要

① 润滑油的选用。选用润滑油主要是确定油品的种类和牌号(黏度)。通常根据机械设备的工作条件、载荷和速度，先确定合适的黏度范围，再选择适当的润滑油品种。

选用润滑油的原则是：高温、重载、低速，或工作中有冲击、振动、运转不平稳，并经常启动、停车、反转、变载、变速，或摩擦副间隙较大、表面粗糙时，选用黏度较高的润滑油；高速、轻载、低温、采用压力循环润滑、滴油润滑等情况下，选用黏度较低的润滑油。

② 润滑脂的选用。润滑脂在一般转速、温度和载荷条件下应用较为广泛，特别是滚动轴承的润滑。

选用润滑脂的原则是：高速重载($p > 4.9 \times 10^3$ MPa)或有严重冲击振动时，选用锥入度较小的润滑脂；中等载荷($p = 2.9 \times 10^3 \sim 4.9 \times 10^3$ MPa)和轻载时，一般选用 2 号脂。温度、速度较高时，选用抗氧化性好、蒸发损失小、滴点高的润滑脂。对于滚动轴承，若 $dn > 7.5 \times 10^3$ mm·r/min(d——轴径，n——轴颈转速)，一般选用 3 号脂；$dn < 7.5 \times 10^3$ mm·r/min 时，选用 1 或 2 号脂。潮湿和有水环境下，选用抗水性好的润滑脂。

12. 机械零件的结构工艺性

在机械零件及整台机器的设计过程中，计算工作只占一小部分工作量(注意：计算结果往往要在结构设计中做些修改），而占有较大的工作量，并对零件和机器的尺寸及形状起决定性作用的乃是结构设计。计算是为了保证满足零件的强度、刚度、寿命等要求，而结构设计是从经济、工艺、使用、检修等要求出发，设计出用料少、成本低、制造和装配都较容易的零件，以及使用、维护方便，运转费用低廉的机器。

零件结构的好坏，在很大程度上取决于毛坯选择得是否合理。毛坯的选择，一般取决于零件的生产批量、材料性能和毛坯的制造工时、材料用量等。在单件或小批生产时，选用焊接或自由锻的毛坯往往较为经济，且可节约工时，缩短工期；应尽量避免采用铸造或模锻的毛坯，因为这时铸模或锻模的造价高而利用率低。从力学性能看，锻造毛坯比铸造的好。对生产批量大、形状复杂、尺寸较大的零件（如机座、箱体等），应采用铸造毛坯。生产批量大、形状不甚复杂、强度要求高而尺寸不大时，可采用模锻的毛坯。大量生产、形状不太复杂的薄壁零件，则可采用冲压毛坯。毛坯的形状尽可能接近零件的形状，这样既可节省机械加工工时，又可节约材料和刀具。目前的铸造及模锻技术已可制出尺寸相当精确的毛坯，有时无需再经机械加工。

在具体生产条件下进行零件结构设计时，应力求结构简单，便于制造、装配及检修。也就是说，应使零件的内外表面（特别是内表面）尽可能平直，尽可能为简单的几何面（平面、圆柱面等），且各面最好互成平行或垂直，尽可能避免倾斜、突变、岔道、锐角及复杂的曲面等。要正确设计零件的结构，设计人员还必须熟悉零件制造工艺的各种方法及工艺要求。在设计过程中，要虚心听取工艺方面技术人员和工人的意见，使零件的结构设计得更加合理。

1）铸造毛坯结构设计要点（表14-5）

表14-5 铸造毛坯结构设计要点

设计要点	要求	图例
铸件壁厚	（1）铸件的壁厚不宜过薄，以免由于液态金属的流动性所限而不能完整地铸出。通常铸铁件壁厚$\delta>6\sim8mm$；铸钢件壁厚$\delta>10\sim12mm$ （2）为了避免浇注后零件各部分因冷却速度不同而产生缩孔或裂纹，铸件各部壁厚应尽可能保持均匀或逐渐过渡 （3）铸件内腔壁厚应较外壁厚减小15%～20%（因内壁冷却较慢），不同壁厚连接处应采用过渡结构	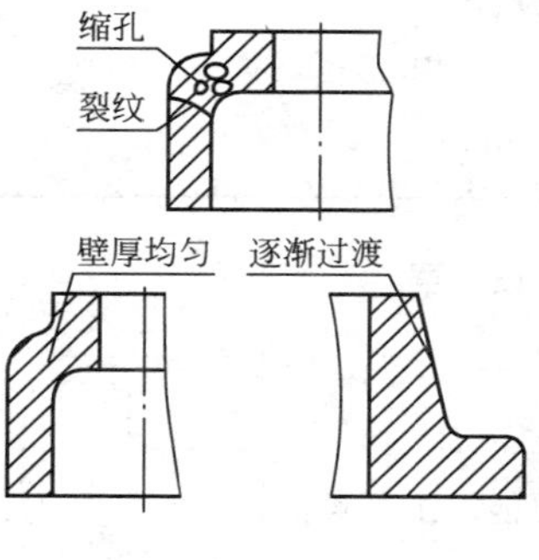
拔模斜度	为了便于造型及拔模，一般沿拔模方向（垂直于分箱面方向）做成1：20～1：50的斜度。铸造零件的拔模斜度较小时，在图中可不画、不注，必要时可在技术要求中说明。斜度较大时，则要画出并标注出拔模斜度	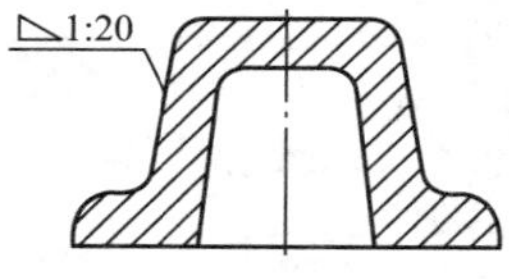

165

（续）

设计要点	要求	图例
铸造圆角	为了便于铸件造型时拔模，防止铁水冲坏转角、冷却时产生缩孔和裂缝，将铸件的转角处（铸件各个面的交界处）制成圆角。铸造圆角半径一般取壁厚的 0.2～0.4 倍，尺寸在技术要求中统一注明，在图上一般不标注铸造圆角。对于取模时易被擦坏的棱角，应取较大的圆角；对于以后要被机械加工切去的边缘，宜用较小的圆角	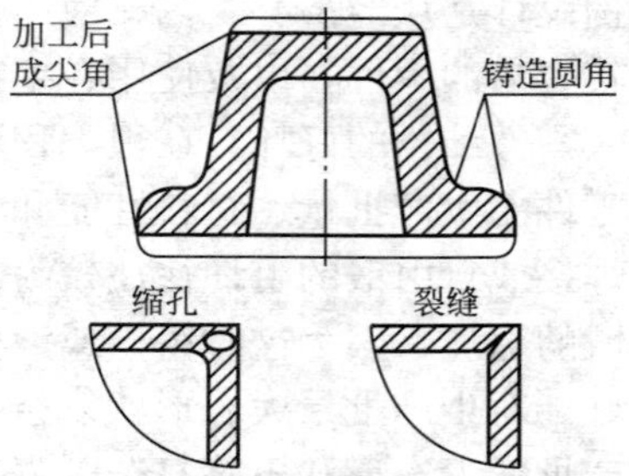 （加工后成尖角、铸造圆角、缩孔、裂缝）

2）机械加工零件结构设计要点

（1）合理确定零件的技术要求：①不需要加工的表面，不要设计成加工面。②要求不高的表面，不应设计为高精度和表面粗糙度 Ra 值低的表面，否则会使成本提高。

（2）遵循零件结构设计的标准化：①尽量采用标准化参数。零件的孔径、锥度、螺纹孔径和螺距、齿轮模数和压力角、圆弧半径、沟槽宽度等参数尽量选用有关标准推荐的数值，这样可使用标准的刀、夹、量具，减少专用工装的设计、制造周期和费用。②尽量采用标准件。诸如螺钉、螺母、轴承、垫圈、弹簧、密封圈等零件，一般由标准件厂生产，根据需要选用即可，不仅可缩短设计、制造周期，使用维修方便，而且较经济。③尽量采用标准型材。只要能满足使用要求，零件毛坯尽量采用标准型材，不仅可减少毛坯制造的工作量，而且由于型材的性能好，可减少切削加工的工时并节省材料。

（3）合理标注尺寸：①按加工顺序标注尺寸，尽量减少尺寸换算，并能方便准确地进行测量。②从实际存在的和易测量的表面标注尺寸，且在加工时应尽量使工艺基准与设计基准重合。③零件各非加工面的位置尺寸应直接标注，而非加工面与加工面之间只能有一个联系尺寸。

（4）可加工（表 14-6）。

表 14-6 零件的可加工设计要求

设计要点	零件机械加工工艺性举例		
	工艺性不好的结构	工艺性好的结构	说明
要能加工出来	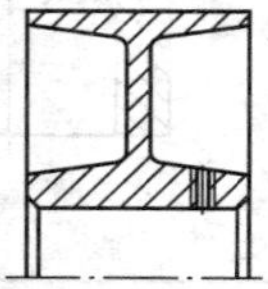	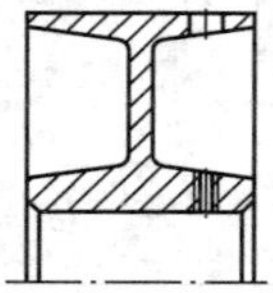	某轮的轮毂上需加工一螺纹孔，左图结构无法加工。如右图所示，在轮缘上开出一个工艺孔，则可加工
对于车、刨、磨等加工表面，应留有足够的退刀槽（车螺纹、滚齿、铣齿）、空刀槽（插齿）、越程槽（刨削、磨削）	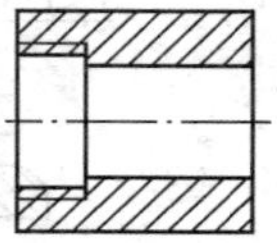	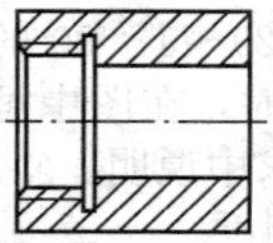	加工内螺纹或外螺纹时，螺纹根部应有退刀槽，这样才可以车出完整的螺纹，避免刀具、机床的损伤，使加工安全

（续）

设计要点	零件机械加工工艺性举例		
	工艺性不好的结构	工艺性好的结构	说明
对于车、刨、磨等加工表面，应留有足够的退刀槽（车螺纹、滚齿、铣齿）、空刀槽（插齿）、越程槽（刨削、磨削）	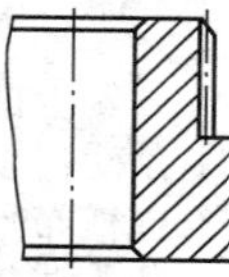	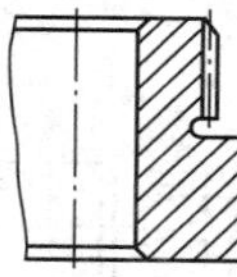	插齿时要留有空刀槽，这样大齿轮可滚齿或插齿，小齿轮可以插齿加工
	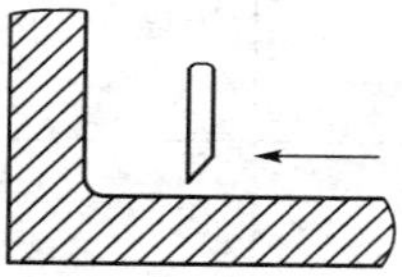	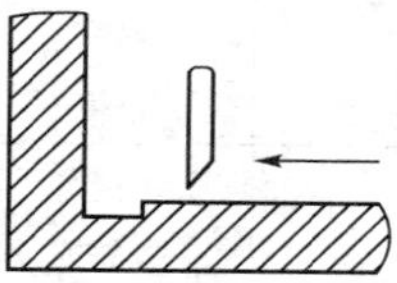	刨削时，在平面的前端要有让刀的部位
	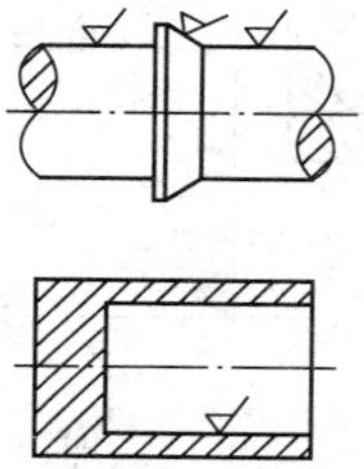	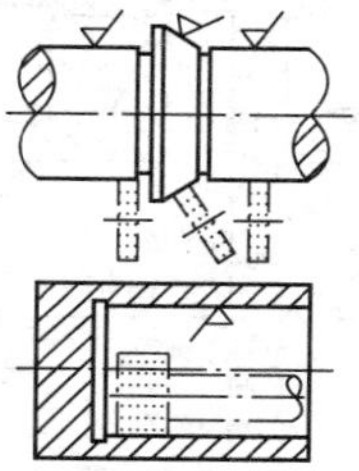	磨削时，各表面间的过渡部分应设计出越程槽

（5）便于加工（表14-7）。

表14-7　零件的便于加工设计要求

设计要点	零件机械加工工艺性举例		
	工艺性不好的结构	工艺性好的结构	说明
便于安装、准确定位、可靠夹紧	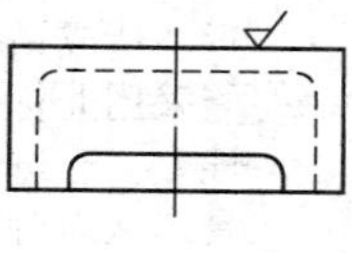	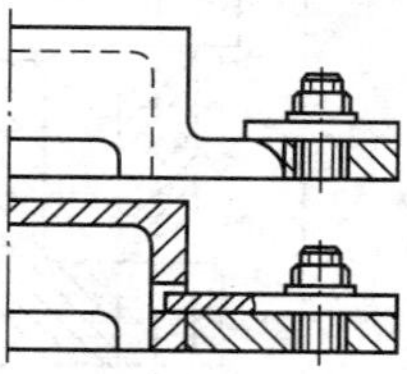	左图所示的大平板工件在加工中不便装夹。为此，增设夹紧的工艺凸缘或工艺孔，以便用螺钉、压板夹紧，且吊装、搬运方便
	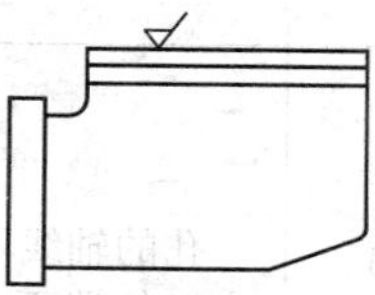	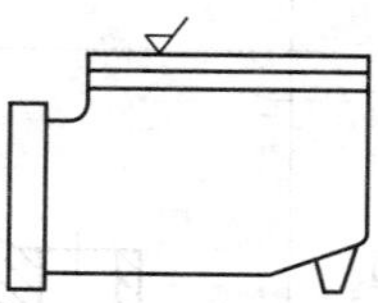	刨削较大工件时，往往把工件直接安装在工作台上。为了保证加工时加工面水平、便于安装找正，可以在零件上增加工艺凸台，必要时可在精加工后切除
	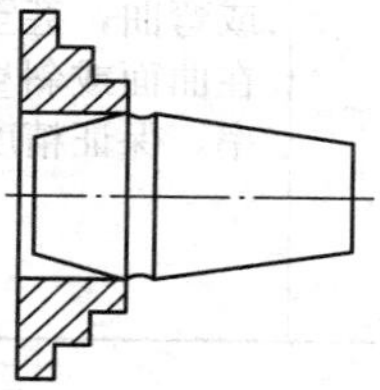	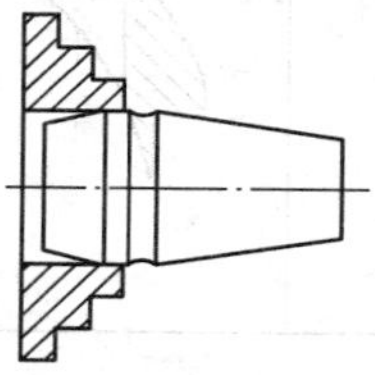	工件在三爪卡盘上安装时，工件与卡爪是点接触，不能将工件夹牢。通过增加一段圆柱面，使工件与卡爪的接触面积增大，安装较容易，夹紧可靠

（续）

设计要点	零件机械加工工艺性举例		
	工艺性不好的结构	工艺性好的结构	说明
尽量减少安装次数			轴上的键槽不在同一方向，铣削时需重复安装和对刀。改进后键槽布置在同一方向上可减少安装、调整次数，也易于保证位置精度
			改进后可在一次安装中加工出来
尽量减少走刀次数			当加工左图这种具有不同高度的凸台面时，需逐一将工作台升高或降低。将凸台设计成等高，则能在一次走刀中加工所有凸台面，提高生产率，易保证精度
保证刀具的工作空间			左图的孔与零件立壁相距太近，造成钻夹头与立壁干涉，只能采用非标准加长钻头，刀具刚性差。改进后，可以采用标准刀具，从而可保证加工精度
尽量提高刀具寿命			孔的轴线不垂直于孔的进口或出口的端面，钻头容易产生偏斜或弯曲，甚至折断。应尽量避免在曲面或斜壁上钻孔，提高生产率，保证精度

（续）

设计要点	零件机械加工工艺性举例		
	工艺性不好的结构	工艺性好的结构	说明
	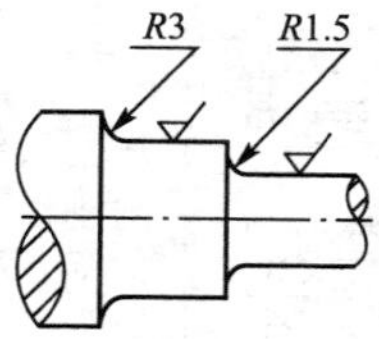 R3　R1.5	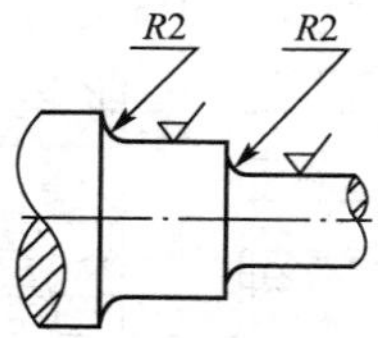 R2　R2	轴上的过渡圆角尽量一致，便于加工
尽量减少刀具、量具种类	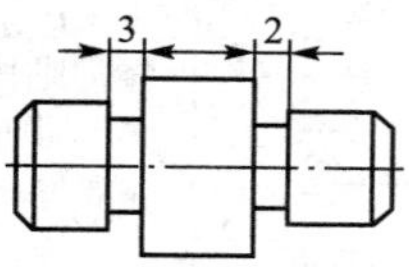 3　2	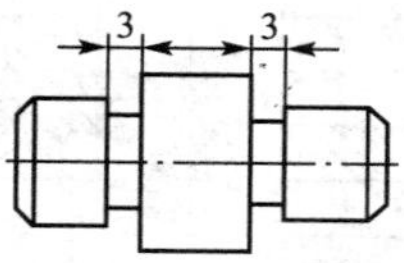 3　3	左图轴上的槽宽不一致，车削时需准备、更换不同宽度的车槽刀，增加了换刀和对刀的次数。改进后，减少了刀具种类和换刀次数，节省了辅助时间
	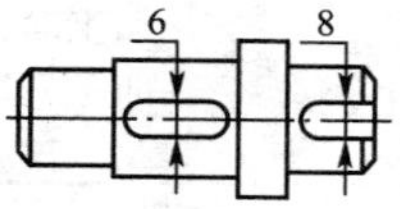 6　8	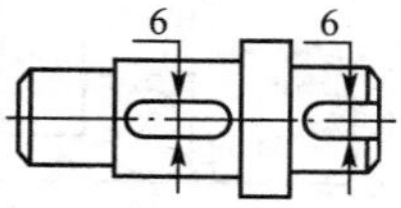 6　6	键槽宽度相同，使用同一把刀具可加工所有键槽
	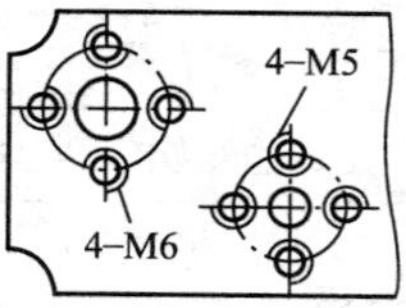 4—M5 4—M6	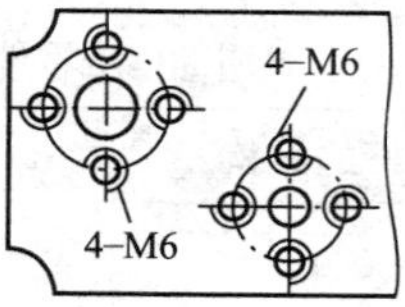 4—M6	同一端面上的尺寸相近螺纹孔改为同一尺寸螺纹孔，便于加工和装配

（6）其他设计要点（表 14-8）。

表 14-8　零件的其他设计要求

设计要点	零件机械加工工艺性举例		
	工艺性不好的结构	工艺性好的结构	说明
应尽量减小加工面数或加工面积，以减少加工量	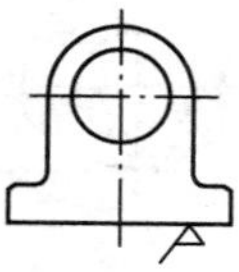	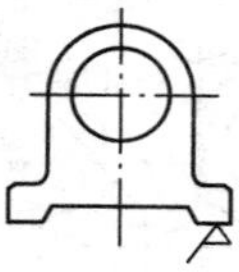	支座底面设计为中凹结构可减少加工量，以减少刀具及材料的消耗量，还可以保证装配时零件间很好配合

（续）

设计要点	零件机械加工工艺性举例		
	工艺性不好的结构	工艺性好的结构	说明
批量生产的零件，其结构要适应加工的要求，有利于提高生产率	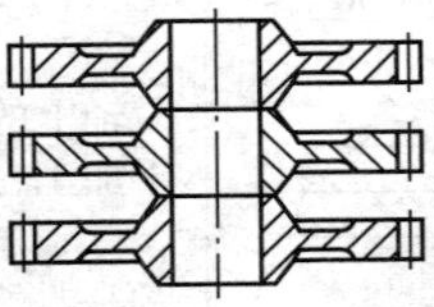	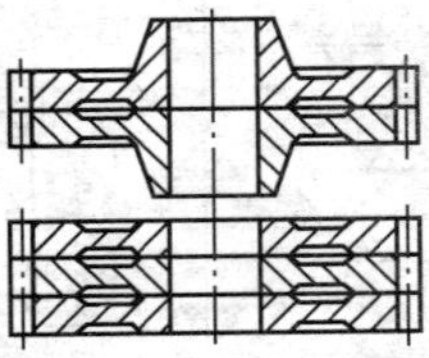	右图滚齿或插齿的切削行程不仅缩短，且可提高工件的刚性，变断续切削为连续切削，生产率高
合理采用组合结构，以减少加工困难	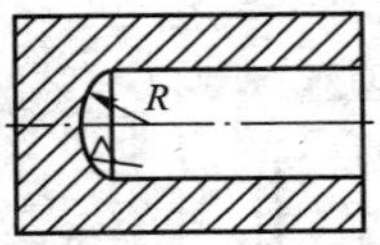	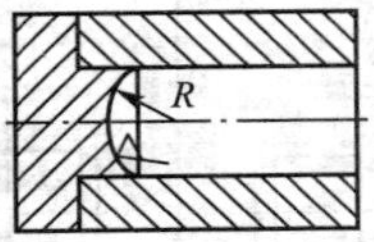	左图零件孔底的内球面，加工困难。采用分解后再组合，则内球面变为外表面加工，使加工方便，且易于保证质量
提高刚度，减少切削变形，以保证加工精度	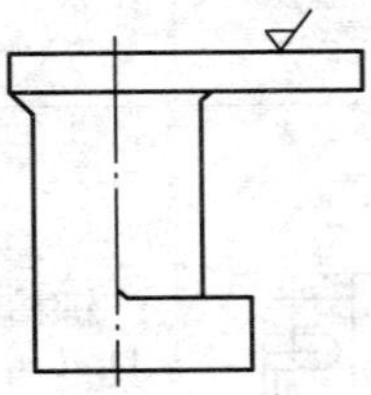	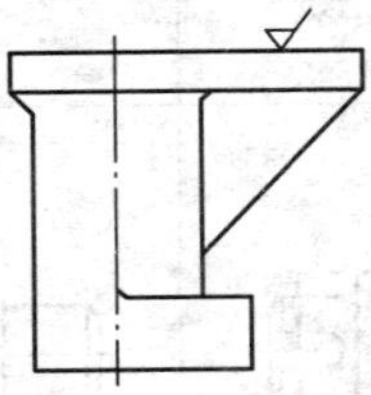	左图刚度不足，加工变形会影响加工精度。右图增加了加强肋，减小了顶部表面加工时的变形，从而提高了加工精度

3）装配工艺方面的零件结构设计要点（表 14-9）

表 14-9　零件的装配工艺结构设计要求

设计要点	零件装配工艺性举例		
	工艺性不好的结构	工艺性好的结构	说明
能够装配	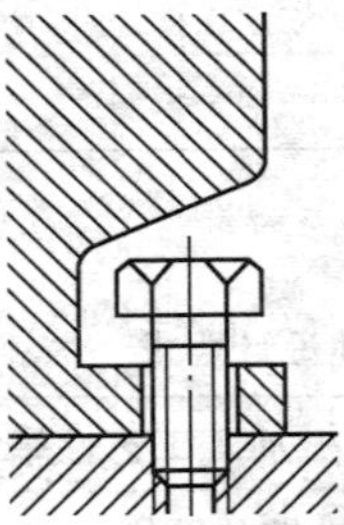	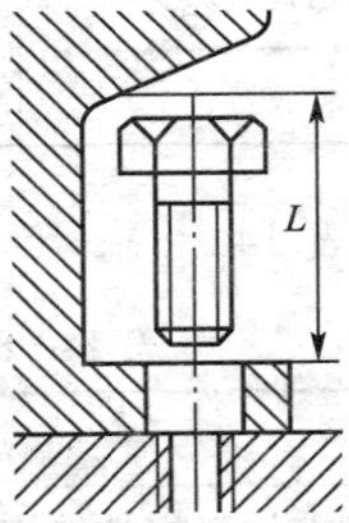	连接件（螺纹连接件、定位销等）应有足够的安装空间
	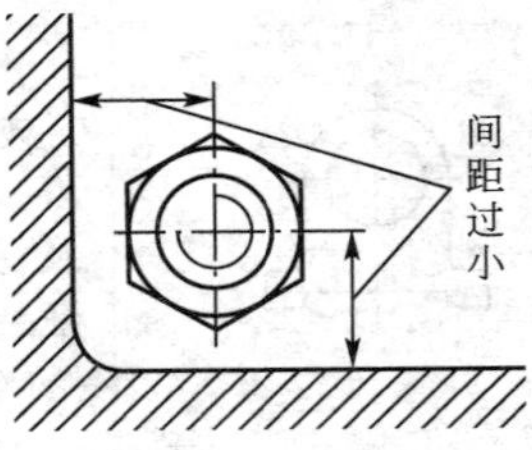 间距过小	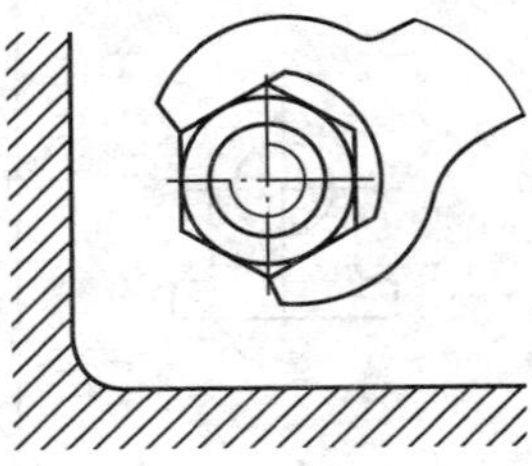	螺纹连接应有足够的扳手活动空间

（续）

设计要点	零件装配工艺性举例		
	工艺性不好的结构	工艺性好的结构	说明
能够装配	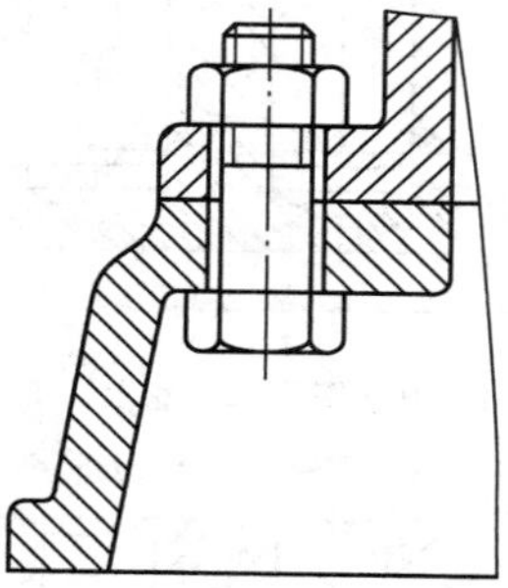	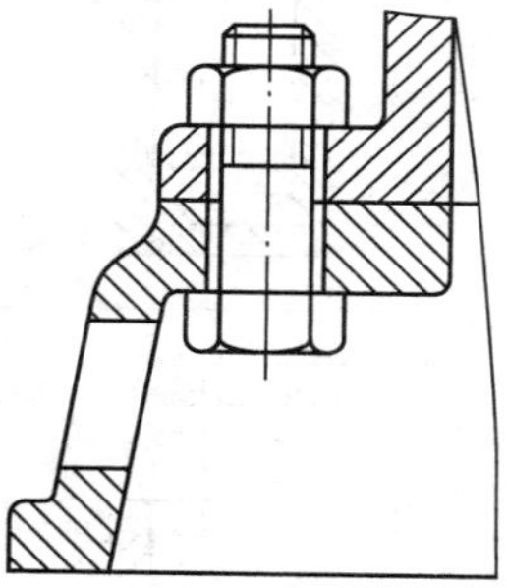	螺纹连接应便于螺纹连接件的安装
能够拆卸	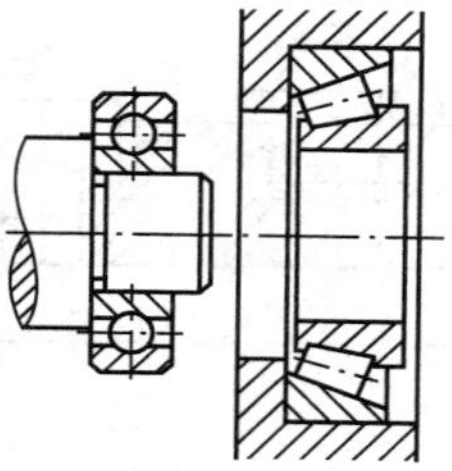	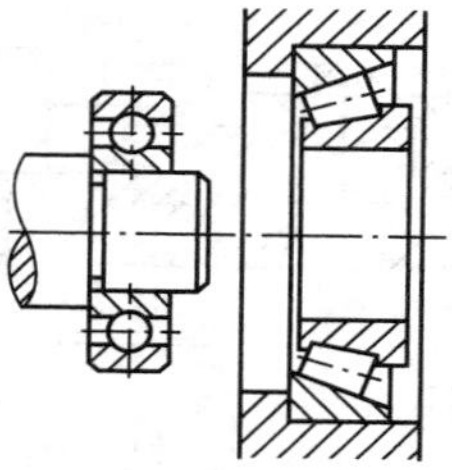	滚动轴承要能拆卸
	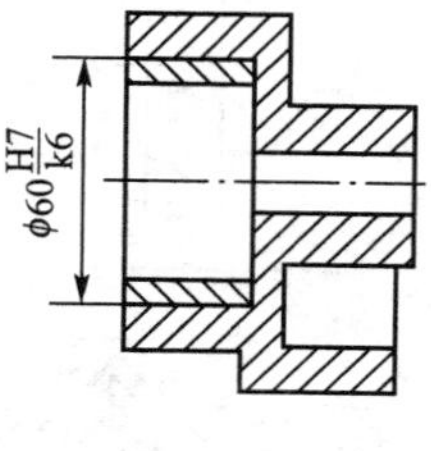	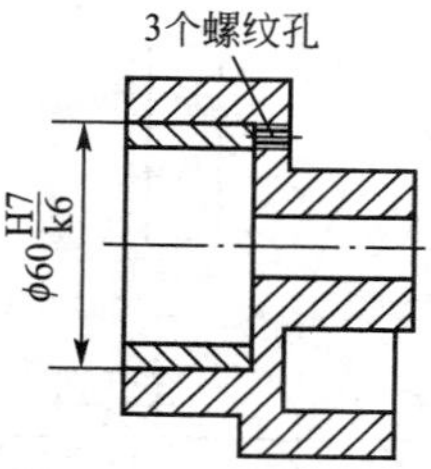	滑配衬套要能拆卸
便于装配	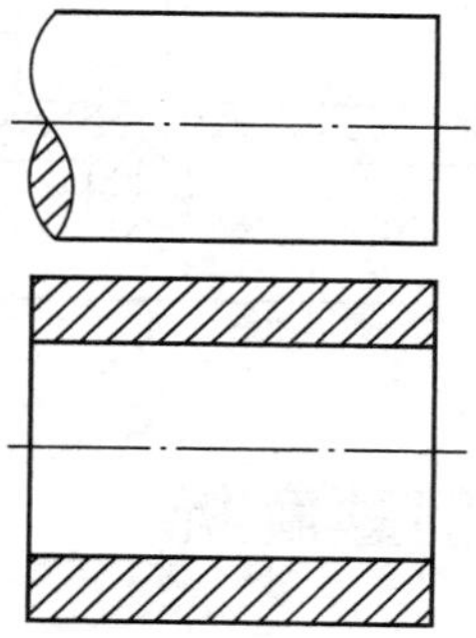	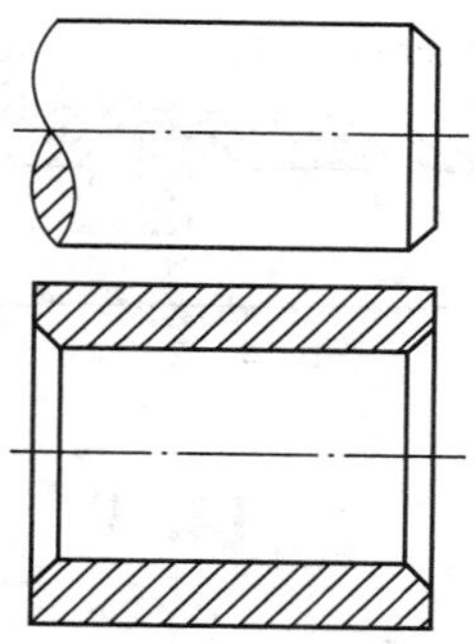	为了便于装配零件并去掉毛刺，配合零件端部要倒角

(续)

设计要点	零件装配工艺性举例		
	工艺性不好的结构	工艺性好的结构	说明
便于装配			柱销配合应有出气口
	端面无法靠紧	孔边倒角　轴上切槽	轴肩与孔端应能贴紧
			配合零件在一个方向只能有一处配合面，避免过定位和辅助加工
能使制造误差不影响装配质量，以降低装配的精度要求		B_1　B_2	圆柱齿轮传动中的小齿轮应比大齿轮加宽 5～10mm，以备即使有装配误差，仍可保证全齿宽啮合
		装配基面	左图用普通螺栓连接时无装配基面（定位基准），不能满足同轴度要求。右图有装配基面，同轴度容易保证

14.3　典型例题解析

例 14-1　某钢制零件的材料性能为 $\sigma_{-1}=270\text{MPa}$，$\sigma_S=350\text{MPa}$，$\sigma_0=450\text{MPa}$，受

单向稳定循环变应力作用，危险剖面的综合影响系数 $K_\sigma = 2.25$。(1)若工作应力按 $\sigma_m =$ 280MPa＝常数的规律变化，问该零件首先发生疲劳破坏还是塑性变形？(2)若工作应力按循环特性 r＝常数的规律变化，问 r 在什么范围内零件首先发生疲劳破坏？

解：(1) $\sigma_{-1e} = \dfrac{\sigma_{-1}}{K_\sigma} = 120$MPa，$\dfrac{\sigma_0}{2K_\sigma} = 100$MPa，作该零件的极限应力简图如图 14 - 9 所示。

AG 的方程式为：$\sigma_a' - 120 = -\dfrac{4}{45}\sigma_m'$；$CG$ 的方程式为：$\sigma_a' = -\sigma_m' + 350$。将两个方程式联立求解得 G 点的坐标为：$\sigma_m' = \dfrac{10350}{41}$MPa，$\sigma_a' = \dfrac{4000}{41}$MPa。

$\sigma_m = 280$MPa＝常数时，应力作用点在 NN' 线上，与极限应力图中 CG 相交，所以该零件首先发生塑性变形。

(2) r＝常数时，发生疲劳破坏的工作应力点 M 应在 OGA 范围内，G 点的 $\dfrac{\sigma_a'}{\sigma_m'} \approx 0.386$，

$r_{max} = \dfrac{\sigma_{min}}{\sigma_{max}} = \dfrac{\sigma_m - \sigma_a}{\sigma_m + \sigma_a} = \dfrac{\sigma_m - 0.386\sigma_m}{\sigma_m + 0.386\sigma_m} \approx 0.443$，即 $r < 0.443$ 时首先发生疲劳破坏。

例 14 - 2 某轴受稳定循环变应力作用，$\sigma_{max} = 250$MPa，$\sigma_{min} = -50$MPa。轴所用材料的力学性能为 $\sigma_{-1} = 450$MPa，$\sigma_0 = 700$MPa，$\sigma_S = 800$MPa，危险截面的 $k_\sigma = 1.4$，$\varepsilon_\sigma = 0.78$，$\beta_\sigma = 1$，$\beta_q = 0.9$。试求：(1)绘制零件的极限应力简化线图，并在图上标出工作应力点 M 的位置。(2)计算零件疲劳极限的平均应力 σ_m' 和应力幅 σ_a'。(3)若取 $[S] = 1.3$，校核此轴的疲劳强度。

解：(1) $K_\sigma = \left(\dfrac{k_\sigma}{\varepsilon_\sigma} + \dfrac{1}{\beta_\sigma} - 1\right)\dfrac{1}{\beta_q} = \left(\dfrac{1.4}{0.78} + \dfrac{1}{1} - 1\right) \times \dfrac{1}{0.9} = 1.994$，$\sigma_{-1e} = \dfrac{\sigma_{-1}}{K_\sigma} = 226$MPa，

$\dfrac{\sigma_0}{2K_\sigma} = 176$MPa。绘制零件极限应力简化线图关键点的坐标为：$A(0,226)$，$D(350,176)$，$C(800,0)$。

$\sigma_m = \dfrac{\sigma_{max} + \sigma_{min}}{2} = 100$MPa，$\sigma_a = \dfrac{\sigma_{max} - \sigma_{min}}{2} = 150$MPa，零件的极限应力简化线图和轴的工作应力点 $M(100,150)$ 如图 14 - 10 所示。

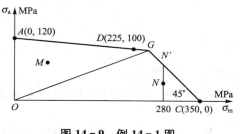

图 14 - 9　例 14 - 1 图

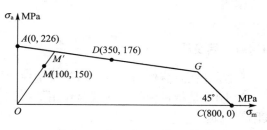

图 14 - 10　例 14 - 2 图

(2) 零件的应力比 $r = \dfrac{\sigma_{min}}{\sigma_{max}} = \dfrac{-50}{250} = -\dfrac{1}{5} = $ 常数，在图中连接 OM 交 AG 于 M'，得到零件的极限应力点，M' 点坐标值即为所求。

AG 的方程式为：$\sigma_a' - 226 = -\dfrac{1}{7}\sigma_m'$；$OM$ 的方程式为：$\sigma_a' = \dfrac{3}{2}\sigma_m'$。将两个方程式联立

求解得 M' 点的坐标为：$\sigma_m' = 138\text{MPa}$，$\sigma_a' = 207\text{MPa}$。

（3）校核轴的强度

$$S_{ca} = \frac{\sigma_{lim}}{\sigma_{max}} = \frac{\sigma_m' + \sigma_a'}{\sigma_{max}} = \frac{138 + 207}{250} = 1.38 > [S] = 1.3，满足强度要求。$$

例 14-3 某材料受弯曲变应力作用，力学性能为：$\sigma_{-1} = 300\text{MPa}$，$m = 9$，$N_0 = 5 \times 10^6$。现用此材料的试件进行试验，以对称循环变应力 $\sigma_1 = 500\text{MPa}$ 作用 10^4 次，$\sigma_2 = 400\text{MPa}$ 作用 10^5 次，$\sigma_3 = 200\text{MPa}$ 作用 10^6 次。试确定：（1）该试件在此条件下的计算安全系数。（2）如果试件再作用 $\sigma_4 = 350\text{MPa}$ 的应力，再循环多少次试件才破坏？

解： 这是属于不稳定变应力作用下的疲劳强度计算问题，应根据疲劳损伤累积假说（Miner 法则）进行计算。

（1）计算应力：由于 $\sigma_3 = 200\text{MPa} < \sigma_{-1} = 300\text{MPa}$，所以 σ_3 不考虑。则

$$\sigma_{ca} = \sqrt[m]{\frac{1}{N_0} \sum_{i=1}^{z} n_i \sigma_i^m} = \sqrt[9]{\frac{1}{5 \times 10^6}(10^4 \times 500^9 + 10^5 \times 400^9)} = 275.5\text{MPa}$$

计算安全系数：$S_{ca} = \frac{\sigma_{-1}}{\sigma_{ca}} = \frac{300}{275.5} = 1.09$。

（2）由疲劳曲线方程 $\sigma_{-1}^m N_0 = \sigma_{-1N}^m N$ 得：$N = N_0 \left(\frac{\sigma_{-1}}{\sigma_{-1N}}\right)^m$。

$$N_1 = N_0 \left(\frac{\sigma_{-1}}{\sigma_1}\right)^m = 5 \times 10^6 \times \left(\frac{300}{500}\right)^9 = 5.04 \times 10^4$$

$$N_2 = N_0 \left(\frac{\sigma_{-1}}{\sigma_2}\right)^m = 5 \times 10^6 \times \left(\frac{300}{400}\right)^9 = 3.75 \times 10^5$$

$$N_4 = N_0 \left(\frac{\sigma_{-1}}{\sigma_4}\right)^m = 5 \times 10^6 \times \left(\frac{300}{350}\right)^9 = 1.25 \times 10^6$$

根据 Miner 法则：$\frac{n_1}{N_1} + \frac{n_2}{N_2} + \frac{n_4}{N_4} = 1$，$\frac{10^4}{5.04 \times 10^4} + \frac{10^5}{3.75 \times 10^5} + \frac{n^4}{1.25 \times 10^6} = 1$。

解得：$n_4 = 6.68 \times 10^5$。

14.4 同步训练题

14.4.1 填空题

1. 零件在载荷作用下抵抗断裂或塑性变形的能力称为机械零件的_____。

2. 刚度是指机械零件在载荷作用下抵抗_____的能力。零件材料的弹性模量越大，其刚度就越_____。

3. 根据是否随时间变化，将载荷分为_____和_____两类；同样，应力也分为_____和_____两类。

4. 单向稳定循环变应力中，应力比 $r = -1$ 的变应力称为_____变应力，$r = 0$ 的变应力称为_____变应力，当 $r = 1$ 时称为_____应力，当 $r = $ 其他值时称为_____变应力。

5. 材料的 $\sigma - N$ 疲劳曲线表示在_____一定时，疲劳极限 σ_{rN} 与_____之间关系

的曲线。

6. 在材料的 σ-N 疲劳曲线上，以循环基数 N_0 为界分为两个区：当 $N \geqslant N_0$ 时，为_____区；当 $N < N_0$ 时，为_____区。

7. 某材料的对称循环疲劳极限 $\sigma_{-1} = 350\text{MPa}$，屈服极限 $\sigma_S = 550\text{MPa}$，抗拉强度 $\sigma_B = 750\text{MPa}$，循环基数 $N_0 = 5 \times 10^6$，$m = 9$。当对称循环次数 N 分别为 5×10^3、5×10^5、5×10^7 次时，极限应力分别为_____、_____、_____。

8. 影响机械零件疲劳强度的主要因素中，除材料性能、应力比 r 和应力循环次数 N 之外，主要还有_____、_____和_____等。

9. 理论上为_____接触或_____接触的零件，在载荷作用下，接触处局部产生的应力称为接触应力。

10. 润滑油的_____性越好，则其产生边界膜的能力就越强；_____越大，则其内摩擦阻力就越大。

11. 影响润滑油黏度的外部因素主要有_____和_____。

12. 选择润滑油黏度的一般原则是：重载低速，应选黏度_____的油；高速应选黏度_____的油；工作温度低应选黏度_____的油。

14.4.2 判断题

1. 机械零件的计算分为设计计算和校核计算，两种计算的目的都是为了防止机械零件在正常使用期限内发生失效。 （　　）

2. 计算零件强度和刚度时所用的载荷是载荷系数与名义载荷的乘积。 （　　）

3. 受静载荷作用的零件只能产生静应力，受变载荷作用的零件才能产生变应力。
　　　　　　　　　　　　　　　　　　　　　　　　　　　　　　　　　　（　　）

4. 断裂和塑性变形、过大的弹性变形、工作表面的过度磨损、发生强烈的振动、螺纹连接的松弛、摩擦传动的打滑等都是零件的失效形式。 （　　）

5. 任何零件都需要有很大的刚度。 （　　）

6. 机械中常用的有色金属有合金钢、铜合金、铝合金。 （　　）

7. 对机械零件淬火是为了改善其切削性能，消除内应力，使材料的晶粒细化。
　　　　　　　　　　　　　　　　　　　　　　　　　　　　　　　　　　（　　）

8. 通过对机械零件调质处理可使其获得较好的综合性能。 （　　）

9. 制作形状复杂的零件可用铸铁。 （　　）

10. 两零件的材料和几何尺寸都不相同，以曲面接触受载时，两者的接触应力值是不相等的。 （　　）

14.4.3 选择题

1. 在静强度计算中，塑性材料的极限应力是____，脆性材料的极限应力是____；在进行疲劳强度计算时，其极限应力应为材料的____。

　　A. 屈服极限　　　B. 疲劳极限　　　C. 抗拉（压）强度极限　　　D. 弹性极限

2. 机械零件的强度条件可以写成____。

　　A. $\sigma \leqslant [\sigma]$，$\tau \leqslant [\tau]$ 或 $S_\sigma \leqslant [S_\sigma]$，$S_\tau \leqslant [S_\tau]$

　　B. $\sigma \geqslant [\sigma]$，$\tau \geqslant [\tau]$ 或 $S_\sigma \geqslant [S_\sigma]$，$S_\tau \geqslant [S_\tau]$

C. $\sigma \leqslant [\sigma]$，$\tau \leqslant [\tau]$ 或 $S_\sigma \geqslant [S_\sigma]$，$S_\tau \geqslant [S_\tau]$

D. $\sigma \geqslant [\sigma]$，$\tau \geqslant [\tau]$ 或 $S_\sigma \leqslant [S_\sigma]$，$S_\tau \leqslant [S_\tau]$

3. 零件工作的安全系数为____的比值。

    A. 零件的极限应力与许用应力　　　　B. 零件的工作应力与许用应力

    C. 零件的极限应力与工作应力　　　　D. 零件的工作应力与极限应力

4. 当零件可能出现疲劳断裂时，应按____准则设计。

    A. 强度　　　　　　B. 刚度　　　　　　C. 耐磨性　　　　　　D. 振动稳定性

5. 周期、应力幅、平均应力中，有一个是变化的变应力为____。

    A. 稳定循环变应力　　　　　　　　　B. 不稳定循环变应力

    C. 非对称循环变应力　　　　　　　　D. 脉动循环变应力

6. 对于受循环变应力作用的零件，影响疲劳强度的主要应力成分是____。

    A. 最大应力　　　B. 最小应力　　　C. 平均应力　　　　D. 应力幅

7. 图 14-11 为某齿轮传动装置，轮 1 为主动轮，则轮 2 的齿面接触应力按____变化，齿根弯曲应力按____变化。

    A. 对称循环　　　　　　　　　　　　B. 脉动循环

    C. 应力比 $r = -0.5$ 的循环　　　　　D. 应力比 $r = +1$ 的循环

8. 绘制零件的 σ_m-σ_a 极限应力简图时，所必需的已知数据是____。

    A. σ_{-1}、σ_0、σ_S、k_σ　　　　　　B. σ_{-1}、σ_0、ψ_σ、K_σ

    C. σ_{-1}、σ_0、σ_S、K_σ　　　　　　D. σ_{-1}、σ_S、ψ_σ、k_σ

9. 图 14-12 所示的某试件的 σ_m-σ_a 极限应力简图中，工作应力点 M 所在的 ON 线与横轴夹角 $\theta = 45°$，则该试件受的是____。

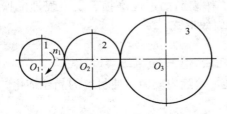   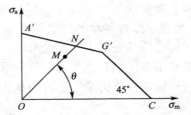

图 14-11　题 14.4.3-7 图　　　　　　图 14-12　题 14.4.3-9 图

    A. 不变号的非对称循环变应力　　　　B. 变号的非对称循环变应力

    C. 脉动循环变应力　　　　　　　　　D. 对称循环变应力

10. 由试验知，应力集中、零件尺寸和表面状态等因素只对____有影响。

    A. 应力幅　　　　B. 平均应力　　　C. 应力幅和平均应力

11. 零件表面经淬火、氮化、喷丸及滚子碾压等处理后，其疲劳强度____。

    A. 提高　　　　　　B. 不变　　　　　　C. 降低　　　　　　D. 不能确定

12. 两摩擦表面被一层液体隔开，摩擦性质取决于液体内部分子间黏性阻力的摩擦状态称为____。

    A. 流体摩擦　　　　B. 干摩擦　　　　C. 混合摩擦　　　　　D. 边界摩擦

13. 下列磨损中，不属于磨损基本类型的是____；在齿轮、滚动轴承等高副接触零件上经常出现的是____。

    A. 粘附磨损   B. 疲劳磨损   C. 磨合磨损   D. 磨粒磨损

14. 下列减少磨损的方法中，____是错误的。

    A. 选择合适的材料组合   B. 改滑动摩擦为滚动摩擦

    C. 增加表面粗糙度   D. 设法形成流体动力润滑油膜

15. 润滑油的运动黏度是其动力黏度与相同温度下润滑油____的比值。

    A. 流速   B. 质量   C. 重量   D. 密度

16. 当温度升高时，润滑油的黏度____。

    A. 随之升高   B. 随之降低

    C. 保持不变   D. 升高还是降低或不变视润滑油性质而定

17. 下列油杯中，____可用于脂润滑。

    A. 针阀油杯   B. 绳芯油杯   C. 旋盖式油杯

14.4.4　简答题

1. 何谓机械零件的失效？机械零件主要的失效形式有哪些？

2. 机械零件的疲劳破坏与静强度破坏有何区别？它们的强度计算有何区别？

3. 简述 Miner 法则（即疲劳损伤线性累积假说）的内容。

4. 一个机械零件的磨损过程通常经历哪几个阶段？为减轻零件的磨损、延长使用寿命，设计或使用零件时应注意些什么？

14.4.5　分析计算题

1. 一钢制轴类零件的危险截面承受的 $\sigma_{max}=200\text{MPa}$，$\sigma_{min}=-100\text{MPa}$，综合影响系数 $K_\sigma=2$。材料的 $\sigma_s=400\text{MPa}$，$\sigma_{-1}=250\text{MPa}$，$\sigma_0=400\text{MPa}$。试确定：（1）画出零件的极限应力简化线图，并判定零件的破坏形式；（2）按简单加载计算该零件的安全系数。

2. 某零件用 40Cr 钢制成，材料的力学性能为：$\sigma_S=800\text{MPa}$，$\sigma_{-1}=480\text{MPa}$，$\psi_\sigma=0.2$，零件弯曲疲劳极限的综合影响系数 $K_\sigma=1.5$。已知作用在零件上的工作应力：$\sigma_{max}=450\text{MPa}$，$\sigma_{min}=150\text{MPa}$，应力循环特性 $r=$ 常数。试确定：（1）绘制出该零件的极限应力简图；（2）在所绘制的零件极限应力简图中，标出零件的工作应力点 M、加载应力变化线以及极限应力点 M'；（3）用图解法确定该零件的极限应力的平均应力 σ'_{me} 和应力幅 σ'_{ae} 以及计算安全系数 S_{ca}；（4）用计算法确定该零件的计算安全系数 S_{ca}；（5）若许用安全系数为 $[S]=1.3$，问该零件是否满足强度要求。

3. 一钢制零件，危险截面承受的工作应力 $\sigma_{max}=300\text{MPa}$，$\sigma_{min}=-150\text{MPa}$，有效应力集中系数 $k_\sigma=1.4$，绝对尺寸系数 $\varepsilon_\sigma=0.91$，表面质量系数 $\beta_\sigma=1$。材料的 $\sigma_B=800\text{MPa}$，$\sigma_S=520\text{MPa}$，$\sigma_{-1}=450\text{MPa}$，$\psi_\sigma=0.5$，材料常数 $m=9$，循环基数 $N_0=10^7$。求该零件的有限寿命 $N=10^5$ 时的计算安全系数。

4. 已知某材料的力学性能为：$\sigma_{-1}=350\text{MPa}$，$m=9$，$N_0=5\times10^6$，对此材料进行对称循环疲劳试验，依次加载应力为：$\sigma_1=550\text{MPa}$，循环次数 $n_1=5\times10^4$；$\sigma_2=450\text{MPa}$，循环次数 $n_2=2\times10^5$；$\sigma_3=400\text{MPa}$。求发生疲劳破坏时，σ_3 的循环次数 n_3。

5. 为便于切削加工和装配，试改进下列图例（图 14-13）的结构。

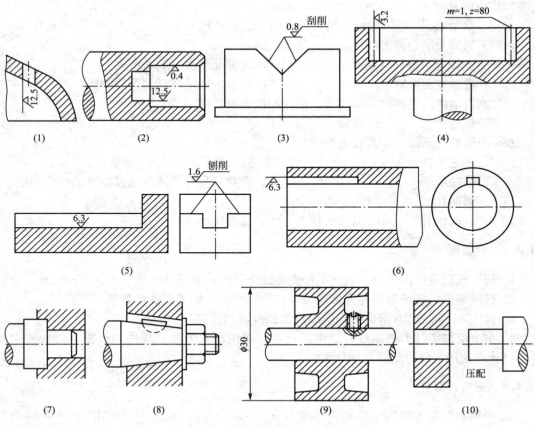

图 14 - 13　题 14.4.5 - 5 图

第15章
螺纹连接和螺旋传动

15.1 学习要求、重点及难点

1. 学习要求

（1）了解螺纹及螺纹连接件的类型、特性（主要是牙根强度、效率和自锁）、标准、结构、应用场合及有关的防松方法等，了解受拉螺栓与受剪螺栓在结构上的区别，以便在设计时能够正确地选用它们。

（2）对于螺栓组连接及强度计算部分，应掌握其结构设计原则及强度计算的理论与方法，能正确进行螺栓组连接的受力分析并进行螺栓尺寸的计算及类型、规格的选用，能较为合理地设计出可靠的螺栓组连接。

（3）了解提高螺纹连接强度的措施。

（4）了解螺旋传动的类型和应用，掌握滑动螺旋传动的设计和计算。

2. 学习重点

（1）在各类不同外载荷情况下，螺栓组连接的受力分析。

（2）螺栓连接的强度计算，尤其是受预紧力和轴向工作载荷的螺栓连接的强度计算。

3. 学习难点

（1）受预紧力和轴向工作载荷的螺栓连接总拉力 F_2 和残余预紧力 F_1 的确定。

（2）多种受力状态下螺栓组连接的设计计算。

15.2 学 习 指 导

1. 螺纹及螺纹连接的基本知识

1）螺纹

由于螺纹和螺纹连接件大都已标准化，学习中着重了解其类型、结构、特点、标准、应用场合和选择原则，以便在设计时能熟练查阅有关手册，正确选用。常用螺纹的比较见表 15 - 1。

表 15 - 1　常用螺纹的比较(管螺纹除外)

名称	三角形(普通)螺纹	矩形螺纹	梯形螺纹	锯齿形螺纹
剖面形状				
牙型结构	等边三角形 $\alpha=60°$ $\beta=30°$	正方形 $\alpha=0°$、$\beta=0°$	等腰梯形 $\alpha=30°$ $\beta=15°$	不等腰梯形 $\alpha=33°$ $\beta=3°$(工作面) $\beta'=30°$(非工作面)
特点和应用	主要用于紧固连接，按其螺距分为粗牙和细牙。粗牙螺纹的直径和螺距的比例适中；细牙螺纹螺距小、升角小、自锁性好、牙根强度高，因牙细不耐磨，容易滑扣。一般连接多用粗牙螺纹；细牙螺纹常用于细小零件、薄壁管件或受冲击、振动和变载荷的连接，也可作为微调机构的调整螺纹	最初使用的传动螺纹，传动效率高，牙根强度弱，对中性不好，磨损后间隙也无法补偿。因其工艺性差，目前仅用于对传动效率有较高要求的传动中。矩形螺纹尚未标准化，推荐尺寸：$d=\dfrac{5}{4}d_1$、$p=\dfrac{1}{4}d_1$	一般用途的传动螺纹，与矩形螺纹相比，牙根强度高，对中性好，工艺性好，但传动效率略低于矩形螺纹。如采用剖分螺母，间隙可调。被广泛应用于各种传动和大尺寸机件的紧固中	是集矩形螺纹传动效率高和梯形螺纹工艺性好、牙根强度高于一身的非对称牙型的螺纹。内、外螺纹旋合后，大径处无间隙，便于对中。用于单向受力的螺旋传动或螺纹连接中

2) 螺纹连接

螺纹连接的基本类型有螺栓连接、双头螺柱连接、螺钉连接和紧定螺钉连接等。应熟悉各种螺纹连接类型的特点和应用场合，能够正确地选择连接类型。在弄懂螺纹孔加工工艺、连接件的装配方法的基础上，多看实物，多看连接结构图，以便熟练、正确地绘制出连接结构图。在螺栓连接中要注意普通螺栓(受拉螺栓)连接与铰制孔用螺栓(受剪螺栓)连接在传力、失效形式、结构细节和强度计算准则上的不同。常见的螺纹连接见表 15 - 2 和图 15 - 1。

表 15 - 2　螺纹连接的特点及应用

类型	特点及应用
螺栓连接	用于连接两个较薄的零件。在被连接件上开有通孔，插入螺栓后在螺栓的另一端拧上螺母。采用普通螺栓连接的螺栓杆与孔之间有间隙，孔的加工要求较低，结构简单，装拆方便，应用广泛。采用铰制孔用螺栓连接时，螺杆与孔常采用过渡配合$\left(\dfrac{H7}{m6}、\dfrac{H7}{n6}\right)$，这种连接能精确固定被连接件的相对位置，适于承受横向载荷，但孔的加工精度要求较高，常采用配钻、铰加工

（续）

类型	特点及应用
双头螺柱连接	用于被连接件之一较厚，不宜用螺栓连接，较厚的被连接件强度较差，又需经常拆卸的场合。在厚零件上做出螺纹孔，薄零件上做出光孔，螺柱扭入螺纹孔中，用螺母压紧薄件。在拆卸时，只需旋下螺母而不必拆下双头螺柱，可避免较厚的被连接件上螺纹孔的损坏
螺钉连接	螺钉直接拧入较厚被连接件的螺纹孔中，不用螺母。结构比双头螺柱简单、紧凑。用于两个连接件中一个较厚，但不需经常拆卸的场合，以免损坏螺纹孔
紧定螺钉连接	利用拧入零件螺纹孔中的螺纹末端顶住另一零件的表面或顶入另一零件上的凹坑中，以固定两个零件的相对位置。这种连接方式结构简单，有的可任意改变零件在周向或轴向的位置，便于调整，如电器开关旋钮的固定
地脚螺栓连接	用于将机座或机架固定在地基上
吊环螺钉连接	装在机器或大型零部件的顶盖或外壳上，便于起吊
T型槽螺栓连接	用于工装设备中，和压板（压块）一起对工件起装夹作用

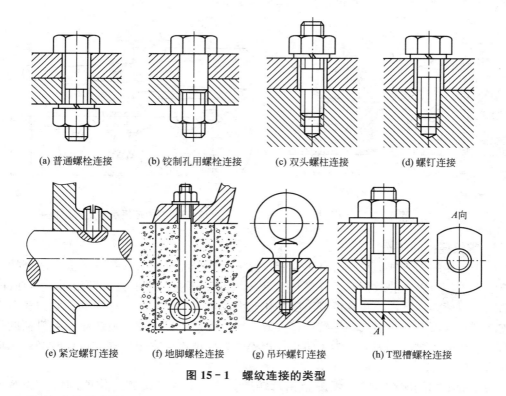

(a) 普通螺栓连接　　(b) 铰制孔用螺栓连接　　(c) 双头螺柱连接　　(d) 螺钉连接

(e) 紧定螺钉连接　　(f) 地脚螺栓连接　　(g) 吊环螺钉连接　　(h) T型槽螺栓连接

图 15 - 1　螺纹连接的类型

3）螺纹连接的预紧

为了防止被连接件间出现缝隙或发生相对滑移，增加连接的可靠性、紧密性、刚度和防松能力，并提高变载受拉连接件的疲劳强度，大多数螺纹连接在装配时需要预紧。预紧力不足，可能导致连接失效，预紧力过大，会使连接件在装配或偶然过载时被拉断。因此，为了保证连接所需的预紧力，又不使螺纹连接件过载，对重要的螺纹连接在装配时要采用适当的方法、工具来控制预紧力。重要的紧螺栓连接所需要的扳手力矩和由此产生的预紧力的大小，可以利用机械原理中关于螺旋副摩擦阻力的公式进行计算，而且应将计算的结果标注到相应的装配图纸上。

（1）预紧力的定义：螺栓连接装配时，通过拧紧螺母使连接在承受工作载荷之前就受到沿着螺栓轴线方向力的作用，该轴向力称为预紧力。如图 15-2 所示，螺栓受预紧力 F_0 的拉伸作用，其伸长量为 λ_b；相反，被连接件则受 F_0 的压缩作用，其压缩量为 λ_m。

（2）预紧力的确定：为使连接有足够的预紧力又不使螺栓被拧断，预紧力可按下面的经验公式计算：碳钢：$F_0 = (0.6 \sim 0.7)\sigma_S A_1$；合金钢：$F_0 = (0.5 \sim 0.6)\sigma_S A_1$。其中：$A_1$——螺栓危险截面的面积 $A_1 = \frac{1}{4}\pi d_1^2 (\mathrm{mm}^2)$，$\sigma_S$——螺栓材料的屈服极限（MPa）。

预紧力的具体数值应根据载荷性质、连接刚度等具体工作条件确定。受变载荷的螺栓连接的预紧力应比受静载荷的要大些。

（3）预紧力的控制：①借助如图 15-3 所示的测力矩扳手和定力矩扳手，利用控制拧紧力矩的方法来控制预紧力的大小。$T \approx 0.2F_0 d$（d——螺栓公称直径）。②对于大型螺栓连接，可采用测定螺栓伸长量的方法来控制预紧力。

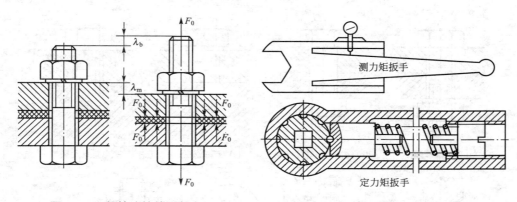

图 15-2　螺栓连接的预紧力　　　　图 15-3　测力矩扳手和定力矩扳手

4）螺纹连接的防松

用于连接的螺旋副本身具有自锁性能，拧紧后螺母和螺栓头部等支承面上的摩擦力也有防松作用，所以在静载荷和工作温度变化不大时，螺纹连接不会自动松脱。但在冲击、振动或变载荷作用下，或在高温或温度变化较大的情况下，螺纹连接中的预紧力和摩擦力会逐渐减小或可能瞬时消失，导致连接失效。螺纹连接一旦失效，将严重影响机器的正常工作，甚至造成事故。因此，为了防止连接松脱，保证连接安全可靠，设计时必须采取有效的防松措施（图 15-4）。

防松的根本问题在于防止螺旋副相对转动。防松方法，按其工作原理可分为摩擦防松、机械防松和破坏螺旋副运动关系防松等（表 15-3）。一般来说，机械防松要比摩擦防松更为可靠，但成本较高，宜用于比较重要的连接或机器内部不容易检查到的地方。

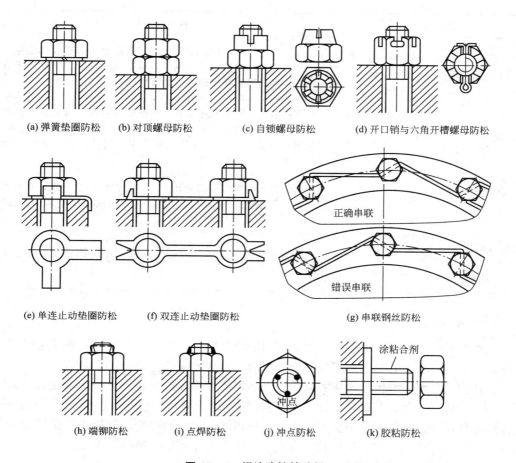

(a) 弹簧垫圈防松　　(b) 对顶螺母防松　　　(c) 自锁螺母防松　　　(d) 开口销与六角开槽螺母防松

(e) 单连止动垫圈防松　　(f) 双连止动垫圈防松　　　　(g) 串联钢丝防松

正确串联

错误串联

涂粘合剂

冲点

(h) 端铆防松　　　(i) 点焊防松　　　(j) 冲点防松　　　(k) 胶粘防松

图 15 - 4　螺纹连接的防松

表 15 - 3　不同防松方法的特点和应用

防松方法		特点和应用
摩擦防松	弹簧垫圈	螺母拧紧后，靠垫圈压平而产生的弹性反力使旋合螺纹间压紧。同时垫圈斜口的尖端抵住螺母与被连接件的支承面也有防松作用。这种方法结构简单，使用方便，但在冲击、振动工作条件下，防松效果较差，一般用于不重要的连接
	对顶螺母	两螺母对顶拧紧后，使旋合螺纹间始终受到附加的压力和摩擦力的作用。这种方法结构简单，适用于平稳、低速和重载的固定装置上的连接
	自锁螺母	螺母一端制成非圆形收口或开缝后径向收口。当螺母拧紧后，收口胀开，利用收口的回弹力使旋合螺纹间压紧。这种方法结构简单、防松可靠，可多次装卸而不降低防松性能

（续）

防松方法		特点和应用
机械防松	开口销与六角开槽螺母	六角开槽螺母拧紧后，将开口销穿入螺栓尾部小孔和螺母的槽内，并将开口销尾部掰开与螺母侧面贴紧。这种方法适用于有较大冲击、振动的高速机械中运动部件的连接
	止动垫圈	螺母拧紧后，将单耳或双耳止动垫圈分别向螺母和被连接件的侧面折弯贴紧，即可将螺母锁住。若两个螺栓需要双连锁紧时，可采用双连止动垫圈，使两个螺母相互制动。这种方法结构简单，使用方便，防松可靠
	串联钢丝	用钢丝穿入各螺钉头部的孔内，将各螺钉串联起来，使其相互制动，但需注意钢丝的穿入方向。这种方法适用于螺钉组连接，放松可靠，但装拆不便
破坏螺旋副运动关系防松	端铆、点焊、冲点、胶粘	这些防松方法可靠，但拆卸后连接件不能再使用，属于永久防松

2. 螺栓组连接的设计

工程中，螺栓一般成组使用，单个使用的情况较少。因此，必须研究螺栓组连接的结构设计和受力分析，它是单个螺栓强度计算的基础和前提条件。

总体设计思路：螺栓组连接的结构设计→螺栓组连接的受力分析，求出受力最大螺栓所受的力→按受力最大的单个螺栓进行强度计算（求出 d_1 后查手册确定公称直径 d）→全组采用同样尺寸螺栓。学习中要掌握螺栓组连接结构设计的准则、螺栓组连接的受力分析及强度计算的理论和方法，从而较为合理地设计出工作可靠的螺栓组连接。

1）螺栓组连接的失效形式及设计准则

（1）主要失效形式：螺栓杆螺纹部分发生断裂（受拉螺栓）、螺栓杆和孔壁的贴合面上出现压溃或螺栓杆被剪断（受剪螺栓）、接合面被压碎、被连接件之间产生相对滑移。

（2）设计准则：保证受拉螺栓的静力或疲劳拉伸强度、连接的挤压强度和螺栓的剪切强度、接合面不被压碎、被连接件间不出现滑移，即"不断、不溃、不碎、不移"。

2）螺栓组连接的设计步骤

螺栓组连接设计的关键是如何从受力分析过渡到单个螺栓的强度计算，而受力分析是核心，其设计步骤如下。

（1）螺栓组连接的结构设计：确定连接的结构类型、接合面的形状、螺栓数目及其在接合面内的布置。不同布置形式将影响总载荷在各个螺栓上的分配，设计时应使各螺栓受力合理，力求使各螺栓受力均匀，并有利于加工和装配。螺栓组的布置应尽量对称，间距均匀合理，要留有充分的扳手操作空间，还要加工出平整的支撑面（如沉孔或凸台），以防止螺栓承受偏载，并采用相同尺寸和材料的标准件。

（2）螺栓组连接的受力分析：其目的是找到受力最大的螺栓，并求出其所受的力。先把螺栓组连接所受的外载荷向接合面的形心简化。简化后的螺栓组连接所受的工作载荷不外乎轴向载荷、横向载荷、旋转力矩和翻转力矩四种简单受力状态或者它们的组合。然后运用静力平衡条件和变形协调条件进行载荷分配，找出受力最大的螺栓，用矢量叠加原理求得该螺栓所受的力（轴向力或横向力）。

（3）确定螺栓直径（单个螺栓的强度计算）：对受力最大的螺栓进行强度计算，确定其小径 d_1，由标准确定其公称直径和其他尺寸（螺栓的长度可根据被连接件的厚度和螺母、垫圈等厚度来确定），其余螺栓按同样尺寸选用。

（4）进行其他要求的验算。

3）螺栓组连接的受力分析和单个螺栓的强度计算（表 15-4、图 15-5）

表 15-4　螺栓组连接的受力分析和单个螺栓的强度计算

受载类型	受力情况	强度计算
松螺栓连接 （受拉螺栓）	轴向拉伸，工作拉力 F	校核公式：$\sigma = \dfrac{4F}{\pi d_1^2} \leqslant [\sigma]$ 设计公式：$d_1 \geqslant \sqrt{\dfrac{4F}{\pi[\sigma]}}$
受轴向工作载荷 （受拉螺栓） （图 15-5(a)）	各螺栓均匀受载，受轴向工作载荷 $F = \dfrac{F_\Sigma}{z}$ 和预紧力 F_0 　螺栓的总拉力为：$F_2 = F_0 + \dfrac{C_b}{C_b + C_m} F$ 　残余预紧力为：$F_1 = F_0 - \dfrac{C_m}{C_b + C_m} F$	校核公式：$\sigma_{ca} = \dfrac{4 \times 1.3 F_2}{\pi d_1^2} \leqslant [\sigma]$ 设计公式：$d_1 \geqslant \sqrt{\dfrac{4 \times 1.3 F_2}{\pi[\sigma]}}$
受横向工作载荷 （受拉螺栓） （图 15-5(b)）	普通螺栓连接，靠预紧力 F_0 产生的接合面间的摩擦力传递横向工作载荷 F_Σ。以连接接合面不产生滑移作为计算准则，应使 $fF_0 zi \geqslant K_s F_\Sigma$，螺栓所受预紧力为：$F_0 \geqslant \dfrac{K_s F_\Sigma}{fzi}$	校核公式：$\sigma_{ca} = \dfrac{4 \times 1.3 F_0}{\pi d_1^2} \leqslant [\sigma]$ 设计公式：$d_1 \geqslant \sqrt{\dfrac{4 \times 1.3 F_0}{\pi[\sigma]}}$
受横向工作载荷 （受剪螺栓） （图 15-5(c)）	铰制孔用螺栓连接，靠螺栓受剪切和螺栓与被连接件之间的相互挤压来传递横向工作载荷 F_Σ。 　每个螺栓所受的横向力为：$F = \dfrac{F_\Sigma}{z}$	螺栓杆的剪切强度条件为： $$\tau = \dfrac{4F}{\pi d_0^2} \leqslant [\tau]$$ 螺栓与孔壁的挤压强度条件为： $\sigma_p = \dfrac{F}{d_0 L_{min}} \leqslant [\sigma_p]$，$[\sigma_p]$ 取螺栓和孔壁材料许用挤压应力较小者
受旋转力矩 （受拉螺栓） （图 15-5(d)）	普通螺栓连接，被连接件间不产生相对转动的条件：$fF_0 r_1 + fF_0 r_2 + \cdots + fF_0 r_z \geqslant K_s T$ 　螺栓所受预紧力为： $F_0 \geqslant \dfrac{K_s T}{f(r_1 + r_2 + \cdots + r_z)} = \dfrac{K_s T}{f \sum\limits_{i=1}^{z} r_i}$	校核公式：$\sigma_{ca} = \dfrac{4 \times 1.3 F_0}{\pi d_1^2} \leqslant [\sigma]$ 设计公式：$d_1 \geqslant \sqrt{\dfrac{4 \times 1.3 F_0}{\pi[\sigma]}}$

（续）

受载类型	受力情况	强度计算
受旋转力矩 （受剪螺栓） （图 15-5(e)）	铰制孔用螺栓连接，在扭转力矩 T 作用下各螺栓受到剪切和挤压作用，根据各螺栓工作剪力矩之和与旋转矩 T 平衡条件及离形心最远距离 r_{max} 的螺栓受横向力最大这一变形协调条件可求得最大横向工作剪力为：$F_{max} = \dfrac{Tr_{max}}{\sum\limits_{i=1}^{z} r_i^2}$	螺栓杆的剪切强度条件为：$$\tau = \frac{4F_{max}}{\pi d_0^2} \leqslant [\tau]$$ 螺栓与孔壁的挤压强度条件为：$$\sigma_p = \frac{F_{max}}{d_0 L_{min}} \leqslant [\sigma_p]，\quad [\sigma_p]$$ 取螺栓和孔壁材料许用挤压应力较小者
受翻转力矩 （受拉螺栓） （图 15-5(f)）	根据作用在底板上各螺栓所受工作载荷对 O-O 轴线的力矩之和与翻转力矩 M 平衡条件及离倾覆轴线最远距离 L_{max} 受拉一侧的螺栓受最大轴向工作载荷这一变形协调条件可求得受力最大螺栓所受的工作拉力为：$$F_{max} = \frac{ML_{max}}{\sum\limits_{i=1}^{z} L_i^2}$$ 受力最大螺栓的总拉力为：$$F_2 = F_0 + \frac{C_b}{C_b + C_m} F_{max}$$	（1）螺栓不被拉断的强度条件为：$$\sigma_{ca} = \frac{4 \times 1.3 F_2}{\pi d_1^2} \leqslant [\sigma]$$ （2）对于受翻转力矩 M 作用的螺栓组进行受力分析和强度计算时，还要考虑结合面受压最大处不被压碎，而受压最小处不出现缝隙或保持一定压力的要求。 结合面不被压碎强度条件：$$\sigma_{pmax} = \sigma_p + \Delta\sigma_{pmax} \leqslant [\sigma_p]$$ 结合面不出现缝隙的强度条件：$$\sigma_{pmin} = \sigma_p - \Delta\sigma_{pmax} > 0$$ 其中：$\sigma_p = \dfrac{zF_0}{A}$，$\Delta\sigma_{pmax} \approx \dfrac{M}{W}$

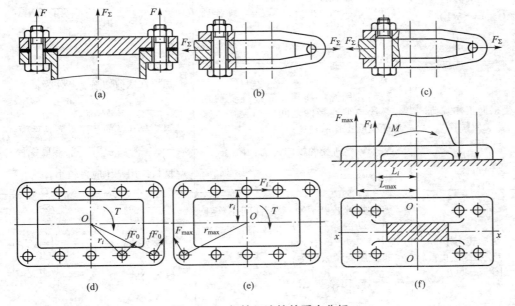

图 15-5　螺栓组连接的受力分析

4）螺栓组连接设计时的其他几个重要问题

（1）受预紧力 F_0 和轴向工作载荷 F 的紧螺栓连接相关力的确定：这类螺栓既受预紧力，又受轴向工作载荷，故对这类连接的要求是：①螺栓应具有足够的强度；②螺栓连接一定要预紧，且在工作载荷的作用下，连接接合面不应出现间隙，以保证连接的紧密性。进行分析时，由于螺栓与被连接件均具有弹性，故属于弹性体组合受力分析问题，必然涉及零件的刚度和变形。连接所受外载荷将按螺栓和被连接件的刚度在两者之间进行分配。故学习时应从分析螺栓及被连接件的受力和变形关系入手，深入了解并熟练绘制螺栓与被连接件的受力与变形关系图，从而得出螺栓的总拉力 F_2、残余预紧力 F_1 与预紧力 F_0 及轴向工作载荷 F 的关系式。

如图 15-6 所示，当螺栓连接受到预紧力 F_0 作用由未拧紧状态变成拧紧状态时，螺栓在 F_0 作用下被拉长，伸长量 λ_b、螺栓刚度 C_b 及预紧力 F_0 之间的关系为 $C_b = \dfrac{F_0}{\lambda_b} = \tan\theta_b$。被连接件在压力（预紧力）$F_0$ 作用下被压缩，压缩量 λ_m、被连接件刚度 C_m 及预紧力 F_0 之间的关系为 $C_m = \dfrac{F_0}{\lambda_m} = \tan\theta_m$。

当螺栓连接再受到轴向工作载荷 F 后，螺栓受到的拉力在 F_0 的基础上增大了 ΔF，进一步被拉长了 $\Delta\lambda$，则有 $\Delta F = C_b\Delta\lambda$，螺栓受到的总拉力为 $F_2 = F_0 + \Delta F$。被连接件的压缩量同样减少了 $\Delta\lambda$，变为 $\lambda'_m = \lambda_m - \Delta\lambda$，因此被连接件内部的正压力也要减少，即由原来的预紧力 F_0 变为残余预紧力 F_1，且由图 15-6(d) 得 $F - \Delta F = C_m\Delta\lambda$。因此，$\dfrac{\Delta F}{F - \Delta F} = \dfrac{C_b\Delta\lambda}{C_m\Delta\lambda} = \dfrac{C_b}{C_m}$，即 $\Delta F = \dfrac{C_b}{C_m + C_b}F$。

螺栓的总拉力：$F_2 = F_0 + \Delta F = F_0 + \dfrac{C_b}{C_m + C_b}F = F_1 + F$。

残余预紧力：$F_1 = F_0 - (F - \Delta F) = F_0 - \left(1 - \dfrac{C_b}{C_m + C_b}\right)F = F_0 - \dfrac{C_m}{C_m + C_b}F$。

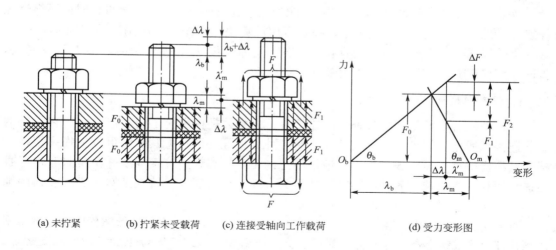

(a) 未拧紧   (b) 拧紧未受载荷   (c) 连接受轴向工作载荷   (d) 受力变形图

图 15-6 单个紧螺栓连接受力变形图

根据力-变形关系图还可以进一步知道,降低螺栓刚度(采用空心螺杆或适当增加螺栓长度)、增大被连接件刚度(采用刚度较大的硬垫片)以及增加预紧力可以提高螺栓连接的疲劳强度。

(2) 仅受预紧力与受预紧力和轴向工作载荷的紧螺栓连接强度计算公式中系数"1.3"的物理意义如下。

① 仅受预紧力的紧螺栓连接:紧螺栓连接装配时,螺母需要拧紧,在拧紧力矩作用下,螺栓除受预紧力 F_0 的拉伸而产生拉伸应力外,还受螺纹间摩擦力矩 T_1 扭转而产生扭转切应力,使螺栓处于拉伸和扭转的复合应力作用之下。对于 M10~M64 的钢制螺栓,$\tau \approx 0.5\sigma$。由于螺栓材料是塑性的,可按第四强度理论求出螺栓在预紧力状态下计算应力为

$$\sigma_{ca} = \sqrt{\sigma^2 + 3\tau^2} = \sqrt{\sigma^2 + 3 \times (0.5\sigma)^2} = 1.3\sigma,\ 其强度条件式为\ \sigma_{ca} = \frac{4 \times 1.3 F_0}{\pi d_1^2} \leqslant [\sigma]。$$

此条件式说明紧螺栓连接在拧紧时,虽然同时承受拉伸和扭转的联合作用,但在计算时可以只按拉伸强度计算,并将所受拉力(预紧力)增大30%来考虑扭转的影响。这样计算是近似的,但可以认为是偏于安全的。

② 受预紧力和轴向工作载荷的紧螺栓连接:对于受预紧力和轴向工作载荷的紧螺栓连接,由于加上轴向载荷后,螺栓中的总拉力由预紧力 F_0 增大到 F_2。螺栓强度条件式为 $\sigma_{ca} = \frac{4 \times 1.3 F_2}{\pi d_1^2} \leqslant [\sigma]$,式中仍有系数 1.3,从理论上讲偏于安全,因为扭转切应力是由预紧力引起的,轴向工作载荷不会引起扭转切应力。而公式中则表示由 F_2 引起,即将切应力 τ 的影响做偏大估计。但由于工作中会出现松动,使 F_0 减小,有时需要在受最大载荷 F_2 的情况下补充拧紧螺栓,故强度条件式中仍应有"1.3"这一系数。

(3) 不控制预紧力的紧螺栓连接的安全系数:$[\sigma] = \frac{\sigma_S}{S}$,$S$ 为安全系数。不控制预紧力时,安全系数 S 随着螺栓直径的增大而减小。这是因为尺寸小的螺栓在拧紧时容易产生过载,故采用加大安全系数的方法来弥补可能产生的过载影响。由于开始设计时尚不知道螺栓直径 d 的大小,S 难以查表选用,一般可用试算法。即先估计所用螺栓直径 d_t,用 d_t 查 S 来计算 $[\sigma]$,从而定出螺栓直径 d。当 d 与原假设 d_t 相差较大时,须重新假定 d_t,再计算,直至所得 d 与假定的 d_t 相近为止。

3. 提高螺栓连接强度的措施

在各类机器中所见到的各种螺纹连接件,大多数是标准化了的。但也有许多重要的螺栓连接,所用的螺栓、螺母或垫圈具有各种非标准的形状。其原因可以从提高螺栓连接强度的措施这一节中找到答案。应该注意的是,提高螺栓连接强度并不是只有加粗直径这一途径。有时候,其他的措施可能更为合理、更为有效,特别是对于受变载荷的螺栓连接。

对于受变载荷的重要螺栓连接,特别是当螺栓比较长时,为了降低螺栓刚度,常常采用腰状杆螺栓或空心螺栓等非标准螺栓。为了改善受力状况,螺母也要设计成悬置螺母。使用悬置螺母可以改善螺纹牙上的载荷分布不均。原来螺母受压、螺杆受拉,两者的变形不协调,引起载荷分布不均匀。改为悬置螺母后,两者都变为受拉,变形比较协调,载荷

分布也就比较均匀了。

4. **螺旋传动**

学习这一部分内容时，应该注意螺旋传动与前面的螺纹连接的差别。虽然他们都由带螺纹的零件组成，但两者工作情况完全不同，从而在设计要求上也有很大差别。对螺旋传动来讲，由于要传递运动，主要要求保证螺旋副有较高的传动效率和磨损寿命。从这一基本点出发，去理解它的结构设计、材料和设计计算方法的特点以及与螺纹连接的差别。

15.3　典型例题解析

例 15-1　一钢制液压缸用双头螺柱连接，有关尺寸如图 15-7 所示，油压 $p=3\text{N/mm}^2$。为保证连接的密封性，螺柱间距 t_0 不得大于 4.5 倍的螺柱公称直径。试设计该双头螺柱连接(确定螺柱直径、个数及分布圆直径 D_0)。

解：(1) 求螺柱总拉力。F_Σ 不变，螺柱直径大，则数目 z 小；反之 z 大，则螺柱直径小。因此，z 取值不同，本题可有多解。考虑到油缸是压力容器，有紧密性要求，故 z 应适当大些。另外，数目 z 最好是偶数，而且要便于分度，取 $z=12$。

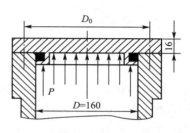

图 15-7　例 15-1 图

螺柱连接的轴向工作载荷：$F_\Sigma=\dfrac{1}{4}\pi D^2 p=\dfrac{1}{4}\pi\times 160^2\times 3=60318\text{N}$

单个螺柱的工作拉力为：$F=\dfrac{F_\Sigma}{z}=\dfrac{60318}{12}=5027\text{N}$

取 $F_1=1.8F$，螺柱总拉力为：$F_2=F_1+F=2.8F=2.8\times 5027=14075.6\text{N}$

(2) 求螺柱直径。用 4.6 级的 Q235 螺柱($\sigma_S=240\text{MPa}$)，拧紧时控制预紧力，取 $S=1.5$(参考教材或机械设计手册)，于是 $[\sigma]=\dfrac{\sigma_S}{S}=\dfrac{240}{1.5}=160\text{MPa}$。

由强度条件得：$d_1\geqslant\sqrt{\dfrac{4\times 1.3F_2}{\pi[\sigma]}}=\sqrt{\dfrac{4\times 1.3\times 14075.6}{160\pi}}=12.067\text{mm}$

查机械设计手册，取 M16 可以(其 $d_1=13.835\text{mm}>$计算值 12.067mm)。

(3) 确定螺栓分布圆直径 D_0。暂定 $D_0=200\text{mm}$，于是螺栓间距为：

$t_0=D_0\sin\dfrac{180°}{z}=200\sin\dfrac{180°}{12}=51.76\text{mm}$，而临界许用值为：$4.5d=72\text{mm}$。

因此，最终取分布圆直径：$D_0=200\text{mm}$。

注：根据题意，本题确定 $z=12$、$d=16\text{mm}$、$D_0=200\text{mm}$ 后就算解毕。但对于有密封性要求的螺纹连接，一般应确定必需的预紧力。现确定如下：由液压缸结构示意图知，缸盖与缸体间无垫片，查教材或机械设计手册可取相对刚度为 $\dfrac{C_b}{C_m+C_b}=0.25$。于是预紧力为：$F_0=F_2-\dfrac{C_b}{C_m+C_b}F=14075.6-0.25\times 5027=12818.9\text{N}$，最终取预紧力为：$F_0=$

13000N。

例 15 − 2　图 15 − 8(a)是由两块边板和一块承重板焊成的龙门起重机导轨托架。两块边板各用 4 个螺栓与立柱相连接,托架所承受的最大载荷为 20kN,连接尺寸如图所示。螺栓材料为 Q235(性能等级为 4.6),$[\tau]=96\text{MPa}$,螺栓 M16～M60 的拉应力安全系数 $S=4～2$,边板和立柱的摩擦系数 $f=0.13$。分别确定采用普通螺栓连接和铰制孔用螺栓连接时的螺栓直径。

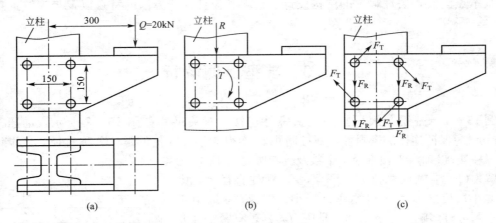

图 15 − 8　例 15 − 2 图

要点分析:　解题的关键是将作用在螺栓组形心之外的载荷向形心转化为四种典型的简单受力状态;然后进行载荷分配,找出受力最大的螺栓所受的各种载荷,用矢量叠加原理求得该螺栓的最大载荷;再按照采用两种不同的螺栓连接形式分别进行单个螺栓的强度计算,确定螺栓的直径。

解:　(1) 螺栓组连接受力分析。将载荷 Q 向螺栓组形心简化,简化后得如图(b)所示的一横向载荷 R 和一旋转力矩 T。

$$R=\frac{Q}{2}=\frac{20000}{2}=10000\text{N}, \quad T=\frac{Q}{2}\times 300=\frac{20000}{2}\times 300=3000000\text{N}\cdot\text{mm}$$

(2) 螺栓组受力分析。在横向载荷 R 作用下,各螺栓所受横向力 F_R 大小相同,与 R 同向。

$$F_R=\frac{R}{4}=\frac{10000}{4}=2500\text{N}$$

在旋转力矩 T 作用下,由于各个螺栓中心到形心的距离相等,所以各个螺栓所受的横向力 F_T 大小也相等,但方向各垂直于螺栓中心与形心连线,如图 15 − 8(c)所示。

$$F_T=\frac{T}{4r}=\frac{3000000}{4\times 75\sqrt{2}}=7071\text{N}$$

(3) 由图 15 − 8(c)可见,右侧两个螺栓所受的横向力最大。

$$F_S=\sqrt{F_R^2-F_T^2-2F_RF_T\cos 135°}=\sqrt{2500^2+7071^2-2\times 2500\times 7071\times \cos 135°}=9014\text{N}$$

(4) 强度计算。

① 采用普通螺栓连接。这种连接是靠螺栓的预紧力在接合面间产生的摩擦力来平衡

横向力的，应先求出预紧力 F_0。由防滑条件 $fF_0 \geqslant K_S F_S$，得预紧力 $F_0 = \dfrac{K_S F_S}{f} = \dfrac{1.3 \times 9014}{0.13} = 90140\text{N}$（取 $K_S = 1.3$）。

由性能等级 4.6 级可知 $\sigma_S = 240\text{MPa}$。由于螺栓拉应力安全系数与直径有关，而直径又待定，采用试算法。设 $d_t = 24\text{mm}$，取 $S = 3(S = 4 \sim 2)$，得 $[\sigma] = \dfrac{\sigma_S}{S} = \dfrac{240}{3} = 80\text{MPa}$。故螺栓小径 $d_1 \geqslant \sqrt{\dfrac{4 \times 1.3 F_0}{\pi [\sigma]}} = \sqrt{\dfrac{4 \times 1.3 \times 90140}{80\pi}} = 43.197\text{mm}$。

此值与假设相差太远。再设 $d_t = 40\text{mm}$，取 $S = 2.2$，得 $[\sigma] = \dfrac{\sigma_S}{S} = 109\text{MPa}$，求得 $d_1 \geqslant 37.007\text{mm}$，查标准取 M42，$d_1 = 37.129\text{mm}$，与假设相近，确定用 M42 的螺栓。

② 采用铰制孔用螺栓连接。

按剪切强度计算螺栓光杆部分直径：$d_0 \geqslant \sqrt{\dfrac{4F_S}{\pi [\tau]}} = \sqrt{\dfrac{4 \times 9014}{96\pi}} = 10.937\text{mm}$。由标准取 M12 螺栓，$d_0 = 1.1 \times 12 = 13.2\text{mm}$。

讨论： 因为普通螺栓连接是靠接合面间的摩擦力来承受横向载荷 F_S 的（若取摩擦系数 $f = 0.13$，防滑系数 $K_S = 1.3$，须加大于 $10F_S$ 的预紧力 F_0），增大了螺栓尺寸。所以在承受同样横向载荷时，普通螺栓直径比铰制孔用螺栓直径大得多，普通螺栓连接不宜承受横向载荷。

例 15-3 图 15-9(a)所示铸铁支架用 8 个螺栓与钢制底板相连，受外力 Q 作用，Q 作用于包含 x 轴并垂直于结合面的平面内。试设计此普通螺栓组连接。

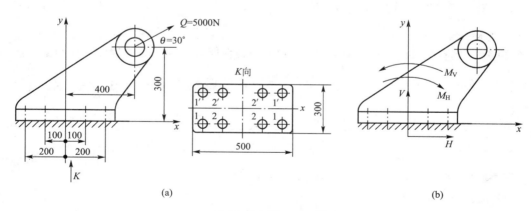

图 15-9　例 15-3 图

要点分析： 解题的关键是将作用在螺栓组形心之外的载荷向形心转化为四种典型的简单受力状态，这里还要考虑保证连接安全工作的必要条件。

解： 1) 螺栓组连接受力分析

将载荷 Q 在作用面内分解为平行于 x、y 轴的两个力：

$$H = Q\cos\theta = 5000\cos 30° = 4330\text{N}, \quad V = Q\sin\theta = 5000\sin 30° = 2500\text{N}$$

如图(b)所示，将 H 和 V 向螺栓组形心简化，可知底板受到横向力 H（使接合面滑移)、轴向力 V(使接合面分离)和翻转力矩 $M = M_H - M_V$(使接合面绕螺栓组对称轴 z 翻转)的作用。$M = M_H - M_V = 300H - 400V = 300 \times 4330 - 400 \times 2500 = 299000 \text{N} \cdot \text{mm}$。

2) 螺栓组受力分析

(1) 因螺栓需要拧紧,各螺栓都受到预紧力 F_0 的作用。在载荷 V 作用后,各螺栓又受到 $F_V = \dfrac{V}{z} = \dfrac{2500}{8} = 312.5 \text{N}$ 的轴向工作拉力作用。

横向力 H 则由接合面间的压力产生的摩擦力来平衡,由接合面不产生滑移条件可计算出预紧力 F_0。

螺栓组同时受预紧力 F_0 和轴向工作拉力 F_V 的作用,所以接合面间的正压力为残余预紧力 F_1。取 $f = 0.13$、$K_S = 1.3$。由 $fF_1 z \geqslant K_S H$ 可得:$F_1 \geqslant \dfrac{K_S H}{fz} = \dfrac{1.3 \times 4330}{0.13 \times 8} = 5412.5 \text{N}$。

取 $\dfrac{C_1}{C_1 + C_2} = 0.2$(支架与底板间无垫片),则 $\dfrac{C_2}{C_1 + C_2} = 0.8$,由 $F_1 = F_0 - \dfrac{C_2}{C_1 + C_2} F_V$ 可得:$F_0 = F_1 + \dfrac{C_2}{C_1 + C_2} F_V = 5412.5 + 0.8 \times 312.5 = 5662.5 \text{N}$。

(2) 在翻转力矩 M 作用下,z 轴左侧的螺栓受到加载作用,右侧的螺栓受到减载作用,并且距离 z 轴越远受力越大。因此可判断 z 轴左侧离 z 轴最远一列螺栓受力最大,其大小为 $F_{Mmax} = \dfrac{ML_{max}}{\sum\limits_{i=1}^{8} L_i^2} = \dfrac{299000 \times 200}{4 \times (200^2 + 100^2)} = 299 \text{N}$。

受力最大螺栓所受的最大轴向工作载荷:$F_{max} = F_V + F_{Mmax} = 312.5 + 299 = 611.5 \text{N}$。

受力最大螺栓所受总拉力:$F_2 = F_0 + \dfrac{C_1}{C_1 + C_2} F_{max} = 5662.5 + 0.2 \times 611.5 = 5784.8 \text{N}$。

3) 连接安全工作的必要条件

(1) 螺栓具有足够的强度。选择材料为 Q235、性能等级为 4.6 的螺栓,材料的屈服极限 $\sigma_S = 240 \text{MPa}$,安全系数取 $S = 1.5$(按拧紧时控制预紧力选取),则 $[\sigma] = \dfrac{\sigma_S}{S} = \dfrac{240}{1.5} = 160 \text{MPa}$。

$$d_1 \geqslant \sqrt{\dfrac{4 \times 1.3 F_2}{\pi [\sigma]}} = \sqrt{\dfrac{4 \times 1.3 \times 5784.8}{160\pi}} = 7.738 \text{mm}$$

查手册取 M10 即可(其 $d_1 = 8.376 \text{mm} > 7.738 \text{mm}$)。

(2) 接合面右侧不被压碎。

$$\sigma_{pmax} = \dfrac{zF_1}{A} + \dfrac{M}{W} \leqslant [\sigma_p], \quad \sigma_{max} = \dfrac{8 \times 5412.5}{500 \times 300} + \dfrac{299000}{\dfrac{300 \times 500^2}{6}} = 0.31 \text{MPa}, \text{经查表得铸铁的}$$

$[\sigma_p] = 0.45 \times 250 = 112.5 \text{MPa} > 0.31 \text{MPa}$,故连接接合面右侧不致被压碎。

(3) 接合面左侧不出现缝隙。

$$\sigma_{pmin} = \dfrac{zF_1}{A} - \dfrac{M}{W} > 0, \quad \sigma_{min} = \dfrac{8 \times 5412.5}{500 \times 300} - \dfrac{299000}{\dfrac{300 \times 500^2}{6}} = 0.26 \text{MPa} > 0, \text{所以连接接合面左}$$

侧不会出现缝隙。

15.4 同步训练题

15.4.1 填空题

1. 根据螺旋线的绕行方向，螺纹可分为_____和_____两种。

2. 普通螺纹的牙型角 $\alpha =$ _____，适用于_____；梯形螺纹的牙型角 $\alpha =$ _____，适用于_____。

3. 普通螺纹的公称直径是_____；管螺纹的公称直径是_____；计算螺纹危险截面面积使用的是_____。

4. 连接螺纹要求_____；传动螺纹要求_____。

5. 螺纹升角增大，则螺纹连接的自锁性_____，传动的效率_____。

6. 螺旋副的自锁条件是_____。

7. 螺纹连接的拧紧力矩等于_____和_____之和。

8. 若螺纹的直径和螺旋副的摩擦系数一定，则拧紧螺母时的效率取决于螺纹的_____和_____。

9. 螺栓连接防松的根本点在于_____。

10. 螺纹连接的防松按其防松原理分为_____防松、_____防松和_____防松。

11. 在螺栓连接中，当螺栓轴线与被连接件支承面不垂直时，螺栓中将产生附加_____应力，而避免其发生的常用措施是采用_____和_____作支承面。

12. 普通螺栓连接承受横向工作载荷时，依靠_____承载，螺栓本身受_____作用，该螺栓连接主要的失效形式为_____。承受横向工作载荷的铰制孔用螺栓连接，靠螺栓受_____和_____来传递载荷，主要的失效形式是_____和_____。

13. 受预紧力 F_0 和工作拉力 F 的紧螺栓连接，如螺栓和被连接件的刚度相等，预紧力 $F_0 = 8000N$，在保证接合面不产生缝隙的条件下，允许的最大工作拉力 $F =$ _____。

14. 在一变化的轴向工作载荷作用下的螺栓组连接，螺栓的疲劳强度随着螺栓刚度的增加而_____，随着被连接件刚度的增加而_____。

15. 螺栓连接中采用悬置螺母或环槽螺母的目的是_____。

16. 滑动螺旋传动的主要失效形式是_____。

15.4.2 判断题

1. 运动副是连接，连接也是运动副。   （ ）
2. 焊接、铆接、胶接均属于不可拆连接。   （ ）
3. 一对互相旋合的螺纹旋向应相反。   （ ）
4. 用于紧固连接的螺纹不仅自锁性要好，而且传动效率也要高。   （ ）
5. 和细牙普通螺纹相比，粗牙螺纹的螺距和升角较大，所以容易自锁。 （ ）
6. 圆锥管螺纹多用于高温、高压系统的管路连接中，拧紧后内外螺纹牙之间无间隙。   （ ）
7. 普通螺栓连接的螺栓杆与被连接件上的通孔之间有间隙。   （ ）

8. 双头螺柱连接不宜用于经常拆装的场合。 （　　）

9. 螺钉连接多用于被连接件之一较厚，且又要经常拆装的场合。 （　　）

10. 普通螺纹具有较好的自锁性能，螺纹之间及支承面之间的摩擦力都能阻止螺母的松脱，所以即使在振动及交变载荷作用下螺纹连接也不需要防松。 （　　）

11. 在螺栓组连接中，各螺栓受力大小不同，所以它们的公称直径也应不同。 （　　）

12. 对于受旋转力矩作用的普通螺栓组连接，各螺栓杆将受到不等的剪力作用，且其剪力的大小与螺栓杆轴线到螺栓组连接的转动中心之距离成正比。 （　　）

13. 千斤顶、压力机和机床进给机构中的螺旋均属于传力螺旋。 （　　）

15.4.3　选择题

1. 螺纹连接是一种____。
   A. 可拆连接　　　B. 不可拆连接　　C. 动连接　　　　D. 过盈连接

2. 对于连接用螺纹，主要要求连接可靠，自锁性能好，故常选用____。
   A. 升角小，单线普通螺纹
   B. 升角大，双线普通螺纹
   C. 升角小，单线梯形螺纹
   D. 升角大，双线矩形螺纹

3. 与传动用螺纹相比较，普通螺纹常用于连接的原因是____。
   A. 防振性能好　　B. 便于加工　　　C. 传动效率高　　D. 牙根强度高，自锁性好

4. 在常用螺纹类型中，主要用于传动的是____。
   A. 矩形螺纹、梯形螺纹、普通螺纹
   B. 矩形螺纹、锯齿形螺纹、管螺纹
   C. 梯形螺纹、普通螺纹、管螺纹
   D. 梯形螺纹、矩形螺纹、锯齿形螺纹

5. 用于薄壁零件连接的螺纹应采用____。
   A. 普通细牙螺纹　B. 梯形螺纹　　　C. 锯齿形螺纹　　D. 多线的普通粗牙螺纹

6. 在常用的螺旋传动中，传动效率最高的是____。
   A. 普通螺纹　　　B. 矩形螺纹　　　C. 梯形螺纹　　　D. 锯齿形螺纹

7. 在下列 4 种具有相同公称直径和螺距并采用相同配对材料的传动螺旋副中，传动效率最高的是____。
   A. 单线矩形螺旋副　　　　　　　　B. 单线梯形螺旋副
   C. 多线矩形螺旋副　　　　　　　　D. 多线梯形螺旋副

8. 两个被连接件中，当有一个被连接件较厚，且又不经常拆卸时，宜选用____连接。
   A. 普通螺栓　　　B. 螺钉　　　　　C. 双头螺柱　　　D. 铰制孔用螺栓

9. 一箱体与箱盖用螺纹连接，箱体被连接处厚度较大，且材料较软、强度较低，需经常拆装箱盖进行修理，宜采用____。
   A. 螺栓连接　　　　　　　　　　　B. 螺钉连接
   C. 双头螺柱连接　　　　　　　　　D. 紧定螺钉连接

10. 下图所示 3 种类型螺纹连接中，____更适合承受横向工作载荷。

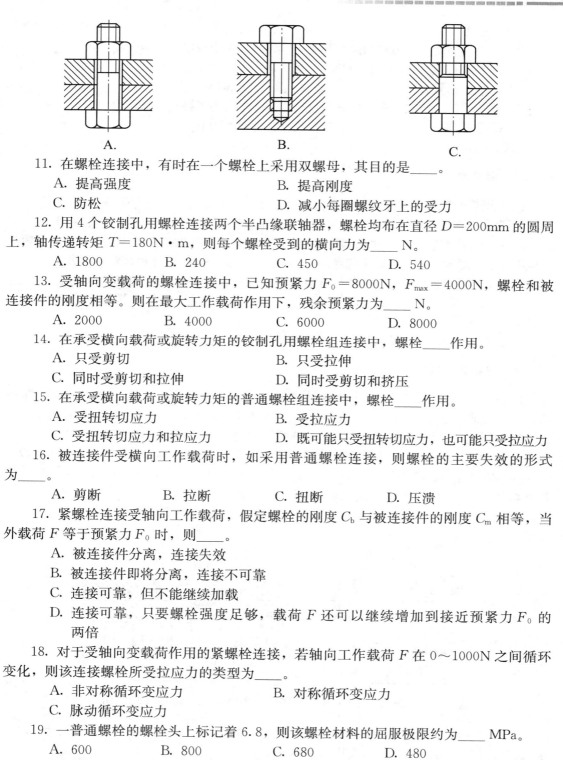

A.

B.

C.

11. 在螺栓连接中，有时在一个螺栓上采用双螺母，其目的是____。
　　A. 提高强度　　　　　　　　B. 提高刚度
　　C. 防松　　　　　　　　　　D. 减小每圈螺纹牙上的受力

12. 用 4 个铰制孔用螺栓连接两个半凸缘联轴器，螺栓均布在直径 $D=200$mm 的圆周上，轴传递转矩 $T=180$N·m，则每个螺栓受到的横向力为____ N。
　　A. 1800　　　　B. 240　　　　C. 450　　　　D. 540

13. 受轴向变载荷的螺栓连接中，已知预紧力 $F_0=8000$N，$F_{max}=4000$N，螺栓和被连接件的刚度相等。则在最大工作载荷作用下，残余预紧力为____ N。
　　A. 2000　　　　B. 4000　　　　C. 6000　　　　D. 8000

14. 在承受横向载荷或旋转力矩的铰制孔用螺栓组连接中，螺栓____作用。
　　A. 只受剪切　　　　　　　　B. 只受拉伸
　　C. 同时受剪切和拉伸　　　　D. 同时受剪切和挤压

15. 在承受横向载荷或旋转力矩的普通螺栓组连接中，螺栓____作用。
　　A. 受扭转切应力　　　　　　B. 受拉应力
　　C. 受扭转切应力和拉应力　　D. 既可能只受扭转切应力，也可能只受拉应力

16. 被连接件受横向工作载荷时，如采用普通螺栓连接，则螺栓的主要失效的形式为____。
　　A. 剪断　　　　B. 拉断　　　　C. 扭断　　　　D. 压溃

17. 紧螺栓连接受轴向工作载荷，假定螺栓的刚度 C_b 与被连接件的刚度 C_m 相等，当外载荷 F 等于预紧力 F_0 时，则____。
　　A. 被连接件分离，连接失效
　　B. 被连接件即将分离，连接不可靠
　　C. 连接可靠，但不能继续加载
　　D. 连接可靠，只要螺栓强度足够，载荷 F 还可以继续增加到接近预紧力 F_0 的两倍

18. 对于受轴向变载荷作用的紧螺栓连接，若轴向工作载荷 F 在 0～1000N 之间循环变化，则该连接螺栓所受拉应力的类型为____。
　　A. 非对称循环变应力　　　　B. 对称循环变应力
　　C. 脉动循环变应力

19. 一普通螺栓的螺栓头上标记着 6.8，则该螺栓材料的屈服极限约为____ MPa。
　　A. 600　　　　B. 800　　　　C. 680　　　　D. 480

20. 在同一螺栓组连接中，螺栓的材料、直径和长度均应相同，这是为了____。
　　A. 外形美观　　　　　　　　B. 制造、安装方便

C. 受力均匀 D. 降低成本

21. 若要提高受预紧力和轴向变载荷的紧螺栓连接中螺栓的疲劳强度，可以____。

    A. 在被连接件之间加橡胶垫片   B. 采用精制螺栓

    C. 减小预紧力   D. 增大螺栓长度

22. 螺旋传动中的螺母多采用青铜材料，这主要是为了提高____能力。

    A. 抗断裂   B. 抗塑性变形

    C. 抗点蚀   D. 耐磨损

15.4.4 简答题

1. 何谓螺纹连接的预紧，预紧的目的是什么？预紧力的最大值有何要求？

2. 为什么在重要的受拉螺栓连接中不宜采用直径小于 M12 的螺栓？并举例说明。

3. 一刚性凸缘联轴器用普通螺栓连接以传递转矩 T，现欲提高其传递的转矩，但限于结构不能增加螺栓的数目，也不能增加螺栓的直径。试提出 3 种能提高转矩的方法。

4. 受预紧力 F_0 和轴向工作载荷 F 的紧螺栓连接，螺栓受到的总拉力 $F_2 = F_0 + F$ 吗？

5. 为什么使用过厚的螺母不能提高螺纹连接的强度(螺母的螺纹圈数不宜大于 10 圈)？

6. 提高螺纹连接强度的措施有哪些？并举例说明。

15.4.5 分析计算题

1. 图 15-10 所示的两个半凸缘联轴器用 4 个 M16 螺栓连接，螺栓中心圆直径 $D_1 = 155\text{mm}$，联轴器传递的转矩 $T = 500\text{N} \cdot \text{m}$。螺栓材料 45 钢，$\sigma_S = 360\text{MPa}$，接触面摩擦系数 $f = 0.15$，安装时不控制预紧力。试校核螺栓强度。

2. 在图 15-11 所示压力容器中，已知容器中气体压强 $p = 1.2\text{MPa}$，容器内径 $D = 400\text{mm}$，容器盖与缸体用 16 个螺栓连接，螺栓材料为 45 钢，$\sigma_S = 360\text{MPa}$，安装时不控制预紧力。试确定螺栓的公称直径。

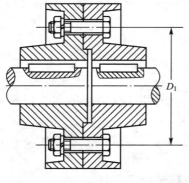

图 15-10 题 15.4.5-1 图

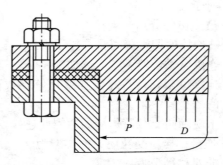

图 15-11 题 15.4.5-2 图

3. 两钢板用 3 个铰制孔用螺栓连接。3 种布置方案如图 15-12 所示，外载荷为 F，尺寸 a、L 均相同。试分析 3 个方案中哪个最好？

4. 图 15-13 所示为某减速装置中的一个组装齿轮，齿圈为 45 钢，$\sigma_S = 355\text{MPa}$，齿芯为 HT250，用 6 个 8.8 级 M6 的铰制孔用螺栓均布在 $D_0 = 110\text{mm}$ 的圆周上进行连接，有关尺寸如图所示。试确定该连接能传递的最大转矩 T_{max}。

5. 图 15−14 所示为两种夹紧螺栓连接，图(a)用 1 个螺栓连接，图(b)用 2 个螺栓连接。已知：载荷 $F_p=2000N$，轴的直径 $d=60mm$，F_p 到轴中心距离 $L=200mm$，螺栓中心线到轴的中心距离 $l=50mm$，轴与毂配合面之间的摩擦系数 $f=0.15$，防滑系数 $K_s=1.2$，螺栓材料的许用拉伸应力 $[\sigma]=100MPa$。试确定图(a)和图(b)中连接螺栓的公称直径。

6. 图 15−15 所示的汽缸用 16 个螺栓连接，汽缸内径 $D=400mm$，缸内压力 p 在 $0\sim 2N/mm^2$ 之间变化，采用铜皮石棉垫片，试确定螺栓的公称直径。

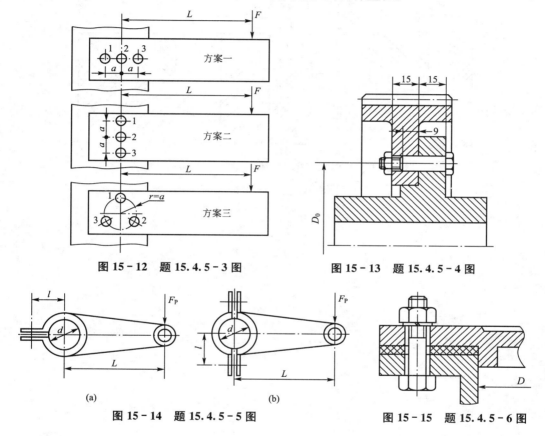

图 15−12 题 15.4.5−3 图   图 15−13 题 15.4.5−4 图

(a)   (b)

图 15−14 题 15.4.5−5 图   图 15−15 题 15.4.5−6 图

15.4.6 结构设计与分析题

1. 如图 15−16(a)所示，起重卷筒用螺栓与传动大齿轮相连接，起重重量 $W=4000N$，

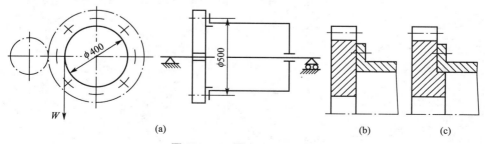

(a)   (b)   (c)

图 15−16 题 15.4.6−1 图

8个螺栓均匀分布在 $D=500\text{mm}$ 的圆周上，钢丝绳在卷筒上的工作直径 $D_0=400\text{mm}$，接合面间的摩擦系数 $f=0.15$。对下述3种情况进行螺栓组连接的受力分析，并计算单个螺栓的受力：(1)图 15-6(b)所示，采用普通螺栓连接；(2)图 15-6(b)所示，采用铰制孔用螺栓连接；(3)图 15-6(c)所示，采用普通螺栓连接。

2. 分析图 15-17 所示的螺纹连接结构，找出其中的错误，简单说明原因，并画图改正。

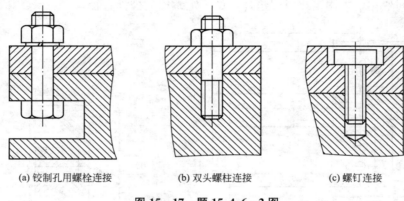

(a) 铰制孔用螺栓连接　　(b) 双头螺柱连接　　(c) 螺钉连接

图 15-17　题 15.4.6-2 图

第16章
键、花键、无键连接和销连接

16.1 学习要求、重点及难点

1. 学习要求

(1) 了解键连接的主要类型、特点及应用。

(2) 能根据键连接的结构、使用要求和工作状况来选择键的类型和尺寸，并能对平键连接进行强度校核计算。

(3) 了解花键连接的类型、特点和应用。

(4) 对无键连接和销连接的类型、特点及应用有一定的了解。

2. 学习重点

平键连接的选用和强度校核计算。

16.2 学习指导

1. 键连接的类型、特点和应用

键是一种标准件，通常用来实现轴与轮毂之间的周向固定以传递转矩。有些键还可实现轴上零件的轴向固定或轴向滑动的导向。

1) 平键连接(普通平键、导向平键、滑键)

(1) 工作原理：键的两侧面是工作面，工作时，靠键与被连接件键槽侧面的挤压和键的剪切传递转矩。

(2) 特点和应用如下。

① 普通平键连接(图 16 - 1(a)):用于静连接,即轮毂与轴之间无相对轴向移动。轴上键槽用键槽铣刀或盘铣刀加工,轮毂上键槽用拉刀或插刀加工。对中性好,结构简单,装拆方便,承载能力较大,应用最广泛。

② 导向平键连接(图 16 - 1(b)):导向平键是一种较长的平键,连接为动连接,键不动,轮毂轴向移动,轴上的传动零件可沿键作短距离轴向滑移。

③ 滑键连接(图 16 - 1(c)):此连接为动连接,滑键固定在轮毂上,键随轮毂移动,键可做得较短,只需在轴上铣出较长的键槽,就可实现轴上零件沿着键槽作较长距离的轴向滑移。

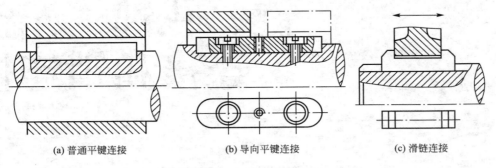

(a) 普通平键连接　　　　　(b) 导向平键连接　　　　　(c) 滑链连接

图 16 - 1　平键连接

2) 半圆键连接(图 16 - 2(a))

(1) 工作原理:键的两侧面是工作面,工作时,靠键与被连接件键槽侧面的挤压和键的剪切传递转矩。

(2) 特点和应用:轴上键槽用与半圆键形状相同的铣刀加工,键能在槽中绕几何中心摆动。其优点是工艺性好、装配方便,尤其适用于锥形轴端与轮毂的连接。缺点是轴上键槽较深,对轴的强度削弱较大,故一般只用于轻载静连接中。

3) 楔键连接(图 16 - 2(b))

(1) 工作原理:键的上、下面为工作表面,工作时,靠键的楔紧作用来传递转矩,同时还可承受单向的轴向载荷,对轮毂起到单向轴向固定作用。

(2) 特点和应用:键的上表面和轮毂键槽底面有 1:100 斜度(侧面有间隙),适用于低速轻载、定心精度要求不高的连接。

4) 切向键连接(图 16 - 2(c))

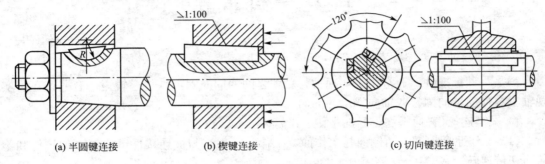

(a) 半圆键连接　　　　　(b) 楔键连接　　　　　(c) 切向键连接

图 16 - 2　其他键连接

（1）工作原理：靠键与被连接件的挤压和轴与轮毂的摩擦力传递转矩。

（2）特点和应用：由两个斜度为 1∶100 的楔键组成，一对楔键沿斜面拼合后相互平行的两个窄面为工作面，布置在圆周的切向，对轴的强度削弱较大。用一个切向键时，只能传递单向转矩；当要传递双向转矩时，必须用两个切向键，两者之间的夹角为 120°～130°。一般用于传递转矩大、对中性要求不高的大型轴毂连接中。

2. 普通平键连接的类型和特点

（1）圆头（A 型）普通平键连接（图 16-3(a)）：轴上键槽用键槽铣刀加工，键在轴上固定良好，但键槽对轴引起的应力集中较大。

（2）方头（B 型）普通平键连接（图 16-3(b)）：轴上键槽用盘铣刀加工，键槽处应力集中较小。

（3）单圆头（C 型）普通平键连接（图 16-3(c)）：轴上键槽用键槽铣刀加工，用于轴端。

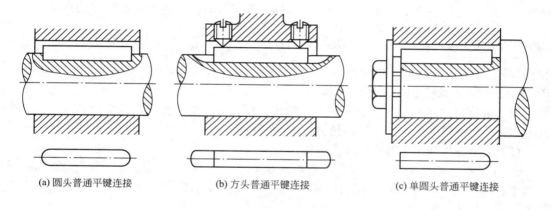

(a) 圆头普通平键连接　　(b) 方头普通平键连接　　(c) 单圆头普通平键连接

图 16-3　普通平键连接的类型

3. 平键连接的设计步骤

（1）根据键连接的工作条件，选择键连接的类型。选择时主要考虑：载荷（转矩）的大小和性质、转速高低、对中性要求和装配要求（静连接还是动连接、是否要有轴向固定作用、是否常拆装、位于轴的中部还是端部）等。

（2）根据轴的直径 d 和轮毂长度 L'，查手册确定键的尺寸（图 16-4）。

① 键的截面尺寸 $b×h$ 已标准化，由轴的直径 d 按标准选择。

② 键长 L 略小于轮毂的长度 L'，导向平键的长度还要考虑滑动距离，所选长度应符合标准中规定的长度系列。

（3）校核键连接的强度（图 16-5）。

主要失效形式：工作面被压溃（静连接——键、轴、毂中较弱者）；工作面过度磨损（动连接）；键的剪断（较少）。

强度计算：用于静连接的普通平键连接，通常只按工作面上的挤压应力进行强度校核计算。强度条件为：$\sigma_p = \dfrac{F}{kl} = \dfrac{2T×10^3}{kld} = \dfrac{4T×10^3}{hld} \leqslant [\sigma_p]$。

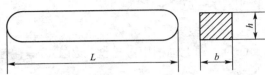

图 16-4 平键的尺寸   图 16-5 平键连接的受力情况

用于动连接的导向平键连接和滑键连接，通常按工作面的压力进行条件性强度校核计算。强度条件为：$p = \dfrac{F}{kl} = \dfrac{2T \times 10^3}{kld} = \dfrac{4T \times 10^3}{hld} \leqslant [p]$。

式中：T 为传递的转矩（N·m）；k 为键与键槽的接触高度，$k \approx \dfrac{h}{2}$，h 为键的高度（mm）；l 为键的工作长度（mm），$l_A = L - b$，$l_B = b$，$l_C = L - \dfrac{b}{2}$，L、b 为键长和键宽（mm）；d 为轴的直径（mm）；$[\sigma_p]$ 为键、轴、毂三者中最弱材料的许用挤压应力（MPa）；$[p]$ 为键、轴、毂三者中最弱材料的许用压力（MPa）。

用于静连接的半圆键、楔键和切向键的失效形式和强度计算详见相关资料。

（4）确定键槽的尺寸公差、形位公差和表面粗糙度。

（5）当键连接强度不够时，可采取以下措施。

① 用双键，两个平键最好布置在沿周向相隔 $180°$；两个半圆键应布置在轴的同一条母线上；两个楔键应布置在沿周向相隔 $90° \sim 120°$；两个切向键沿周向 $120°$ 布置。双键连接的强度按 1.5 个键计算。

② 适当增加键的长度，但不宜过长，一般 $L \leqslant (1.6 \sim 1.8)d$。

③ 适当加大轴的直径，以增加键的截面尺寸。

④ 改用花键连接。

4. 花键连接

花键连接由轴和轮毂周向均布多个键齿的外花键和内花键组成。因而传力大、对中性好、导向性好，且对轴的削弱小。但需用专门设备加工，成本高。适用于重载或变载，以及定心精度要求高或经常滑移的动、静连接。花键按齿形分为矩形花键、渐开线花键两类，均已标准化，其中矩形花键应用最广。花键连接的工作原理、强度校核与平键类似，只是各键齿上载荷分布不均匀，其不均匀程度对强度的影响用齿间载荷分布不均匀系数 ψ 修正。矩形花键连接（图 16-6(a)）和渐开线花键连接（图 16-6(b)）的特点及应用如下。

1）矩形花键

（1）定心方式为小径定心，定心精度高，定心稳定性好，能用磨削的方法消除热处理引起的变形，应用广泛。

（2）齿形尺寸在标准中规定了两个系列，即轻系列和中系列。其中轻系列多用于轻载静连接；中系列用于较重载荷静连接或空载下移动的动连接。

（3）可根据轴的直径 D 和标准确定其齿形尺寸 $z\times d\times D\times B$。

2）渐开线花键

（1）分度圆压力角有 $30°$ 和 $45°$ 两种，齿顶高分别为 $0.5m$ 和 $0.4m$（m 为模数）。

（2）定心方式为齿形定心，当齿受载时，齿上的径向力能自动定心，有利于各齿均载。

（3）渐开线花键承载能力最大，可用制造齿轮的方法来加工，工艺性好，制造精度也高，齿根强度高，应力集中小，易于定心，多用于重要场合或薄壁零件的轴毂连接。

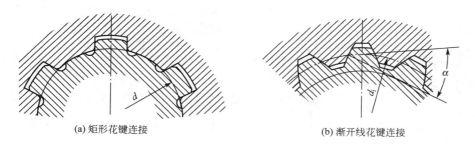

(a) 矩形花键连接　　　　　　　(b) 渐开线花键连接

图 16-6　花键连接

5. 无键连接

当轴与毂的连接不用键或花键时，称为无键连接。常见的无键连接有型面连接（图 16-7(a)）和胀紧连接（图 16-7(b)），二者的工作原理、特点及应用如下。

（1）型面连接：靠非圆柱表面的轴与毂孔的配合传递转矩。连接面应力集中小，对中性好，承载能力强，装拆方便，但加工比较复杂，需用专用设备，应用较少。

（2）胀紧连接：靠外套筒胀大撑紧毂、内套筒缩小箍紧轴时产生的压紧力所引起的摩擦力来传递转矩或（和）轴向力。定心性好，装拆方便，引起的应力集中较小，承载能力高，并且有安全保护作用。但由于要在轴和毂孔间安装胀套，应用时受到结构尺寸的限制。胀紧套的材料为高碳钢或高碳合金钢（65、70、55Cr2、60Cr2），并经热处理，锥角一般为 $12.5°\sim17°$，另外要求内、外套筒锥面配合良好。

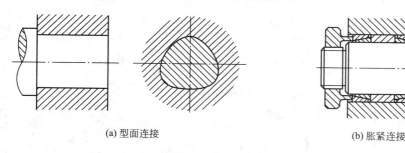

(a) 型面连接　　　　　　　　　(b) 胀紧连接

图 16-7　无键连接

6. 销连接

1）定位销、连接销和安全销（按功能分）

（1）定位销（图 16-8(a)）：主要用来固定零件之间的相对位置，常用作组合加工和装配时的主要辅助零件。定位销通常不受或受较小的载荷，故不作强度计算，其直径按结构确定，数目≥2(一般取两个)。

（2）连接销(图16-8(b))：主要用于零件间的连接或锁定，可传递不大的载荷。连接销的类型由工作要求选定，其尺寸可根据连接的结构特点按经验或规范确定，重要场合按挤压强度和剪切强度进行校核计算。

（3）安全销(图16-8(c))：主要用于安全保护装置中的过载剪断元件。安全销在机器过载时应被剪断，其直径由机器过载剪断的条件确定。

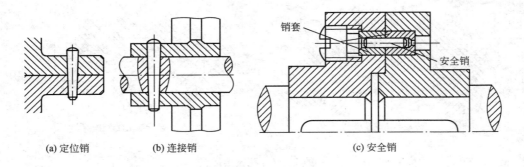

(a) 定位销   (b) 连接销   (c) 安全销

图 16-8 销的分类(按功能)

2）圆柱销、圆锥销、槽销、销轴和开口销(按形状分)

（1）圆柱销(图16-9(a))：圆柱销靠过盈配合固定在销孔中，经多次装拆会降低定位精度和可靠性。

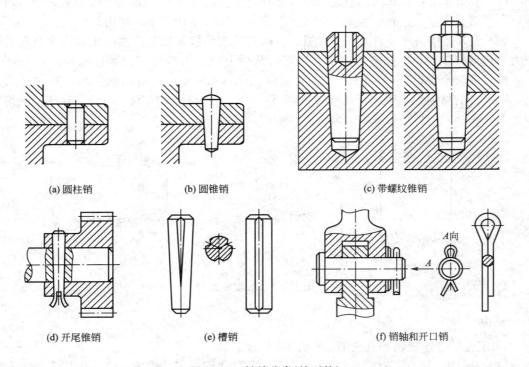

(a) 圆柱销   (b) 圆锥销   (c) 带螺纹锥销

(d) 开尾锥销   (e) 槽销   (f) 销轴和开口销

图 16-9 销的分类(按形状)

（2）圆锥销（图16-9(b)）：圆锥销具有1：50的锥度，安装方便，定位精度高，可多次装拆而不影响定位精度。

（3）特殊形式销（图16-9(c)、(d)）：端部带螺纹的圆锥销可用于盲孔或拆卸困难的场合。开尾圆锥销在连接时的防松效果好，适用于有冲击、振动场合的连接。

（4）槽销（图16-9(e)）：槽销上有辗压或模锻出的3条纵向沟槽，将槽销打入销孔后，由于材料的弹性使销挤压在销孔中，不易松脱，因而能承受振动和变载荷。

（5）销轴和开口销（图16-9(f)）：销轴用于两零件的铰接处，构成铰链连接（转动副）。销轴通常用开口销锁定，工作可靠，装拆方便。

16.3　典型例题解析

例16-1　一齿轮装在轴上，采用A型普通平键连接。齿轮、轴、键均采用45钢，键连接处轴的直径为$d=80mm$，轮毂长度$L'=150mm$，传递转矩$T=2000N\cdot m$，工作中有轻微冲击。试确定该平键尺寸和标记，并验算连接的强度。

解：（1）确定平键尺寸。由轴的直径$d=80mm$查得A型普通平键的截面尺寸$b=22mm$，$h=14mm$。结合轮毂长度及键的长度标准系列选取键的长度$L=140mm$。标记为：键22×140 GB/T 1096—2003。

（2）挤压强度校核计算：

$$\sigma_p=\frac{4T\times10^3}{hld}=\frac{4\times2000\times1000}{14\times(140-22)\times80}=60.5MPa$$

查得$[\sigma_p]=100\sim120MPa$，由于$\sigma_p<[\sigma_p]$，所以选择该尺寸的A型键是安全的。

例16-2　一双联齿轮（图16-10）需要在直径$d=50mm$的轴上滑移，移动距离$a=25mm$。若转矩$T=400N\cdot m$，有轻微冲击，齿轮轮毂长度$L'=70mm$。试设计该键连接。

要点分析：轴毂动连接可采用导向平键、滑键和花键连接3种形式，由于移动距离较短，故可选导向平键连接或花键连接。

解：1）导向平键连接

（1）确定导向平键尺寸。根据轴的直径$d=50mm$查标准得导向平键的截面尺寸$b=14mm$、$h=9mm$。轮毂长度与滑动距离的和为$L'+a=70+25=95mm$，键长L应略短于$L'+a$且符合标准长度系列，取$L=90mm$。

为减小轴上键槽的应力集中并增大工作长度，采用方头平键，导向平键用螺钉固定在轴上，键的工作长度$l=65mm$。

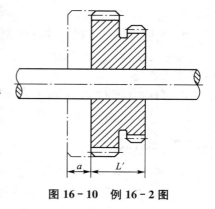

图16-10　例16-2图

（2）强度校核。导向平键的主要失效形式为磨损，应按压力作条件性计算。查得在轻微冲击下，轴、键、毂材料均为钢时，许用压力$[p]=40MPa$。

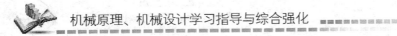

$$p=\frac{4T\times10^3}{hld}=\frac{4\times400\times1000}{9\times65\times50}=54.7\text{MPa}>[p]=40\text{MPa}，不合格。$$

（3）采用双导向平键（按 1.5 个键计）。$p=\dfrac{54.7}{1.5}=36.5\text{MPa}<[p]$，合格。

2）矩形花键连接

（1）确定花键的结构尺寸。根据轴的直径 $d=50\text{mm}$ 查标准得轻系列矩形花键的规格为：$z\times d\times D\times B=8\times46\text{mm}\times50\text{mm}\times9\text{mm}$，倒角 $C=0.3\text{mm}$。

（2）强度校核。

平均直径 $d_\text{m}=\dfrac{D+d}{2}=\dfrac{50+46}{2}=48\text{mm}$；键工作长度 $l=L'=70\text{mm}$；载荷分配不均匀

系数 $\psi=0.7$；齿面工作高度 $h=\dfrac{D-d}{2}-2C=\dfrac{50-46}{2}-2\times0.3=1.4\text{mm}$。

$$p=\frac{2T\times10^3}{\psi zhld_\text{m}}=\frac{2\times400\times1000}{0.7\times8\times1.4\times70\times48}=30.4\text{MPa}<[p]，合格。$$

3）比较

采用双导向平键成本比花键低些，但对中性较差，装配不太方便。双联滑移齿轮要求对中性较高，因此采用矩形花键连接较好。

16.4　同步训练题

16.4.1　填空题

1. 普通平键用于_____连接，其工作面是_____，工作时靠_____传递转矩，主要失效形式是_____。

2. 楔键的工作面_____，主要失效形式是_____。

3. 键 20×70 GB/T 1096—2003 的含义是_____。

4. 按键齿齿形不同，花键分为_____花键和_____花键。

5. 键连接中，导向平键主要用于_____连接，主要失效形式是_____，这种连接的强度条件是_____。

6. 当轴上零件需在轴上作距离较短的相对滑动，且传递转矩不大时，应采用_____连接；当传递转矩较大，且对中性要求高时，应采用_____连接。

16.4.2　选择题

1. 既可传递转矩，又可承受单向轴向载荷的是____连接。
   A. 普通平键　　　B. 半圆键　　　　C. 楔键　　　　　D. 切向键

2. 轴上键槽用盘铣刀加工的优点是____，这种键槽应采用____平键。
   A. 装配方便　　　B. 对中性好　　　C. 应力集中小　　D. 键的轴向固定好
   E. 圆头　　　　　F. 单圆头　　　　G. 方头

3. 当轮毂轴向移动距离较小时，可以采用____连接。
   A. 普通平键　　　B. 半圆键　　　　C. 导向平键　　　D. 滑键

4. 普通平键的截面尺寸 $b \times h$ 通常根据____从标准中选取。

    A. 传递的转矩   B. 传递的功率

    C. 轮毂的长度   D. 轴的直径

5. 普通平键的长度 L 一般根据____来确定。

    A. 传递的转矩   B. 传递的功率

    C. 轮毂的长度   D. 轴的直径

6. 在同一轴段上，若采用两个平键时，一般设在____的位置；若采用两个切向键时，一般设在____的位置；若采用两个半圆键时，一般设在____的位置上。

    A. 轴的同一条母线上   B. 周向相隔 90°

    C. 周向相隔 120°   D. 周向相隔 180°

7. 下面几种类型键连接的横截面中，____的结构不正确。

    A.   B.   C.   D.

8. 花键连接与平键连接相比较，____的观点是错误的。

    A. 承载能力较大   B. 对中性和导向性都比较好

    C. 对轴的强度削弱比较严重   D. 可采用磨削加工提高连接质量

9. 矩形花键连接通常采用____定心。

    A. 小径   B. 大径   C. 齿形

10. 型面曲线为摆线或等距曲线的型面连接与平键连接相比，下列叙述中不是型面连接优点的是____。

    A. 对中性好   B. 轮毂孔的应力集中小

    C. 装拆方便   D. 切削加工方便

16.4.3 简答题

1. 平键连接有哪些特点？

2. 普通平键连接有哪些失效形式？主要失效形式是什么？怎样进行强度校核？如经校核发现强度不足时，在不改变键的类型和尺寸的情况下可采取何种措施？

3. 切向键是如何工作的？主要用在什么场合？

4. 常用的花键齿形有哪几种？如何定心？各用于什么场合？

16.4.4 设计计算题

图 16-11 所示的凸缘半联轴器及圆柱齿轮分别采用键与减速器的低速轴相连接。试选择两处键的类型及尺寸，并校核其连接强度。已知：轴的材料为 45 钢，传递的转矩 $T=1000$N·m，齿轮的材料为锻钢，凸缘半联轴器材料为 HT200，工作时有轻微冲击，连接处轴与轮毂的尺寸如图所示。

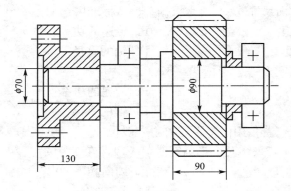

图 16 - 11   题 16.4.4 - 1 图

16.4.5   结构设计题

试指出下列结构图(图 16 - 12)中的错误,并画出正确的结构图。

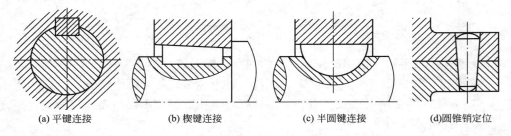

(a) 平键连接   (b) 楔键连接   (c) 半圆键连接   (d)圆锥销定位

图 16 - 12   题 16.4.5 - 1 图

第 **17** 章
带 传 动

17.1 学习要求、重点及难点

1. 学习要求

（1）了解带传动的类型、特点和应用场合。

（2）熟悉普通 V 带的结构及其标准、V 带传动的张紧方法和装置。

（3）掌握带传动的工作原理和工作时的受力分析、带的应力分析、弹性滑动与打滑等工作情况分析的基本理论，并由此掌握带传动的失效形式及设计准则。

（4）能够合理地选择 V 带传动的参数，并能够分析主要参数对传动性能的影响。

（5）能够根据工程实际需要进行 V 带传动的设计计算和 V 带轮的结构设计。

2. 学习重点

（1）带传动工作时的受力分析、带的应力分析、弹性滑动和打滑现象产生的机理。

（2）带传动的失效形式及设计准则。

（3）V 带传动的参数选择和设计计算方法。

3. 学习难点

（1）带传动的弹性滑动和打滑。

（2）V 带传动的参数选择。

17.2 学 习 指 导

1. 带传动的类型、特点和应用场合（表 17 - 1）

带传动有平带传动、V 带传动、多楔带传动和同步带传动等，除同步带传动以外，其他带传动都是依靠传动带与带轮之间的摩擦力来传递运动和动力的。

表 17 - 1　带传动的类型、特点和应用场合

类型	结构图	标准化	特点	应用场合
平带传动		已标准化	结构最简单，传动效率高，皮带柔性好，可实现多种形式的传动（开口、交叉、半交叉），带轮容易制造	传动中心距较大的情况下应用较多
V 带传动		已标准化	当量摩擦系数大，承载能力大，只用于开口传动	应用最为广泛
多楔带传动			兼有平带柔性好和 V 带摩擦力大的优点	适于传递功率较大同时要求结构紧凑的场合，可承受变载荷或冲击
同步带传动		已标准化	同步带比较薄、比较轻，属于啮合传动，传动比准确，压轴力小，但制造和安装要求高	一般用于高速、高精度的仪器装置中

2. 带传动工作情况分析

1) 带传动的受力分析

(1) 带传动安装时(不工作)(图 17 - 1(a))，必须保证带具有一定的初拉力 F_0(张紧力)以使带与带轮相互压紧，此时带两边的拉力相等，均为 F_0，带与带轮之间产生正压力。

(2) 当带传动工作时(图 17 - 1(b))，主动轮转动，并通过接触面间的摩擦力带动带运动，此时，主动轮作用在带上的摩擦力方向与主动轮转向相同。在从动轮一边，带通过与从动轮间的摩擦力带动从动轮转动，从动轮作用于带上的摩擦力方向与带的运动方向相反。

(3) 绕上主动轮一边的带被进一步拉紧，拉力由 F_0 增大到 F_1，成为紧边；绕出主动轮一边的带受到的拉力减少到 F_2，成为松边；紧边拉力的增量等于松边拉力的减少量，即 $F_1 - F_0 = F_0 - F_2$。

(4) 带两边的拉力差 $F_1 - F_2$ 即为带的有效拉力 F_e，该有效拉力在数值上等于沿带轮接触弧上摩擦力的总和 F_f。带与带轮的摩擦系数、张紧程度和包角等因素决定了该摩擦力

的总和为一极限值,该极限值决定了带传动的工作能力。如果带传动的工作阻力超过了该极限值,则带在带轮上发生打滑,使带传动不能正常工作。

(5) 带的紧边拉力 F_1、松边拉力 F_2、传递的有效拉力 F_e、张紧力 F_0 之间有如下关系:$F_1+F_2=2F_0$,$F_e=F_f=F_1-F_2$。

在打滑的临界状态下(由静摩擦向动摩擦过渡的临界状态),紧边与松边拉力之比符合柔韧体摩擦的欧拉公式,即 $\dfrac{F_1}{F_2}=e^{f\alpha}$。

由以上公式可求出带传动的最大有效拉力(临界有效拉力)为

$$F_{ec}=2F_0\,\frac{e^{f\alpha}-1}{e^{f\alpha}+1}=2F_0\,\frac{1-\dfrac{1}{e^{f\alpha}}}{1+\dfrac{1}{e^{f\alpha}}}$$

式中:f 为摩擦系数;α 为小带轮上的包角。

(6) 影响带传动工作能力(最大有效拉力)的因素及提高带传动工作能力的措施如下。

① 张紧力 F_0:F_{ec} 与张紧力 F_0 成正比→安装时保证适当的张紧力,F_0 等于零时,就根本不能传动。

② 小带轮上包角 α_1:F_{ec} 随包角 α_1 的增大而增大→增大包角 α_1 就要合理选择中心距 a,带轮直径 d_{d1}、d_{d2} 等有关参数。

③ 摩擦系数 f:F_{ec} 随摩擦系数 f 的增大而增大→增加带与带轮之间摩擦系数,选用铸铁带轮,采用 V 带传动。

(7) 实际有效拉力 F_e 的数值与传动中的包角大小和摩擦系数无关,它是一个已知数值,由传递的功率 P 和带的速度 v 决定,即 $F_e=\dfrac{1000P}{v}$。

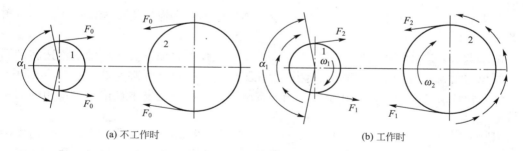

(a) 不工作时   (b) 工作时

图 17-1　带传动的受力分析

2) 带的应力分析

带传动工作时,带的截面上所受的应力有以下 3 种。

(1) 拉应力 σ:紧边拉应力 $\sigma_1=\dfrac{F_1}{A}$,松边拉应力 $\sigma_2=\dfrac{F_2}{A}$。由于 $F_1>F_2$,所以 $\sigma_1>\sigma_2$。

(2) 离心应力 σ_c:离心应力 σ_c 实际上是由离心力(惯性力)引起的拉应力增量。$\sigma_c=\dfrac{qv^2}{A}$,其值在带的全长上相等,离心应力与带的线密度 q 和带的速度 v 有关,与带速关系最大,这就是需要限制带速的原因。

（3）弯曲应力 σ_b：$\sigma_b = E\dfrac{h}{d_d}$（小带轮上：$\sigma_{b1} = E\dfrac{h}{d_{d1}}$，大带轮上 $\sigma_{b2} = E\dfrac{h}{d_{d2}}$）。因 σ_b 与带轮直径 d_d 成反比，当 $i \neq 1$ 时，小带轮直径 $d_{d1} <$ 大带轮直径 d_{d2}，所以 $\sigma_{b1} > \sigma_{b2}$。弯曲应力 σ_b 与带的厚度 h 和带轮直径 d_d 有关，这就是要限制 $\dfrac{h}{d_d}$ 特别是要限制小带轮基准直径 d_{d1} 的原因，设计时应使 $d_{d1} > (d_d)_{min}$。

（4）结论：①带在工作中受到的应力是变化的，故易发生疲劳破坏，它是带传动主要失效形式之一；②如图 17-2 所示，最大应力发生在带的紧边开始绕上小带轮处，此处应力为 $\sigma_{max} = \sigma_1 + \sigma_c + \sigma_{b1}$。

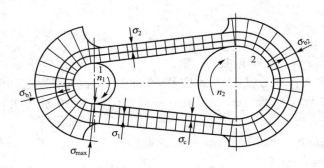

图 17-2 带传动工作时带的应力分布

3）带的弹性滑动和打滑

带的弹性滑动和打滑是带传动的两种工作状态。

（1）带的弹性滑动：弹性滑动是在正常工作状态下发生的一种带和带轮之间的局部滑动。

产生的原因：①带本身是弹性体，可发生弹性变形；②带的松边与紧边之间存在着拉力差。

由于带从紧边转到松边时，其拉力减小，要产生弹性收缩；反之，带从松边转到紧边时，其拉力增大，要产生弹性伸长。因而带在工作过程中就不可避免要产生弹性滑动。

带的弹性滑动并不是发生在全部包角的接触弧上，而总是发生在位于滑动角的那一部分接触弧上。

引起的后果：①从动轮的圆周速度 v_2 总是落后于主动轮的圆周速度 v_1；②损失一部分能量，降低了传动效率，会使带的温度升高，并引起传动带磨损。只要利用带传递运动和动力，弹性滑动就不可避免地产生，但弹性滑动不影响带传动正常工作。

弹性滑动会使从动轮的圆周速度 v_2 低于主动轮的圆周速度 v_1，从动轮速度降低的程度可用带传动的滑动率（滑动系数）ε 表示，即：$\varepsilon = \dfrac{v_1 - v_2}{v_1} = 1 - \dfrac{d_{d2}}{d_{d1}}\dfrac{n_2}{n_1}$。

实际平均传动比：$i = \dfrac{n_1}{n_2} = \dfrac{d_{d2}}{(1-\varepsilon)d_{d1}}$，理论平均传动比：$i = \dfrac{n_1}{n_2} \approx \dfrac{d_{d2}}{d_{d1}}$。

由此看来，由于弹性滑动的影响，将使实际平均传动比大于理论传动比。但在一般的传动中，因滑动率并不大（$\varepsilon = 1\% \sim 2\%$），故可不予考虑。

（2）带的打滑：打滑是由于要求带所传递的圆周力超过了带与带轮间的最大摩擦力（即最大有效拉力）而引起的带在带轮上的全面滑动（使滑动角扩大到几何包角），从而使带不能带动从动轮的现象。

打滑的后果：①带的磨损加剧，寿命下降；②急剧发热烧带；③从动轮的转速急剧下降，导致传动失效。

打滑的特点：①打滑是带传动的主要失效形式之一，此种情况可以避免，且必须避免；②短时打滑起到过载保护作用；③打滑先发生在小带轮处。

3. 带传动的失效形式、设计准则及单根 V 带的额定功率 P_r

1) 主要失效形式

打滑和疲劳破坏。

2) 设计准则

在保证不打滑的条件下，使带传动具有一定的疲劳强度和寿命。即：$F_e \leqslant F_{ec}$（不打滑），$\sigma_{max} = \sigma_1 + \sigma_c + \sigma_{b1} \leqslant [\sigma]$（不疲劳破坏）。

3) 具体做法

确定单根 V 带所能传递的额定功率 P_r；根据 V 带传动的设计功率确定 V 带安全工作的根数。

4) 单根 V 带的额定功率 P_r

单根 V 带的基本额定功率为

$$P_0 = \frac{F_{ec}v}{1000} = \frac{F_1\left(1-\frac{1}{e^{f_v\alpha}}\right)v}{1000} = \frac{\sigma_1 A\left(1-\frac{1}{e^{f_v\alpha}}\right)v}{1000} = \frac{([\sigma]-\sigma_{b1}-\sigma_c)\left(1-\frac{1}{e^{f_v\alpha}}\right)Av}{1000}$$

P_0 是在特定条件下（载荷平稳、包角 $\alpha=180°$、特定带长）通过实验得出的，在计算时可查表求得。

在实际工作条件下，对上式进行修正可得到单根 V 带的额定功率：$P_r = (P_0 + \Delta P_0)K_\alpha K_L$。

式中：P_0 为特定条件下单根 V 带的基本额定功率(kW)；ΔP_0 为额定功率的增量，是考虑 $i \neq 1$ 时，带在大带轮上的弯曲应力变小、传动能力增大而增加的传动功率(kW)；K_α 为包角系数，计入小带轮包角 $\alpha \neq 180°$ 时对传动能力的影响；K_L 为长度系数，计入带长不等于试验中特定带长时对应力循环次数和许用应力的影响。

4. 带传动主要参数的选择

1) 传动比 i

在中心距一定的条件下，传动比过大，则小带轮包角过小，会大大降低带传动的工作能力。因此，带传动的传动比一般为 $i \leqslant 7$，推荐值为 $i=2\sim5$。

2) 带轮基准直径

(1) 小带轮基准直径 d_{d1} 的选择。小带轮直径 d_{d1} 是带传动最重要的设计参数，选取时要注意：a. 要求 $d_{d1} > (d_d)_{min}$，并取标准值。为了提高 V 带的寿命（避免弯曲应力过大），宜选取较大的直径。b. 满足带速要求：$v_{min} \leqslant v \leqslant v_{max}$（$v_{min}$ 一般为 5m/s；普通 V 带 $v_{max} = 25\sim30$m/s，窄 V 带 $v_{max} = 35\sim40$m/s）。若 $v > v_{max}$，则离心应力过大，此时应减小 d_{d1}；若 v 过小，则表示所选 d_{d1} 过小，这将使所需的有效拉力 F_e 过大，即所需带的根数过多，从而使带轮的宽度随之增大，而且也增大了载荷在 V 带之间分配的不均匀性。

(2) 从动轮的基准直径的确定。$d_{d2} = id_{d1}$，并圆整为较近的标准值。

(3) 校验传动比误差。$\Delta = 1 - \dfrac{i'}{i} = 1 - \dfrac{d_{d2}/d_{d1}}{i}$，一般工程中的带传动允许传动比有 3%～5%的误差，如果超差，则需重新选择 d_{d1}，再进行校验，直到合格为止。

3) 中心距 a 和带长 L_d

(1) 如中心距未给出，可按结构由 $0.7(d_{d1}+d_{d2}) < a_0 < 2(d_{d1}+d_{d2})$ 初定中心距 a_0。中心距过大，则传动的外廓尺寸大，且带易颤动，影响正常工作；中心距过小，包角 α_1 减小，导致传动能力下降，且带长减小，使带单位时间内的绕转次数增多，寿命降低。

(2) 由带传动的几何关系计算带长 $L_{d0}\left(L_{d0} \approx 2a_0 + \dfrac{\pi}{2}(d_{d1}+d_{d2}) + \dfrac{(d_{d2}-d_{d1})^2}{4a_0}\right)$，选取与 L_{d0} 相近的标准 V 带基准长度 L_d。

(3) 计算实际中心距 $a\left(a \approx a_0 + \dfrac{L_d - L_{d0}}{2}\right)$。验算包角 α_1，使 $\alpha_1 \geqslant 120°$。

4) 带的根数 z

由 $z = \dfrac{P_{ca}}{(P_0 + \Delta P_0)K_\alpha K_L} = \dfrac{K_A P}{(P_0 + \Delta P_0)K_\alpha K_L}$（其中：$P_{ca}$——计算功率(kW)；$K_A$——工作情况系数(可查表得到)；$P$——所需传递的功率(kW)，如电动机的额定功率或名义的负载功率)计算并取大于计算值的整数作为所需带的根数。为使各根带受力均匀，带的根数不宜过多，一般 $z = 2$～5 为宜，最多不能超过 10 根，否则应改选带的型号重新设计。另外，适当增大小带轮直径或中心距，也可减少带的根数。因为 d_{d1} 增大，P_0 增大；a 增大，带长增大(K_L 增大)，小带轮包角增大(K_α 增大)。

5. 带传动的设计计算

1) 原始数据

传递的功率 P、传动参数(传动比 i，转速 n_1、n_2 等)、传动位置要求(中心距 a)和工作条件等。

2) 设计内容

确定带的型号、长度及根数；确定大、小带轮直径，设计带轮结构；确定中心距；设计张紧装置等。

3) 具体设计步骤

(1) 确定计算功率 P_{ca}。

(2) 选择带的型号：由计算功率 P_{ca} 和小带轮转速 n_1，根据 V 带选型图选择带的型号。

(3) 确定带轮的基准直径 d_{d1} 和 d_{d2}，验算带速和传动比误差。

(4) 确定中心距 a 和带的基准长度 L_d，验算小带轮包角 α_1。

(5) 确定带的根数 z。

(6) 计算带的张紧力 F_0 及压轴力 F_p。

(7) 设计带轮结构，确定其各部分尺寸、公差、表面粗糙度及相关技术要求，绘制带轮零件工作图。

17.3　典型例题解析

例 17-1　单根 V 带传动的张紧力 $F_0 = 354\text{N}$，主动带轮的基准直径 $d_{d1} = 160\text{mm}$，主

动带轮的转速 $n_1 = 1500\text{r/min}$，主动带轮上的包角 $\alpha_1 = 150°$，带与带轮的摩擦系数 $f = 0.4$，忽略带的离心力的影响。试求：(1)V 带紧边和松边拉力 F_1、F_2；(2)V 带传动能传递的最大有效拉力 F_{ec} 和最大功率 P_{max}。

解：(1) 由带传动受力分析的基本公式得

$$F_1 + F_2 = 2F_0 = 708\text{N}, \quad \frac{F_1}{F_2} = e^{f\alpha_1} = e^{0.4 \times \frac{150°}{180°}\pi} = 2.85(\text{打滑的临界状态下})$$

解得：$F_1 = 524\text{N}$、$F_2 = 184\text{N}$。

(2) 最大有效拉力：$F_{ec} = F_1 - F_2 = 524 - 184 = 340\text{N}$。

带速：$v = \dfrac{\pi d_{d1} n_1}{60 \times 1000} = \dfrac{\pi \times 160 \times 1500}{60 \times 1000} = 12.57\text{r/min}$。

最大功率：$P_{max} = \dfrac{F_{ec} v}{1000} = \dfrac{340 \times 12.57}{1000} = 4.27\text{kW}$。

例 17-2 已知一 V 带传动的主动带轮基准直径 $d_{d1} = 100\text{mm}$，从动带轮基准直径 $d_{d2} = 400\text{mm}$，中心距 a_0 约为 480mm，主动带轮装在转速 $n_1 = 1450\text{r/min}$ 的电动机上，三班制工作，载荷平稳，采用两根基准长度 $L_d = 1800\text{mm}$ 的 A 型普通 V 带。试求该传动所能传递的功率。

解：(1) 计算传动比和小带轮包角，为查表做准备。

传动比：$i = \dfrac{d_{d2}}{d_{d1}} = \dfrac{400}{100} = 4$。

小带轮包角：$\alpha_1 = 180° - \dfrac{d_{d2} - d_{d1}}{a} \times 57.3° = 180° - \dfrac{400 - 100}{480} \times 57.3° = 144.2°$。

(2) 查表确定单根 V 所能传递的额定功率计算公式 $P_r = (P_0 + \Delta P_0)K_\alpha K_L$ 中各个量的大小。

由 A 型带、$d_{d1} = 100\text{mm}$、$n_1 = 1450\text{r/min}$，查单根普通 V 带基本额定功率表，$P_0 = 1.32\text{kW}$。

由 A 型带、$i = 4$、$n_1 = 1450\text{r/min}$，查单根普通 V 带额定功率的增量表，$\Delta P_0 = 0.17\text{kW}$。

由 V 带长度系数表查得 $K_L = 1.01$。

由包角修正系数表查得 $K_\alpha = 0.91$。

根据带的根数计算公式 $z = \dfrac{P_{ca}}{(P_0 + \Delta P_0)K_\alpha K_L} = \dfrac{K_A P}{(P_0 + \Delta P_0)K_\alpha K_L}$ 可得出该带传动所能传递的功率为 $P = \dfrac{z(P_0 + \Delta P_0)K_\alpha K_L}{K_A}$。

根据该 V 带传动的工作条件可查得 $K_A = 1.2$，所以

$$P = \frac{z(P_0 + \Delta P_0)K_\alpha K_L}{K_A} = \frac{2 \times (1.32 + 0.17) \times 0.91 \times 1.01}{1.2} = 2.28\text{kW}$$

例 17-3 某带传动装置的主动轴转矩为 T_1，主动带轮直径 $d_{d1} = 100\text{mm}$，从动带轮直径 $d_{d2} = 150\text{mm}$，运转时发生了严重打滑现象，后将带轮直径改为 $d'_{d1} = 150\text{mm}$，$d'_{d2} = 225\text{mm}$，带长相应增加，传动变为正常。试分析其原因何在？

解：带传动不发生打滑的条件是需要传递的有效拉力(外载)F_e 小于带传动所能传递的最大有效拉力 F_{ec}。本题中未改变带轮直径之前发生了严重打滑现象，其原因就是过载，即 $F_e > F_{ec}$。

带传动需要传递的有效拉力为 $F_e = \dfrac{2000 T_1}{d_{d1}}$，当小带轮直径变为原来的 1.5 倍时，则 F_e 是原来的 $\dfrac{2}{3}$ 倍。而在张紧力 F_0、带和带轮材料不变时，带传动能传递的最大有效拉力变化不大，此时 $F_e \leqslant F_{ec}$，避免了打滑。

17.4 同步训练题

17.4.1 填空题

1. 一普通 V 带表面上印有 B2240，它表示该 V 带的带型是_____型，_____为 2240mm。

2. 带传动所能传递的最大有效拉力决定于_____、_____和_____三个因素。

3. 某普通 V 带传动，实际传递的功率 $P = 7.5$kW，带速 $v = 10$m/s，紧边拉力 F_1 是松边拉力 F_2 的 2 倍。则有效拉力 $F_e =$_____ N，紧边拉力 $F_1 =$_____ N，松边拉力 $F_2 =$_____ N，初拉力 $F_0 =$_____ N。

4. 带传动工作中，带中所受的三种应力是_____、_____和_____。若小带轮为主动轮，则带中应力的最大值发生在带的_____边靠近_____处。

5. 带传动中，小带轮直径越小，弯曲应力越_____，弯曲应力是引起带_____的主要因素。

6. 带传动中，带在带轮上的滑动分为_____和_____两种，其中_____是带传动正常工作时所不允许的。

7. 一 V 带传动的主、从动带轮的基准直径 $d_{d1} = 100$mm、$d_{d2} = 400$mm，主动带轮转速 $n_1 = 1460$r/min，滑动率 $\varepsilon = 0.02$，传递功率 $P = 10$kW。带速 $v =$_____ m/s，有效拉力 $F_e =$_____ N，从动带轮实际转速 $n_2 =$_____ r/min。

8. 带传动中，打滑是指_____，多先发生在_____带轮上。即将打滑时带的紧边拉力 F_1 与松边拉力 F_2 的关系为_____。

9. 带传动中，由于_____引起的带与带轮间的全面滑动称为_____，而由于带的弹性变形和拉力差而引起带与带轮间的微量滑动称为_____。

10. 带传动的主要失效形式是_____和_____。

11. 带传动的设计准则是：在保证不_____的条件下，使带传动具有一定的_____和寿命。

12. 在设计 V 带传动时，V 带的型号根据_____和_____选取。

13. 常见的 V 带传动张紧装置有_____、_____和_____等几种。

14. 保持适当的张紧力是保证带传动正常工作的重要条件，张紧力不足，则_____；张紧力过大，则_____。

17.4.2 判断题

1. V 带截面为等腰梯形，传动时的工作面为 V 带的两侧面。 （　　）

2. V 带的工作面是两侧面，因而与平带相比，在同样的张紧力下，带与带轮间能产生较大的正压力及摩擦力，所以能传递较大的圆周力。 （　　）

3. 带传动的有效拉力等于紧边拉力加上松边拉力。 （　　）

4. 带传动中，带每运转一周，带所受的拉应力是不变的。 （　　）

5. 为了避免带的弯曲应力过大，在设计带传动时需要限制小带轮的最小基准直径。 （　　）

6. 带传动的中心距与小带轮的直径不变时，若增大传动比，则小带轮上的包角将减小。 （　　）

7. 在带传动中，弹性滑动是由于带与带轮间的摩擦力不够大而造成的。 （　　）

8. 带传动工作时产生弹性滑动是因为带的初拉力不够。 （　　）

9. V 带传动中的弹性滑动是可以避免的。 （　　）

10. 摩擦型带传动和渐开线齿轮传动都能实现恒定的瞬时传动比。 （　　）

11. 带传动的弹性滑动将引起在主动带轮上带的速度要逐渐迟后于主动带轮轮缘的速度，在从动带轮上带的速度要逐渐超前于从动带轮轮缘的速度。 （　　）

12. 带传动传递载荷时，带的弹性滑动发生在全部接触弧上。 （　　）

13. 正是由于过载时产生弹性滑动，故带传动对传动系统具有过载保护作用。 （　　）

14. 为了避免带打滑，可将带轮上与带接触的表面加工得粗糙些以增大摩擦。 （　　）

15. 带传动中的打滑总是在小带轮上先开始。 （　　）

16. V 带轮的最小基准直径取决于带的型号。 （　　）

17. 单根 A 型 V 带比 Z 型 V 带所能够传递的功率小。 （　　）

18. 设计 V 带传动时，选择小带轮基准直径 $d_{d1} \geqslant (d_d)_{\min}$，其主要目的是为了使带轮容易制造。 （　　）

19. V 带传动中，带的根数越多越好。 （　　）

20. V 带传动中，限制带的根数 $z \leqslant z_{\max}$，主要是为了限制带轮的宽度。 （　　）

21. 对于带速不高的带传动，其带轮材料多为灰铸铁。 （　　）

22. 为了使 V 带的工作侧面能与 V 带轮轮槽的工作侧面紧紧贴合，因为 V 带的两侧面夹角为 40°，因而 V 带轮轮槽楔角也应为 40°。 （　　）

23. 带传动采用张紧装置的目的是调节带的初拉力。 （　　）

24. 在多根 V 带传动中，当一根带失效时，只需换上一根新带即可。 （　　）

17.4.3　选择题

1. V 带传动主要依靠____传递运动和动力。
   A. 带和带轮接触面间的摩擦力　　　B. 带的张紧力
   C. 带的紧边拉力

2. 与 V 带传动相比，同步带传动的突出优点是____。
   A. 传动功率大　　　　　　　　　B. 传动效率高
   C. 传动比准确　　　　　　　　　D. 带的制造成本低

3. 张紧力相同时，V 带传动比平带传动传递功率大的原因是____。
   A. V 带比平带厚　　　　　　　B. V 带两侧面为工作面，摩擦力大
   C. V 带为无接头环形带

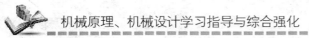

4. 下列型号 V 带中，____横截面积最大。

    A. Y 型   B. C 型   C. A 型   D. E 型

5. V 带传动中，主动轮和从动轮的转动方向____。

    A. 相同   B. 相反   C. 根据需要可相同或相反

6. 用____提高带传动传递的功率是不合适的。

    A. 适当增加初拉力 F_0 B. 增大中心距 a

    C. 增加带轮表面粗糙度   D. 增大小带轮基准直径 d_{d1}

7. 中心距一定的带传动，小带轮上包角的大小由____决定。

    A. 小带轮直径   B. 大带轮直径

    C. 两带轮直径之和   D. 两带轮直径之差

8. 当摩擦系数与初拉力一定时，带传动在打滑的临界状态下所能传递的最大有效圆周力随____的增大而增大。

    A. 带的线速度   B. 小带轮上的包角

    C. 大带轮上的包角   D. 带轮宽度

9. 一定型号的 V 带传动，若小带轮直径一定，增大其传动比，则带绕过大带轮上的弯曲应力____。

    A. 减小   B. 增大   C. 不变

10. 带传动的离心应力不宜过大，因此设计带传动时应限制____。

    A. 带的横截面积 A B. 带单位长度的质量 q

    C. 带的线速度 v

11. 型号一定的 V 带受到的弯曲应力随小带轮直径的增大而____。

    A. 减小   B. 增大   C. 不变

12. 为了提高带传动的疲劳寿命，应尽量减小弯曲应力，在设计时应限制____。

    A. v_{max} B. $(d_d)_{min}$ C. 循环次数 N

13. 带传动在工作时产生弹性滑动，是由于____。

    A. 带的初拉力不够   B. 带的紧边和松边拉力不等

    C. 带绕过带轮时有离心力   D. 带和带轮间摩擦力不够

14. 带传动中的弹性滑动发生在____。

    A. 主动轮上   B. 从动轮上   C. 主动轮和从动轮上

15. 带传动中的打滑总是____。

    A. 在小带轮上先开始   B. 在大带轮上先开始

    C. 在两轮上同时开始

16. 在普通 V 带传动中，从动轮的圆周速度 v_2 低于主动轮的圆周速度 v_1，其速度损失常用滑动率 $\varepsilon=\dfrac{v_1-v_2}{v_1}\times100\%$ 表示，ε 值随所传递的载荷的增加而____。

    A. 减小   B. 增大   C. 不变

17. 带传动的主动带轮直径为 $d_{d1}=180mm$，从动带轮直径为 $d_{d2}=710mm$，转速 $n_1=940r/min$，转速 $n_2=233r/min$，则滑动率 ε 为____。

    A. 1.2%   B. 1.5%   C. 1.8%   D. 2.2%

18. 要求单根 V 带所传递的功率不超过该单根 V 带允许传递的额定功率 P_r，这样带传动就不会发生____失效。

    A. 弹性滑动   B. 疲劳破坏

    C. 打滑   D. 打滑和疲劳破坏

    E. 弹性滑动和疲劳破坏

19. 设计 V 带传动时，如小带轮包角 α_1 过小（$\alpha_1 < 90°$），可行的解决办法是____。

    A. 增大中心距   B. 减小中心距   C. 减小带轮直径

20. 在 V 带传动设计中，一般选取传动比 $i \leqslant 7$，$i_{\max}$ 受____限制。

    A. 小带轮的包角   B. 小带轮直径

    C. 带的速度   D. 带与带轮间的摩擦系数

21. 带传动的中心距过大会导致____。

    A. 带的寿命缩短   B. 弹性滑动加剧

    C. 工作时噪声增大   D. 工作时出现颤动

22. 两带轮基准直径一定时，减小中心距将引起____。

    A. 带传动效率降低   B. 弹性滑动加剧

    C. 工作时噪声增大   D. 小带轮上的包角减小

23. V 带传动中，当其工作条件和带的型号一定时，单根 V 带的基本额定功率 P_0 随小带轮基准直径 d_{d1} 的增大而____。

    A. 减小   B. 不变

    C. 增加   D. 与带轮的基准直径无关

24. 在具体设计 V 带传动时，a：确定带轮直径 d_{d1}、d_{d2}，b：选择带的型号，c：确定带的长度 L_d，d：确定带的根数 z，e：选定初步中心距 a_0，f：计算实际中心距 a，g：计算作用在轴上的压力 F_p。以上各项目进行的顺序为____。

    A. a－b－c－e－f－d－g   B. a－b－d－e－c－f－g

    C. b－a－e－c－f－d－g   D. b－a－e－f－c－d－g

25. 带轮是采用实心式、腹板式或轮辐式，主要取决于____。

    A. 传递的功率   B. 带的型号

    C. 带轮直径   D. 小带轮转速

26. V 带轮轮槽楔角 φ 随带轮直径的减小而____。

    A. 减小   B. 增大

    C. 不变   D. 先增大，后减小

27. V 带安装后，带在轮槽中的三个位置如下图所示，其中____是正确的。

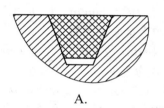   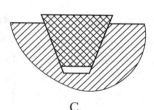

    A.   B.   C.

28. 带传动采用张紧装置的目的是____。

    A. 减轻带的弹性滑动   B. 提高带的寿命

C. 改变带的运动方向   D. 调节带的初拉力

17.4.4 简答题

  1. 为什么说弹性滑动是带传动固有的物理现象？

  2. 带传动工作时松边带速与紧边带速是否相等？如不相等说明哪个更大，并说明原因。

  3. 确定普通 V 带传动小带轮基准直径 d_{d1} 时，应考虑哪些因素？

  4. 普通 V 带传动的带速 v 为什么要限制在 5～25m/s 范围内？

  5. V 带传动设计计算主要确定哪些内容？

  6. V 带传动设计计算中为什么要校验小带轮上的包角？

  7. 为什么要控制 V 带传动中带的初拉力的大小？

  8. 为什么普通 V 带两侧面夹角为 40°，而其带轮轮槽楔角常是 34°、36°或 38°？什么情况下用较小的轮槽楔角？

  9. V 带传动中，在什么情况下需采用张紧轮进行张紧？张紧轮布置在什么位置较为合理？

  10. V 带传动在由多种传动组成的传动系统中应如何布置？

17.4.5 分析与设计计算题

  1. 单根 V 带传递的最大功率 $P_{max}=4.82kW$，小带轮基准直径 $d_{d1}=180mm$，$n_1=1450r/min$，小带轮上包角 $\alpha_1=152°$，带和带轮的当量摩擦系数 $f_v=0.25$。试确定带传动的最大有效圆周力 F_{emax}、紧边拉力 F_1、松边拉力 F_2 和张紧力 F_0。

  2. 在图 17-3 所示的带传动中，图(a)为减速传动，图(b)为增速传动，中心距相同。设带轮基准直径 $d_{d1}=d_{d4}$，$d_{d2}=d_{d3}$，带轮 1 和带轮 3 为主动轮，它们的转速均为 $n(r/min)$。在其他条件相同情况下，试分析：(1)哪种传动装置传递的圆周力大？为什么？(2)哪种传动装置传递的功率大？为什么？(3)哪种传动装置中带的寿命长？为什么？

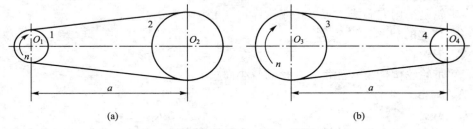

(a)   (b)

图 17-3 题 17.4.5-2 图

  3. 图 17-4 所示为一 V 带传动，已知：主动带轮基准直径 $d_{d1}=360mm$，从动带轮基准直径 $d_{d2}=180mm$，包角 $\alpha_1=200°$，$\alpha_2=160°$，带与带轮间的当量摩擦系数 $f_v=0.4$，带的初拉力 $F_0=180N$。试分析：(1)当从动轮上的阻力矩为 20N·m，主动轮在足够大的电机驱动下，会发生什么现象？(2)此时，带的紧边和松边拉力各为多少？

  4. 一带式输送机的传动装置如图 17-5 所示，已知带轮直径 $d_{d1}=140mm$，$d_{d2}=400mm$，输送带的速度 $v=0.3m/s$。为提高生产率，拟在输送机载荷不变(拉力 F 不变)的条件下，将输送带的速度提高到 $v=0.42m/s$。有人建议将大带轮直径减小为 $d_{d2}=280mm$ 来实现这一要求。(1)试就带传动讨论这个建议是否合理；(2)如不合理，请提出可行的改进办法。

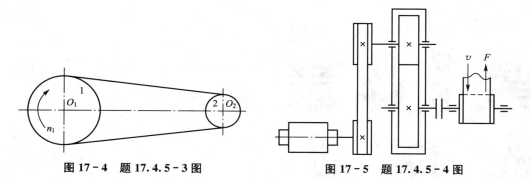

图 17 - 4 题 17.4.5 - 3 图   图 17 - 5 题 17.4.5 - 4 图

第**18**章

链 传 动

18.1　学习要求、重点及难点

1. 学习要求

(1) 了解链传动的工作原理、特点及应用。

(2) 了解滚子链的结构、标准、规格及滚子链链轮的结构和材料。

(3) 了解链传动的运动不均匀性(即多边形效应)及动载荷是怎样产生的。

(4) 掌握滚子链传动主要参数的选择,并能够分析主要参数对传动性能的影响。

(5) 能够根据工程实际需要进行滚子链传动的设计计算。

(6) 对齿形链的结构特点以及链传动的布置、张紧和润滑等内容有一定的了解。

2. 学习重点

(1) 滚子链传动主要参数的选择。

(2) 滚子链传动的设计计算。

3. 学习难点

链传动的多边形效应。

18.2　学 习 指 导

1. 链传动的工作原理、特点及应用

　　链传动靠链轮轮齿与链条链节的啮合来传递运动和动力,能获得准确的平均传动比,又能实现较大中心距的传动。由于刚性链节在链轮上呈正多边形分布,引起瞬时传动比周期性变化和啮合时的冲击(常称为多边形效应),因而其传动平稳性差,不宜用在分度机构中。

链传动可在多粉尘、油污、泥沙、潮湿、高温及有腐蚀性气体等恶劣环境中工作,如用于掘土机的运行机构中。这是由于它是一种非共轭啮合传动,对链轮齿形加工误差、链条几何形状误差(如链节距不均匀性)要求不严,并且对啮合时嵌入的污物有很大的容纳能力。

链传动不宜用于载荷变化很大和急速反向的传动中。这是由于链传动的紧边工作时形如弦索,它们的自振频率较易与外界干扰力合拍而引起共振。此外,链传动的松边及紧边呈悬垂状态,在起动、制动及反转时,能引起传动系统的惯性冲击。因此,链传动工作时有噪声,在急速反向传动中更为严重。

2. 链传动的运动分析

1) 链传动的啮合过程

滚子链的整个链条是挠性体,单个链节是刚性体。链条绕上链轮时,链节与链轮轮齿啮合,形成了以相邻两销轴中心为边长的正多边形一部分。该正多边形的边长等于链条的节距 p,边数等于链轮齿数 z。链条与链轮分度圆在运动中交替呈现相割和相切。

2) 链传动的平均传动比

链轮每转一周,链条移动的长度为 zp,对应链轮转速 n 时,链的平均速度 v 为 $v = \dfrac{z_1 n_1 p}{60 \times 1000} = \dfrac{z_2 n_2 p}{60 \times 1000}$(式中:$z_1$、$z_2$——主、从动链轮的齿数;$n_1$、$n_2$——主、从动链轮的转速(r/min))。由上式可得链传动的平均传动比为:$i = \dfrac{n_1}{n_2} = \dfrac{z_2}{z_1}$。

3) 链传动的运动不均匀性(多边形效应)

由于刚性链节在链轮上呈多边形分布,即使主动链轮的角速度 ω_1 为常数,链传动的瞬时链速 $v_{瞬}$、从动链轮的瞬时角速度 $\omega_{瞬}$ 和瞬时传动比 $i_{瞬}$ 都是呈周期性变化的。

如图 18-1 所示,假设链的紧边在传动时总是处于水平位置,并设主动链轮以等角速度 ω_1 转动,则其分度圆线速度为 $v_1 = R_1 \omega_1$。当链节进入主动轮时,其销轴总是随着链轮的转动而不断改变位置。当位于 β 的瞬时,链水平运动的瞬时速度 v_x 等于链轮圆周速度 v_1 的水平分量,链垂直运动的瞬时速度 v_y 等于链轮圆周速度 v_1 的垂直分量。即

$$v_x = v_1 \cos\beta = R_1 \omega_1 \cos\beta = v_{瞬}, \qquad v_y = v_1 \sin\beta = R_1 \omega_1 \sin\beta$$

式中:R_1 为主动链轮的分度圆半径(mm);β 为销轴和链轮中心连线与垂直方向的夹角,它在 $\pm\dfrac{\varphi_1}{2}$ 范围内变化,φ_1 是主动链轮上一个链节所对应的中心角,$\varphi_1 = \dfrac{360°}{z_1}$。

当主动轮匀速转动时,链传动的瞬时链速 $v_{瞬}$ 和 v_y 呈周期性变化,链轮转过一个链节,对应链速变化一个周期。导致链传动前进速度忽快忽慢,垂直链速上下波动——不均匀性之一。

从动轮上链条的瞬时速度为 $v_{瞬} = R_2 \omega_2 \cos\gamma$($\gamma$ 也不断变化),假设链条不伸长,则有 $v_{瞬} = R_2 \omega_2 \cos\gamma = R_1 \omega_1 \cos\beta$,所以 $\omega_2 = \dfrac{R_1 \cos\beta}{R_2 \cos\gamma} \omega_1$ 也是变化的。

链传动的瞬时传动比为:$i_{瞬} = \dfrac{\omega_1}{\omega_2} = \dfrac{R_2 \cos\gamma}{R_1 \cos\beta}$。

由此看来,尽管主动链轮的角速度 ω_1 为定值,但 ω_2 随 γ、β 的变化而变化,$i_{瞬}$ 也随时间变化,所以链传动工作不平稳——不均匀性之二。由于链条绕在链轮上形成正多边

形，从而造成链速和瞬时传动比的周期性变化现象就为链传动的运动不均匀性，也就是链传动的多边形效应。只有当两链轮的齿数相等（$z_1 = z_2$），中心距恰好为链节距 p 的整数倍（$a = np$）（即 γ 角与 β 角的变化完全相同）时，瞬时传动比方为常数。

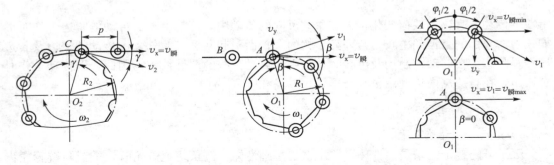

图 18-1　链传动的速度分析

4）链传动的动载荷

链传动中引起的动载荷包括链速变化引起的动载荷、从动链轮角速度变化引起的动载荷、链节啮入时与链轮冲击产生的动载荷、v_y 变化产生的动载荷等，以下仅就链速变化（产生加速度）引起的动载荷加以分析。

链速变化引起的惯性力：$F_{d1} = ma_c$（m——紧边链条的质量（kg）；a_c——链条变速运动的加速度（m/s^2））。

加速度为：$a_c = \dfrac{\mathrm{d}v_x}{\mathrm{d}t} = -R_1\omega_1^2\sin\beta$，$|a_{cmax}| = R_1\omega_1^2\sin\dfrac{180°}{z_1} = \dfrac{\omega_1^2 p}{2}$

影响因素：链传动的运动不均匀性和动载荷是链传动的固有特性。链节距越大，链轮齿数越少，转速越高，则多边形效应越严重，链条加速度越大，附加动载荷越大，啮合冲击越大，传动平稳性越差，噪声越高。

减小运动不均匀性及动载荷的措施：①合理选择设计参数；②限制 $v_{max} \leqslant 15\text{m/s}$（在多级传动装置中，链传动宜放在低速级）。

3. 链传动的受力分析

（1）紧边拉力：$F_1 = F_e + F_c + F_f$。

（2）松边拉力：$F_2 = F_c + F_f$。

式中：F_e 为有效（工作）拉力，$F_e = 1000\dfrac{P}{v}$(N)；F_c 为离心拉力，$F_c = qv^2$(N)，一般来说，$v \leqslant 7\text{m/s}$ 时，离心拉力可以忽略；F_f 为悬垂拉力，可用近似方法计算，$F_f = K_f qga$(N)。P 为传递的功率（kW）；v 为链速（m/s）；q 为链条单位长度的质量（kg/m）；g 为重力加速度（$g = 9.81\text{m/s}^2$）；a 为链传动的中心距（m）；K_f 为垂度系数，即下垂度 $f = 0.002a$ 时的拉力系数。K_f 与两链轮轴线所在平面与水平面的倾角有关。水平布置时，$K_f = 7$；倾斜 30°时，$K_f = 6$；倾斜 60°时，$K_f = 4$；倾斜 75°时，$K_f = 2.5$；垂直布置时，$K_f = 1$。

4. 链传动的失效形式和设计准则

1）失效形式

（1）链条疲劳破坏。链传动过程中，链条上各个元件都在变应力下工作。经过一定循环次数后，对于中低速闭式链传动中的链板易发生疲劳断裂；中高速闭式链传动中的套筒、滚子表面将会因冲击而出现疲劳点蚀和裂纹。正常润滑时，疲劳破坏是限定链传动承载能力的主要因素。

（2）链条铰链的磨损。发生在销轴和套筒承压表面上。磨损后，链节距增大，链条总长度增加，松边垂度变大，动载荷加大，易引起跳齿和脱链。润滑不良时，磨损是限定链传动承载能力的主要因素。

（3）链条铰链的胶合。当润滑不良或速度过高时，铰链工作表面易发生胶合。这种失效形式限定了链传动的极限转速。

（4）链条静力拉断：在低速重载或严重过载时，链板因静强度不足而被拉断。

2）设计准则

首先要了解确定滚子链传动的承载能力的主要依据是什么。随着链传动技术的发展，磨损已不再是限定其承载能力的主要失效形式。这是由于链条及链轮材料、热处理工艺的改进，链条零件表面硬度及耐磨性有很大提高的缘故。又因近代润滑技术的发展和对链条工作时铰链润滑状态的试验研究发现，当链条啮入链轮齿间相对转动 $\frac{360^\circ}{z}$（z 为链轮齿数）时，铰链内部润滑油可形成承载油楔，这时套筒和销轴间处于流体动力润滑状态。实践证明：一个设计和安装正确、润滑得当、质量合乎标准的滚子链传动，在运转中由于磨损产生的伸长率还没有达到全长的 3% 时，链条元件已产生疲劳破坏或胶合。所以确定滚子链传动的承载能力，通常以抗疲劳强度为中心的多种失效形式的功率曲线图为依据，只有在恶劣的润滑状态下工作的链传动，磨损才依然作为限定其承载能力的依据。

其次要弄清额定（极限）功率曲线图的意义和实验条件。实验条件下单排链极限功率曲线图中 3 条曲线组成的封闭区说明了链传动的各种失效形式都在一定条件下限制其承载能力：曲线 1 由链板疲劳强度限定；曲线 2 由滚子、套筒冲击疲劳强度限定；曲线 3 由铰链胶合强度限定。由失效形式可得出由极限功率曲线所围成的封闭区即表示一定条件下链传动允许传递功率的范围，由此来确定链的型号及尺寸。

实际使用的功率曲线图是由实验条件下的极限功率曲线图修正得到的，比较安全。修正的主要依据是，链传动各种失效形式的强度试验数据较分散，特别是胶合强度试验数据离散性较大。由于在高速区内，随着转速的增加，极限功率下降迅速，故功率曲线图的最右端均有一垂直线，用以限定小链轮的最高转速。

实际使用的额定功率曲线图是在特定条件下用国产 10 种型号的单排 A 系列滚子链做试验，在避免出现各种失效形式的前提下，按试验数据绘制而成的。它代表不同链节矩的单排链条在不同转速 n_1 条件下所能传递的功率，是滚子链传动设计的依据。

（1）中速（$v=0.6\sim8m/s$）和高速（$v>8m/s$）链传动：由于其主要失效形式为疲劳破坏，应按额定功率曲线进行设计计算。即单排链额定功率 $P_{ca}\geqslant$ 当量的单排链的计算功率 $\frac{K_A K_z}{K_p}P$。其中：P_{ca}——试验条件下，一定链号的单排滚子链的额定功率（kW），由额定功率曲线查得；$\frac{K_A K_z}{K_p}P$——由于实际链传动的工作情况、主动链轮齿数和链条排数和试验条件的不同，将链传动所传递的功率修正为当量的单排链的计算功率（kW）；K_A——链传动的工况系数；K_z——主动链轮齿数修正系数；K_p——多排链修正系数；P——需要传递的名义载荷功率（kW）。

（2）低速（$v<0.6\text{m/s}$）链传动，一般按静强度进行设计计算。其主要设计计算公式为：$S_{ca}=\dfrac{F_{\lim}}{K_A F_1}\geqslant [S]$。其中：$F_{\lim}$——单排链或多排链的极限抗拉载荷（N）；$F_1$——链条的紧边拉力（N）；$[S]$——链条的许用安全系数，一般取 $[S]=4\sim 8$。

5. 链传动主要参数的选择

1）链轮齿数 z_1 和 z_2

链轮齿数的合理选择是链传动设计中的重要内容之一。若 z_1 过少，会增加运动的不均匀性和动载荷；链条在进入和退出啮合时，链节间的相对转角 $\left(\dfrac{180°}{z}\right)$ 增大，铰链磨损增大；链传动的有效拉力增大从整体上加速链条铰链和链轮的磨损。因此小链轮齿数宜选大些，有利于改善链传动的性能。但是，z_1 选得太多，在传动比一定时，大链轮的齿数 z_2 也相应增多，其结果不仅增大传动的总体尺寸和重量，而且还容易发生跳齿和脱链，从另一方面限制了链条的使用寿命。设计时，应使 $z_{\min}=9$（一般 $z_1\geqslant 17$），且保证 $z_{\max}=150$（一般 $z_2\leqslant 114$）。

在确定小链轮齿数 z_1 时可根据链速来选：①$v=0.6\sim 3\text{m/s}$ 时，$z_1\geqslant 15\sim 17$；②$v=3\sim 8\text{m/s}$ 时，$z_1\geqslant 19\sim 21$；③$v>8\text{m/s}$ 时，$z_1\geqslant 23\sim 25$。

大链轮齿数 z_2 由 $z_2=iz_1$ 计算得到。

为了避免采用过渡链节，链条节数通常取偶数，为使链条和链轮磨损均匀，链轮齿数一般应取与链节数互为质数的奇数，并优先选用以下数列：17、19、21、23、25、38、57、76、95、114。

2）传动比 i

传动比增大，链条在小链轮上的包角减小，同时啮合的链轮齿数就少，每个轮齿承受的载荷增大，加速轮齿的磨损，且易出现跳齿和脱链现象。一般链传动的传动比 $i\leqslant 6$，常取 $i=2\sim 4$。

3）中心距 a

中心距过小，单位时间内链条的绕转次数增多，链条曲伸次数和应力循环次数增多，因而加剧了链的磨损和疲劳。同时，由于中心距小，链条在小链轮上的包角变小（$i\neq 1$），每个轮齿所受的载荷增大，且易出现跳齿和脱链现象。中心距太大，松边垂度过大，传动时造成松边颤动。初步设计时，推荐 $a_0=(30\sim 50)p$，并规定最大中心距 $a_{0\max}=80p$。

4）链节距 p 和排数

链节距 p 是相邻链节中心之间的距离，已标准化。它不仅反映了链条和链轮各部分尺寸的大小，而且是决定链传动承载能力的重要参数之一。链节距 p 越大，链条的承载能力越高，但总体尺寸、运动不均匀性及附加动载荷增大。选择链节距和排数的原则是：在满足承载能力的条件下，为使结构紧凑、传动平稳和延长寿命，应尽可能选小节距的单排链；速度高、功率大时，宜选用小节距的多排链；速度低、功率大的传动宜选用节距较大、排数较少的链条。

实际设计时，根据当量的单排链计算功率 P_{ca} 和小链轮的转速 n_1 查滚子链额定功率曲线图（注意 n_1 的限制范围）确定链号及其链节距。

6. 链传动的设计计算

1）原始数据

传递的功率 P、传动参数（转速 n_1、n_2，传动比 i 等）、传动位置要求和工作条件等。

2）设计内容

确定链条型号、链节数 L_P 和排数；确定链轮齿数 z_1、z_2 以及链轮的结构、材料和几何尺寸；确定链传动的中心距 a、压轴力 F_p；设计润滑方式和张紧装置等。

3）具体设计步骤

（1）选择链轮齿数 z_1、z_2 和确定传动比 i。

（2）计算当量的单排链的计算功率 P_{ca}。

（3）确定链条型号和节距 p。

（4）确定链节数 L_P。

（5）确定链传动的中心距 a。

（6）计算平均链速 v，确定润滑方式（链传动的润滑方式根据链条型号及平均链速 v 选用）。

（7）计算压轴力 F_p。

（8）设计链轮结构，确定其各部分尺寸、公差、表面粗糙度及相关技术要求，绘制链轮零件工作图。

18.3 典型例题解析

例 18-1 一链号为 16A 的滚子链传动，主动链轮齿数 $z_1 = 17$，主动链轮转速 $n_1 = 720 \text{r/min}$。求平均链速 v、瞬时链速度最大值 $v_{瞬\max}$ 和最小值 $v_{瞬\min}$。

解：（1）平均链速 v。通过查表可得：链号为 16A 时，链节距 $p = 25.4 \text{mm}$。

$$v = \frac{z_1 n_1 p}{60 \times 1000} = \frac{17 \times 720 \times 25.4}{60 \times 1000} = 5.18 \text{m/s}$$

（2）瞬时链速度最大值 $v_{瞬\max}$ 和最小值 $v_{瞬\min}$。

$$v_{瞬} = R_1 \omega_1 \cos\beta，\quad 其中：R_1 = \frac{p}{2}\frac{1}{\sin\frac{180°}{z_1}} = \frac{25.4}{2} \times \frac{1}{\sin\frac{180°}{17}} = 69.12 \text{mm}，$$

$$\omega_1 = \frac{2\pi n_1}{60} = \frac{2\pi \times 720}{60} = 75.4 \text{rad/s}，\quad -\frac{180°}{z_1} \leqslant \beta \leqslant \frac{180°}{z_1}（-10.6° \leqslant \beta \leqslant 10.6°）。$$

当 $\beta = 0°$ 时，$v_{瞬\max} = R_1\omega_1\cos\beta = 69.12 \times 75.4 \times \cos0° = 5211.65 \text{mm/s} = 5.21 \text{m/s}$。

当 $\beta = \pm10.6°$ 时，$v_{瞬\min} = R_1\omega_1\cos\beta = 69.12 \times 75.4 \times \cos(\pm10.6°) = 5.12 \text{m/s}$。

例 18-2 已知一单排滚子链传动，其主动链轮转速 $n_1 = 960 \text{r/min}$，齿数 $z_1 = 21$，从动链轮齿数 $z_2 = 63$，链长 $L_p = 124$ 个链节距，该链的极限拉伸载荷 $F_{\lim} = 31.1 \text{kN}$，工作情况系数 $K_A = 1.2$。试求该链条所能传递的功率。

解：（1）由滚子链的极限拉伸载荷 $F_{\lim} = 31.1 \text{kN}$，查表得到链的型号为 12A，链节距 $p = 19.05 \text{mm}$。

（2）查 A 系列、单排滚子链额定功率曲线图得到 12A 号链条在小链轮转速 $n_1 =$

960r/min时所能传递的额定功率 $P_{ca} = 17kW$。

（3）由已知条件所给的小链轮齿数和排数，通过查图表确定出 $K_z = 1.22$、$K_p = 1$。

由链传动设计计算公式 $P_{ca} \geqslant \dfrac{K_A K_z}{K_p} P$ 可得该链条所能传递的功率 P：

$$P \leqslant \frac{P_{ca} K_p}{K_A K_z} = \frac{17 \times 1}{1.2 \times 1.22} = 11.61kW$$

18.4 同步训练题

18.4.1 选择题

1. 与齿轮传动相比，链传动的优点是____。
   - A. 传动效率高
   - B. 工作平稳，无噪声
   - C. 承载能力大
   - D. 传动的中心距大

2. 链传动中，多排链的排数不宜过多（一般不超过4排），这主要是因为排数过多则____。
   - A. 给安装带来困难
   - B. 各排链受力不均严重
   - C. 链传动轴向尺寸过大
   - D. 链的质量过大

3. 链传动中，链条的平均速度 $v =$ ____ m/s。
   - A. $\dfrac{\pi d_1 n_1}{60 \times 1000}$
   - B. $\dfrac{\pi d_2 n_2}{60 \times 1000}$
   - C. $\dfrac{z_1 n_1 p}{60 \times 1000}$
   - D. $\dfrac{z_1 n_2 p}{60 \times 1000}$

4. 下列链传动的平均传动比计算公式中，____是错误的。
   - A. $i = \dfrac{n_1}{n_2}$
   - B. $i = \dfrac{d_2}{d_1}$
   - C. $i = \dfrac{z_2}{z_1}$
   - D. $i = \dfrac{T_2}{\eta T_1}$

5. 引起链传动瞬时传动比变化的主要原因是____。
   - A. 铰链中有间隙
   - B. 链节制造误差
   - C. 安装误差
   - D. 链传动的多边形效应

6. 链传动不适合用于高速传动的主要原因是____。
   - A. 链条的质量大
   - B. 容易脱链
   - C. 容易磨损
   - D. 动载荷大

7. 应用标准滚子链额定功率曲线，必须根据____来选择链条的型号。
   - A. 链条的圆周力和传递功率
   - B. 链条的圆周力和计算功率
   - C. 主动链轮的转速和计算功率
   - D. 链条的速度和计算功率

8. 链传动设计中，一般选取链轮齿数为奇数，最好互为质数，目的是____。
   - A. 瞬时传动比恒定
   - B. 链条和链轮磨损均匀
   - C. 抗冲击能力大
   - D. 减少磨损和胶合

9. 当链传动的速度较高且传递的载荷也较大时，应选取____。
   - A. 大节距的单排链
   - B. 小节距的单排链

C. 小节距的多排链　　　　　　　　D. 大节距的多排链

10. 链传动设计中，当载荷大、中心距小、传动比大时，宜选用____。

    A. 小节距的单排链　　　　　　　　B. 小节距的多排链

    C. 大节矩的单排链　　　　　　　　D. 大节矩的多排链

11. 链传动中，作用在轴上和轴承上的载荷比带传动小，这主要是因为____。

    A. 链传动只用来传递小功率

    B. 链条的质量大，离心力大

    C. 链速较高，在传递相同功率时圆周力小

    D. 链传动是啮合传动，无需大的张紧力

12. 两轮轴线不在同一水平面的链传动，链条的紧边应布置在上面，松边应布置在下面，这样可以使____。

    A. 链条平稳工作，降低运行噪声

    B. 链条的磨损减小

    C. 松边下垂量增大后不至于链轮卡死

    D. 链传动达到自动张紧的目的

13. 链传动张紧的目的主要是____。

    A. 同带传动一样

    B. 提高链传动工作能力

    C. 避免链条松边垂度过大而引起啮合不良和链条振动

    D. 增大包角

14. 链传动人工润滑时，润滑油应加在____。

    A. 链条和链轮啮合处　　　　　　　B. 链条的紧边上

    C. 链条的松边上　　　　　　　　　D. 任意位置均可

18.4.2　简答题

1. 在滚子链传动中，为什么尽量不用奇数个链节？
2. 某滚子链标记为：12A - 2 - 84 GB/T 1243—1997，请解释该标记。
3. 链传动中，为什么会产生运动不均匀现象？可采取哪些措施减弱这种现象？
4. 为什么说小链轮齿数越多链传动越平稳？
5. 链传动中，小链轮齿数为何不宜太少也不能过多？
6. 链传动的中心距为什么不宜太小也不能过大？
7. 为什么链传动的链条需要定期张紧？
8. 某输送带由电动机通过三级减速传动系统来驱动，减速装置有：二级圆柱齿轮减速器、滚子链传动、V带传动。试分析：三套减速装置应该采用什么排列次序？画出传动系统简图。

第19章
齿轮传动

19.1 学习要求、重点及难点

1. 学习要求

(1) 掌握齿轮传动在不同工作条件和不同齿面硬度下的失效形式和设计准则。
(2) 了解常用齿轮材料的特性，掌握齿轮常用材料及热处理方法的选择。
(3) 掌握不同类型齿轮传动轮齿的受力分析。
(4) 掌握齿轮传动的基本设计原理、设计程序及强度计算方法。
(5) 掌握不同类型、不同尺寸齿轮的结构设计。
(6) 了解齿轮传动的润滑方法。

2. 学习重点

(1) 齿轮传动的失效形式。
(2) 齿轮传动的受力分析。
(3) 标准直齿圆柱齿轮传动的设计原理及齿面接触疲劳强度和弯曲疲劳强度计算方法。
(4) 斜齿圆柱齿轮传动与直齿锥齿轮传动强度计算的特点。

3. 学习难点

(1) 斜齿圆柱齿轮传动轮齿的受力分析。
(2) 齿轮传动设计参数的选择。

19.2 学习指导

1. 齿轮传动的失效形式及设计准则

1) 失效形式
齿轮传动的失效主要发生在轮齿上，主要的失效形式有：轮齿折断、齿面点蚀、齿面磨损、齿面胶合和塑性变形(表 19－1)。学习中应着重搞清这五种失效形式的特点、产生原因、发生部位、防止或减轻失效的主要措施。

表 19－1　五种失效形式

失效形式	产生原因	发生部位	采取措施
轮齿折断(闭式硬齿面齿轮传动及开式齿轮传动的主要失效形式)	齿根处弯曲应力最大;齿根处应力集中作用。①轮齿在交变应力的反复作用下,齿根处产生疲劳裂纹,并逐渐扩展,轮齿疲劳折断;②轮齿如受到突然过载时,可能出现过载折断;③轮齿严重磨损后齿厚过分减薄时,也会在正常载荷作用下发生折断	轮齿根部(全齿折断)、缺角(斜齿轮局部折断)	增大齿根过渡圆角半径、消除加工刀痕的方法来减小齿根应力集中;增大轴及支承的刚性,使轮齿接触线上受载较均匀;选择合适的热处理方法使齿芯材料具有足够的韧性;采用喷丸、滚压等工艺措施对齿根表面进行强化处理
齿面点蚀(闭式软齿面齿轮传动的主要失效形式)	轮齿在节线附近只有一对齿啮合,轮齿受力最大;在节线附近,相对滑动速度低,形成油膜的条件差;齿面受到变化着的接触应力作用,由于接触疲劳而产生麻点	首先出现在靠近节线的齿根面上,然后向其他部位扩展	提高齿面硬度,增强抗点蚀能力;合理选择润滑油,减缓裂纹扩展速度
齿面磨损(开式齿轮传动的主要失效形式)	磨料性物质(砂粒、铁屑等)进入啮合区发生磨粒磨损	发生在齿面上。造成齿形被破坏,另一方面使齿根厚度减薄,磨损严重时会使轮齿折断	加强润滑;改用闭式齿轮传动
齿面胶合(高速重载传动的主要失效形式)	对于高速重载齿轮传动,齿面间的压力大,瞬时温度高,润滑效果变差	相对滑动速度大的地方沿运动方向撕裂	减小模数,以降低齿高;采用抗胶合能力强的润滑油;注意材料的硬度及配对
塑性变形(低速重载软齿面齿轮传动的主要失效形式)	齿面软,润滑不良、摩擦力大	①齿体塑性变形:突然过载,引起齿体歪斜;②齿面塑性变形:齿面表层材料沿摩擦力方向流动。齿廓形状变化,破坏正确啮合条件	提高齿面硬度;提高润滑油黏度

2) 设计准则(表 19－2)

表 19-2 设计准则

工作条件	主要失效形式	设计准则
闭式软齿面齿轮传动（两轮或其中之一齿面硬度≤350HBS）	主要是齿面接触疲劳点蚀，其次是轮齿的弯曲疲劳折断	先按齿面接触疲劳强度进行设计计算，初步确定齿轮传动的主要参数和尺寸，然后再校核轮齿齿根的弯曲疲劳强度
闭式硬齿面齿轮传动（两轮齿面硬度均>350HBS）	主要是轮齿折断，其次是齿面接触疲劳点蚀	先按轮齿齿根弯曲疲劳强度进行设计计算，初步确定齿轮传动的主要参数和尺寸，然后再校核齿面接触疲劳强度
开式（半开式）齿轮传动	主要是齿面磨损和轮齿齿根弯曲疲劳折断（要考虑轮齿经磨损后齿厚会减薄）	通常按轮齿齿根弯曲疲劳强度进行设计计算，并将计算出来的模数增大 10%～15%，以考虑磨损对齿厚减薄的影响
高速重载或低速重载的闭式齿轮传动	齿面胶合	除满足齿面接触疲劳强度和齿根弯曲疲劳强度外，还要进行抗胶合能力计算或热平衡计算

2．齿轮材料的选择

1）两点注意事项

(1) 选材时要遵循"齿面要硬，齿芯要韧"的基本原则。

(2) 要密切结合生产实际，除了特殊需要外，一般应考虑生产单位所能提供的材料及毛坯，并力求符合技术经济原则。

2）软齿面齿轮和硬齿面齿轮

(1) 锻钢齿轮分软齿面(≤350HBS)和硬齿面(>350HBS)两种。

(2) 大、小齿轮的硬度差为：软齿面齿轮 $HBS_1 - HBS_2 \approx 30 \sim 50HBS$；硬齿面齿轮 $HRC_1 \approx HRC_2$。

3）齿轮材料和热处理方式

(1) 软齿面齿轮：一般用优质中碳钢或合金钢(45、35SiMn、40Cr…)制造，经调质或正火处理。

(2) 硬齿面齿轮：一般用优质中碳钢或合金钢(45、40Cr…)进行表面淬火或优质低碳合金钢(20Cr、20CrMnTi…)经渗碳淬火处理。

4）轮芯材料

(1) 中、小齿轮，轮芯与齿圈用同样材料。

(2) 大型齿轮，轮芯采用价格便宜的常用的铸造材料，如铸钢或铸铁；齿圈则采用较好的材料，如优质碳钢或合金钢。

3．齿轮传动的受力分析

齿轮轮齿的受力分析对齿轮和安装轴的强度计算与轴承的寿命计算具有重要意义，必须熟练掌握。分析时，为使问题简化，力学模型中略去摩擦力的影响，并将作用在齿面上的分布载荷以作用在齿宽中点上节点处的集中力代替。为计算方便，将沿啮合线作用在齿面上的法向力 F_n 在节点处分解为沿圆周方向作用的圆周力 F_t、沿直径方向作用的径向力 F_r 和沿轴线方向作用的轴向力 F_a 三个分力。在做齿轮传动受力分析时，要搞清主、从动齿轮上各分力的大小、方向及其对应关系。关于各分力的大小，相关教材中已经给出计算公式。下面将着重就各分力的方向判断和各分力之间的对应关系进行说明。直齿圆柱齿轮、斜齿圆柱齿轮和直齿锥齿轮的受力分析图如图 19-1 所示，其中圆周力 F_t 和径向力 F_r 方向的判定方法相同。

1）圆周力 F_t 方向

主动轮上的圆周力 F_{t1} 为其阻力，与主动轮在啮合点圆周速度 v_1 方向相反；从动轮上的圆周力 F_{t2} 为其驱动力，与从动轮在啮合点圆周速度 v_2 方向相同。简称"主反、从同"。

2）径向力 F_r 方向

F_{r1}、F_{r2} 分别指向各自的轮心。

3）轴向力 F_a 方向

（1）直齿圆柱齿轮传动：无轴向力，即 $F_a = 0$。

（2）斜齿圆柱齿轮传动：主动轮上的轴向力 F_{a1} 可用"主动轮左、右手法则"来判断：当主动轮为右旋时，用右手；主动轮为左旋时，用左手。以四指的弯曲方向指向主动轮的转向，则拇指伸直指向即为它所受轴向力的方向。F_{a2} 与 F_{a1} 方向相反。

（3）直齿锥齿轮传动：F_{a1}、F_{a2} 分别指向各轮的大端。

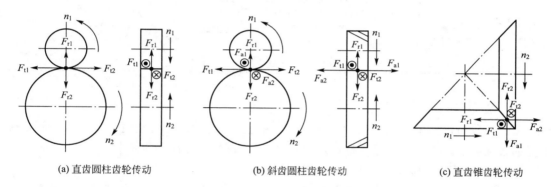

(a) 直齿圆柱齿轮传动　　　　(b) 斜齿圆柱齿轮传动　　　　(c) 直齿锥齿轮传动

图 19-1　齿轮传动的受力分析

4）各力之间的关系

（1）直齿圆柱齿轮传动：$F_{t1} = -F_{t2}$、$F_{r1} = -F_{r2}$。

（2）斜齿圆柱齿轮传动：$F_{t1} = -F_{t2}$、$F_{r1} = -F_{r2}$、$F_{a1} = -F_{a2}$。

（3）直齿锥齿轮传动：$F_{t1} = -F_{t2}$、$F_{r1} = -F_{a2}$、$F_{a1} = -F_{r2}$。

4. 齿轮传动的应力分析

齿轮工作时，受载荷作用，在轮齿上产生弯曲应力和齿面接触应力（表 19-3）。这两种应力都是稳定循环变应力，因此会导致轮齿发生弯曲疲劳折断和接触疲劳点蚀。

表 19-3　齿轮传动的应力分析

项目	分析	图解
轮齿受载情况	齿轮 1、3 的轮齿单侧受载，齿轮 2 的轮齿双侧受载	

(续)

项目	分析	图解
齿根弯曲应力	齿轮1、3在转动一周过程中，单齿的一侧只受拉应力或只受压应力，弯曲应力的循环特性为脉动循环	
	轮2同时与轮1、轮3啮合，轮2在转动一周过程中，两次啮合为不同齿侧，故单齿每侧齿根都承受拉、压应力一次，所以弯曲应力的循环特性为对称循环	
齿面接触应力	不论是受单侧受载的齿轮(齿轮1、3)，还是双侧受载的齿轮(齿轮2)，其单齿齿面上的接触应力恒为压应力，不改变方向，故其齿面接触应力为脉动循环应力	

5. 齿轮传动的计算载荷

由受力分析计算出的法向载荷 F_n 是名义载荷，在设计齿轮传动时，还应考虑到实际工况的各项影响因素，通过修正计算，得到其计算载荷 F_{ca}，$F_{ca}=KF_n$。

(1) K——载荷系数，$K=K_A K_v K_\alpha K_\beta$。

(2) K_A——使用系数，是考虑齿轮啮合时外部因素引起的附加动载荷影响的系数。如原动机类型和工作机的工作特性等，当原动机或工作机的冲击振动较大时，取大值；反之，取小值。

(3) K_v——动载系数，考虑齿轮传动制造及装配误差、弹性变形等因素引起的内部附加动载荷及冲击影响的系数。齿轮精度低、传动速度高时，取大值；反之，取小值。

(4) K_α——齿间载荷分配系数，考虑同时啮合的各对轮齿间载荷分配不均匀影响的系数。当齿轮制造精度低、齿面硬度较大时，取大值；反之，取小值。

(5) K_β——齿向载荷分布系数，考虑安装齿轮的轴、轴承、支座的变形及齿轮的布置方式、制造和安装精度、齿宽等因素引起的载荷沿接触线分布不均影响的系数。齿轮齿面较硬，安装齿轮的轴、轴承、支座刚度较大，采用对称布置，齿轮制造和安装精度高，齿宽较小时取小值；反之，取大值。

(6) F_n——名义载荷，对于直齿圆柱齿轮传动，$F_n=\dfrac{F_t}{\cos\alpha}=\dfrac{2T_1}{d_1\cos\alpha}$。

6. 齿轮传动的强度计算

表19-4列出了直齿圆柱齿轮传动、斜齿圆柱齿轮传动和直齿锥齿轮传动的强度计算公式，供设计时选用。

表 19 - 4　齿轮传动的强度计算

项目		齿根弯曲疲劳强度	齿面接触疲劳强度
直齿圆柱齿轮传动	校核公式	$\sigma_F = \dfrac{KF_t}{bm} Y_{Fa} Y_{Sa} \leqslant [\sigma_F]$	$\sigma_H = \sqrt{\dfrac{KF_t}{bd_1} \dfrac{u\pm1}{u}} Z_H Z_E \leqslant [\sigma_H]$
	设计公式	$m \geqslant \sqrt[3]{\dfrac{2KT_1}{\phi_d z_1^2} \dfrac{Y_{Fa} Y_{Sa}}{[\sigma_F]}}$	$d_1 \geqslant \sqrt[3]{\dfrac{2KT_1}{\phi_d} \dfrac{u\pm1}{u} \left(\dfrac{Z_H Z_E}{[\sigma_H]}\right)^2}$
	说明	(1) F_t——齿轮所受的圆周力(N)，$F_t = \dfrac{2T_1}{d_1}$；T_1——主动轮传递的转矩，$T_1 = 9.55\times10^6 \dfrac{P_1}{n_1}$ (N·mm)；P——主动轮传递的功率(kW)；n_1——主动轮转速(r/min) (2) ϕ_d——齿宽系数，由查表得到；b——齿轮接触宽度(mm)，通常取大齿轮宽度 $b_2 = b = \phi_d d_1$ (3) Y_{Fa}——齿形系数，表征轮齿齿廓形状对其抗弯强度的影响，它取决于齿轮的齿数 z 和变位系数 x，与齿轮模数无关；齿数(变位系数)越大，齿根越厚，Y_{Fa} 越小，抗弯强度越高；Y_{Fa} 可通过查表得到。Y_{Sa}——考虑齿根应力集中和其他应力而引入的应力校正系数，可根据齿轮齿数 z 通过查表得到 (4) u——齿数比(传动比)，$u = \dfrac{z_2}{z_1}$ (5) Z_H——直齿轮传动的区域系数，$Z_H = \sqrt{\dfrac{2}{\sin\alpha\cos\alpha}}$，$\alpha = 20°$ 时，$Z_H = 2.5$；Z_E——弹性影响系数，与配对齿轮材料有关，可查表得到	
斜齿圆柱齿轮传动	校核公式	$\sigma_F = \dfrac{KF_t}{bm_n \varepsilon_\alpha} Y_{Fa} Y_{Sa} Y_\beta \leqslant [\sigma_F]$	$\sigma_H = \sqrt{\dfrac{KF_t}{bd_1 \varepsilon_\alpha} \dfrac{u\pm1}{u}} Z_H Z_E \leqslant [\sigma_H]$
	设计公式	$m_n \geqslant \sqrt[3]{\dfrac{2KT_1 Y_\beta \cos^2\beta}{\phi_d z_1^2 \varepsilon_\alpha} \dfrac{Y_{Fa} Y_{Sa}}{[\sigma_F]}}$	$d_1 \geqslant \sqrt[3]{\dfrac{2KT_1}{\phi_d \varepsilon_\alpha} \dfrac{u\pm1}{u} \left(\dfrac{Z_H Z_E}{[\sigma_H]}\right)^2}$
	说明	斜齿轮与直齿轮的强度计算基本原理是一样的，因而学习的重点主要是掌握它的计算特点。 (1) 斜齿轮轮齿上所受的力及其强度都按法面分析计算，故应采用法面上的各个参数 (2) ε_α——端面重合度，$\varepsilon_\alpha = \varepsilon_{\alpha1} + \varepsilon_{\alpha2}$，可通过计算或查图得到 (3) Y_β——螺旋角影响系数，可通过查图得到 (4) Y_{Fa}、Y_{Sa}——斜齿轮的齿形系数、应力校正系数，按当量齿数 $z_v = \dfrac{z}{\cos^3\beta}$ 查表得到 (5) Z_H——斜齿轮传动的区域系数，$Z_H = \sqrt{\dfrac{2\cos\beta_b}{\sin\alpha_t\cos\alpha_t}}$，可通过查图得到 (6) 其余各符号的意义和单位同直齿圆柱齿轮传动	
直齿锥齿轮传动	校核公式	$\sigma_F = \dfrac{KF_t}{bm(1-0.5\phi_R)} Y_{Fa} Y_{Sa} \leqslant [\sigma_F]$	$\sigma_H = \sqrt{\dfrac{4KT_1}{\phi_R(1-0.5\phi_R)^2 d_1^3 u}} Z_H Z_E \leqslant [\sigma_H]$
	设计公式	$m \geqslant \sqrt[3]{\dfrac{4KT_1}{\phi_R(1-0.5\phi_R)^2 z_1^2 \sqrt{u^2+1}} \dfrac{Y_{Fa} Y_{Sa}}{[\sigma_F]}}$	$d_1 \geqslant \sqrt[3]{\dfrac{4KT_1}{\phi_R(1-0.5\phi_R)^2 u} \left(\dfrac{Z_H \cdot Z_E}{[\sigma_H]}\right)^2}$

（续）

项目	齿根弯曲疲劳强度	齿面接触疲劳强度
直齿锥齿轮传动	说明	对锥齿轮传动设计计算的学习重点亦是掌握其强度计算特点。处理直齿锥齿轮传动设计计算最基本的一点，就是把直齿锥齿轮的强度看作是与其平均分度圆处的当量直齿圆柱齿轮的强度相当，因而强度计算式及其推导过程都可沿用直齿圆柱齿轮的，只是采用直齿锥齿轮平均分度圆的当量圆柱齿轮的参数而已。这一基本特点应切实掌握。 （1）ϕ_R——锥齿轮传动的齿宽系数，$\phi_R=\dfrac{b}{R}$，通常取 $\phi_R=0.25\sim0.35$，最常用的值为 $\phi_R=\dfrac{1}{3}$ （2）Y_{Fa}、Y_{Sa}——锥齿轮的齿形系数、应力校正系数，按当量齿数 $z_v=\dfrac{z}{\cos\delta}$ 查表得到 （3）其余各符号的意义和单位同直齿圆柱齿轮传动

7. 影响齿轮传动强度的因素

1）齿根弯曲疲劳强度

（1）在齿轮的齿宽系数、齿数及材料已选定的情况下，影响齿根弯曲疲劳强度的主要因素是模数 m，模数越大，齿轮的弯曲疲劳强度越高。

（2）当弯曲强度不足时，一方面可降低弯曲应力 σ_F，首先应增加 m，其次是适当加大 $\phi_d(b)$；另一方面可增大 $[\sigma_F]$，即从选材和热处理方法上，或通过适当提高齿轮精度来提高其弯曲疲劳许用应力。

（3）由于主、从动齿的 $z_1\neq z_2$，则 $Y_{Fa1}\neq Y_{Fa2}$、$Y_{Sa1}\neq Y_{Sa2}$，所以主、从动齿轮的齿根弯曲应力并不相等，即 $\sigma_{F1}\neq\sigma_{F2}$；另外，主、从动齿轮的材料与热处理硬度也不一定相同，还有寿命系数 K_{FN} 影响，一般许用弯曲应力也就不一定相同，即 $[\sigma_F]_1\neq[\sigma_F]_2$，因此主、从动齿轮的齿根弯曲疲劳强度一般不相等。一对齿轮弯曲强度相等的条件为 $\dfrac{Y_{Fa1}Y_{Sa1}}{[\sigma_F]_1}=\dfrac{Y_{Fa2}Y_{Sa2}}{[\sigma_F]_2}$。

（4）从齿根弯曲疲劳强度的计算公式可以看出，$\dfrac{Y_{Fa}Y_{Sa}}{[\sigma_F]}$ 比值大者强度较弱，所以弯曲疲劳强度设计计算公式中应代入一对齿轮中 $\dfrac{Y_{Fa}Y_{Sa}}{[\sigma_F]}$ 的较大值。

（5）由齿根弯曲疲劳强度的校核计算公式可得出主、从动齿轮的弯曲应力之间的关系为 $\dfrac{\sigma_{F1}}{Y_{Fa1}Y_{Sa1}}=\dfrac{\sigma_{F2}}{Y_{Fa2}Y_{Sa2}}$，当已知一个齿轮的弯曲应力时，可利用该表达式方便地求出另一齿轮的弯曲应力。

（6）考虑到螺旋角 β 对斜齿轮齿根弯曲强度的影响，在校核公式中引入了螺旋角影响系数 $Y_\beta(Y_\beta<1)$，另外，斜齿轮的端面重合度 ε_α 比直齿轮大。所以其他条件相同的情况下，斜齿轮所受的弯曲应力小，弯曲疲劳强度高于直齿轮。

2）齿面接触疲劳强度

（1）在齿轮的齿宽系数、材料及齿数比已选定的情况下，影响齿面接触疲劳强度的主要因素是小齿轮直径 d_1（或中心距 a），即与 z_1m 有关，与 z_1、m 单项无关。

（2）要提高接触强度，一方面可降低 σ_H，首先是增加 d_1，其次是适当加大 $\phi_d(b)$；另

一方面可增大 $[\sigma_H]$，即从选材和热处理方法上，或通过适当提高齿轮精度来提高其接触疲劳许用应力。

（3）由于配对齿轮齿面的接触面积相等，而接触点的接触力大小相等、方向相反，因此配对齿轮的接触应力相等，即 $\sigma_{H1}=\sigma_{H2}$。一般主、从动齿轮的材料和热处理硬度不同，二者的许用接触应力不一定相等，即 $[\sigma_H]_1\neq[\sigma_H]_2$，所以一对齿轮的接触强度一般不相等。若 $[\sigma_H]_1=[\sigma_H]_2$，则配对齿轮不但接触应力相等，接触强度也相等。

（4）在应用接触强度的设计及校核公式时，应将 $[\sigma_H]_1$、$[\sigma_H]_2$ 中较小者代入公式进行计算。

（5）由于斜齿圆柱齿轮的接触线倾斜，法面综合曲率半径比直齿轮大，Z_H 小；另外，斜齿轮的端面重合度 ε_a 比直齿轮大，所以其他条件相同的情况下，斜齿轮所受的接触应力小，接触疲劳强度高于直齿轮。

8. 齿轮传动主要设计参数的选择

1）模数 m

主要影响齿根弯曲疲劳强度，可按弯曲强度条件设计，也可按经验公式 $m=(0.01\sim0.02)a$（a 为传动中心距）确定；对于开式（半开式）齿轮传动，取 $m=(1.1\sim1.15)m_{计}$；最后参照模数标准系列选取。传递动力的齿轮模数不宜小于 1.5mm。

2）压力角 α

一般用途的齿轮传动规定的标准压力角 $\alpha=20°$；航空用齿轮传动规定的标准压力角 $\alpha=25°$，以提高齿根弯曲疲劳强度和齿面接触疲劳强度，但径向力 F_r 增大。

3）齿数 z

为避免根切，齿数应大于等于不发生根切的最少齿数；为了使各个相啮合齿对磨损均匀、传动平稳，两轮齿数 z_1 和 z_2 最好互为质数；对于闭式齿轮传动，在满足齿根弯曲疲劳强度的条件下，宜将齿数选得多一些，通常 $z_1=20\sim40$，这样在中心距 a 一定时，可以增加重合度，改善传动的平稳性，减小模数，降低齿高，减少金属切削量，降低滑动速度，减轻磨损和提高抗胶合能力。为了提高开式（半开式）齿轮传动的耐磨性，要求有较大的模数，因而齿数应少一些，一般取 $z_1=17\sim20$。

4）齿宽系数 ϕ_d

由齿轮强度计算公式可知，轮齿越宽，承载能力越高，因而轮齿不宜过窄；但增大齿宽又会使齿面上的载荷分布更趋不均匀，故齿宽系数应取得适当。ϕ_d 的值取决于齿轮相对轴承的位置、齿面硬度等，具体取值可参考相关资料中的推荐使用值表。设计时，通常取大齿轮齿宽 $b_2=\phi_d d_1$ 并适当圆整；小齿轮齿宽 $b_1=b_2+(5\sim10)$mm。

5）斜齿圆柱齿轮的螺旋角 β

β 过小轴向重合度小，承载能力提高不明显；增大 β 虽可提高传动的平稳性和承载能力，但又会使轴向力增大，通常 $\beta=8°\sim20°$。人字齿轮的轴向力可相互抵消，其螺旋角可取较大的数值，$\beta=15°\sim40°$。

6）在齿轮传动设计计算过程中主要参数的处理

（1）模数 m 和压力角 α 必须是标准值。

（2）为了方便加工、测量，齿宽必须圆整。

（3）啮合参数（分度圆、齿顶圆、齿根圆）必须足够精确（最低要求为小数点以后三位数字)，以保证啮合性能。

（4）中心距既属于啮合参数，也是一个重要的结构参数，应尽可能圆整。大批量生产的产品，最好采用标准中心距；单件或小批量生产时，可取尾数为 0、2、5、8 的数值，或至少要取整数。所谓中心距圆整是针对强度计算或初步几何计算所得到的初步中心距来进行的。无论圆整与否，作为啮合参数，齿轮传动的中心距必须与齿数、模数、螺旋角、变位系数等参数之间满足几何条件。否则，齿轮便不能正常工作，甚至无法正常安装。

9. 圆柱齿轮传动的设计步骤

1）原始数据

输入功率 P_1（或转矩 T_1）、转速 n_1 和 n_2（或 n_1 和传动比 i）及工作条件。

2）设计步骤

（1）选择齿轮传动类型、精度等级、材料（含热处理方法和齿面硬度）、齿数 z_1 和 z_2、斜齿轮的螺旋角 β。

（2）齿轮强度设计计算。

（3）齿轮几何尺寸计算，包括分度圆直径 d_1 和 d_2、中心距 a、中心距圆整后的修正螺旋角 β、齿轮宽度 b_1 和 b_2 等。

（4）齿轮的结构设计。

（5）绘制齿轮零件工作图。

10. 圆柱齿轮强度设计计算的步骤

1）闭式软齿面齿轮传动

（1）按齿面接触疲劳强度进行设计计算。

① 确定设计计算公式内的各计算数值：K_t、ϕ_d、ε_α、Z_H、Z_E、$[\sigma_H]$ 等。

② 应用设计公式进行计算，确定主动齿轮的试算分度圆直径 d_{1t}。

③ 计算圆周速度 v、接触宽度 b 等确定系数 K_v、$K_{H\alpha}$、$K_{H\beta}$ 所需的一些数值，通过查表（图）确定 K_A、K_v、$K_{H\alpha}$、$K_{H\beta}$，计算载荷系数 $K(K=K_A K_v K_{H\alpha} K_{H\beta})$。

④ 按实际的载荷系数修正试算分度圆直径 d_{1t}，得 $d_1 = d_{1t}\sqrt[3]{\dfrac{K}{K_t}}$。

（2）由 d_1、$z_1(\beta)$ 计算模数 $m(m_n)$，根据模数标准系列选择模数。

（3）按齿根弯曲疲劳强度进行校核计算。

① 通过查表（图）确定校核计算公式内的各计算数值 $K(K=K_A K_v K_{F\alpha} K_{F\beta})$、$Y_{Fa}$、$Y_{Sa}$、$Y_\beta$、$[\sigma_F]$ 等。

② 应用校核公式进行计算，校核主、从动齿轮的弯曲强度是否满足要求，满足要求则进行下一步，不满足要求应按照提高齿根弯曲强度的措施（增大模数 m、适当加大齿宽 b等）修改有关参数，重新进行计算。

2）闭式硬齿面齿轮传动

（1）按齿根弯曲疲劳强度进行设计计算。

① 确定设计计算公式内的各计算数值：K_t、ϕ_d、ε_α、Y_{Fa}、Y_{Sa}、Y_β、$[\sigma_F]$ 等。

② 应用设计公式进行计算，确定试算模数 $m_t(m_{nt})$。

③ 计算圆周速度 v、接触宽度 b 等确定系数 K_v、$K_{F\alpha}$、$K_{F\beta}$ 所需的一些数值，通过查

表(图)确定 K_A、K_v、$K_{F\alpha}$、$K_{F\beta}$，计算载荷系数 K（$K = K_A K_v K_{F\alpha} K_{F\beta}$）。

④ 按实际的载荷系数修正试算模数 m_t（m_{nt}），得 $m = m_t \sqrt[3]{\dfrac{K}{K_t}}$，根据模数标准系列选择模数。

（2）由 m（m_n）、z_1（β）计算分度圆直径 d_1。

（3）按齿面接触疲劳强度进行校核计算。

① 通过查表(图)确定校核计算公式内的各计算数值 K（$K = K_A K_v K_{H\alpha} K_{H\beta}$）、$Z_H$、$Z_E$、$[\sigma_H]$ 等。

② 应用校核公式进行计算，校核主、从动齿轮的接触强度是否满足要求，满足要求则进行下一步，不满足要求应按照提高齿面接触强度的措施(增大主动轮分度圆直径 d_1、适当加大齿宽 b 等)修改有关参数，重新进行计算。

3）开式(半开式)齿轮传动

（1）按齿根弯曲疲劳强度进行设计计算，得到 $m_{计}$。

（2）取 $m = (1.1 \sim 1.5)m_{计}$，并根据模数标准系列选择模数。

19.3　典型例题解析

例 19-1　一外啮合直齿圆柱齿轮传动，已知 $z_1 = 20$，$z_2 = 60$，$m = 4\text{mm}$，$b_1 = 45\text{mm}$，$b_2 = 40\text{mm}$。齿轮的材料为锻钢，许用接触应力 $[\sigma_H]_1 = 500\text{MPa}$、$[\sigma_H]_2 = 430\text{MPa}$，许用弯曲应力 $[\sigma_F]_1 = 340\text{MPA}$、$[\sigma_F]_2 = 280\text{MPa}$，弯曲载荷系数 $K_F = 1.85$，接触载荷系数 $K_H = 1.40$。求大齿轮允许的最大输出转矩 T_2（不计功率损耗）。

解：（1）由齿面接触疲劳强度求 T_1。

$$\sigma_H = \sqrt{\frac{K_H F_t}{b d_1} \cdot \frac{u \pm 1}{u}} Z_H Z_E = \sqrt{\frac{2 K_H T_1}{b d_1^2} \cdot \frac{u \pm 1}{u}} Z_H Z_E \leqslant [\sigma_H]，$$ 其中：$b = b_2 = 40\text{mm}$，$d_1 = m z_1 = 4 \times 20 = 80\text{mm}$，$u = \dfrac{z_2}{z_1} = \dfrac{60}{20} = 3$，$Z_H = 2.5$，查表得 $Z_E = 189.8\text{MPa}^{\frac{1}{2}}$。

从而得：$T_1 \leqslant \left(\dfrac{[\sigma_H]}{Z_H Z_E}\right)^2 \dfrac{b d_1^2 u}{2 K_H (u+1)} = \left(\dfrac{430}{2.5 \times 189.8}\right)^2 \times \dfrac{40 \times 80^2 \times 3}{2 \times 1.40 \times (3+1)} = 56.31\text{N} \cdot \text{m}$。

（2）由齿根弯曲疲劳强度求 T_1。

$$\sigma_F = \frac{K_F F_t}{bm} Y_{Fa} Y_{Sa} = \frac{2 K_F T_1}{b m d_1} Y_{Fa} Y_{Sa} \leqslant [\sigma_F]，$$ 其中：查表得 $Y_{Fa1} = 2.80$、$Y_{Sa1} = 1.55$、$Y_{Fa2} = 2.28$、$Y_{Sa2} = 1.73$。

从而得：$T_1 \leqslant \dfrac{b m d_1}{2 K_F} \min\left[\dfrac{[\sigma_F]_1}{Y_{Fa1} Y_{Sa1}}, \dfrac{[\sigma_F]_2}{Y_{Fa2} Y_{Sa2}}\right] = \dfrac{40 \times 4 \times 80}{2 \times 1.85} \times \dfrac{280}{2.28 \times 1.73} = 245.58\text{N} \cdot \text{m}$。

（3）计算大齿轮允许的最大输出转矩 T_2。

$T_2 = i\eta T_1 = 3 \times 1 \times 56.31 = 168.93\text{N} \cdot \text{m}$

例 19-2　现有两对标准直齿圆柱齿轮，其材料、热处理方法、精度等级和齿宽均对应相等，并按无限寿命考虑。已知齿轮的模数和齿数分别为：第一对 $m = 4\text{m}$，$z_1 = 20$，$z_2 = 40$；第二对 $m' = 2\text{mm}$，$z_1' = 40$，$z_2' = 80$。若不考虑重合度不同产生的影响。试求在同样工况下工作时,这两款齿轮应力的比值$\dfrac{\sigma_H}{\sigma_H'}$和$\dfrac{\sigma_F}{\sigma_F'}$。

解:(1)求齿面接触应力的比值。直齿圆柱齿轮接触疲劳应力的计算公式为$\sigma_H=$ $\sqrt{\dfrac{KF_t}{bd_1}\dfrac{u\pm1}{u}}Z_HZ_E$。由已知条件可知两款齿轮的$K$、$F_t$、$b$、$u$、$Z_H$、$Z_E$均等,且$d_1=mz_1=$ $4\times20=d_1'=m'z_1'=2\times40=80$mm,所以,$\sigma_{H1}=\sigma_{H2}=\sigma_{H1}'=\sigma_{H2}'$,即$\dfrac{\sigma_H}{\sigma_H'}=1$。

(2)求齿根弯曲应力的比值。直齿圆柱齿轮弯曲疲劳应力的计算公式为$\sigma_F=\dfrac{KF_t}{bm}Y_{Fa}Y_{Sa}$。根据齿数查表可得:$z_1=20$时,$Y_{Fa1}=2.80$、$Y_{Sa1}=1.55$;$z_2=z_1'=40$时,$Y_{Fa2}=Y_{Fa1}'=$ 2.40、$Y_{Sa2}=Y_{Sa1}'=1.67$;$z_2'=80$时,$Y_{Fa2}'=2.22$、$Y_{Sa2}'=1.77$。

由已知条件可知两款齿轮的K、F_t、b均等,故

$$\sigma_{F1}=\frac{KF_t}{bm}Y_{Fa1}Y_{Sa1}=\frac{KF_t}{4b}\times2.80\times1.55=1.085\frac{KF_t}{b}$$

$$\sigma_{F2}=\frac{KF_t}{bm}Y_{Fa2}Y_{Sa2}=\frac{KF_t}{4b}\times2.40\times1.67=1.002\frac{KF_t}{b}$$

$$\sigma_{F1}'=\frac{KF_t}{bm'}Y_{Fa1}'Y_{Sa1}'=\frac{KF_t}{2b}\times2.40\times1.67=2.004\frac{KF_t}{b}$$

$$\sigma_{F2}'=\frac{KF_t}{bm'}Y_{Fa2}'Y_{Sa2}'=\frac{KF_t}{2b}\times2.22\times1.77=1.9647\frac{KF_t}{b}$$

所以,$\dfrac{\sigma_{F1}}{\sigma_{F1}'}=\dfrac{1.085}{2.004}=0.5414$,$\dfrac{\sigma_{F2}}{\sigma_{F2}'}=\dfrac{1.002}{1.9647}=0.51$。

例19-3 一闭式软齿面直齿圆柱齿轮传动,传递的扭矩$T_1=120$N·m,按其接触疲劳强度计算,小齿轮分度圆直径$d_1\geqslant60$mm。已知:载荷系数$K=1.8$,齿宽系数$\phi_d=1$,两轮许用弯曲应力$[\sigma_F]_1=315$MPa、$[\sigma_F]_2=300$MPa。现有3种方案:①$z_1=40$,$z_2=$ 80,$m=1.5$mm,$Y_{Fa1}Y_{Sa1}=4.07$,$Y_{Fa2}Y_{Sa2}=3.98$;②$z_1=30$,$z_2=60$,$m=2$mm,Y_{Fa1} $Y_{Sa1}=4.15$,$Y_{Fa2}Y_{Sa2}=4.03$;③$z_1=20$,$z_2=40$,$m=3$mm,$Y_{Fa1}Y_{Sa1}=4.37$,$Y_{Fa2}Y_{Sa2}=$ 4.07。请选择一最佳方案,并简要说明原因。

解:因为3种方案里小齿轮的分度圆直径$d_1=60$mm,接触疲劳强度是满足的,所以只需从弯曲疲劳强度方面考虑。

根据直齿圆柱齿轮的弯曲应力的计算公式得

$$\sigma_F=\frac{KF_t}{bm}Y_{Fa}Y_{Sa}=\frac{2KT_1}{\phi_dmd_1^2}Y_{Fa}Y_{Sa}=\frac{2\times1.8\times120000}{1\times60^2}\frac{Y_{Fa}Y_{Sa}}{m}=\frac{120Y_{Fa}Y_{Sa}}{m}$$

逐个校核各个齿轮的弯曲疲劳强度:

第①组:$\sigma_{F1}=\dfrac{120Y_{Fa1}Y_{Sa1}}{m_1}=\dfrac{120\times4.07}{1.5}=325.6MPa>[\sigma_F]_1=315$MPa

$$\sigma_{F2}=\frac{120Y_{Fa2}Y_{Sa2}}{m_1}=\frac{120\times3.98}{1.5}=318.4\text{MPa}>[\sigma_F]_2=300\text{MPa}$$

第②组:$\sigma_{F1}=\dfrac{120Y_{Fa1}Y_{Sa1}}{m_2}=\dfrac{120\times4.15}{2}=249MPa<[\sigma_F]_1=315$MPa

$$\sigma_{F2}=120\frac{Y_{Fa2}Y_{Sa2}}{m_2}=\frac{120\times4.03}{2}=241.8\text{MPa}<[\sigma_F]_2=300\text{MPa}$$

第③组：$\sigma_{F1} = 120 \dfrac{Y_{Fa1}Y_{Sa1}}{m_3} = \dfrac{120 \times 4.37}{3} = 174.8\text{MPa} < [\sigma_F]_1 = 315\text{MPa}$

$\sigma_{F2} = 120 \dfrac{Y_{Fa2}Y_{Sa2}}{m_3} = \dfrac{120 \times 4.07}{3} = 162.8\text{MPa} < [\sigma_F]_2 = 300\text{MPa}$

第①组两个齿轮的弯曲疲劳强度都不足，不能采用。第②组和第③组齿轮的弯曲疲劳强度都是足够的，但第②组方案较好。当分度圆直径一定时，对于闭式软齿面齿轮传动，在满足弯曲疲劳强度条件下，将模数取得小些、齿数多些，这样可以增加重合度，提高传动的平稳性，减小模数，降低齿高，减少金属切削量，降低滑动速度，减轻磨损和提高抗胶合能力。综上所述，最佳方案是第②组。

例 19-4　图 19-2(a)所示圆锥-斜齿圆柱齿轮减速器，齿轮 1 主动，转向如图所示。试在图上：(1)标出各轴的转向；(2)为使Ⅱ轴所受轴向力较小，确定 3、4 轮合理的螺旋线方向；(3)画出齿轮 2、3 所受各个分力的方向。

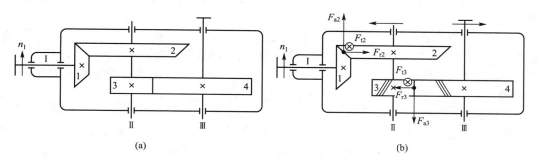

图 19-2　例 19-4 图

解：（1）根据锥齿轮转向同时指向（或背离）啮合点，Ⅱ轴转向向左；根据外啮合圆柱齿轮转向相反，可确定Ⅲ轴转向向右。

（2）轴Ⅱ上的锥齿轮 2 所受的轴向力向上（指向大端），要使Ⅱ轴上的轴向力较小，应使斜齿轮 3 所受轴向力向下，根据左右手螺旋法则，可判断出齿轮 3 的旋向应为右旋；3、4 轮的旋向应该相反，即齿轮 4 的旋向应为左旋。

（3）根据锥齿轮、斜齿轮的径向力指向各自的轮心，主动轮的圆周力方向与啮合点处圆周速度方向相反，从动轮圆周力方向与啮合点处圆周速度方向相同，可判断齿轮 2、3 各分力方向。

19.4　同步训练题

19.4.1　填空题

1. 在带传动、链传动和齿轮传动中，瞬时传动比恒定的是＿＿＿＿＿＿＿。
2. 轮齿折断一般发生在＿＿＿＿＿＿部位，为防止轮齿折断，应进行＿＿＿＿＿＿强度计算。
3. 对于一般参数的闭式软齿面齿轮传动，主要失效形式为＿＿＿＿＿＿，一般是按＿＿＿＿＿＿强度进行设计，按＿＿＿＿＿＿强度进行校核。这时影响齿轮强度的最主要参数或几何尺寸是_____。

4. 在闭式软齿面齿轮传动中，齿面疲劳点蚀是由于_____反复作用而产生的，点蚀通常首先出现在_____，提高齿面的_____可以增强轮齿抗点蚀的能力。

5. 对于开式齿轮传动，虽然主要失效形式是_____，但目前尚无成熟可靠的_____计算方法，通常只按_____计算。这时影响齿轮强度的最主要参数是_____。

6. 理想的齿轮材料性能应是齿面要_____，齿芯要_____。

7. 对于闭式软齿面齿轮传动，当两齿轮的材料均采用 45 钢时，一般采取的热处理方式为：小齿轮采用_____，大齿轮采用_____。

8. 在齿轮传动中，主动轮所受圆周力 F_{t1} 的方向与其啮合点处圆周速度方向_____，从动轮所受圆周力 F_{t2} 的方向与其啮合点处圆周速度方向_____。

9. 直齿圆柱齿轮的齿数越少，齿形系数 Y_{Fa} 越_____，轮齿受到的齿根弯曲应力越_____。

10. 一对直齿圆柱齿轮，齿面接触强度已足够，而齿根弯曲强度不足，可采用下列措施：_____、_____、_____来提高齿根的弯曲疲劳强度。

11. 设计齿轮传动时，若小齿轮分度圆直径 d_1 一定，对于闭式软齿面齿轮传动，一般 z_1 选得_____些；对于闭式硬齿面齿轮传动，则取_____的齿数 z_1，以使_____增大，从而提高轮齿的弯曲疲劳强度；对于开式齿轮传动，一般 z_1 选得_____些。

12. 设计圆柱齿轮传动时，齿宽系数 ϕ_d 越大，齿轮的承载能力越_____，但_____现象严重。选择 ϕ_d 的原则是：两齿面均为硬齿面时，ϕ_d 取偏_____值；精度高时，ϕ_d 取偏_____值；对称布置比悬臂布置取值_____些。

13. 斜齿圆柱齿轮的齿形系数 Y_{Fa} 与齿轮的参数_____、_____和_____有关，而与_____无关。

14. 在推导直齿锥齿轮的强度计算式时，按_____处的当量直齿圆柱齿轮进行计算。

19.4.2 判断题

1. 轮齿折断是润滑良好的闭式硬齿面齿轮传动的主要失效形式。　　　（　　）

2. 齿面点蚀在齿轮传动中时有发生，但硬齿面齿轮一般不发生点蚀破坏。（　　）

3. 在开式齿轮传动中，一般是不会发生点蚀失效的。　　　　　　　　（　　）

4. 在齿轮传动中，若一对齿轮均采用软齿面，则大齿轮的齿面硬度应比小齿轮的齿面硬度高一些。　　　　　　　　　　　　　　　　　　　　　　　　　　（　　）

5. 对轮齿沿齿宽做鼓形齿修形，可以大大改善载荷沿接触线分布不均匀的现象。
　　　　　　　　　　　　　　　　　　　　　　　　　　　　　　　　（　　）

6. 标准直齿圆柱齿轮齿形系数 Y_{Fa} 的大小与齿轮的模数无关，主要取决于齿数。
　　　　　　　　　　　　　　　　　　　　　　　　　　　　　　　　（　　）

7. 其他条件不变的情况下，增加齿数可提高齿轮的齿根弯曲疲劳强度。（　　）

8. 一对齿轮啮合时，其大、小齿轮的接触应力是相等的，许用接触应力一般是不相等的，弯曲应力一般也是不相等的。　　　　　　　　　　　　　　　　　　（　　）

9. 齿轮传动中，因为两齿轮在啮合点处的最大接触应力相等，所以闭式软齿面齿轮

传动的两齿轮的材料及表面硬度应相同。 　　　　　　　　　　　　　　　（　　）

10. 为提高齿轮传动的齿面接触疲劳强度，应在分度圆直径不变条件下增大模数。

　　　　　　　　　　　　　　　　　　　　　　　　　　　　　　　　　（　　）

11. 齿轮传动强度计算时，许用接触应力与齿面硬度无关。 　　　　　　　（　　）

12. 设计一对圆柱齿轮时，通常把小齿轮的齿宽取得比大齿轮宽一些。 　（　　）

13. 斜齿轮传动和直齿轮传动一样，都不产生轴向力。 　　　　　　　　　（　　）

14. 斜齿圆柱齿轮传动的强度按其法面齿形计算。 　　　　　　　　　　　（　　）

15. 闭式齿轮传动的润滑方式主要根据传递的功率来选择。 　　　　　　　（　　）

19.4.3 选择题

1. 在机械传动中，理论上能保证瞬时传动比为常数的是____，能缓冲吸振并具有过载保护作用的是____。

　　A. 带传动 　　　　　B. 链传动 　　　　　C. 齿轮传动 　　　　　D. 摩擦轮传动

2. 闭式高速重载齿轮传动中，当润滑不良时，最可能出现的失效形式是____。

　　A. 轮齿疲劳折断 　　B. 齿面磨损 　　　C. 齿面疲劳点蚀 　　D. 齿面胶合

3. 齿轮的齿面疲劳点蚀首先发生在____的部位。

　　A. 靠近节线的齿根表面上 　　　　　　B. 靠近节线的齿顶表面上

　　C. 在节线上 　　　　　　　　　　　　D. 同时在齿根和齿顶表面上

4. 设计闭式齿轮传动时，计算接触疲劳强度主要针对的失效形式是____，计算弯曲疲劳强度主要针对的失效形式是____。

　　A. 齿面点蚀 　　　　B. 齿面胶合 　　　C. 轮齿折断

　　D. 磨损 　　　　　　E. 齿面塑性变形

5. 家用电器和录像机中的齿轮，传递功率小，但要求传动平稳、低噪声和无润滑，比较适宜的齿轮材料是____。

　　A. 铸铁 　　　　　　　　　　　　　　B. 铸钢

　　C. 锻钢 　　　　　　　　　　　　　　D. 工程塑料

6. 灰铸铁齿轮常用于____场合。

　　A. 低速、无冲击和大尺寸 　　　　　　B. 高速有较大冲击

　　C. 有较大冲击和小尺寸

7. 材料为20Cr的齿轮要达到硬齿面要求，适宜的热处理方法是____。

　　A. 整体淬火 　　　B. 渗碳淬火 　　　C. 调质 　　　　　　D. 表面淬火

8. 将材料为45钢的齿轮毛坯加工成为6级精度硬齿面直齿圆柱齿轮，该齿轮制造工艺顺序应选择____为宜。

　　A. 滚齿、表面淬火、磨齿 　　　　　　B. 滚齿、磨齿、表面淬火

　　C. 表面淬火、滚齿、磨齿 　　　　　　D. 滚齿、调质、磨齿

9. 设计一对减速软齿面齿轮传动时，从等强度要求出发，大、小齿轮的硬度应____。

　　A. 相等 　　　　　　　　　　　　　　B. 小齿轮硬度高于大齿轮硬度

　　C. 大齿轮硬度高于小齿轮硬度 　　　　D. 小齿轮采用硬齿面，大齿轮采用软齿面

10. 下列圆柱齿轮传动中，应对____结构确定最大的齿向荷载分布系数 K_β。

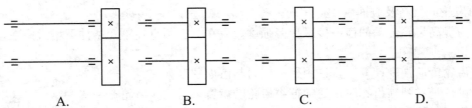

A.   B.   C.   D.

11. 一对标准直齿圆柱齿轮传动，$z_1 = 21$，$z_2 = 63$，则这对齿轮的齿形系数____，齿根弯曲应力____。

   A. $Y_{Fa1} < Y_{Fa2}$ B. $Y_{Fa1} = Y_{Fa2}$ C. $Y_{Fa1} > Y_{Fa2}$

   D. $\sigma_{F1} < \sigma_{F2}$ E. $\sigma_{F1} = \sigma_{F2}$ F. $\sigma_{F1} > \sigma_{F2}$

12. 按齿根弯曲疲劳强度设计齿轮传动时，应将 $\dfrac{[\sigma_F]_1}{Y_{Fa1}Y_{Sa1}}$ 和 $\dfrac{[\sigma_F]_2}{Y_{Fa2}Y_{Sa2}}$ 中____数值代入设计式进行计算。按齿面接触疲劳强度设计齿轮传动时，应将 $[\sigma_H]_1$ 或 $[\sigma_H]_2$ 中____数值代入设计式中进行计算。

   A. 任何一个   B. 较大   C. 较小   D. 两者平均

13. 在直齿圆柱齿轮传动设计中，若保持中心距不变而增大模数 m，则齿轮的____。

   A. 齿根弯曲疲劳强度提高   B. 齿面接触疲劳强度提高

   C. 弯曲强度与接触强度均不变   D. 弯曲强度和接触强度均提高

14. 设计齿轮传动时，若保持传动比 i 和齿数和 $z_\Sigma = z_1 + z_2$ 不变，而增大模数 m，则齿轮的____。

   A. 弯曲强度与接触强度均不变   B. 弯曲强度不变，接触强度提高

   C. 弯曲强度与接触强度均提高   D. 弯曲强度提高，接触强度不变

15. 在下列措施中，____不利于提高齿轮轮齿的抗齿根弯曲疲劳折断能力。

   A. 表面强化处理   B. 减小齿根过渡圆角半径

   C. 降低齿面粗糙度值   D. 减轻加工损伤

16. 一减速齿轮传动，小齿轮 1 选用 45 钢调质，大齿轮 2 选用 45 钢正火，它们的齿面接触应力____。

   A. $\sigma_{H1} > \sigma_{H2}$ B. $\sigma_{H1} < \sigma_{H2}$ C. $\sigma_{H1} = \sigma_{H2}$ D. $\sigma_{H1} \leqslant \sigma_{H2}$

17. 一对圆柱齿轮传动，其他条件不变，仅将齿轮传动所受的载荷增为原来的 4 倍，其齿面接触应力____。

   A. 不变   B. 增为原应力的 2 倍

   C. 增为原应力的 4 倍   D. 增为原应力的 16 倍

18. 在齿轮传动中，当传动比及中心距一定时，____可提高齿面接触疲劳强度。

   A. 增大模数   B. 增加齿数   C. 提高齿面硬度

19. 为了提高齿轮传动的齿面接触疲劳强度，可采取____的方法。

   A. 在中心距不变的条件下增大模数   B. 增大中心距

   C. 减小齿宽   D. 在中心距不变的条件下增加齿数

20. 在下列方法中，____不能提高齿轮传动的齿面接触疲劳强度。

   A. 直径 d 不变而增大模数   B. 提高齿面硬度

   C. 适当增大齿宽 b D. 增大齿数 z_1 以增大 d_1

21. 设计一传递动力的闭式软齿面钢制齿轮，精度等级为 7 级。在中心距 a 和传动比

i 不变的条件下，提高齿面接触强度的最有效方法是____。

    A. 增大模数（相应地减少齿数）   B. 提高主、从动轮的齿面硬度

    C. 提高加工精度   D. 增大齿根圆角半径

22. 在下列措施中，____不利于减轻或防止齿面点蚀发生。

    A. 提高齿面硬度   B. 采用黏度低的润滑油

    C. 降低齿面粗糙度值   D. 采用较大的变位系数

23. 某齿轮箱中一对 45 钢调质齿轮经常发生齿面点蚀，修配更换时____。

    A. 可用 40Cr 调质代替   B. 可适当增大模数

    C. 仍用 45 钢，改为齿面高频淬火   D. 可改用铸钢 ZG310 - 570

24. 圆柱齿轮传动中，当齿轮的分度圆直径一定时，减小齿轮的模数、增加齿轮的齿数，可以____。

    A. 提高齿轮的弯曲强度   B. 提高齿面的接触强度

    C. 改善齿轮传动的平稳性   D. 减少齿面的塑性变形

25. 一对圆柱齿轮，通常把小齿轮的齿宽做得比大齿轮宽一些，其主要原因是____。

    A. 使传动平稳   B. 提高传动效率

    C. 提高齿面接触强度   D. 便于安装，保证接触线长度

26. 一对圆柱齿轮传动，小齿轮分度圆直径 $d_1 = 50$mm，宽度 $b_1 = 55$mm；大齿轮分度圆 $d_2 = 90$mm，宽度 $b_2 = 50$mm，则齿宽系数 ϕ_d ____。

    A. 1.1   B. $\dfrac{5}{9}$ C. 1   D. 1.3

27. 下列斜齿圆柱齿轮的螺旋角中，____值是实际可行的。

    A. $\beta = 2° \sim 8°$ B. $\beta = 8° \sim 20°$ C. $\beta = 20° \sim 40°$ D. $\beta = 40° \sim 60°$

28. 增大斜齿轮螺旋角会使____增加。

    A. 圆周力   B. 径向力   C. 轴向力

29. 斜齿轮和锥齿轮强度计算中的齿形系数 Y_{Fa} 和应力校正系数 Y_{Sa} 应按____查图表。

    A. 实际齿数   B. 当量齿数   C. 不发生根切的最少齿数

30. 在齿轮传动的设计和计算中，对于下列参数和尺寸应标准化的有____；应圆整的有____；没有标准化也不应圆整的有____。

    A. 斜齿圆柱齿轮的法面模数 m_n B. 斜齿圆柱齿轮的端面模数 m_t

    C. 分度圆直径 d D. 齿顶圆直径 d_a

    E. 齿轮宽度 b F. 分度圆压力角 α

    G. 斜齿轮螺旋角 β H. 变位系数 x

    I. 中心距 a J. 齿厚 s

31. 开式或半开式齿轮传动，或速度较低的闭式齿轮传动，通常用____润滑。

    A. 浸油   B. 喷油

    C. 用带油轮带油   D. 人工周期性加油

32. 在一传动机构中，有锥齿轮传动和圆柱齿轮传动时，应将锥齿轮传动安排在____。

    A. 高速级   B. 低速级   C. 中速级   D. 任意位置

33. 机床主轴箱中的变速滑移齿轮应该采用____。

A. 直齿圆柱齿轮　　　　　　　　B. 斜齿圆柱齿轮

    C. 人字齿圆柱齿轮　　　　　　　D. 直齿锥齿轮

34. 在带、链、齿轮传动组成的多级传动系统中，正确的传动方案是＿＿＿。

    A. 链传动—齿轮传动—带传动　　B. 带传动—齿轮传动—链传动

    C. 齿轮传动—带传动—链传动　　D. 带传动—链传动—齿轮传动

19.4.4　简答题

1. 齿轮传动中，导致轮齿折断的主要原因有哪些？

2. 闭式齿轮传动产生齿面点蚀的主要原因是什么？

3. 开式齿轮传动能否形成疲劳点蚀？

4. 对高速、重载和冲击较大的齿轮传动的齿轮材料及热处理有哪些要求？

5. 钢制软齿面齿轮要求小齿轮硬度大于大齿轮 $30\sim50$ HBS，为什么？

6. 防止齿轮传动过早的疲劳点蚀的方法有哪些？

7. 防止齿轮传动过快磨损的方法有哪些？

8. 齿轮传动为什么会产生齿面胶合？避免胶合的措施有哪些？

9. 为降低齿轮传动的齿面接触疲劳应力，可采用哪些措施？

10. 一闭式软齿面直齿圆柱齿轮传动，其齿数与模数有两种方案：(a)$m=4$mm，$z_1=20$，$z_2=60$；(b)$m=2$mm，$z_1=40$，$z_1=120$，其材料、热处理方式都相同。试问：(1)两种方案的接触疲劳强度和弯曲疲劳强度是否相同？(2)若两种方案的弯曲疲劳强度都能满足，则哪种方案比较好？

11. 为什么设计齿轮传动时齿宽系数不宜取得太大？

12. 斜齿圆柱齿轮传动中螺旋角 β 太小或太大会怎样？应怎样合理取值？

13. 一对渐开线标准直齿圆柱齿轮的齿数 z_1 和 z_2、模数 m、压力角 α 和一对渐开线标准斜齿圆柱齿轮的齿数 z_1' 和 z_2'、模数 m_n、压力角 α_n 对应相等。若其他条件都相同，试说明斜齿轮比直齿轮的齿面接触疲劳强度和齿根弯曲疲劳强度高的理由。

14. 对于一台长期运转的带式输送机传动装置，分析 Ⅰ、Ⅱ 两种传动方案哪种较合理？并说明理由。

    方案 Ⅰ 电动机 → 带传动 → 齿轮传动 → 工作机

    方案 Ⅱ 电动机 → 齿轮传动 → 带传动 → 工作机

15. 有一二级圆柱齿轮减速器，其中一级为直齿轮，另一级为斜齿轮。试问斜齿轮传动应置于高速级还是低速级？为什么？若为直齿锥齿轮和圆柱齿轮组成的减速器，锥齿轮传动应置于高速级还是低速级？为什么？

19.4.5　分析与设计计算题

1. 在图 19-3 所示直齿圆柱齿轮传动中，齿轮 1 为主动齿轮，齿轮 2 为中间齿轮，齿轮 3 为从动齿轮。已知 $z_1=22$，$z_2=25$，$z_3=45$，$m=4$mm，齿轮 3 所受的转矩 $T_3=98$N·m，转速 $n_3=180$r/min。不计齿轮啮合及轴承运转时摩擦引起的功率损耗。试：(1)在图上标出齿轮 2、3 的转向和所有齿轮所受圆周力 F_t 和径向力 F_r 的方向，并计算各齿轮所受圆周力 F_t 和径向力 F_r 的大小；(2)说明中间齿轮 2 在啮合时的应力性质和强度计算时应注意的问题；(3)若把齿轮 2 作为主动齿轮，则在啮合传动时其应力性质有何变化，其强度计算与前面有何不同？

2. 有一对标准直齿圆柱齿轮，模数 $m=5mm$，齿轮的齿数为：$z_1=25$、$z_2=60$，查得齿轮的齿形系数为：$Y_{Fa1}=2.72$、$Y_{Fa2}=2.32$，应力校正系数为：$Y_{Sa1}=1.58$、$Y_{Sa2}=1.76$。齿轮的许用弯曲应力为：$[\sigma_F]_1=320MPa$、$[\sigma_F]_2=300MPa$，算得齿轮 2 的齿根弯曲应力为 $\sigma_{F2}=280MPa$。试问：(1)哪一个齿轮的弯曲疲劳强度高？(2)两个齿轮的弯曲疲劳强度是否足够？

3. 一对标准直齿圆柱齿轮传动参数见表 19-5。试：(1)比较哪个齿轮容易疲劳点蚀，哪个齿轮易弯曲疲劳折断？(2)齿宽系数 ϕ_d 等于多少？(3)若载荷系数 $K=1.25$，按齿根弯曲疲劳强度计算，齿轮允许传递的最大转矩 T_{1max} 等于多少？

表 19-5　一对标准直齿圆柱齿轮传动参数

齿轮	m/mm	z	b/mm	Y_{Fa}	Y_{Sa}	$[\sigma_F]/MPa$	$[\sigma_H]/MPa$
1	3	17	60	2.97	1.52	390	500
2	3	45	55	2.35	1.68	370	470

4. 在图 19-4 所示减速器的传动简图中，圆柱齿轮均为斜齿轮，已给出主动件的转向，为使中间轴上的轴承所受的轴向力最小，试画出其他各轴的转向和轮齿的旋向。

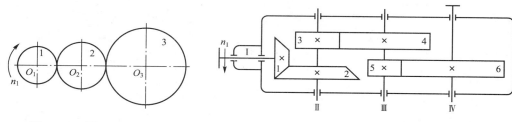

图 19-3　题 19.4.5-1 图　　　　　　　图 19-4　题 19.4.5-4 图

5. 图 19-5 所示为一两级斜齿圆柱齿轮减速器，高速级：$m_n=2mm$，$z_1=22$，$z_2=95$，$\alpha_n=20°$，$a=120mm$，齿轮 1 为右旋；低速级：$m_n=3mm$，$z_3=25$，$z_4=79$，$\alpha_n=20°$，$a=160mm$。主动轮转速 $n_1=960r/min$，转向如图所示，传递功率 $P=4kW$，不计摩擦损失。试：(1)标出轴Ⅱ、Ⅲ的转向；(2)为使轴Ⅱ所受轴向力最小，确定并标出 2、3、4 轮的螺旋线方向；(3)画出齿轮 2、3 所受的各个分力的方向；(4)求出齿轮 3 所受 3 个分力的大小。

6. 在某设备中有一对标准直齿圆柱齿轮，已知：小轮齿数 $z_1=22$，传动比 $i=4$，模数 $m=3mm$。在技术改造中，为了改善其传动平稳性，拟将其改为标准斜齿圆柱齿轮传动。要求：不改变中心距、不降低承载能力，传动比允许有不超过 3% 的误差。另外，为使轴向力不致过大，希望螺旋角 $\beta\leqslant15°$。试确定：斜齿轮的 z_1'、z_2'、m_n 及 β。如果要求中心距和传动比都不能改变，情况如何？

7. 某输送带由电机通过三级减速传动系统来驱动，减速装置有：滚子链传动、二级斜齿圆柱齿轮传动、V 带传动。试分析图 19-6 所示传动布置方案的不合理之处，简单说明错误原因，画出正确的传动方案布置图。

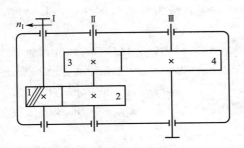

图 19-5   题 19.4.5-5 图

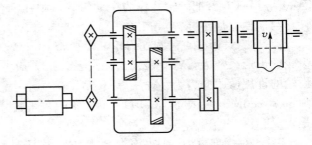

图 19-6   题 19.4.5-7 图

第20章
蜗杆传动

20.1 学习要求、重点及难点

1. 学习要求

(1) 了解蜗杆传动的类型、特点及应用。

(2) 掌握普通圆柱蜗杆传动的主要参数选择，了解其基本几何尺寸的计算。

(3) 掌握普通圆柱蜗杆传动的失效形式、设计准则、常用材料、受力分析及其强度计算特点。

(4) 了解普通圆柱蜗杆传动的效率、润滑、热平衡原理及计算方法。

(5) 了解圆柱蜗杆和蜗轮的结构设计。

2. 学习重点

普通圆柱蜗杆传动的主要参数选择、失效形式、受力分析和强度计算特点。

3. 学习难点

普通圆柱蜗杆传动的主要参数选择和受力分析。

20.2 学习指导

1. 蜗杆传动简介

1) 蜗杆传动的形成

(1) 交错轴斜齿轮机构：若将一对斜齿轮安装成其轴线不平行的形式，就成为交错轴斜齿轮机构。两轮轴线之间的夹角 Σ 称为两轴的交错角。其特点有：①两轴交错角 $\Sigma = |\beta_1 + \beta_2|$；②齿面间为点接触，承载能力低；③相对滑动速度大，轮齿易磨损，效率较低。

（2）蜗杆传动的形成：蜗杆传动是一种特殊的交错轴斜齿轮机构，其特殊之处在于：一般 $\Sigma = \beta_1 + \beta_2 = 90°$，$z_1$ 很少（一般 $z_1 = 1 \sim 4$），β_1 较大。这样，可将交错轴斜齿轮传动的点接触变成线接触，但啮合轮齿间的相对滑动速度仍较大，摩擦、磨损大，传动效率较低。蜗杆用车削的方法进行加工，蜗轮用与蜗杆相似的滚刀展成法切制。

2）蜗杆传动的特点

蜗杆传动常用于传递空间垂直交错的两轴之间的运动和动力。一般蜗杆为主动件，作减速运动。蜗杆传动具有传动比大、结构紧凑、传动平稳、反行程可自锁的特点，但效率低。

如图 20-1 所示，普通圆柱蜗杆传动是在齿轮传动的基础上发展起来的，它具有齿轮传动的某些特点，即在中间平面（通过蜗杆轴线并垂直于蜗轮轴线的平面）内，蜗杆齿形是标准齿条齿形，蜗轮齿形是渐开线齿轮齿形，啮合传动类似于齿轮齿条传动，其承载能力可仿照圆柱齿轮承载能力的计算方法进行计算。又有区别于齿轮传动的特性，即其运动特性相当于螺旋副的工况。蜗杆相当于单头或多头螺杆，蜗轮相当于一个"不完整的螺母"包在蜗杆上。蜗杆本身轴线转动一周，蜗轮相应转过一个或多个齿。

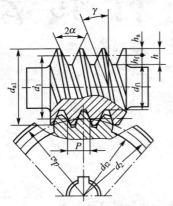

图 20-1 普通圆柱蜗杆传动

3）蜗杆传动的应用

蜗杆传动在各类机械，如机床、冶金、矿山、起重运输机械中得到广泛使用。常用于两轴交错、传动比较大、传递功率不太大或间歇工作的场合。

2. 蜗杆传动的主要参数及几何尺寸（图 20-1）

1）蜗杆传动的正确啮合条件

在其中间平面内，蜗杆的轴面模数 m_{a1} 和轴面压力角 α_{a1} 分别等于蜗轮的端面模数 m_{t2} 和端面压力角 α_{t2}，且均为标准值；为保持二者齿相一致，当两轴交错角为 90° 时，蜗杆分度圆导程角 γ_1 还应等于蜗轮螺旋角 β_2，且二者螺旋线方向相同。

2）蜗杆传动的主要参数及几何尺寸

（1）模数 m 和压力角 α。蜗杆传动的尺寸计算与齿轮传动一样，也是以模数 m 作为计算的主要参数。在中间平面内蜗杆传动相当于齿轮和齿条传动，蜗杆的轴面模数和轴面压力角分别与蜗轮的端面模数和端面压力角相等，为此将此平面内的模数和压力角规定为标准值，标准模数和压力角见 GB/T 10088—1988 和 GB/T 10087—1988。

（2）蜗杆的分度圆直径 d_1 和直径系数 q。在蜗杆传动中，为了保证蜗杆与配对蜗轮的正确啮合，必须用与蜗杆相同尺寸的蜗轮滚刀来加工与其配对的蜗轮。这样，只要有一种尺寸的蜗杆，就需要一种对应的蜗轮滚刀。对于同一模数，可以有很多不同直径的蜗杆，因而对每一模数就要配备很多蜗轮滚刀。显然，这样很不经济。

为了限制切制蜗轮时所需滚刀的数目，以提高生产的经济性，并保证配对蜗杆与蜗轮能正确啮合，就对每一标准模数规定了一定数量的蜗杆分度圆直径 d_1（即 d_1 需取标准值），而把比值 $q = \dfrac{d_1}{m}$ 称为蜗杆直径系数。

蜗杆分度圆直径 $d_1 = qm \neq z_1 m$。当 m 一定时，q 越大，则 d_1 越大，蜗杆的刚度就越大，故对于小模数蜗杆，宜采用较大的 q 值。

(3) 蜗杆分度圆导程角 γ_1 和蜗杆传动的总效率 η。从整体看，蜗杆蜗轮齿面间的相对运动类似于螺旋传动，蜗杆的导程角相当于螺纹的升角。$\tan\gamma_1 = \dfrac{z_1 p_{a1}}{\pi d_1} = \dfrac{z_1 \pi m}{\pi d_1} = \dfrac{z_1}{q}$ (p_{a1} 为蜗杆的轴向齿距(周节))。

啮合效率：$\eta_1 = \dfrac{\tan\gamma_1}{\tan(\gamma_1 + \varphi_v)}$。在一定范围内，蜗杆传动效率随着 γ_1 增大而增大。当 γ_1 小于当量摩擦角时，蜗轮主动时会出现自锁。在这种情况下，蜗杆主动时的效率低于 50%。

闭式蜗杆传动的功率损耗一般包括三部分，即啮合摩擦损耗、轴承摩擦损耗及浸入油池中零件搅油时的溅油损耗。由于轴承摩擦及溅油这两项功率损耗不大，一般取轴承摩擦损耗及溅油损耗的效率 $\eta_2 \eta_3 = 0.95 \sim 0.96$，则总效率 $\eta = \eta_1 \eta_2 \eta_3 = (0.95 \sim 0.96)\dfrac{\tan\gamma_1}{\tan(\gamma_1 + \varphi_v)}$。

设计之初，η 未知，为了近似地求出蜗轮轴上的转矩 T_2 ($T_2 = i\eta T_1$)，可按 z_1 初选(见表 20-1)。设计完成后，需验算 η，若与初选值相差太远，则需重选 η 再设计。

表 20-1　总效率初选

蜗杆头数 z_1	1	2	4	6
总效率 η	0.7	0.8	0.9	0.95

(4) 蜗杆头数 z_1。蜗杆头数 z_1 可根据要求的传动比和效率来选定。当 q 一定时，z_1 增加，则 γ_1 增加、η 增加。因此，可采用多头蜗杆来提高其传动效率。但对于有自锁要求的场合(如起重机械等)，应使 γ_1 尽可能小，因此宜采用单头蜗杆传动。但蜗杆头数过多，又会给加工带来困难。所以，通常蜗杆头数取为 1、2、4、6。

(5) 蜗轮齿数 z_2。蜗轮齿数 z_2 主要根据传动比来确定，$z_2 = iz_1$。应注意：为了避免用蜗轮滚刀加工蜗轮时产生根切与干涉，理论上应使 $z_{2min} \geq 17$。但当 $z_2 < 26$ 时，啮合区要显著减小，将影响传动的平稳性，而在 $z_2 \geq 30$ 时，则可始终保持有两对以上的齿啮合，所以通常规定 z_2 大于 28。对于动力传动 z_2 一般不大于 80。这是由于当蜗轮直径不变时，z_2 越大，模数就越小，将使轮齿的弯曲强度削弱；当模数不变时，蜗轮尺寸将要增大，使相啮合的蜗杆支承间距加大，这将降低蜗杆的弯曲刚度，容易产生挠曲而影响正常的啮合。对于分度机构，z_2 的选择可不受限制。

(6) 传动比 i_{12} 和标准中心距 a。蜗杆传动的传动比 i_{12} 和标准中心距 a 的计算公式与齿轮传动相比，存在不同之处：① $i_{12} = \dfrac{n_1}{n_2} = \dfrac{z_2}{z_1} \neq \dfrac{d_2}{d_1}$；② $a = \dfrac{1}{2}(d_1 + d_2) = \dfrac{1}{2}m(q + z_2) \neq \dfrac{1}{2}m(z_1 + z_2)$。

相关教材推荐的普通圆柱蜗杆基本尺寸和参数及其与蜗轮参数的匹配主要用于标准系列的蜗杆减速器，如需设计非标准的蜗杆传动，除应按算得的中心距 a 的值选择蜗杆传动的模数及相应的蜗杆分度圆直径 d_1 外，蜗轮的齿数及实际中心距可不受表中数值的限制。

3. 蜗杆传动的受力分析

蜗杆传动受力分析的目的在于找出蜗杆、蜗轮上作用力的大小和方向。它们是进行强度计算和轴的计算时所必需的。如

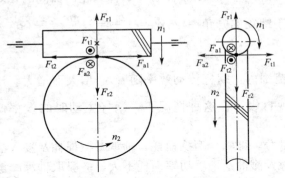

图 20 - 2 所示，分析的方法与斜齿圆柱齿轮传动相似，将作用在齿面上的法向力 F_n 在节点处分解为 3 个分力：圆周力 F_t、径向力 F_r 和轴向力 F_a，但各力的对应关系不同于齿轮传动的情况，这一点要特别注意。

图 20 - 2 蜗杆传动的受力分析

1）圆周力 F_t 方向

F_{t1}（蜗杆）——蜗杆为主动件，受的是阻力，故 F_{t1} 方向与蜗杆在啮合点处圆周速度方向相反；F_{t2}（蜗轮）——蜗轮为从动件，受的是驱动力，故 F_{t2} 方向与蜗轮在啮合点处圆周速度方向相同，F_{t2} 与 F_{a1} 大小相等、方向相反。

2）径向力 F_r 方向

F_{r1}、F_{r2} 分别沿蜗杆、蜗轮的半径方向指向各自的轮心。

3）轴向力 F_a 方向

F_{a1}（蜗杆）——根据蜗杆螺旋线方向（左旋或右旋）及 n_1 转向，用左、右手定则来确定，即：手握蜗杆（左旋用左手，右旋用右手），四指沿 n_1 方向弯曲，大拇指的指向则为 F_{a1}；F_{a2}（蜗轮）——F_{a2} 与 F_{t1} 大小相等、方向相反。

4）各力之间的关系

$$F_{t1} = -F_{a2} = \frac{2T_1}{d_1}, \quad -F_{a1} = F_{t2} = \frac{2T_2}{d_2}, \quad F_{r1} = -F_{r2} = -F_{t2}\tan\alpha。$$

4. 蜗杆传动的失效形式、设计准则及常用材料

1）主要失效形式

在蜗杆传动中，由于蜗杆的材料强度较高，其齿是连续的螺旋齿，所以蜗杆螺旋齿部分的强度总是高于蜗轮轮齿的强度，失效常发生在蜗轮轮齿上。又因蜗杆传动在啮合时齿面相对滑动速度大，传动效率低，发热量大，所以闭式蜗杆传动的主要失效形式为蜗轮齿面的胶合，其次是点蚀和磨损。开式蜗杆传动的主要失效形式为蜗轮轮齿的磨损。

2）设计准则（强度计算特点）

（1）蜗杆传动的失效多发生在蜗轮上，故只进行蜗轮轮齿的强度计算，必要时对蜗杆进行刚度校核。

（2）目前对胶合和磨损的计算还缺乏妥善的方法，因而通常只仿照圆柱齿轮进行齿面及齿根强度的条件性计算，并在选取许用应力时，根据蜗轮的特性来考虑胶合和磨损失效因素的影响。

（3）在普通圆柱蜗杆传动的强度计算中，把蜗轮看成一个斜齿圆柱齿轮，因此其强度计算是仿照斜齿圆柱齿轮的计算方法进行的。

（4）由于齿形的原因，通常蜗轮的齿根弯曲疲劳强度比齿面接触疲劳强度大得多，所

以只是在受强烈冲击、z_2 很多（$z_2 > 80 \sim 100$）或开式传动中计算弯曲强度才有意义。故对闭式蜗杆传动，通常按蜗轮的齿面接触疲劳强度进行设计，然后进行热平衡计算；对开式传动或齿数很多（$z_2 > 80 \sim 100$）的传动，按齿根弯曲疲劳强度设计。

3）常用材料

（1）对蜗杆和蜗轮材料的要求：不仅要求具有足够的强度，更重要的是要求具有良好的减摩性、耐磨性和抗胶合能力。

（2）蜗杆一般用碳素钢或合金钢制成，如：20Cr、20CrMnTi 渗碳淬火；45、40Cr 表面淬火；45 调质等。调质蜗杆只用于速度低、载荷小的场合。

（3）蜗轮材料一般采用铸造锡青铜（ZCuSn10P1、ZCuSn5Pb5Zn5）、铸造铝铁青铜（ZCuAl10Fe3）和灰铸铁，具体的视传动中的相对滑动速度 v_s 高低而定。对于 $v_s \geq 3\text{m/s}$ 的重要传动，选用耐磨性好、抗胶合能力强的锡青铜，但这种材料的强度差，主要失效形式为齿面点蚀，其承载能力取决于蜗轮的齿面接触疲劳强度；当 v_s 较低时（$v_s \leq 4\text{m/s}$），选用铝铁青铜，这种材料的强度较高，但抗胶合能力差，主要失效形式为齿面胶合，其承载能力取决于抗胶合能力；如果滑动速度不高（$v_s < 2\text{m/s}$），对效率要求也不高时，可采用灰铸铁。蜗轮蜗杆的材料选用时还应注意材料的配对，如蜗轮采用铝铁青铜时，蜗杆的材料应选用硬齿面的淬火钢。

5. 蜗杆传动的热平衡计算

1）热平衡计算的原因

在闭式齿轮传动中，并不是都要进行热平衡计算。而在普通圆柱蜗杆传动中，因有很大的相对滑动速度，摩擦损耗大（特别是轮齿的啮合摩擦损耗），所以传动的效率低，工作时发热量大。由于蜗杆传动结构紧凑，箱体的散热面积小，散热能力差，所以在连续工作的闭式蜗杆传动中，所产生的热量不能及时散去，油温就会急剧升高，这样就容易使齿面产生胶合。这就是要进行热平衡计算的原因。

2）热平衡计算的原理

热平衡计算的基本原理是单位时间内产生的热量小于或等于同时间散发出去的热量，即 $\Phi_1 \leq \Phi_2$。

在实际工作中，主要是利用热平衡条件，找出工作条件下应该控制的油温 t_1。只要油的工作温度能满足要求，蜗杆传动就能正常地进行工作。

20.3 典型例题解析

例 20-1 证明反行程自锁的蜗杆传动，正行程（蜗杆为主动件）的啮合效率小于 50%。

解：蜗杆传动的啮合效率为 $\eta = \dfrac{\tan\gamma}{\tan(\gamma + \varphi_v)}$，由自锁条件可知 $\gamma \leq \varphi_v$。

$$\eta = \frac{\tan\gamma}{\tan(\gamma + \varphi_v)} \leq \frac{\tan\gamma}{\tan 2\gamma} = \frac{\tan\gamma}{\dfrac{2\tan\gamma}{1-\tan^2\gamma}} = \frac{1-\tan^2\gamma}{2} < \frac{1}{2}$$

因此，反行程具有自锁性的蜗杆传动，其正行程的啮合效率总小于 50%。

例 20-2 在图 20-3(a)所示传动系统中，件 1、5 为蜗杆，件 2、6 为蜗轮，件 3、4 为斜齿轮，件 7、8 为锥齿轮。已知蜗杆 1 为主动件，要求输出轴Ⅳ的回转方向如图所示。试在原图上画出：(1)各轴的回转方向；(2)考虑Ⅰ、Ⅱ、Ⅲ轴上所受轴向力能抵消一部分，定出各轮的螺旋线方向；(3)各轮的轴向力和轮 4 所受的各个分力方向。

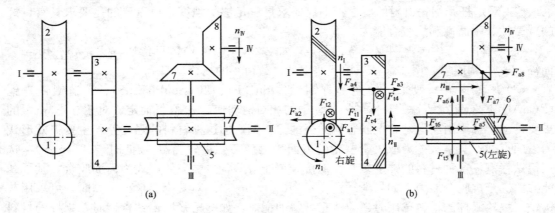

图 20-3　例 20-2 图

解：(1)、(2)如图 20-3(b)所示，锥齿轮传动的两轮转向同时指向啮合点(面对面)或同时背离啮合点(背靠背)，轮 7(轴Ⅲ)的转向向右。锥齿轮传动两轮所受的轴向力指向各自的大端，F_{a7} 向下，F_{a8} 向右；要使Ⅲ轴上所受轴向力能抵消一部分，则 F_{a6} 应向上；根据啮合点处 $F_{t5} = -F_{a6}$，F_{t5} 向下，蜗杆 5(轴Ⅱ)转向向上("主反、从同")。根据外啮合圆柱齿轮转向相反，可判断齿轮 3(Ⅰ轴)的转向向下。在啮合点处，F_{t6} 向左；根据 $F_{a5} = -F_{t6}$，则 F_{a5} 向右；根据主动轮"左右手螺旋法则"，可判断蜗杆 5 和蜗轮 6 为左旋。要使Ⅱ轴上所受轴向力能抵消一部分，则 F_{a4} 应向左；根据 $F_{a3} = -F_{a4}$，则 F_{a3} 向右；根据主动轮"左右手螺旋法则"，可判断齿轮 3 旋向为右旋。根据一对外啮合斜齿圆柱齿轮的旋向应相反，可知齿轮 4 的旋向为左旋。要使Ⅰ轴上所受轴向力能抵消一部分，则 F_{a2} 应向左；根据 $F_{t1} = -F_{a2}$，F_{t1} 向右，蜗杆 1 转向为逆时针("主反、从同")。根据蜗轮 2 的转向，可判断 F_{t2} 沿啮合点指向纸面；根据 $F_{a1} = -F_{t2}$，则 F_{a1} 沿啮合点背离纸面；根据主动轮"左右手螺旋法则"，可判断蜗杆 1 和蜗轮 2 为右旋。

(3) 根据从动轮圆周力方向与啮合点圆周速度方向相同，F_{t4} 指向纸面。由圆柱齿轮所受径向力指向各自的轮心，F_{r4} 沿啮合点向下。

20.4　同步训练题

20.4.1　填空题

1. 蜗杆传动中，通常取_____为主动件，_____为从动件。

2. 蜗杆传动的主要缺点是_____很大，因此导致_____较低，温升较高。

3. 阿基米德圆柱蜗杆的端面齿形是_____，轴面齿形是_____。

4. 普通圆柱蜗杆传动的中间平面是指_____。在中间平面上，普通圆柱蜗杆传动相当于_____。

5. 两轴交错角为 90° 的蜗杆传动中，蜗杆的螺旋线方向与蜗轮的螺旋线方向应_____；蜗杆的_____与蜗轮螺旋角相等；蜗杆的_____模数为标准模数；蜗轮的_____压力角为标准压力角；蜗杆的_____直径为标准直径。

6. 普通圆柱蜗杆传动中，规定蜗杆的_____与_____之比称为蜗杆的直径系数。

7. 对于闭式蜗杆传动，蜗杆副多因蜗轮的_____或_____而失效，故通常按蜗轮轮齿的_____强度进行设计，而按蜗轮轮齿的_____强度进行校核。对于开式蜗杆传动，则多发生蜗轮轮齿的_____和_____，所以通常只需按蜗轮轮齿的_____强度进行设计。

8. 在蜗杆传动中，已知作用在蜗杆上的轴向力 $F_{a1}=1800N$，圆周力 $F_{t1}=880N$。若不考虑摩擦，则作用在蜗轮上的轴向力 F_{a2}_____N，圆周力 F_{t2}_____N。

9. 蜗杆传动中，蜗杆的头数根据_____和_____选定；蜗轮的齿数主要根据_____和_____确定。

10. 蜗杆传动中，蜗轮的齿圈通常用_____制造，蜗杆常用_____制造。

20.4.2 判断题

1. 蜗杆传动中，当反行程需要自锁时，应使蜗杆导程角大于啮合面的当量摩擦角。
（　　）

2. 阿基米德蜗杆的端面模数是标准模数。（　　）

3. 普通圆柱蜗杆传动中，蜗杆的端面压力角与蜗轮的端面压力角数值是相同的。
（　　）

4. 普通圆柱蜗杆传动中，不仅规定了标准模数和压力角，而且为了限制蜗轮滚刀的数量及便于滚刀的标准化，还规定了蜗杆分度圆直径系列。（　　）

5. 普通圆柱蜗杆分度圆直径为 $d_1=mz$。（　　）

6. 普通圆柱蜗杆传动的传动比 $i=\dfrac{n_1}{n_2}=\dfrac{d_2}{d_1}$。（　　）

7. 由于蜗杆的头数越多效率越高，所以蜗杆的头数越多越好。（　　）

8. 为了保证圆柱蜗杆传动良好的磨合（跑合）和耐磨性能，通常采用钢制蜗杆与铜合金蜗轮。（　　）

9. 蜗杆传动的效率低，发热量大，因此必须进行热平衡计算。（　　）

10. 由于蜗杆的径向尺寸较小，蜗杆与轴往往做成一体。（　　）

11. 蜗杆传动中，蜗轮的转向取决于蜗杆的旋向和蜗杆的转向。（　　）

12. 蜗杆传动通常用于传递大功率、大传动比的减速装置。（　　）

20.4.3 选择题

1. 蜗杆传动用来传递____的两轴之间的运动和动力。
　　A. 平行　　　　　　B. 相交成某一角度　C. 相交成直角　　　D. 空间交错

2. 蜗杆减速器的传动比可达到很大，所以能实现____。
　　A. 输入较小的功率，获得较大的输出功率
　　B. 输入较低转速，获得较高的输出转速

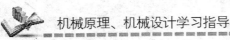

C. 输入较小转矩，获得较大的输出转矩

3. 国家标准规定，普通圆柱蜗杆传动在____内的模数和压力角为标准值。

    A. 蜗杆端面   B. 蜗轮法向平面   C. 蜗杆、蜗轮啮合时的中间平面

4. 普通圆柱蜗杆传动的正确啮合条件中，应除去____。

    A. $m_{a1} = m_{t2}$ B. $\alpha_{a1} = \alpha_{t2}$ C. $\beta_1 = \beta_2$ D. 螺旋线旋向相同

5. 为了提高蜗杆的刚度，应____。

    A. 采用高强度合金钢作蜗杆材料   B. 增加蜗杆硬度

    C. 增大蜗杆的直径系数

6. 蜗杆传动的标准中心距 $a = $____。

    A. $\dfrac{m(z_1 + z_2)}{2}$ B. $\dfrac{d_{a1} + d_{a2}}{2}$ C. $\dfrac{m(q + z_2)}{2}$

7. 在减速蜗杆传动中，用____来计算传动比 i_{12} 是错误的。

    A. $i_{12} = \dfrac{\omega_1}{\omega_2}$ B. $i_{12} = \dfrac{d_2}{d_1}$ C. $i_{12} = \dfrac{z_2}{z_1}$ D. $i_{12} = \dfrac{n_1}{n_2}$

8. 采用变位蜗杆传动时，____。

    A. 蜗杆的节圆与分度圆重合   B. 蜗杆的节圆与分度圆不重合

    C. 蜗轮的节圆与分度圆不重合   D. 中心距、齿数都不变

9. 对于传递动力的蜗杆传动，为了提高传动效率，在一定限速内可采用____。

    A. 较大的蜗杆直径系数   B. 较大的蜗杆分度圆导程角

    C. 较小的模数   D. 较少的蜗杆头数

10. 对于大多数闭式蜗杆传动来说，其承载能力主要取决于____。

    A. 蜗杆的齿面接触疲劳强度   B. 蜗轮的齿面接触疲劳强度

    C. 蜗杆的齿根弯曲疲劳强度   D. 蜗轮的齿根弯曲疲劳强度

11. 在蜗杆传动中，轮齿承载能力计算主要针对____来进行。

    A. 蜗杆齿面接触疲劳强度和蜗轮齿根弯曲疲劳强度

    B. 蜗轮齿面接触疲劳强度和蜗杆齿根弯曲疲劳强度

    C. 蜗杆齿面接触疲劳强度和齿根弯曲疲劳强度

    D. 蜗轮齿面接触疲劳强度和齿根弯曲疲劳强度

12. 起吊重物所用的手动蜗杆传动，宜采用____蜗杆。

    A. 单头、小导程角   B. 多头、小导程角

    C. 单头、大导程角   D. 多头、大导程角

13. 蜗杆传动的总效率，主要取决于____的效率。

    A. 轴承摩擦损耗   B. 啮合摩擦损耗   C. 加装风扇损耗   D. 溅油损耗

14. 在蜗杆传动中，其他条件相同，若增加蜗杆头数，将使____。

    A. 传动效率提高，滑动速度降低   B. 传动效率降低，滑动速度提高

    C. 传动效率和滑动速度都提高

15. 蜗杆传动的当量摩擦系数 f_v 随齿面相对滑动速度的增大而____。

    A. 不变   B. 增大

    C. 减小   D. 可能增大也可能减小

16. 多级传动设计中，当蜗杆头数 z_1 一定时，为提高啮合效率，通常将蜗杆传动布置

在____。

    A. 高速级   B. 中速级   C. 低速级   D. 哪一级都可以

17. 对闭式蜗杆传动进行热平衡计算的主要目的是为了防止温升过高而导致____。

    A. 蜗轮材料力学性能下降   B. 润滑油变质

    C. 蜗杆受热变形过大   D. 润滑条件恶化

18. 与齿轮传动相比较，____不是蜗杆传动的优点。

    A. 传动平稳，噪声小   B. 可产生自锁

    C. 传动比大   D. 传动效率高

20.4.4　简答题

1. 在蜗杆传动中，为什么要规定标准模数系列和蜗杆直径系列？

2. 为增加蜗杆减速器输出轴的转速，决定用双头蜗杆代替原来的单头蜗杆，问原来的蜗轮是否可以继续使用？为什么？

3. 为什么蜗轮的齿圈常用锡青铜或铝铁青铜材料制造？

4. 试标出图 20-4 中两种传动形式的蜗杆、蜗轮和齿轮的转动方向，哪种传动形式比较合理？为什么？（两种传动形式中各轮对应参数均相同。）

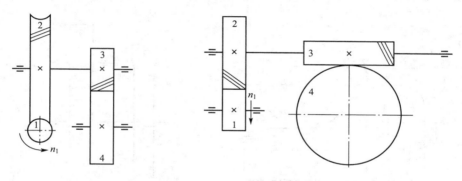

图 20-4　题 20.4.4-4 图

5. 为什么铸造铝铁青铜和灰铸铁蜗轮的许用接触应力与齿面间的滑动速度有关，而铸造锡青铜蜗轮的许用接触应力与滑动速度无关？

6. 闭式蜗杆传动为什么要进行热平衡计算？若计算不能满足要求，怎么办？

20.4.5　分析、设计计算题

1. 一蜗杆传动，蜗杆头数 $z_1=1$，传动比 $i_{12}=40$，蜗轮分度圆直径 $d_2=200\text{mm}$，蜗杆的导程角 $\gamma_1=5.71°$。试确定模数 m 和传动中心距 a。

2. 有一传动比 $i=20$ 的阿基米德蜗杆传动。已知蜗杆头数 $z_1=2$，直径系数 $q=10$，分度圆直径 $d_1=80\text{mm}$。试求：(1)模数 m、蜗杆分度圆导程角 γ_1；(2)蜗轮齿数 z_2、分度圆直径 d_2、分度圆螺旋角 β_2；(3)传动的中心距 a。

3. 已知一蜗杆传动，测得如下数据：蜗杆头数 $z_1=2$，蜗轮齿数 $z_2=40$，蜗杆轴向齿距 $p_{a1}=15.71\text{mm}$，蜗杆齿顶圆直径 $d_{a1}=60\text{mm}$。试求：(1)模数 m；(2)蜗轮螺旋角 β_2 及分度圆直径 d_2；(3)传动的中心距 a。

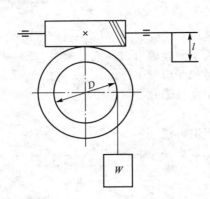

图 20-5 题 20.4.5-4 图

4. 图 20-5 所示为手动绞车中所采用的蜗杆传动。已知 $m=8mm$，$d_1=80mm$，$z_1=1$，$i=40$，卷筒的直径 $D=250mm$。试计算：（1）欲使重物上升 1m，应转动蜗杆的转数；（2）设蜗杆和蜗轮间的当量摩擦系数为 $f_v=0.18$，检验该蜗杆传动是否满足自锁条件；（3）设重物重 $W=5kN$，通过手柄转臂施加的力 $F=100N$，手柄转臂的长度 l 的最小值（不计轴承摩擦损耗及溅油损耗的效率）。

5. 图 20-6 所示为两级蜗杆减速器，蜗轮 4 为右旋，逆时针方向转动，要求在 Ⅱ 轴上的蜗轮 2 与蜗杆 3 的轴向力方向相反。试画出：（1）蜗杆 1 的旋转方向；（2）蜗杆 3 的螺旋线方向及其旋转方向；（3）蜗轮 2 的螺旋线方向；（4）蜗轮 2 与蜗杆 3 所受的各分力方向。

6. 图 20-7 所示传动中，蜗杆传动为标准传动：$m=5m$，$d_1=50mm$，$z_1=3$（右旋），$z_2=40$；标准斜齿轮传动：$m_n=5mm$，$z_3=20$，$z_4=50$。要求使轴 Ⅱ 的轴向力相互抵消，不计摩擦，蜗杆主动。试确定：斜齿轮 3、4 的螺旋线方向和螺旋角 β 的大小。

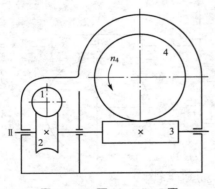

图 20-6 题 20.4.5-5 图

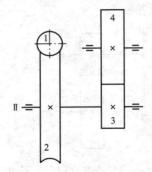

图 20-7 题 20.4.5-6 图

第 21 章
滑 动 轴 承

21.1 学习要求、重点及难点

1. 学习要求

(1) 了解滑动轴承的类型、结构形式、特点及应用。
(2) 对滑动轴承的失效形式、材料要求、常用材料及选用原则有较全面的认识。
(3) 了解轴瓦的结构和滑动轴承润滑剂的选择方法。
(4) 掌握不完全液体润滑滑动轴承的设计准则及设计计算。
(5) 掌握液体动力润滑径向滑动轴承的设计计算。

2. 学习重点

(1) 滑动轴承的常用材料及选用原则。
(2) 不完全液体润滑滑动轴承的设计准则及设计计算。
(3) 液体动力润滑径向滑动轴承的设计计算。

3. 学习难点

液体动力润滑径向滑动轴承的设计计算及参数选择。

21.2 学 习 指 导

1. 滑动轴承的典型结构

1) 径向滑动轴承组成
径向滑动轴承由轴承座、轴瓦及轴承衬、润滑与密封装置等组成。
2) 径向滑动轴承分类
径向滑动轴承主要有整体式、对开式、自动调心式 3 种。

（1）整体式径向滑动轴承。①结构：如图 21-1(a)所示，由轴承座、整体轴套组成。轴承座上设有安装润滑油杯的螺纹孔。轴套上开有油孔，其内表面开有油槽。②特点：结构简单，成本低；但装拆不便，轴承间隙无法调整。③应用：低速、轻载或间歇性工作的机器。

（2）对开式径向滑动轴承。①结构：如图 21-1(b)所示，由轴承座、轴承盖、剖分式轴瓦和双头螺柱等组成。轴承盖上部开有安装润滑油杯的螺纹孔。轴套上开有油孔，其内表面开有油槽。②特点：轴承盖和轴承座的剖分面常做成阶梯形，以便对中和防止横向错动，剖分面有正剖（水平剖）和斜剖两种，最好与载荷方向近于垂直。常在轴瓦内表面上贴附一层轴承衬。这种轴承装拆方便，轴瓦磨损后可调整间隙，但结构复杂。③应用：最为常用。

（3）自动调心式径向滑动轴承。①结构：如图 21-1(c)所示，轴瓦的瓦背制成凸球面，其支承面制成凹球面。②特点：轴瓦和轴相对于轴承座可在一定范围内摆动，从而避免安装误差或轴的弯曲变形较大时，造成轴颈和轴瓦端部的局部接触所引起的剧烈磨损和发热。③应用：球面加工不易，一般用于支承挠度较大$\left(即宽径比\dfrac{B}{d}较大\right)$或多支点的长轴。

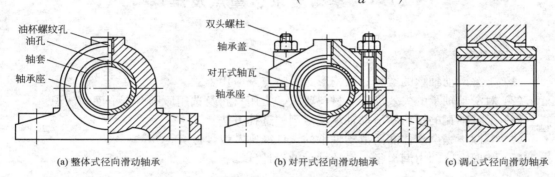

(a) 整体式径向滑动轴承　　(b) 对开式径向滑动轴承　　(c) 调心式径向滑动轴承

图 21-1　径向滑动轴承

3）止推滑动轴承简介

如图 21-2 所示，止推滑动轴承由轴承座和止推轴颈组成。常用的结构形式有空心式、单环式和多环式。空心式（图 21-2(a)）轴颈接触端面上的压力分布较均匀，润滑条件较实心式有所改善。单环式（图 21-2(b)）利用轴颈的环形端面止推，结构简单、润滑方便，广泛用于低速、轻载的场合。多环式（图 21-2(c)）止推滑动轴承不仅能承受较大的轴向载荷，有时还可承受双向轴向载荷。

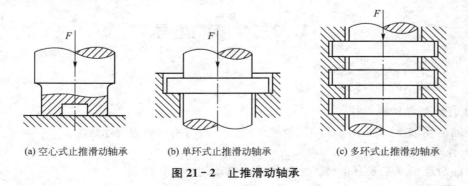

(a) 空心式止推滑动轴承　　(b) 单环式止推滑动轴承　　(c) 多环式止推滑动轴承

图 21-2　止推滑动轴承

2. 滑动轴承的失效形式及常用材料

1）主要失效形式

滑动轴承常见的失效形式有：磨粒磨损、刮伤、咬粘（胶合）、疲劳剥落、腐蚀等。

2）对轴承材料性能的要求

轴瓦和轴承衬的材料统称为轴承材料。针对上述失效形式，轴承材料性能应着重满足以下要求：①良好的减摩性、耐磨性和抗咬黏性；②良好的摩擦顺应性、嵌入性和磨合性；③足够的强度和抗腐蚀能力；④良好的导热性、工艺性、经济性等。

3）常用轴承材料

常用的轴承材料有三大类：金属材料、多孔质金属材料和非金属材料。其中常用的金属材料有轴承合金、铜合金、铝基轴承合金、铸铁等。

（1）轴承合金（通称白合金或巴氏合金）：分为锡基轴承合金（ZSnSb11Cu6、ZSnSb8Cu4）和铅基轴承合金（ZPbSb16Sn16Cu2、ZPbSb15Sn5Cu3Cd2）。在所有轴承材料中，轴承合金的嵌入性和摩擦顺应性最好，又具有较好的磨合性和抗胶合能力。但机械强度较低，价格很贵，仅用作轴承衬贴附在青铜、钢或铸铁轴瓦的内表面上。

（2）铜合金：强度高，承载能力大，减摩性、耐磨性和导热性优于轴承合金。但其可塑性差，不易磨合，与之相配的轴径须淬硬。

① 锡青铜——减摩性、耐磨性最好，应用较广，适于重载及中速场合。

② 铅青铜——抗胶合能力强，适于高速、重载轴承。

③ 铝青铜——强度及硬度较高，抗胶合能力差，适于低速、重载轴承。

（3）铝基轴承合金：强度高，耐磨性、耐腐蚀和导热性好。可做成单金属轴瓦，也可作成双金属轴瓦的轴承衬，用钢作衬背。

（4）铸铁：灰铸铁或球墨铸铁（之中有游离的石墨起润滑作用）具有一定的减摩性和耐磨性，但性脆，磨合性差，适于轻载、低速，不受冲击的场合，用作轴瓦材料。

（5）多孔质金属材料（含油轴承）：利用铁或铜和石墨粉末、树脂混合经压型、烧结、整形、浸油而制成。其特点是组织疏松多孔，孔隙中能大量吸收润滑油，也称含油轴承，具有自润滑的性能。适于低速、载荷平稳和加油不便的场合。

（6）非金属材料（塑料、橡胶）

① 塑料——摩擦系数小，耐腐蚀，具有自润滑性能，但导热性差，易变形，承载能力差。常用材料有：酚醛树脂、聚铣胺（尼龙）、聚四氟乙烯等，可用油，也可用水润滑。

② 橡胶——弹性大，允许轴线有一定的偏斜，主要用于以水作润滑剂且环境较脏污之处。例如：水泵、水轮机和其他水下机械用轴承。

3. 轴瓦的典型结构形式（图 21-3）

1）按构造分类

（1）整体式：需从轴端安装和拆卸，可修复性差。

（2）对开式：可以直接从轴的中部安装和拆卸，可修复。

2）按尺寸分类

（1）薄壁：节省材料，但刚度不足，故对轴承座孔的加工精度要求高。

（2）厚壁：具有足够的强度和刚度，可降低对轴承座孔的加工精度要求。

3）按材料分类

（1）单材料：强度足够的材料可以直接做成轴瓦，如青铜、灰铸铁。

（2）多材料：轴承衬强度不足，故采用多材料制作轴瓦。

4）按加工分类

（1）铸造：铸造工艺性好，单件、大批生产均可，适用于厚壁轴瓦。

（2）轧制：只适用于薄壁轴瓦，具有很高的生产率。

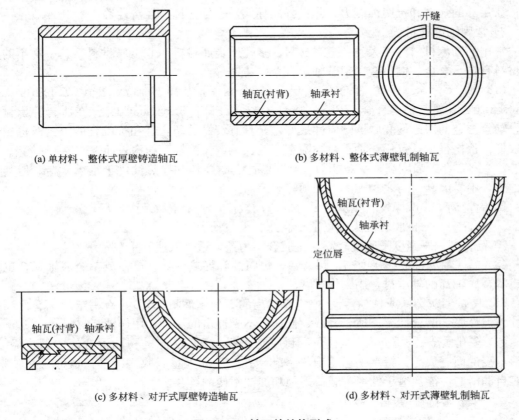

图 21-3　轴瓦的结构形式

4. 不完全液体润滑滑动轴承的设计计算

滑动轴承的设计准则和设计方法与其他零部件有本质的区别，验算的项目也随之有所差异。

1）应用场合

工程实际中，对于工作要求不高、转速较低、载荷不大、难以维护等条件下工作的轴承，往往设计成不完全液体润滑滑动轴承。

2）工作状态

不完全液体润滑滑动轴承工作时，因采用润滑脂、油绳或滴油润滑，故无法形成完全的承载油膜，工作状态为边界摩擦或混合摩擦状态。

3）主要失效形式

（1）磨损——导致轴承配合间隙加大，影响轴的旋转精度，甚至使轴承不能正常工作。

（2）胶合——高速重载且润滑不良时，摩擦加剧，发热多，使轴承上较软的金属粘焊在轴颈表面而出现胶合。

4）设计准则

保证边界油膜不破裂，避免轴承材料的过度磨损和因温度升高而引起胶合。因边界油膜的强度与温度、轴承材料、轴颈和轴承表面粗糙度、润滑油供给量等有关，目前尚无保证摩擦表面的边界油膜不破裂的精确计算方法，但一般可做简化的条件性计算。

5）不完全液体润滑滑动轴承条件性计算的物理意义

目前对不完全液体润滑滑动轴承的设计计算主要进行平均压力 p、轴承平均压力与滑动速度的乘积 pv 和轴承滑动速度 v 的验算，使其不超过材料的许用值，即 $p \leqslant [p]$、$pv \leqslant [pv]$、$v \leqslant [v]$。此外，在设计液体动力润滑滑动轴承时，由于其起动和停车阶段也处于混合摩擦状态，因而也要对 p、pv 和 v 进行验算。

（1）限制轴承的平均压力 p，是为了保证润滑油不被过大的压力挤出，而导致轴瓦或轴承衬产生过度磨损。

（2）限制轴承的 pv 值，是为了限制轴承的温升，从而避免边界油膜的破裂和发生胶合失效，因为 pv 值与摩擦功率损耗成正比。

（3）对于 p 和 pv 的验算均合格的轴承，由于滑动速度过高，也会加速磨损而使轴承报废。这是因为 p 只是平均压力，实际上由于轴发生弯曲或不同心等引起轴承边缘局部压力相当高，当滑动速度过高时，局部区域的 pv 值可能超过许用值，所以在 p 较小的情况下还应该限制轴颈的圆周速度 v。

6）不完全液体润滑径向滑动轴承的设计步骤

设计时，一般已知轴颈直径 d、轴的转速 n 和轴承所受的径向载荷 F_r。其设计步骤如下：①根据轴承使用要求和工作条件，确定轴承结构形式；②选择轴瓦的结构和材料；③选定轴承的宽径比 $\dfrac{B}{d}\left(\dfrac{B}{d} = 0.3 \sim 1.5\right)$，确定轴承的宽度 B；④验算轴承的工作能力；⑤选择轴承的配合；⑥选择润滑剂与润滑方式（装置）。

5. 液体动力润滑径向滑动轴承的设计计算

1）流体动力润滑

两个作相对运动物体的摩擦表面，用借助于相对速度而产生的黏性流体膜将两摩擦表面完全隔开，由流体膜的压力来平衡外载荷，称为流体动力润滑。

2）流体动力润滑的基本方程（一维雷诺方程）及其在设计计算中的应用

流体动力润滑的基本方程（一维雷诺方程）：$\dfrac{\partial p}{\partial x} = 6\eta v \dfrac{h - h_0}{h^3}$。

（1）雷诺方程表明，油膜压力的变化与润滑油的动力黏度、表面相对滑动速度和油膜厚度的变化有关。利用该式可求出油膜中各点的压力 p 沿 x 的分布，将该压力积分便可求得全部油膜压力之和，即为油膜的承载能力。

（2）由上式可知，形成流体动力润滑的必要条件是：①相对滑动的两工作表面间必须形成收敛的楔形间隙；②被油膜分开的两表面必须有足够的相对滑动速度，其运动方向必须使润滑油从大口流进，小口流出；③润滑油必须有一定的黏度，供油要充分。

对于径向滑动轴承，由于轴颈与轴瓦之间为间隙配合，所以两者之间自然形成一弯曲的楔形间隙，当轴颈与轴瓦之间有足够大的相对滑动速度（转速），加上充分供油即可形成流体动力润滑。

3）径向滑动轴承形成流体动力润滑的过程

（1）起动前阶段（$n=0$）：如图 21-4(a)所示，轴颈与轴承孔在最下方位置接触。

（2）起动阶段（$n\approx0$）：如图 21-4(b)所示，由于速度低，轴颈与孔壁金属直接接触，在摩擦力作用下，轴颈沿孔内壁向右上方爬升。

（3）不稳定运转阶段：如图 21-4(c)所示，随着 n 增大，进入油楔腔内润滑油逐渐增多，形成压力油膜，把轴颈浮起推向左下方。

（4）稳定运转阶段：油压与外载 F 平衡时，轴颈稳定在某一位置上运转。n 越高，轴颈中心稳定位置越靠近轴承孔中心。但当两心重合时，油楔消失，失去承载能力。

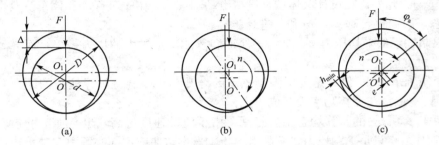

图 21-4　径向滑动轴承形成流体动力润滑的过程

对于形成流体动力润滑的过程应掌握如下要点。

（1）轴承孔径 D 和轴颈直径 d 基本尺寸相等，直径间隙 Δ 是由公差形成的。

（2）轴颈上作用的油膜压力与 F 相平衡，在与 F 垂直的方向，合力为零。

（3）轴颈最终的平衡位置可用 φ_a 和偏心距 e 来表示。

（4）轴颈达到平衡位置后，油膜压力的分布情况及最小油膜厚度 h_{min} 的位置如图 21-5 所示。

（5）影响轴颈平衡位置的主要因素有外载荷 F、润滑油黏度 η、轴颈转速 n 和直径间隙 Δ 等。当外载荷 F、润滑油黏度 η 或轴颈转速 n 发生变化时，轴心的位置也将随之改变，即 e 在变化。

4）径向滑动轴承的几何参数

设 O 为轴颈中心，O_1 为轴承孔中心，起始位置 F 与 $\overline{OO_1}$ 重合，轴颈直径为 d，轴承孔直径为 D，轴承宽度为 B。则径向滑动轴承的几何参数：①宽径比：$\dfrac{B}{d}$；②直径间隙：$\Delta=D-d$；③半径间隙：$\delta=R-r=\dfrac{\Delta}{2}=\dfrac{D-d}{2}$；④相对间隙：$\psi=\dfrac{\Delta}{d}=\dfrac{\delta}{r}$；⑤偏心距：$e=\overline{OO_1}$；⑥偏心率：$\chi=\dfrac{e}{\delta}$；⑦油膜厚度：取轴颈中心 O 为极点，连心线 OO_1 为极轴，对于任意角 φ（包括 φ_0、φ_1、φ_2 均从 OO_1 算起）的油膜厚度为 h，则：①任意位置油膜厚度：$h=\delta+e\cos\varphi=\delta(1+\chi\cos\varphi)=r\psi(1+\chi\cos\varphi)$；②最小油膜厚度（$\varphi=\pi$）：$h_{min}=r\psi(1-\chi)$；③压力最大处油膜厚度（$\varphi=\varphi_0$）：$h_0=r\psi(1+\chi\cos\varphi_0)$。

说明：①上述参数中宽径比、直径间隙、半径间隙和相对间隙为固定参数；偏心距、偏心率和油膜厚度为动态参数。对于这些参数，可结合图 21-5 明确其意义，掌握其关系。对其中有些参数，如轴承的宽径比 $\dfrac{B}{d}$ 和相对间隙 ψ，还应了解它们对轴承工作能力的影响，掌握其选用原则。②$h_{\min}=r\psi(1-\chi)$ 中引入了两个无量纲量，即相对间隙 ψ 和偏心率 χ。χ 的大小在径向滑动轴承理论中具有重要意义，它实际反映了轴承的承载能力。

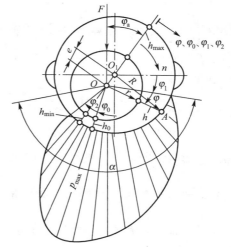

图 21-5　径向滑动轴承的几何参数和油压分布

5）油膜的承载能力和承载量系数 C_p

（1）有限宽轴承油膜的总承载能力为 $F=\dfrac{\eta\omega dB}{\psi^2}C_p$。由此可得润滑油黏度 η、轴颈转速 n、轴承宽度 B、C_p 越大，轴颈与轴承的配合精度越高 $\left(\Delta\downarrow、\psi=\dfrac{\Delta}{d}\downarrow\right)$，油膜的承载能力越高。

（2）C_p 为滑动轴承的承载量系数，无量纲。对于在外载荷作用下给定参数的轴承，可用公式 $C_p=\dfrac{F\psi^2}{\eta\omega dB}=\dfrac{F\psi^2}{2\eta v B}$ 求得。理解承载量系数时，应注意以下几点：①C_p 是轴颈在轴承中位置的函数，其值取决于轴承包角 α（进油口到出油口间所包轴颈的夹角）、偏心率 χ 和宽径比 $\dfrac{B}{d}$，即 $C_p=f\left(\alpha,\chi,\dfrac{B}{d}\right)$；②只有在工作情况和参数（如 η、v、B、ψ）不变的情况下，C_p 与 F 的大小变化才相一致。当工作情况、参数不同时，则两者不一定相一致，即承载量系数大，不一定承载能力也大；③在同样运转情况下（如 F、v 不变），比较具有不同结构参数轴承承载能力的大小时，不难看出，具有较小 $h_{\min}$ 的轴承或者具有较小偏心距 e 的轴承，承载能力较大；④其他情况不变时，$h_{\min}$ 越小，偏心率 χ 越大，C_p 越大，轴承的承载能力就越大。然而由于两相对运动表面的加工不平度（表面粗糙度）、轴的刚性及轴承与轴颈几何形状误差的限制，$h_{\min}$ 不能无限缩小，因而提出了许用油膜厚度 $[h]$ 的问题。

6）最小油膜厚度 $h_{\min}$（保证流体动力润滑的充分条件）

（1）为确保轴承在液体润滑条件下安全运转，应使最小油膜厚度不小于许用油膜厚度 $[h]$，即 $h_{\min}=r\psi(1-\chi)\geqslant[h]$，$[h]=S(R_{z1}+R_{z2})$。式中：$R_{z1}$、$R_{z2}$——分别为轴颈和轴承孔表面粗糙度（或称微观不平度）十点高度，主要与轴颈和轴瓦的加工方法及加工精度有关，可查表得到；S——安全系数，考虑表面几何形状误差和轴颈挠曲变形等因素，通常取 $S\geqslant2$。

（2）当轴承参数确定后，轴颈半径 r 和相对间隙 ψ 为定值，只有偏心率 χ 随外载荷等的变化而变化。只有求出油膜总压力与外载荷平衡时的偏心率 χ，才能求出最小油膜厚度 $h_{\min}$。

（3）设计时，可根据已知条件中的外载荷 F、轴颈直径 d、轴颈转速 n、选择的宽径比

$\dfrac{B}{d}\left(B=\dfrac{B}{d}\times d\right)$、选定轴承平均工作温度 t_{m} 后确定的润滑油黏度 η 及计算选取的相对间隙 ψ，利用 $C_{\mathrm{p}}=\dfrac{F\psi^{2}}{\eta\omega dB}=\dfrac{F\psi^{2}}{2\eta\upsilon B}$ 算出承载量系数 C_{p}，然后通过查表得到偏心率 χ，再由 χ 计算出最小油膜厚度 h_{min}。

7）主要参数选择

（1）宽径比 $\dfrac{B}{d}$：它与轴承的承载能力和温升有关。一般轴承的宽径比 $\dfrac{B}{d}=0.3\sim1.5$。宽径比小，有利于提高运转稳定性，增大端泄量以降低温升。但轴承宽度减小，轴承承载能力也随之降低。对高速重载轴承，因其工作时温升高，故 $\dfrac{B}{d}$ 宜取小值；对低速重载轴承，为提高轴承的整体刚性，$\dfrac{B}{d}$ 宜取大值；对高速轻载轴承，如对轴承刚性无过高要求，$\dfrac{B}{d}$ 可取小值；而对轴有较大支承刚性要求的机床主轴，$\dfrac{B}{d}$ 宜取较大值。

（2）相对间隙 ψ：相对间隙 ψ 对轴承的承载能力、温升及回转精度等有着重要影响。一般而言，相对间隙 ψ 小时，油膜总承载能力提高，轴承回转精度也提高，但轴承温升也高。如果相对间隙 ψ 过小，会使油膜厚度变得过小，可能出现 $h_{\mathrm{min}}<[h]$，使液体润滑状态变为不完全液体润滑状态。一般情况下，相对间隙主要根据载荷和速度选取：速度高，ψ 值应取大一些，可以减少温升；载荷大，ψ 值应取小一些，可以提高承载能力；此外，直径大、宽径比小、调心性能好、加工精度高时，ψ 取小值，反之取大值。一般机器常用的 ψ 值可查阅有关技术资料，也可由经验公式求得。

（3）黏度 η：黏度影响轴承的承载能力、温升和耗油量。黏度大，轴承的承载能力可提高，但摩擦阻力大，流量小，油温增高。而温度升高又使黏度和承载能力下降。其选择原则为：低速、重载选用黏度大的润滑油；高速、轻载选用黏度小的润滑油。设计时，可先假定平均油温（一般取 $t_{\mathrm{m}}=50\sim75℃$），初选黏度，进行初步设计计算。最后再通过热平衡计算来验算轴承入口温度 t_{i} 是否在 $35\sim40℃$ 之间，否则应重新选择润滑油黏度再做计算。

8）液体动力润滑径向滑动轴承设计的基本原则

（1）保证有足够的最小油膜厚度 h_{min}，把两摩擦表面完全隔开。

（2）限制轴承温升，使润滑油在工作中保持足够的黏度。

（3）维持足够的润滑油流量，使它源源不断地补充进油楔。

9）液体动力润滑径向滑动轴承的设计步骤

（1）已知条件：作用在轴颈上的径向载荷 F、轴颈直径 d、轴颈转速 n 及轴承的工作条件等。

（2）设计步骤如下。

① 选择轴承材料：选择宽径比 $\dfrac{B}{d}$→计算的 p、v、pv 值→选择轴承材料。

② 选择润滑剂和润滑方法：选择润滑油牌号→假定平均油温 t_{m}→计算出 t_{m} 下的润滑油动力黏度 η。

③ 计算油膜承载能力：计算相对间隙 ψ→计算承载量系数 C_{p}。

④ 计算安全度：根据 C_p 和 $\frac{B}{d}$ 查取偏心率 χ→计算最小油膜厚度 h_{min}→校验 $h_{min} \geqslant [h]$，如不满足要求则返回第②步重新设计计算。

⑤ 热平衡计算：计算轴承与轴颈摩擦系数 f→查取润滑油流量系数 $\frac{q}{\psi v B d}$→计算润滑油温升→计算、验算润滑油入口温度，如不满足要求则返回第②步重新设计计算。

⑥ 选择配合公差，求最大间隙 Δ_{max}、最小间隙 Δ_{min}。

⑦ 按 Δ_{max} 校核轴承的最小油膜厚度，按 Δ_{min} 校核润滑油温升。若最小油膜厚度及温升在允许范围内，则可进行结构设计并绘制轴承的工作图，完成设计；否则需重新选择参数（平均油温及动力黏度），再做设计及校核计算，直到满足要求。对于要求不是很高的滑动轴承，则可不必对 Δ_{max} 和 Δ_{min} 进行验算。

21.3　典型例题解析

例 21-1　有一不完全液体润滑径向滑动轴承，轴颈直径 $d=50mm$，宽径比 $\frac{B}{d}=0.8$，轴的转速 $n=1500r/min$，轴承所受径向载荷 $F=5000N$，轴瓦材料初步选择锡青铜 ZCuSn5Pb5Zn5，校核该轴承是否可用。如不可用，提出改进办法。

解： 根据材料 ZCuSn5Pb5Zn5 查得：$[p]=8MPa$，$[v]=3m/s$，$[pv]=15MPa \cdot m/s$。

$$B=\frac{B}{d} \times d=0.8 \times 50=40mm，则：p=\frac{F}{Bd}=\frac{5000}{40 \times 50}=2.5MPa<[p]=8MPa$$

$$v=\frac{\pi dn}{60 \times 1000}=\frac{\pi \times 50 \times 1500}{60 \times 1000}=3.93m/s>[v]=3m/s$$

$$pv=2.5 \times 3.93=9.83MPa \cdot m/s<[pv]=15MPa \cdot m/s$$

可见：p 和 pv 值均满足要求，只有 v 不满足。其改进方法有：①如果轴的直径富裕，可以减小轴颈直径，使圆周速度 v 减小；②采用 $[v]$ 较大的轴承材料。如将轴承材料改为锡青铜 ZCuSn10P1，$[p]=15MPa$，$[v]=10m/s$，$[pv]=15MPa \cdot m/s$。

$p=2.5MPa<[p]=15MPa$，$v=3.93m/s<[v]=10m/s$，

$pv=9.83MPa \cdot m/s<[pv]=15MPa \cdot m/s$。

例 21-2　试设计一起重机卷筒的滑动轴承。已知轴承的径向载荷 $F=2 \times 10^5 N$，轴颈直径 $d=200mm$，轴的转速 $n=300r/min$。

解：（1）确定轴承的结构形式。根据轴承的低速重载工作要求，按不完全液体润滑滑动轴承设计。采用剖分式结构以便于安装和维护，润滑方式采用油脂杯脂润滑。由《机械设计手册》初步选择 2HC4-200 号径向滑动轴承。

（2）选择轴承材料。按低速重载的工作条件，由《机械设计手册》选用轴瓦材料为 ZCuAl10Fe3，根据其材料特性查得：$[p]=15MPa$、$[v]=4m/s$、$[pv]=12MPa \cdot m/s$。

（3）确定轴承宽度。对起重装置，宽径比可取大一些，取 $\frac{B}{d}=1.5$，则轴承宽度 $B=\frac{B}{d} \times d=1.5 \times 200=300mm$。

（4）工作能力验算。$p = \dfrac{F}{Bd} = \dfrac{200000}{300 \times 200} = 3.33\text{MPa} < [p]$。

$$v = \dfrac{\pi d n}{60 \times 1000} = \dfrac{\pi \times 200 \times 300}{60 \times 1000} = 3.14\text{m/s} < [v]$$

$pv = 3.33 \times 3.14 = 10.46\text{MPa} \cdot \text{m/s} < [pv]$，从上面验算可知所选轴承材料合适。

例 21-3 已知一径向滑动轴承的包角为 $180°$，轴颈直径 $d = 150\text{mm}$，宽径比 $\dfrac{B}{d} = 0.8$，直径间隙 $\Delta = 0.3\text{mm}$，轴颈转速 $n = 1500\text{r/min}$，轴承受径向载荷 $F = 18000\text{N}$，采用 L-AN32 润滑油，在工作温度下的动力黏度 $\eta = 0.0175\text{Pa} \cdot \text{s}$，轴颈和轴瓦的表面粗糙度十点高度分别为 $R_{z1} = 1.6\mu\text{m}$ 和 $R_{z2} = 3.2\mu\text{m}$。试校核该轴承是否可以获得液体动力润滑。

解：（1）确定 $[h]$：取 $S = 2$，则 $[h] = S(R_{z1} + R_{z2}) = 2(1.6 + 3.2) = 9.6\mu\text{m}$。

（2）求 h_{min}：轴承宽度：$B = \dfrac{B}{d} \times d = 0.8 \times 150 = 120\text{mm} = 0.12\text{m}$。

轴承相对间隙：$\psi = \dfrac{\Delta}{d} = \dfrac{0.3}{150} = 0.002$。

相对滑动速度：$v = \dfrac{\pi d n}{60 \times 1000} = \dfrac{\pi \times 150 \times 1500}{60 \times 1000} = 11.78\text{m/s}$。

承载量系数：$C_p = \dfrac{F\psi^2}{2\eta v B} = \dfrac{18000 \times 0.002^2}{2 \times 0.0175 \times 11.78 \times 0.12} = 1.455$。

根据宽径比 $\dfrac{B}{d} = 0.8$ 和 $C_p = 1.455$ 查表可得：$\chi = 0.68$。

$$h_{min} = r\psi(1 - \chi) = 75000 \times 0.002 \times (1 - 0.68) = 48\mu\text{m}$$

$h_{min} = 48\mu\text{m} > [h] = 9.6\mu\text{m}$，轴承可以获得流体动力润滑。

21.4 同步训练题

21.4.1 填空题

1. 根据轴承中摩擦性质的不同，轴承分为_____和_____两类。按承受载荷方向的不同，滑动轴承分为_____和_____。

2. 两滑动摩擦面之间的典型摩擦状态有_____状态、_____状态、_____状态和_____状态。不完全液体润滑滑动轴承一般工作在_____状态和_____状态，液体动力润滑滑动轴承工作在_____状态。

3. 按滑动表面间摩擦（润滑）状态不同，滑动轴承可分为_____轴承、_____轴承和自润滑轴承。

4. 整体式滑动轴承的优点是结构简单、成本低，缺点是_____。对开式滑动轴承的优点是_____。

5. 对于一般用途的滑动轴承，轴承材料主要是指_____和_____的材料。

6. 常见的用于制作轴瓦或轴承衬的金属材料有_____、_____、_____和铝基轴承合金。

7. 在滑动轴承轴瓦上浇铸轴承衬的目的是_____。_____常用作轴承衬材料。

8. 按构造分，常用的轴瓦结构有_____和_____两种。

9. 对于载荷小、速度高的滑动轴承应选用_____的润滑油；对于载荷大或冲击大的滑动轴承应选用_____的润滑油。对于起动频繁的滑动轴承，应选用_____的润滑油。对于要求不高、难以经常供油，或者低速重载的滑动轴承，可选用_____作润滑剂。

10. 在滑动轴承中，润滑油的端泄量与轴承的_____、_____及油压有关。

21.4.2 选择题

1. 与滚动轴承相比较，下述各点中____不能作为滑动轴承的优点。
   A. 径向尺寸小　　　　　　　　　　B. 启动容易
   C. 运转平稳，噪声低　　　　　　　D. 可用于高速情况下

2. 滑动轴承材料应有良好的嵌入性是指____。
   A. 摩擦系数小　　　　　　　　　　B. 顺应对中误差
   C. 容纳硬质颗粒以减轻刮伤或磨粒磨损　D. 易于摩合

3. 在下列滑动轴承轴瓦和轴承衬材料中，用于高速、重载轴承，能承受变载荷和冲击载荷的是____。
   A. 巴氏合金　　　B. 铅青铜　　　　C. 黄铜　　　　　D. 灰铸铁

4. 下列各材料中，不能作为滑动轴承轴瓦或轴承衬使用的是____。
   A. ZCuPb30　　　B. ZSnSb11Cu6　　C. GCr15　　　　D. HT200

5. 为了把润滑油导入整个摩擦面之间，应在轴瓦的____开设油沟。
   A. 非承载区　　　　　　　　　　　B. 承载区
   C. 任意位置　　　　　　　　　　　D. 承载区与非承载区之间

6. 在____情况下，滑动轴承润滑油的黏度不应选得过高。
   A. 重载　　　　　　　　　　　　　B. 高速
   C. 工作温度高　　　　　　　　　　D. 承受变载荷或冲击载荷

7. 在不完全液体润滑滑动轴承中，限制 p 值的主要目的是____。
   A. 防止轴瓦或轴承衬过度磨损　　　B. 防止轴瓦或轴承衬发生塑性变形
   C. 防止轴瓦或轴承衬因压力过大而过度发热
   D. 防止出现过大摩擦阻力距

8. 对不完全液体润滑滑动轴承，验算 $pv \leqslant [pv]$ 是为了防止轴承____。
   A. 过度磨损　　　　　　　　　　　B. 过热产生胶合
   C. 发生疲劳点蚀　　　　　　　　　D. 发生塑性变形

9. 径向滑动轴承的轴颈直径增大1倍，宽径比不变，载荷不变，则轴承的平均压力 p 变为原来的____倍。
   A. 1/4　　　　　　B. 1/2　　　　　　C. 1　　　　　　　D. 2

10. 径向滑动轴承的轴颈直径增大1倍，宽径比不变，载荷及转速不变，则轴承的 pv 值变为原来的____倍。
   A. 1/4　　　　　　B. 1/2　　　　　　C. 1　　　　　　　D. 2

11. 图示3种情况中，____能够形成流体动压油膜。

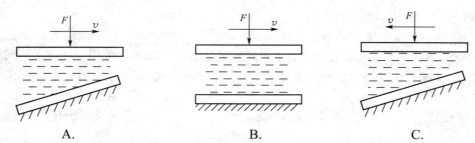

A.   B.   C.

12. 通过直接求解一维雷诺方程，可以求出轴承间隙中润滑油的____。

    A. 流量分布   B. 流速分布   C. 压力分布   D. 温度分布

13. 滑动轴承中，相对间隙 ψ 是____与轴颈直径 d 之比。

    A. 半径间隙 δ B. 直径间隙 Δ C. 最小油膜厚度 h_{min} D. 偏心距 e

14. 摩擦副表面为液体动力润滑状态，当外载荷不变时，摩擦面间的最小油膜厚度随相对滑动速度的增加而____。

    A. 变薄   B. 不变   C. 增厚

15. 一液体动力润滑径向滑动轴承的直径间隙 $\Delta=0.08\text{mm}$，现测得它的最小油膜厚度 $h_{min}=21\mu m$，轴承的偏心率 χ 应该是____。

    A. 0.26   B. 0.475   C. 0.52   D. 0.74

16. 一液体动力润滑径向滑动轴承，若其他条件都不变，只增大转速 n，其承载能力____。

    A. 增大   B. 减小   C. 不变   D. 不会增大

17. 包角 α 一定的液体动力润滑径向滑动轴承中，承载量系数 C_p 是____的函数。

    A. 偏心率 χ 与相对间隙 ψ B. 相对间隙 ψ 与宽径比 $\dfrac{B}{d}$

    C. 宽径比 $\dfrac{B}{d}$ 与偏心率 χ D. 润滑油黏度 η、轴颈直径 d 与偏心率 χ

18. 液体动力润滑径向滑动轴承的许用最小油膜厚度 $[h]$ 受到____限制。

    A. 轴瓦材料   B. 轴颈和轴承孔表面粗糙度

    C. 润滑油黏度   D. 轴承孔径

19. 验算径向滑动轴承最小油膜厚度 h_{min} 的目的是____。

    A. 验算轴承是否能获得液体动力润滑   B. 计算轴承的耗油量

    C. 计算轴承内部的摩擦阻力   D. 计算轴承的发热量

20. 设计液体动力润滑径向滑动轴承时，若宽径比 $\dfrac{B}{d}$ 取得较大，则____。

    A. 轴承端泄量大，承载能力低，温升高

    B. 轴承端泄量大，承载能力低，温升低

    C. 轴承端泄量小，承载能力高，温升低

    D. 轴承端泄量小，承载能力高，温升高

21.4.3　简答题

1. 根据滑动轴承可能发生的失效形式，分析对轴承材料有哪些性能要求。

2. 简述油孔和油槽（沟）的作用。在流体动力润滑径向滑动轴承中，油孔和油槽（沟）

的开设原则是什么？

3. 不完全液体润滑滑动轴承的主要失效形式和设计准则是什么？不完全液体润滑滑动轴承通常进行哪些条件性计算？其目的各是什么？为什么在进行液体动力润滑滑动轴承设计时也要进行这些计算？

4. 试分析流体动压滑动轴承与流体静压滑动轴承在形成压力油膜机理上的异同。

5. 提高液体动力润滑滑动轴承承载能力的措施有哪些？

21.4.4　设计计算题

1. 有一不完全液体润滑径向滑动轴承，轴的直径 $d=100\mathrm{mm}$，轴承宽度 $B=100\mathrm{mm}$，轴的转速 $n=1200\mathrm{r/min}$。轴承材料许用值 $[p]=15\mathrm{MPa}$，$[pv]=15\mathrm{MPa \cdot m/s}$，$[v]=10\mathrm{m/s}$。求该轴承所能承受的最大径向载荷 $F_{\max}$。

2. 某径向滑动轴承的轴颈直径 $d=60\mathrm{mm}$，宽径比 $\dfrac{B}{d}=1$，轴承包角 $\alpha=180°$，直径间隙 $\Delta=0.09\mathrm{mm}$，轴颈转速 $n=1500\mathrm{r/min}$，轴颈和轴瓦的表面粗糙度十点高度 $Rz_1=1.6\mu\mathrm{m}$，$Rz_2=3.2\mu\mathrm{m}$，采用 L - AN15 油润滑，润滑油在 $t_\mathrm{m}=50℃$ 的动力黏度 $\eta=0.0095\mathrm{Pa \cdot s}$。试求该轴承获得液体动力润滑时所能承受的最大径向载荷。

第22章
滚动轴承

22.1 学习要求、重点及难点

1. 学习要求

(1) 熟悉几类常用滚动轴承的结构、特点、应用和代号表示。

(2) 能根据具体使用场合合理选择滚动轴承的类型和代号。

(3) 掌握滚动轴承承载能力校核计算方法，包括疲劳寿命计算和静强度计算。

(4) 熟练掌握角接触球轴承与圆锥滚子轴承的受力分析及轴向载荷的计算。

(5) 正确处理滚动轴承组合设计中的装拆、配合、轴承的轴向固定、轴承部件组合的调整及轴承的润滑与密封等问题，要求既能识别其错误结构，又能按实际工作情况，构思出轴承组合结构图。

2. 学习重点

(1) 滚动轴承的类型和代号选择及疲劳寿命计算。

(2) 角接触球轴承与圆锥滚子轴承的受力分析及轴向载荷的计算。

(3) 滚动轴承的组合设计。

3. 学习难点

(1) 角接触球轴承与圆锥滚子轴承的受力分析及轴向载荷的计算。

(2) 滚动轴承的组合设计。

22.2 学 习 指 导

滚动轴承是由多种元件组合成的标准部件，而且是用试验与统计的方法按 90% 的可靠度来规定它的基本额定动载荷的，因而在计算理论和方法上都与其他零部件有着较大的区别。

1. 滚动轴承的主要类型、特点、代号和类型选择

1) 滚动轴承的分类

(1) 按照滚动体的形状，滚动轴承可分为球轴承和滚子轴承。球轴承为点接触，接触面积小，因而承载能力低，耐冲击能力差，但其运转时摩擦阻力小，因而旋转精度高，极限转速高；滚子轴承为线接触，接触面积大，因而承载能力强，耐冲击性好，但旋转精度低，极限转速低。

(2) 按照承受载荷的方向和接触角 α 大小，可分为向心轴承、推力轴承和向心推力轴承 3 大类。向心轴承——$\alpha=0°$，只能承受或主要承受径向载荷 F_r，如深沟球轴承、圆柱滚子轴承。向心推力轴承——$0°<\alpha<90°$，能同时承受径向载荷 F_r 和轴向载荷 F_a，α 的大小反映了轴承承受轴向载荷的能力，α 越大能够承受的轴向载荷越大；$0°<\alpha<45°$ 的为向心角接触轴承，如圆锥滚子轴承和角接触球轴承；$45°<\alpha<90°$ 的为推力角接触轴承，如推力调心滚子轴承。推力轴承——$\alpha=90°$，只能承受轴向载荷 F_a，如推力球轴承、推力滚子轴承。

2) 滚动轴承的代号

(1) 基本代号表示轴承的基本类型、结构和尺寸，是轴承代号的基础，表明轴承的内径、直径系列、宽度系列和类型。应熟练掌握基本代号的含义和一般表示方法。如轴承的基本代号 30208，右起第 1、2 位数字为轴承的内径代号；右起第 3、4 位数字分别表示轴承的直径系列代号和宽(高)度系列代号，统称为尺寸系列代号，表示结构相同、内径相同的轴承使用不同直径的滚动体，在外径和宽(高)度方面的变化系列(除调心滚子轴承和圆锥滚子轴承外，宽度系列代号 0 可省略)；同一内径尺寸的轴承，其外径和宽度(高度)越大，承载能力也越大；右起第 5 位数字(或字母)为轴承的类型代号。

(2) 对于内径 $d=10mm$、$12mm$、$15mm$ 和 $17mm$ 的轴承，内径代号依次为 00、01、02、03；对于常用内径 $d=20\sim480mm$ 的轴承，内径代号用轴承内径尺寸被 5 除得的商以两位数的形式表示；对于内径 $d<10mm$、$d>500mm$ 和 $d=22mm$、$28mm$、$32mm$ 的轴承，用内径数值直接表示，但在与尺寸系列代号之间用"/"隔开。

(3) 对于轴承的后置代号应主要掌握内部结构、公差等级及游隙组别代号。

3) 常用滚动轴承的类型、特点及应用

滚动轴承的类型很多，其中使用最广泛的有深沟球轴承(6 类)、角接触球轴承(7 类)、圆锥滚子轴承(3 类)、圆柱滚子轴承(N 类)、推力球轴承(5 类)和调心球轴承(1 类)。这几类轴承要作为重点加以掌握，可从结构形式及接触角入手加深对这几类轴承特点及应用的了解。

4) 滚动轴承的类型选择

正确选择轴承类型是在了解各类轴承特点及应用的基础上，结合具体工作条件，如工作载荷(包括大小、方向和性质)、转速高低、自动调心性能要求、便于安装和拆卸、经济性等要求进行的。在这些因素中，轴承所受的载荷和转速的大小一般是最主要的。调心性能和轴向游动的要求，只是在某些特殊情况(例如多支点长轴或工作时有较大的温度差时)才考虑。但是在任何情况下，轴承均应保证轴相对于轴承座体有确定的轴向位置。因此，一般不能在同一根轴的两边都采用没有轴向限位作用的圆柱滚子轴承。另外，对某些在特

殊条件下使用的轴承，还可能提出特殊的要求，例如当径向尺寸受限制时，可能要使用滚针轴承或不包括内圈的圆柱滚子轴承；当轴向尺寸受限制时，可能要使用内圈为两半的角接触球轴承等。

（1）轴承的载荷：轴承所受载荷的大小、方向和性质，是选择轴承类型的主要依据。①按载荷大小选择：轻载或中等载荷，优先选用球轴承；载荷较大时，可选用滚子轴承。②按载荷方向选择：对于纯轴向载荷，选用推力轴承。较小的纯轴向载荷可选用推力球轴承；较大的纯轴向载荷可选用推力滚子轴承。对于纯径向载荷，可选用深沟球轴承、圆柱滚子轴承或滚针轴承。当轴承在承受径向载荷的同时，还有不大的轴向载荷时，可选用深沟球轴承或接触角不大的角接触球轴承或圆锥滚子轴承；当轴向载荷较大时，可选用接触角较大的角接触球轴承或圆锥滚子轴承，或者选用向心轴承和推力轴承组合在一起的结构，分别承担径向载荷和轴向载荷。③承受冲击载荷时，宜选用滚子轴承。

（2）轴承的转速：球轴承与滚子轴承相比，有较高的极限转速，故在高速时应优先选用球轴承。推力轴承的极限转速很低。当工作转速高时，若轴向载荷不十分大，可以采用角接触球轴承承受纯轴向载荷。

（3）轴承的调心性能：当轴的中心线与轴承座中心线不重合而有角度误差或因轴受力而弯曲或倾斜时，会造成轴承的内外圈轴线发生倾斜。这时，应采用有一定调心性能的调心轴承或带座外球面球轴承。圆柱滚子轴承和滚针轴承对轴承的偏斜最为敏感，在轴的刚度和轴承座孔的支承刚度较低时，应避免使用。

（4）轴承的安装和拆卸：在轴承座没有剖分面而必须沿轴向安装和拆卸轴承部件时，应优先选用内外圈可分离的轴承。根据安装和拆卸的特殊要求，也可以选用一些特殊结构的轴承。

（5）经济性：一般来说，深沟球轴承的价格最低，滚子轴承比球轴承价格高。轴承精度越高，价格越高。选择轴承时，必须详细了解各类轴承的价格，在满足使用要求的前提下，尽可能地降低成本。公差等级的选用原则为：一般机械采用普通级（0级）；旋转精度要求高的精密机械、机床主轴和仪表，应选用精密级（6、5、4级）或超精密级（2级）轴承；此外，高速旋转的轴应选用高精度轴承。

2. 滚动轴承的工作情况

这一节首先分析了轴承工作时轴承元件上的载荷分布及应力变化情况。通过分析可知，固定套圈上承受最大载荷部位附近的区域承受较严重的变应力，容易产生疲劳破坏。这一现象当内圈固定、外圈转动时更为严重。

本节还讨论了向心推力轴承承受轴向载荷的大小对轴承中各滚动体上载荷分布情况的影响。现对这部分内容强调以下几点。

（1）接触角 α 和载荷角 β 是不同的概念。接触角 α 是由向心推力轴承本身的结构所确定的一个角度。它是每一个滚动体与外圈滚道接触处的法线方向与轴颈半径方向之间的夹角；而载荷角 β 则是分配到该轴承上的径向载荷与轴向载荷的合力与径向载荷之间的夹角，因而是由外载荷所确定的。

（2）当一个向心推力轴承受到径向载荷 F_r 与轴向载荷 F_a 的共同作用时，将有若干个滚动体同时受载。由于存在接触角 α，每一个滚动体对所受载荷的反力都可以分解为两个分力。一个为径向分力，另一个为轴向分力。而对于一个处于平衡状态的轴承，它的所有受载滚动体的径向分力之和(合力)一定与该轴承所受的径向载荷 F_r 平衡。所有受载滚动体的轴向分力之和(合力)一定与该轴承所受的轴向载荷 F_a 平衡。

（3）分析表明，随着作用到轴承上的轴向载荷的增大，受载滚动体的数目将增多。应该看到，受载滚动体的数目过少，例如少于一半，是不正常的，可以说并没有发挥轴承的潜力。因此，在一定范围内增加作用在轴承上的轴向载荷，对轴承的工作寿命并没有不利的影响。这也从某种程度上解释了为什么轴向载荷系数 Y 的值在一定条件下等于零。

（4）角接触球轴承及圆锥滚子轴承总是在径向力 F_r（所有受载滚动体的径向分力合力与径向载荷 F_r 平衡）和轴向力 F_a（所有受载滚动体的轴向分力合力与轴向载荷 F_a 平衡）的联合作用下工作。为了使更多的滚动体同时受载，应使 $F_a > F_r \tan\alpha$。对于同一个轴承(设 α 不变)在同样的径向载荷 F_r 作用下，当轴向力 F_a 由最小值 $F_r \tan\alpha$（即一个滚动体受载时）逐步增大(即载荷角 β 增大)时，同时受载的滚动体数目逐渐增多，与轴向力 F_a 平衡的派生轴向力 F_d 也随之增大。

3. 滚动轴承的失效形式及设计准则

1) 失效形式

滚动轴承常见的失效形式有疲劳点蚀、塑性变形和磨损。

（1）在安装、润滑、维护良好的条件下，疲劳点蚀是滚动轴承最主要的失效形式，滚动体表面、套圈滚道都可能发生点蚀。

（2）转速很低或只缓慢摆动的轴承，在过大的静载荷或冲击载荷作用下，套圈滚道和滚动体接触表面处会产生较大的塑性变形致使轴承失效。

（3）磨损主要是在轴承润滑不良、密封不严或多尘条件的情况下而产生的失效形式。

2) 设计准则

（1）对于中速运转的轴承，其主要失效形式是疲劳点蚀，设计时要保证轴承具有足够的疲劳寿命，应按疲劳寿命进行校核计算。

（2）对于高速轴承，由于发热大，常产生过度磨损和烧伤，设计时除应保证轴承具有足够的疲劳寿命外，还应限制其转速不超过极限值，即除进行寿命计算外，还要校核其极限转速。

（3）对于不转动或转速极低的轴承，其主要失效形式是产生过大的塑性变形，设计时要防止产生过大的塑性变形，需要进行静强度的校核计算。

（4）此外，轴承组合结构的设计要合理，要保证充分的润滑和可靠的密封，这对提高轴承的寿命和保证正常工作是非常重要的。

4. 滚动轴承尺寸的选择

滚动轴承设计的一般步骤为：①由工作条件选定轴承的类型；②由安装处轴的结构尺寸确定轴承内径；③初选轴承代号，按照轴承样本或设计手册查基本额定动载荷 C；④验算轴承寿命：计算轴承承受的径向载荷 F_r、轴向载荷 F_a→查判断系数 e、径向载荷系数 X 和轴向载荷系数 Y→计算当量动载荷 P→计算轴承寿命 L_h→判断所选轴承是否合格。

关于滚动轴承寿命的计算方法是本章的重点内容之一。

1) 轴承寿命

单个滚动轴承中任一元件出现疲劳点蚀前运转的总转数或在一定转速下的工作小

时数。

2）基本额定寿命 $L_{10}(L_h)$

一批相同的轴承在同样工作条件下运转，其中 90％的轴承不发生疲劳点蚀前运转的总转数 (L_{10})，或一定工作转速下工作的小时数 (L_h)。

补充说明：轴承的寿命是指轴承的套圈或滚动体的疲劳寿命。一批相同轴承的疲劳寿命总是离散的，并服从一定的统计规律。因此，轴承的寿命必然与疲劳失效的概率或可靠度有关。可靠度为 90％时的轴承寿命称为基本额定寿命。教材图 13－11 表示一组在相同条件下运转的轴承的寿命分布(作用在轴承上的载荷恰好等于基本额定动载荷时)。从分布曲线可以看出，轴承的最长的实际寿命可超过最短寿命的 20 倍，有 50％的轴承实际寿命可达基本额定寿命的 5 倍以上。

定义内涵：①一批轴承中有 90％的寿命将比其基本额定寿命长；②一个轴承在基本额定寿命期内正常工作的概率有 90％，失效率为 10％；③基本额定寿命随运转条件而变化(比如：外载荷增大，基本额定寿命降低)，因此，基本额定寿命并不能直接反映轴承的承载能力。

3）基本额定动载荷 C

轴承的基本额定动载荷是反映滚动轴承承载能力的一项重要性能参数，其含义为：在该载荷作用下，轴承的基本额定寿命恰好为 10^6 r(即 $L_{10}=1$)。对于一个具体的滚动轴承，基本额定动载荷是其固有的一个确定值，该值是由实验并经过理论分析得到的。各类轴承的基本额定动载荷的值可在滚动轴承产品样本或设计手册中查得。

(1) 轴承的基本额定寿命 $L_{10}=1(10^6$ r) 时，轴承所能承受的最大载荷，用 C 表示。在 C 作用下，轴承运转 10^6 r 时，有 10％的轴承出现点蚀，90％的轴承完好。

(2) 轴承的基本额定动载荷 C 是一个统称，它包含两类，即径向基本额定动载荷 C_r 和轴向基本额定动载荷 C_a。对于向心轴承，用 C_r 表示，指的是纯径向载荷；对于推力轴承，用 C_a 表示，指的是纯轴向载荷；对于向心角接触轴承，指的是引起套圈间产生纯径向位移时载荷的径向分量，用 C_r 表示；对于推力角接触轴承，指的是引起套圈间产生纯轴向位移时载荷的轴向分量，用 C_a 表示。

(3) C 越大，轴承的抗疲劳承载能力越强。同类不同型号的轴承，C 不同。

4）当量动载荷 P

(1) 把实际载荷折算为与基本额定动载荷方向相同的一假想载荷，在该假想载荷作用下轴承的寿命与实际载荷作用下的寿命相同，则称该假想载荷为当量动载荷，用 P 表示。

(2) 当量动载荷的计算公式为：$P=f_P(XF_r+YF_a)$。式中：f_P 为考虑冲击、振动等动载荷的影响，使轴承寿命降低，引入的载荷系数；X、Y 为径向动载荷系数和轴向动载荷系数，各自反映了轴承的径向载荷 F_r 和轴向载荷 F_a 的影响程度，可通过查表得到。对于只能承受纯径向载荷 F_r 的轴承(圆柱滚子轴承、滚针轴承)，$X=1$、$Y=0$。对只能承受纯轴向载荷 F_a 的轴承(推力球轴承、推力滚子轴承)，$X=0$、$Y=1$。对于能同时承受径向载荷 F_r 和轴向载荷 F_a 的轴承(深沟球轴承、角接触球轴承、圆锥滚子轴承)，若 $\frac{F_a}{F_r}>e(e$ 为判断系数)，表示轴向载荷对轴承的寿命影响较大，计算当量动载荷时必须考虑 F_a 的影响；若 $\frac{F_a}{F_r}\leqslant e$，表示轴向载荷相对于径向载荷较小，计算当量动载荷时可忽略不计，此时，$X=1$、$Y=0$。

5）寿命计算公式

（1）$L_h=\dfrac{10^6}{60n}\left(\dfrac{f_tC}{P}\right)^{\varepsilon}$（h）——用于轴承寿命校核。选定滚动轴承代号后，根据轴承的转速和所受外载，校核寿命 L_h 是否大于等于预期寿命 L_h'。式中：n 为轴承转速（r/min）；C 为轴承基本额定动载荷（N）；f_t 为温度系数，考虑当工作温度 $t>120℃$ 时，因金属组织硬度和润滑条件等的变化，轴承的基本额定动载荷 C 有所下降，引入温度系数 f_t 对 C 修正；P 为当量动载荷（N）；ε 为寿命指数，对于球轴承，$\varepsilon=3$；对于滚子轴承，$\varepsilon=\dfrac{10}{3}$。

（2）$C'=\dfrac{P}{f_t}\sqrt[\varepsilon]{\dfrac{60nL_h'}{10^6}}$（N）——用于选择轴承代号，根据轴承转速、所受外载和预期寿命计算轴承所需要的基本额定动载荷，选择轴承的型号和尺寸。满足预期寿命 L_h' 计算得到的 C' 值应小于等于手册上所选轴承的 C_r 值（或 C_a 值）。但余量不能过大，否则会使结构尺寸增大，导致产品成本增加。

5. 角接触球轴承和圆锥滚子轴承的径向载荷 F_r 的计算

根据轴上所受外载荷计算每一个支点（轴承）上所受的径向载荷 F_r 与轴向载荷 F_a 是轴承寿命计算的重要步骤。这一工作对于角接触球轴承和圆锥滚子轴承而言，由于接触角 $\alpha\neq0°$ 而使情况复杂化。

将轴上所受的径向外载荷分解为两个分别作用在两个支点上的平行分力 F_{r1} 与 F_{r2} 是容易做到的。但由于接触角 α 的存在会使 F_{r1} 和 F_{r2} 作用点的位置发生变动。但当轴承间的距离不是很小时，这种变动量相对来说不是很大，因而可以用两端轴承各自宽度的中点分别作为 F_{r1} 和 F_{r2} 的作用点。这样算起来比较方便，且误差也不大。

6. 角接触球轴承和圆锥滚子轴承轴向载荷 F_a 的计算

对于深沟球轴承，轴上的轴向外载荷 F_{ae} 仅作用在某一个支点的轴承上（被压紧的那个），该轴承的轴向力为 $F_a=F_{ae}$，另一个支点轴承的轴向力为 0。对于角接触球轴承和圆锥滚子轴承，其轴向力 F_{a1}、F_{a2} 不仅与轴向外载荷 F_{ae} 有关，还与两个轴承的派生轴向力 F_{d1}、F_{d2} 有关。

1）派生轴向力 F_d

（1）由于角接触球轴承与圆锥滚子轴承存在接触角，即滚动体所受的支反力（法向力）与直径方向有一夹角，无论轴承是否承受外加轴向载荷，只要轴承承受径向载荷，作用在各个滚动体上的法向力可分解为径向分力和轴向分力，各个滚动体上的轴向分力的合力，即为轴承内部轴向力也称派生轴向力。

（2）正如前面已经指出的，同样的 F_{r1}、F_{r2}，由于接触滚动体的数目不同，可以产生不同的派生轴向力 F_{d1}、F_{d2}。在合理使用时，应保持不少于半数的滚动体处于接触状态。这时可用机械设计手册中的公式估算派生轴向力的大小。当计算出的派生轴向力 F_{d1}、F_{d2} 和外加轴向力 F_{ae} 三者不平衡时，有一端的轴承就要靠增加接触滚动体数目来增加轴向分力，以保持轴向力的平衡。

（3）派生轴向力的方向由外圈的宽边指向窄边，致使内圈连同滚动体存在与外圈脱离的趋势。

(4) 派生轴向力的作用点：粗略计算时，取在轴承宽度中间的轴线上，精确计算查阅机械设计手册。

2) 角接触球轴承和圆锥滚子轴承的安装方式

(1) 如图 22-1 所示，外圈窄边相对，即"面对面"，称为正装（适合于传动零件位于两支承之间）；外圈宽边相对，即"背对背"，称为反装（适合于传动零件处于外伸端）。

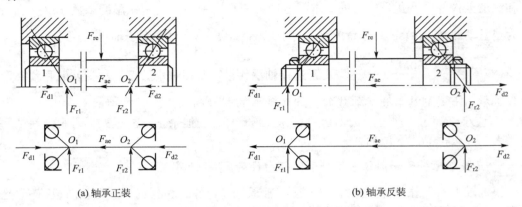

(a) 轴承正装　　　　　　　　　　　(b) 轴承反装

图 22-1　角接触球轴承轴向载荷的分析

(2) 当一对角接触球轴承或圆锥滚子轴承正装时，两轴承的派生轴向力方向是相对的；而反装时，两轴承的派生轴向力方向是相离的。

(3) 正装时，两轴承的压力中心靠得近，即轴的支点靠近，减少了轴的跨距，轴的支承刚度大；反装时，使轴的跨距增大，轴的支承刚度小。

3) 轴向力 F_a 的计算

(1) 分析轴上外加轴向载荷 F_{ae} 和派生轴向力 F_d，判定被"压紧"端和"放松"端。

(2) "压紧"端轴承的轴向力等于除本身派生轴向力外，轴上其他所有轴向力代数和。

(3) "放松"端轴承的轴向力等于本身的派生轴向力。

7. 70000C 型轴承当量动载荷计算的特殊说明

对于接触角 $\alpha = 15°$ 的角接触球轴承（70000C 型），计算当量动载荷时会有一个迭代的过程。因系数 X、Y 的确定与比值 $\dfrac{F_a}{F_r}$ 和判断系数 e 有关，计算轴向力 F_a 时派生轴向力 F_d 的计算与 e 有关，e 的确定又与比值 $\dfrac{F_a}{C_0}$ 有关。所以，对于一个具体的轴承，无法直接通过查表、计算来确定 e 和 F_a 的值，也就不能确定 X、Y 的值。这时可以先初选一个 e 的值，可在 $0.38 \leqslant e \leqslant 0.56$ 范围内选择，例如选 $e = 0.5$。有了初选的 e 值，就可根据教材表 13-7 和力分析估算出 F_a，再由比值 $\dfrac{F_a}{C_0}$ 和教材表 13-5 确定新的 e 和对应的 X、Y 值，这时完成了一轮迭代。如果新的 e 值与初选的 e 值很接近，则 X、Y 值就可确定；否则，按新的 e 值再计算 F_a、$\dfrac{F_a}{C_0}$，重新查 e 和 X、Y 值。一般来说，这样反复迭代一、二次后就能满足要求。

8. 滚动轴承的组合结构设计

滚动轴承的组合结构设计是本章的重点内容之一，需要解决支承结构形式、轴承的固定、调整、预紧、配合、装拆、润滑和密封等问题，实践性很强，是目前学习及以后毕业设计中较难把握的工程技术性问题。学习中，应抓住对基本结构的分析、比较，并结合机械制图、加工工艺以及公差配合等方面的知识加强理解。最好多看图册中的实际结构，并将本章内容与轴的结构设计以及轴毂连接等部分内容联系起来理解、思考和综合运用，做到融会贯通，提高滚动轴承组合设计的能力。

1) 滚动轴承的支承结构形式

机器中轴的位置是靠轴承来定位的，轴承的支承结构应使轴不发生轴向窜动，保证轴上传动零件在工作中处于正确位置，能正常传递运动和动力；又应使轴承能够轴向游动，以避免轴受热伸长时，轴承内外圈与滚动体顶紧，加剧轴承磨损甚至使转动停止或破坏轴承及其支承。

常用的滚动轴承支承结构形式有两端固定、一端固定一端游动和两端游动三种，应重点掌握前两种支承形式。

(1) 两端固定支承（最常见的固定方式）：每个支点的轴承内、外圈均单方向轴向固定，每个轴承承受一个方向的轴向力。适于正常温度下工作的短轴（跨距 $L \leqslant 400\text{mm}$）。因轴较短，轴受热伸长量较小，对于深沟球轴承，靠外圈端面与轴承端盖间留有 $\Delta = 0.2 \sim 0.4\text{mm}$（很小不必画出）的间隙来补偿轴的受热伸长量；对于角接触球轴承和圆锥滚子轴承，只需在装配时调整轴承的轴向游隙，留出轴受热伸长的补偿量。间隙的大小或轴承内轴向游隙的大小靠端盖与轴承座端面间的调整垫片来调节。

(2) 一端固定、一端游动支承：一个支点的轴承内、外圈均双向固定，为固定端，能承受双向轴向力；另一个支点为游动端，能使轴沿轴向自由游动，只承受径向力，不承受轴向力。适用于轴较长（跨距 $L > 400\text{mm}$）或工作温度较高（转速较高）的轴。由于轴受热伸长量大，因此在游动端留出较大的间隙（一般为 $2 \sim 3\text{mm}$）以补偿轴的伸长量。游动端的固定方式：深沟球轴承的内圈双向固定，外圈不固定，与端盖间留有间隙；对于圆柱滚子轴承，由于其内圈相对滚子（或内圈及滚子相对外圈）可作轴向移动，因而用作游动支承时其内、外圈均双向固定，以免内、外圈同时移动，使错位过大。

(3) 两端游动支承：用于需左、右双向游动的轴。如在人字齿轮传动中，装有小人字齿轮的高速轴采用两端游动支承，使轴能左右双向游动以自动补偿轮齿左右两侧螺旋角的制造误差，使轮齿受力均匀。采用圆柱滚子轴承，靠内外圈间的游动来实现。小齿轮轴系轴向位置的约束靠人字齿的形锁合来保证。而装有大人字齿轮的低速轴则须两端固定，以保证两轴的轴向定位。

2) 滚动轴承的轴向固定

(1) 内圈的固定方法：一端用轴肩（轴环）或套筒。为了便于轴承拆卸，轴肩（轴环）的高度应低于轴承内圈的厚度。

另一端可采用下列固定方法：①轴用弹性挡圈——用于所受轴向载荷不大及转速不高的轴；②轴端挡圈＋紧固螺钉——用于在高转速下承受中等轴向载荷的轴；③圆螺母＋止动垫圈——用于转速高、承受较大轴向载荷的轴；④开口圆锥紧定套＋圆螺母和止动垫圈

——适于光轴上球面球轴承的轴向固定。

(2) 外圈的固定方法：①孔用弹性挡圈——用于轴向载荷不大且需减小轴承装置尺寸的场合；②轴承外圈止动槽内嵌入轴用弹性挡圈——用于带有止动槽的深沟球轴承，箱体不便设凸肩或箱体为剖分式结构的场合；③轴承端盖——用于高转速及很大轴向载荷的各类轴承；④螺纹环——用于转速高、轴向载荷大，而不适于使用轴承端盖紧固的情况；⑤轴承套杯——适于同一轴上两轴承外径不同时；⑥轴承座孔凸肩——通常用于外圈另一端的轴向固定。

3) 轴承游隙及轴上零件位置的调整

(1) 轴承游隙的大小：轴承所需游隙的大小依轴承的类型、尺寸以及支承刚度要求、部件的工作规范、部件工作温度的变化范围、轴承配合零件的精度及轴承本身的精度等级而定。工作温度变化大的部件应留有较大的游隙，以免轴受热伸长时滚动体受载过大；而机床的主轴部件则要求保持极小的游隙甚至过盈。轴承游隙的大小，可查机械设计手册得到。

(2) 轴承游隙的调整：①靠增、减轴承盖与机座间垫片厚度进行调整；②利用螺钉通过轴承外圈压盖推动外圈进行调整；③靠轴上的圆螺母推动内圈进行调整。

(3) 轴上零件位置的调整：①调整的目的是使轴上传动零件处于正确的位置。如圆锥齿轮，为了能正确啮合，要求两个节锥顶点重合；蜗杆传动，要求蜗轮的中间平面通过蜗杆轴线。②调整方法：通过增减套杯与机座间垫片的厚度来调整圆锥齿轮或蜗轮的轴向位置，而套杯与轴承盖之间的垫片则用来调整轴承游隙。

4) 滚动轴承的配合

(1) 滚动轴承是标准件，内圈与轴颈的配合是基孔制，外圈与座孔为基轴制，其内孔与外径配合不必标注公差。

(2) 圆柱公差中基准孔的公差带在零线之上，而轴承内圈孔的公差带在零线之下，所以轴承内圈与轴的配合比圆柱公差标准中规定的基孔制同类配合要紧的多。轴承外圈与座孔的配合与圆柱公差标准中规定的基轴制同类配合相比，配合性质基本一致，但由于轴承外径的公差值较小，因而配合也较紧。

(3) 轴承配合的选择：选择配合种类时，应充分考虑工作载荷的大小、方向和性质，以及转速、轴承类型和使用条件。①当外载荷方向不变时，对于内圈回转而外圈固定不动的轴承，转动内圈应比固定外圈配合紧一些，内圈与轴颈之间可选一些有过盈的过渡配合，如js6、j6、k6、m6、n6 等；当外载荷方向随转动而变化时，则转动内圈应比固定外圈配合松一些，这样可以防止内圈定点受力而提前发生疲劳失效。②当装在轴承座孔中的外圈固定不动时，外圈滚道半圈受载，外圈与轴承座孔的配合常选用较松的过渡配合，如G7、H7、JS7、J7 等，以使外圈作极缓慢的转动，使受载区域发生变化，延长轴承的使用寿命。③载荷平稳或需经常拆卸的轴承，应采用较松配合；转速高、载荷大、变载荷、冲击载荷或旋转精度要求高时，应选较紧的配合。④游动支承的外圈与轴承座孔应选间隙配合。⑤工作温度较高时，若与轴承配合的零件热膨胀量大于轴承，则外圈与轴承座孔配合应偏紧一些，内圈与轴的配合应偏松一些。

5) 滚动轴承的预紧

(1) 滚动轴承的预紧：是指在安装时用某种方法使轴承中产生并保持一定的轴向力，以消除轴承的轴向游隙，并使滚动体与内、外圈在接触处产生初始预变形，处于压紧状态。

(2) 预紧的目的：①提高轴承的旋转精度；②增加轴承装置的刚性；③减小机器工作时轴的振动和噪声，延长轴承寿命。

(3) 预紧的应用：滚动轴承的预紧主要用于高速、高精度的轴承部件，如内圆磨床、轴承磨床等精密机床的主轴；家用电器的小电机轴承采取轻微预紧，可以降低噪声和振动；有外热源的情况下，对轴承预紧，可以防止运转时有过大的游隙。

(4) 预紧力的选择：轴承预紧力的选择要适当，应根据轴承受载情况和使用要求确定。预紧力过大，滚动体和内、外圈的摩擦力增加，温升提高，轴承寿命降低；预紧力过小，起不到提高轴承刚性的目的。预紧力的合理数值应参考相关资料或通过试验获得。

(5) 常用的预紧方法：①夹紧一对圆锥滚子轴承的外圈；②用弹簧(圆柱螺旋压缩弹簧，碟形弹簧)顶住轴承外圈而预紧；③用垫片或长短隔套预紧(利用垫片或内、外隔套的长度差)；④夹紧一对磨窄了的角接触球轴承的外圈(正装)，反装时磨窄内圈。

6) 滚动轴承的装拆

设计轴承部件时，应使轴承便于安装和拆卸，防止出现轴承不能安装和无法拆卸的情况。

(1) 装拆要求：①力应直接加于配合较紧的套圈上；②不允许通过滚动体传递装拆力；③要均匀施加装拆力，严禁使用重锤直接敲击。

(2) 结构要求：①轴肩高度应低于轴承内圈端面的高度，便于轴承从轴上拆卸；②轴承内圈孔端部的圆角半径 R 或倒角尺寸 C 应大于轴肩处的过渡圆角半径 r，使轴承能靠紧轴肩而得到准确可靠的定位；③安装轴承的轴段不宜过长，以便于装拆。

(3) 安装方法：①中、小型轴承用铜锤均匀敲击套圈(或手锤敲击装配套筒)装入；②大型轴承或配合较紧的轴承可用专用压力机压入或将轴承放在 $80\sim100℃$ 的矿物油中加热或用干冰冷却轴颈后再装配。

(4) 拆卸方法：①用压力机压出轴颈；②用轴承拆卸器将内圈拉下。

7) 滚动轴承的润滑

(1) 润滑目的：降低摩擦阻力和减轻磨损，兼有冷却、吸振、防锈和密封等作用。

(2) 润滑方式：滚动轴承常用的润滑方式有脂润滑和油润滑两种，具体选择时可根据速度因数 dn 查阅相关图表确定。

(3) 脂润滑：承载能力大，润滑脂不易流失，结构简单，密封和维护方便，但摩擦阻力大，易于发热。适合于不便经常维护、转速不太高的场合。一般润滑脂的填充量不超过轴承空间的 $\frac{1}{3}\sim\frac{1}{2}$，装脂过多，易引起摩擦发热，影响轴承的正常工作。

(4) 润滑油：润滑冷却效果较好，摩擦阻力小，但供油系统和密封装置均较复杂，适于速度较高的场合。采用油润滑时，常用的润滑方法有油浴润滑、滴油润滑、飞溅润滑、喷油润滑和油雾润滑等。采用油浴(浸油)润滑时，油面高度不应高于最下方滚动体的中心，否则搅油的能量损耗较大，使油温上升而使轴承过热。喷油润滑或油雾润滑兼有冷却作用，常用于高速场合。

8) 滚动轴承的密封

(1) 密封的作用：①防止内部润滑剂流失；②防止外部灰尘、水分和杂质的侵入。

(2) 密封方式：按工作原理不同分为接触式密封和非接触式密封两大类。具体的密封方式或组合密封方式很多，应掌握各种密封方式的特点和应用范围。选择密封方式时，应根据密封的目的、润滑剂的种类、工作环境、温度、密封表面的线速度等进行合理选择。

① 毡圈密封：轴承盖的梯形槽内放置矩形剖面细毛毡，结构简单，适用于比较清洁干燥的环境，主要起防尘作用，但摩擦严重，容易擦伤轴颈。该类密封主要用于接触面滑动速度 $v<4\sim5\text{m/s}$、轴承为脂润滑的场合，同时为了防止轴颈磨损，多在轴颈上加装轴套，轴套磨损后容易更换。

② 唇形密封圈密封：耐油橡胶制成的唇形密封圈靠弹簧压紧在轴上，密封唇向外可防止外物侵入，密封唇向里则可封油，组合放置同时起防灰和防油流失的作用。唇形密封圈密封用在接触面滑动速度 $v<12\text{m/s}$ 处，唇形密封圈为标准件，有 J 型、U 型和 O 型三种。

③ 隙缝密封（油沟密封）：利用节流槽的节流效应防尘和防漏，轴与透盖之间 $0.1\sim0.3\text{mm}$ 间隙，端盖上车出沟槽，槽内填满润滑脂。这种密封结构简单，适于接触面相对滑动速度 $v<5\sim6\text{m/s}$ 处。

④ 甩油密封：在轴上开出沟槽，将欲外流的油沿径向甩开，再经轴承盖上集油腔及油孔流回轴承。挡油环——利用挡油环和轴承座之间的间隙实现密封。工作时挡油环随轴一起转动，利用离心力甩去挡油环上的油，让其流回油箱内，以防止油冲入轴承内。挡油环应突出轴承座内端面 $\Delta=1\sim2\text{mm}$。该结构常用于机箱内的密封，如齿轮减速器内齿轮用润滑油而轴承用润滑脂润滑的场合。

⑤ 曲路密封（迷宫密封）：将旋转和固定的密封零件间的间隙制成曲路形式，迷宫曲路越多，密封效果越好，曲路可设计成径向曲路或轴向曲路，缝隙间填入润滑脂以加强密封效果。适于油润滑或脂润滑、接触面相对滑动速度 $v<30\text{m/s}$ 处，当环境较脏且潮湿时，应用曲路密封效果相当好。

22.3　典型例题解析

例 22-1　某传动装置如图 22-2 所示，轴上装有一对 6309 轴承，两轴承上的径向载荷分别为 $F_{r1}=2500\text{N}$，$F_{r2}=5000\text{N}$，轴所受轴向载荷 $F_{ae}=1800\text{N}$，轴的转速 $n=1450\text{r/min}$，预期寿命 $L'_h=2500\text{h}$，工作温度不超过 $100℃$，但有中等冲击。试校核轴承的工作能力。若工作能力不满足要求，应如何改进？

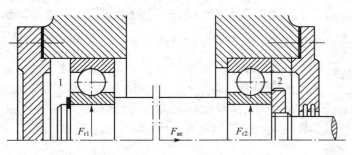

图 22-2　例 22-1 图

解：（1）确定轴承 1、2 的所受的轴向力 F_{a1}、F_{a2}。

由轴承的支承结构可知，轴承 1 为游动支承，轴承 2 为固定端，其外部轴向载荷 F_{ae}

由轴承 2 承受，轴承 1 不承受轴向力。所以，$F_{a1}=0$、$F_{a2}=1800\text{N}$。

（2）计算轴承 1、2 的当量动载荷 P_1、P_2。

由相关手册查得 6309 轴承的基本额定动载荷 $C_r=52.8\text{kN}$，基本额定静载荷 $C_0=31.8\text{kN}$，参考教材，载荷有中等冲击，查得载荷系数 $f_P=1.2\sim1.8$（取 $f_P=1.5$）。

$\dfrac{F_{a2}}{C_0}=\dfrac{1800}{31800}=0.057$，根据教材中径向动载荷系数 X 和轴向动载荷系数 Y 表，由线性插值法得：$e=0.24+\dfrac{0.27-0.24}{0.070-0.040}\times(0.057-0.040)=0.257$，$\dfrac{F_{a2}}{F_{r2}}=\dfrac{1800}{5000}=0.36>e$，故取 $X=0.56$，$Y_2=1.687$（利用线性插值法计算得到）。

$$P_1=f_P F_{r1}=1.5\times2500=3750\text{N}$$

$$P_2=f_P(X_2 F_{r2}+Y_2 F_{a2})=1.5\times(0.56\times5000+1.687\times1800)=8755\text{N}$$

（3）计算轴承的寿命。

由于 $P_1<P_2$，故计算轴承 2 的寿命。

根据轴承的工作温度 $<120℃$，查得温度系数 $f_t=1$。

$$L_h=\frac{10^6}{60n}\left(\frac{f_t C}{P_2}\right)^{\varepsilon}=\frac{10^6}{60\times1450}\left(\frac{52800}{8755}\right)^3=2521\text{h}>L'_h=2500\text{h}$$

所选轴承能够满足工作要求。

例 22-2 图 22-3(a)所示的某转轴两端各用一个 30204 轴承支承，轴上载荷 $F_{re}=1000\text{N}$，$F_{ae}=300\text{N}$，轴转速为 $n=1000\text{r/min}$，载荷系数 $f_P=1.2$，常温下工作。试求：(1)两支点反力；(2)两轴承的当量动载荷；(3)危险轴承的寿命。

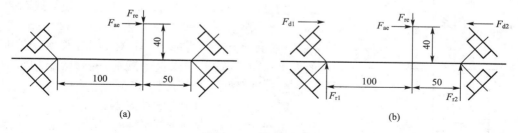

（a）　　　　　　　　　　　　　　（b）

图 22-3　例 22-2 图

解： 由相关手册查得 30204 轴承的基本额定动载荷 $C_r=28.2\text{kN}$，$e=0.35$，$Y=1.7$。

由教材查得圆锥滚子轴承派生轴向力 F_d 计算公式、径向动载荷系数 X 和轴向动载荷系数 Y 见表 22-1。

表 22-1　圆锥滚子轴承的派生轴向力和动载荷系数

F_d	$\dfrac{F_a}{F_r}\leqslant e$	$\dfrac{F_a}{F_r}>e$
$F_d=\dfrac{F_r}{2Y}$	$X=1$	$X=0.4$
	$Y=0$	$Y=1.7$

（1）计算两支点反力 F_{r1}、F_{r2}。

$$F_{r1}=\frac{50F_{re}-40F_{ae}}{150}=\frac{50\times1000-40\times300}{150}=253\text{N}$$

$$F_{r2}=F_{re}-F_{r1}=1000-253=747\text{N}$$

（2）计算两轴承的当量动载荷 P_1、P_2。

$$F_{d1}=\frac{F_{r1}}{2Y}=\frac{253}{2\times1.7}=74\text{N}，\quad F_{d2}=\frac{F_{r2}}{2Y}=\frac{747}{2\times1.7}=220\text{N}，\text{方向如图}22-3(\text{b})\text{所示。}$$

$F_{d1}+F_{ae}=74+300=374\text{N}>F_{d2}=220\text{N}$。轴承为正装，轴带动轴承内圈有向右运动的趋势，轴承 1 被"放松"，轴承 2 被"压紧"。

$$F_{a1}=F_{d1}=74\text{N}，\quad F_{a2}=F_{d1}+F_{ae}=374\text{N}$$

$$\frac{F_{a1}}{F_{r1}}=\frac{74}{253}=0.29<e，\quad X_1=1、Y_1=0$$

$$\frac{F_{a2}}{F_{r2}}=\frac{374}{747}=0.5<e，\quad X_2=0.4、Y_2=1.7$$

$$P_1=f_P(X_1F_{r1}+Y_1F_{a1})=1.2\times(1\times253+0\times74)=304\text{N}$$

$$P_2=f_P(X_2F_{r2}+Y_2F_{a2})=1.2\times(0.4\times747+1.7\times374)=1122\text{N}$$

（3）计算危险轴承的寿命

轴承在常温下工作，所以 $f_t=1$。因为 $P_1<P_2$，所以轴承 2 为危险轴承。

$$L_h=\frac{10^6}{60n}\left(\frac{f_tC}{P_2}\right)^{\varepsilon}=\frac{10^6}{60\times1000}\left(\frac{28200}{1122}\right)^{\frac{10}{3}}=775137\text{h}$$

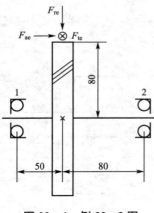

图 22-4　例 22-3 图

例 22-3　如图 22-4 所示，轴上装有一斜齿圆柱齿轮，轴被支承在一对正装的 7209AC 轴承上。齿轮轮齿所受的圆周力 $F_{te}=8100\text{N}$、径向力 $F_{re}=3000\text{N}$、轴向力 $F_{ae}=2100\text{N}$，转速 $n=300\text{r/min}$，载荷系数 $f_P=1.2$，常温下工作，其他数据见表 22-2。试求：（1）两轴承所受径向力的大小；（2）两轴承所受轴向力的大小；（3）两轴承的当量动载荷；（4）哪个轴承的寿命高？（5）两轴承的寿命比是多少？

解：（1）求两轴所受的径向力 F_{r1}、F_{r2}。

① 求水平面（垂直于纸平面）支反力 F_{r1H}、F_{r2H}。

$$F_{r1H}=\frac{80F_{te}}{130}=\frac{80\times8100}{130}=4985\text{N}，\quad F_{r2H}=F_{te}-$$
$$F_{r1H}=8100-4985=3115\text{N}$$

表 22-2　其他数据

F_d	$\dfrac{F_a}{F_r}\leqslant e$	$\dfrac{F_a}{F_r}>e$	e
0.68F_r	$X=1$	$X=0.41$	0.68
	$Y=0$	$Y=0.87$	

② 求竖直面（纸平面）支反力 F_{r1V}、F_{r2V}。

$$F_{r1V}=\frac{80F_{re}-80F_{ae}}{130}=\frac{80\times(3000-2100)}{130}=554\text{N}$$

$$F_{r2V}=F_{re}-F_{r1V}=3000-554=2446\text{N}$$

③ 计算合成支反力 F_{r1}、F_{r2}。

$$F_{r1} = \sqrt{F_{r1H}^2 + F_{r1V}^2} = \sqrt{4985^2 + 554^2} = 5016\text{N}$$

$$F_{r2} = \sqrt{F_{r2H}^2 + F_{r2V}^2} = \sqrt{3115^2 + 2446^2} = 3961\text{N}$$

（2）求两轴所受的轴向力 F_{a1}、F_{a2}。

$$F_{d1} = 0.68F_{r1} = 0.68 \times 5016 = 3411\text{N}, \quad F_{d2} = 0.68F_{r2} = 0.68 \times 3961 = 2693\text{N}$$

派生轴向力 F_{d1} 的方向向右，F_{d2} 的方向向左。

$F_{d1} + F_{ae} = 3411 + 2100 = 5511\text{N} > F_{d2} = 2693\text{N}$，轴承为正装，轴带动轴承内圈有向右运动的趋势，所示轴承 1 被"放松"，轴承 2 被"压紧"。

$$F_{a1} = F_{d1} = 3411\text{N}, \quad F_{a2} = F_{d1} + F_{ae} = 5511\text{N}$$

（3）求两轴承的当量动载荷 P_1、P_2。

$$\frac{F_{a1}}{F_{r1}} = \frac{3411}{5016} = 0.68 = e, \ X = 1、Y = 0; \quad \frac{F_{a2}}{F_{r2}} = \frac{5511}{3961} = 1.39 > e, \ X = 0.41、Y = 0.87$$

$$P_1 = f_P(X_1 F_{r1} + Y_1 F_{a1}) = 1.2 \times (1 \times 5016 + 0 \times 3411) = 6019\text{N}$$

$$P_2 = f_P(X_2 F_{r2} + Y_2 F_{a2}) = 1.2 \times (0.41 \times 3961 + 0.87 \times 5511) = 7702\text{N}$$

（4）因为 $P_2 > P_1$，所以轴承 1 的寿命高。

（5）$\dfrac{L_{h1}}{L_{h2}} = \dfrac{\dfrac{10^6}{60n}\left(\dfrac{f_t C}{P_1}\right)^\varepsilon}{\dfrac{10^6}{60n}\left(\dfrac{f_t C}{P_2}\right)^\varepsilon} = \left(\dfrac{P_2}{P_1}\right)^\varepsilon = \left(\dfrac{7702}{6019}\right)^3 = 2.095$。

22.4　同步训练题

22.4.1　填空题

1. 滚动轴承的基本结构由_____、_____、_____和_____四部分组成。

2. 滚动轴承根据能够承受外载荷的不同，可分为向心轴承，主要承受_____载荷；推力轴承，只能承受_____载荷；向心推力轴承，能同时承受_____载荷。

3. 6205 轴承是_____轴承，轴承内径为_____ mm，公差等级为_____级。

4. 相同尺寸的球轴承与滚子轴承相比，前者承载能力较_____，极限转速较_____。

5. 滚动轴承允许的内圈轴线相对于外圈轴线偏斜角度越大，则轴承的_____性能越好。

6. 中等转速、正常润滑的滚动轴承的主要失效形式是_____。

7. 滚动轴承的基本额定寿命是指一批同规格的轴承在相同的条件下运转，其中_____的轴承不发生_____前所达到的寿命。

8. 转速与当量动载荷一定的球轴承，若基本额定动载荷增加一倍，其寿命为原来寿命的_____倍。

9. 滚动轴承部件在支承轴时，若采用两端固定支承，其适用条件应该是工作温度_____和支承跨距_____的场合。

10. 滚动轴承内圈与轴的配合为_____制，外圈与座孔的配合为_____制。

22.4.2 判断题

1. 角接触球轴承之所以成对使用，是因为安装、调整要方便些。　　　（　　）
2. 滚动轴承的类型代号是基本代号中右起第五位数字或字母。　　　（　　）
3. 同一类型的滚动轴承中，内径相同，则它们的承载能力也相同。　　（　　）
4. 为适应不同承载能力的需要，规定了滚动轴承的不同的直径系列，不同直径系列的轴承区别在于：在外径相同时，内径大小不同。　　　　　　　　（　　）
5. 7213AC 是内径尺寸为 65mm 的角接触球轴承。　　　　　　　　　（　　）
6. 角接触球轴承承受轴向载荷的能力，取决于接触角的大小。　　　（　　）
7. 一批同型号的滚动轴承，在完全相同的工况下运转，每个轴承的寿命是相同的。
　　　　　　　　　　　　　　　　　　　　　　　　　　　　　　　（　　）
8. 滚动轴承的基本额定寿命是指一批相同轴承中 10% 的轴承发生疲劳破坏，而 90% 的轴承不发生疲劳破坏前的转数或工作小时数。　　　　　　　　　　（　　）
9. 滚动轴承寿命计算式中的 ε 为寿命指数，对于球轴承 $\varepsilon=3$。　　（　　）
10. 当量动载荷就是轴承在工作时所受的实际载荷。　　　　　　　　　（　　）
11. 角接触球轴承的装配方式有背靠背、面对面和同向排列三种。　　（　　）
12. 利用轴承端盖可固定滚动轴承的外圈。　　　　　　　　　　　　　（　　）
13. 滚动轴承内圈与轴的配合为基孔制，其配合与圆柱公差标准中规定的基孔制同类配合相同。　　　　　　　　　　　　　　　　　　　　　　　　　　（　　）
14. 滚动轴承与轴和轴承座孔配合的松紧程度，由轴承的尺寸精度决定。（　　）
15. 滚动轴承的游隙太小会使摩擦力增大，热量增加，磨损加快。　　（　　）
16. 承受载荷较大、旋转精度要求又较高的滚动轴承是在无游隙或少量过盈情况下工作的。　　　　　　　　　　　　　　　　　　　　　　　　　　　　　（　　）
17. 轴承预紧时，只能对轴承外圈施加一定的力，而不能把力施加在内圈上。（　　）
18. 因角接触球轴承内、外圈不能分离，故应先把轴承装在轴上，再装入轴承座孔中。　　　　　　　　　　　　　　　　　　　　　　　　　　　　　　（　　）
19. 若滚动轴承采用脂润滑，填装润滑脂时应将轴承内部空间填满、填实。（　　）
20. 滚动轴承密封的唯一作用是防止润滑油从箱体内漏失。　　　　　（　　）

22.4.3 选择题

1. 下列四种轴承中，通常应成对使用的是____。
　A. 圆锥滚子轴承　　B. 深沟球轴承　　C. 推力球轴承　　D. 圆柱滚子轴承
2. 角接触球轴承承受轴向载荷的能力随接触角 α 的增大而____。
　A. 不变　　　　　　B. 增大　　　　　C. 减小　　　　　D. 不定
3. 在下列滚动轴承中，除径向载荷以外还能承受不大的双向轴向载荷的轴承是____。
　A. 60000 型　　　　B. 30000 型　　　C. 50000 型　　　D. N0000 型
4. 下列滚动轴承中，____完全不能承受径向载荷。
　A. 51000 型、52000 型　　　　　　　　B. 30000 型、60000 型
　C. 10000 型、70000C 型

5. 下列四种型号的滚动轴承中，只能承受径向载荷的是____。

    A. 6215   B. N2215   C. 30215   D. 7215AC

6. 代号为 7210AC 的滚动轴承，对它的承载状况描述最为准确的是____。

    A. 只能承受径向载荷   B. 只能承受轴向载荷

    C. 单个轴承能承受双向载荷   D. 能同时承受径向和单向轴向载荷

7. 滚动轴承都有不同的直径系列（如：轻、中、重等）。当两向心轴承代号中仅直径系列不同时，这两轴承的区别在于____。

    A. 内、外径都相同，滚动体数目不同   B. 内径相同，外径和宽度不同

    C. 内、外径都相同，滚动体大小不同   D. 外径相同，内径和宽度不同

8. 型号为 7350 的滚动轴承，其内径为____。

    A. 10mm   B. 50mm   C. 250mm   D. 500mm

9. 下列滚动轴承公差等级代号中，等级最高的是____。

    A. /P0   B. /P2   C. /P5   D. /P6

10. 下列滚动轴承中，公差等级最高的是____，承受径向载荷能力最大的是____。

    A. N207/P5   B. 6207/P4   C. 5207

11. 深沟球轴承，内径 100mm，轻系列，0 级精度，0 组游隙，其代号为____。

    A. G320   B. 6220   C. 6320

12. 角接触球轴承，内径 100mm，轻系列，接触角 $15°$，0 级精度，0 组游隙，其代号为____。

    A. G7220   B. 7220C   C. 7220AC

13. 角接触球轴承，内径 60mm，宽度系列 0，直径系列 3，接触角 $25°$，公差等级为 5 级，游隙 2 组，其代号为____。

    A. 7312B/P52   B. 7312C/P5/C2   C. 7312AC/P5/C2   D. 7312AC/P52

14. 下列滚动轴承中，旋转精度和极限转速较高的轴承是____。

    A. 滚子轴承   B. 推力球轴承   C. 向心球轴承

15. 下列滚动轴承中，允许的极限转速最高的是____，承受轴向载荷能力最大的是____。

    A. 3309   B. 6309   C. 6309/P6   D. 51309

16. 若转轴在载荷作用下弯曲变形较大或轴承座孔不能保证良好的同轴度，宜选用类型代号为____的轴承。

    A. 1 或 2   B. 3 或 7   C. N 或 NU   D. 6 或 NA

17. 对于载荷不大，多支点的支承，宜选用____。

    A. 深沟球轴承   B. 调心球轴承   C. 角接触球轴承   D. 圆锥滚子轴承

18. 跨距较大并承受较大径向载荷的起重机卷筒轴轴承应选用____。

    A. 深沟球轴承   B. 圆锥滚子轴承   C. 调心滚子轴承   D. 圆柱滚子轴

19. 一根转轴采用一对滚动轴承支承，所承受的载荷为径向力和较大的轴向力，并且冲击、振动较大，宜选择____。

    A. 深沟球轴承   B. 角接触球轴承   C. 圆锥滚子轴承

20. 从经济性考虑，在满足使用要求的情况下，应优先选用____。

    A. 深沟球轴承   B. 圆柱滚子轴承   C. 圆锥滚子轴承

21. 滚动轴承工作时，滚动体上某一点的应力循环特性是____。
    A. $r=-1$　　　　 B. $r=0$　　　　 C. $0<r<1$　　　　 D. $r=+1$

22. 外圈固定、内圈随轴转动的滚动轴承，其内圈上任一点的接触应力为____。
    A. 静应力　　　　　　　　　　　　 B. 对称循环变应力
    C. 不稳定的脉动循环变应力　　　　 D. 稳定的脉动循环变应力

23. 作用在轴承上的径向力在轴承滚动体之间是这样分布的：____。
    A. 在所有滚动体上受力相等
    B. 在一半滚动体上受力相等
    C. 受力不相等，并且总有一个受力最大的滚动体

24. 滚动轴承的基本额定寿命是指同一批轴承中____的轴承能达到的寿命。
    A. 99%　　　　 B. 90%　　　　 C. 95%　　　　 D. 50%

25. 一圆柱滚子轴承在数值等于其基本额定动载荷的径向力作用下工作，在运转 10^6
转后，其失效的概率为____。
    A. 1%　　　　 B. 5%　　　　 C. 10%　　　　 D. 90%

26. 滚动轴承寿命计算的目的在于控制滚动轴承____失效。
    A. 不过早出现元件断裂　　　　　　 B. 不过早发生塑性变形
    C. 不过早发生疲劳点蚀

27. 一齿轮轴由两个深沟球轴承组成两端固定支承。若轴上有一指向轴承1的轴向载
荷 F，则两轴承1、2的轴向力分别为____。
    A. $F_{a1}=F_{a2}=F$　　 B. $F_{a1}=F_{a2}=0$　　 C. $F_{a1}=F$，$F_{a2}=0$　 D. $F_{a1}=0$，$F_{a2}=F$

28. 同一根轴的两端支承虽然承受载荷不等，但常用一对相同型号的滚动轴承，这是
因为除了____以外的下述其余三点理由。
    A. 安装轴承的轴颈直径相同，加工方便
    B. 安装两轴承的座孔直径相同，加工方便
    C. 采用相同型号的轴承，采购方便
    D. 一次镗孔能保证两轴承中心线的同轴度，有利于轴承正常工作

29. 在轴的两端支点上，用轴承端盖单向固定轴承，分别限制了轴____个方向上的轴
向移动。
    A. 一　　　　　　　　 B. 两　　　　　　　　 C. 一或两

30. 一根轴若在左端采用双向固定法固定轴承，则右端轴承可随轴作____。
    A. 径向跳动　　　　 B. 轴向窜动　　　　 C. 轴向游动

31. 某轮系的中间齿轮(惰轮)通过一滚动轴承固定在不转的心轴上，轴承内、外圈的
配合应满足____。
    A. 内圈与心轴较紧、外圈与齿轮较松　　 B. 内圈与心轴较松、外圈与齿轮较紧
    C. 内圈、外圈配合均较紧　　　　　　　 D. 内圈、外圈配合均较松

32. 滚动轴承内圈与轴配合的正确标注应为____。
    A. $\phi30H7/k6$　　　　 B. $\phi30H7$　　　　 C. $\phi30k6$

33. ____不是滚动轴承预紧的目的。
    A. 增大支承刚度　　 B. 提高旋转精度　　 C. 降低运转噪声　　 D. 降低摩擦阻力

34. 滚动轴承的润滑方式通常根据轴承的____来选择。

　　A. 转速 n　　　　　　　　　　　B. 当量动载荷 P

　　C. 轴颈的圆周速度 v　　　　　　D. 轴承内径与转速的乘积 dn

35. 对滚动轴承进行密封，不能起到____作用。

　　A. 防止外界灰尘侵入　　　　　　B. 防止润滑剂外漏

　　C. 降低运转噪声

36. 下列滚动轴承密封装置中，____属于接触式密封，____属于非接触式密封。

　　A. 毡圈密封　　　　B. 甩油密封　　　　C. 密封环密封　　　　D. 曲路密封

22.4.4　简答题

1. 如何根据轴承的受载情况选择滚动轴承的类型？

2. 滚动轴承常见的失效形式有哪些？其设计准则是什么？

3. 滚动轴承的基本额定动载荷 C 与当量动载荷 P 有何区别？

4. 请解释什么叫滚动轴承的"两端固定支承"结构形式？

5. 什么是滚动轴承的预紧？预紧的主要目的是什么？

6. 对于长期受到大载荷而且径向载荷方向一定的滚动轴承，外圈与轴承座孔的配合选择应该是外圈相对轴承座能作极缓慢转动的过渡配合，这是为什么？

22.4.5　设计计算题

1. 某深沟球轴承的寿命为 $L_h = 8000 h$，试计算下列三种情况下轴承的寿命。(1)承受的当量动载荷 P 增加 1 倍；(2)转速 n 提高 1 倍；(3)基本额定动载荷 C_r 增加 1 倍。

2. 某齿轮减速器(中等冲击)的高速轴转速 4000r/min，采用一对内径 40mm 的深沟球轴承支承。已知轴承受到的径向载荷 $F_{r1} = F_{r2} = 2000N$，轴向载荷 $F_{a1} = 0$、$F_{a2} = 900N$，预期寿命 $L_h' = 4000 h$。试选择轴承型号。

3. 有一对角接触球轴承支承的轴如图 22-5 所示，已知 $F_{r1} = 1000N$，$F_{r2} = 2100N$，外加轴向载荷 $F_A = 800N$。试判断轴承是正装还是反装，并求两个轴承所受的轴向载荷 F_{a1}、F_{a2}。(派生轴向力 $F_d = 0.68 F_r$。)

4. 如图 22-6 所示为一对 30205/P6 轴承支承的轴系，作用在轴上径向载荷 $F_R = 3000N$，轴向载荷 $F_A = 500N$，尺寸关系如图所示。求两轴承的当量动载荷 P_1、P_2。(派生轴向力 $F_d = \dfrac{F_r}{2Y}$，$e = 0.35$。当 $\dfrac{F_a}{F_r} \leqslant e$ 时，$X = 1$，$Y = 0$；当 $\dfrac{F_a}{F_r} > e$ 时，$X = 0.4$，$Y = 1.7$。)

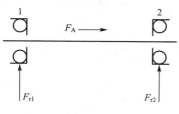
图 22-5　题 22.4.5-3 图

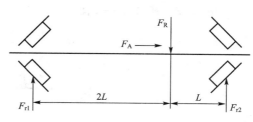
图 22-6　题 22.4.5-4 图

5. 某轴用一对 7211AC 轴承支承，$F_{r1} = 3300N$，$F_{r2} = 1000N$，$F_A = 900N$，如图 22-7 所

示。试求两轴承的当量动载荷 P_1、P_2。($F_d = 0.68 F_r$，$e = 0.68$。当 $\frac{F_a}{F_r} \leqslant e$ 时，$X = 1$，$Y = 0$；当 $\frac{F_a}{F_r} > e$ 时，$X = 0.41$，$Y = 0.87$。)

6. 某轴用一对同型号的角接触球轴承支承，受力情况如图 22-8 所示。已知：派生轴向力 $F_d = 0.68 F_r$，$e = 0.68$。当 $\frac{F_a}{F_r} \leqslant e$ 时，$X = 1$，$Y = 0$；当 $\frac{F_a}{F_r} > e$ 时，$X = 0.41$，$Y = 0.87$。问哪个轴承的寿命低？

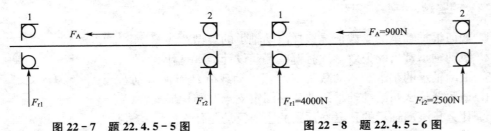

图 22-7 题 22.4.5-5 图　　　　　　图 22-8 题 22.4.5-6 图

7. 图 22-9 所示轴承装置，采用一对 7312AC 轴承(轴承派生轴向力 $F_d = 0.68 F_r$)。试：(1)写出该轴承代号中各数字和字母所代表的含义；(2)求两个轴承所受的轴向力 F_a；(3)若上述轴承所受的载荷均增加 1 倍，则轴承寿命是原来的几倍？

8. 某轴用一对代号为 7210AC 的滚动轴承支承，轴承所受径向载荷 $F_{r1} = 8000\text{N}$，$F_{r2} = 12000\text{N}$，作用在轴上的外部轴向载荷分别为 $F_{ae1} = 3000\text{N}$，$F_{ae2} = 5000\text{N}$，如图 22-10 所示。轴在常温下工作，载荷系数 $f_P = 1$。试计算两轴承的当量动载荷 P_1、P_2，并判断哪个轴承的寿命短些？(轴承的 $F_d = 0.68 F_r$，$e = 0.68$。当 $\frac{F_a}{F_r} \leqslant e$ 时，$X = 1$，$Y = 0$；当 $\frac{F_a}{F_r} > e$ 时，$X = 0.41$，$Y = 0.87$。)

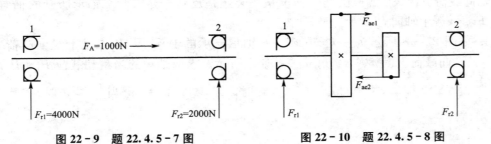

图 22-9 题 22.4.5-7 图　　　　　　图 22-10 题 22.4.5-8 图

第**23**章
联轴器和离合器

23.1 学习要求、重点及难点

1. 学习要求

(1) 了解联轴器和离合器的功用。

(2) 了解常用联轴器的主要类型和用途，掌握常用联轴器的结构、工作原理、特点、影响工作性能的因素、选择及计算方法。

(3) 了解常用离合器的主要类型和用途，掌握常用离合器的结构、工作原理、特点、选择及计算方法。

2. 学习重点和难点

常用联轴器和离合器的选择及计算方法。

23.2 学 习 指 导

1. 联轴器和离合器的功用、区别

联轴器和离合器是机械传动中重要的轴系部件，主要用来连接两轴使其一同转动，并传递运动和转矩。

用联轴器连接的两轴在工作中不能分离，只有在停机并将连接拆开后才能分离。若两轴用离合器连接，则可在机器运转中随时分离或接合。

2. 常用的联轴器和离合器

常用的联轴器有凸缘联轴器、十字滑块联轴器、十字轴式万向联轴器、齿式联轴器、弹性套柱销联轴器和弹性柱销联轴器等。对于刚性联轴器(主要是凸缘联轴器)和无弹性元件的挠性联轴器(主要是十字滑块联轴器)在使用上的优缺点，应有充分的了解

（后者允许有径向、轴向和偏角位移是一个显著的优点，在实际应用中可以带来很大的方便）。对于有弹性元件的挠性联轴器（主要是弹性套柱销联轴器）应着重了解其弹性元件的作用。

常用的离合器有牙嵌离合器、圆盘摩擦离合器和滚珠安全离合器等。首先应了解离合器需满足的基本要求。对于牙嵌离合器应着重了解牙型种类、各种牙型使用的场合，以及选择时应进行结合面上压力 $p \leqslant [p]$ 与牙根弯曲强度 $\sigma_b \leqslant [\sigma_b]$ 等验算。对于摩擦离合器应着重了解其工作特性、对摩擦面材料的基本要求，选择时应进行结合面上压力 $p \leqslant [p]$ 的验算。并应将摩擦离合器与牙嵌离合器加以比较。

对于安全联轴器及安全离合器应着重了解其使用意义及其能够起安全作用的工作原理。对于特殊功用及特殊构造的联轴器和离合器，应着重了解其特殊性，如定向离合器只传递单向载荷，离心离合器只在一定工作转速下才能结合或分离等。

3. 联轴器和离合器的选择

常用的联轴器大多已标准化或规格化。选择联轴器时，先根据工作条件（传递载荷的大小和性质、工作转速、被连接两轴的对中性要求、安装尺寸的限制、工作环境等）选择联轴器的类型；然后根据轴的计算转矩、工作转速和轴端直径从标准中选择联轴器的型号和尺寸；最后协调轴孔直径并规定部件安装精度。一般情况下，只做选择性的简单计算，必要时还应对其中某些主要零件进行强度验算。离合器的选择方法和步骤大致与联轴器相同。

23.3　典型例题解析

例 23 - 1　电动机经减速器驱动链式输送机工作。已知电动机的功率 $P = 15\text{kW}$，电动机转速 $n = 1460\text{r/min}$，电动机的直径与减速器输入轴的直径均为 42mm。两轴的同轴度好，输送机工作时启动频繁并有轻微冲击。试选择联轴器的类型和型号。

解：（1）类型选择。由于联轴器连接的电动机和减速器的输入轴同轴度好，输送机工作时启动频繁并有轻微冲击，所以选择有弹性元件的挠性联轴器，如弹性套柱销联轴器或弹性柱销联轴器，可以缓冲减振。下面仅就弹性套柱销联轴器型号选择和计算做进一步的介绍。

（2）载荷计算。公称转矩：$T = 9550 \dfrac{P}{n} = 9550 \times \dfrac{15}{1460} = 98.12\text{N} \cdot \text{m}$

由教材查得工作情况系数 $K_A = 1.5$，计算转矩为

$T_{ca} = K_A T = 1.5 \times 98.12 = 147.18\text{N} \cdot \text{m}$

（3）型号选择。从 GB/T 4323—2002 中查得 TL6 型弹性套柱销联轴器的许用转矩为 250N·m，许用转速为 3800r/min，联轴器轴孔直径包含 32、35、38、40、42mm 五种规格。主动端选择：J 形孔（有沉孔的短圆柱形轴孔）、A 形键槽、$d_1 = 42\text{mm}$、$L = 84\text{mm}$；从动端选择：J_1 形孔（无沉孔的短圆柱形轴孔）、B 形键槽、$d_2 = 42\text{mm}$、$L = 84\text{mm}$。所选联轴器的标记为：TL6 联轴器 $\dfrac{\text{JA}42 \times 84}{J_1\text{B}42 \times 84}$ GB/T 4323—2002。

例 23 - 2　一机床主传动换向机构中采用多盘摩擦离合器（在油中工作），已知主动摩

擦盘 9 片，从动摩擦盘 8 片，结合面内径 $D_1 = 60\text{mm}$，外径 $D_2 = 110\text{mm}$，传递功率 $P = 5\text{kW}$，转速 $n = 1200\text{r/min}$，摩擦盘材料为淬火钢对淬火钢，每小时接合次数约为 120 次。试求其所需的轴向压紧力 F，并验算此离合器。

解：（1）载荷计算。

公称转矩：$T = 9550\dfrac{P}{n} = 9550 \times \dfrac{5}{1200} = 39.79\text{N} \cdot \text{m}$。

由教材查得工作情况系数 $K_A = 1.3$，计算转矩为

$$T_{ca} = K_A T = 1.3 \times 39.79 = 51.73\text{N} \cdot \text{m}$$

（2）求所需的轴向压紧力 F。

$$T_{max} = zFf\frac{D_1 + D_2}{4} \geqslant T_{ca}$$

由已知条件可得接合面数 $z = 8$，通过查《机械设计手册》可得摩擦系数 $f = 0.06$。

$$F \geqslant \frac{4T_{ca}}{zf(D_1 + D_2)} = \frac{4 \times 51730}{8 \times 0.06 \times (60 + 110)} = 2535.78\text{N}$$

所以，离合器所需的轴向压紧力最小值为 2535.78N。

（3）验算离合器接合面上的压强。

离合器摩擦面的平均速度 $v = \dfrac{\pi D_{平均}n}{60 \times 1000} = \dfrac{\pi \times \frac{60 + 110}{2} \times 1200}{60 \times 1000} = 5.34\text{m/s}$。

通过查《机械设计手册》可得基本许用压强 $[p_0] = 0.6 \sim 0.8\text{MPa}$，离合器摩擦面的平均速度、主动摩擦盘数目、每小时接合次数等引入的修正系数 $K_v = 0.78$、$K_z = 0.82$、$K_n = 0.93$。

$$[p] = [p_0]K_v K_z K_n = (0.6 \sim 0.8) \times 0.78 \times 0.82 \times 0.93 = 0.357 \sim 0.476\text{MPa}$$

$p = \dfrac{4F}{\pi(D_2^2 - D_1^2)} = \dfrac{4 \times 2535.78}{\pi(110^2 - 60^2)} = 0.38\text{MPa}$，$p < [p]$，所以该离合器满足要求。

23.4 同步训练题

23.4.1 填空题

1. 根据联轴器对各种相对位移有无补偿能力，可分为_____联轴器和_____联轴器两大类。

2. 在类型上，万向联轴器属于_____联轴器，凸缘联轴器属于_____联轴器。

3. 对于起动频繁、经常正反转、转矩很大的传动中，可选用_____联轴器。

4. 适用于经常起动或正反转、载荷平稳、转速高的传动的联轴器为_____。

5. 当联轴器的类型选定以后，其型号（尺寸）根据_____、_____和_____查表选择。

6. 离合器主要分为_____和_____两类。

7. 牙嵌离合器常用的牙形有_____、_____、_____、_____四种。锯齿形

牙嵌离合器只能传递_____转矩。

23.4.2 选择题

1. 联轴器和离合器的主要功用是____。
   A. 缓和冲击，减少振动　　　　　B. 连接两轴一同旋转并传递转矩
   C. 防止机器发生过载　　　　　　D. 补偿两轴的相对位移

2. 在下列联轴器中，许用工作转速最低的是____。
   A. 凸缘联轴器　　　　　　　　　B. 十字滑块联轴器
   C. 齿式联轴器　　　　　　　　　D. 弹性柱销联轴器

3. 两轴的角位移达 30°，这时宜选用____联轴器。
   A. 十字轴式万向　　　　　　　　B. 十字滑块
   C. 弹性套柱销　　　　　　　　　D. 套筒

4. 齿式联轴器属于____。
   A. 刚性联轴器　　　　　　　　　B. 无弹性元件的挠性联轴器
   C. 有弹性元件的挠性联轴器

5. 在下列联轴器中，能补偿两轴的相对位移并可缓和冲击、吸收振动的是____。
   A. 凸缘联轴器　　　　　　　　　B. 齿式联轴器
   C. 十字轴式万向联轴器　　　　　D. 弹性套柱销联轴器

6. 若两轴的刚性较大、对中性好、不发生相对位移，工作中载荷平稳、转速稳定，宜选用____联轴器。
   A. 齿式　　　　B. 十字滑块　　　　C. 弹性套柱销　　　　D. 凸缘

7. 下列联轴器中，____具有良好的综合位移补偿能力。
   A. 凸缘联轴器　　B. 套筒联轴器　　C. 齿式联轴器　　D. 十字滑块联轴器

8. 若两轴间径向位移较大、转速较低、载荷平稳无冲击时，宜选用____联轴器。
   A. 凸缘　　　　B. 十字滑块　　　　C. 尼龙柱销　　　　D. 齿式

9. 选择联轴器或对其主要零件进行验算时，是按照计算转矩 T_{ca} 进行的，这是因为考虑____因素。
   A. 旋转时产生的离心载荷　　　　B. 机器起动时的动载荷和运转中可能过载
   C. 联轴器材料的机械性能有偏差　　D. 两轴对中性不好时产生附加动载荷

10. 牙嵌离合器常用的牙形有三角形、矩形、梯形和锯齿形，当传递较大转矩时常用梯形牙，是因为____。
    A. 强度高，容易结合和分离且能补偿牙的磨损与间隙
    B. 接合后没有相对滑动
    C. 牙齿结合面间有轴向作用力

11. 使用____时只能在低速或停车后离合，否则会产生严重冲击甚至损坏离合器。
    A. 摩擦离合器　　B. 牙嵌离合器　　C. 安全离合器　　D. 超越(定向)离合器

12. 多盘摩擦离合器的内摩擦盘有时做成碟形，这是为了____。
    A. 减轻盘的磨损　　　　　　　　B. 提高盘的刚度
    C. 使离合器分离迅速　　　　　　D. 增大当量摩擦系数

13. 在不增大径向尺寸的情况下，提高圆盘摩擦离合器承载能力的最有效措施

是____。

    A. 更换摩擦盘材料   B. 增加摩擦盘数目

    C. 增大轴的转速   D. 使离合器在油中工作

23.4.3 简答题

    1. 联轴器所连接两轴的相对位移有哪几种形式？如果联轴器不能补偿两轴间的相对位移会发生什么情况？

    2. 凸缘联轴器有哪几种实现两轴对中的方法？各种方法的特点是什么？

    3. 无弹性元件的挠性联轴器和有弹性元件的挠性联轴器补偿两轴间相对位移的方式有何不同？二者各适用于什么场合？

第24章
轴

24.1 学习要求、重点及难点

1. 学习要求

(1) 了解轴的用途和分类(主要搞清转轴、心轴和传动轴的载荷和应力特点),在设计中能够正确选择轴的材料和热处理方式。

(2) 了解轴的设计特点,学会进行轴结构设计的方法,熟悉轴上零件的轴向和周向定位方法及其特点,明确轴的结构设计中应注意的问题及提高轴的承载能力的措施。

(3) 掌握轴的3种强度计算方法,分清各自的计算特点和适用场合。

(4) 掌握轴的刚度计算方法。

(5) 了解轴的振动原因和振动稳定性的粗略校核方法。

2. 学习重点和难点

(1) 轴的结构设计。

(2) 轴的强度与刚度计算。

24.2 学 习 指 导

1. 关于轴的设计

轴的设计是根据工作要求(传递的功率和扭矩、所支承零件的定位要求等)并考虑制造工艺等因素,确定轴的最佳形状和尺寸。

1) 轴设计的主要内容

轴的设计包括结构设计和工作能力计算两方面的内容。

(1) 轴的结构设计。根据轴上载荷大小、方向和分布情况,轴上零件的布置和定位方法，以及轴的加工和装配方法等，灵活地确定出轴的形状和各部分尺寸。

（2）轴的工作能力计算。轴的强度、刚度和振动稳定性等方面的计算。

2）轴设计的一般步骤

（1）根据工作要求选择轴的材料和热处理方式。

（2）按扭转强度条件或与同类机器类比，初步确定轴的最小直径 d_{min}。

（3）考虑轴上零件的定位、装配及轴的制造工艺性，进行轴的结构设计，画草图确定轴的几何尺寸，得到轴的支承跨距和力的作用点。

（4）根据轴的结构尺寸和工作要求，进行工作能力计算。如不满足要求，则应修改初定轴径 d_{min}，重复第（3）步，直到满足设计要求。

值得指出的是：①轴的结构设计的结果具有多样性。不同的工作要求、不同的轴上零件装配方案及轴的不同加工工艺等都将得到不同的结构形式。因此，设计时必须对其结果进行综合评价，确定最优方案。②在轴的设计过程中，结构设计和设计计算应交叉进行，边设计边修改，才能得到最优的设计结果。

3）轴的主要失效形式

（1）疲劳断裂——由于受扭转疲劳和弯曲疲劳交变应力的长期作用，造成轴的疲劳折断，它是轴最主要的失效形式。

（2）过载断裂——由于大载荷或冲击载荷作用，轴发生弯断或扭断。

（3）塑性变形——由于在过大的应力作用下，轴的材料处于屈服状态而产生的弯曲和扭转变形。当变形量超过了许用变形量，就会导致轴上回转零件随之偏斜，作用在回转零件上的载荷分布不均，从而影响其正常工作，甚至影响机器的工作性能。

（4）共振——机器中存在很多周期性变化的激振源。高速旋转的轴出现弹性变形时，会产生偏心转动。当轴的固有频率与激振源频率重合或成整倍数关系时，轴就会发生共振，使轴遭到破坏，重者会导致整台机器不能正常工作。为避免轴发生共振，要求在设计轴时使其固有频率与机器的激振源频率错开。

4）轴的设计准则

（1）强度计算——防止轴的断裂或塑性变形。

（2）刚度计算——刚度要求高的轴（如机床主轴）和受力较大的细长轴，应进行刚度计算，以防止轴工作时产生过大的弹性变形。

（3）振动稳定性计算——高速或载荷作周期性变化的轴，为避免发生共振，应进行振动稳定性计算。

2. 轴的结构设计中应注意的问题

1）轴结构设计的目的

确定轴各段的直径 d_i 和长度 l_i。

2）轴的结构设计应满足的要求

（1）轴与轴上零件要有准确的工作位置，并可靠地保持这一位置。

（2）轴上的零件应便于装拆和调整。

（3）轴应具有良好的制造工艺性。

（4）轴的结构应有利于提高轴的强度和刚度，减小应力集中。

3）各轴段直径和长度的确定

在设计过程中，首先要根据轴的工作情况，拟定轴上零件的装配方案；然后确定各轴段直径和长度。轴的直径确定方法是先根据扭矩进行估算，求出最小直径，然后由轴上零件的定位和装拆要求确定各轴段直径。各轴段的长度需根据轴上零件的宽度、间距及与箱体的位置关系进行确定。

轴上零件装配方案的拟订：根据轴上零件的结构特点，首先要预定出主要零件的装配方向、顺序和相互关系，它是进行轴结构设计的基础。拟订装配方案，应先考虑几个方案，进行分析比较后再选优。其基本原则是：轴的结构越简单越合理；轴上零件装拆越方便越合理。

(1) 各轴段直径的确定(表 24-1)。

表 24-1　图 24-1 中轴各轴段直径的确定

径向尺寸	确定原则
d_1	初算轴颈 d_{min}，并根据联轴器尺寸定轴径
d_2	联轴器轴向固定，$h=(0.07{\sim}0.1)d_1$
d_3	满足轴承内径系列，并便于轴承安装，$d_3=d_2+(1{\sim}2)\mathrm{mm}$
d_4	便于齿轮安装，$d_4=d_3+(1{\sim}2)\mathrm{mm}$
d_5	齿轮轴向固定，$h=(0.07{\sim}0.1)d_4$
d_6	轴承轴向固定，符合轴承拆卸尺寸，查轴承手册
d_7	一根轴上的两轴承型号相同，$d_7=d_3$

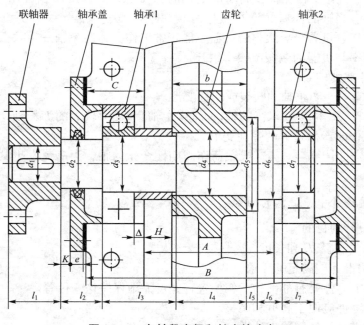

图 24-1　各轴段直径和长度的确定

① 与滚动轴承、联轴器、密封件等标准件配合的轴径必须按标准件的内径选取(如

图 24 - 1 中轴的 d_1、d_2、d_3、d_7)。

② 定位轴肩(或轴环)(如图 24 - 1 中轴的 d_1 - d_2、d_4 - d_5、d_6 - d_7),一般高度 $h=$ $(0.07 \sim 0.1)d$(d 为与零件相配合处轴的直径)。滚动轴承采用轴肩定位时,要考虑它是标准件和它装拆的特殊要求,h 值应根据相关手册中规定的安装尺寸确定,且必须低于滚动轴承内圈端面的高度。

③ 非定位轴肩是为了方便加工和装配而设置的(如图 24 - 1 中轴的 d_2 - d_3、d_3 - d_4),其高度没有严格的规定,一般取为 $1 \sim 2$mm。

(2)各轴段长度的确定(表 24 - 2)。

表 24 - 2 图 24 - 1 中轴各轴段长度的确定

轴向尺寸	确定原则
l_1	根据联轴器尺寸确定
l_4	$l_4 = b - (2 \sim 3)$mm
l_5	$l_5 = 1.4h$(h 为轴环高度)
l_7	$l_7 =$ 轴承宽度
齿轮至箱体内壁的距离 H	动和不动零件间要有间隔,以避免干涉,$H = 10 \sim 15$mm
轴承至箱体内壁的距离 Δ	滚动轴承间距应使轴系具有较大刚度:$\Delta = 3 \sim 8$mm(轴承油润滑,无挡油板);$\Delta = 10 \sim 15$mm(轴承脂润滑,有挡油板)
轴承座宽度 C	$C = C_1 + C_2 + \delta + (5 \sim 10)$mm;$\delta$——箱体壁厚;$C_1$、$C_2$——由轴承旁连接螺栓直径确定,查机械(零件)设计手册
轴承盖厚 e	见机械(零件)设计手册
联轴器至轴承盖的距离 K	应保证联轴器易损件更换所需的空间,或拆卸轴承盖螺钉所需空间,或动与不动零件间的间隔
l_2、l_3、l_6	在齿轮、箱体、轴承、轴承盖、联轴器的位置确定后,通过作图得到

① 为了保证轴向定位可靠,与传动零件、联轴器相配合的轴段长度要比轮毂长度短 $2 \sim 3$mm(如图 24 - 1 中,$l_4 = b - (2 \sim 3)$mm)。

② 传动零件(齿轮、蜗轮)之间,及其与箱体内壁之间应有适当的间距 H(H 值可根据经验或查阅手册得到),由传动零件的宽度 b 和 H 可确定箱体内壁之间的距离,即 $A = b + 2H$(A 应圆整),从而可确定箱体内壁的位置。

③ 轴承内侧至箱体内壁之间的距离 Δ 应尽量取小值,以减小支点间的距离,其值可根据轴承润滑方式由经验或查阅手册得到,从而可确定轴承在轴承座孔中的位置。

④ 对于中间剖分式箱体,轴承座孔的长度 C 取决于轴承旁连接螺栓的扳手空间尺寸(C_1、C_2)和箱体壁厚 δ,其经验计算公式为 $C \geqslant C_1 + C_2 + \delta + (5 \sim 10)$mm,则轴承座端面之间的距离 $B = A + 2C$(B 应圆整),从而可确定轴承座端面的位置。

⑤ 联轴器至轴承盖的距离 K(决定轴的外伸长度)取决于外接零件及轴承盖的结构。如轴端装有联轴器,则应留有足够的装配距离,安装弹性套柱销联轴器所要求的安装尺寸 K 由联轴器的型号确定(图 24 - 2(a))。采用不同的轴承盖结构时,箱体宽度不同,K 值也不同。当采用凸缘式轴承盖时,K 值应由连接螺钉长度确定,以保证在不拆卸外接零件的

情况下，能拆装轴承盖螺钉，打开箱盖(图 24 - 2(b))；采用嵌入式轴承盖时，K 可取较小值，一般取 $K=5\sim8\mathrm{mm}$(图 24 - 2(c))。

4) 轴上零件的周向定位和轴向定位

(1) 周向定位主要有：①键——常用；②花键——承载能力大，定位精度高，常用于动连接；③紧定螺钉、销——同时实现轴向定位，用于传力不大之处。

(2) 轴向定位主要有：①轴肩或轴环——最常用，轴向传力大。为了保证轴上零件与轴肩靠紧，轴肩处的过渡圆角半径 r 应小于相配合零件的圆角半径 R 或倒角尺寸 C。②套筒——轴上相邻零件间的定位，套筒不宜过长，套筒与轴配合较松。③圆螺母——传力大，简单，但有应力集中(细牙)，要防松(双螺母、止动垫圈)。④轴端挡圈——轴端零件的定位，应用较广。⑤轴用弹性挡圈——结构简单，定位方便，但有应力集中，适于轻载。⑥锁紧挡圈、紧定螺钉或销——结构简单但承载能力低，可同时兼作周向定位(仪器、仪表中较常用)。

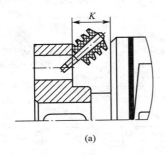 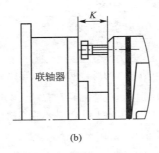 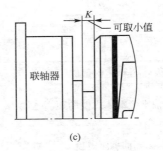

图 24 - 2　轴的外伸长度的确定

3. 轴的强度计算

进行轴的强度计算时，应根据轴的具体受载及应力情况，采取相应的计算方法。对于仅用于传递扭矩的轴，应按扭转强度条件计算；对于只承受弯矩的轴，应按弯曲强度条件计算；对于既传递扭矩又承受弯矩的轴，应按弯扭合成强度条件校核轴的强度，必要时还应按疲劳强度条件进行精确校核。此外，对于瞬时过载很大或应力循环不对称性较为严重的轴，还应按峰尖载荷校核其静强度，以免产生过大的塑性变形。按弯扭合成强度条件计算对于应力集中、绝对尺寸和表面状态等因素的影响，只是采取降低许用弯曲应力的粗略办法来加以考虑，因而只适用于主要承受弯矩的一般用途的轴。按疲劳强度条件进行精确校核(安全系数法)是在轴的结构形状和尺寸初步确定后，充分考虑应力集中、绝对尺寸和表面状态等影响因素，精确校核轴在变应力情况下工作的安全程度。通过一个或几个危险截面的校核，使其满足计算安全系数$(S_{ca})\geqslant$设计安全系数(S)的要求，这种方法只用于重要轴的核算。安全系数法比较科学和严密，用安全系数法校核的轴，一般就不再按弯扭合成强度条件进行计算。下面就按弯扭合成强度条件和疲劳强度条件计算中的难点加以说明。

1) 弯扭合成强度计算中的应力折合系数 α

轴同时受弯矩和扭矩作用时，其当量弯矩为 $M_{ca}=\sqrt{M^2+(\alpha T)^2}$。

(1) 轴转动时，不论轴所受弯矩的大小是否变化，轴横截面上各点的弯曲应力都是变化的。轴每转动一周，其横截面上某一点处的应力就经历了一个由最大压应力到零，再到最大拉应力的变化过程。所以，对于整周转动的轴，横截面上某一点所受的弯曲应力为对称循环变应力。

（2）轴传递扭矩时，受扭段横截面外圈上各点的扭转切应力最大。若作用在轴上的扭矩不变，则其产生的扭转切应力是不变的，但对于经常启动和制动的传动装置，作用在轴上的扭矩的大小和方向是不稳定的。为了便于计算，其扭转切应力常按脉动循环变应力来计算。这样轴的弯曲应力和扭转切应力的循环特性往往互不相同，因而需要引入考虑扭矩性质的应力折合系数 α（α 的含义是将扭转切应力转换成与弯曲正应力相同循环特性的等效应力的折算系数）。①若轴单向旋转、扭矩稳定，则其扭转切应力接近不变（静应力），取 $\alpha = 0.3$；②若轴单向旋转、扭矩不稳定（或扭矩变化规律不清楚），则其切应力接近脉动循环，取 $\alpha = 0.6$；③若轴经常正反转、扭矩不稳定，则其切应力接近于对称循环，取 $\alpha = 1$。

2）危险截面的确定

轴的危险截面是指轴在工作时可能发生断裂的截面。不论是按弯扭合成强度条件计算，还是按疲劳强度条件进行安全系数校核计算，轴的危险截面的确定都是非常重要的。作出轴的弯矩图、扭矩图和当量弯矩图后，可按下面几点确定危险截面：①承受当量弯矩最大的截面；②承受当量弯矩比较大，而几何尺寸较小的截面；③轴的最小直径处；④用安全系数法进行校核计算时，危险截面的确定除了考虑上面几点外，还应考虑应力集中比较严重的截面。通过比较，一般选取 2～3 个危险截面进行计算。

3）按疲劳强度条件进行安全系数校核计算

对用于重要场合的轴，需计入影响轴的疲劳强度的各种因素，精确地校核危险截面的安全系数。即在画出轴的工作草图（包括全部尺寸、配合、圆角、倒角、退刀槽、表面粗糙度等）后，计入应力集中、表面状态、绝对尺寸等因素对疲劳强度的影响，用安全系数公式进行校核。校核的一般步骤如下。

（1）求出危险截面上的平均应力 σ_m、τ_m 和应力幅 σ_a、τ_a，根据轴的弯矩图、扭矩图和结构图，确定危险截面。

（2）按教材中有关公式计算弯矩作用下和扭矩作用下的安全系数 S_σ 和 S_τ。计算安全系数 S_σ 和 S_τ 时要注意以下系数的影响：①有效应力集中系数 k_σ 和 k_τ：轴肩圆角、横向孔、键槽、螺纹等轴截面发生变化处容易出现应力集中，轴与轴上零件的过盈配合处也会产生应力集中。当计算截面上同时存在几个不同的应力集中源时，应取最大值为该剖面有效应力集中系数。还应该考虑材料对应力集中的敏感程度的影响，材料强度越高，其塑性就越差，对应力集中越敏感。所以，为了减少应力集中，在选择材料时应加以考虑。②表面质量系数 β：轴的表面进行强化处理可以提高轴的疲劳强度，这一效应用表面质量系数 β 来考虑。表面强化处理的方法有表面淬火、化学热处理（氮化、渗碳、氰化等）、滚压、喷丸等。降低轴的表面粗糙度值以减少表面裂纹可以提高轴的疲劳强度。③绝对尺寸影响系数 ε：在疲劳强度计算中用到的 σ_{-1} 和 τ_{-1} 值是由试件进行材料试验得到的。试棒的直径较小（一般为 10mm 左右），并经抛光处理，内部和表面缺陷较少。而实际零件尺寸可能很大，其材料内部和表面存在缺陷的几率相对较高，由热加工及冷加工造成的芯部与表层间性能差异亦较大，因而出现应力集中源的可能性就大，这些因素都导致疲劳强度降低，故计算时用绝对尺寸影响系数 ε 加以考虑。

（3）按双向稳定变应力的疲劳强度条件计算综合影响的安全系数：求出弯矩和扭矩作用下的安全系数 S_σ、S_τ 后，即可利用公式 $S_{ca} = \dfrac{S_\sigma \cdot S_\tau}{\sqrt{S_\sigma^2 + S_\tau^2}} \geqslant S$ 来校核安全系数。

4. 轴的刚度计算

轴的刚度计算实质上是限制轴的弯曲变形和扭转变形，使之在一定的允许范围内，以避免影响轴上零件的正常工作。因此，对刚度要求十分严格的轴（如机床主轴、重要的齿轮轴），在强度计算完成之后，还要进行刚度计算，使其满足使用要求。

轴的刚度分为弯曲刚度和扭转刚度两种。前者以挠度 y 或偏转角 θ 来度量，后者以扭转角 φ 来度量。轴的刚度校核计算通常是计算出轴在受载荷时的变形量，并控制其不大于允许值。

24.3　典型例题解析

例 24 - 1　试分析图 24 - 3(a)所示卷扬机中各轴所受的载荷，并判定各轴的类型（轴的自重和轴承中的摩擦不计）。

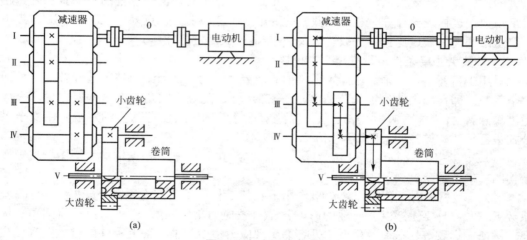

图 24 - 3　例 24 - 1 图

分析：根据受载情况判定轴的类型，关键是分析轴承受扭矩和弯矩的情况，然后根据分类方法进行分类。判断轴是否传递扭矩：从原动机向工作机画传动路线，若传动路线沿该轴轴线走过一段距离，则该轴传递扭矩。判断轴是否承受弯矩：该轴上除联轴器外是否还有其他传动零件，若有则该轴承受弯矩，否则不承受弯矩。

解：如图 24 - 3(b)所示，0 轴：只受扭矩，为传动轴；Ⅰ 轴：既受扭矩，又受弯矩，为转轴；Ⅱ 轴：只受弯矩，且转动，为转动心轴；Ⅲ 轴：既受扭矩，又受弯矩，为转轴；Ⅳ 轴：既受扭矩，又受弯矩，为转轴；Ⅴ 轴：只受弯矩，且转动，为转动心轴。

例 24 - 2　试分析图 24 - 4(a)所示轴系结构中的错误，在错误处标明序号，说明原因并画出改进后的正确结构图。图中齿轮用油润滑，轴承用脂润滑。

解：图中主要错误分析如下。

（1）轴右端面不应超出联轴器端面，应缩进 2～3mm。

（2）联轴器毂孔上的键槽没开通，深度不符合标准，联轴器无法安装。

（3）联轴器处轴上键槽与齿轮处轴上键槽应在轴的同一条母线上，以便于加工。

（4）联轴器与轴承端盖不能接触，联轴器应右移。

（5）联轴器没有轴向定位，位置不确定，可用轴肩定位（与其配合段轴径减小）。

（6）透盖与轴之间不能接触，应有间隙，且应有密封措施。

（7）两个轴承端盖与箱体接触面间没有调整垫片，不能调整轴承游隙。

（8）箱体上与端盖的接触面应铸有凸台，以减少加工面积。

（9）轴承用脂润滑，轴承处没有挡油环，润滑脂容易流失。

（10）套筒径向尺寸过大，右边轴承拆卸困难。

（11）齿轮轴向定位不可靠，与齿轮配合的轴头长度应比齿轮轮毂宽度短 2～3mm。

（12）齿轮与轴连接的键的长度过大，套筒顶不上齿轮。

（13）左边轴承的定位轴肩过高，轴承拆卸困难。

（14）轴左端的弹性挡圈多余，应去掉。

（15）轴的左端太长，与轴承端盖接触，应与轴承左端面平齐或略长。

（16）轴的支承方式为两端固定支承，两个轴承反装不能将轴上的轴向力传到箱体上，且支承刚度低，应该为正装。

（17）轴承盖外端面的加工面积过大。

改进后的正确结构图如图 24 - 4（b）所示。

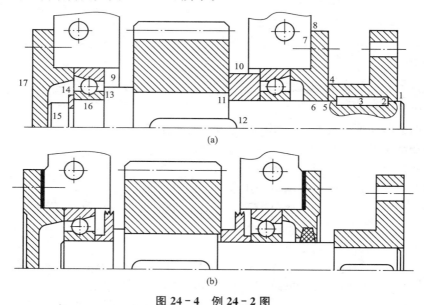

图 24 - 4　例 24 - 2 图

24.4　同步训练题

24.4.1　填空题

1. 根据轴的承载情况，工作时_____只承受弯矩；_____只承受扭矩（或所受弯矩很小）；_____既承受弯矩，又承受扭矩。_____是机器中最常见的轴。

2. 轴上零件常用_____、_____、_____、_____、_____和弹性挡圈等进行轴向定位。

3. 轴上零件常用的周向定位零件有_____、_____、_____、_____以及过盈配合等。

4. 为了便于加工和检验，轴的各段直径应_____。

5. 增大轴在截面变化处的过渡圆角半径，可以_____。

6. 判断图 24-5 所示起重机大车行走机构中各轴的类型：Ⅰ 轴：_____；Ⅱ 轴：_____；Ⅲ 轴：_____；Ⅳ 轴：_____；Ⅴ 轴：_____。

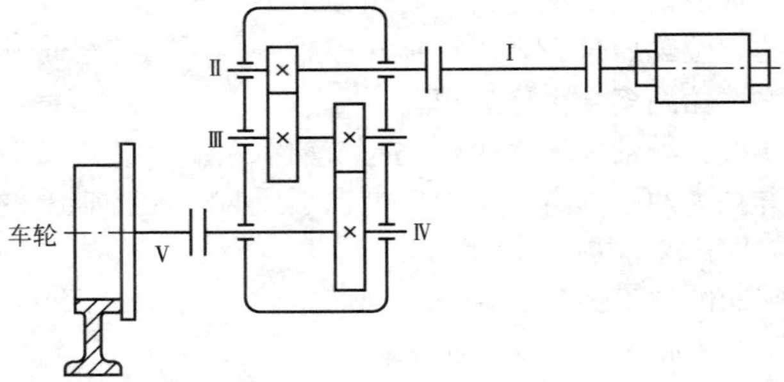

图 24-5 题 24.4.1-6 图

24.4.2 判断题

1. 工作中转动的轴称为转轴。 （   ）

2. 齿轮箱中的齿轮轴是传动轴。 （   ）

3. 轴做成阶梯形主要是为了便于轴上零件的定位和装拆。 （   ）

4. 制造结构、形状复杂的轴可用球墨铸铁。 （   ）

5. 减速器中轴的材料通常可采用 45 钢。 （   ）

6. 用在重要场合的轴的材料应采用合金钢。 （   ）

7. 合金钢对应力集中的敏感性较高，设计合金钢轴时应注意从结构上避免或减小应力集中。 （   ）

8. 轴上只有轴头处才有键槽。 （   ）

9. 在一般工作温度下，为了提高轴的刚度，可以采用合金钢代替碳素钢。 （   ）

10. 套筒、轴用弹性挡圈的作用是使轴上零件实现轴向定位。 （   ）

11. 当轴上零件承受较大的轴向力时，可采用弹性挡圈来进行轴向定位。 （   ）

12. 为了保证轮毂在阶梯轴上的轴向定位可靠，轴头的长度必须大于轮毂的宽度。 （   ）

13. 采用紧定螺钉对轴上零件进行周向定位时，可传递较大的扭矩。 （   ）

14. 传动零件在轴上的安装必须要有轴向定位和周向定位。 （   ）

15. 轴颈的直径尺寸必须符合轴承内孔的直径标准系列。 （   ）

16. 轴的工作能力一般取决于它的强度。 （   ）

17. 在轴径的初步估算中，轴的最小直径是按扭转强度来确定的。 （   ）

18. 在计算转轴的强度时，安全系数法比当量弯矩法更精确。 （   ）

24.4.3 选择题

1. 轴的常用材料主要是____。
   A. 铸铁　　　　　B. 球墨铸铁　　　C. 碳素钢和合金钢　D. 铝合金

2. 最常用来制造轴的材料是____。
   A. 20 钢　　　　　B. 45 钢　　　　　C. 40Cr 钢　　　　　D. 38CrMoAlA

3. 设计承受很大载荷的轴,宜选用的材料是____。
   A. 45 正火钢　　　B. 45 调质钢　　　C. 40Cr 调质钢　　　D. QT600-3

4. 设计一根齿轮轴,材料采用 45 钢,两支点用向心球轴承来支承,验算时发现轴的刚度不够,这时应____。
   A. 换球轴承为滚子轴承　　　　　　B. 换滚动轴承为滑动轴承
   C. 换用合金钢来制造轴　　　　　　D. 适当增大轴的直径

5. 减速器轴上的各零件中,____的右端是用轴肩来进行轴向定位的。
   A. 半联轴器　　　B. 左轴承　　　　C. 右轴承　　　　D. 齿轮

6. 当轴上零件要求承受较大的轴向力时,宜采用____来进行轴向定位。
   A. 圆螺母　　　　B. 紧定螺钉　　　C. 弹性挡圈　　　D. 锁紧挡圈

7. 当采用轴肩定位轴上零件时,零件毂孔的倒角应____轴肩根部的过渡圆角半径。
   A. 大于　　　　　B. 小于　　　　　C. 大于或等于　　　D. 小于或等于

8. 计算表明某钢制调质处理的轴刚度不够。建议:①加大轴径;②以合金钢代替碳素钢;③采用淬火处理;④减小支承跨距。所列举的措施中,有____能达到提高轴刚度的目的。
   A. 1 种　　　　　B. 2 种　　　　　C. 3 种　　　　　D. 4 种

9. 按初估轴的直径计算式 $d \geqslant A_0 \sqrt[3]{\dfrac{P}{n}}$ 计算出的直径,通常作为阶梯轴的____尺寸。
   A. 最大处直径　　B. 轴中间段直径　C. 最小处直径　　D. 危险截面处直径

10. 转动心轴表面上某一点的弯曲应力为____应力。
    A. 静　　　　　　B. 对称循环变　　C. 脉动循环变　　D. 非对称循环变

11. 按弯扭合成强度条件计算轴的应力时,公式中折合系数 α 是考虑____。
    A. 材料抗弯与抗扭的性能不同　　　B. 轴的结构设计要求
    C. 弯曲应力和扭转切应力的循环特性不同　D. 强度理论的要求

12. 当轴与轮毂采用过盈配合连接时,较大的应力集中将发生在轴的____。
    A. 轮毂中间部位　　　　　　　　　B. 轮毂两端部位
    C. 距离轮毂端部 1/3 处

13. 为提高轴的疲劳强度,应优先采用____的方法。
    A. 选择好的材料　　　　　　　　　B. 减小应力集中
    C. 增大轴的直径

14. 在进行轴的疲劳强度计算时,若同一截面上有几个应力集中源,则应力集中系数应取为____。
    A. 各应力集中系数之和　　　　　　B. 其中较大值
    C. 平均值　　　　　　　　　　　　D. 其中较小值

15. 对轴进行表面强化处理，可提高轴的____。

A. 静强度　　　　　B. 刚度　　　　　C. 疲劳强度　　　　　D. 耐冲击性能

24.4.4　简答题

1. 轴设计的主要内容和轴设计的一般步骤是什么？

2. 在进行轴的结构设计时，应主要满足哪些要求？

3. 为提高轴的刚度，把轴的材料由 45 钢改为合金钢 40Cr 是否合适？为什么？

4. 用合金钢代替碳素钢就一定能提高轴的疲劳强度吗？为什么？设计轴时，若采用合金钢应注意什么问题？

5. 影响轴疲劳强度的因素有哪些？若轴的疲劳强度不足，可采取哪些措施使其满足要求？

24.4.5　分析、计算与设计题

1. 试分析图 24-6(a)所示卷扬机中各轴所受的载荷(轴的自重、轴承中的摩擦不计)，并由此判定各轴的类型。若将卷筒改为图 24-6(b)、(c)所示的结构，分析卷筒轴的类型。

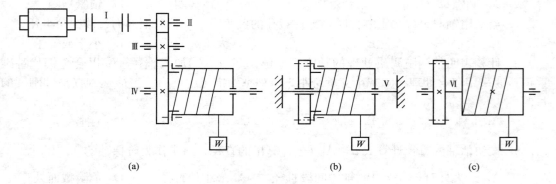

图 24-6　题 24.4.5-1 图

2. 图 24-7 所示为滑轮轴的两种方案，为减轻轴上载荷和改善其应力特性，应采用哪一种方案？

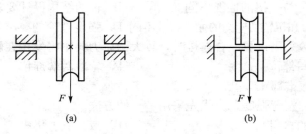

图 24-7　题 24.4.5-2 图

3. 一单向转动的转轴，危险截面上所受的载荷为：水平面弯矩 $M_H = 4 \times 10^5 N \cdot mm$，垂直面弯矩 $M_V = 1 \times 10^5 N \cdot mm$，扭矩 $T = 6 \times 10^5 N \cdot mm$，轴的直径 $d = 50mm$。试求：(1)危险截面上的的合成弯矩 M、计算弯矩 M_{ca} 和计算应力 σ_{ca}；(2)危险截面上弯曲应力和剪应力的应力幅和平均应力：σ_a、σ_m、τ_a、τ_m。

24.4.6 结构分析与设计题

1. 图 24-8 为一输出轴，试指出 1~8 标注处的错误。

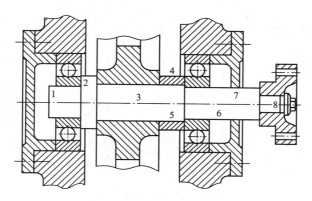

图 24-8　题 24.4.6-1 图

2. 图 24-9 为小锥齿轮轴系部件的结构图(小锥齿轮与轴一体，为齿轮轴)。试分析其中的结构错误，说明错误原因，并画出正确结构图。

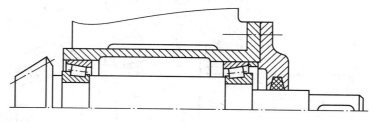

图 24-9　题 24.4.6-2 图

3. 分析图 24-10 所示齿轮轴系的错误，并画出正确结构图(轴承采用脂润滑，齿轮为油润滑)。

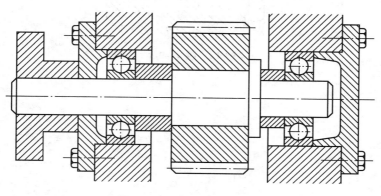

图 24-10　题 24.4.6-3 图

4. 分析图 24-11 所示齿轮轴系标注处的结构错误，并画出正确结构图(轴承采用脂润滑，齿轮为油润滑)。

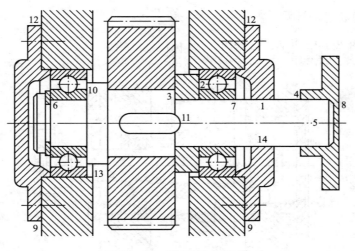

图 24 - 11　题 24.4.6 - 4 图

5. 分析图 24 - 12 所示锥齿轮轴系标注处的结构错误，并画出正确结构图(轴承采用脂润滑，锥齿轮为油润滑)。

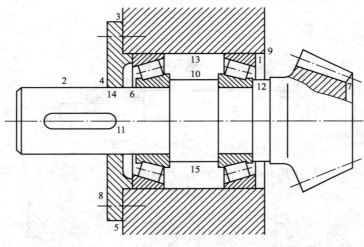

图 24 - 12　题 24.4.6 - 5 图

第三部分

机械原理综合测试卷

机械原理综合测试卷 Ⅰ

一、填空题(每空 1 分，共 10 分)

1. 机器中，零件是_____的基本单元；构件是_____的基本单元。

2. 齿轮、带轮等回转件的平衡属于_____问题；电动机转子、机床主轴、滚筒等回转件的平衡属于_____问题。

3. 等效转动惯量的等效条件是_____；等效力矩的等效条件是_____。

4. 下图为一对心曲柄滑块机构，若以滑块 3 为机架，则该机构转化为_____机构；若以构件 2 为机架，则该机构转化为_____机构；若以曲柄 1 为机架，则该机构转化为_____机构。

试卷 Ⅰ---4 图

5. 滚子推杆盘形凸轮机构中，凸轮的实际廓线是理论廓线的_____曲线。

二、判断题(每题 1 分，共 10 分)(认为正确的在题末括号中打√，否则打×)

1. 机构的自由度就是构件的自由度。   （   ）

2. 在转动副中，设外加驱动力为一单力 F，则不论 F 切于摩擦圆还是作用于摩擦圆之外，总反力 F_R 都恒切于摩擦圆。   （   ）

3. 为了调节机器运转的速度波动，在一部机器中可能需要既安装飞轮又安装调速器。
                                                                （   ）

4. 铰链四杆机构中，若有曲柄，曲柄不一定是最短杆。   （   ）

5. 四杆机构顶死在死点不能运动是由机构自锁造成的。   （   ）

6. 要想改善凸轮机构的受力状况，应适当减小凸轮的基圆半径。   （   ）

7. 平底与推杆导路垂直的对心直动平底推杆盘形凸轮机构的压力角始终为 0°。
                                                                （   ）

8. 渐开线齿轮分度圆上压力角的变化，对齿廓的形状有影响。   （   ）

9. 正传动中的一对齿轮必定都是正变位齿轮。   （   ）

10. 斜齿轮的端面模数大于法面模数。   （   ）

三、选择题(每题 2 分，共 20 分)(选一正确答案，将其序号填入题中空格处)

1. 当机构中原动件数目____机构自由度数时，该机构具有确定的相对运动。

A. 小于   B. 等于   C. 大于   D. 大于或等于

2. 速度瞬心是两个作平面运动构件____的重合点。

     A. 瞬时绝对速度相等   B. 瞬时绝对速度相等且为零

     C. 瞬时绝对速度相等且不为零

3. 从效率的观点来看，机械自锁的条件是其效率____。

     A. 大于 0   B. 小于 0   C. 等于 0   D. 小于或等于 0

4. 刚性回转体达到静平衡时，____是动平衡的。

     A. 一定   B. 可能   C. 一定不

5. 当行程速比系数____时，曲柄摇杆机构才有急回运动。

     A. $K<1$ B. $K=1$ C. $K>0$ D. $K>1$

6. 以曲柄为原动件的曲柄滑块机构，其最小传动角出现在____的位置。

     A. 曲柄与滑块导路平行   B. 曲柄与连杆共线

     C. 曲柄与滑块导路垂直

7. 在凸轮机构推杆常用运动规律中，既无刚性冲击又无柔性冲击的是____运动规律。

     A. 等速   B. 等加速等减速   C. 余弦加速度   D. 正弦加速度

8. 渐开线齿轮传动的可分性是指____不受中心距变化的影响。

     A. 节圆半径   B. 传动比   C. 啮合角

9. 已知两直齿圆柱齿轮的齿数 $z_1=10$、$z_2=30$，$m=4mm$，须安装在中心距 $a=80mm$ 的箱体上，则该齿轮传动应采用____。

     A. 标准齿轮传动   B. 等变位齿轮传动   C. 正传动   D. 负传动

10. 在曲柄滑块机构、铰链四杆机构、凸轮机构、不完全齿轮机构、棘轮机构、槽轮机构、螺旋机构中，有____个机构能实现间歇运动。

     A. 2   B. 3   C. 4   D. 5

四、分析与计算题(第 1~3 题每题 10 分，第 4 题 6 分，第 5 题 12 分，共 48 分)

1. 计算图示机构的自由度，若含复合铰链、局部自由度、虚约束请在原图上标出，并说明原动件数是否合适。

2. 下图为一齿轮-连杆组合机构。试求：(1)机构瞬心的数目 K；(2)标出瞬心 P_{12}、P_{13}、P_{23}、P_{16}、P_{36} 的位置；(3)应用瞬心法求齿轮 1 与齿轮 3 的传动比 $\dfrac{\omega_1}{\omega_3}$。

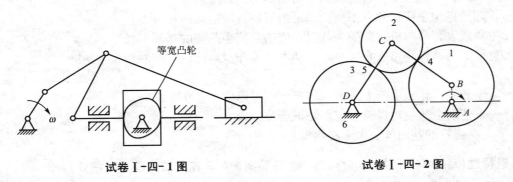

试卷 I-四-1 图   试卷 I-四-2 图

3. 下图所示为由齿轮 1 和 2 组成的减速传动，驱动力矩 M_1 为常数。从动轮上所受阻力

矩 M_2 随其转角变化，其变化规律为：当 $0 \leqslant \varphi_2 \leqslant \pi$ 时，$M_2 = C =$ 常数；当 $\pi < \varphi_2 \leqslant 2\pi$ 时，$M_2 = 0$。若已知齿轮 1、2 的转动惯量分别为 J_1 和 J_2，齿数比为 $\frac{z_2}{z_1} = 3$，主动轮转速为 n_1(r/min)。试求当给定许用速度不均匀系数为 $[\delta]$ 时，装在主动轮轴上的飞轮转动惯量 J_F 的大小。

4. 已知一对外啮合正常齿制标准直齿圆柱齿轮传动，齿 1 丢失，测出其中心距 $a = 150\text{mm}$，齿轮 2 的齿数 $z_2 = 42$，齿顶圆直径 $d_{a2} = 132\text{mm}$，现需配制齿轮 1。试确定齿轮 1 的模数 m、齿数 z_1，并计算齿轮 1 的分度圆直径 d_1、齿顶圆直径 d_{a1}、齿根圆直径 d_{f1} 和齿高 h。

5. 下图所示轮系中：$z_1 = 2$，$z_2 = 60$，$z_3 = 25$，$z_4 = 50$，$z_5 = 20$，$z_6 = 30$，又知蜗杆的转速 $n_1 = 900\text{r/min}$，方向如图所示。试求：(1)若轴 B 转速 $n_B = 0$，那么轮 6 的转速 $n_6 =$？转向如何？若 $n_B = 6\text{r/min}$，转向如图，那么 $n_6 =$？转向如何？

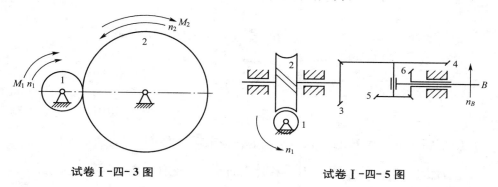

试卷 I-四-3 图　　　　　　　　　试卷 I-四-5 图

五、作图求解题(第 1 题 7 分，第 2 题 5 分，共 12 分)

1. 如下图所示的曲柄滑块机构，曲柄 AB 作等速回转。(1)设曲柄为主动件，滑块向右为工作行程，确定曲柄的合理转向；(2)设曲柄为主动件，画出极位夹角 θ 和最小传动角 γ_{min} 出现的位置；(3)此机构在什么情况下出现死点，指出死点位置。

2. 在如下图所示的凸轮机构中，凸轮实际廓线为圆形。(1)请在此图上画出并标明：凸轮的理论廓线、凸轮的基圆、凸轮机构的偏距圆、图示位置时凸轮机构的压力角 α；(2)说明该机构为正偏置还是负偏置？

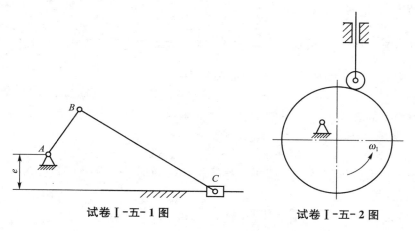

试卷 I-五-1 图　　　　　　　　　试卷 I-五-2 图

机械原理综合测试卷 Ⅱ

一、填空题(每空 1 分,共 10 分)

1. 机器或机构中,_____之间具有确定的相对运动。

2. 轴向尺寸较_____的转子需进行动平衡;为获得动平衡,要采用_____个平衡基面。

3. 动能的最大值与最小值之差表示机械在一个运动周期内动能的最大变化量,通常称为机械的_____。

4. 在曲柄摇杆机构中,当_____和_____共线时出现死点。

5. 渐开线标准直齿圆柱齿轮是指_____。

6. 现有 4 个渐开线标准外啮合直齿圆柱齿轮:$m_1 = 4\text{mm}$,$z_1 = 25$;$m_2 = 4\text{mm}$,$z_2 = 50$;$m_3 = 3\text{mm}$,$z_3 = 60$;$m_4 = 2.5\text{mm}$,$z_4 = 40$。其中_____和_____的渐开线齿廓形状相同;_____和_____能正确啮合;_____和_____能用同一把滚刀制造。

二、判断题(每题 1 分,共 10 分)(认为正确的在题末括号中打√,否则打×)

1. 一切自由度不为 1 的机构,其各构件之间都不可能具有确定的相对运动。( )

2. 具有自锁性的机构是不能运动的。( )

3. 在机器中安装飞轮可以根除机器的周期性速度波动。( )

4. 双摇杆机构中一定不存在周转副。( )

5. 平面四杆机构的行程速比系数 $K \geqslant 1$,且 K 值越大,从动件急回越明显。( )

6. 铰链四杆机构运动时,其传动角是不变的。( )

7. 凸轮机构的推杆运动规律为等速运动时,会出现柔性冲击。( )

8. 凸轮机构中,滚子推杆的优点是凸轮磨损小,承受载荷大。( )

9. 尺寸越小的标准齿轮越容易发生根切现象。( )

10. 直齿锥齿轮的当量齿数计算公式为 $z_v = \dfrac{z}{\cos^3 \delta}$。( )

三、选择题(每题 2 分,共 20 分)(选一正确答案,将其序号填入题中空格处)

1. 一机构共有 5 个构件,其速度瞬心数目为____。

    A. 3   B. 6   C. 10

2. 考虑摩擦的转动副,不论轴颈在加速、等速、减速等不同状态下运转,其总反力的作用线____切于摩擦圆。

    A. 都不可能   B. 不全是   C. 一定都

3. 对于单自由度机械系统,用一个移动构件等效时,其等效质量按等效前后____相等的条件进行计算。

    A. 动能   B. 瞬时功率   C. 转动惯量

4. 在铰链四杆机构中，若满足"最短杆长度＋最长杆长度≤其余两杆长度之和"的条件，使机构成为双摇杆机构，应固定____。

    A. 最短杆   B. 最短杆的邻边

    C. 最长杆   D. 最短杆的对边

5. 图____所示的曲柄滑块机构没有急回运动特性。

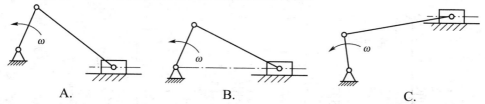

        A.   B.   C.

6. 对于滚子推杆盘形凸轮机构，为使推杆实现预期的运动规律，设计时必须保证____。

    A. 滚子半径 $r_r \leqslant$ 凸轮理论廓线外凸部分的最小曲率半径 ρ_{min}

    B. 滚子半径 $r_r \geqslant$ 凸轮理论廓线外凸部分的最小曲率半径 ρ_{min}

    C. 滚子半径 $r_r <$ 凸轮理论廓线外凸部分的最小曲率半径 ρ_{min}

    D. 滚子半径 r_r 不受任何限制

7. 依据相对运动原理绘制凸轮轮廓曲线的方法称为____。

    A. 正转法   B. 渐开线法   C. 反转法   D. 螺旋线法

8. 渐开线标准外啮合直齿圆柱齿轮的齿数增加，齿顶圆压力角将____。

    A. 不变   B. 增大   C. 减小   D. 可能增大也可能减小

9. 斜齿圆柱齿轮以____上的模数和压力角为标准值。

    A. 端面   B. 轴面   C. 法面

10. 负变位齿轮的分度圆齿距(周节)应是____ πm。

    A. 大于   B. 等于   C. 小于   D. 小于或等于

四、分析与计算题(第1～3题每题10分，第4题6分，第5题8分，共44分)

1. 计算图示机构的自由度，若含复合铰链、局部自由度、虚约束请明确指出，并说明原动件数是否合适。

2. 在图示机构中，已知各构件的尺寸及原动件1的角速度 ω_1(常数)。试求 $\varphi_1 = 90°$ 时，构件2和3的角速度 ω_2、ω_3。

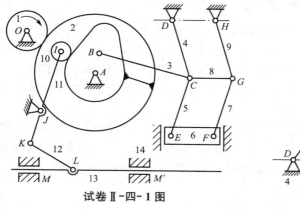

试卷Ⅱ-四-1图

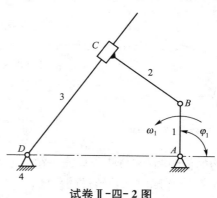

试卷Ⅱ-四-2图

3. 在下图所示的轮系中，已知 $z_1=60$，$z_2=15$，$z_3=18$，各轮均为标准齿轮，且模数相同。（1）确定 z_4；（2）计算传动比 i_{1H} 的大小；（3）确定系杆 H 的转向。

4. 如下图所示的一薄壁转盘，其质量为 m，经静平衡试验测定其质心偏距为 r，方向铅垂向下，该回转平面上不允许安装平衡质量，只能在平面Ⅰ和Ⅱ上进行调整。试求在平衡基面Ⅰ和Ⅱ上的不平衡质径积 $m_Ⅰr_Ⅰ$、$m_Ⅱr_Ⅱ$ 的大小和方向。

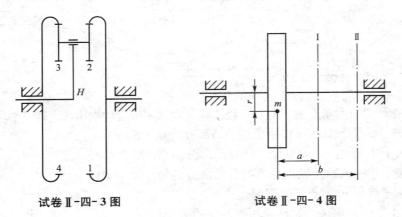

试卷Ⅱ-四-3图　　　　　试卷Ⅱ-四-4图

5. 某蒸汽机-发电机组的等效驱动力矩如图所示，等效阻力矩 M_r 为常数，等于等效驱动力矩 M_d 的平均值（7550N·m），$f_1=1400J$，$f_2=1900J$，$f_3=1400J$，$f_4=1800J$，$f_5=930J$，$f_6=30J$，等效构件的平均转速为 3500r/min，$[\delta]=0.01$，忽略其他构件的转动惯量。试计算飞轮的转动惯量 J_F，并指出最大、最小角速度出现的位置。

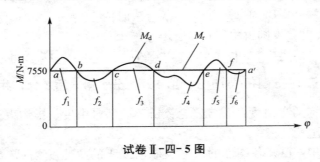

试卷Ⅱ-四-5图

五、作图求解题（第1题6分，第2题、3题各5分，共16分）

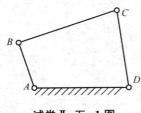

试卷Ⅱ-五-1图

1. 在左图所示的铰链四杆机构中，各杆的长度分别为：$l_{AB}=25mm$，$l_{BC}=55mm$，$l_{CD}=40mm$，$l_{AD}=50mm$。试问：（1）该机构中哪个构件是曲柄？（2）该机构中哪个构件是摇杆？并作图表示出摇杆的摆角 φ（不用计算具体数值）。（3）该机构在什么情况下存在死点？

2. 在下图所示的凸轮机构中，凸轮廓线为圆形，几何中心在 B 点。请作出：（1）凸轮的理论廓线；（2）凸轮的基圆；（3）凸轮机构的偏距圆；（4）凸轮与推杆在 D 点接触时的压力角 α_D；（5）凸轮与推杆从在 C 点接触到在 D 点接触时凸轮转过的角度 ψ。

3. 下图画出了一对齿轮的基圆、齿顶圆和中心距，齿轮 1 为主动轮，转动方向如图所示。请在原图上完成：(1)画出理论啮合线段和各自的节圆；(2)标出啮合极限点 N_1、N_2；(3)标出实际啮合的开始点和终止点 B_2、B_1；(4)画出啮合角 α'。

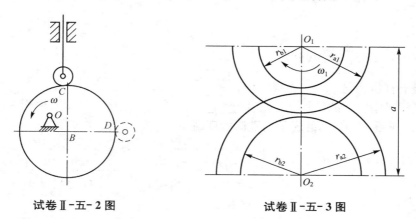

试卷 **II**-五-2 图   试卷 **II**-五-3 图

机械原理综合测试卷 Ⅲ

一、填空题(每空 1 分，共 10 分)

1. 铰链五杆机构是_____级机构。

2. 质径积是指转子的_____与其_____的乘积。残余不平衡质径积相同，但质量不同的转子，质量_____的转子的平衡精度高。

3. 在如左图所示铰链四杆机构中，机构以 AB 杆为机架时，为_____机构；以 CD 杆为机架时，为_____机构；以 AD 杆为机架时，为_____机构。

试卷Ⅲ---3 图

4. 正偏置直动推杆盘形凸轮机构的压力角过大时，可通过_____或_____来减小压力角。

5. 两个渐开线外啮合直齿圆柱齿轮能构成齿轮机构并能实现正反双向连续定传动比传动的条件是_____。

二、判断题(每题 1 分，共 10 分)(认为正确的在题末括号中打√，否则打×)

1. 槽面摩擦力比平面摩擦力大的原因是槽面接触时的接触面积大。   （   ）

2. 为调节机器的速度波动，通常将飞轮安装于机器中转速较高的轴上。   （   ）

3. 曲柄摇杆机构的行程速比系数 K 不可能等于 1。   （   ）

4. 平面连杆机构的压力角 α 越大，则传动角 γ 越小，机构的传力性能越好。   （   ）

5. 在实际生产中，机构的"死点"位置对工作都是不利的，处处都要考虑克服。   （   ）

6. 在凸轮机构中，推杆的等加速等减速运动规律是指推杆在推程中按等加速运动，在回程中按等减速运动。   （   ）

7. 在凸轮机构中，当推杆的运动规律为等加速等减速运动时，会出现刚性冲击。

（   ）

8. 一对渐开线齿轮安装在中心距可稍有变化的机架上，其传动比仍保持不变的原因是因为基圆半径不变。   （   ）

9. 模数相同的若干个标准直齿圆柱齿轮，齿数越多，则渐开线齿廓越弯曲。   （   ）

10. 一对斜齿轮啮合时，齿面的接触线与斜齿轮的轴线平行。   （   ）

三、选择题(每题 2 分，共 20 分)(选一正确答案，将其序号填入题中空格处)

1. 两构件通过____接触组成的运动副称为高副。
   A. 面   B. 面或线   C. 点或线

2. 机械发生自锁是因为____。
   A. 驱动力太小   B. 生产阻力太大

C. 机械效率小于零　　　　　　　　　D. 摩擦力太大

3. 具有周期性速度波动的机械系统中，在等效力矩与等效转动惯量的公共周期内，驱动功与阻抗功的关系是____。

　　A. 驱动功小于阻抗功　　　　　　　B. 驱动功等于阻抗功

　　C. 驱动功大于阻抗功

4. 双曲柄机构倒置后，____得到双摇杆机构。

　　A. 一定能　　　　　B. 不能

　　C. 不一定能

5. 右图所示为一曲柄摇杆机构，AB 杆为原动件，在图示位置，$\angle PCD = 70°$（CP 为 BC 的延长线），$\angle VCD = 90°$，这个 $70°$ 角是该四杆机构在图示位置的____。

　　A. 压力角　　　　　B. 传动角

　　C. 极位夹角

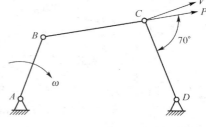

试卷Ⅲ-三-5 图

6. 曲柄摇杆机构中是否存在死点，取决于____是否与连杆共线。

　　A. 曲柄　　　　　B. 摇杆　　　　　C. 机架

7. 在滚子推杆盘形凸轮机构中，当外凸凸轮理论廓线的最小曲率半径 ρ_{min}____滚子半径 r_r 时，推杆的运动规律将发生失真现象。

　　A. 大于　　　　　B. 等于　　　　　C. 小于　　　　　D. 近似于

8. 一对渐开线直齿圆柱齿轮的正确啮合条件是____。

　　A. 两轮齿数相等　　　　　　　　B. 两轮模数相等

　　C. 两轮基圆齿距（基节）相等

9. 直齿锥齿轮以____的参数为标准值。

　　A. 法面　　　　　B. 小端　　　　　C. 大端

10. 为了使单销外槽轮机构的运动系数大于零，槽轮的径向槽数至少为____。

　　A. 2　　　　　B. 3　　　　　C. 4　　　　　D. 5

四、分析与计算题（第 1 题 12 分，第 2 题 10 分，第 3、4 题各 8 分，第 5、6 题各 6 分，共 50 分）

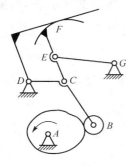

试卷Ⅲ-四-1 图

1. 对左图所示机构：（1）计算其自由度；（2）在原图中画出高副低代后的机构；（3）拆分并画出基本杆组，确定该机构的级别。

2. 如下图所示为一水压机的机构简图，已知各构件的尺寸及曲柄 AB 的角速度 ω_1（为常数）。试求机构在图示位置时构件 1 与 4 的瞬心 P_{14} 及滑块 E 的速度 v_E。

3. 已知某机械一个稳定运动循环内的等效阻力矩 M_r 如图所示，等效驱动力矩 M_d 为常数，等效构件的最大及最小角速度分别为：$\omega_{max} = 200\,rad/s$、$\omega_{min} = 180\,rad/s$。试求：（1）等效驱动力矩 M_d 的大小；（2）运转的速度不均匀系数 δ；（3）当要求 $[\delta]$ 在 0.05 范围内并不计其余构件的转动惯量时，应装在等效构件上飞轮的转动惯量 J_F。

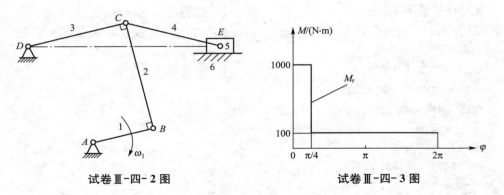

试卷Ⅲ-四-2 图　　　　　　　　试卷Ⅲ-四-3 图

4. 已知轮系中各齿轮齿数 $z_1=20$，$z_2=25$，$z_2'=20$，$z_3=25$，$z_3'=60$，$z_4=45$，$z_4'=30$，$z_1'=15$，$z_5=1$，$z_6=40$，轴Ⅰ的转速 $n_1=1000\text{r/min}$，转向如下图所示。求蜗轮 6 的转速和转向。

5. 如下图所示的平底推杆盘形凸轮机构，已知凸轮为 $R=15\text{mm}$ 的偏心圆，$AO=10\text{mm}$。求：(1)凸轮基圆半径；(2)推程运动角；(3)推程；(4)凸轮机构的最大压力角和最小压力角；(5)凸轮的 $\omega=5\text{rad/s}$，当 AO 成水平位置时，推杆的速度。

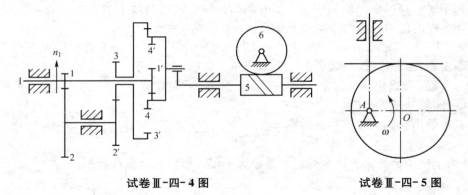

试卷Ⅲ-四-4 图　　　　　　　　试卷Ⅲ-四-5 图

6. 采用标准齿条型刀具范成法加工一渐开线直齿圆柱齿轮。已知被切齿轮轮坯角速度为 $\omega_{坯}=1\text{rad/s}$，刀具移动线速度 $v_刀=60\text{mm/s}$，刀具相邻两齿对应点的距离为 5π，试问：(1)被加工标准齿轮齿数 z 为多少？(2)若被切齿轮轴心到刀具分度线的距离为 62mm，这样加工出的齿轮是什么齿轮？其分度圆齿厚是多少？基圆半径为多少？

五、作图求解题(本题 10 分)

试画出 3 种从动件具有急回运动特性的平面四杆机构示意图，并写出其机构名称及各构件尺寸之间应满足的条件，在图上标出极位夹角 θ。

机械原理综合测试卷 Ⅳ

一、填空题（每空 1 分，共 10 分）

1. 根据运动副中两构件的接触形式不同，运动副分为_____和_____。
2. 运动链与机构的区别在于_____。
3. 在摆动导杆机构中，若以曲柄为原动件，该机构的压力角为_____，其传动角为_____。
4. 凸轮的基圆半径是从凸轮的_____到_____的最短距离。
5. 斜齿圆柱齿轮的标准参数在_____面上；在几何尺寸计算时应按_____面参数代入直齿轮的计算公式。直齿锥齿轮以_____的参数作为标准值。

二、判断题（每题 1 分，共 10 分）（认为正确的在题末括号中打√，否则打×）

1. 压力角恒为零的平底推杆盘形凸轮机构不会发生自锁。 （ ）
2. 机械系统的等效力矩的值一定大于零。 （ ）
3. 周期性速度波动的机械在一个周期内的动能增量为零。 （ ）
4. 铰链四杆机构的最长杆加最短杆的长度和小于其余两杆长度的和，则该机构一定是曲柄摇杆机构。 （ ）
5. 各种平面四杆机构，只要其极位夹角不为零，便都具有急回运动特性。 （ ）
6. 机构的死点位置就是极位夹角 $\theta=0°$ 的位置。 （ ）
7. 当凸轮理论廓线外凸部分的最小曲率半径大于推杆滚子半径时，推杆的运动规律将产生"失真"现象。 （ ）
8. 在凸轮机构中，凸轮的基圆半径越小，则压力角越大，机构的效率就越低。 （ ）
9. 在直齿圆柱齿轮传动中，节圆与分度圆永远相等。 （ ）
10. 加工变位系数为 x 的变位齿轮时，齿条刀具的中线与节线相距 xm 距离。 （ ）

三、选择题（每题 2 分，共 20 分）（选一正确答案，将其序号填入题中空格处）

1. 某平面机构含有 5 个低副和 1 个高副，自由度为 1，则该机构有____个活动构件。
    A. 2　　　　　　　　B. 3　　　　　　　　C. 4
2. 刚性转子的动平衡是使其____。
    A. 惯性力合力为零　　　　　　　　B. 惯性力合力矩为零
    C. 惯性力合力为零，同时惯性力合力矩也为零
3. 对于结构尺寸 $\dfrac{b}{D}<0.2$ 的不平衡刚性转子，需进行____。
    A. 静平衡　　　　　　B. 动平衡　　　　　　C. 不用平衡
4. 当铰链四杆机构中含有周转副时，若以最短杆为____，则该机构为双摇杆机构。

    A. 机架   B. 摇杆   C. 连杆

5. 曲柄摇杆机构的死点位置发生在从动曲柄与____的位置。

    A. 连杆两次共线   B. 机架两次共线   C. 连杆两次垂直   D. 机架两次垂直

6. 当凸轮机构的推杆推程按等加速等减速规律运动时，推程开始和结束位置____。

    A. 存在刚性冲击   B. 存在柔性冲击   C. 不存在冲击

7. 一对渐开线直齿圆柱齿轮啮合传动时，其啮合角 α' ____。

    A. 等于齿顶圆压力角   B. 等于节圆压力角

    C. 等于分度圆压力角   D. 大于节圆压力角

8. 自由度为1的周转轮系是____。

    A. 差动轮系   B. 行星轮系   C. 复合轮系

9. 对于下图所示轮系，给定齿轮1的转动方向如图所示，则齿轮3的转动方向____。

    A. 与 ω_1 相同   B. 与 ω_1 相反   C. 只根据齿轮1的转向无法确定

10. 要使双万向铰链机构的输入角速度恒等于输出角速度，除了中间轴两端的叉面位于同一平面之外，还应使主动轴与中间轴的夹角____从动轴与中间轴的夹角。

    A. 大于   B. 等于   C. 小于

四、分析与计算题（第 1 题 8 分，第 2、3 题各 10 分，第 4 题 16 分，共 44 分）

1. 计算下图所示机构的自由度，若有复合铰链、局部自由度、虚约束，请在原图上标出。

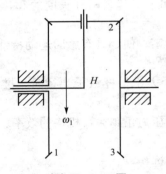
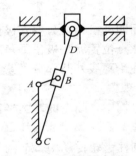

试卷 Ⅳ-三-9 图   试卷 Ⅳ-四-1 图

2. 已知某机器在一个稳定运动循环内的等效阻力矩 M_{er} 如图所示，等效驱动力矩 M_{ed} 为常数，$\omega_m = 100\,\text{rad/s}$，$[\delta] = 0.05$，不计机器的等效转动惯量 J_e。试求：(1)等效驱动力矩 M_{ed} 的值；(2)等效构件在最大角速度 ω_{max} 及最小角速度 ω_{min} 时所处的转角位置；(3)最大盈亏功 ΔW_{max}；(4)飞轮的转动惯量 J_F。

3. 现有一对渐开线标准外啮合直齿圆柱齿轮，已知参数 $z_1 = 12$，$z_2 = 26$，$m = 2\,\text{mm}$，$\alpha = 20°$，$h_a^* = 1$，$c^* = 0.25$。试求：(1)齿轮1的分度圆半径 r_1、齿顶圆半径 r_{a1}、齿根圆半径 r_{f1}、基圆半径 r_{b1}、齿厚 s 和槽宽 e；(2)齿轮传动的中心距 a；(3)判断齿轮是否根切，为什么？(4)若中心距增大 2mm，齿轮的啮合角 α' 为多少？

4. 如图所示的传动机构，$z_1 = z_2 = 20$，$z_3 = z_4' = 25$，$z_4 = z_5 = 100$，蜗杆 $z_6 = 1$（右旋），蜗轮 $z_7 = 75$。一偏置曲柄滑块机构的曲柄同轴固联在蜗轮上，曲柄为 AB，连杆为

BC，偏距为 e，行程速比系数为 $K=1.4$。原动件为齿轮 1，其转动方向如图所示。试问：(1)当滑块 C 向右远离蜗轮中心为工作行程时，蜗轮的转向是否合理？(2)当齿轮 1 转过 40 转时，滑块 C 是否到达右极限位置？如没到达右极限位置，蜗轮需再转多少角度才能到达？

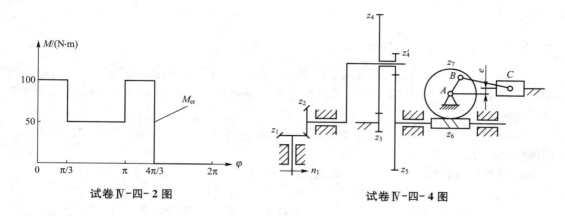

试卷 IV-四-2 图   试卷 IV-四-4 图

五、作图求解题（第 1 题 6 分，第 2 题 10 分，共 16 分）

1. 如图所示，已知各构件的尺寸、机构的位置、各运动副中的摩擦系数 f 及摩擦圆，M_1 为驱动力矩，Q 为阻力。在图上画出各运动副反力的方向和作用线。

2. 在如图所示的凸轮机构中，已知凸轮以角速度 ω 顺时针方向转动，令推杆的运动速度以 v 表示，凸轮的基圆半径以 r_0 表示，行程以 h 表示，偏距以 e 表示，压力角以 α 表示，推杆位移以 s 表示，凸轮的推程运动角以 δ_0 表示，回程运动角以 δ_0' 表示，远休止角以 δ_s 表示，近休止角以 δ_s' 表示，A 为实际廓线推程起始点，B 为实际廓线推程终止点，C 为实际廓线回程起始点，D 为实际廓线回程终止点。试作图表示：(1)凸轮的理论廓线；(2)凸轮的基圆半径 r_0；(3)推杆的行程 h；(4)当前位置时的压力角 α 和位移 s；(5)凸轮的偏距 e；(6)凸轮的推程运动角 δ_0、回程运动角 δ_0'、远休止角 δ_s、近休止角 δ_s'。

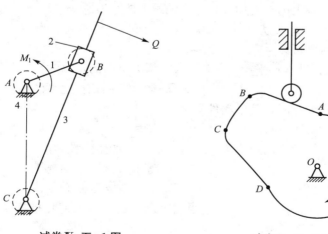

试卷 IV-五-1 图   试卷 IV-五-2 图

机械原理综合测试卷 V

一、填空题(每空 1 分，共 10 分)

1. 用飞轮进行调速时，若其他条件不变，则要求的速度不均匀系数越小，飞轮的转动惯量将越_____。在满足同样的速度不均匀系数条件下，为了减小飞轮的尺寸和重量，应将飞轮安装在_____轴上。

2. 在曲柄摇杆机构中，已知连杆 $BC=50mm$、摇杆 $CD=40mm$、机架 $AD=40mm$，则曲柄 AB 的取值范围是_____。

3. 在曲柄摇杆机构中，最小传动角出现在_____与_____处于共线位置时。

4. 在对心直动平底推杆盘形凸轮机构中，增大凸轮的基圆半径，其压力角将_____；而当采用尖顶或_____推杆时，增大凸轮的基圆半径，其压力角将_____。

5. 一对渐开线标准直齿圆柱齿轮传动的实际中心距大于标准中心距时，其传动比_____，啮合角_____。

二、选择题(每题 2 分，共 20 分)(选一正确答案，将其序号填入题中空格处)

1. 下图所示机构中 F 为驱动力，连杆上作用力的真实方向应该如图____所示。

A.　　　　　　　　　B.　　　　　　　　　C.

2. 如果作用在径向轴颈上的外力加大，那么轴颈上的摩擦圆____。
   A. 不变　　　　　　B. 变大　　　　　　C. 变小

3. 机器中安装飞轮后，可以____。
   A. 使驱动功与阻抗功保持平衡　　　　B. 增大机器的转速
   C. 调节周期性速度波动　　　　　　　D. 调节非周期性速度波动

4. 曲柄滑块机构存在死点时，其主动件必须是____。
   A. 曲柄　　　　　　B. 连杆　　　　　　C. 滑块

5. 在凸轮机构中，推杆的运动规律为____时，机构会产生刚性冲击。
   A. 等速运动规律　　　　　　　　　　B. 等加等减速运动规律
   C. 余弦加速度运动规律　　　　　　　D. 正弦加速度运动规律

6. 滚子推杆盘形凸轮机构中，可通过适当增大凸轮的____来避免推杆出现运动失真现象。
   A. 最大圆半径　　B. 分度圆半径　　C. 分度圆直径　　D. 基圆半径

7. 无论是切制标准齿轮还是切制变位齿轮，____总是作纯滚动的。

  A. 齿条型刀具的分度线和轮坯的节圆 B. 齿条型刀具的分度线与轮坯的基圆

  C. 齿条型刀具的节线与轮坯的分度圆 D. 齿条型刀具的节线与轮坯的基圆

8. 复合轮系中一定含有一个____。

  A. 定轴轮系 B. 周转轮系 C. 行星轮系 D. 差动轮系

9. 周转轮系的基本构件是____。

  A. 行星轮和行星架   B. 太阳轮和行星轮

  C. 太阳轮和行星架

10. 槽轮机构的拨盘为单销拨盘,槽轮为四槽均布的外槽轮。拨盘等角速度转动时,槽轮每次转动的时间为拨盘旋转一周时间的____。

  A. 10%   B. 25%   C. 40%   D. 50%

三、简答题(每题4分,共8分)

1. 何谓运动副?按接触形式分有哪几种?平面高副和平面低副引入的自由度、约束数如何?

2. 加大四杆机构原动件上的驱动力,能否使该机构越过死点位置?为什么?

四、分析与计算题(第1、2题8分,第3题10分,第4题12分,第5、6题8分,共54分)

1. 计算图示机构的自由度,若含复合铰链、局部自由度、虚约束请明确指出。

2. 如下图所示轮系中,$z_1=1$(右旋),$z_2=60$,$z_2'=30$,$z_3=20$,$z_3'=30$,$z_4=40$,$z_4'=60$,$z_5=20$,且知 $n_1=n_5=1500$r/min,转向如图所示。求轴 A 的转速大小和转动方向。

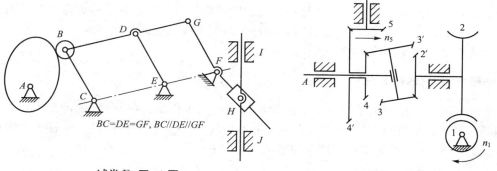

试卷V-四-1图   试卷V-四-2图

3. 如下图所示的刚性转子,已知在 A、B 处分别有不平衡质量 $m_A=m_B=5$kg,$r_A=r_B=r=20$mm,$l_A=l_B=60$mm,若选择Ⅰ、Ⅱ两个平衡基面进行动平衡,试求在两个平衡基面上所需加的平衡质量 $m_Ⅰ$、$m_Ⅱ$ 的大小,并作图标出其方位。

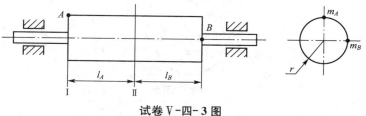

试卷V-四-3图

4. 如下图所示的曲柄摇杆机构，已知 $l_{AB}=50\text{mm}$，$l_{BC}=80\text{mm}$，$l_{AD}=100\text{mm}$。杆1为曲柄，杆3为摇杆，曲柄为主动件且匀速转动，转速 $n_1=60\text{r/min}$。试求：（1）摇杆3的最小长度 l_{CDmin}；（2）当 $l_{CD}=l_{CDmin}$ 时，机构的最小传动角 $\gamma_{min}=$？机构的行程速比系数 $K=$？摇杆一个工作行程需多少时间？（3）若摇杆3顺时针摆动为工作行程，为保证工作行程的速度较慢，试确定曲柄1的合理转动方向。

5. 如下图所示为一对正常齿制渐开线标准直齿圆柱齿轮行星传动机构，已知：$z_1=40$，$z_2=z_3=20$，$m=2\text{mm}$，$\alpha=20°$。试：（1）计算该机构的自由度 F，并指出存在的复合铰链、局部自由度、虚约束之处。（2）若已知 $n_H=1400\text{r/min}$，转向如图所示，求齿轮2转速 n_2 的大小及转向。（3）若齿轮1、2的实际安装中心距 $a'=62\text{mm}$，求齿轮1的基圆直径 d_{b1}、节圆直径 d_1'、齿顶圆直径 d_{a1}、齿根圆直径 d_{f1}，并计算齿轮1、2的啮合角。

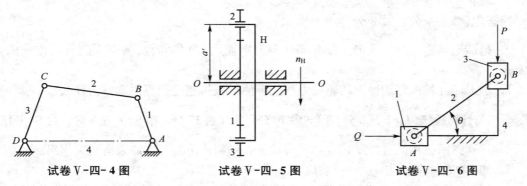

试卷V-四-4图　　　　试卷V-四-5图　　　　试卷V-四-6图

6. 在图示机构中，作用于构件3上的 P 为驱动力，作用于构件1上的 Q 为生产阻力。各转动副处的摩擦圆如图所示，各移动副处的摩擦系数均为 f，各构件重量及惯性力忽略不计。试求：（1）机构处于死点位置时，连杆2与水平线之间的夹角 θ 为多大？（2）机构自锁时，连杆2与水平线之间的夹角 θ 为多大？

五、作图求解题（本题8分）

下图所示为一偏置滚子推杆盘形凸轮机构。在图中作出：（1）凸轮的理论廓线、基圆和基圆半径 r_0；（2）图示位置推杆的位移 s 和凸轮转角 δ；（3）推杆的最大位移 h 和凸轮的推程运动角 δ_0；（4）凸轮机构在图示位置的压力角 α。

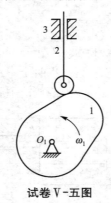

试卷V-五图

第四部分

机械设计综合测试卷

机械设计综合测试卷 Ⅰ

一、填空题(每空 1 分，共 10 分)

1. 某一变应力的应力比 $r = +0.5$，$\sigma_a = 70\mathrm{MPa}$。则 σ_m _____，σ_{max} _____，σ_{min} _____。

2. 普通螺栓连接的凸缘联轴器是通过 _____ 来传递转矩的；铰制孔用螺栓连接的凸缘联轴器是通过 _____ 来传递转矩的。

3. 设计 V 带传动时，限制小带轮的最小基准直径是为了保证带中 _____ 不致过大。

4. 设计滑动轴承时，为了把润滑油导入整个摩擦面间，在轴瓦或轴颈上需开设 _____ 和 _____。

5. 在进行轴的强度计算时，对于单向回转的转轴，一般将弯曲应力考虑为 _____ 变应力，将扭转切应力考虑为 _____ 变应力。

二、判断题(每题 1 分，共 10 分)(认为正确的在题末括号中打√，否则打×)

1. 与传动用的螺纹相比较，三角形螺纹用于连接的原因是其自锁性好。 （ ）

2. 受横向变载荷作用的普通螺栓连接，在正常工作时螺栓杆所受到的拉力不变。 （ ）

3. 普通平键有圆头、平头和单圆头三种，其中常用于轴端与毂类零件连接的是单圆头平键。 （ ）

4. V 带传动时，V 带受到的最大应力出现在松边上。 （ ）

5. 在齿轮传动、带传动和链传动中，只有齿轮传动的瞬时传动比是恒定的。 （ ）

6. 在减速齿轮传动中，一对互相啮合齿轮的 $\sigma_{H1} = \sigma_{H2}$，$\sigma_{F1} = \sigma_{F2}$。 （ ）

7. 在蜗杆传动中，通常蜗杆为主动件。 （ ）

8. 其他条件相同的情况下，蜗杆的头数越多，传动效率越高。 （ ）

9. 在相同外形尺寸下，滚子轴承与球轴承相比，前者的承载能力较小，而极限转速较高。 （ ）

10. 心轴在工作时，只传递扭矩而不承受弯矩。 （ ）

三、选择题(每题 2 分，共 20 分)(选一正确答案，将其序号填入题中空格处)

1. 三个相同的零件甲、乙、丙承受的 σ_{max} 是相同的，但应力的循环特性 r 分别为 -1、0、+1，其中最易疲劳损伤的零件是 _____。

    A. 甲   B. 乙   C. 丙

2. 仅受预紧力作用的紧螺栓连接，螺栓的计算应力为：$\sigma_{ca} = \dfrac{1.3 F_0}{\dfrac{\pi}{4} d_1^2}$，式中的"1.3"是考虑 _____。

    A. 安装时可能产生的偏心载荷   B. 载荷可能有波动

    C. 拉伸和扭转的复合作用   D. 螺栓材料的机械性能不稳定

3. 当键连接强度不足时可采用双键,使用两个平键时,要求两键____布置。

    A. 在同一直线上   B. 相隔 $90°$ C. 相隔 $120°$ D. 相隔 $180°$

4. 带传动中,v_1 为主动轮的圆周速度,v_2 为从动轮的圆周速度,v 为带速,这些速度之间存在的关系是____。

    A. $v_1 = v_2 = v$ B. $v_1 > v > v_2$ C. $v_1 < v < v_2$ D. $v_1 = v > v_2$

5. 带传动中出现打滑现象是因为____。

    A. 带的张紧力不足   B. 带受拉塑性变形大

    C. 外载荷过大(超载)

6. 链传动中,链节数常采用偶数,这是为了使链传动____。

    A. 工作平稳   B. 提高传动效率

    C. 避免采用过渡链节   D. 链条和链轮轮齿磨损均匀

7. 一般开式齿轮传动轮齿齿面的主要失效形式是____。

    A. 齿面点蚀   B. 齿面胶合   C. 齿面磨损   D. 齿面塑性变形

8. 由于蜗杆传动效率低、发热大,因此在设计时必须进行____。

    A. 热平衡计算   B. 效率计算   C. 滑动速度计算

9. 在普通圆柱蜗杆传动设计中,除对模数标准化外,还规定蜗杆分度圆直径取标准值,其目的是____。

    A. 便于蜗杆传动几何尺寸的计算   B. 为了提高加工精度

    C. 为了装配方便

    D. 限制加工蜗轮的刀具数量并利于刀具的标准化

10. 在下述材料中,不宜用于制造轴的材料是____。

    A. 45 钢   B. 40Cr   C. QT600 - 3   D. ZCuSn10P1

四、简答题(每题 4 分,共 20 分)

1. 普通螺纹分为粗牙螺纹和细牙螺纹,请问细牙螺纹有什么特点?常用于什么场合?

2. 简述带传动产生弹性滑动的原因和不良后果。

3. 滚子链传动的瞬时传动比是否恒定,为什么?

4. 闭式软齿面齿轮传动中,最主要的失效形式是什么?通常首先出现在齿廓什么位置?为什么?

5. 流体动力润滑的一维雷诺方程式为 $\dfrac{\partial p}{\partial x} = 6\eta v\dfrac{h - h_0}{h}$,试根据方程式指出形成能够承受外载荷的流体动压油膜的必要条件。

五、分析与计算题(第 1 题 10 分,第 2 题 8 分,第 3 题 12 分,共 30 分)

1. 如图所示的螺栓组连接,已知外载荷 $F = 5$kN,各有关几何尺寸如图所示。试找出受力最大的螺栓并计算受力最大螺栓所受的横向工作载荷 F_{smax}。

2. 设有一对标准直齿圆柱齿轮,已知齿轮的模数 $m = 5$mm,小、大齿轮的参数分别为:齿形系数 $Y_{Fa1} = 2.80$、$Y_{Fa2} = 2.28$;应力校正系数 $Y_{Sa1} = 1.55$、$Y_{Sa2} = 1.73$;许用应力

$[\sigma_{F1}]=314\text{MPa}$、$[\sigma_{F2}]=286\text{MPa}$。已算得小齿轮的齿根弯曲应力 $\sigma_{F1}=306\text{MPa}$。试问：(1)哪一个齿轮的弯曲疲劳强度较大？(2)两齿轮的弯曲疲劳强度是否均满足要求？

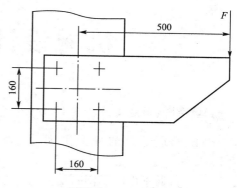

3. 一工程机械传动装置中的轴采用一对圆锥滚子轴承支承，已知作用于轴上的径向力 $F_r=9000\text{N}$，轴向力 $F_a=1500\text{N}$，其方向和作用位置如图所示，运转中受轻微冲击($f_p=1.2$)，常温下工作($f_t=1$)。试求：(1)轴承所受的径向载荷 R_1、R_2；(2)轴承派生的内部轴向载荷 S_1、S_2，并在图中画出其方向；(3)轴承所受的轴向载荷 A_1、A_2；(4)轴承所受的当量动载荷 P_1、P_2。

试卷 I-五-1 图

30000 轴承当量动载荷的 X、Y 值				
$\dfrac{A}{R}\leqslant e$		$\dfrac{A}{R}>e$		e
$X=1$	$Y=0$	$X=0.4$	$Y=1.6$	0.37
轴承派生轴向力：$S=\dfrac{R}{2Y}$				

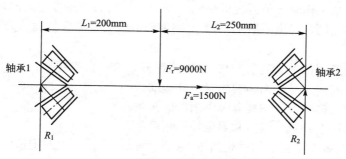

试卷 I-五-3 图

六、结构分析与设计题(本题 10 分)

如图所示为一小锥齿轮轴系部件结构图。图中设计有多处错误，说明错误原因，并画出合理的结构图。

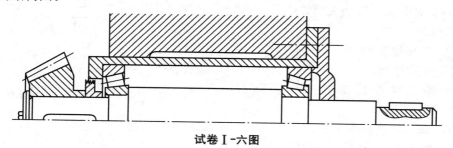

试卷 I-六图

机械设计综合测试卷 Ⅱ

一、填空题(每空 1 分，共 10 分)

1. 普通螺纹的牙型角为_____，因其具有较好的_____性能，所以通常用于_____。

2. 普通平键的工作面是_____，其主要失效形式为_____，其截面尺寸 $b×h$ 根据_____来选择。

3. 径向滑动轴承的半径间隙与轴颈半径之比称为_____；而_____与_____之比称为偏心率。

4. 滚动轴承寿命计算的目的是为了防止轴承发生_____破坏。

二、判断题(每题 1 分，共 10 分)(认为正确的在题末括号中打√，否则打×)

1. 螺钉连接一般用于不经常拆卸的场合。 (　　)

2. 受横向载荷的铰制孔用螺栓连接是靠螺栓受剪切和挤压来抵抗外载荷的。 (　　)

3. 用一个切向键的轴毂连接既可传递单向转矩也可传递双向转矩。 (　　)

4. 带传动正常工作时不能保证准确的传动比，是因为带在带轮上出现打滑。 (　　)

5. 其他条件相同，齿宽系数 ϕ_d 越大，则齿面上沿齿宽方向的载荷分布越不均匀。

(　　)

6. 齿轮的齿形系数 Y_{Fa} 与模数有关，因为模数越大，齿厚越大。 (　　)

7. 蜗杆传动的优点是齿面间的相对滑动速度很小，摩擦损失小。 (　　)

8. 蜗杆传动的机械效率主要取决于蜗杆的头数。 (　　)

9. 球轴承适用于轻载、高速和要求旋转精度高的场合。 (　　)

10. 增大轴在截面变化处的过渡圆角半径，可以使零件的轴向定位比较可靠。 (　　)

三、选择题(每题 2 分，共 20 分)(选一正确答案，将其序号填入题中空格处)

1. 发动机连杆横截面上的应力变化规律如图所示，则该变应力的循环特性 r 为____。

　　A. -4.17 　　　　　　　　　B. 4.17

　　C. -0.24 　　　　　　　　　D. 0.24

2. 两相对滑动的接触表面，依靠吸附油膜进行润滑的摩擦状态称为____。

　　A. 流体摩擦 　　　　　　　　B. 干摩擦

　　C. 混合摩擦 　　　　　　　　D. 边界摩擦

试卷 Ⅱ-三-1 图

3. 用普通螺栓连接的凸缘联轴器，在传递转矩时，____。

　　A. 螺栓的横截面受剪切 　　　　B. 螺栓与孔壁接触面受挤压

　　C. 螺栓同时受剪切与挤压 　　　D. 螺栓受拉伸与扭转作用

4. 带传动工作时，带同时受有拉应力 σ、弯曲应力 σ_b 和离心应力 σ_c 作用，其中对带的疲劳寿命影响最大的是____。

    A. σ　　　　　　B. σ_b　　　　　　C. σ_c

5. V 带传动中，若其他参数不变，而增大两个带轮的直径时，则带的疲劳寿命____。

    A. 增大　　　　　　B. 减小　　　　　　C. 不受影响

6. 设计链传动时，链节数最好取____。

    A. 奇数　　　　　B. 偶数　　　　　C. 质数　　　　　D. 链轮齿数的整数倍

7. 对于闭式硬齿面齿轮传动，主要的失效形式是_____。

    A. 轮齿疲劳折断　　　　　　　　B. 齿面磨损

    C. 齿面点蚀　　　　　　　　　　D. 齿面胶合

8. 普通圆柱蜗杆传动中，已知蜗杆的导程角 $\gamma_1=10°$ 右旋，那么蜗轮的螺旋角 β_2 是____。

    A. $80°$ 右旋　　　　B. $10°$ 右旋　　　　C. $10°$ 左旋

9. 阿基米德圆柱蜗杆传动在____内相当于齿条和齿轮啮合传动。

    A. 蜗杆端面　　　　B. 中间平面　　　　C. 蜗轮法面

10. 按轴所受载荷的不同可分为心轴、转轴和传动轴，转轴承受的载荷是____。

    A. 弯矩　　　　　　　　　　　　B. 扭矩

    C. 弯矩和扭矩　　　　　　　　　D. 轴向力

四、简答题(每题 4 分，共 16 分)

1. 螺纹连接有哪些基本类型？各适用于什么场合？

2. 带传动为什么要限制最大中心距、最大传动比、最小带轮直径？

3. 齿轮的齿根弯曲疲劳裂纹首先发生在危险截面的哪一边？为什么？为提高轮齿齿根弯曲疲劳强度，可采取哪些措施？

4. 何谓蜗杆传动的中间平面？蜗杆传动的正确啮合条件是什么？(轴线交错角为 $90°$。)

五、分析与计算题(第 1、2 题各 6 分，第 3 题 10 分，第 4 题 12 分，共 34 分)

1. 一牵拽钩用 2 个 M10($d_1=8.376$mm) 的普通螺栓固定于机体上，如图所示。已知接合面间的摩擦系数 $f=0.15$，防滑系数 $K_s=1.2$，螺栓材料为 Q235、强度等级为 4.6 级，装配时控制预紧力(取安全系数 $S=1.4$)。试求该螺栓组连接允许的最大牵引力 F_{Rmax}。

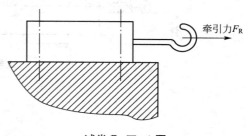

试卷 II-五-1 图

2. 已知链条节距 $p=19.05$mm，主动链轮齿数 $z_1=23$，转速 $n_1=970$r/min。试求平均链速 v、瞬时最大链速 v_{max} 和瞬时最小链速 v_{min}。

3. 用于起重设备中的斜齿轮-蜗杆减速传动装置如图所示。已知蜗杆 3 螺旋线方向为右旋，各轮齿数为：$z_1=21$，$z_2=63$，$z_3=1$，$z_4=40$。若取卷筒直径 $D=250$mm，工作时的效率：$\eta_{联轴器}=0.99$，$\eta_{轴承}=0.99$，$\eta_{齿轮传动}=0.98$，$\eta_{蜗杆传动}=0.78$。试确定：(1)电动机的转动方向及所需转速 n_1 大小；(2)起吊重物时，电动机所需功率 P_1；(3)蜗轮 4 的螺旋线方向；（4）若要求轴Ⅱ的轴向力尽可能小，齿轮1、2的螺旋线方向。

4. 一圆锥-圆柱齿轮减速器高速轴的支承布置结构如图所示，选择一对角接触球轴承 7214C 支承，已求得左轴承Ⅰ的径向载荷 $F_{r1}=7000N$，右轴承Ⅱ的径向载荷 $F_{r2}=1200N$，轴所受轴向载荷 $F_X=4000N$，轴的转速 $n=1000r/min$，载荷平稳，要求寿命 $L'_h \geqslant 8000h$。该轴承是否合适？（已查得 7214C 轴承的基本额定动载荷 $C=70200N$，判断系数 $e=0.5$，$F_d=eF_r$；当 $\frac{F_a}{F_r} \leqslant e$ 时，$X=1$，$Y=0$；当 $\frac{F_a}{F_r}>e$ 时，$X=0.44$，$Y=1.12$。）

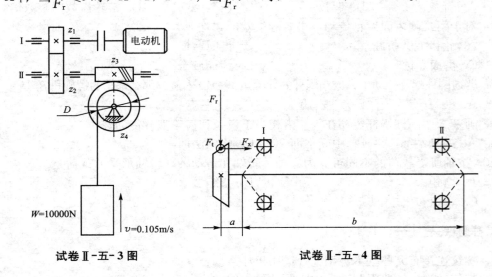

试卷Ⅱ-五-3图　　　　　　　　试卷Ⅱ-五-4图

六、结构分析与设计题（本题 10 分）

分析图示轴系结构的错误，说明错误原因，并画出正确结构图。

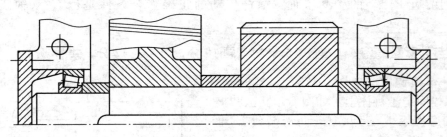

试卷Ⅱ-六图

334

机械设计综合测试卷 Ⅲ

一、填空题(每空 1 分，共 10 分)

1. 零件的极限应力线图可用于_____、_____、_____。
2. 压力容器的紧螺栓连接中，若螺栓的预紧力和容器的压强不变，而仅将凸缘间的铜垫片换成橡胶垫片，则螺栓所受的总拉力 F_2 _____，连接的紧密性_____。
3. 由于带传动存在_____，所以不能保证恒定的瞬时传动比。
4. 含油轴承是用_____制成的。
5. 根据轴的承载情况，自行车的前轮轴是_____轴，中间轴是_____轴，后轮轴是_____轴。

二、判断题(每题 1 分，共 10 分)(认为正确的在题末括号中打√，否则打×)

1. 普通螺栓连接靠螺栓的挤压和剪切来传递横向载荷。　　　　　　　　　　　（　）
2. 三角形螺纹多用于连接，矩形螺纹、梯形螺纹多用于传动。　　　　　　　（　）
3. 在带传动中，带受到的应力由拉应力、离心应力和弯曲应力组成。　　　　（　）
4. 齿轮齿根弯曲疲劳强度计算中用到的齿形系数 Y_{Fa} 与模数 m 无关，与齿数 z 有关。　　　　　　　　　　　　　　　　　　　　　　　　　　　　　　　　　　（　）
5. 直齿锥齿轮传动强度计算中，通常近似地以大端分度圆处的当量圆柱齿轮来代替圆锥齿轮进行计算。　　　　　　　　　　　　　　　　　　　　　　　　　　　（　）
6. 普通圆柱蜗杆的中间平面就是通过蜗杆轴线，并与蜗轮轴线垂直的平面。　（　）
7. 闭式蜗杆传动的主要失效形式是蜗轮齿面点蚀和齿根折断。　　　　　　　（　）
8. 疲劳点蚀是滚动轴承的主要失效形式。　　　　　　　　　　　　　　　　（　）
9. 轴环的用途是提高轴的强度。　　　　　　　　　　　　　　　　　　　　（　）
10. 传动轴在工作时，只传递扭矩，不承受弯矩(或承受很小的弯矩)。　　　（　）

三、选择题(每题 2 分，共 20 分)(选一正确答案，将其序号填入题中空格处)

1. 下列 4 种叙述中，____是正确的。
   A. 变应力只能由变载荷产生　　　　　　B. 静载荷不能产生变应力
   C. 变应力由静载荷产生　　　　　　　　D. 变应力由变载荷产生，也可能由静载荷产生
2. 零件的截面形状一定，当其截面尺寸增大时，其疲劳极限值将随之____。
   A. 增高　　　　　B. 降低　　　　　C. 不变　　　　　D. 有时增高，有时降低
3. 对于紧螺栓连接，拧紧螺母后，则螺栓危险截面上承受____作用。
   A. 纯拉伸应力 σ　　　　　　　　　B. 纯扭转切应力 τ
   C. 拉伸应力 σ 和扭转切应力 τ
4. 普通平键连接靠____来传递转矩。
   A. 两侧面摩擦力　B. 两侧面挤压力　C. 上下面挤压力　D. 上下面摩擦力

5. V 带传动设计中，选取小带轮基准直径的依据是____。

    A. 带的型号   B. 带的速度   C. 主动轮转速   D. 传动比

6. 带传动中的滑动率受____影响。

    A. 带轮的速度   B. 载荷   C. 带轮的直径

7. 一般开式齿轮传动的主要失效形式是____。

    A. 齿面胶合   B. 齿面疲劳点蚀

    C. 齿面磨损或轮齿疲劳折断   D. 塑性变形

8. 在蜗杆传动中，当需要自锁时，应使蜗杆导程角____齿面间当量摩擦角。

    A. 小于   B. 大于   C. 等于

9. 在蜗杆传动中，当其他条件相同时，增加蜗杆头数 z_1，则传动效率____。

    A. 降低   B. 提高   C. 不变

10. 巴氏合金通常用于作滑动轴承的____。

    A. 单层金属轴瓦   B. 轴承衬

    C. 含油轴承轴瓦   D. 轴承座

四、简答题(每题 4 分，共 20 分)

1. 连接螺纹能满足自锁条件，为什么还要考虑防松？根据防松原理，防松分为哪几类？

2. 为什么普通车床的第一级传动采用带传动，而主轴与丝杠之间的传动链中不能采用带传动？

3. 链传动的瞬时传动比在什么情况下等于常数？

4. 一对圆柱齿轮传动，传动比 $i=2$，其齿面啮合点处的接触应力是否相等？为什么？当两轮的材料及热处理硬度均相同，且小齿轮的循环次数 $N_1=10^6<N_0$ 时，则它们的许用接触应力是否相等？为什么？

5. 说明轴承代号 7312AC 的含义。

五、分析与计算题(第 1 题 10 分，第 2 题 8 分，第 3 题 12 分，共 30 分)

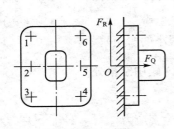

试卷 Ⅲ-五-1 图

1. 如左图所示支架与机座用一组普通螺栓连接。螺栓组连接所受外载荷 $F_Q=24000$N，$F_R=6000$N，支架与机座接合面间的摩擦系数 $f=0.15$，防滑系数 $K_s=1.2$，螺栓的相对刚度 $\frac{C_b}{C_b+C_m}=0.2$，螺栓材料的屈服极限 $\sigma_s=480$MPa，取安全系数 $S=1.5$。试确定螺栓的公称直径 d。

2. 一对标准外啮合直齿圆柱齿轮，已知齿轮1、2的参数如下表所示，并且已算得齿轮 2 的齿根弯曲应力 $\sigma_{F2}=280$MPa。请回答：(1)哪一个齿轮的接触疲劳强度高？为什么？(2)哪一个齿轮的弯曲疲劳强度高？为什么？(3)两个齿轮的弯曲疲劳强度是否足够？为什么？(4)说明两个齿轮的齿宽为什么不相等？在强度计算时，应采用哪个齿轮的齿宽？

	z	m	齿宽 b	$Y_{Fa}\cdot Y_{Sa}$	$[\sigma_F]$	$[\sigma_H]$
齿轮 1	22	5mm	55mm	4.3	320MPa	580MPa
齿轮 2	60	5mm	50mm	4.0	300MPa	520MPa

3. 一工程机械传动装置中的锥齿轮轴，采用一对 30207 圆锥滚子轴承支承，其基本额定动载荷 $C_r=54.2$kN。已知作用于锥齿轮上的径向力 $F_{re}=5000$N，轴向力 $F_{ae}=1000$N，其方向和作用位置如下图所示。轴的转速 $n_1=1450$r/min，运转中受轻微冲击（$f_p=1.2$），常温下工作（$f_t=1$）。试求：（1）轴承所受的径向载荷 F_{r1}、F_{r2}；（2）轴承 1、2 派生轴向力 F_{d1}、F_{d2}，并说明其方向；（3）轴承所受的轴向载荷 F_{a1}、F_{a2}；（4）轴承所受的当量动载荷 P_1、P_2；（5）轴承的额定寿命 L_{h1}、L_{h2}。

30207 轴承当量动载荷的 *X*、*Y* 值				
$\dfrac{F_a}{F_r}\leqslant e$		$\dfrac{F_a}{F_r}>e$		e
$X=1$	$Y=0$	$X=0.4$	$Y=1.6$	0.37
轴承派生轴向力：$F_d=\dfrac{F_r}{2Y}$				

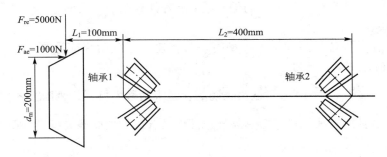

试卷Ⅲ-五-3图

六、结构分析与设计题（本题 10 分）

下图为一齿轮减速器部分装配图，试指出结构不合理及错误所在（不考虑圆角和铸造斜度以及不计重复错误）。例如：20. 精加工面过长且装拆轴承不便。

按上述范例在图中不合理及错误之处用 1、2、3…标出结构不合理及错误所在，并用文字说明原因。

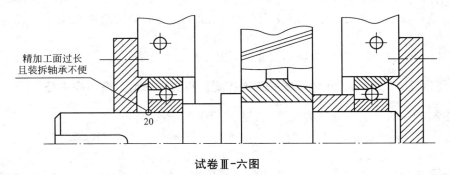

试卷Ⅲ-六图

机械设计综合测试卷 Ⅳ

一、填空题(每空 1 分，共 10 分)

1. 机械零件受载时，在_____处产生应力集中，应力集中的程度通常随材料强度的增大而_____。

2. 拟用三角形螺纹和矩形螺纹做两种千斤顶，若载荷相等，且螺纹升角、中径及摩擦系数均相同，则使用_____螺纹的千斤顶比较费劲，原因是_____。

3. 在一定的条件下，带与带轮间的摩擦系数 f 为一定值时，要增加带传动的传动能力，就应增加_____或_____。

4. 液体动力润滑径向滑动轴承的偏心距 e 随着外载荷的增大而_____，随着轴颈转速的增高而_____。

5. 根据工作条件选择滚动轴承类型时，若转速高、载荷小应选择_____轴承；在重载或冲击载荷作用下，最好选用_____轴承。

二、判断题(每题 1 分，共 10 分)(认为正确的在题末括号中打√，否则打×)

1. 受横向载荷的普通螺栓连接是靠被连接件结合面间的摩擦力抵抗外载荷的。
( )

2. 标准公制普通螺纹的牙型角为 $30°$。 ( )

3. 设计平键连接时，键的截面尺寸通常根据所传递功率的大小按标准选择。 ( )

4. 带传动的弹性滑动现象只有在外载荷大于带与带轮间最大摩擦力的情况下才产生，故限制外载荷就可以避免弹性滑动。 ( )

5. 直齿圆柱齿轮的齿数越少，齿根厚度越薄，齿形系数 Y_{Fa} 越小。 ( )

6. 互相啮合的一对齿轮，若 $z_1 < z_2$，则因小齿轮的齿数少，其接触应力 $\sigma_{H1} < \sigma_{H2}$。( )

7. 在普通蜗杆传动中，若蜗杆的螺旋线为右旋，则蜗轮的螺旋线为左旋。 ( )

8. 蜗杆传动的效率 η 与蜗杆分度圆柱上的导程角 γ 有关，γ 越大，则 η 越小。( )

9. 在滚动轴承组合设计中，双支点各单向固定适用于轴的跨距较大或工作温度变化较高的场合。 ( )

10. 转轴在工作时，既传递扭矩又承受弯矩。 ( )

三、选择题(每题 2 分，共 20 分)(选一正确答案，将其序号填入题中空格处)

1. 绘制零件的简化极限应力线图时，所必需的已知数据是____。
   A. σ_{-1}、σ_0、φ_σ、K_σ
   B. σ_{-1}、σ_0、φ_σ、σ_S、K_σ
   C. σ_{-1}、σ_0、σ_S、φ_σ
   D. σ_{-1}、φ_σ、σ_S、K_σ

2. 当螺纹公称直径、牙型角、螺纹头数相同时，细牙普通螺纹的自锁性能比粗牙螺纹的自锁性能____。
   A. 好   B. 差   C. 相同   D. 不一定

3. 已知铸铁带轮与轴用平键连接，则该键连接的强度主要取决于____的挤压强度。

    A. 带轮材料   B. 轴的材料   C. 键的材料

4. 带传动正常工作时不能保证准确的传动比是因为____。

    A. 带容易变形和磨损   B. 带的弹性滑动

    C. 带在带轮上打滑   D. 带的材料不符合胡克定律

5. 带传动的中心距与小带轮的直径不变时，若增大传动比，则小带轮上的包角____。

    A. 减小   B. 增大   C. 不变

6. 链传动设计中，一般链轮的最多齿数限制为 $z_{max} \leqslant 120$，是为了____。

    A. 减小链传动的不均匀性   B. 防止跳齿和脱链

    C. 限制传动比   D. 保证链轮轮齿的强度

7. 一对闭式软齿面齿轮传动，若要提高其齿面接触疲劳强度，可采取____方法。

    A. 在中心距 a 和齿数比 u 不变的条件下增大齿数 z_1

    B. 在中心距 a 和齿数比 u 不变的条件下增大模数 m

    C. 在齿数比 u 不变的条件下增大中心距 a

    D. 在齿数比 u 不变的条件下减小中心距 a

8. 在蜗杆传动中，蜗杆分度圆柱上的导程角 γ 与蜗轮分度圆柱上的螺旋角 β 的关系为____。

    A. $\gamma = \beta$ B. $\gamma > \beta$ C. $\gamma < \beta$

9. 一个头数为 z_1、分度圆直径为 d_1、模数为 m 的蜗杆，其直径系数 $q = $____。

    A. mz_1 B. $\dfrac{d_1}{z_1}$ C. $\dfrac{d_1}{m}$

10. 对于连接载荷平稳、需正反转或起动频繁的传递中小转矩的轴，宜选用____联轴器。

    A. 十字滑块   B. 十字轴式万向

    C. 弹性套柱销   D. 齿式

四、简答题(每题 4 分，共 20 分)

1. 平键连接与半圆键连接各有什么特点？

2. V 带传动为什么要张紧？常用的张紧方法有哪几种？若采用张紧轮张紧装置，则张紧轮应安装在什么位置？

3. 什么是带传动的弹性滑动和打滑？弹性滑动和打滑有何本质区别？

4. 一闭式标准直齿圆柱齿轮传动，已知传动比 $i_{12} = 3$，传递功率为 $P = 3kW$，小轮 1 主动，其转速 $n_1 = 600 r/min$，选用 45 钢调质处理，大轮 2 选用 45 钢正火处理。试问：(1)大小齿轮材料及热处理方式的选择是否合理？为什么？(2)该传动的主要失效形式是什么？(3)在已知条件和载荷系数不变时，若要求载荷沿齿宽分布均匀，应对强度计算公式中的哪个参数加以限制？如何限制？

5. 联轴器和离合器的功用是什么？二者有何区别？

五、分析与计算题(每题 10 分，共 30 分)

1. 如下图所示，一个铸铁托架用 4 个普通螺栓固定在铸钢立柱上，已知 $W = 1000N$，

$L=700\text{mm}$，$L_1=300\text{mm}$，接触面间的摩擦系数 $f=0.2$，螺栓的许用拉应力 $[\sigma]=50\text{MPa}$，防滑系数 $K_s=1.3$。试确定螺栓所需的公称直径 d。（普通螺纹基本尺寸（GB/T 196—2003）见下表。）

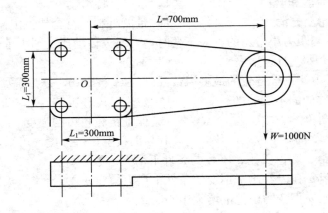

试卷Ⅳ-五-1图

公称直径 d/mm	12	14	16	18	20	24
螺纹小径 d_1/mm	10.106	11.835	13.835	15.294	17.294	20.752

2. 图示为一直齿圆锥齿轮-斜齿圆柱齿轮-蜗杆蜗轮三级传动。已知圆锥齿轮 1 为主动件，转向如图所示。试在下图中标出：（1）各轮的转向；（2）欲使轴Ⅱ、轴Ⅲ上轴承所受的轴向力为最小时，斜齿圆柱齿轮和蜗杆、蜗轮的旋向（要求画出并用文字标出它们的旋向）；（3）各轮在啮合点处诸分力（F_t、F_r、F_a）的方向。

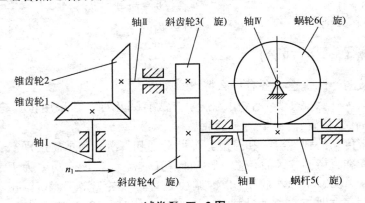

试卷Ⅳ-五-2图

3. 图示某传动装置根据工作条件决定采用一对角接触球轴承，暂定轴承型号为 7307AC。已知：轴承所受荷载 $F_{r1}=1000\text{N}$，$F_{r2}=2050\text{N}$，$F_{ae}=880\text{N}$，转速 $n=5000\text{r/min}$，常温下工作，取载荷系数 $f_p=1$，预期寿命 $L_h'=15000\text{h}$。试问：所选轴承型号是否合适？（注：7307AC 轴承：$C_r=32.8\text{kN}$，$F_d=0.68F_r$，$e=0.68$；当 $\dfrac{F_a}{F_r}\leqslant e$ 时，$X=1$，$Y=0$；当

$\dfrac{F_a}{F_r} > e$ 时，$X = 0.41$、$Y = 0.87$。）

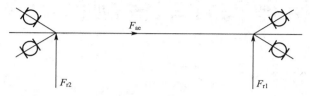

试卷Ⅳ-五-3 图

六、结构分析与设计题(本题 10 分)

指出下图中的错误(在错误处标出序号，简要说明原因)，并画出其正确结构图。（至少找出 10 处错误，同性质的错误算一个。）

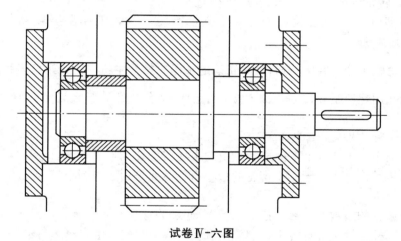

试卷Ⅳ-六图

机械设计综合测试卷 V

一、填空题(每空 1 分，共 10 分)

1. 牌号为 N68 的润滑油表示其在_____℃时的_____黏度的中心值为_____。
2. 受力较大、其中一个被连接件不能钻透的螺纹连接，应采用_____连接；受横向载荷而要求螺栓直径较小时，应采用_____连接。
3. 对于传动比 $i>1$ 的带传动，随着带的运转，带上任一点均受到_____的作用。
4. 在设计液体动力润滑径向滑动轴承时，若减小相对间隙，则轴承的承载能力将_____；旋转精度将_____；发热量将_____。
5. 在滚动轴承的组合设计中，对于支承跨距较大，工作温度较高的轴，宜采用_____的支承方式。

二、判断题(每题 1 分，共 10 分)(认为正确的在题末括号中打√，否则打×)

1. 铰制孔用螺栓组连接中，被连接件上的铰制孔与螺栓杆之间无间隙，螺栓受横向力。   (   )
2. 弹簧垫圈防松属于摩擦防松。   (   )
3. 带传动中，带所受的弯曲应力是引起带疲劳破坏的主要因素。   (   )
4. V 带传动设计中，限制小带轮的最小直径主要是为了限制小带轮上的包角。
                                                                                          (   )
5. 一个齿轮的模数变化后，齿形系数 Y_{Fa} 也将发生变化。   (   )
6. 斜齿圆柱齿轮设计计算中，螺旋角 β 在中心距圆整后也应修正为整数。   (   )
7. 由于蜗杆的导程角较大，所以蜗杆传动都有自锁性。   (   )
8. 普通圆柱蜗杆传动的正确啮合条件之一是：蜗杆的分度圆导程角与蜗轮的分度圆螺旋角大小相等，旋向相反。   (   )
9. 轴承内圈与轴的配合通常采用基孔制，外圈与座孔的配合常采用基轴制。 (   )
10. 某 45 钢轴的刚度不足，可以采取改用 40Cr 合金钢措施来提高其刚度。 (   )

三、选择题(每题 2 分，共 20 分)(选一正确答案，将其序号填入题中空格处)

1. 下列四种叙述中，____是正确的。
   A. 变应力只能由变载荷产生   B. 静载荷不能产生变应力
   C. 变应力由静载荷产生
   D. 变应力由变载荷产生，也可能由静载荷产生

2. 在螺栓连接设计中，若被连接件为铸件，则有时在螺栓孔处制做沉头座或凸台，其目的是____。
   A. 避免螺栓受附加弯曲应力作用   B. 便于安装
   C. 为安置防松装置   D. 为避免螺栓受拉力过大

3. 与平键连接相比，楔键连接的主要缺点是____。

    A. 键的斜面加工困难　　　　　　　　　B. 键安装时易损坏键

    C. 键楔紧后在轮毂中产生初应力　　　D. 轴和轴上零件对中性差

4. 设计键连接的主要内容是：a 按轮毂长度选择键的长度；b 按使用要求选择键的类型；c 按轴的直径选择键的截面尺寸；d 进行必要强度校核。在具体设计时，一般顺序为____。

    A. b－a－c－d　　　B. b－c－a－d　　　C. a－c－b－d　　　D. c－d－b－a

5. ____是带传动中所固有的物理现象，是不可避免的。

    A. 弹性滑动　　　B. 打滑　　　C. 松弛　　　D. 疲劳破坏

6. 带传动在工作时，假定小带轮为主动轮，则带内应力的最大值发生在带的____。

    A. 进入大带轮处　　　　　　　　　B. 紧边进入小带轮处

    C. 离开大带轮处　　　　　　　　　D. 离开小带轮处

7. 链传动中，限制链轮最少齿数 z_{min} 的目的之一是为了____。

    A. 减小传动的运动不均匀性和动载荷　　　B. 防止链节磨损后脱链

    C. 使小链轮轮齿受力均匀　　　　　　　　D. 防止润滑不良时轮齿加速磨损

8. 一对圆柱齿轮传动，经校核得知其满足齿面接触疲劳强度，而不满足齿根弯曲疲劳强度，可以采取____措施来提高其齿根弯曲疲劳强度。

    A. 保持中心距不变，增大模数　　　　B. 保持中心距不变，增加齿数

    C. 保持传动比不变，增大中心距

9. 表征普通圆柱蜗杆传动参数和几何尺寸关系的平面应为____。

    A. 中间平面　　　B. 蜗杆端面　　　C. 蜗轮法面

10. 一根用来传递转矩的长轴，它采用三个固定在水泥基础上的支点支承，各支点应选用的轴承类型为____。

    A. 深沟球轴承　　　　　　　　　　B. 调心球轴承

    C. 圆柱滚子轴承　　　　　　　　　D. 调心滚子轴承

四、简答题(每题 4 分，共 20 分)

1. 承受横向工作载荷的螺栓组连接在强度计算时是如何考虑的？

2. 一对直齿圆柱齿轮传动，在传动比 i、中心距 a 及其他条件都不变的情况下，若减小模数 m 并相应地增加齿数 z_1 和 z_2。试问这对齿根弯曲疲劳强度和齿面接触疲劳强度各有什么影响？在闭式传动中，若强度条件允许，这种减小模数、增加齿数的设计方案有什么好处？

3. 阿基米德圆柱蜗杆传动在中间平面有什么特点？

4. 设计液体动力润滑径向滑动轴承时，为什么要进行热平衡计算？若润滑油温升高造成入口温度过低($t_i < 35℃$)，应如何调整参数来改进设计？

5. 何谓滚动轴承的寿命、基本额定寿命、基本额定动载荷？

五、分析与计算题(第 1 题 10 分，第 2 题 12 分，第 3 题 8 分，共 30 分)

1. 一方形盖板用 4 个螺栓与箱体连接，其结构尺寸如下图所示。盖板中心 O 点的吊环所受拉力 $F_\Sigma = 20kN$，取残余预紧力 F_1 为工作拉力 F 的 0.6 倍。(1)当螺栓材料为 45

钢，性能等级为 6.8 级，装配时不控制预紧力（取安全系数 $S=3$），试求每个螺栓所受的总拉力 F_2，并确定螺栓的公称直径；（2）如因制造误差，吊环中心由 O 点移至点 O'，$\overline{OO'}=5\sqrt{2}$mm，试求受力最大的螺栓所受的总拉力 F_{2max}，并校核（1）中确定的螺栓的强度。

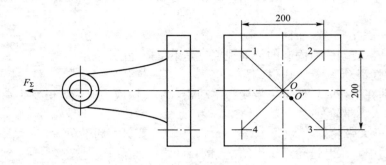

试卷 V-五-1 图

2. 图示为由圆锥齿轮和斜齿圆柱齿轮组成的传动系统。已知：I 轴为输入轴，转向如图所示，输出轴功率 $P_o=5$kW，转速 $n_{\text{III}}=175$r/min，各轮齿数为：$z_1=25$，$z_2=60$，$z_3=21$，$z_4=84$，不考虑传动中的功率损耗。（1）在图中标出各轴转向，并计算各轴的转矩。（2）为使轴 II 上的轴向力尽可能小，确定并在图中标出 3、4 两轮的螺旋线方向。（3）在图中标出 2、3 两轮在啮合点处所受各分力（F_t、F_r、F_a）的方向。

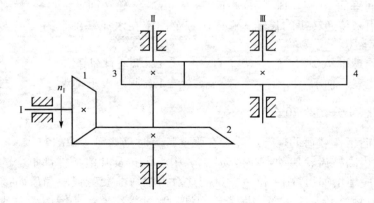

试卷 V-五-2 图

3. 图示为一蜗杆轴用两个角接触球轴承支承。已知蜗杆所受轴向力 $F_{ae}=580$N，两轴承受到的径向力为：$F_{r1}=935$N、$F_{r2}=1910$N，载荷系数 $f_p=1.1$。试计算两个轴承的当量动载荷。（派生轴向力 $F_d=eF_r$，$e=0.38$；当 $\frac{F_a}{F_r} \leqslant e$ 时，$X=1$、$Y=0$；当 $\frac{F_a}{F_r} > e$ 时，$X=0.44$、$Y=1.47$。）

六、结构分析与设计题（本题 10 分）

指出下图设计中的错误。（注：对尺寸比例无严格要求，齿轮油润滑，轴承脂润滑，考虑固定可靠、装拆方便、调整容易、润滑及加工工艺合理等，标上编号，用文字说明。）

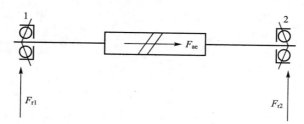

试卷 V-五-3 图

试卷 V-六图

第五部分

同步训练题和综合测试卷参考解答

同步训练题参考解答

第1章 绪 论

1.3.1 判断题

1. ×；2. √；3. √；4. √。

1.3.2 简答题

1. 答：(1)机器是根据某种使用要求而设计的执行机械运动的装置，可用来变换或传递能量、物料和信息。机构是用来传递与变换运动和力的可动装置。机器能做有用功，而机构不能，机构仅能实现预期的机械运动。(2)机器是由一个或几个机构组成的系统。

2. 答：(1)机器是由构件组成的，组成机器的各构件之间具有确定的相对运动，机器可用来变换或传递能量、物料和信息。(2)原动机部分、传动部分和执行部分。(3)原动机部分用来接受外部能源，通过转换而自动运行，为机械系统提供动力输入；传动部分用于将原动机的运动形式、运动及动力参数进行变换，变为执行部分所需的运动形式、运动和动力参数；执行部分用来完成机器预定的功能。

3. 答：(1)构件是机器中最小的独立运动单元，构件可以是单一零件，也可以是几个零件的刚性连接。(2)零件是组成机器最基本的、不可再拆分的单元，从制造工艺角度来说，零件是制造的最小单元。

第2章 机构的结构分析

2.4.1 填空题

1. 构件、运动副、独立运动；2. 接触、连接；3. 平面高副、1、2；4. 机架、原动件、机构的自由度；5. 运动副；6. 判别机构运动简图的结构正确性及运动确定性；7. 机构的自由度大于零，且原动件数等于机构的自由度数、不确定的、不能运动或产生破坏；8. 约束、局部自由度、虚约束；9. 基本杆组(杆组)、机架；10. Ⅱ、最高。

2.4.2 判断题

1. √；2. √；3. ×；4. √；5. ×；6. ×；7. ×；8. ×；9. ×；10. ×。

2.4.3 选择题

1. D；2. D；3. A；4. A；5. B；6. C；7. A；8. A；9. A；10. B；11. A；12. D。

2.4.4 分析与计算题

1. 解：（1）机构运动简图如答图所示。

（2）计算机构的自由度。

（a）$n=3$、$p_1=4$、$p_h=0$，$F=3n-(2p_1+p_h)=3\times3-(2\times4+0)=1$

（b）$n=3$、$p_1=4$、$p_h=0$，$F=3n-(2p_1+p_h)=3\times3-(2\times4+0)=1$

2. 解：（1）机构运动简图如答图所示。

（2）计算机构的自由度。

$n=5$、$p_1=7$、$p_h=0$，$F=3n-(2p_1+p_h)=3\times5-(2\times7+0)=1$

（3）$F=1=$原动件数，所以该机构具有确定的相对运动。

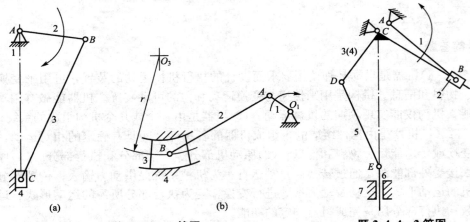

题 2.4.4－1 答图　　　　　　　　　　　　　题 2.4.4－2 答图

3. 解：（a）D 处为复合铰链，B 处为局部自由度，G、H 之一为虚约束。

解法一：$n=6$、$p_1=8$、$p_h=1$，$F=3n-(2p_1+p_h)=3\times6-(2\times8+1)=1$。

解法二：$n=7$、$p_1=10$、$p_h=1$、$F'=1$、$p'=2$，
$$F=3n-(2p_1+p_n)-F'+p'=3\times7-(2\times10+1)-1+2=1。$$

（b）C 处为复合铰链，F 处为局部自由度，E、E' 之一为虚约束。

解法一：$n=7$、$p_1=9$、$p_h=1$，$F=3n-(2p_1+p_h)=3\times7-(2\times9+1)=2$。

解法二：$n=8$、$p_1=11$、$p_h=1$、$F'=1$、$p'=2$，
$$F=3n-(2p_1+p_h)-F'+p'=3\times8-(2\times11+1)-1+2=2。$$

（c）D 处为复合铰链，B 处为局部自由度，杆 HI 或滑块 J 之一为虚约束，杆 FG 导路之一为虚约束。

解法一：$n=8$、$p_1=11$、$p_h=1$，$F=3n-(2p_1+p_h)=3\times8-(2\times11+1)=1$。

解法二：$n=10$、$p_1=15$、$p_h=1$、$F'=1$、$p'=3$，
$$F=3n-(2p_1+p_h)-F'+p'=3\times10-(2\times15+1)-1+3=1。$$

（d）D 和 E 处为复合铰链，B 处为局部自由度，杆 FG 为虚约束。

解法一：$n=8$、$p_1=11$、$p_h=1$，$F=3n-(2p_1+p_h)=3\times8-(2\times11+1)=1$。

解法二：$n=10$、$p_1=14$、$p_h=1$、$F'=1$、$p'=1$，
$$F=3n-(2p_1+p_h)-F'+p'=3\times10-(2\times14+1)-1+1=1。$$

（e）B、D 处为复合铰链，G 处为局部自由度，杆 AB、BD 及 BE 为虚约束。

解法一：$n=8$、$p_l=11$、$p_h=1$，$F=3n-(2p_l+p_h)=3\times8-(2\times11+1)=1$。

解法二：$n=12$、$p_l=17$、$p_h=1$，$F'=1$、$p'=1$，

$$F=3n-(2p_l+p_h)-F'+p'=3\times12-(2\times17+1)-1+1=1。$$

（f）B、C、E 处为复合铰链，G 处为局部自由度，M、N 之一为虚约束，AB、CD、EF 三杆之一为虚约束。

解法一：$n=9$、$p_l=12$、$p_h=1$，$F=3n-(2p_l+p_h)=3\times9-(2\times12+1)=2$。

解法二：$n=13$、$p_l=19$、$p_h=1$，$F'=1$、$p'=3$，

$$F=3n-(2p_l+p_h)-F'+p'=3\times13-(2\times19+1)-1+3=2。$$

4．解：（a）机构：

（1）计算机构的自由度。

$n=7$、$p_l=10$、$p_h=0$，$F=3n-(2p_l+p_h)=3\times7-(2\times10+0)=1$

（2）确定杆组及机构级别。

以构件 2 为原动件时，所拆杆组如答图（a）所示，机构由 3 个 Ⅱ 级杆组和原动件及机架组成，机构为 Ⅱ 级机构。

以构件 4 为原动件时，所拆杆组如答图（b）所示，机构由 3 个 Ⅱ 级杆组和原动件及机架组成，机构为 Ⅱ 级机构。

以构件 8 为原动件时，所拆杆组如答图（c）所示，机构由 1 个 Ⅱ 级杆组、1 个 Ⅲ 级杆组和原动件及机架组成，机构为 Ⅲ 级机构。

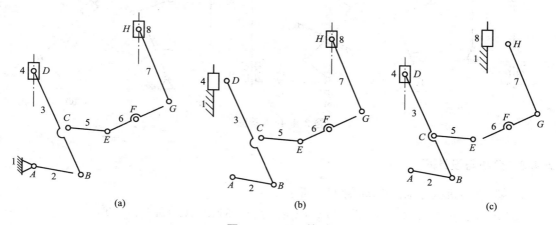

(a)　　　　(b)　　　　(c)

题 2.4.4-4(a)答图

（b）机构：

（1）计算该机构的自由度。

$n=6$、$p_l=8$、$p_h=1$，$F=3n-(2p_l+p_h)=3\times6-(2\times8+1)=1$

（2）确定杆组及机构级别。由于该机构中存在高副，所以拆杆组前，要进行高副低代，高副低代后的机构运动简图如答图（a）所示。

拆分基本杆组，如答图（b）所示，机构由 1 个 Ⅱ 级杆组、1 个 Ⅲ 级杆组和原动件及机架组成，机构为 Ⅲ 级机构。

5．解：（1）计算机构的自由度。

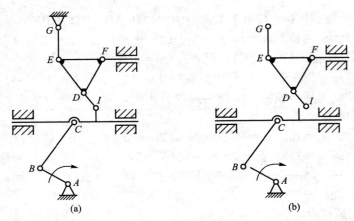

题 2.4.4－4(b)答图

(a) 机构：$n=4$、$p_1=5$、$p_h=1$，$F=3n-(2p_1+p_h)=3\times4-(2\times5+1)=1$。

(b) 机构：$n=4$、$p_1=5$、$p_h=1$，$F=3n-(2p_1+p_h)=3\times4-(2\times5+1)=1$。

(2) 高副低代后机构如答图(a)、(b)所示。

(3) 拆分的基本杆组如答图(c)、(d)所示。(a)机构由 1 个Ⅲ级杆组和原动件及机架组成，机构为Ⅲ级机构。(b)机构由 1 个Ⅲ级杆组和原动件及机架组成，机构为Ⅲ级机构。

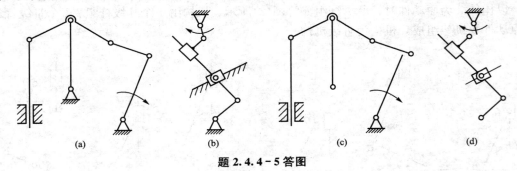

(a) (b) (c) (d)

题 2.4.4－5 答图

2.4.5 分析与设计题

1. 解：(1)机构运动简图如答图(a)所示。

(2) $n=3$，$p_1=4$，$p_h=1$，$F=3n-(2p_1+p_h)=3\times3-(2\times4+1)=0$

机构自由度为零，不能运动，不能实现设计意图。

(3) 修改方案如答图(b)所示。

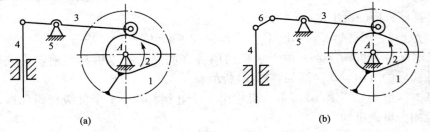

(a) (b)

题 2.4.5－1 答图

2. 解：(1) $n=4$、$p_1=6$、$p_h=0$，$F=3n-(2p_1+p_h)=3\times4-(2\times6+0)=0$

机构自由度为零，不能运动，不能实现设计意图。

(2) 改进措施：①增加 1 个低副和 1 个活动构件；②用 1 个高副代替 1 个低副。

(3) 修改方案如答图所示。

3. 解：(1) $n=4$、$p_1=6$、$p_h=0$，$F=3n-(2p_1+p_h)=3\times4-(2\times6+0)=0$

即表示如果按此方案设计机构，机构是不能运动的。必须修改，以达到设计目的。

(2) 改进措施：①增加 1 个低副和 1 个活动构件；②用 1 个高副代替 1 个低副。

(3) 改进方案如答图所示。

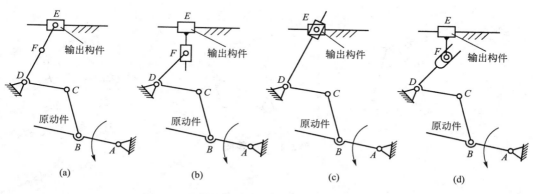

题 2.4.5 - 2 答图

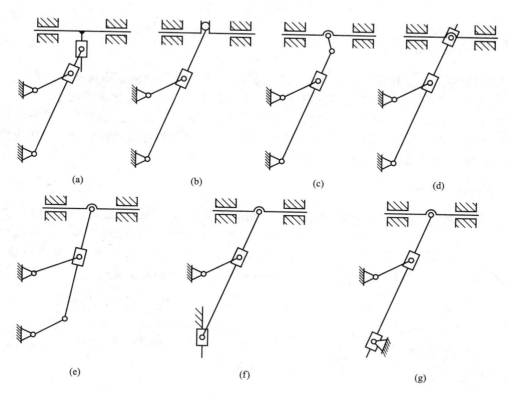

题 2.4.5 - 3 答图

4. 解：由机构的组成原理可知，在一个Ⅲ级机构中，至少应包含一个Ⅲ级基本杆组。将一个Ⅲ级基本杆组中的一个外副与一个单自由度机构相连，另外两个外副与机架相连，则可以得到一个单自由度的Ⅲ级机构；如果将Ⅲ级基本杆组中的两个外副分别与两个单自由度机构相连，另外一个外副与机架相连，则可以得到一个有两个自由度的Ⅲ级机构。而最简单的单自由度机构是一个构件与机架通过一个低副（如：转动副）连接所形成的机构。

按照以上分析，自由度分别为1、2和3的Ⅲ级机构最简单的结构分别如答图（a）、（b）、（c）所示。

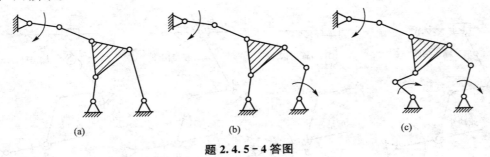

题 2.4.5-4 答图

第 3 章　平面机构的运动分析

3.4.1　填空题

1. 瞬时绝对速度相等、瞬时相对速度为零；2. 都是互作平面相对运动的两构件上瞬时绝对速度相等的点、绝对瞬心的绝对速度为零，相对瞬心的绝对速度不为零；3. 3、同一直线上、15、5、10；4. 转动副中心、垂直于导路的无穷远处、接触点处、接触点处的公法线上、三心定理；5. 移、转、$a^k = 2\vec{\omega} \times \vec{v}^r$（$\vec{\omega}$——牵连构件角速度，$\vec{v}^r$——两构件相对移动速度）、牵连构件上重合点的速度。

3.4.2　分析与计算题

1. 解：确定构件 1、2 的速度瞬心 P_{12}。构件 1 和构件 2 的速度瞬心应在接触点 B 的公法线上，即过 O 和 B 点所作的直线上。又由三心定理可知 P_{12} 应在 P_{13} 和 P_{23} 的连线上，从而可知 P_{12} 在两条直线的交点上，如答图所示。

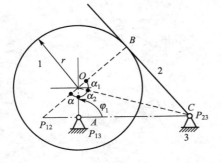

题 3.4.2-1 答图

$$\omega_1 \overline{P_{12}P_{13}} = \omega_2 \overline{P_{12}P_{23}}, \quad \omega_2 = \omega_1 \frac{\overline{P_{12}P_{13}}}{\overline{P_{12}P_{23}}}$$

$$l_{OC} = \sqrt{l_{OA}^2 + l_{AC}^2} = 83\text{mm}, \quad \alpha_1 = \arccos \frac{r}{l_{OC}} = 53°,$$

$$\alpha_2 = \arccos \frac{l_{OA}}{l_{OC}} = 75°$$

$$\alpha = 180° - \alpha_1 - \alpha_2 = 52°, \quad \overline{P_{12}P_{13}} = l_{OA}\tan\alpha =$$

28mm，$\overline{P_{12}P_{23}}=\overline{P_{12}P_{13}}+l_{AC}=108\text{mm}$

$$\omega_2=\omega_1\frac{\overline{P_{12}P_{13}}}{\overline{P_{12}P_{23}}}=10\times\frac{28}{108}=2.6\text{rad/s}$$

2. 解：要求 v_6，需要先找出速度瞬心 P_{26}。如答图(a)所示，该机构中速度瞬心 P_{12}、P_{14}、p_{16}、P_{23}、P_{34}、P_{45}、P_{56} 的位置可直接确定，其他所需瞬心借助于瞬心多边形(答图(b))，应用三心定理确定。

由△124 和△234 可确定 P_{24}；由△146 和△456 可确定 P_{46}；由△126 和△246 可确定 P_{26}，如答图(a)所示。

根据瞬心的定义可知，构件 2 和构件 6 在速度瞬心 P_{26} 处速度相等。

所以，$v_6=\omega_2\mu_1\overline{P_{12}P_{26}}$($\mu_1$ 为长度比例尺，$\overline{P_{12}P_{26}}$可直接在图中量出)，v_6 方向沿滑块导路向左。

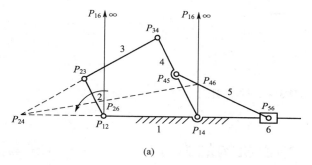

(a)   (b)

题 3.4.2－2 答图

3. 解：(1)瞬心 P_{14} 在 A 点，P_{12} 在 B 点，P_{23} 在 C 点，P_{34} 在 D 点。由三心定理，作 $P_{23}P_{12}$、$P_{34}P_{14}$ 的延长线，交点即为瞬心 P_{13}。作 $P_{14}P_{12}$、$P_{34}P_{23}$ 的延长线，交点即为瞬心 P_{24}。

(2)以 P_{24} 为圆心、以 $\overline{P_{24}P_{12}}$ 为半径作圆，再过 P_{24} 作 AE 的平行线交圆于 E_2 点，连杆 2 上 E_2 点与连架杆 1 上 E 点速度相同。

(3)过 P_{34} 点 AE 的平行线，与 $P_{13}E$ 延长线交于 E_3 点，摇杆 3 上 E_3 点与连架杆 1 上 E 点速度相同。

4. 解：(1)速度矢量方程式：$\vec{v}_C=\vec{v}_B+\vec{v}_{CB}$，加速度矢量方程式：$\vec{a}_C^n+\vec{a}_C^t=\vec{a}_B^n+\vec{a}_{CB}^n+\vec{a}_{CB}^t$

(2)在加速度多边形中，连接 π、c 并画上箭头。$a_C=\mu_a\overline{\pi c}=20\times26=520\text{mm/s}^2$

(3)$\omega_2=\dfrac{v_{CB}}{l_{BC}}=\dfrac{\mu_v\overline{bc}}{\mu_1\overline{BC}}=\dfrac{10\times15.5}{10\times35}=0.44\text{rad/s}$，方向为顺时针。

$\varepsilon_3=\dfrac{a_C^t}{l_{CD}}=\dfrac{\mu_a\overline{n_3c}}{\mu_1\overline{CD}}=\dfrac{20\times20.5}{10\times13.5}=3\text{rad/s}^2$，方向为逆时针。

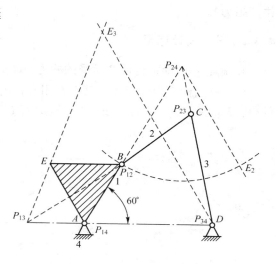

题 3.4.2－3 答图

（4）在速度多边形中，取线段 bc 的中点 e，连接 pe 并画上箭头。

$$v_E = \mu_v \overline{pe} = 10 \times 24 = 240\text{mm/s}$$

在加速度多边形中，连接 bc，取中点 e，连接 πe 并画上箭头。

$$a_E = \mu_a \overline{\pi e} = 20 \times 22 = 440\text{mm/s}^2$$

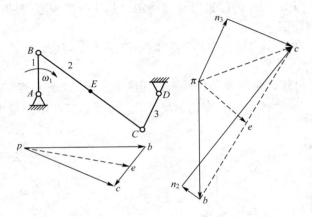

题 3.4.2-4 答图

第 4 章   平面机构的力分析

4.4.1   填空题

1. 运动副中的反力、机械上的平衡力或平衡力矩；2. 槽面接触面的当量摩擦系数 f_v $\left(f_v = \dfrac{f}{\sin\theta} \right)$ 大于平面接触面的当量摩擦系数（$f_v = f$）；3. 驱动力；4. 工作阻力（有益阻力、生产阻力）。

4.4.2   分析与计算题

1. 解：（1）确定构件 2 所受的两力 F_{R12}、F_{R32} 的作用线方向，如答图（a）所示。

（2）取曲柄 1 为分离体，其上作用有：F_{R21}、F_{R41}、M_1，如答图（b）所示。由力平衡条件得：$F_{R41} = -F_{R21}$，$M_1 = F_{R21}L$，$F_{R21} = M_1/L$。

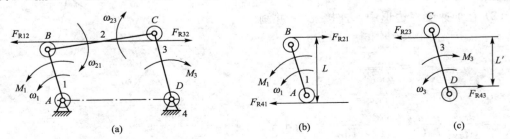

题 4.4.2-1 答图

（3）取构件 2 为分离体，其上作用有：F_{R12}、F_{R32}，$F_{R32}=-F_{R12}=F_{R21}$。

（4）取构件 3 为分离体，其上作用有：F_{R23}、F_{R43}、M_3，如答图（c）所示。由力平衡条件得：$F_{R43}=-F_{R23}=F_{R21}$，$M_3=F_{R23}L'$。

2. 解：（1）确定各运动副中反力的方向如答图（a）所示。

（2）选取构件 3 为分离体，选取力的比例尺 μ_F，作出其受力多边形，如答图（b）所示。

在受力多边形中，量得力 F_{R23} 的长为 18mm、力 P 的长为 20mm，$F_{R23}=\dfrac{18}{20}P=72N$。

（3）构件 2 为二力杆，所以 $F_{R12}=-F_{R32}=F_{R23}=72N$。

（4）取构件 1 为分离体，$F_{R21}=-F_{R12}$，$M_Q=F_{R21}\mu_l l=72\times0.001\times10=0.72N\cdot m$，阻力矩 M_Q 的方向为逆时针方向，如答图（a）所示。

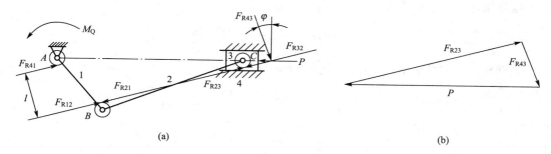

题 4.4.2-2 答图

3. 解：（1）根据已知条件作出各转动副处的摩擦圆（答图（a）中虚线小圆）。

（2）取连杆 3 为研究对象，构件 3 在 B、C 两运动副处分别受到 F_{R23} 和 F_{R43} 的作用，F_{R23} 和 F_{R43} 分别切于该两处的摩擦圆，且 $F_{R23}=-F_{R43}$。根据 F_{R23} 和 F_{R43} 的方向，定出 F_{R32} 和 F_{R34} 的方向，如答图（a）所示。

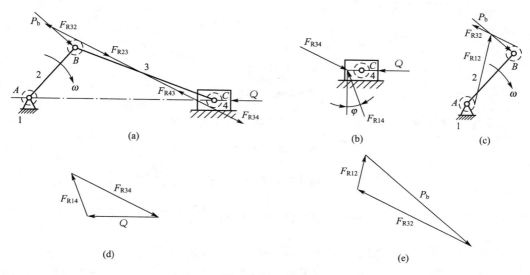

题 4.4.2-3 答图

（3）取滑块 4 为分离体，滑块 4 在 Q、F_{R34} 及 F_{R14} 三个力的作用下平衡，且汇于一点，$Q+F_{R34}+F_{R14}=0$，如答图（b）、（d）所示。

（4）取曲柄 2 为分离体，曲柄 2 在 p_b、F_{R32} 和 F_{R12} 作用下平衡，且汇于一点，$p_b+F_{R32}+F_{R12}=0$，如答图（c）、（e）所示。

（5）用图解法求出各运动副的反力 F_{R14}、F_{R34}、$F_{R23}=-F_{R43}=F_{R34}$、$F_{R32}=-F_{R23}$、F_{R12} 及 p_b 的大小。

4. 解：（1）摩擦角为 $\varphi=\arctan f=8.53°$。在驱动力 F 的作用下，构件 1 有向下运动的趋势，构件 2 有向右运动的趋势。按照移动副总反力方向的确定原则，此时各总反力作用线的方向如答图（a）所示。

（2）构件 1、2 的受力多边形如答图（b）所示。

根据构件 2 的平衡条件得：$\vec{G}+\vec{F}_{R12}+\vec{F}_{R32}=0$。

$$F_{R12}=G\frac{\sin(90°+\varphi)}{\sin(\beta-2\varphi)}=1452\text{N}$$

根据构件 1 的平衡条件得：$\vec{F}+\vec{F}_{R31}+\vec{F}_{R21}=0$。

$$F=F_{R21}\frac{\sin(180°-\gamma-\beta+2\varphi)}{\sin(90°-\varphi)}=F_{R12}\frac{\sin(180°-\gamma-\beta+2\varphi)}{\sin(90°-\varphi)}=1431\text{N}$$

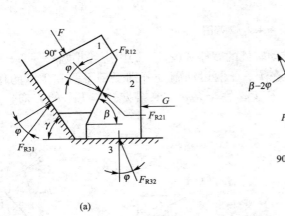

(a)

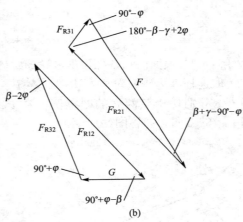

(b)

题 4.4.2-4 答图

5. 解：首先确定各个运动副中反力的方向，如答图所示。

$$F_{R31}=-F_{R21}=F_{R21}=-F_{R32}$$

$$M_2=F_{R12}(CN_1+\rho)，\quad F_{R21}=-F_{R12}=\frac{M_2}{CN_1+\rho}$$

$$M_1=F_{R21}(AN_2+\rho)=M_2\frac{AN_2+\rho}{CN_1+\rho}$$

6. 解：（1）机构各运动副反力的作用线及方向如答图（a）所示。

（2）$\vec{F}_{R12}+\vec{F}_{R32}+\vec{F}_{R52}=0$，$\vec{F}_{R34}+\vec{F}_{R54}+\vec{Q}=0$，构件 2 和 4 的力多边形如答图（b）所示。

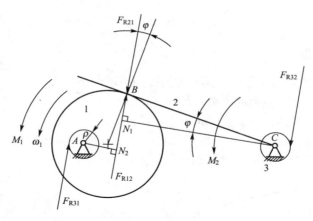

题 4.4.2-5 答图

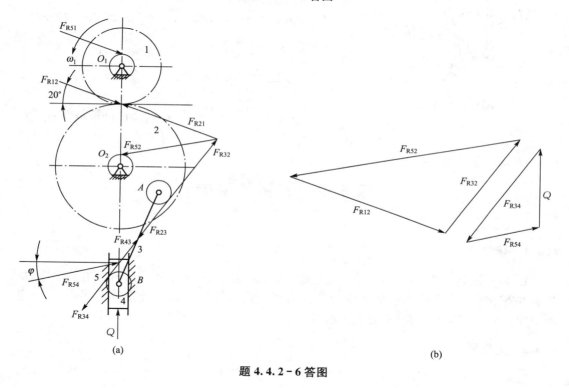

(a)

(b)

题 4.4.2-6 答图

第 5 章　机械的效率和自锁

5.4.1　填空题

1. 输出、输入、输入功；2. $\eta = \dfrac{F_0}{F}$；3. 低、各机器的输入功率；4. 摩擦角、摩擦圆、螺纹升角 ϕ 小于或等于螺旋副的当量摩擦角 φ_{v}；5. 机械的效率小于或等于零（$\eta \leqslant 0$）；

6. 反行程、50%。

5.4.2 分析与计算题

1. 解：不考虑料块的重量时，其受力情况如答图所示。

料块在水平方向上达到力的平衡：$F_1\cos(\alpha-\varphi)=F_2\cos\varphi$（式中 $\varphi=\arctan f$）。

料块不会向上滑脱的条件：$F_1\sin(\alpha-\varphi)\leqslant F_2\sin\varphi$。

联立两个方程得：$\tan(\alpha-\varphi)\leqslant\tan\varphi$，即 $\alpha-\varphi\leqslant\varphi$，得 $\alpha\leqslant2\varphi$。

料块被夹紧又不会向上滑脱时颚板夹角 α 应满足 $\alpha\leqslant2\varphi$。

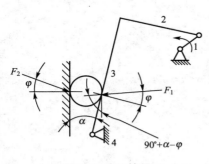

题 5.4.2－1 答图

2. 解：（1）$f_v=\dfrac{f}{\sin\theta}=\dfrac{0.13}{\sin60°}=0.15$，$\varphi_v=\arctan f_v=\arctan0.15=8.54°$

$P=Q\tan(\alpha+\varphi_v)=1000\tan(35°+8.54°)=950.3\text{N}$

$P'=Q\tan(\alpha-\varphi_v)=1000\tan(35°-8.54°)=497.7\text{N}$

（2）$\eta=\dfrac{\tan\alpha}{\tan(\alpha+\varphi_v)}=\dfrac{\tan35°}{\tan(35°+8.54°)}=73.7\%$

$\eta'=\dfrac{\tan(\alpha-\varphi_v)}{\tan\alpha}=\dfrac{\tan(35°-8.54°)}{\tan35°}=71.1\%$

（3）$\eta'=\dfrac{\tan(\alpha-\varphi_v)}{\tan\alpha}\leqslant0$，反行程自锁条件为：$\alpha\leqslant\varphi_v=8.54°$。

第6章 机械的平衡

6.4.1 填空题

1. 同一回转、静平衡；2. 动、宽径比（相对长度）；3. 不平衡质量所产生的惯性力的矢量和等于零、不平衡质量所产生的惯性力和惯性力矩的矢量和分别等于零；4. 一定、不一定；5. 1、2；6. 回转中心上、最低。

6.4.2 选择题

1. C；2. B；3. C；4. C。

6.4.3 计算题

1. 解：解法一（解析法）：$\begin{cases}m_b r_b\cos\theta+m_2 r_2\cos225°=0\\m_b r_b\sin\theta+m_1 r_1+m_2 r_2\sin225°=0\end{cases}$

$\begin{cases}m_b r_b\cos\theta=-m_2 r_2\cos225°=0.8\times180\times\dfrac{\sqrt{2}}{2}=72\sqrt{2}\text{kg}\cdot\text{mm}\\[2mm]m_b r_b\sin\theta=-m_1 r_1-m_2 r_2\sin225°=-5\times140+0.8\times180\times\dfrac{\sqrt{2}}{2}=(-700+72\sqrt{2})\text{kg}\cdot\text{mm}\end{cases}$

$m_b r_b=\sqrt{(m_b r_b\cos\theta)^2+(m_b r_b\sin\theta)^2}=\sqrt{(72\sqrt{2})^2+(-700+72\sqrt{2})^2}=606.78\text{kg}\cdot\text{mm}$

$$m_b = \frac{m_b r_b}{r_b} = \frac{606.78}{140} = 4.33 \text{kg}$$

$$\tan\theta = \frac{m_b r_b \sin\theta}{m_b r_b \cos\theta} = \frac{-700 + 72\sqrt{2}}{72\sqrt{2}} = -5.8746, \quad \theta = \arctan(-5.8746) = 279.66°$$

挖去质量 m_b 的相位为 $279.66° - 180° = 99.66°$，即与 x 正向成 $99.66°$ 的相位上。

解法二(图解法)：由如答图所示质径积矢量多边形得：

$$m_b r_b = \sqrt{(m_1 r_1)^2 + (m_2 r_2)^2 - 2m_1 r_1 \cdot m_2 r_2 \cos 45°} = 606.78 \text{kg} \cdot \text{mm}$$

$$m_b = \frac{m_b r_b}{r_b} = \frac{606.78}{140} = 4.33 \text{kg}, \quad \frac{m_2 r_2}{\sin\alpha} = \frac{m_b r_b}{\sin 45°}, \quad \alpha = \arcsin\frac{m_2 r_2 \sin 45°}{m_b r_b} = 9.66°$$

2. 解：(1)角速度为：$\omega = \frac{2\pi n}{60} = \frac{2\pi \times 300}{60} = 31.42 \text{rad/s}$。

偏心质量 m_1、m_2、m_3 产生的离心惯性力为

$$F_1 = m_1 R_1 \omega^2 = 2 \times 0.025 \times 31.42^2 = 49.36 \text{N}$$

$$F_2 = m_2 R_2 \omega^2 = 1.5 \times 0.035 \times 31.42^2 = 51.83 \text{N}$$

$$F_3 = m_3 R_3 \omega^2 = 3 \times 0.04 \times 31.42^2 = 118.47 \text{N}$$

$$F_x = F_1 \cos 90° + F_2 \cos 195° + F_3 \cos 285° = -19.40 \text{N}$$

$$F_y = F_1 \sin 90° + F_2 \sin 195° + F_3 \sin 285° = -78.49 \text{N}$$

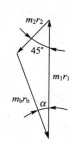

所以总的离心惯性力为

$$F = \sqrt{F_x^2 + F_y^2} = \sqrt{(-19.40)^2 + (-78.49)^2} = 80.85 \text{N}。$$

题 6.4.3-1 答图

对轴承 A 取矩，有 $1000 N_B = 200 F$，轴承 B 处的动压力为 $N_B = \frac{200F}{1000} = 16.17 \text{N}$，而轴承 A 处的动压力为 $N_A = F - N_B = 64.68 \text{N}$。

(2)设平衡质量 m_b 的方位与 x 轴正向之间的夹角为 α。

$$F_b = m_b R_b \omega^2 = F, \quad m_b = \frac{F}{R_b \omega^2} = \frac{80.85}{0.05 \times 31.42^2} = 1.64 \text{kg}$$

由 $F_x < 0$，$F_y < 0$ 可判断出不平衡质量的离心惯性力的合力在第三象限，平衡质量 m_b 应加在第一象限。$\alpha = \arctan\frac{F_y}{F_x} = \arctan\left(\frac{-78.49}{-19.40}\right) = 76.12°$。

3. 解：(1)将各重径积分解到平衡基面 I 和 II 上。

平衡基面 I 中各重径积的分量为

$$Q_1' r_1' = Q_1 r_1 \frac{L - L_1}{L} = 100 \times 100 \times \frac{600 - 200}{600} = 6666.67 \text{N} \cdot \text{mm}$$

$$Q_2' r_2' = Q_2 r_2 \frac{L - L_2}{L} = 150 \times 80 \times \frac{600 - 300}{600} = 6000 \text{N} \cdot \text{mm}$$

$$Q_3' r_3' = Q_3 r_3 \frac{L - L_3}{L} = 200 \times 100 \times \frac{600 - 400}{600} = 6666.67 \text{N} \cdot \text{mm}$$

平衡基面 II 中各重径积的分量为

$$Q_1'' r_1'' = Q_1 r_1 - Q_1' r_1' = 10000 - 6666.67 = 3333.33 \text{N} \cdot \text{mm}$$

$$Q_2'' r_2'' = Q_2 r_2 - Q_2' r_2' = 12000 - 6000 = 6000 \text{N} \cdot \text{mm}$$

$$Q_3'' r_3'' = Q_3 r_3 - Q_3' r_3' = 20000 - 6666.67 = 13333.33 \text{N} \cdot \text{mm}$$

（2）求平衡基面 I 中的平衡重量 Q'。

在平衡基面 I 中加了平衡重量 Q' 达到平衡，应使 $Q_1'r_1'+Q_2'r_2'+Q_3'r_3'+Q'r'=0$，因上式中的重径积不是同向，就是反向，故得

$$Q'r'=Q_1'r_1'+Q_3'r_3'-Q_2'r_2'=6666.67+6666.67-6000=7333.34\text{N}\cdot\text{mm}$$

$Q'=\dfrac{7333.34}{r'}=\dfrac{7333.34}{100}=73.33\text{N}$，$Q'$ 位于 Q_2' 相同的方向上。

（3）求平衡基面 II 中的平衡重量 Q''。

在平衡基面 II 中加了平衡重量 Q'' 达到平衡，应使 $Q_1''r_1''+Q_2''r_2''+Q_3''r_3''+Q''r''=0$，因上式中的重径积不是同向就是反向，故得

$$Q''r''=Q_1''r_1''+Q_3''r_3''-Q_2''r_2''=3333.33+13333.33-6000=10666.66\text{N}\cdot\text{mm}$$

$Q''=\dfrac{10666.66}{r''}=\dfrac{10666.66}{100}=106.67\text{N}$，$Q''$ 位于 Q_2'' 相同的方向上。

4. 解：（1）将各不平衡质量的质径积分解到两个平衡基面中

在平衡基面 I-I 中有：$m_1r_1^{(\text{I})}=\dfrac{(300-100)m_1r_1}{300}=60\text{g}\cdot\text{mm}$。

$m_2r_2^{(\text{I})}=\dfrac{120m_2r_2}{300}=240\text{g}\cdot\text{mm}$，各个质径积分量如答图（a）所示。

在平衡基面 II-II 中有：$m_1r_1^{(\text{II})}=\dfrac{m_1r_1 100}{300}=30\text{g}\cdot\text{mm}$。

$m_2r_2^{(\text{II})}=\dfrac{m_2r_2(300+120)}{300}=840\text{g}\cdot\text{mm}$，各个质径积分量如答图（b）所示。

（2）确定在各个平衡基面中应加平衡质量的质径积。

在平衡基面 I-I 中

$$m_br_{bx}^{(\text{I})}=-[m_1r_1^{(\text{I})}\cos(270°)+m_2r_2^{(\text{I})}\cos45°]=-169.71\text{g}\cdot\text{mm}$$

$$m_br_{by}^{(\text{I})}=-[m_1r_1^{(\text{I})}\sin(270°)+m_2r_2^{(\text{I})}\sin45°]=-109.71\text{g}\cdot\text{mm}$$

$$m_br_b^{(\text{I})}=\sqrt{[m_br_{bx}^{(\text{I})}]^2+[m_br_{by}^{(\text{I})}]^2}=202.08\text{g}\cdot\text{mm}$$

$\theta_1=180°+\arctan\left(\dfrac{m_br_{by}^{(\text{I})}}{m_br_{bx}^{(\text{I})}}\right)=212.88°$，如答图（a）所示。

在平衡平面 II-II 中

$$m_br_{bx}^{(\text{II})}=-[m_1r_1^{(\text{II})}\cos(270°)+m_2r_2^{(\text{II})}\cos45°]=-593.97\text{g}\cdot\text{mm}$$

$$m_br_{by}^{(\text{II})}=-[m_1r_1^{(\text{II})}\sin(270°)+m_2r_2^{(\text{II})}\sin45°]=-563.97\text{g}\cdot\text{mm}$$

$$m_br_b^{(\text{II})}=\sqrt{[m_br_{bx}^{(\text{II})}]^2+[m_br_{by}^{(\text{II})}]^2}=819.06\text{g}\cdot\text{mm}$$

$\theta_2=180°+\arctan\left(\dfrac{m_br_{by}^{(\text{II})}}{m_br_{bx}^{(\text{II})}}\right)=223.52°$，如答图（b）所示。

5. 解：（1）$F_A=m_Ar_A\omega^2=0.04\omega^2$（方向向上），$F_B=m_Br_B\omega^2=0.06\omega^2$（方向向下）。将 F_A、F_B 等效到轴承 C 所在的平面上。

$$(F_A)_C=F_A\dfrac{L_{\text{I}-\text{D}}}{L_{\text{I}-\text{D}}+L_{\text{I}-\text{II}}+L_{\text{II}-C}}=0.04\omega^2\times\dfrac{200}{1000}=0.008\omega^2\text{（方向向上）}$$

$$(F_B)_C=F_B\dfrac{L_{\text{I}-\text{D}}+L_{\text{I}-\text{II}}}{L_{\text{I}-\text{D}}+L_{\text{I}-\text{II}}+L_{\text{II}-C}}=0.06\omega^2\times\dfrac{400}{1000}=0.024\omega^2\text{（方向向下）}$$

$$R_C=(F_B)_C-(F_A)_C=0.016\omega^2\text{（方向向下）}$$

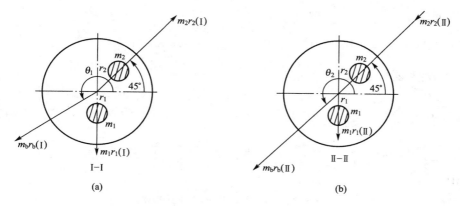

题 6.4.3-4 答图

（或利用力矩平衡：$\sum M_D = F_A L_{I-D} - F_B(L_{I-D} + L_{I-II}) + R_C(L_{I-D} + L_{I-II} + L_{II-C}) = 0$，

$R_C = \dfrac{F_B(L_{I-D} + L_{I-II}) - F_A L_{I-D}}{L_{I-D} + L_{I-II} + L_{II-C}} = \dfrac{0.06\omega^2 \times 400 - 0.04\omega^2 \times 200}{1000} = 0.016\omega^2$）

$0.016\omega^2 \leqslant 160$，$\omega \leqslant 100 \text{rad/s}$，$\omega_{\max} = 100 \text{rad/s}$

（2）因为 m_A 与 m_B 位于同一轴截面上，$F_b + F_A = F_B$，$F_b = F_B - F_A = 0.02\omega^2$，方向向上。又因为 $F_b = m_b r_b \omega^2$，所以 $m_b = \dfrac{F_b}{r_b \omega^2} = \dfrac{0.02\omega^2}{0.04\omega^2} = 0.5 \text{kg}$。

$$\sum M_C = -F_A(L_{I-II} + L_{II-C}) + F_B L_{II-C} - F_b(L_{II-C} - L_{II-III}) = 0$$

即：$-0.04\omega^2 \times 800 + 0.06\omega^2 \times 600 - 0.02\omega^2 \times (600 - L_{II-III}) = 0$，$L_{II-III} = 400 \text{mm}$，截面Ⅲ在Ⅱ面与 C 之间，距Ⅱ面 400mm。

第 7 章　机械的运转及其速度波动的调节

7.4.1　填空题

1. 等效转动惯量、等效力矩、等效质量、等效力；2. 作用有等效转动惯量或等效质量的等效构件所具有的动能等于原机械系统的动能；3. 机构位置、常数；4. 速度比、真实速度；5. 等速、周期变速、常数、周期性波动；6. 等效驱动力矩和等效阻抗力矩随时相等（或驱动功率和阻抗功率随时相等），在 M_{ed}、M_{er} 和 J_e 变化的公共周期内驱动功等于阻抗功，$\delta = \dfrac{\omega_{\max} - \omega_{\min}}{\omega_m}$；7. 周期性速度波动、非周期性速度波动、飞轮、调速器；8. 盈亏、盈；9. 最大动能、最小动能；10. $\dfrac{\Delta W_{\max}}{\omega_m^2 [\delta]} - J_e$。

7.4.2　判断题

1. ×；2. √；3. √；4. ×；5. √；6. √。

7.4.3 选择题

1. D；2. C；3. C、B；4. C；5. B；6. B；7. A；8. B；9. B。

7.4.4 分析与计算题

1. 解：$J_e = \sum_{i=1}^{n} \left[m_i \left(\frac{v_{Si}}{\omega} \right)^2 + J_{Si} \left(\frac{\omega_i}{\omega} \right)^2 \right]$，即 $J_e = J_1 \left(\frac{\omega_1}{\omega_2} \right)^2 + J_2 + m_3 \left(\frac{v_2}{\omega_2} \right)^2 + m_4 \left(\frac{v_4}{\omega_2} \right)^2$

$M_e = \sum_{i=1}^{n} \left[F_i \cos\alpha_i \left(\frac{v_i}{\omega} \right) \pm M_i \left(\frac{\omega_i}{\omega} \right) \right]$，即 $M_e = M_1 \left(\frac{\omega_1}{\omega_2} \right) + F_4 \cos180° \left(\frac{v_4}{\omega_2} \right)$

如图所示：

$v_3 = v_C = \omega_2 l$，$\vec{v}_C = \vec{v}_D + \vec{v}_{CD}$，$v_4 = v_D = v_C \sin\varphi_2 = \omega_2 l \sin\varphi_2$

$$J_e = J_1 \left(\frac{z_2}{z_1} \right)^2 + J_2 + m_3 \left(\frac{\omega_2 l}{\omega_2} \right)^2 + m_4 \left(\frac{\omega_2 l \sin\varphi_2}{\omega_2} \right)^2 = 9J_1 + J_2 + m_3 l^2 + m_4 l^2 \sin^2\varphi_2$$

$$M_e = M_1 \left(\frac{z_2}{z_1} \right) - F_4 \left(\frac{\omega_2 l \sin\varphi_2}{\omega_2} \right) = 3M_1 - F_4 l \sin\varphi_2$$

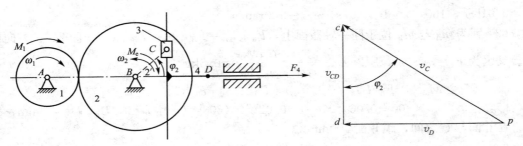

题 7.4.4−1 答图

2. 解：（1）该机构等效转动惯量的计算公式为：$J_e = \sum_{i=1}^{n} J_i \left(\frac{\omega_i}{\omega} \right)^2$。

根据已知条件得：$\frac{\omega_2}{\omega_1} = \frac{z_1}{z_2} = \frac{25}{50} = \frac{1}{2}$，$\frac{\omega_3}{\omega_1} = \frac{\omega_2}{\omega_1} = \frac{1}{2}$，$\frac{\omega_4}{\omega_1} = \frac{z_1 z_3}{z_2 z_4} = \frac{25 \times 25}{50 \times 50} = \frac{1}{4}$。

$$J_e = J_1 + J_2 \left(\frac{\omega_2}{\omega_1} \right)^2 + J_3 \left(\frac{\omega_3}{\omega_1} \right)^2 + J_4 \left(\frac{\omega_4}{\omega_1} \right)^2$$

$$= 0.04 + 0.16 \times \frac{1}{4} + 0.04 \times \frac{1}{4} + 0.16 \times \frac{1}{16} = 0.1 \text{kg} \cdot \text{m}^2$$

（2）该机构等效力矩的计算公式为：$M_e = \sum_{i=1}^{n} \pm M_i \left(\frac{\omega_i}{\omega} \right)$。

$$M_r = M_e = -M_3 \frac{\omega_4}{\omega_1} = -100 \times \frac{1}{4} = -25 \text{N} \cdot \text{m}$$

3. 解：（1）等效转动惯量 $J_e = J_1 + J_2 \left(\frac{\omega_2}{\omega_1} \right)^2 + m_2 \left(\frac{v_{O2}}{\omega_1} \right)^2 + J_H \left(\frac{\omega_H}{\omega_1} \right)^2$。

$i_{13}^{H} = \frac{\omega_1 - \omega_H}{\omega_3 - \omega_H} = -\frac{z_3}{z_1} = -3$，因为 $\omega_3 = 0$，所以 $\frac{\omega_H}{\omega_1} = \frac{1}{4}$。

$$\frac{v_{O_2}}{\omega_1} = \frac{l_H \omega_H}{\omega_1} = \frac{m(z_1 + z_2) \omega_H}{2\omega_1} = \frac{0.01 \times (20 + 20)}{2} \times \frac{1}{4} = \frac{1}{20}$$

$i_{23}^H = \dfrac{\omega_2 - \omega_H}{\omega_3 - \omega_H} = \dfrac{z_3}{z_2} = 3$，因为 $\omega_3 = 0$，所以 $\dfrac{\omega_2}{\omega_H} = -2$，$\dfrac{\omega_2}{\omega_1} = \dfrac{\omega_2}{\omega_H} \cdot \dfrac{\omega_H}{\omega_1} = -\dfrac{1}{2}$。

$$J_e = 0.01 + 0.01 \times \left(-\dfrac{1}{2}\right)^2 + 2 \times \left(\dfrac{1}{20}\right)^2 + 0.16 \times \left(\dfrac{1}{4}\right)^2 = 0.0275 \text{kg} \cdot \text{m}^2$$

（2）等效力矩 $M_e = -M_H \left(\dfrac{\omega_H}{\omega_1}\right) = -40 \times \dfrac{1}{4} = -10 \text{N} \cdot \text{m}$。

4. 解：取轮 1 为等效构件，求等效转动惯量 J_e 和等效力矩 M_e。

$$J_e = J_1 + J_2 \left(\dfrac{\omega_2}{\omega_1}\right)^2 + J_3 \left(\dfrac{\omega_3}{\omega_1}\right)^2 = J_1 + J_2 \left(\dfrac{z_1}{z_2}\right)^2 + J_3 \left(\dfrac{z_1}{z_3}\right)^2$$

$$= 0.12 + 0.18 \times \left(\dfrac{18}{27}\right)^2 + 0.4 \times \left(\dfrac{18}{36}\right)^2 = 0.3 \text{kg} \cdot \text{m}^2$$

$$M_e = M_1 - M_3 \left(\dfrac{\omega_3}{\omega_1}\right) = M_1 - M_3 \left(\dfrac{z_1}{z_3}\right) = 65 - 100 \times \dfrac{1}{2} = 15 \text{N} \cdot \text{m}$$

当 J_e、M_e 均为常数时，$J_e \alpha_1 = M_e$，即 $0.3 \alpha_1 = 15$，$\alpha_1 = 50 \text{rad/s}^2$，方向与 M_1 一致。
$\omega_1 = \omega_0 + \alpha t = 0 + 50 \times 3 = 150 \text{rad/s}$，方向与 M_1 一致。

5. 解：设制动力矩 M_r 为常数。机械运转时，在任一时间间隔 dt 内，所有外力所做的功 dW 应等于机械系统动能的增量 dE，即 $dW = dE$。

$$d\left(\dfrac{1}{2} J_e \omega^2\right) = M_r d\varphi, \quad J_e \omega \dfrac{d\omega}{d\varphi} = M_r, \quad J_e \omega \dfrac{d\omega}{d\varphi} \cdot \dfrac{dt}{dt} = J_e \omega \dfrac{d\omega}{dt} \cdot \dfrac{dt}{d\varphi} = M_r$$

由于 $\dfrac{dt}{d\varphi} = \dfrac{1}{\omega}$，所以 $J_e \dfrac{d\omega}{dt} = M_r$，即 $J_e d\omega = M_r dt$

$$\int_{150}^{0} J_e d\omega = \int_{0}^{3} M_r dt, \quad -150 J_e = 3 M_r, \quad M_r = \dfrac{-150 J_e}{3} = -50 \text{N} \cdot \text{m}$$

6. 解：（1）根据在一个周期内的驱动功等于阻抗功得：$M_d \times 2\pi = \dfrac{1}{2} \times 400 \times 2\pi$，$M_d = 200 \text{N} \cdot \text{m}$。

（2）$W_{a-b}^+ = \dfrac{1}{2} \times \dfrac{\pi}{2} \times 200 = 50\pi \text{N} \cdot \text{m}$，$W_{b-c}^- = \dfrac{1}{2} \times \pi \times (400 - 200) = 100\pi \text{N} \cdot \text{m}$，$W_{c-a'}^+ = \dfrac{1}{2} \times \dfrac{\pi}{2} \times 200 = 50\pi \text{N} \cdot \text{m}$，画能量指示图，如答图 (b) 所示。$\Delta W_{max} = 100\pi \text{N} \cdot \text{m}$

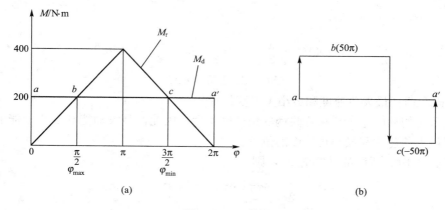

(a)   (b)

题 7.4.4 - 6 答图

(3) $\varphi_{\omega_{\max}}$ 和 $\varphi_{\omega_{\min}}$ 的位置如答图(a)所示。

(4) $J_{\mathrm{F}} = \dfrac{\Delta W_{\max}}{\omega_{\mathrm{m}}^2 [\delta]} = \dfrac{100\pi}{100^2 \times 0.05} = 0.628 \mathrm{kg \cdot m^2}$

7. 解：(1) 求 M_{ed}。根据在一个周期内的驱动功等于阻抗功得

$$M_{\mathrm{ed}} \times 2\pi = 200 \times 2\pi + \frac{1}{2} \times \left(\frac{\pi}{4} + \frac{\pi}{2}\right) \times (1800-200), \quad M_{\mathrm{ed}} = 500 \mathrm{N \cdot m}$$

(2) 求 $\Delta W_{\max}$。如答图(a)所示，$W_{\mathrm{a-b}}^+ = \dfrac{\pi}{2} \times (500-200) = 150\pi \mathrm{N \cdot m}$,

$W_{\mathrm{b-c}}^- = \dfrac{1}{2} \times \left(\dfrac{\pi}{4} + \dfrac{29}{64}\pi\right) \times (1800-500) = 457\pi \mathrm{N \cdot m}\left(\dfrac{bc-\pi/4}{\pi/2-\pi/4} = \dfrac{1800-500}{1800-200}, \; bc = \dfrac{29}{64}\pi\right)$,

$W_{\mathrm{c-d}}^+ = \dfrac{1}{2} \times \left(\dfrac{3\pi}{2} - \dfrac{29}{64}\pi + \pi\right) \times (500-200) = 307\pi \mathrm{N \cdot m}$。作能量指示图如答图(b)所示，由

能量指示图可得：$\Delta W_{\max} = 457\pi \mathrm{N \cdot m}$。

(3) 求 J_{F}。$J_{\mathrm{F}} = \dfrac{900\Delta W_{\max}}{\pi^2 n^2 [\delta]} = \dfrac{900 \times 457\pi}{\pi^2 \times 1440^2 \times 0.05} = 1.263 \mathrm{kg \cdot m^2}$。

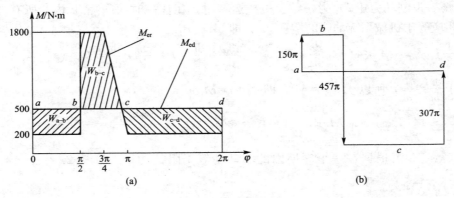

题 7.4.4－7 答图

8. 解：(1) 求等效阻抗力矩 M_{r}。

在机械的稳定运转阶段，驱动力矩对机械系统所作功和阻抗力矩对机械系统所作功相

等，即 $\displaystyle\int_0^{4\pi} M_{\mathrm{d}} \mathrm{d}\varphi = \int_0^{4\pi} M_{\mathrm{r}} \mathrm{d}\varphi$。

$$\frac{\pi}{2} \times 75 - \frac{\pi}{2} \times 50 + \pi \times 100 - \frac{\pi}{2} \times 75 + \frac{\pi}{2} \times 50 - \frac{\pi}{2} \times 100 + \frac{\pi}{2} \times 75 = 4\pi \times M_{\mathrm{r}}$$

$$M_{\mathrm{r}} = 21.875 \mathrm{N \cdot m}$$

(2) 确定曲柄最大角速度和最小角速度位置。

机械系统的动能越大意味着曲柄的角速度越大。因此，最大动能和最小动能的位置对应的就是最大角速度和最小角速度的位置。

设：$\varphi = 0$ 时，系统的动能为 E_0，则

$$E_{\frac{\pi}{2}} = E_0 + \frac{\pi}{2} \times (75 - 21.875) = E_0 + 26.5625\pi$$

$$E_\pi = E_{\frac{\pi}{2}} + \frac{\pi}{2} \times (-50 - 21.875) = E_0 - 9.375\pi$$

$$E_{2\pi}=E_\pi+\pi\times(100-21.875)=E_0+68.75\pi$$

$$E_{\frac{5\pi}{2}}=E_{2\pi}+\frac{\pi}{2}\times(-75-21.875)=E_0+20.3125\pi$$

$$E_{3\pi}=E_{\frac{5\pi}{2}}+\frac{\pi}{2}\times(50-21.875)=E_0+34.375\pi$$

$$E_{\frac{7\pi}{2}}=E_{3\pi}+\frac{\pi}{2}\times(-100-21.875)=E_0-26.5625\pi$$

$$E_{4\pi}=E_{\frac{7\pi}{2}}+\frac{\pi}{2}\times(75-21.875)=E_0$$

比较上述各点的动能可以看出：当 $\varphi=2\pi$ 时，动能最大；当 $\varphi=\frac{7}{2}\pi$ 时，动能最小。

由此可知，$\varphi=2\pi$ 时，曲柄的角速度最大；$\varphi=\frac{7}{2}\pi$ 时，曲柄的角速度最小。

（3）求最大盈亏功 ΔW_{max}。

最大动能为：$E_{max}=E_{2\pi}=E_0+68.75\pi$；最小动能为：$E_{min}=E_{\frac{7\pi}{2}}=E_0-26.5625\pi$。

$$\Delta W_{max}=E_{max}-E_{min}=(E_0+68.75\pi)-(E_0-26.5625\pi)=95.3125\pi$$

（4）求飞轮的转动惯量 J_F。

$$J_F=\frac{900\Delta W_{max}}{\pi^2 n^2[\delta]}=\frac{900\times95.3125\pi}{\pi^2\times1000^2\times0.02}=1.366\text{kg}\cdot\text{m}^2$$

9. 解：（1）求等效驱动力矩 M_d 和等效阻抗力矩 M_r。

$$W_d=\int_0^{2\pi}M_d\mathrm{d}\varphi=M_d\times2\pi=3140\text{N}\cdot\text{m},\quad M_d=500\text{N}\cdot\text{m}$$

$$W_r=\int_0^{2\pi}M_r\mathrm{d}\varphi=\frac{1}{2}\times M_{max}\times2\pi=W_d=3140\text{N}\cdot\text{m},\quad M_{max}=1000\text{N}\cdot\text{m}$$

画出 $M_d-\varphi$ 和 $M_r-\varphi$ 图，如答图所示。

求得：$\overline{ab}=\frac{\pi}{4}$，$\overline{bc}=\frac{\pi}{2}$，$\overline{cd}=\frac{3\pi}{8}$，$\overline{de}=\overline{ef}=\overline{fg}=\frac{\pi}{4}$，$\overline{ga'}=\frac{\pi}{8}$

（2）求最大盈亏功 ΔW_{max}。

设 a 点动能为 E_a，则

$$E_b=E_a+\frac{1}{2}\overline{ab}M_d=E_a+62.5\pi,\quad E_c=E_b-\frac{1}{2}\overline{bc}(M_{rmax}-M_d)=E_a-62.5\pi$$

$$E_d=E_c+\frac{1}{2}\overline{cd}M_d=E_a+31.25\pi,\quad E_e=E_d-\frac{1}{2}\overline{de}(M_{rmax}-M_d)=E_a-31.25\pi$$

$$E_f=E_e+\frac{1}{2}\overline{ef}M_d=E_a+31.25\pi,\quad E_g=E_f-\frac{1}{2}\overline{fg}(M_{rmax}-M_d)=E_a-31.25\pi$$

$$E_{a'}=E_g+\frac{1}{2}\overline{ga'}M_d=E_a,\quad \Delta W_{max}=E_{max}-E_{min}=E_b-E_c=125\pi\text{N}\cdot\text{m}$$

（3）计算飞轮转动惯量 J_F。

$$J_F\geqslant\frac{900\Delta W_{max}}{\pi^2 n^2[\delta]}=\frac{900\times125\pi}{\pi^2\times1000^2\times0.05}=0.716\text{kg}\cdot\text{m}^2$$

10. 解：（1）求 $M_r-\varphi$ 的变化规律。

在一个稳定运转周期内，$W_d=W_r$

$$M_d\times2\pi=\frac{1}{2}M_{rmax}\times\pi,\quad M_{rmax}=4M_d=19.6\times4=78.4\text{N}\cdot\text{m}$$

M_r 的变化规律为：
$$\begin{cases} M_r = \dfrac{156.8}{\pi}\varphi - 78.4 & \dfrac{\pi}{2} \leqslant \varphi \leqslant \pi \\ M_r = -\dfrac{156.8}{\pi}\varphi + 235.2 & \pi < \varphi \leqslant \dfrac{3}{2}\pi \end{cases}$$

M_r 的变化规律曲线如答图所示。点 b 的横坐标：$\varphi_b = \dfrac{5}{8}\pi$；点 c 的横坐标：$\varphi_c = \dfrac{11}{8}\pi$

（2）求最大盈亏功 ΔW_{max}。

设点 a 的动能为 E_a，则：

点 b 的动能为：$E_b = E_a + \dfrac{1}{2} \times 19.6 \times \left(\dfrac{5}{8}\pi + \dfrac{1}{2}\pi\right) = E_a + 11.025\pi$

点 c 的动能为：$E_c = E_b - \dfrac{1}{2} \times (78.4 - 19.6) \times \left(\dfrac{11}{8}\pi - \dfrac{5}{8}\pi\right) = E_a - 11.025\pi$

点 d 的动能为：$E_d = E_c + \dfrac{1}{2} \times 19.6 \times \left(2\pi - \dfrac{11}{8}\pi + \dfrac{\pi}{2}\right) = E_a$

$\Delta W_{max} = E_{max} - E_{min} = (E_a + 11.025\pi) - (E_a - 11.025\pi) = 22.05\pi\,\text{N}\cdot\text{m}$

（3）求运转的速度不均匀系数 δ。

$$\delta = \frac{\Delta W_{max}}{\omega_m^2 J_F} = \frac{22.05\pi}{10^2 \times 9.8} = 0.07$$

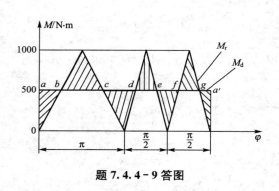

题 7.4.4 – 9 答图

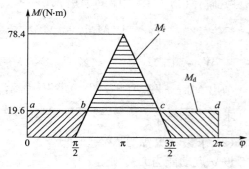

题 7.4.4 – 10 答图

第 8 章　平面连杆机构及其设计

8.4.1　填空题

1. 低副；2. 连架杆、曲柄、摇杆；3. 曲柄摇杆机构、双曲柄机构、双摇杆机构；4. 两曲柄以相同角速度同向转动、连杆作平动；5. 等腰梯形；6. 摇杆长度为无穷大、曲柄连接连杆处的转动副半径超过曲柄的长度、直动滑杆；7. 增大；8. 双摇杆；9. b 或 d；10. 双曲柄、曲柄摇杆；11. 最短杆（曲柄）、整周回转；12. 最短杆（机架）；13. $0°$、1；14. 曲柄摇杆机构、偏置曲柄滑块机构、摆动导杆机构；15. 压力角、传动角；16. 不考虑摩擦时机构输出构件上作用力 F 的作用线与该力作用点绝对速度方向所夹的锐角、差；

17. 50°；18. 摆动导杆机构、0°、90°；19. $\arccos\dfrac{a}{b}$、曲柄与机架处于垂直；20. $b \geqslant a +$

e、$\arcsin\dfrac{a+e}{b}$、曲柄与机架处于垂直；21. 摇杆、0°、90°；22. 9、3。

8.4.2　判断题

1. ×；2. ×；3. ×；4. ×；5. ×；6. ×；7. ×；8. ×；9. √；10. √；11. ×；
12. √；13. √；14. √；15. √；16. √；17. ×；18. √；19. ×；20. ×。

8.4.3　选择题

1. B；2. D；3. B；4. C；5. A 和 E、D；6. D；7. C；8. C；9. B；10. C；11. C；
12. C；13. C；14. C；15. C；16. B；17. C；18. A。

8.4.4　分析与计算题

1. 解：（1）机构运动简图如答图所示。

（2）计算机构的自由度。

$n=3$、$p_1=4$、$p_h=0$，$F=3n-(2p_1+p_h)=3\times3-(2\times4+0)=1$

（3）（a）图为曲柄摇块机构，（b）图为摆动导杆机构。

2. 解：（1）机构运动简图如答图（a）所示，该装置是曲柄滑块机构。

（2）该装置是将答图（b）所示的曲柄摇杆机构中的摇杆 3 的长度增大至无穷大，转动副 D 转化成移动副演化而来的。

3. 解：（1）最短杆与最长杆长度之和小于或等于其余两杆长度之和；以最短杆或其相邻杆为机架。

（2）（a）图：$l_{min}+l_{max}=25+120<60+100$，且以最短杆 25 相邻的杆 120 为机架，所以该机构为曲柄摇杆机构。

（b）图：$l_{min}+l_{max}=40+110<90+70$，且以最短杆 40 为机架，所以该机构为双曲柄机构。

4. 解：$l_{min}+l_{max}=a+b=650\text{mm}<c+d=700\text{mm}$

（1）当输出运动为往复摆动时，机构应为曲柄摇杆机构，此时应取四杆中最短杆 a 的相邻杆 b 或 d 作为机架。

（2）当输出运动也为单向连续转动时，机构应为双曲柄机构，此时应取四杆中的最短杆 a 作为机架。

5. 解：（1）该机构欲成为曲柄摇杆机构，且 AB 为曲柄，则 AB 应为最短杆，此时 BC 为最长杆。

由曲柄存在条件得：$l_{AB}+l_{BC}\leqslant l_{AD}+l_{CD}$，求得 $l_{AB}\leqslant15\text{mm}$，即 l_{AB} 的最大值为 15mm。

（2）解法一：该机构欲成为双曲柄机构，应满足曲柄存在的条件，且应以机架 AD 为最短杆。最长杆可能为 BC，也可能是 AB。题中所求为 AB 的最小值，所以只分析 BC 为最长杆的情况即可。

由曲柄存在条件得：$l_{AD}+l_{BC}\leqslant l_{AB}+l_{CD}$，求得 $45\text{mm}\leqslant l_{AB}\leqslant50\text{mm}$，即 l_{AB} 的最小值为 45mm。

解法二: 分 AB 为最长杆和 BC 为最长杆两种情况进行分析。

若 AB 为最长杆,由曲柄存在条件得:$l_{AD}+l_{AB} \leqslant l_{BC}+l_{CD}$,求得 50mm$<l_{AB} \leqslant$55mm

若 BC 为最长杆,由曲柄存在条件得:$l_{AD}+l_{BC} \leqslant l_{AB}+l_{CD}$,求得 45mm$\leqslant l_{AB} \leqslant$50mm

则 AB 杆长的取值范围为:45mm$\leqslant l_{AB} \leqslant$55mm,即 l_{AB} 的最小值为 45mm。

(3)如果机构尺寸满足杆长和条件且以 AD 为机架时,机构不能成为双摇杆机构;不满足杆长和条件时,才能使机构成为双摇杆机构。

若 AB 为最短杆,则 $l_{AB}+l_{BC}>l_{AD}+l_{CD}$,求得 15mm$<l_{AB}<$30mm。

若 AB 为最长杆,则 $l_{AD}+l_{AB}>l_{BC}+l_{CD}$,求得 $l_{AB}>$55mm。

若 AB 不是最短杆,也不是最长杆,则 $l_{AD}+l_{BC}>l_{AB}+l_{CD}$,求得 30mm$<l_{AB}<$45mm。若要保证机构成立,则应有 $l_{AB}<l_{BC}+l_{CD}+l_{AD}=$115mm。

所以,l_{AB} 的取值范围为 15mm$<l_{AB}<$45mm 或 55mm$<l_{AB}<$115mm。

6. **解:**(1)绘制机构运动简图如答图所示。该机构为一个铰链四杆机构,在该机构中:$n=3$、$p_1=4$、$p_h=0$。机构的自由度为 $F=3n-(2p_1+p_h)=3 \times 3-(2 \times 4+0)=1$,$F$ 与机构的原动件数相同,故该机构的运动是确定的。

(2)在图中量取各构件的长度分别为 $\overline{AO_1}=4$,$\overline{O_1O_2}=8$,$\overline{O_2B}=36$,$\overline{AB}=38$。$l_{min}+l_{max}=\overline{AO_1}+\overline{AB}=42<\overline{O_1O_2}+\overline{O_2B}=44$,满足四杆机构的杆长和条件,且连架杆 AO_1 为最短杆,AO_1 为曲柄。所以,偏心轮 1 能作整周转动。

(3)该机构做成双重偏心轮机构,从强度上讲是有利的,从结构上来说由于铰链 A 与 O_1 和 O_1 与 O_2 之间的距离均较小,不做成偏心轮结构在结构上也可能存在一定的困难。但从效率和防自锁的角度来考虑则是不利的。因为摩擦圆半径 $\rho=f_v r$(r 为轴颈半径),r 越大 ρ 也越大,传动效率越低,也越容易发生自锁。

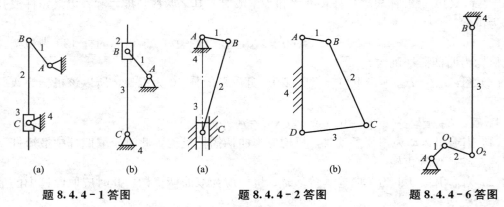

(a)	(b)	(a)	(b)
题 8.4.4-1 答图		题 8.4.4-2 答图	题 8.4.4-6 答图

7. **解:**(1)当曲柄摇杆机构的摇杆为无穷长时,则原来摇杆与机架之间的转动副就变为移动副,原机构就演化为了答图(a)所示的曲柄滑块机构。如果取曲柄滑块机构中的曲柄作为机架,则曲柄滑块机构就演化为了答图(b)所示的摆动导杆机构。

(2)对于答图(a),构件 AB 为曲柄的条件是 $a+e \leqslant b$;对于答图(b),只要导杆 BC 足够长,满足装配要求,则构件 AB 始终为曲柄。

(3)对于答图(a),构件 3 的极限位置在曲柄 1 和连杆 2 的两次共线处,其极限位置 C_1、C_2 和极位夹角 θ 如答图(a)所示;对于答图(b),构件 3 的极限位置在连接曲柄 1 与滑块 2 转动副 B 的轨迹圆与导杆 3 的切线处,即 $\angle ABC=90°$,其极限位置 CB_1、CB_2 和极

位夹角 θ 如答图(b)所示。

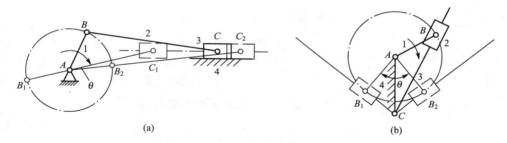

题 8.4.4－7 答图

8. 解：(1) 如答图所示 $r+e \leqslant l$，$r \leqslant l-e = 100-20 = 80$mm。

(2) $\theta = \arccos \dfrac{e}{l+r} - \arccos \dfrac{e}{l-r} = \arccos \dfrac{20}{100+60} - \arccos \dfrac{20}{100-60} = 22.82°$

$$K = \frac{180°+\theta}{180°-\theta} = \frac{180°+22.82°}{180°-22.82°} = 1.29$$

9. 解：(1) 如答图(a)所示，$\sin \alpha_{max} = \dfrac{l_{AB}+e}{l_{BC}} = \dfrac{30+25}{120} = 0.4583$，最大压力角 $\alpha_{max} = \arcsin 0.4583 = 27.28°$，最小传动角 $\gamma_{min} = 90° - \alpha_{max} = 62.72°$。

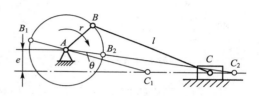

题 8.4.4－8 答图

(2) 如答图(b)所示，最大压力角 $\alpha_{max} = 0°$，最小传动角 $\gamma_{min} = 90° - \alpha_{max} = 90°$。

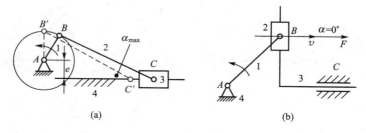

题 8.4.4－9 答图

10. 解：如答图所示。

11. 解：(1) 欲使其为摆动导杆机构，则 $l_{AB} \leqslant l_{AD} - e$，即 $l_{AD} \geqslant l_{AB} + e = 40+10 = 50$mm，$l_{AD}$ 的最小值为 50mm。

(2) 当 $e=0$ 时，要使该机构成为转动导杆机构，必须有 $l_{AD} \leqslant l_{AB} = 40$mm，$l_{AD}$ 的最大值为 40mm。

(3) 对于 $e=0$ 的摆动导杆机构，传动角 $\gamma = 90°$，为常数。对于 $e>0$ 的摆动导杆机构，其导杆上任何点的速度方向不垂直于导杆，且随着曲柄的转动而变化，而作用于导杆上的力总是垂直于导杆，故压力角不为零，传动角 $0° < \gamma < 90°$，且是变化的。从传力效果来看，$e=0$ 的情况好。

12. 解：作出滑块处于两个极限位置时的机构运动示意图，如答图所示。

$$(1)\begin{cases}\dfrac{e}{l_{BC}+l_{AB}}=\sin30°\\[2mm]\dfrac{e}{l_{BC}-l_{AB}}=\sin60°\\[2mm]e\cot30°-e\cot60°=80\end{cases},\;解得\begin{cases}l_{AB}=40(\sqrt{3}-1)\text{mm}\\[2mm]l_{BC}=40(\sqrt{3}+1)\text{mm}\\[2mm]e=40\sqrt{3}\text{mm}\end{cases}$$

(2) $\theta=\angle C_1AC_2=60°-30°=30°$，$K=\dfrac{180°+\theta}{180°-\theta}=\dfrac{180°+30°}{180°-30°}=1.4$

(3) 如答图所示，最大压力角出现在曲柄 AB 垂直于机架时。

$$\sin\alpha_{max}=\frac{l_{AB}+e}{l_{BC}}=\frac{80\sqrt{3}-40}{40\sqrt{3}+40}=0.9019，\;\alpha_{max}=64.41°$$

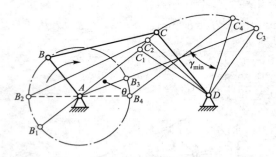

题 8.4.4 - 10 答图

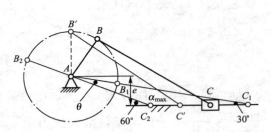

题 8.4.4 - 12 答图

13. 解：当以构件 1 为主动件时，机构不会出现死点；当以构件 3 为主动件时，机构会出现死点，其死点如答图所示。

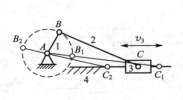

(a)

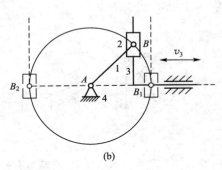

(b)

题 8.4.4 - 13 答图

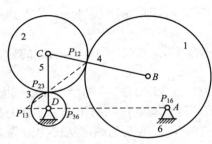

题 8.4.4 - 14 答图

14. 解：(1) $l_{min}+l_{max}=l_{AB}+l_{AD}=165\text{mm}<l_{BC}+l_{CD}=170\text{mm}$，$AB$ 杆是最短杆，且又为连架杆，所以构件 1 为曲柄，齿轮 1 能作整周转动。

(2) $n=5$、$p_1=6$、$p_h=2$，$F=3n-(2p_1+p_h)=3\times5-(2\times6+2)=1$。

(3) 由三心定理确定的 P_{13} 位置如答图所示。

$$v_{P_{13}}=\omega_1\overline{P_{16}P_{13}}=\omega_3\overline{P_{36}P_{13}}，\;i_{13}=\frac{\omega_1}{\omega_3}=\frac{\overline{P_{36}P_{13}}}{\overline{P_{16}P_{13}}}。$$

8.4.5 分析与设计题

1. 解：可将此曲柄滑块机构与一双曲柄机构串联，DE 杆匀速转动，滑块具有急回特性，如答图所示。

2. 解：A、D 应在 B_1B_2、C_1C_2 中垂线上，连接 B_1、B_2 和 C_1、C_2，分别作 B_1B_2 和 C_1C_2 的中垂线 m、n。

连杆在 B_1C_1 位置时，DC_1 处于一个极限位置，则此时 AB_1 与 B_1C_1 共线，所以 m 和 B_1C_1 交点即为固定铰链 A 的位置，如答图所示。

连杆在 B_1C_1 位置时，机构的传动角 $\gamma = 60°$，即 $\angle B_1C_1D = 60°$，过 C_1 作 $\angle B_1C_1P = 60°$，则 C_1P 与 n 交点即为所求固定铰链 D 的位置，如答图所示。

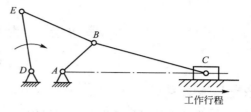

题 8.4.5-1 答图

3. 解：(1) 取比例尺 $\mu_1 = 6\ \dfrac{\text{mm}}{\text{mm}}$，按已知条件作出摇杆 CD 的两个极限位置 DC_1 和 DC_2。

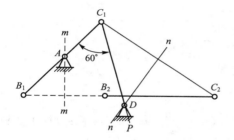

题 8.4.5-2 答图

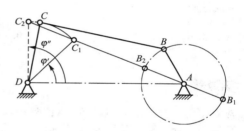

题 8.4.5-3 答图

(2) 因极位夹角 $\theta = 180°\dfrac{K-1}{K+1} = 0°$，所以 AC_2 与 AC_1 重合为一直线，连接 C_1C_2，作 C_2C_1 延长线，与 DC_2 垂线交于点 A，则点 A 即为要求的固定铰链中心，如答图所示。

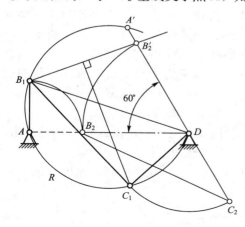

题 8.4.5-4 答图

(3) 由图可得

$$l_{AC_2} = l_{BC} + l_{AB} = \mu_1 \overline{AC_2} = 6 \times 50 = 300\text{mm}$$

$$l_{AC_1} = l_{BC} - l_{AB} = \mu_1 \overline{AC_1} = 6 \times 25 = 150\text{mm}$$

所以，$l_{BC} = \dfrac{l_{AC_2} + l_{AC_1}}{2} = 225\text{mm}$，$l_{AB} = \dfrac{l_{AC_2} - l_{AC_1}}{2} = 75\text{mm}$。

4. 解：(1) 选取比例尺 μ_1 作图：以 A 为圆心，AB_1 为半径作圆交 AD 于 B_2；连接 B_1D，以 B_1D 为直径作圆 R；以 D 为顶点，作 $\angle ADA' = 60°$，再以 D 为圆心、DB_2 为半径画弧交 DA' 于 B_2' 点；连接 B_1B_2'，并作 B_1B_2' 的中垂线交圆 R 于

C_1 点，连接 B_1C_1、C_1D。

（2）由答图得：$l_{BC}=\mu_1\overline{B_1C_1}=77.5\text{mm}$，$l_{CD}=\mu_1\overline{C_1D_1}=28\text{mm}$。

（3）$l_{AB}+l_{AD}=100\text{mm}<l_{BC}+l_{CD}=105.5\text{mm}$，且最短杆 AB 为连架杆，所以该机构为曲柄摇杆机构。

第 9 章　凸轮机构及其设计

9.4.1　填空题

1. 曲柄摇杆机构、摆动导杆机构、摆动推杆盘形凸轮机构；2. 力封闭（力锁合）、几何封闭（形封闭、形锁合）；3. 等速、等加速等减速和余弦加速度、五次多项式和正弦加速度；4. 等加速等减速、余弦加速度；5. 反转法、凸轮、凸轮和推杆之间的相对运动；6. 理论、实际（工作）；7. 压力角；8. 紧凑、接近临界压力角、自锁；9. 顺时针；10. 增大基圆半径、减少滚子半径；11. 许用压力角 $[\alpha]$、凸轮的实际廓线全部外凸（凸轮实际廓线各点的曲率半径 $\rho_a>0$）；12. $30°$、$0°$。

9.4.2　判断题

1. ×；2. √；3. √；4. √；5. ×；6. ×；7. ×；8. √；9. √；10. ×；11. √；12. √；13. √；14. √。

9.4.3　选择题

1. A；2. B；3. A；4. C；5. A；6. B；7. C；8. C；9. C；10. C；11. D；12. A；13. B；14. A；15. A；16. C；17. A；18. A；19. D；20. D；21. A。

9.4.4　作图求解题

1. 解：（1）AB 段的位移线图为一条倾斜直线，在这一段应为等速运动规律，速度线图为一条水平直线，其加速度为零；BC 段的加速度线图为一条水平直线，在这一段应为等加速运动规律，其速度线图为一条倾斜的直线，位移线图为一条下凹的二次曲线；CD 段的速度线图为一条倾斜下降的直线，在这一段应为等减速运动规律，其加速度线图为一条水平直线，位移线图为一条上凸的二次曲线。补全后的运动曲线如答图所示。

（2）该凸轮机构在推程中，在 A 处有刚性冲击，在 B、C、D 处有柔性冲击。

2. 解：（1）补全后的推杆位移、速度和加速度线图如答图所示。

（2）在运动的开始时（点 O）以及 $\dfrac{\pi}{3}$、$\dfrac{4\pi}{3}$、$\dfrac{5\pi}{3}$ 处

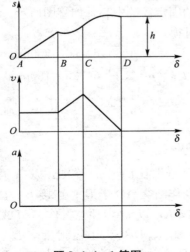

题 9.4.4－1 答图

加速度有限突变，所以在这些位置有柔性冲击；在 $\frac{2\pi}{3}$ 和 π 处速度有限突变，加速度无限突变，在理论上将会产生无穷大的惯性力，所以在这些位置有刚性冲击。

3. 解：利用反转法：凸轮固定，机架和推杆绕凸轮转动中心 O 反转 $30°$。固定铰链 A 到点 A'，推杆从 AB 运动到 $A'B'$。由推杆上点 B' 的速度方向和推杆的受力方向（凸轮理论廓线上点 B' 的法线）确定出凸轮逆时针转过 $30°$ 时机构的压力角 α，如答图所示。

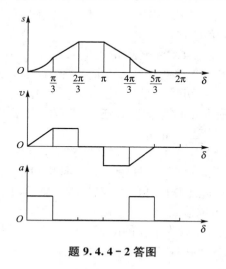

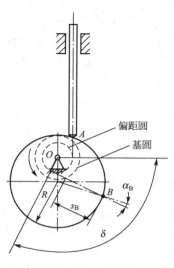

题 9.4.4-2 答图　　　　　　题 9.4.4-3 答图

4. 解：（1）当凸轮转过任意角 δ 时，其压力角 α 如答图所示。由图中几何关系有：$\sin\alpha = \dfrac{e - e\cos\delta}{R + r_r}$，机构的压力角 α 与凸轮转角 δ 之间的关系为：$\alpha = \arcsin \dfrac{e - e\cos\delta}{R + r_r}$。

（2）如果 $\alpha \geqslant [\alpha]$，可减小偏距 e、增大圆盘半径 R、增大滚子半径 r_r。

5. 解：如答图所示。

6. 解：如答图所示。

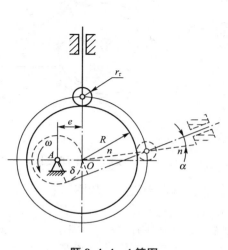

题 9.4.4-4 答图　　　　　　题 9.4.4-5 答图

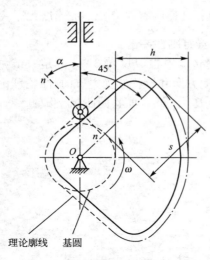

理论廓线　基圆

题 9.4.4-6 答图

7. 解：(1) 以 O 为圆心作凸轮的基圆 m；再以 O 为圆心、$\overline{OA}$ 为半径作出摇杆摆动中心绕凸轮回转中心反转($-\omega$)时的运动轨迹圆 n。过基圆 m 与凸轮工作廓线切点 B_0 作基圆的切线，与圆 n 交于 A_0，连接 A_0O。凸轮从初始位置到达图示位置的转角 δ_B 就是 A_0O 沿 $-\omega$ 方向转到 AO 时的角度。过 A 点作基圆 m 的切线 AT，则 AT 与 AB 的夹角即为图示位置时推杆的角位移 φ_B。

(2) 延长 OC，交凸轮工作廓线于点 B_1，过 B_1 作凸轮工作廓线的切线，交圆 n 于 A_1 点，过 A_1 点作基圆 m 的切线 A_1T_1，则 A_1B_1 与 A_1T_1 的夹角为推杆的最大角位移 φ_{max}。连接 A_1O，则 $\angle A_0OA_1$ 为凸轮的推程运动角 δ_0。

(3) 过 O 点作 $A_2O \perp A_0O$，过 A_2 点作基圆 m 的切线 A_2T_2，(即将推杆沿 $-\omega$ 方向从初始位置 A_0B_0 转过 $90°$，到达 A_2T_2 的位置)，再过 A_2 点作凸轮工作廓线的切线 A_2B_2，则 A_2T_2 与 A_2B_2 的夹角就是凸轮从初始位置回转 $90°$ 时推杆的角位移 $\varphi_{90°}$。

8. 解：(1) 凸轮的理论廓线为以 C 为圆心、BC 为半径的圆。

(2) 凸轮的基圆为以 O 为圆心，与理论廓线圆内切的圆。

(3) 压力角为 BC 与 AB 垂线所夹的锐角 α。

(4) 以 A 为圆心、AB 为半径作弧交基圆于 B' 点，则 $\angle B'AB$ 为 φ 角，$\angle B_0OB'$ 为凸轮转角 δ。

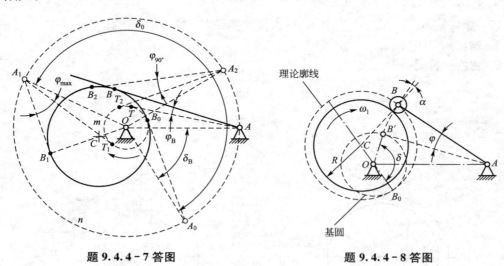

题 9.4.4-7 答图　　**题 9.4.4-8 答图**

9. 解：(1) 理论的廓线为：以 A 点为圆心、半径为 $R+r_r$ 的圆。

(2) $r_0 = R - OA + r_r = 40 - 25 + 10 = 25$mm。

(3) 此时推杆的位移 s 如图所示。行程 $h = R + OA + r_r - r_0 = 40 + 25 + 10 - 25 = 50$mm。

(4) 将推杆导路沿 $-\omega$ 方向转过 $90°$ 到 B'，此时压力角 α' 如答图所示。

$$\alpha_{\max}=\arcsin\frac{OA}{R+r_r}=\arcsin\frac{25}{40+10}=30°$$

（5）若凸轮实际廓线不变，而将滚子半径 r_r 改为 15mm，此时推杆的运动规律将改变。凸轮实际廓线不变、滚子半径改变时，凸轮理论廓线将发生变化，因此推杆的运动规律将改变。

10. 解：（1）凸轮的理论轮廓是以 C 为圆心、以 $R+r_r=110$mm 为半径的圆，如答图所示。

（2）①过理论轮廓的圆心 C 和凸轮的回转中心 O 作直线交于理论轮廓上的点 L 和 H，$r_0=OL=R-OC+r_r=100-20+10=90$mm。②以点 O 为圆心，以偏距 $e=10$mm 为半径作凸轮的偏距圆，如答图所示。过点 H 作偏距圆的切线交基圆于点 M，推杆行程为

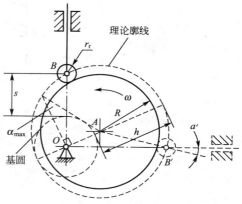

题 9.4.4－9 答图

$$h=HM=\sqrt{OH^2-e^2}-\sqrt{r_0^2-e^2}=\sqrt{(OC+R+r_r)^2-e^2}-\sqrt{r_0^2-e^2}$$
$$=\sqrt{(20+100+10)^2-10^2}-\sqrt{90^2-10^2}=40.17\text{mm}$$

（3）$\angle MOH=\arccos\dfrac{OM^2+OH^2-HM^2}{2OM\cdot OH}=\arccos\dfrac{90^2+130^2-40.17^2}{2\times90\times130}=2.56°$

$\delta_0=180°+\angle MOH=182.56°$，$\delta_0'=360°-\delta_0=177.44°$，$\delta_{01}=\delta_{02}=0°$

（4）连接 CB，则 CB 与推杆速度方向（沿导路）所夹锐角即为压力角 α。

（5）如答图所示，过理论轮廓的圆心 C 和凸轮的回转中心 O 所作的直线交偏距圆于点 A，过点 A 作偏距圆的切线交理论轮廓于点 D，连接 C 和 D 两点，则 $\angle CDA$ 为凸轮机构的最大压力角，其值为：$\sin\alpha_{\max}=\sin\angle CDA=\dfrac{CA}{CD}=\dfrac{OC+e}{R+r_r}=\dfrac{20+10}{100+10}=0.273$，则：$\alpha_{\max}=\arcsin 0.273=15.84°$。

过理论轮廓的圆心 C 作偏距圆的两条切线，交理论轮廓于 B_1 点和 B_2 点，此两点处压力角为零。即：$\alpha_{\min}=0°$。

11. 解：凸轮由图示位置转过 $45°$ 时，推杆的位移 s 和凸轮机构在接触点处的压力角 α 如答图所示。

（1）$O'B=O'A=\sqrt{2}r_0=25\sqrt{2}$mm

在 $\triangle OO'B$ 中：$O'B^2=OO'^2+OB^2-2OO'\cdot OB\cos45°$

$$OB^2-\sqrt{2}r_0OB-r_0^2=0$$

$$OB=\frac{(\sqrt{2}+\sqrt{6})r_0}{2}=48.30\text{mm}$$

$$s=OB-r_0=48.30-25=23.30\text{mm}$$

（2）$\dfrac{OO'}{\sin\alpha}=\dfrac{O'B}{\sin45°}$

$$\alpha=\arcsin\left(\frac{OO'}{O'B}\sin45°\right)=\arcsin\left[\frac{25}{25\sqrt{2}}\times\frac{\sqrt{2}}{2}\right]=30°$$

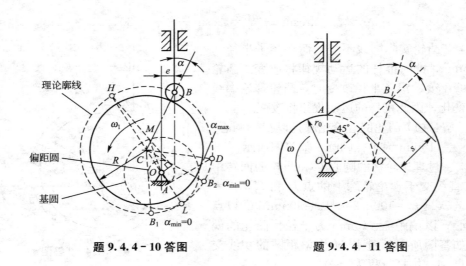

题 9.4.4-10 答图　　　　题 9.4.4-11 答图

第 10 章　齿轮机构及其设计

10.4.1　填空题

1. 基圆、不相等；2. $r_b\tan\alpha_K$、0、∞；3. 该点所受正压力方向（即法线方向）与该点的速度方向、基、齿顶、分度；4. 传动比；5. m、z、α、h_a^*、c^*；m、α、h_a^*、c^*；6. 压力角 α、模数 m；7. 13.339；8. 模数；9. 1mm、0、1.5mm、大于；10. 一个齿轮在节圆上的齿厚等于另一个齿轮在节圆上的齿槽宽；11. 分度圆、分度圆上的压力角；12. 法向齿距（基圆齿距）P_b；13. $\dfrac{a'}{1+i_{12}}$、$\arccos\dfrac{r_{b1}}{r_1}$；14. 齿数（$z_1$、$z_2$）、模数 m、46.15、53.85；15. 增大齿顶高系数 h_a^* 或改为斜齿圆柱齿轮传动；16. 不变、不变、增加一倍；17. 分度、节；18. 17；19. 正；20. 增大、不变、增大、不变、增大、减小；21. 正传动、标准齿轮传动（零传动）、安装中心距小于标准中心距、负传动；22. 法、端；23. $m_{n1}=m_{n2}$、$\alpha_{n1}=\alpha_{n2}$、$\beta_1=-\beta_2$；24. 大、少；25. 螺旋角 β、齿宽 B；26. $\dfrac{z}{\cos\delta}$、大端。

10.4.2　判断题

1. √；2. √；3. √；4. ×；5. √；6. ×；7. √；8. ×；9. ×；10. √；11. ×；12. ×；13. ×；14. √；15. ×。

10.4.3　选择题

1. C；2. B；3. B；4. C；5. B；6. B；7. C；8. D；9. C；10. D；11. B；12. C；13. B、A；14. D；15. A；16. D；17. B；18. B；19. C；20. C；21. C；22. C；23. C；24. C；25. B；26. A；27. D；28. C；29. A；30. B；31. D；32. A；33. B；34. C；35. B；36. A；37. B。

10.4.4　简答题

1. 答：（1）不论两轮齿廓在何位置接触，过接触点所作的两齿廓公法线与两齿轮的连心线交于一定点。（2）一对渐开线齿廓在任一接触点的公法线即为两齿轮基圆的内公切线，其与两轮连心线交点的位置不变。

2. 答：渐开线齿轮的传动比恒等于两轮基圆半径的反比。由于制造、安装误差，以及在运转过程中轴的变形、轴承的磨损等原因，使两渐开线齿轮实际中心距与原设计中心距略有变动时，其传动比仍保持不变，这一特性就是齿轮传动中心距的可分性。

3. 答：分度圆是计算齿轮几何尺寸的基准，每个齿轮都有一个大小完全确定的分度圆（$d=mz$），与齿轮的啮合情况无关。节圆是在一对齿轮啮合时，以两轮基圆内公切线与连心线交点所分中心距长度为半径所形成的圆，是齿轮啮合传动时两轮上彼此相切并作纯滚动的圆，单个齿轮不存在节圆。

4. 答：齿轮的压力角越大，沿接触点速度方向分力越小，径向分力越大。压力角太大对传动不利，故用作齿廓段的渐开线压力角不能太大。为便于设计、制造和维修，渐开齿廓在分度圆上的压力角已标准化。

5. 答：（1）m、α、h_a^*、c^* 均为标准值，而且 $e=s$ 的齿轮；（2）两轮的中心距等于两轮分度圆半径之和，即：$a=r_1+r_2=\dfrac{m(z_1+z_2)}{2}$；（3）节圆与分度圆重合（$r_i'=r_i$），啮合角等于压力角（$\alpha'=\alpha$）。

6. 答：（1）用范成法加工渐开线齿轮过程中，有时刀具齿顶会把被加工齿轮根部的渐开线齿廓切去一部分，这种现象称为根切。（2）根切现象的产生是因为刀具齿顶线（齿条型刀具）或齿顶圆（齿轮插刀）超过了极限啮合点 N_1。（3）根切将削弱齿根强度，甚至可能降低传动的重合度，影响传动质量，应尽量避免。

7. 答：改变螺旋角 β；采用变位齿轮组成正传动或负传动；改变齿数 z；改变模数 m_n；改变模数 m_n，同时改变齿数 z。

10.4.5　分析与计算题

1. 解：（1）$d_a=m(z+2h_a^*)$，$m=\dfrac{d_a}{z+2h_a^*}=\dfrac{84}{40+2}=2$mm

（2）$d=mz=2\times40=80$mm

（3）$d_f=m(z-2h_a^*-2c^*)=2\times(40-2-0.5)=75$mm

（4）$h=m(2h_a^*+c^*)=2\times(2+0.25)=4.5$mm 或 $h=\dfrac{d_a-d_f}{2}=\dfrac{84-75}{2}=4.5$mm

2. 解：（1）$d_{a1}=m(z_1+2h_a^*)$，$m=\dfrac{d_{a1}}{z_1+2h_a^*}=\dfrac{78}{24+2}=3$mm

（2）$a=\dfrac{1}{2}m(z_1+z_2)$，$z_2=\dfrac{2a}{m}-z_1=\dfrac{2\times135}{3}-24=66$，$i=\dfrac{z_2}{z_1}=\dfrac{66}{24}=2.75$

或 $a=\dfrac{1}{2}m(z_1+z_2)=\dfrac{1}{2}mz_1(1+i)$，$i=\dfrac{2a}{mz_1}-1=\dfrac{2\times135}{3\times24}-1=2.75$

（3）$d_2=mz_2=3\times66=198$mm

（4）$d_{b2}=d_2\cos\alpha=198\cos20°=186.06$mm

(5) $d_{a2} = m(z_2 + 2h_a^*) = 3 \times (66+2) = 204\text{mm}$

(6) $d_{f2} = m(z_2 - 2h_a^* - 2c^*) = 3 \times (66-2-0.5) = 190.5\text{mm}$

3. 解：(1) 由 $i_{12} = \dfrac{z_2}{z_1} = 2.4$ 及 $a = \dfrac{1}{2}m(z_1 + z_2) = 170\text{mm}$ 可求出 $z_1 = 20$，$z_2 = 48$。

(2) $d_1 = mz_1 = 5 \times 20 = 100\text{mm}$，$d_2 = mz_2 = 5 \times 48 = 240\text{mm}$

(3) $d_{a1} = m(z_1 + 2h_a^*) = 5 \times (20+2) = 110\text{mm}$，$d_{d2} = m(z_2 + 2h_a^*) = 5 \times (48+2) = 250\text{mm}$

(4) $d_{b1} = d_1 \cos\alpha = 100\cos20° = 93.97\text{mm}$，$d_{b2} = d_2 \cos\alpha = 240\cos20° = 225.53\text{mm}$

4. 解：(1) 由 $d_a = m(z + 2h_a^*)$ 得：$m \times (20 + 2h_a^*) = 110\text{mm}$。由于该齿轮为标准齿轮，其 h_a^* 的取值只能是 $h_a^* = 1$(正常齿)或 $h_a^* = 0.8$(短齿)。若取 $h_a^* = 1$，则 $m = 5\text{m}$(渐开线标准齿轮标准模数系列中的值)。若取 $h_a^* = 0.8$，则 $m = 5.09\text{mm}$(不是渐开线标准齿轮标准模数系列中的值)。所以，取 $h_a^* = 1$，此时 $m = 5\text{mm}$。

(2) 由 $d_f = m(z - 2h_a^* - 2c^*)$ 得：$5 \times (20 - 2 - 2c^*) = 87.5\text{mm}$，经计算得：$c^* = 0.25$。

(3) $d = mz = 5 \times 20 = 100\text{mm}$。

(4) $h = \dfrac{d_a - d_f}{2} = \dfrac{110 - 87.5}{2} = 11.25\text{mm}$ 或 $h = m(2h_a^* + c^*) = 5 \times 2.25 = 11.25\text{mm}$。

5. 解：(1) 基圆直径 $d_b = mz\cos\alpha$，齿根圆直径 $d_f = m(z - 2h_a^* - 2c^*)$。当基圆与齿根圆重合时，$mz\cos\alpha = m(z - 2h_a^* - 2c^*)$，$z = \dfrac{2h_a^* + 2c^*}{1 - \cos\alpha} = \dfrac{2 + 0.5}{1 - \cos20°} = 41.45$。

(2) 由于齿数只能是整数，所以齿根圆不可能正好与基圆重合。当齿数 $z \geqslant 42$ 时，齿根圆大于基圆；当齿数 $z \leqslant 41$ 时，基圆大于齿根圆。

6. 解：(1) 由于这对齿轮为标准齿轮，所以当它们作无侧隙啮合时，其中心距等于标准中心距。$a' = a = \dfrac{1}{2}m(z_1 + z_2) = \dfrac{1}{2} \times 2.5 \times (22+33) = 68.75\text{mm}$

(2) 其啮合角等于分度圆压力角，$\alpha' = \alpha = 20°$。

(3) 节圆半径等于分度圆半径，

$r_1' = r_1 = \dfrac{1}{2}mz_1 = \dfrac{1}{2} \times 2.5 \times 22 = 27.5\text{mm}$，$r_2' = r_2 = \dfrac{1}{2}mz_2 = \dfrac{1}{2} \times 2.5 \times 33 = 41.25\text{mm}$

(4) 重合度计算如下：

$r_{b1} = r_1\cos\alpha = 27.5\cos20° = 25.84\text{mm}$，$r_{b2} = r_2\cos\alpha = 41.25\cos20° = 38.76\text{mm}$

$r_{a1} = r_1 + mh_a^* = 27.5 + 2.5 = 30\text{mm}$，$r_{a2} = r_2 + mh_a^* = 41.25 + 2.5 = 43.75\text{mm}$

$$\alpha_{a1} = \arccos\frac{r_{b1}}{r_{a1}} = \arccos\frac{25.84}{30} = 30.533°$$

$$\alpha_{a2} = \arccos\frac{r_{b2}}{r_{a2}} = \arccos\frac{38.76}{43.75} = 27.632°$$

$$\varepsilon_\alpha = \frac{1}{2\pi}[z_1(\tan\alpha_{a1} - \tan\alpha') + z_2(\tan\alpha_{a2} - \tan\alpha')]$$

$$= \frac{1}{2\pi}[22 \times (\tan30.533° - \tan20°) + 33 \times (\tan27.632° - \tan20°)] = 1.629$$

7. 解：(1) $a = \dfrac{1}{2}mz_1(1 + i_{12}) = \dfrac{1}{2}mz_1(1 + 1.5) = 100\text{mm}$，$mz_1 = 80\text{mm}$。若 $m = $

3mm，则 $z_1 = 26.67$，不为整数，不行；若 $m = 4$mm，则 $z_1 = 20$，可以；若 $m = 5$mm，则 $z_1 = 16$，齿轮 1 根切，不行。所以取 $m = 4$mm，$z_1 = 20$，$z_2 = i_{12} z_1 = 1.5 \times 20 = 30$。

（2）$r_2 = \dfrac{1}{2} m z_2 = \dfrac{1}{2} \times 4 \times 30 = 60$mm，$r_{a2} = r_2 + h_a^* m = 60 + 1 \times 4 = 64$mm

$r_{f2} = r_2 - (h_a^* + c^*) m = 60 - 1.25 \times 4 = 55$mm，$r_{b2} = r_2 \cos\alpha = 60\cos20° = 56.38$mm

（3）图中理论啮合线为 $\overline{N_1 N_2}$ 段，实际啮合线为 $\overline{B_2 B_1}$ 段，如答图所示。

8. 解：（1）$a = \dfrac{1}{2} m(z_1 + z_2) = \dfrac{1}{2} \times 20 \times (30 + 40) = 700$mm

$a' \cos\alpha' = a \cos\alpha$，$\alpha' = \arccos \dfrac{a\cos\alpha}{a'} = \arccos \dfrac{700 \times \cos20°}{725} = 24.867°$

（2）$a' = a \dfrac{\cos\alpha}{\cos\alpha'} = 700 \dfrac{\cos20°}{\cos22.5°} = 712$mm

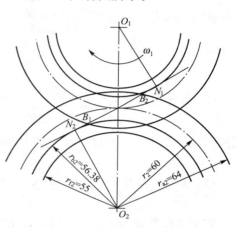

9. 解：（1）齿轮 1 的基圆半径：$r_{b1} = \dfrac{1}{2} m z_1 \cos\alpha = \dfrac{1}{2} \times 2 \times 25 \times \cos20° = 23.49$mm，齿轮 1 在分度圆上齿廓的曲率半径：$\rho = r_{b1} \tan\alpha = 23.49 \times \tan20° = 8.55$mm。

题 10.4.5−7 答图

（2）齿轮 2 的基圆半径：$r_{b2} = \dfrac{1}{2} m z_2 \cos\alpha = \dfrac{1}{2} \times 2 \times 55 \times \cos20° = 51.68$mm，齿顶圆半径：$r_{a2} = \dfrac{1}{2} m(z_2 + 2h_a^*) = \dfrac{1}{2} \times 2 \times (55 + 2) = 57$mm，齿轮 2 在齿顶圆上的压力角：$\alpha_{a2} = \arccos \dfrac{r_{b2}}{r_{a2}} = \arccos \dfrac{51.68}{57} = 24.95°$。

（3）标准中心距：$a = \dfrac{1}{2} m(z_1 + z_2) = \dfrac{1}{2} \times 2 \times (25 + 55) = 80$mm，由 $a' \cos\alpha' = a\cos\alpha$ 得啮合角：$\alpha' = \arccos \dfrac{a\cos\alpha}{a'} = \arccos \dfrac{80 \times \cos20°}{81} = 21.86°$。

由 $a' = r_1' + r_2' = r_1'\left(1 + \dfrac{r_2'}{r_1'}\right) = r_1'(1 + i) = r_1'\left(1 + \dfrac{z_2}{z_1}\right)$ 得

$r_1' = \dfrac{a'}{\left(1 + \dfrac{z_2}{z_1}\right)} = \dfrac{81}{1 + \dfrac{55}{22}} = 23.14$mm，$r_2' = a' - r_1' = 81 - 23.14 = 57.86$mm

10. 解：（1）由 $a = \dfrac{1}{2} m(z_1 + z_2) = \dfrac{1}{2} m z_1\left(1 + \dfrac{z_2}{z_1}\right) = \dfrac{1}{2} m z_1(1 + i_{12})$ 得

$z_1 = \dfrac{2a}{m(1 + i_{12})} = \dfrac{2 \times 120}{3 \times (1 + 3)} = 20$，$z_2 = i_{12} z_1 = 3 \times 20 = 60$

（2）$d_{a2} = m(z_2 + 2h_a^*) = 3 \times (60 + 2) = 186$mm。

（3）由 $a' = r_1' + r_2' = r_1'\left(1 + \dfrac{r_2'}{r_1'}\right) = r_1'(1 + i_{12})$ 得

$$r_1' = \frac{a'}{1+i_{12}} = \frac{121}{1+3} = 30.25\text{mm}, \quad r_2' = a' - r_1' = 121 - 30.25 = 90.75\text{mm}$$

(4) 由 $a'\cos\alpha' = a\cos\alpha$ 得：$\alpha' = \arccos\dfrac{a\cos\alpha}{a'} = \arccos\dfrac{120 \times \cos 20°}{121} = 21.26°$。

(5) $c = c^* m + (a' - a) = 0.25 \times 3 + (121 - 120) = 1.75\text{mm}$。

11. 解：(1) 由于是加工标准齿轮，刀具分度线与齿坯分度圆相切，则齿坯中心与刀具分度线之间的距离为齿坯分度圆半径，即 $a = \dfrac{1}{2}mz = \dfrac{1}{2} \times 2 \times 90 = 90\text{mm}$。刀具移动的线速度为：$v = \omega r = \dfrac{1}{2}mz\omega = \dfrac{1}{2} \times 2 \times 90 \times \dfrac{1}{22.5} = 4\text{mm/s}$。

(2) 齿轮的齿数 $z = \dfrac{2v}{m\omega} = \dfrac{2 \times 4}{2 \times \frac{1}{23}} = 92$，变位系数 $x = \dfrac{a - \frac{mz}{2}}{m} = \dfrac{90 - \frac{2 \times 92}{2}}{2} = -1$。因为变位系数 x 小于零，所以齿轮是负变位齿轮。

(3) 齿轮的齿数 $z = \dfrac{2v}{m\omega} = \dfrac{2 \times 4}{2 \times \frac{1}{22.1}} = 88.4$，变位系数 $x = \dfrac{a - \frac{mz}{2}}{m} = \dfrac{90 - \frac{2 \times 88.4}{2}}{2} = 0.8$。

因为变位系数为正，所以齿轮是正变位齿轮。但由于齿数不是整数，最后加工的结果将产生乱齿现象，得不到一个完整的齿轮。

12. 解：(1) 由于 H 一般与被加工齿轮的分度圆半径的大小相近，所以有 $H \approx \dfrac{mz}{2}$，由此可得 $z \approx \dfrac{2H}{m} = \dfrac{2 \times 29}{4} = 14.5$。由于齿数已经小于标准齿轮不发生根切的最小齿数 17，所以只可能是正变位齿轮。

(2) 如果将齿轮的齿数圆整为 $z = 15$，则 $H < \dfrac{4 \times 15}{2} = 30\text{mm}$，为负变位齿轮，则齿轮一定会发生根切现象。

将齿数圆整至整数 $z = 14$，由 $H = \dfrac{mz}{2} + xm$ 可得：$29 = \dfrac{4 \times 14}{2} + 4x$，即 $x = 0.25$。此时齿轮不发生根切的最小变位系数为：$x_{\min} = \dfrac{h_a^*(z_{\min} - z)}{z_{\min}} = \dfrac{1 \times (17 - 14)}{17} = 0.1765$。$x > x_{\min}$，故变位系数满足齿轮不发生根切条件。所以被加工齿轮为正变位齿轮，齿数 $z = 14$，变位系数 $x = 0.25$。

(3) 分度圆半径为：$r = \dfrac{mz}{2} = \dfrac{4 \times 14}{2} = 28\text{mm}$。

基圆半径为：$r_b = r\cos\alpha = 28\cos 20° = 26.31\text{mm}$。

齿顶圆半径为：$r_a = r + (h_a^* + x)m = 28 + (1 + 0.25) \times 4 = 33\text{mm}$。

齿根圆半径为：$r_f = r - (h_a^* + c^* - x)m = 28 - (1 + 0.25 - 0.25) \times 4 = 24\text{mm}$。

13. 解：(1) $a_{12} = r_1 + r_2 = r_1(1 + i_{12})$，$r_1 = \dfrac{a_{12}}{1 + i_{12}} = \dfrac{a_{12}}{1 + \frac{z_2}{z_1}} = \dfrac{200}{1 + \frac{75}{15}} = 33.33\text{mm}$

$$r_{a1} = r_1 + h_{an}^* m_n = 33.33 + 1 \times 4 = 37.33\text{mm}$$

(2) 需采用正变位修正；由不产生根切的最小变位系数 $x_{\min} = \dfrac{h_a^* (z_{\min} - z)}{z_{\min}}$ 得

$x_3 = \dfrac{1 \times (17 - 13)}{17} = 0.2353$。应采用等变位（高度变位）齿轮传动，$x_4 = -x_3 = -0.2353$。

(3) $r_{a3} = \dfrac{1}{2} m_{34} z_3 + (h_a^* + x_3)m = \dfrac{1}{2} \times 5 \times 13 + (1 + 0.2353) \times 5 = 38.68\text{mm}$

14. 解：(1) $a_{12} = \dfrac{m(z_1 + z_2)}{2} = 47\text{mm}$，$a_{2'3} = \dfrac{m(z_{2'} + z_3)}{2} = 50\text{mm}$，$a_{12} < a_{2'3}$

齿轮 1、2 采用正传动，齿轮 2′、3 采用标准齿轮传动为好。因为齿轮 1、2 采用正传动可使齿轮 1 避免根切，且使这对齿轮的强度有所提高；齿轮 2′、3 采用标准齿轮传动可使该对齿轮设计简单、加工方便、互换性好，且中心距 50mm 符合优先系列。

(2) $a = \dfrac{m_n(z_1 + z_2)}{2\cos\beta} = \dfrac{2 \times (15 + 32)}{2\cos\beta} = 50\text{mm}$，$\beta = 19.95°$

(3) $z_{v1} = \dfrac{z_1}{\cos^3\beta} = 18.06 > 17$，不会产生根切。

(4) $z_{v1} = \dfrac{z_1}{\cos^3\beta} = 18.06$，$z_{v2} = \dfrac{z_2}{\cos^3\beta} = 38.53$

15. 解：(1) 第一对：$a_{12}' = a_{12} = \dfrac{m_1(z_1 + z_2)}{2} = \dfrac{3 \times (12 + 28)}{2} = 60\text{mm}$，$z_1 = 12 < 17$。如采用标准齿轮传动，齿轮 1 将发生根切，所以第一对齿轮应采用等变位（高度变位）齿轮传动。

(2) 第二对：$a_{34} = \dfrac{m_2(z_3 + z_4)}{2} = \dfrac{4 \times (23 + 39)}{2} = 124\text{mm}$，$a_{34}' = 122\text{mm}$。由于 $a_{34}' < a_{34}$，所以第二对齿轮传动应采用负传动。

(3) 第三对：$a_{56} = \dfrac{m_3(z_5 + z_6)}{2} = \dfrac{4 \times (23 + 45)}{2} = 136\text{mm}$，$a_{56}' = 138\text{mm}$。由于 $a_{56}' > a_{56}$，所以第三对齿轮传动应采用正传动。

16. 解：(1) $a = \dfrac{m_n(z_1 + z_2)}{2\cos\beta} = \dfrac{4 \times (24 + 48)}{2\cos\beta} = 150\text{mm}$，$\beta = \arccos 0.96 = 16.26°$

(2) $d_1 = \dfrac{m_n z_1}{\cos\beta} = \dfrac{4 \times 24}{\cos 16.26°} = 100\text{mm}$，$d_2 = \dfrac{m_n z_2}{\cos\beta} = \dfrac{4 \times 48}{\cos 16.26°} = 200\text{mm}$

(3) $d_{a1} = d_1 + 2h_{an}^* m_n = 100 + 2 \times 1 \times 4 = 108\text{mm}$

$d_{a2} = d_2 + 2h_{an}^* m_n = 200 + 2 \times 1 \times 4 = 208\text{mm}$

(4) 改用模数 $m = 4\text{mm}$、$z_1 = 24$、$z_2 = 48$，$a' = 150\text{mm}$ 的直齿圆柱齿轮传动，标准安装时的中心距为 $a = \dfrac{m(z_1 + z_2)}{2} = \dfrac{4 \times (24 + 48)}{2} = 144\text{mm}$，$a' = 150\text{mm} > a = 144\text{mm}$，所以应采用不等变位（角度变位）齿轮传动中的正传动。

第 11 章　齿轮系及其设计

11.4.1　填空题

1. 定轴轮系、周转轮系、复合轮系；2. 定轴轮系；3. 太阳轮（中心轮）、行星轮、系杆(行星架、转臂)、太阳轮(中心轮)、系杆(行星架、转臂);4. 行星轮系、差动轮系;5. 画箭头;6. 惰轮;7. 周转轮系的转化轮系中轮 m 和 n 的传动比、周转轮系中轮 m 和 n 的传动比。

11.4.2 判断题

1. √;2. ×;3. ×;4. √;5. √;6. ×;7. ×;8. ×;9. ×;10. √;11. ×;12. √。

11.4.3 分析、计算题

1. 解:(1) $i_{16}=\dfrac{n_1}{n_6}=\dfrac{z_2 z_3 z_4 z_5 z_6}{z_1 z_{2'} z_{3'} z_{4'} z_{5'}}$。由于蜗杆 1 和齿轮 6 的轴线不平行,所以它们的转向关系必须用画箭头的方法来表示,如答图所示。

$i_{26}=\dfrac{n_2}{n_6}=+\dfrac{z_3 z_4 z_5 z_6}{z_{2'} z_{3'} z_{4'} z_{5'}}$,"+"表示齿轮 2 和齿轮 6 的转向相同。

$i_{5'6}=\dfrac{n_{5'}}{n_6}=+\dfrac{z_6}{z_{5'}}$,"+"表示齿轮 5' 和齿轮 6 的转向相同。

(2) $i_{16}=\dfrac{n_1}{n_6}=\dfrac{z_2 z_3 z_4 z_5 z_6}{z_1 z_{2'} z_{3'} z_{4'} z_{5'}}=\dfrac{60\times20\times20\times35\times135}{2\times25\times25\times30\times28}=108$

$n_6=\dfrac{n_1}{i_{16}}=\dfrac{900}{108}=8.33\text{r/min}$,方向如答图所示。

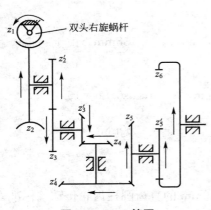

题 11.4.3 - 1 答图

双头右旋蜗杆

2. 解:(1) $i_{15}=\dfrac{n_1}{n_5}=\dfrac{z_2 z_3 z_4 z_5}{z_1 z_{2'} z_{3'} z_{4'}}=\dfrac{25\times30\times30\times60}{15\times15\times15\times2}=200$,$n_5=\dfrac{n_1}{i_{15}}=\dfrac{500}{200}=2.5\text{r/min}$

$v_6=\omega_5 \cdot r_{5'}=\dfrac{2\pi n_{5'}}{60}\times\dfrac{m_{5'}z_{5'}}{2\times1000}=\dfrac{2\pi\times2.5\times4\times20}{60\times2\times1000}=0.01\text{m/s}$

(2) 根据圆柱齿轮传动、锥齿轮传动及蜗杆传动的转向关系,可以确定蜗轮 5 的转向为顺时针方向,齿轮 5' 与蜗轮 5 同轴,转向也为顺时针方向,齿条 6 的速度方向向下。

3. 解:(1) 轮系的自由度 $F=3n-(2p_1+p_h)=3\times4-(2\times4+3)=1$,所以该周转轮系属于行星轮系。

(2) $i_{15}^{H}=\dfrac{n_1-n_H}{n_5-n_H}=(-1)^3\dfrac{z_2 z_3 z_5}{z_1 z_{2'} z_4}=-\dfrac{30\times40\times120}{60\times30\times40}=-2$

$n_5=0$,所以箱体的转速 $n_H=\dfrac{n_1}{3}=6.5\text{r/min}$,方向与 n_1 相同。

4. 解:齿轮 1、2 - 2'、3 和 5(系杆)组成周转轮系,齿轮 3'、4、5 组成定轴轮系。

在周转轮系中:$i_{13}^{5}=\dfrac{n_1-n_5}{n_3-n_5}=-\dfrac{z_2 z_3}{z_1 z_{2'}}=-\dfrac{33\times78}{24\times21}=-\dfrac{143}{28}$。

在定轴轮系中：$i_{3'5} = \dfrac{n_{3'}}{n_5} = \dfrac{n_3}{n_5} = -\dfrac{z_5}{z_{3'}} = -\dfrac{78}{18} = -\dfrac{39}{9}$，$n_3 = -\dfrac{39}{9}n_5$。

$\dfrac{n_1 - n_5}{-\dfrac{39}{9}n_5 - n_5} = -\dfrac{143}{28}$，$n_1 = \dfrac{593}{21}n_5$，$i_{15} = \dfrac{n_1}{n_5} = \dfrac{593}{21}$。

5. 解：齿轮 1、2、3、4 组成定轴轮系，齿轮 5、6、7 和 4（系杆）组成周转轮系。

定轴轮系中，$i_{14} = \dfrac{n_1}{n_4} = (-1)^2 \dfrac{z_2 z_4}{z_1 z_3} = \dfrac{40 \times 40}{20 \times 20} = 4$，得 $n_4 = \dfrac{1}{4}n_1$。

周转轮系中，$i_{57}^4 = \dfrac{n_5 - n_4}{n_7 - n_4} = -\dfrac{z_7}{z_5} = -\dfrac{100}{20} = -5$。

因 $n_5 = n_1$，所以 $\dfrac{n_1 - \dfrac{1}{4}n_1}{n_7 - \dfrac{1}{4}n_1} = -5$，$n_1 = 10n_7$，$i_{17} = \dfrac{n_1}{n_7} = 10$。$i_{17} > 0$，$\omega_1$ 和 ω_7 同向。

6. 解：（1）齿轮 1、2、2′、3 和 4（系杆）组成周转轮系，齿轮 4、5-5′、6-6′、7 组成定轴轮系。

对于周转轮系：$i_{13}^H = i_{13}^4 = \dfrac{n_1 - n_4}{n_3 - n_4} = -\dfrac{z_2 z_3}{z_1 z_{2'}} = -\dfrac{40}{60} = -\dfrac{2}{3}$，$n_3 = 0$，$n_4 = \dfrac{3}{5}n_1$。

对于定轴轮系：$i_{47} = \dfrac{n_4}{n_7} = \dfrac{z_5 z_6 z_7}{z_4 z_{5'} z_{6'}} = \dfrac{40 \times 60}{20 \times 1} = 120$。

$$\dfrac{3}{5} \times \dfrac{n_1}{n_7} = 120, \quad i_{17} = \dfrac{n_1}{n_7} = 120 \times \dfrac{5}{3} = 200。$$

（2）由 $n_4 = \dfrac{3}{5}n_1$ 可知齿轮 4 和齿轮 1 的转向相同，根据锥齿轮转向的判定方法可得：齿轮 5 向左，齿轮 6 向下。再根据蜗杆传动中蜗轮转向的判定方法，可得出蜗轮 7 的转向为顺时针方向。

7. 解：（1）A、B、C、D、E、F 组成定轴轮系，K、H、L、M 和系杆 G 组成周转轮系。

在定轴轮系中：$i_{AF} = \dfrac{n_A}{n_F} = \dfrac{z_B z_D z_F}{z_A z_C z_E} = \dfrac{42 \times 39 \times 56}{28 \times 21 \times 2} = 78$，$n_G = n_F = \dfrac{n_A}{i_{AF}} = \dfrac{700}{78}$ r/min。

在周转轮系中：$i_{KM}^G = \dfrac{n_K - n_G}{n_M - n_G} = (-1)^2 \dfrac{z_H z_M}{z_K z_L} = \dfrac{47 \times 33}{22 \times 39} = \dfrac{47}{26}$。

$n_K = 0$，$\dfrac{0 - n_G}{n_M - n_G} = \dfrac{47}{26}$，$n_M = \dfrac{21}{47}n_G = \dfrac{21}{47} \times \dfrac{700}{78} = 4$ r/min。

重物上升的速度为 $v = \dfrac{2\pi n_M}{60} \times \dfrac{D}{2} = \dfrac{4\pi}{30} \times \dfrac{250}{2} = 52.36$ mm/s。

（2）提升重物时，卷筒的转向应向上。由 $n_M = \dfrac{21}{47}n_G$ 可知齿轮 M 和系杆 G 的转向相同，即 G（蜗轮 F）的转向也应向上。再根据蜗杆传动和外啮合圆柱齿轮传动转向关系，可以确定出齿轮 A 的正确转向为逆时针方向。

8. 解：蜗杆 1 和蜗轮 2 组成定轴轮系，齿轮 6、5、4、3 和蜗轮 2（系杆）组成周转轮系。

由安装条件可得 $r_3 = r_4 + r_5 + r_6$，即 $z_3 = z_4 + z_5 + z_6 = 40 + 20 + 40 = 100$。

对于蜗杆传动：$i_{12} = \dfrac{n_1}{n_2} = \dfrac{z_2}{z_1} = \dfrac{60}{2} = 30$，$n_2 = \dfrac{n_1}{i_{12}} = \dfrac{900}{30} = 30\text{r/min}$，蜗轮 2 的转向箭头向下。

对于周转轮系：$i_{63}^{H} = i_{63}^{2} = \dfrac{n_6 - n_2}{n_3 - n_2} = -\dfrac{z_5 z_3}{z_6 z_4} = -\dfrac{20 \times 100}{40 \times 40} = -\dfrac{5}{4}$。

$n_3 = 0$，$\dfrac{n_6 - 30}{0 - 30} = -\dfrac{5}{4}$，$n_6 = 67.5\text{r/min}$。$n_6 > 0$，齿轮 6 的转向箭头向下。

9．解：齿轮 1、2、3 组成定轴轮系，齿轮 4、5、6 和系杆 H 组成周转轮系。

对于定轴轮系：$i_{13} = \dfrac{n_1}{n_3} = -\dfrac{z_3}{z_1} = -\dfrac{100}{40} = -2.5$，$n_4 = n_3 = \dfrac{n_1}{i_{13}} = -\dfrac{100}{2.5} = -40\text{r/min}$。

对于周转轮系：$i_{46}^{H} = \dfrac{n_4 - n_H}{n_6 - n_H} = -\dfrac{z_6}{z_4} = -\dfrac{100}{40} = -2.5$。

$n_6 = 0$，$\dfrac{-40 - n_H}{0 - n_H} = -2.5$，$n_H = -11.43\text{r/min}$。$n_H < 0$，所以系杆 H 的转向与齿轮 1 的转向相反。

10．解：在由 $3'$、8、$7'$ 组成的定轴轮系中：$i_{3'7'} = \dfrac{n_{3'}}{n_{7'}} = -\dfrac{z_{7'}}{z_{3'}} = -1$ ①

在由 4、5-6、7 及系杆 H 组成的周转轮系中：$i_{47}^{H} = \dfrac{n_4 - n_H}{n_7 - n_H} = \dfrac{z_5 z_7}{z_4 z_6} = \dfrac{50 \times 15}{40 \times 75} = \dfrac{1}{4}$ ②

在由 1、2、3 及系杆 H 组成的周转轮系中：$i_{13}^{H} = \dfrac{n_1 - n_H}{n_3 - n_H} = -\dfrac{z_3}{z_1} = -\dfrac{150}{30} = -5$ ③

由①得 $n_{3'} = -n_{7'}$，另 $n_{3'} = n_3$、$n_{7'} = n_7$，所以 $n_3 = -n_7$；由②及 $n_4 = 0$ 得 $n_H = -\dfrac{1}{3}n_7$。

将 $n_3 = -n_7$、$n_H = -\dfrac{1}{3}n_7$ 代入③得 $n_7 = \dfrac{1}{3}n_1 = \dfrac{1800}{3} = 600\text{r/min}$。$n_7$ 转向与 n_1 相同。

11．解：在由齿轮 1、2、3 及系杆 H 组成的周转轮系中：

$i_{13}^{H} = \dfrac{n_1 - n_H}{n_3 - n_H} = -\dfrac{z_3}{z_1} = -\dfrac{78}{28} = -\dfrac{39}{14}$ ①

在由齿轮 4、5、6 及齿轮 3（系杆）组成的周转轮系中：

$i_{46}^{3} = \dfrac{n_4 - n_3}{n_6 - n_3} = -\dfrac{z_6}{z_4} = -\dfrac{80}{24} = -\dfrac{10}{3}$ ②

（1）刹住轮 3 时：$n_3 = 0$。

由①得：$\dfrac{2000 - n_H}{0 - n_H} = -\dfrac{39}{14}$，$n_H = 528.3\text{r/min}$，$n_H$ 与 n_1 转向相同。

（2）刹住轮 6 时：$n_6 = 0$，将 $n_4 = n_1$、$n_6 = 0$ 代入②得：$n_3 = \dfrac{3}{13}n_1$。

将 $n_3 = \dfrac{3}{13}n_1$ 代入①得：$n_H = \dfrac{23}{53}n_1 = 868\text{r/min}$，$n_H$ 与 n_1 转向相同。

12．解：（1）求齿数 z_1 和 z_3。齿轮 1 和齿轮 5 同轴线，齿轮 3 和齿轮 5 同轴线。所以有 $r_1 = d_2 + r_5$，$r_2 + r_5 = r_{2'} + r_3$。由于各齿轮模数相同，则有 $z_1 = 2z_2 + z_5 = 2 \times 25 + 25 = 75$，$z_3 = z_2 + z_5 - z_{2'} = 25 + 25 - 20 = 30$。

（2）在由齿轮 1、2-2′、3 及系杆 4 组成的周转轮系中：

$i_{13}^{4} = \dfrac{n_1 - n_4}{n_3 - n_4} = -\dfrac{z_2 z_3}{z_1 z_{2'}} = -\dfrac{25 \times 30}{75 \times 20} = -\dfrac{1}{2}$ ①

（3）在由齿轮 1、2、5 及系杆 4 组成的周转轮系中：

$$i_{15}^4=\frac{n_1-n_4}{n_5-n_4}=-\frac{z_5}{z_1}=-\frac{25}{75}=-\frac{1}{3}\qquad\text{②}$$

（4）在由齿轮 1′、6、3′ 组成的定轴轮系中：

$$i_{1'3'}=\frac{n_{1'}}{n_{3'}}=\frac{n_1}{n_3}=-\frac{z_{3'}}{z_{1'}}=-1,\ n_3=-n_1$$

（5）将 $n_3=-n_1$ 代入①得：$n_1=3n_4$。将 $n_1=3n_4$ 代入②得：$n_5=-5n_4$。$i_{54}=\frac{n_5}{n_4}=-5$。

13．解：（1）在由齿轮 1、2 组成的定轴轮系中：

$$i_{12}=\frac{n_1}{n_2}=\frac{n_A}{n_2}=-\frac{z_2}{z_1}=-\frac{45}{18}=-\frac{5}{2},\ n_2=\frac{n_A}{i_{12}}=\frac{100}{-\dfrac{5}{2}}=-40\text{r/min}$$

在由齿轮 4′、5-5′、6 组成的定轴轮系中：

$$i_{4'6}=\frac{n_{4'}}{n_6}=\frac{n_4}{n_6}=\frac{z_5z_6}{z_{4'}z_{5'}}=\frac{30\times48}{40\times20}=\frac{9}{5},\ n_4=\frac{9}{5}n_6$$

在齿轮 2′、3、4 及系杆 H 组成的周转轮系中：

$$i_{2'4}^{\text{H}}=\frac{n_{2'}-n_{\text{H}}}{n_4-n_{\text{H}}}=-\frac{z_4}{z_{2'}}=-1$$

将 $n_{2'}=n_2=-40\text{r/min}$、$n_4=\frac{9}{5}n_6=\frac{9}{5}n_B$、
$n_{\text{H}}=n_B$ 代入上式得：$n_B=-200\text{r/min}$。n_B 与 n_A
转向相反，箭头向下。

（2）改用圆柱齿轮后运动示意图如答图所示。

满足传动比不变条件：$\frac{z_3z_4}{z_{2'}z_{3'}}=-1$。

满足安装条件（中心距条件）：$\frac{1}{2}m_{3'4}(z_{3'}+z_4)=\frac{1}{2}m_{2'3}(z_{2'}+2z_{2''}+z_3)$，即：$m_{3'4}(z_{3'}+z_4)=m_{2'3}(z_{2'}+2z_{2''}+z_3)$。$m_{3'4}$——齿轮 3′、4 的模数，$m_{2'3}$——齿轮 2′、2″、3 的模数。

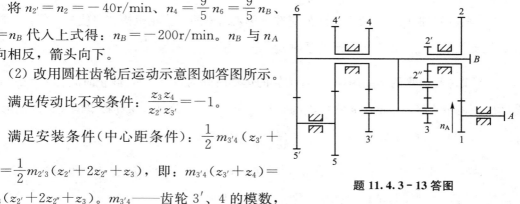

题 11.4.3-13 答图

第 12 章　其他常用机构

12.4.1　填空题

1．往复摆动；2．摩擦式；3．阻止棘轮反转；4．运动系数；5．主动拨盘、从动槽轮、机架、3、0.5；6．圆销在入槽与出槽时圆周速度方向沿着径向槽的中心线；7．减弱、增大；8．两轴夹角 α、$\cos\alpha\sim\frac{1}{\cos\alpha}$；9．棘轮机构、槽轮机构、擒纵机构、凸轮式间歇运动机

构、不完全齿轮机构、星轮机构；非圆齿轮机构；螺旋机构。

12.4.2 判断题

1. √；2. ×；3. √；4. ×；5. ×；6. √；7. ×；8. √；9. √。

12.4.3 选择题

1. A；2. C；3. C、A；4. C；5. C；6. C；7. C；8. B；9. B；10. A；11. A；12. A；13. B；14. B。

12.4.4 简答题

1. 答：(1)不管是定传动比还是变传动比的齿轮机构，同时工作的各对轮齿的运动是彼此协调的，各对轮齿以相同的传动比规律推动从动轮转动，各对轮齿共同分担载荷，故同时工作的轮齿对数越多越有利。(2)槽轮机构中槽轮的运动规律取决于主动拨销所处的位置。如果槽轮机构有两个及以上的主动拨销同时工作，处在不同位置的各主动拨销将使槽轮按不同的运动规律运动，这将导致机构的损坏，故是不允许的。

2. 答：(1)主动轴 1、从动轴 3 和中间轴 2 必须位于同一平面内；(2)主动轴 1、从动轴 3 与中间轴 2 的轴线之间的夹角相等；(3)中间轴两端的叉面应位于同一平面内。

12.4.5 计算题

1. 解：(1) 根据题设要求，此处应选择单销六槽的外槽轮机构，以使其工作台依次转过 6 个预定工位。槽轮机构的运动系数 $k=\dfrac{1}{2}-\dfrac{1}{z}=\dfrac{1}{2}-\dfrac{1}{6}=\dfrac{1}{3}$。

(2) 设主动拨盘的运动周期为 t，槽轮的运动时间为 $t_d=\dfrac{1}{3}t$，静止时间为 $t_j=\dfrac{2}{3}t$。为满足最长工序的需要，槽轮每次停歇的时间应为 30s，由此可得主动拨盘的运动周期为 $t=\dfrac{3}{2}t_j=\dfrac{3}{2}\times30=45\mathrm{s}$，故其转速 $n=\dfrac{60}{t}=\dfrac{60}{45}=1.33\mathrm{r/min}$。

2. 解：由于自动机的工作台有 n 个工位，所以，工作台每转过 $\dfrac{2\pi}{n}$ 角度停歇一次。从动齿轮 2 的运动规律与工作台完全一样，如答图所示。

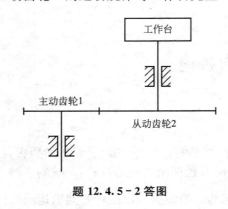

题 12.4.5–2 答图

又由于主动齿轮 1 与从动轮 2 的假想齿数相等，这也就是说，当从动齿轮转过 $\dfrac{2\pi}{n}$ 角度时，主动齿轮 1 也转过相同的角度。

从动齿轮 2 的运动时间为：$t_2=\dfrac{2\pi}{n}\cdot\dfrac{t_1}{2\pi}=\dfrac{t_1}{n}$（$t_1$ 为主动齿轮 1 转过一周时所用的时间）。

从动齿轮 2 的停歇时间为：$t_2'=\left(2\pi-\dfrac{2\pi}{n}\right)\dfrac{t_1}{2\pi}=$ $\left(1-\dfrac{1}{n}\right)t_1$。

因而有：$\dfrac{t_2}{t_2'}=\dfrac{\dfrac{t_1}{n}}{\left(1-\dfrac{1}{n}\right)t_1}=\dfrac{1}{n-1}$。

3. 解：若按图上箭头方向旋转中间零件，使两端螺杆 A 和 B 向中央移动，从而将两零件拉紧，螺杆 A 和 B 的螺旋线方向必定相反。中间零件相当于螺母，根据相对运动关系可以判定螺杆 A 为右旋，螺杆 B 为左旋。

4. 解：(1) 左边的螺旋副为左旋，右边的螺旋副为右旋。

(2) $H=H_1-H_2=100-90=10\text{mm}$。

设构件 2 和 3 移动的距离分别为 s_1 和 s_2，则：$s_1+s_2=H$。

$s_1=l_{12}\dfrac{\varphi}{2\pi}=\dfrac{2\varphi}{2\pi}=\dfrac{\varphi}{\pi}$，$s_2=l_{13}\dfrac{\varphi}{2\pi}=\dfrac{3\varphi}{2\pi}$。

$s_1+s_2=\dfrac{5\varphi}{2\pi}=10$。

所以，螺杆 1 应转过的角度为 $\varphi=4\pi$。

第 14 章　机械设计总论

14.4.1　填空题

1. 强度；2. 弹性变形、大；3. 静载荷、变载荷、静应力、变应力；4. 对称循环、脉动循环、静、非对称循环；5. 应力循环特性(应力比)、循环次数 N；6. 无限寿命、有限寿命；7. 550MPa、452MPa、350MPa；8. 应力集中、零件尺寸、表面状态；9. 点、线；10. 润滑(油)、黏度；11. 温度、压力；12. 高、低、低。

14.4.2　判断题

1. √；2. √；3. ×；4. √；5. ×；6. ×；7. ×；8. √；9. √；10. ×。

14.4.3　选择题

1. A、C、B；2. C；3. C；4. A；5. B；6. D；7. B、A；8. C；9. C；10. A；11. A；12. A；13. C、B；14. C；15. D；16. B；17. C。

14.4.4　简答题

1. 答：(1)指机械零件在规定的使用期限内丧失工作能力或达不到设计要求的性能。(2)整体断裂、过大的残余变形、零件表面的破坏(包括疲劳点蚀、磨损、胶合、压溃、腐蚀等)、破坏正常工作条件引起的失效。

2. 答：(1)静强度破坏是由于工作应力超过了静强度极限，具体说，当工作应力超过材料的屈服极限就发生塑性变形，当超过强度极限就发生断裂。而疲劳破坏时，其工作应力远小于材料的静强度极限，其破坏是由于变应力对材料损伤的累积所致。交变应力每作用一次，都对材料形成一定的损伤，损伤的结果是形成小裂纹。这种损伤随着应力作用次数的增加而线性累积，小裂纹不断扩展，当静强度不够时即发生断裂。(2)静强度计算的极限应力值是定值。而疲劳强度计算的极限应力是变化的，随着循环特性和寿命大小的改变而改变。

3. 答：材料在承受超过疲劳极限的规律性变幅循环变应力时，应力每循环作用一次都对材料产生一定量的损伤，并且各应力对材料造成的损伤是独立进行的，可以线性地累积成总损伤，当各应力的寿命损伤率之和等于1时，零件将会发生疲劳破坏。

4. 答：(1)跑和磨损阶段、稳定磨损阶段和剧烈磨损阶段。(2)缩短跑和时间，即严格遵守跑和规程，适当加研磨剂，跑和后换油、清洗。合理选择润滑剂，降低磨损率，延长稳定磨损阶段，推迟剧烈磨损阶段的到来。

14.4.5 分析计算题

1. 解：(1) $\sigma_{-1e} = \dfrac{\sigma_{-1}}{K_\sigma} = 125\text{MPa}$，$\dfrac{\sigma_0}{2K_\sigma} = 100\text{MPa}$。绘制零件极限应力简化线图关键点的坐标为：$A(0，125)$，$D(200，100)$，$C(400，0)$。零件的极限应力简化线图如答图所示。

$\sigma_m = \dfrac{\sigma_{max} + \sigma_{min}}{2} = 50\text{MPa}$，$\sigma_a = \dfrac{\sigma_{max} - \sigma_{min}}{2} = 150\text{MPa}$，标出工作应力点 $M(50，150)$ 如答图所示。零件材料的极限应力点为 M' 点，零件的破坏形式为疲劳破坏。

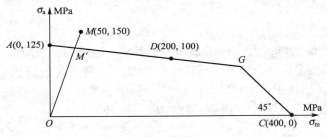

题 14.4.5 - 1 答图

(2) 计算安全系数：$\psi_\sigma = \dfrac{2\sigma_{-1} - \sigma_0}{\sigma_0} = \dfrac{2 \times 250 - 400}{400} = 0.25$。

$S_{ca} = \dfrac{\sigma_{-1}}{K_\sigma \sigma_a + \psi_\sigma \sigma_m} = \dfrac{250}{2 \times 150 + 0.25 \times 50} = 0.8$，安全系数小于1，零件的疲劳强度不够。

2. 解：(1) $\psi_\sigma = \dfrac{2\sigma_{-1} - \sigma_0}{\sigma_0}$，$\sigma_0 = \dfrac{2\sigma_{-1}}{1 + \psi_\sigma} = \dfrac{2 \times 480}{1 + 0.2} = 800\text{MPa}$。在零件的极限应力简图中，各点坐标为：$A\left(0，\dfrac{\sigma_{-1}}{K_\sigma}\right) = A(0，320)$，$D\left(\dfrac{\sigma_0}{2}，\dfrac{\sigma_0}{2K_\sigma}\right) = D(400，266.7)$，$C(\sigma_S，0) = C(800，0)$，极限应力简图如答图所示。

(2) $\sigma_m = \dfrac{\sigma_{max} + \sigma_{min}}{2} = 300\text{MPa}$，$\sigma_a = \dfrac{\sigma_{max} - \sigma_{min}}{2} = 150\text{MPa}$。

工作应力点 M，加载应力变化线以及极限应力点 M' 如答图所示。

(3) 由图量得极限应力点 M' 的平均应力 $\sigma'_{me} = 505.26\text{MPa}$，应力幅 $\sigma'_{ae} = 252.63\text{MPa}$。则极限应力点 M' 的疲劳极限 $\sigma_{lim} = \sigma'_{max} = \sigma'_{me} + \sigma'_{ae} = 757.89\text{MPa}$。

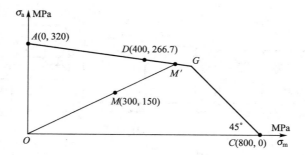

题 14.4.5 - 2 答图

计算安全系数 $S_{ca} = \dfrac{\sigma_{lim}}{\sigma_{max}} = \dfrac{\sigma'_{max}}{\sigma_{max}} = \dfrac{757.89}{450} = 1.684$。

(4) $S_{ca} = \dfrac{\sigma_{-1}}{K_\sigma \sigma_a + \psi_\sigma \sigma_m} = \dfrac{480}{1.5 \times 150 + 0.2 \times 300} = 1.684$

(5) $S_{ca} = 1.684 > [S] = 1.3$，该零件满足强度要求。

3. 解：平均应力和应力幅：

$$\sigma_m = \dfrac{\sigma_{max} + \sigma_{min}}{2} = \dfrac{300 - 150}{2} = 75\text{MPa}, \quad \sigma_a = \dfrac{\sigma_{max} - \sigma_{min}}{2} = \dfrac{300 + 150}{2} = 225\text{MPa}$$

寿命系数：$K_N = \sqrt[m]{\dfrac{N_0}{N}} = \sqrt[9]{\dfrac{10^7}{10^5}} = 1.668$。

安全系数：$K_\sigma = \left(\dfrac{k_\sigma}{\varepsilon_\sigma} + \dfrac{1}{\beta_\sigma} - 1\right)\dfrac{1}{\beta_q} = \left(\dfrac{1.4}{0.91} + \dfrac{1}{1} - 1\right) \times \dfrac{1}{1} = 1.538$。

$$S_{ca} = \dfrac{K_N \sigma_{-1}}{K_\sigma \sigma_a + \psi_\sigma \sigma_m} = \dfrac{1.668 \times 450}{1.538 \times 225 + 0.5 \times 75} = 1.957$$

4. 解：由疲劳曲线方程 $\sigma_{-1}^m N_0 = \sigma_{-1N}^m N$ 得：$N = N_0 \left(\dfrac{\sigma_{-1}}{\sigma_{-1N}}\right)^m$。

$$N_1 = N_0 \left(\dfrac{\sigma_{-1}}{\sigma_1}\right)^m = 5 \times 10^6 \times \left(\dfrac{350}{550}\right)^9 = 8.56 \times 10^4$$

$$N_2 = N_0 \left(\dfrac{\sigma_{-1}}{\sigma_2}\right)^m = 5 \times 10^6 \times \left(\dfrac{350}{450}\right)^9 = 5.21 \times 10^5$$

$$N_3 = N_0 \left(\dfrac{\sigma_{-1}}{\sigma_3}\right)^m = 5 \times 10^6 \times \left(\dfrac{350}{400}\right)^9 = 1.5 \times 10^6$$

根据 Miner 法则：$\dfrac{n_1}{N_1} + \dfrac{n_2}{N_2} + \dfrac{n_3}{N_3} = 1$。

$\dfrac{5 \times 10^4}{8.56 \times 10^4} + \dfrac{2 \times 10^5}{5.21 \times 10^5} + \dfrac{n_3}{1.5 \times 10^6} = 1$，解得 $n_3 = 4.8 \times 10^4$。

5. 解：改进后的正确结构图如答图所示。

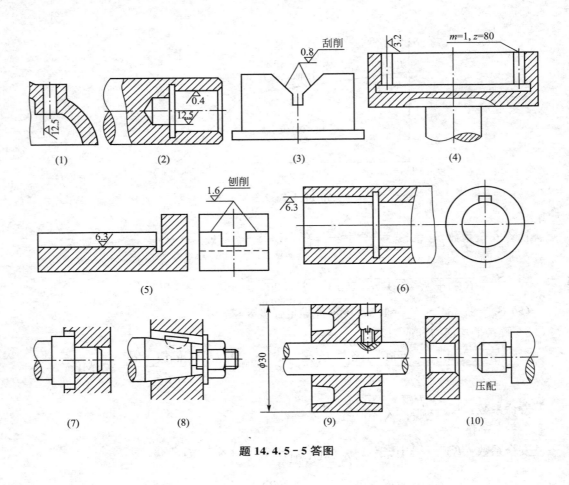

题 14.4.5 - 5 答图

第 15 章　螺纹连接和螺旋传动

15.4.1　填空题

1. 左旋螺纹、右旋螺纹；2. 60°、连接、30°、传动；3. 螺纹大径、管子的内径、螺纹小径；4. 自锁性好、传动效率高；5. 降低、提高；6. 螺纹升角小于螺旋副的当量摩擦角；7. 螺旋副间的摩擦阻力矩、螺母环形端面与被连接件支承面间的摩擦阻力矩；8. 线数(头数)、升角；9. 防止在螺栓连接受载时发生螺母和螺栓的相对转动；10. 摩擦、机械、破坏螺旋副运动关系；11. 弯曲、凸台、沉头座；12. 接合面之间的摩擦力、预紧力、螺栓被拉断、剪切、挤压、(螺栓杆被)剪断、(工作面被)压溃；13. 16000N；14. 降低、提高；15. 使螺纹牙上的载荷分布趋于均匀；16. 螺纹磨损。

15.4.2　判断题

1. ×；2. √；3. ×；4. ×；5. ×；6. √；7. √；8. ×；9. ×；10. ×；11. ×；

12. ×；13. ×。

15.4.3 选择题

1. A；2. A；3. D；4. D；5. A；6. B；7. C；8. B；9. C；10. C；11. C；12. C；13. C；14. D；15. C；16. B；17. D；18. A；19. D；20. B；21. D；22. D。

15.4.4 简答题

1. 答：(1)螺纹连接的预紧是指在装配时拧紧到一定程度，使连接在承受工作载荷之前预先受到预紧力的作用。(2)预紧的目的是增强连接的可靠性和紧密性，以防止受载后被连接件间出现缝隙或发生相对滑移。(3)拧紧后螺纹连接件在预紧力作用下产生的预紧应力不得超过其材料屈服极限 σ_s 的 80%。

2. 答：(1)拧紧螺母时，对于较小直径的螺栓容易产生过大的预紧拉应力；同时由于螺纹副和螺母与支承面之间的摩擦系数不稳定，以及加在扳手上的力矩很难准确控制，容易拧得过紧而产生过载应力，甚至拧断螺栓。(2)例如扳手以拧紧力 $F=200\text{N}$ 拧紧 M10 $(d_1=8.376\text{mm})$ 的螺栓，设扳手的长度 $L\approx15d$，则由式 $T=0.2F_0d=FL=200\times15d$ 得 $F_0\approx15000\text{N}$，考虑到拧紧过程中扭转切应力的影响，螺栓预紧时拉引力为：$\sigma_{ca}=\dfrac{4\times1.3F_0}{\pi d_1^2}=\dfrac{4\times1.3\times15000}{\pi\times8.376^2}=354\text{MPa}$，该应力值已超过常用螺栓材料的屈服极限。

3. 答：改变材料，提高螺栓、螺母的性能等级；改用铰制孔用螺栓连接；在被连接件之间加入减载零件，如减载销、减载套筒或减载键等。

4. 答：考虑连接件和被连接件的弹性变形，螺栓受到工作载荷 F 拉伸时，被连接件被放松，则结合面的初始预紧力 F_0 变小，成为残余预紧力 F_1。螺栓的总拉力不等于预紧力 F_0 与轴向工作载荷 F 之和，而等于残余预紧力 F_1 与轴向工作载荷 F 之和，即 $F_2=F_1+F$。

5. 答：因为螺栓和螺母的受力变形使螺母的各圈螺纹所承担的载荷不相等，第一圈螺纹受载最大，约为总载荷的 $\dfrac{1}{3}$，以后逐圈递减，第八圈以后的螺纹牙几乎不受载。所以，使用过厚的螺母，并不能提高螺纹连接的强度。

6. 答：(1)降低影响螺栓疲劳强度的应力幅，如采用腰状杆螺栓或空心螺栓，目的是减小螺栓的刚度。(2)改善螺纹牙上载荷分布不均的现象，如：采用悬置螺母，目的是使螺母的旋合部分全部受拉，使其变形性质与螺栓相同，从而可以减小两者的螺距变化差，使螺纹牙上的载荷分布趋于均匀。(3)减小应力集中的影响，如在螺栓头和螺栓杆的过渡处采用较大的圆角或卸载结构。(4)避免螺栓承受附加的弯曲载荷，如将铸、锻件等的粗糙表面上安装螺栓处制成凸台或沉头座。(5)采用合理的制造工艺，如滚压、表面硬化处理等。

15.4.5 分析计算题

1. 解：(1)计算螺栓所需的预紧力。两个半凸缘联轴器采用的是普通螺栓连接，靠接合面间产生的摩擦力矩来抵抗转矩 T。取 $K_s=1.2$，根据防滑条件 $fF_0\dfrac{D_1}{2}z\geqslant K_sT$ 得 $F_0\geqslant$

$$\frac{2K_sT}{fD_1z}=\frac{2\times1.2\times500000}{0.15\times155\times4}=12903.2\text{N}$$

（2）校核螺栓的抗拉强度。查机械设计手册，M16 螺栓的小径 $d_1=13.835\text{mm}$。查教材表或机械设计手册，不控制预紧力时，螺栓连接的安全系数 $S=4$，则 $[\sigma]=\dfrac{\sigma_s}{S}=90\text{MPa}$。

$$\sigma_{ca}=\frac{4\times1.3F_0}{\pi d_1^2}=\frac{4\times1.3\times12903.2}{\pi\times13.835^2}=111.6\text{MPa}$$

$\sigma_{ca}>[\sigma]=90\text{MPa}$，所以螺栓的强度不够。

2. 解：（1）计算每个螺栓所受的轴向工作载荷。$F=\dfrac{p\pi D^2}{4z}=\dfrac{1.2\pi\times400^2}{4\times16}=9420\text{N}$。

（2）计算螺栓所受的总拉力。压力容器有密封性要求，取残余预紧力 $F_1=1.5F$。
$$F_2=F_1+F=2.5F=2.5\times9420=23550\text{N}$$

（3）计算螺栓直径。初选 M20 的螺栓。查教材或机械设计手册，不控制预紧力时，螺栓连接的安全系数 $S=3.6$，则 $[\sigma]=\dfrac{\sigma_s}{S}=\dfrac{360}{3.6}=100\text{MPa}$，

$$d_1\geqslant\sqrt{\frac{4\times1.3F_2}{\pi[\sigma]}}=\sqrt{\frac{4\times1.3\times23550}{100\pi}}=19.748\text{mm}$$

查机械设计手册，M20 螺栓的小径 $d_1=17.294\text{mm}$，初选 M20 的螺栓强度不足。

再选 M24 的螺栓。查教材或机械设计手册，不控制预紧力时，螺栓连接的安全系数 $S=3.2$，则 $[\sigma]=\dfrac{\sigma_s}{S}=\dfrac{360}{3.2}=112.5\text{MPa}$。

$$d_1\geqslant\sqrt{\frac{4\times1.3F_2}{\pi[\sigma]}}=\sqrt{\frac{4\times1.3\times23550}{112.5\pi}}=18.619\text{mm}$$

查机械设计手册，M24 螺栓的小径 $d_1=20.752\text{mm}$，强度足够。

3. 解：（1）螺栓组连接受力分析。将载荷 F 向螺栓组形心简化，简化后得一横向载荷 F 和一旋转力矩 T，其中 $T=FL$。

（2）分析各螺栓受力情况，找出受力最大螺栓及其所受力的大小。

方案一：如答图（a）所示。在横载荷 F 作用下，各螺栓所受横向力大小相同，均为 $\dfrac{F}{3}$，与 F 同向；在旋转力矩 T 作用下，螺栓 1、3 所受横向力大小相等，均为 $\dfrac{FL}{2a}$，螺栓 2 所受横向力为 0，方向如答图所示。由图可见，螺栓 3 受的横向力最大，$F_{max}=\dfrac{F}{3}+\dfrac{FL}{2a}$。

方案二：如答图（b）所示。在横载荷 F 作用下，各螺栓所受横向力大小相同，均为 $\dfrac{F}{3}$，与 F 同向；在旋转力矩 T 作用下，螺栓 1、3 所受横向力大小相等，均为 $\dfrac{FL}{2a}$，螺栓 2 所受横向力为 0，方向如答图所示。由图可见，螺栓 1、3 受的横向力最大，大小为

$$F_{max}=\sqrt{\left(\frac{F}{3}\right)^2+\left(\frac{FL}{2a}\right)^2}=\frac{F}{3}\sqrt{1+\left(\frac{3L}{2a}\right)^2}$$

方案三：如答图（c）所示。在横载荷 F 作用下，各螺栓所受横向力大小相同，均为 $\dfrac{F}{3}$，

与 F 同向；在旋转力矩 T 作用下，3 个螺栓所受的横向力大小相等，均为 $\frac{FL}{3a}$，方向如答图所示。由图可见，螺栓 2 受的横向力最大，大小为

$$F_{\max}=\sqrt{\left(\frac{F}{3}\right)^2+\left(\frac{FL}{3a}\right)^2-2\times\frac{F}{3}\times\frac{FL}{3a}\cos150°}=\frac{F}{3}\sqrt{1+\frac{\sqrt{3}L}{a}+\left(\frac{L}{a}\right)^2}$$

（3）比较。

① 在 3 个方案受力最大螺栓中，方案一所受的力最大，因此方案一最差。

② 由 $\frac{F}{3}\sqrt{1+\left(\frac{3L}{2a}\right)^2}=\frac{F}{3}\sqrt{1+\frac{\sqrt{3}L}{a}+\left(\frac{L}{a}\right)^2}$，得 $L=\frac{4\sqrt{3}a}{5}$。当 $L>\frac{4\sqrt{3}a}{5}$ 时，方案三最好；当 $L<\frac{4\sqrt{3}a}{5}$ 时，方案二最好。

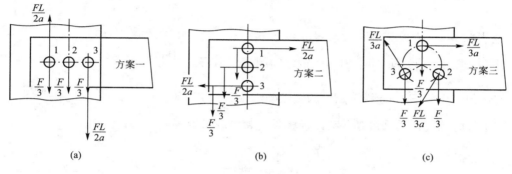

题 15.4.5－3 答图

4. 解：（1）按剪切强度计算连接能传递的最大转矩 $T_{\max}$。根据 M6 铰制孔用螺栓查得 $d_0=7\text{mm}$，螺栓的屈服极限 $\sigma_S=640\text{MPa}$，查表取 $S_\tau=2.5$，则螺栓材料的许用剪应力为 $[\tau]=\frac{\sigma_S}{S_\tau}=\frac{640}{2.5}=256\text{MPa}$。由 $\tau=\frac{4F_S}{\pi d_0^2}\leqslant[\tau]$ 得：$F_S\leqslant\frac{\pi d_0^2[\tau]}{4}=\frac{\pi\times7^2\times256}{4}=9847\text{N}$。

$$T_{\max}=\frac{F_S D_0 z}{2}=\frac{9847\times110\times6}{2}=3249510\text{N}\cdot\text{mm}=3249.51\text{N}\cdot\text{m}$$

（2）按挤压强度计算连接能传递的最大转矩 $T_{\max}$。螺栓和齿圈材料为钢，取 $S_p=1.25$，螺栓的许用挤压应力为 $[\sigma_p]=\frac{\sigma_S}{S_p}=\frac{640}{1.25}=512\text{MPa}$。轮芯材料为铸铁 HT250，强度极限 $\sigma_B=250\text{MPa}$，取 $S_p=2.5$，轮芯的许用挤压应力为 $[\sigma_p]=\frac{\sigma_B}{S_p}=\frac{250}{2.5}=100\text{MPa}$，轮芯材料较弱，以 $[\sigma_p]=100\text{MPa}$ 计算转矩。由图知螺栓和轮芯的接触长度 $L=15\text{mm}$。

由 $\sigma_p=\frac{F_S}{d_0 L_{\min}}\leqslant[\sigma_p]$ 得：$F_S\leqslant d_0 L[\sigma_p]=7\times15\times100=10500\text{N}$。

$$T_{\max}=\frac{F_S D_0 z}{2}=\frac{10500\times110\times6}{2}=3465000\text{N}\cdot\text{mm}=3465\text{N}\cdot\text{m}$$

综上，此螺栓组连接所传递的最大转矩 $T_{\max}=3429.51\text{N}\cdot\text{m}$。

5. 要点分析：夹紧连接是借助于螺栓拧紧后，毂和轴之间产生的摩擦力矩来平衡外载荷 F_P 对轴中心产生的力矩，是螺栓组连接受旋转力矩作用的一种变异，连接螺栓仅受

预紧力 F_0 作用。螺栓组连接后产生的摩擦力矩要由毂和轴之间的正压力(夹紧力) F_N 来计算，而该正压力 F_N 与螺栓的预紧力 F_0 的大小有关。解题的思路为：首先根据毂与轴之间不发生滑移(滑移面是圆柱面)的条件计算毂和轴之间的正压力 F_N，然后由正压力 F_N 和预紧力 F_0 的关系确定预紧力 F_0，最后按螺栓连接的强度条件确定所需的连接螺栓的直径。

解：图(a)求解：(1) 根据毂与轴之间不发生滑移的条件计算毂和轴之间的正压力 F_N：

$$2fF_N \frac{d}{2} \geqslant K_S F_P L, \quad F_N \geqslant \frac{K_S F_P L}{fd} = \frac{1.2 \times 2000 \times 200}{0.15 \times 60} = \frac{160000}{3}N$$

(2) 由正压力 F_N 和预紧力 F_0 的关系确定预紧力 F_0：

$$F_0 \left(l + \frac{d}{2} \right) = F_N \frac{d}{2}, \quad F_0 = F_N \frac{d}{2l+d} = \frac{160000}{3} \times \frac{60}{100+60} = 20000N$$

(3) 按螺栓连接的强度条件确定所需的连接螺栓的直径：

$$d_1 \geqslant \sqrt{\frac{4 \times 1.3 F_0}{\pi[\sigma]}} = \sqrt{\frac{4 \times 1.3 \times 20000}{100\pi}} = 18.199mm$$

查表取 M24($d_1 = 20.752mm > 18.199mm$)。

图(b)求解：(1) 同(a)求出毂和轴之间的正压力 $F_N \geqslant \frac{160000}{3}N$。

(2) 由正压力 F_N 和预紧力 F_0 的关系确定预紧力 F_0，$F_0 = \frac{F_N}{2} = \frac{160000}{6} = \frac{80000}{3}N$。

(3) 按螺栓连接的强度条件确定所需的连接螺栓的直径：

$$d_1 \geqslant \sqrt{\frac{4 \times 1.3 F_0}{\pi[\sigma]}} = \sqrt{\frac{4 \times 1.3 \times 80000}{300\pi}} = 21.015mm$$

查表取 M27($d_1 = 23.752mm > 21.015mm$)。

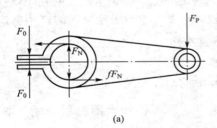 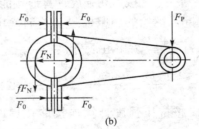

(a)   (b)

题 15.4.5-5 答图

6. 解：(1) 计算螺栓受力。

汽缸盖所受的最大压力：$F_\Sigma = p \frac{\pi D^2}{4} = \frac{2\pi \times 400^2}{4} = 251200N$。

单个螺栓所受的轴向工作载荷：$F = \frac{F_\Sigma}{z} = \frac{251200}{16} = 15700N$。

取 $F_1 = 1.5F$，单个螺栓的总拉力：$F_2 = F_1 + F = 2.5F = 2.5 \times 15700 = 39250N$。

(2) 确定螺栓的公称直径。

选用 6.8 级六角头螺栓，屈服极限 $\sigma_S = 480MPa$，抗拉强度极限 $\sigma_B = 600MPa$，查表取 $S = 1.4$(控制预紧力)，螺栓的许用应力为：$[\sigma] = \frac{\sigma_S}{S} = \frac{480}{1.4} = 343MPa$。

根据强度条件计算螺栓小径：$d_1 \geqslant \sqrt{\dfrac{4 \times 1.3 F_2}{\pi[\sigma]}} = \sqrt{\dfrac{4 \times 1.3 \times 39250}{343\pi}} = 13.766\text{mm}$。

选用 M16 的螺栓，$d_1 = 13.835\text{mm}$。

（3）验算螺栓疲劳强度。

汽缸体和汽缸盖之间采用铜皮石棉垫片，查得 $\dfrac{C_b}{C_b + C_m} = 0.8$。由 $F_1 = F_0 - \dfrac{C_m}{C_b + C_m} F$

得：$F_0 = F_1 + \dfrac{C_m}{C_b + C_m} F = 1.5F + 0.2F = 1.7F = 1.7 \times 15700 = 26690\text{N}$。

$$\sigma_{min} = \frac{4F_0}{\pi d_1^2} = \frac{4 \times 26690}{\pi \times 13.835^2} = 177.54\text{MPa}$$

$$\sigma_a = \frac{C_b}{C_b + C_m} \frac{2F}{\pi d_1^2} = 0.8 \times \frac{2 \times 15700}{13.835^2 \times \pi} = 41.77\text{MPa}$$

根据 $\sigma_B = 600\text{MPa}$，$d = 16\text{mm}$，由教材第三章附表 3-6 和 3-7 查得 $k_\sigma = 3.9$，$\varepsilon_\sigma = 1$。则 $K_\sigma = \dfrac{k_\sigma}{\varepsilon_\sigma} = 3.9$（忽略加工方法的影响）。6.8 级的六角头螺栓选用 45 钢，由教材表 5-7 选取 $\sigma_{-1tc} = 220\text{MPa}$，$\varphi_\sigma = 0.2$。由教材表 5-10 查得安全系数 $S = 1.2$。

$$S_{ca} = \frac{2\sigma_{-1tc} + (K_\sigma - \varphi_\sigma)\sigma_{min}}{(K_\sigma + \varphi_\sigma)(2\sigma_a + \sigma_{min})} = \frac{2 \times 220 + (3.9 - 0.2) \times 177.54}{(3.9 + 0.2)(2 \times 41.77 + 177.54)} = 1.025$$

因 $S_{ca} < S$，所以不满足疲劳强度要求。

（4）提高螺栓的疲劳强度。去掉被连接件之间的铜皮石棉垫片（或改用金属垫片），采用其他的密封装置，查得螺栓相对刚度 $\dfrac{C_b}{C_b + C_m} = 0.3$。

$$F_0 = F_1 + \frac{C_m}{C_m + C_b} F = 1.5F + 0.7F = 2.2F = 2.2 \times 15700 = 34540\text{N}$$

$$\sigma_{min} = \frac{4F_0}{\pi d_1^2} = \frac{4 \times 34540}{\pi \times 13.835^2} = 229.76\text{MPa}$$

$$\sigma_a = \frac{C_b}{C_b + C_m} \frac{2F}{\pi d_1^2} = 0.3 \times \frac{2 \times 15700}{\pi \times 13.835^2} = 15.66\text{MPa}$$

$$S_{ca} = \frac{2\sigma_{-1tc} + (K_\sigma - \varphi_\sigma)\sigma_{min}}{(K_\sigma + \varphi_\sigma)(2\sigma_a + \sigma_{min})} = \frac{2 \times 220 + (3.9 - 0.2) \times 229.76}{(3.9 + 0.2)(2 \times 15.66 + 229.76)} = 1.205 > S$$

15.4.6 结构设计与分析题

1. 解：（1）螺栓组连接受力分析。将 W 向卷筒中心简化，螺栓组连接受横向载荷 W 和旋转力矩 T。$T = W \dfrac{D_0}{2} = 4000 \times 200 = 800000\text{N} \cdot \text{mm}$。

单个螺栓由横向载荷 W 所产生的横向力为 $F_w = \dfrac{W}{z} = \dfrac{4000}{8} = 500\text{N}$；单个螺栓由旋转力矩 T 所产生的横向力为 $F_T = \dfrac{T}{z \dfrac{D}{2}} = \dfrac{800000}{8 \times 250} = 400\text{N}$，每个螺栓所受 F_w 和 F_T 的方向如答图所示。

机械原理、机械设计学习指导与综合强化

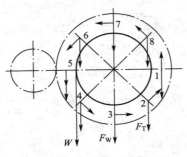

题 15.4.6-1 答图

(2) 根据螺栓组连接的不同结构，进行单个螺栓受力计算。

① 图 15-16(b)采用普通螺栓连接：经分析，螺栓 5 所受的横向力最大，其所受的横向力为 $F=F_W+F_T=500+400=900N$。

对普通螺栓连接，靠预紧力在接合面间产生的摩擦力来传递横向力。根据防滑条件求得预紧力为：$F_0 \geqslant \frac{K_S F}{f}=\frac{1.2 \times 900}{0.15}=7200N$。

② 图(b)采用铰制孔用螺栓连接：采用铰制孔用螺栓连接时，受横向力最大的螺栓仍是螺栓 5，$F=F_W+F_T=500+400=900N$。其不同之处在于：靠螺栓的剪切和螺栓与孔壁的挤压来传递该横向力，而非靠接合面间的摩擦力传递，因此对螺纹只需稍加拧紧，而在计算时不考虑预紧力的影响。

③ 图(c)采用普通螺栓连接：与图(b)的结构不同，在卷筒和大齿轮之间加工出有一定配合精度的定位止口。此种结构的力矩 T 仍由螺栓连接传递；而横向载荷 W 由止口承担，起到了阻碍卷筒向下滑移的趋势。因此本结构螺栓只承受转距 T 产生的横向力，而不承受载荷 W 产生的横向力，故每个螺栓所受的横向力为：$F=F_T=400N$。螺栓所受预紧力为：$F_0 \geqslant \frac{K_S F}{f}=\frac{1.2 \times 400}{0.15}=3200N$。

小结：通过上面 3 种情况的分析和计算，可以看出，虽然受到的外载荷相同，但是由于螺栓连接的类型不同、被连接件的结构不同，每个螺栓的受力情况会有很大差异，单个螺栓受力的大小相差很大。因此在机械设计中，结构设计的优劣必须给以足够重视。

2. 解：(a) 铰制孔用螺栓连接：①螺纹部分的大径应小于铰制孔配合直径；②弹簧垫圈的切口倾斜方向错误；③螺纹部分长度不够；④螺栓无法由下向上装入。

(b) 双头螺柱连接：①较厚被连接件中螺纹孔的深度应大于螺杆拧入深度；②螺纹孔内没有光孔，深度应大于螺纹孔，否则螺纹不能加工；③螺柱上端的螺纹部分长度不够；④螺柱下端无螺纹部分不可能拧入被连接件 2 的螺纹孔中；⑤上边被连接件中的通孔孔径应大于螺杆直径；⑥缺少防松措施。

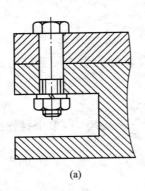
(a)

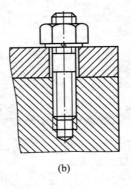
(b)

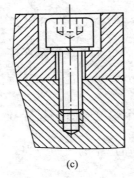
(c)

题 15.4.6-2 答图

（c）螺钉连接：①螺钉头周围空间尺寸太小，更没有扳手空间，圆柱螺钉头也不能拧紧；②上面被连接件应为光孔，不能是螺纹孔；③下面被连接件中的孔应有螺纹；④上边被连接件孔径应大于螺钉的螺纹大径；⑤缺少防松措施。

第 16 章　键、花键、无键连接和销连接

16.4.1　填空题

1. 静、两侧面、键与键槽侧面的挤压和键的剪切、工作面被压溃；2. 上下面、相互楔紧的工作面被压溃；3. A 型平键，键宽 $b=20$mm，键长 $L=70$mm；4. 矩形、渐开线；5. 动、工作面过渡磨损、耐磨性条件 $p\leqslant[p]$；6. 导向平键、花键。

16.4.2　选择题

1. C；2. C、G；3. C；4. D；5. C；6. D、C、A；7. D；8. C；9. A；10. D。

16.4.3　简答题

1. 答：平键的截面为矩形，两侧面为工作面，键的顶面与轮毂键槽底面有间隙。平键连接具有结构简单、装拆方便、对中性好等优点，因而得到广泛应用。

2. 答：(1)工作面被压溃，个别情况会出现键被剪断。(2)工作面被压溃。(3)通常只按工作面上的挤压应力进行强度校核计算。(4)可在同一连接处错开 180° 布置两个平键。

3. 答：切向键由一对斜度为 1:100 的楔键组成，楔键沿斜面拼合后，相互平行的两个窄面为工作面。靠工作面的挤压和轴毂间的摩擦力传递转矩。用于轴径大于 100mm，对中性要求不高，而载荷很大的重型机械上。

4. 答：(1)矩形花键、渐开线花键。(2)矩形花键的定心方式为小径定心，渐开线花键的定心方式为齿形定心。(3)按齿高的不同，矩形花键的齿形尺寸在标准中规定了两个系列，其中轻系列多用于轻载静连接；中系列用于较重载荷静连接或空载下移动的动连接。渐开线花键适用于载荷大、定心精度要求高、尺寸较大的场合，压力角为 45° 的渐开线花键特别适用于载荷不大的薄壁零件的轴毂连接。

16.4.4　设计计算题

解：1) 联轴器与轴的键连接

(1) 选择键的类型。联轴器装在轴的端部，因此选择 C 型普通平键。

(2) 确定平键尺寸。由轴的直径 $d=70$mm 查得普通平键的截面尺寸 $b=20$mm、$h=12$mm。结合联轴器宽度及键的长度标准系列选取键的长度 $L=110$mm。标记为：键 C20×110 GB/T 1096—2003。

(3) 挤压强度校核计算。$\sigma_p=\dfrac{4T\times10^3}{hld}=\dfrac{4\times1000\times1000}{12\times(110-10)\times70}=47.6$MPa，查得铸铁的 $[\sigma_p]=50\sim60$MPa，由于 $\sigma_p<[\sigma_p]$，所以选择该尺寸的 C 型键是安全的。

2）齿轮与轴的键连接

（1）选择键的类型。齿轮装在轴的中间，因此选择 A 型普通平键。

（2）确定平键尺寸。由轴的直径 $d=90$mm 查得 A 型普通平键的截面尺寸 $b=25$mm、$h=14$mm。结合轮毂长度及键的长度标准系列选取键的长度 $L=80$mm。标记为：键 $25×80$ GB/T 1096—2003。

（3）挤压强度校核计算。$\sigma_p = \dfrac{4T×10^3}{hld} = \dfrac{4×1000×1000}{14×(80-25)×90} = 57.7$MPa，查得钢的 $[\sigma_p]=100\sim120$MPa，由于 $\sigma_p<[\sigma_p]$，所以选择该尺寸的 A 型键是安全的。

16.4.5 结构设计题

解：（a）平键的上面和轮毂键槽底面应有间隙。

（b）轮毂无法装拆，应改成钩头楔键，并增大轴上的键槽长度（大于键长两倍）。

（c）半圆键的上面和轮毂键槽底面应有间隙。

（d）圆锥销应长一些，以方便装拆。

正确的结构图如答图所示。

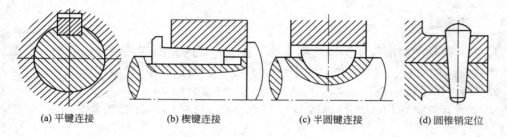

(a) 平键连接　　(b) 楔键连接　　(c) 半圆键连接　　(d) 圆锥销定位

题 16.4.5－1 答图

第 17 章　带　传　动

17.4.1 填空题

1. B、基准长度（公称长度）；2. 张紧力（初拉力）、小带轮包角、带与带轮间的摩擦系数；3. 750、1500、750、1125；4. 拉应力、离心拉应力、弯曲应力、紧、小带轮；5. 大、疲劳破坏；6. 弹性滑动、打滑、打滑；7. 7.64、1309、357.7；8. 带与带轮之间发生显著的相对滑动、小、$F_1 = F_2 e^{f\alpha}$；9. 过载、打滑、弹性滑动；10. 打滑、带的疲劳破坏；11. 打滑、疲劳强度；12. 计算功率、小带轮转速；13. 定期张紧装置、自动张紧装置、张紧轮张紧装置；14. 带在运转时易跳动和打滑、带的磨损加剧并使压轴力增大。

17.4.2 判断题

1. √；2. √；3. ×；4. ×；5. √；6. √；7. ×；8. ×；9. ×；10. ×；11. √；

12. ×；13. ×；14. ×；15. √；16. √；17. ×；18. ×；19. ×；20. ×；21. √；22. ×；23. √；24. ×。

17.4.3 选择题

1. A；2. C；3. B；4. D；5. A；6. C；7. D；8. B；9. A；10. C；11. A；12. B；13. B；14. C；15. A；16. B；17. D；18. D；19. A；20. A；21. D；22. D；23. C；24. C；25. C；26. A；27. A；28. D。

17.4.4 简答题

1. 答：带是弹性体，带在紧边和松边所受拉力不等（即存在拉力差），因此带传动中会产生弹性滑动。带的弹性是固有的，又因为传动多大圆周力就有多大拉力差，拉力差随载荷变化而变化，因此拉力差也是不可避免的。所以，弹性滑动是带传动中固有的物理现象，是不可避免的。

2. 答：(1)不相等。(2)紧边带速大于松边带速。(3)由于带的紧边和松边的拉力不同，弹性变形也不同；带绕上主动轮后拉力由 F_1 降低到 F_2，因而带的运动一面绕进、一面向后收缩，所以带的速度由紧边到松边逐渐降低。

3. 答：(1)满足 $d_{d1} \geqslant (d_d)_{min}$，使弯曲应力不至于过大；(2)满足带速要求，即 $5m/s \leqslant v \leqslant 25m/s$；(3)满足传动比误差要求，因带轮基准直径取标准值，应使实际传动比与要求的传动比误差不超过 3%～5%；(4)满足小带轮包角要求，即 $\alpha_1 \geqslant 90°$；(5)传动所占空间大小。

4. 答：v 过大时，离心应力过大，同时增加了单位时间内带的循环次数，不利于提高带的疲劳强度和寿命；又由于离心力过大，带与带轮间的正压力减小，摩擦力下降，带传动的最大有效拉力 F_{ec} 减小，容易使得 $F_e > F_{ec}$ 而发生打滑，且此时带的颤动严重，故 v 不宜大于 25m/s。由 $P = \dfrac{F_e v}{1000}$ 可知当功率 P 一定时，v 过小将使所需的有效拉力 F_e 过大，则所需带的根数过多，从而使带轮的宽度随之增大，而且也增大了载荷在 V 带之间分配的不均匀性，故 v 不宜小于 5m/s。

5. 答：(1)带的型号、基准长度和根数；(2)带传动的中心距；(3)带轮的材料、基准直径以及结构尺寸；(4)带的初拉力、带传动的压轴力和张紧装置等。

6. 答：小带轮包角越大，接触弧上产生的摩擦力越大，则带传动的承载能力也越大。通常情况下，应使小带轮上的包角 $\geqslant 90°$。

7. 答：初拉力过小，带与带轮间产生的摩擦力小，传动能力低，易出现打滑；初拉力过大，带的磨损快，压轴力增大。

8. 答：(1)V 带在带轮上弯曲时，截面形状发生了变化，外边（宽边）受拉而变窄，内边（窄边）受压而变宽，因而使带两侧面的夹角变小，为使带的两侧面和轮槽有较好的接触，应使轮槽楔角小于 40°。(2)带轮的基准直径越小，这种变化越显著。因此，带轮基准直径越小，则轮槽的楔角也应取得越小。

9. 答：当中心距不能调节时，可采用张紧轮将带张紧。张紧轮一般应放在带的松边内侧，使带只受单向弯曲。同时张紧轮还应尽量靠近大轮，以免过分影响带在小带轮上的包角。

10. 答：带传动不适合低速传动，在由带传动、齿轮传动、链传动等组成的传动系统中，应将带传动布置在高速级。若放在低速级，传递相同功率时，因为传递的圆周力大，会使带的根数增多，结构尺寸增大，轴的长度增加，刚度不好，各根带受力不均等。另外，V 带传动应尽量水平布置，并将紧边布置在下边，将松边布置在上边。这样，松边的下垂对带轮包角有利，可提高传动能力。

17.4.5 分析与设计计算题

1. 解：(1) $v = \dfrac{\pi d_{d1} n_1}{60 \times 1000} = \dfrac{\pi \times 180 \times 1450}{60 \times 1000} = 13.67 \text{m/s}$

由 $P_{max} = \dfrac{F_{emax} v}{1000}$ 得：$F_{emax} = \dfrac{1000 P_{max}}{v} = \dfrac{1000 \times 4.82}{13.67} = 352.7 \text{N}$。

(2) 由 $F_{emax} = 2F_0 \dfrac{e^{f_v \alpha_1} - 1}{e^{f_v \alpha_1} + 1}$ 得：$F_0 = \dfrac{F_{emax}}{2} \cdot \dfrac{e^{f_v \alpha_1} + 1}{e^{f_v \alpha_1} - 1} = \dfrac{352.7}{2} \times \dfrac{e^{0.25 \times \frac{152°}{180°} \pi} + 1}{e^{0.25 \times \frac{152°}{180°} \pi} - 1} = 551.6 \text{N}$。

(3) $F_1 = F_0 + \dfrac{F_{emax}}{2} = 551.6 + \dfrac{352.7}{2} = 728 \text{N}$

$F_2 = F_0 - \dfrac{F_{emax}}{2} = 551.6 - \dfrac{352.7}{2} = 375.3 \text{N}$。

2. 解：(1) 两种装置传递的圆周力一样大。这是因为两装置上小带轮上的包角相等，摩擦系数相同，初拉力相等，$F_{emax} = F_{ec} = 2F_0 \dfrac{e^{f \alpha} - 1}{e^{f \alpha} + 1}$ 就相等。(2) (b) 装置所传递的功率大。这是因为带轮 1、3 为主动轮，$d_{d1} < d_{d3}$，所以 $v_a = \dfrac{\pi d_{d1} n}{60 \times 1000} < v_b = \dfrac{\pi d_{d3} n}{60 \times 1000}$，又 $P_{max} = \dfrac{F_{emax} v}{1000}$，$F_{eamax} = F_{ebmax}$，所以 $P_{amax} < P_{bmax}$。(3) (a) 装置中带的寿命长。这是因为传递的圆周力相等，但 $v_a < v_b$，单位时间内 (b) 装置带的应力循环次数多，更容易疲劳破坏。

3. 解：(1) 要求该 V 带传动能够传递的圆周力：$F_e = \dfrac{2T_2}{d_{d2}} = \dfrac{2 \times 20 \times 1000}{180} = 222.2 \text{N}$。

该 V 带传动的临界圆周力：$F_{ec} = 2F_0 \dfrac{e^{f_v \alpha_2} - 1}{e^{f_v \alpha_2} + 1} = 2 \times 180 \times \dfrac{e^{0.4 \times \frac{160°}{180°} \pi} - 1}{e^{0.4 \times \frac{160°}{180°} \pi} + 1} = 182 \text{N}$。

可见：$F_e > F_{ec}$，小带轮发生打滑现象（尽管大轮主动，打滑仍从小轮开始）。

(2) 由 $F_1 + F_2 = 2F_0 = 360 \text{N}$ 和 $F_1 - F_2 = F_{ec} = 182 \text{N}$，解得：$F_1 = 271 \text{N}$、$F_2 = 89 \text{N}$。

4. 解：(1) 输送带上的载荷 F 不变，输送带的速度由 $v = 0.3 \text{m/s}$ 提高到 $v = 0.42 \text{m/s}$ 时，输送带上的功率增加了 40%（$P = Fv$），即整个传动系统传递的功率增加了 40%。在带传动中，小带轮的直径 d_{d1}、转速 n_1、V 带的根数 z 等均没有改变，则要求传递的有效圆周力随着传递功率的增加也增大了 40% $\left(F_e = \dfrac{P}{v_1}\right)$。尽管小带轮包角有所增加，其最大摩擦力不可能增加 40%，很可能出现打滑现象，此建议不可行。

从另一个方面讲，在带的型号、小带轮直径、小带轮转速都没有改变的情况下，单根 V 带的额定功率 P_r 变化不大。当要求带传动传递的功率增加 40% 时，V 带的根数不够。

(2) 可行的改进办法：①将小带轮直径增大 40% 左右，$d_{d1} = 200 \text{mm}$，以提高带速；②改用高转速的电动机（如果允许的话，本题目中没给电动机转速），将其转速提高 40%。

第 18 章 链 传 动

18.4.1 选择题

1. D；2. B；3. C；4. B；5. D；6. D；7. C；8. B；9. C；10. B；11. D；12. C；13. C；14. C。

18.4.2 简答题

1. 答：当链节数为奇数时，需要用过渡链节才能构成环状。过渡链节的链板在工作时，会受到附加弯矩的作用，所以在一般情况下最好不用奇数链节。

2. 答：GB/T 1243—1997：国标代号；84：链节数为 84 节；2：双排链；12A：链号。

3. 答：(1)由于链传动的多边形效应。(2)增加小链轮齿数；在满足承载能力的条件下，尽量用小节距的链条；限制链轮的转速，在多级传动中，将链传动置于低速级。

4. 答：当小链轮的分度圆直径不变时，齿数越多，所选链条的链节矩越小。因此，链轮齿数增多，多边形效应减弱，使传动平稳，振动和噪声减小。

5. 答：小链轮齿数太少，会增加运动的不均匀性和动载荷；链条在进入和退出啮合时，链节间的相对转角增大，铰链磨损增大；链传动的圆周力增大，从整体上加速铰链和链轮的磨损。传动比一定的情况下，小链轮齿数多，大链轮齿数也随之增多，使传动装置的尺寸增大；同时，链节距因磨损加大后，容易发生跳链和脱链，从另一方面限制了链条的使用寿命。

6. 答：在一定链速下，中心距过小，单位时间内链条绕过链轮的次数增多，链条曲伸次数和应力循环次数增多，加剧了链的疲劳和磨损；同时也使链条在小链轮上的包角减小，每个轮齿所受的载荷增大，且易出现跳齿和脱链现象。中心距过大，链条的松边垂度过大，容易引起链条松边的上下颤动。

7. 答：链条的套筒和销轴磨损后，链的节距增大，从而使链条的松边垂度变大。链条的松边垂度过大时，容易产生啮合不良和链条的振动现象，故需定期将链条张紧。同时，通过张紧也可增加链条与链轮的啮合包角。

8. 答：V 带传动比较适合高速传动，而不适合低速传动，故放在高速级；链传动不适合高速传动，而适合低速传动，所以应该放在低速级；齿轮传动使用条件及其速度范围比较宽，这里应放在中间。传动系统简图如答图所示。

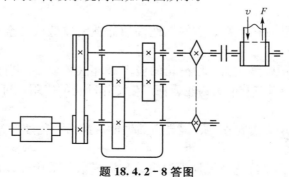

题 18.4.2‑8 答图

第 19 章　齿 轮 传 动

19.4.1　填空题

1. 齿轮传动；2. 齿根、齿根弯曲疲劳；3. 齿面点蚀、齿面接触疲劳、齿根弯曲疲劳、小齿轮分度圆直径(或中心距)；4. 接触应力、靠近节线附近的齿根部分、硬度；5. 齿面磨损和轮齿折断、抗磨损、齿根弯曲疲劳强度、模数；6. 硬、韧；7. 调质、正火；8. 相反、相同；9. 大、大；10. 在分度圆直径不变的情况下增大模数减少齿数、提高齿面硬度、采用正变位；11. 多、较少、模数、少；12. 大、沿齿宽方向载荷分布不均、小、大、大；13. 齿数、螺旋角、变位系数、模数；14. 平均分度圆(齿宽中点)。

19.4.2　判断题

1. √；2. ×；3. √；4. ×；5. √；6. √；7. ×；8. √；9. ×；10. ×；11. ×；12. √；13. ×；14. √；15. ×。

19.4.3　选择题

1. C、A；2. D；3. A；4. A、C；5. D；6. A；7. B；8. A；9. B；10. A；11. C、F；12. C、C；13. A；14. C；15. B；16. C；17. B；18. C；19. B；20. A；21. B；22. B；23. C；24. C；25. D；26. C；27. B；28. C；29. B；30. A、F、E、I、B、C、D、G、H、J；31. D；32. A；33. A；34. B。

19.4.4　简答题

1. 答：轮齿受载好似一悬臂梁，齿根处产生的弯曲应力最大，再加上齿根过渡部分的截面突变及加工刀痕等引起的应力集中作用，当齿轮重复受载后，齿根处就会产生疲劳裂纹，并逐步扩展，致使轮齿疲劳折断。因安装和制造误差，形成偏载、过载，容易产生局部折断。

2. 答：在闭式齿轮传动中，齿面在接触应力的长期反复作用下，其表面形成疲劳裂纹，使齿面表层脱落，形成麻点，这就是齿面疲劳点蚀。

3. 答：不会。因为开式齿轮传动齿面间的润滑不良，杂物较多，致使磨损加快，点蚀无法形成。

4. 答：通常选用齿面硬度高、芯部韧性好的低碳钢或低碳合金钢，并经表面渗碳淬火处理。

5. 答：小齿轮齿根强度较弱，小齿轮的应力循环次数较多。当大小齿轮有较大硬度差时，较硬的小齿轮会对较软的大齿轮齿面产生冷作硬化的作用，可提高大齿轮的接触疲劳强度。

6. 答：可以采用增大齿轮直径、提高齿面硬度、齿面强化处理、降低齿面粗糙度值、增大润滑油黏度等方法。

7. 答：加防护罩、保持清洁、加强润滑、加大模数、采用较硬齿面及尽可能采用闭式传动等方法。

8. 答：(1)在高速和低速重载的齿轮传动中，齿面间压力大，相对滑动速度大，润滑油易被挤出，接触处产生高温，使齿面材料相互熔焊、胶结在一起，由于此时两齿面又在作相对滑动，相粘结的部位即被撕破，于是在齿面上沿相对滑动的方向形成伤痕，称为胶合。(2)可用不同的材料配对使用、减少模数、降低滑动速度、采用高黏度润滑油、在油中加抗胶合添加剂、采用冷却措施等。

9. 答：在传动比不变的情况下，加大小齿轮分度圆直径或中心距；适当增加齿宽或传动比；减小材料的弹性模量；提高齿面硬度。

10. 答：(1)两种方案的接触疲劳强度相同，弯曲疲劳强度不同，(a)方案弯曲疲劳强度较高。(2)(b)方案较好。在满足弯曲疲劳强度的基础上将模数取得小些，齿数增多，使重合度增加，改善了传动平稳性和载荷分配情况。m 小，滑动速度小，降低了磨损和胶合的可能性，同时也节省材料。

11. 答：齿宽系数越大，轮齿越宽，承载能力越高，但载荷沿齿宽分布的不均匀性增加，故齿宽系数不宜取得太大。

12. 答：螺旋角太小，不能发挥斜齿圆柱齿轮传动与直齿圆柱齿轮传动的相对优越性，即传动平稳和承载能力大。螺旋角 β 越大，齿轮传动的平稳性和承载能力越高。但 β 值太大，会引起轴向力太大，增大了轴和轴承上的载荷，故 β 值选取要适当。通常 β 要求在 $8°\sim20°$ 范围内选取。

13. 答：(1)由斜齿圆柱齿轮传动的齿面接触应力计算公式 $\sigma_H=\sqrt{\dfrac{KF_t}{bd_1\varepsilon_\alpha}\dfrac{u\pm1}{u}}Z_HZ_E$ 看，直齿轮 $d_1=mz_1$，斜齿轮 $d_1'=\dfrac{m_nz_1'}{\cos\beta}$，$d_1'>d_1$；斜齿轮比直齿轮多一个端面重合度 ε_α，$\varepsilon_\alpha>1$；斜齿轮传动的综合曲率半径 ρ_Σ' 较大，区域系数 Z_H' 较小。斜齿轮传动的齿面接触应力 σ_H' 小，齿面接触疲劳强度高。(2)齿根弯曲疲劳强度计算的力学模型是悬臂梁，直齿圆柱齿轮所受的力 F_t 与齿向垂直；而斜齿圆柱齿轮所受的力 F_t 与齿向倾斜 $90°-\beta$，所以其抗弯能力要强于直齿。另外，从斜齿圆柱齿轮齿根弯曲应力计算公式 $\sigma_F=\dfrac{KF_t}{bm_n\varepsilon_\alpha}Y_{Fa}Y_{Sa}Y_\beta$ 看，增加的两个系数 $Y_\beta<1$，$\varepsilon_\alpha>1$；而齿形系数 Y_{Fa} 和应力校正系数 Y_{Sa} 都是根据 $z_v=\dfrac{z}{\cos^3\beta}>z$ 来查的，齿数越多，Y_{Fa} 与 Y_{Sa} 乘积越小。所以斜齿圆柱齿轮的齿根弯曲应力小，弯曲疲劳强度高。

14. 答：(1)第Ⅰ种方案较为合理。(2)带传动能缓冲吸振，运转平稳无噪声，宜置于高速级；将带传动放在高速级，传递相同功率时，因为传递的圆周力小，不容易出现因过载打滑现象。齿轮传动用于低速级，降低了对齿轮的精度要求和齿轮传动的噪声。

15. 答：(1)在二级圆柱齿轮传动中，斜齿轮传动宜放在高速级。其原因在于：①斜齿轮传动工作平稳，在与直齿轮精度等级相同时允许更高的圆周速度，更适于高速。②斜齿轮传动有轴向力，放在高速级轴向力较小。因为在忽略摩擦损耗的影响时，高速级小齿轮的转矩是低速级小齿轮转矩的 $\dfrac{1}{i}$（i 是高速级的传动比）。(2)由锥齿轮和圆柱齿轮组成的二级减速器，一般应将锥齿轮传动放在高速级。其原因是：当传动功率一定时，低速级的转矩较大，齿轮的尺寸和模数较大。当锥齿轮的锥距 R 和模数 m 大时，加工困难，制造成本提高。

19.4.5　分析与设计计算题

1. 解：（1）外啮合的圆柱齿轮转向相反，且齿轮 1 转向为顺时针，可得齿轮 2 转向为逆时针、齿轮 3 转向为顺时针，如答图所示。由主动轮上的圆周力 F_{t1}、F'_{t2} 的方向与节点处圆周速度方向相反，从动轮上的圆周力 F_{t2}、F_{t3} 的方向与节点处圆周速度方向相同，可标出各轮所受圆周力 F_t 的方向；由齿轮所受径向力方向分别指向各自的轮心可标出各轮所受径向力 F_r 的方向，如答图所示。

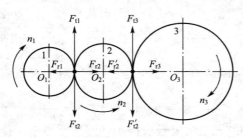

题 19.4.5 – 1 答图

由 $P_1 = \dfrac{T_1 n_1}{9550} = P_2 = \dfrac{T_2 n_2}{9550} = P_3 = \dfrac{T_3 n_3}{9550}$ 得

$$T_2 = T_3 \frac{n_3}{n_2} = T_3 \frac{z_2}{z_3} = 98 \times \frac{25}{45} = 54.44\text{N} \cdot \text{m}, \quad T_1 = T_3 \frac{n_3}{n_1} = T_3 \frac{z_1}{z_3} = 98 \times \frac{22}{45} = 47.91\text{N} \cdot \text{m}$$

$$F_{t1} = F_{t2} = F'_{t2} = F_{t3} = \frac{2T_1}{d_1} = \frac{2T_1}{mz_1} = \frac{2 \times 47.91 \times 1000}{4 \times 22} = 1088.86\text{N}$$

$$F_{t1} = F_{r2} = F'_{r2} = F_{r3} = F_{t1}\tan\alpha = 1088.86\tan20° = 396.31\text{N}$$

（2）齿轮 2 在啮合传动时，齿轮根部双向受载，受到的弯曲应力为对称循环应力，齿面接触应力为脉动循环应力。在计算弯曲疲劳强度时，应将弯曲疲劳极限 σ_{Flim} 乘以 0.7。

（3）若齿轮 2 为主动轮，则其弯曲应力和接触应力都为脉动循环应力，但轮 2 每转一周时，轮齿同侧齿面啮合次数为 2，则其应力循环次数增加 1 倍。

2. 解：（1）$\dfrac{Y_{\text{Fa1}}Y_{\text{Sa1}}}{[\sigma_F]_1} = \dfrac{2.72 \times 1.58}{320} = 0.0134 < \dfrac{Y_{\text{Fa2}}Y_{\text{Sa2}}}{[\sigma_F]_2} = \dfrac{2.32 \times 1.76}{300} = 0.0136$，所以齿轮 1 的弯曲疲劳强度高。

（2）由 $\dfrac{\sigma_{F1}}{Y_{\text{Fa1}}Y_{\text{Sa1}}} = \dfrac{\sigma_{F2}}{Y_{\text{Fa2}}Y_{\text{Sa2}}}$ 得 $\sigma_{F1} = \sigma_{F2}\dfrac{Y_{\text{Fa1}}Y_{\text{Sa1}}}{Y_{\text{Fa2}}Y_{\text{Sa2}}} = 280 \times \dfrac{2.72 \times 1.58}{2.32 \times 1.76} = 294.70\text{MPa}$。

$\sigma_{F1} = 294.70\text{MPa} < [\sigma_F]_1 = 320\text{MPa}$，$\sigma_{F2} = 280\text{MPa} < [\sigma_F]_2 = 300\text{MPa}$。可见，两个齿轮的弯曲疲劳强度足够。

3. 解：（1）$\sigma_{H1} = \sigma_{H2}$，$[\sigma_H]_1 = 500\text{MPa} > [\sigma_H]_2 = 470\text{MPa}$，所以齿轮 2 的齿面接触疲劳强度弱，齿轮 2 更容易疲劳点蚀。

$\dfrac{Y_{\text{Fa1}}Y_{\text{Sa1}}}{[\sigma_F]_1} = \dfrac{2.97 \times 1.52}{390} = 0.0116 > \dfrac{Y_{\text{Fa2}}Y_{\text{Sa2}}}{[\sigma_F]_2} = \dfrac{2.35 \times 1.68}{370} = 0.0107$，所以齿轮 1 的齿根弯曲疲劳强度弱，齿轮 1 更容易弯曲疲劳折断。

（2）$\phi_d = \dfrac{b}{d_1} = \dfrac{b_2}{mz_1} = \dfrac{55}{3 \times 17} = 1.08$

（3）由 $\sigma_F = \dfrac{KF_t}{bm}Y_{\text{Fa}}Y_{\text{Sa}} = \dfrac{2KT_1}{bmd_1}Y_{\text{Fa}}Y_{\text{Sa}} \leqslant [\sigma_F]$ 得

$$T_1 \leqslant \frac{bmd_1}{2K}\frac{[\sigma_F]}{Y_{\text{Fa}}Y_{\text{Sa}}} = \frac{bm^2z_1}{2K}\frac{[\sigma_F]_1}{Y_{\text{Fa1}}Y_{\text{Sa1}}} = \frac{55 \times 3^2 \times 17}{2 \times 1.25} \times \frac{390}{2.97 \times 1.52} = 290.8\text{N} \cdot \text{m}$$

所以，$T_{1\text{max}} = 290.8\text{N} \cdot \text{m}$。

4. 解：Ⅱ、Ⅲ、Ⅳ 各轴转向及齿轮 3、4、5、6 旋向如答图所示。

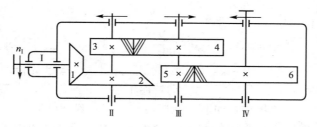

题 19.4.5 - 4 答图

5. 解：（1）由外啮合的圆柱齿轮转向相反，依次标出轴Ⅱ、Ⅲ的转向，如答图所示。

（2）外啮合的一对斜齿轮螺旋线方向应相反，齿轮 1 为右旋，要求 F_{a2} 与 F_{a3} 方向相反，所以齿轮 2、3 为左旋，齿轮 4 为右旋，如答图所示。

（3）齿轮 2、3 所受的各个分力方向如答图所示。

（4）$n_3 = n_2 = \dfrac{n_1}{i_{12}} = \dfrac{n_1 z_1}{z_2} = 960 \times \dfrac{22}{95} = 222.3 \text{r/min}$

$$T_3 = 9550 \dfrac{P_2}{n_3} = 9550 \times \dfrac{4}{222.3} = 171.84 \text{N} \cdot \text{m}$$

$$\beta_3 = \arccos \dfrac{m_n(z_3+z_4)}{2a} = \arccos \dfrac{3 \times (25+79)}{2 \times 160} = 12.839°$$

$$d_3 = \dfrac{m_n z_3}{\cos\beta_3} = \dfrac{3 \times 25}{\cos 12.839°} = 76.923 \text{mm}$$

$$F_{t3} = \dfrac{2T_3}{d_3} = \dfrac{2 \times 171.84 \times 1000}{76.923} = 4467.84 \text{N}$$

$$F_{a3} = F_{t3} \tan\beta_3 = 4467.84 \tan 12.839° = 1018.27 \text{N}$$

$$F_{r3} = \dfrac{F_{t3} \tan\alpha_n}{\cos\beta_3} = \dfrac{4467.84 \tan 20°}{\cos 12.839°} = 1667.86 \text{N}$$

6. 解：（1）$a = \dfrac{m(z_1+z_2)}{2} = \dfrac{mz_1(1+i)}{2} = \dfrac{3 \times 22 \times (1+4)}{2} = 165 \text{mm}$

中心距不变，就保证了齿面接触疲劳强度不降低。为使弯曲强度不降低，取模数 $m_n = 3\text{mm}$，这样，改为斜齿轮传动后，承载能力只升不降。

初步选择斜齿轮螺旋角 $\beta=13°$，由中心距计算公式：$a = \dfrac{m_n(z_1'+z_2')}{2\cos\beta} = \dfrac{m_n z_1'(1+i)}{2\cos\beta}$ 得

$$z_1'+z_2' = \dfrac{2a\cos\beta}{m_n} = \dfrac{2 \times 165 \times \cos 13°}{3} = 107.18。$$

$$z_1' = \dfrac{2a\cos\beta}{m_n(1+i)} = \dfrac{2 \times 165 \times \cos 13°}{3 \times 5} = 21.44。\text{ 取 } z_1'=21，z_2'=107-21=86。$$

$i' = \dfrac{z_2'}{z_1'} = \dfrac{86}{21} = 4.095$，$\dfrac{|i-i'|}{i} = \dfrac{|4-4.095|}{4} = 2.4\%$，小于 3%，符合要求。

$\beta = \arccos \dfrac{m_n(z_1+z_2)}{2a} = \arccos \dfrac{3 \times (21+86)}{2 \times 165} = 13.412°$，小于 15°，符合要求。

（2）在中心距和传动比都不能改变的情况下，必须先求 z_1 并取整，并使 $z_2=iz_1$，而且螺旋角 β 的取值范围必须放宽。否则，在一般情况下很难满足 $\beta \leqslant 15°$ 的要求。

$$z_1' = \dfrac{2a\cos\beta}{m_n(1+i)} = \dfrac{2 \times 165 \times \cos 13°}{3 \times 5} = 21.44$$

若取 $z_1' = 21$，$z_2' = iz_1' = 4 \times 21 = 84$，

$$\beta = \arccos \frac{m_n(z_1 + z_2)}{2a} = \arccos \frac{3 \times (21 + 84)}{2 \times 165} = 17.341°，超过了要求。$$

若取 $z_1' = 22$，$z_2' = iz_1' = 4 \times 22 = 88$，则 $\beta = 0°$。可见，匹配好斜齿轮传动的参数并不容易。

7. 解：(1) V 带传动比较适合高速传动，而不适合低速传动，应布置在高速级。

(2) 链传动不适合高速传动，而适合低速传动，应布置在低速级。

(3) 齿轮减速器的输入和输出端设计不合理，应在齿轮远离轴承的一侧输入、输出。第一级小齿轮远离带轮，第二级大齿轮远离链轮，使这两根轴的受扭段长，单位长度上的扭转变形小、扭转刚度大，载荷沿齿向分布均匀。

(4) 减速器中斜齿轮的旋向选择不合理，中间轴的两个齿轮的旋向应该相同，使其所受轴向力方向相反。

(5) 链传动的松、紧边布置不合理，应紧边在上、松边在下。

正确的传动方案布置图如答图所示。

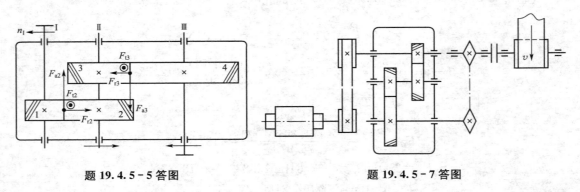

题 19.4.5－5 答图   题 19.4.5－7 答图

第 20 章   蜗 杆 传 动

20.4.1   填空题

1. 蜗杆、蜗轮；2. 齿面间的相对滑动速度、传动效率；3. 阿基米德螺旋线、直线；4. 通过蜗杆轴线并垂直于蜗轮轴线的平面、齿条与齿轮的啮合传动；5. 相同、导程角、轴面、端面、分度圆；6. 分度圆直径 d_1、模数 m；7. 齿面胶合、点蚀、齿面接触疲劳强度、齿根弯曲疲劳强度、齿面磨损、轮齿折断、齿根弯曲疲劳强度；8. 880、1800；9. 传动比、传动效率、蜗杆头数、传动比；10. 青铜、碳钢或合金钢。

20.4.2   判断题

1. ×；2. ×；3. ×；4. √；5. ×；6. ×；7. ×；8. √；9. √；10. √；11. √；12. ×。

20.4.3   选择题

1. D；2. C；3. C；4. C；5. C；6. C；7. B；8. B；9. B；10. B；11. D；12. A；

13. B；14. C；15. C；16. A；17. D；18. D。

20.4.4 简答题

1. 答：通常，蜗轮轮齿是用与蜗杆相同尺寸的滚刀进行加工的，蜗杆头数与模数都是有限的数量，而蜗杆分度圆直径 d_1 将随着导程角而变，任一值就应有相应的 d_1 值，这样会有无限量的刀具。故为了经济，减少刀具数量，规定了标准模数和蜗杆直径系列。

2. 答：不可以。蜗杆蜗轮正确啮合的条件中有 $\gamma_1 = \beta_2$。如用原来的蜗轮，蜗杆的模数 m 和分度圆直径 d_1 不能变。当蜗杆头数 z_1 由 1 变为 2，据 $d_1 = m\dfrac{z_1}{\tan\gamma_1}$ 可知，$\tan\gamma_1$ 增大为原来的 2 倍，即导程角 γ_1 增大了，与蜗轮的螺旋角 β_2 不再相等。因此，不再符合蜗杆传动的正确啮合条件。

3. 答：蜗杆传动的失效形式有点蚀、齿面胶合及过度磨损等，且失效多发生在蜗轮轮齿上。因此蜗杆与蜗轮材料组合不仅要求有足够的强度，更要具有良好的磨合和耐磨性能及抗胶合能力，蜗轮用锡青铜或铝铁青铜与钢制蜗杆组合这方面性能较好。

4. 答：(1) 各轮转动方向如答图所示。

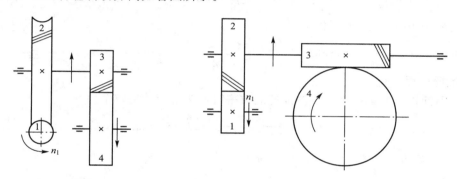

题 20.4.4-4 答图

(2) 第一种(左)形式较合理。由于蜗杆传动的啮合效率 η 是随着滑动速度 v_s 的增加而增大，为了提高蜗杆传动的效率，应尽可能增大 v_s，即增大蜗杆的转速 n_1，所以蜗杆传动应尽可能布置在高速级。

5. 答：铸造铝铁青铜和灰铸铁蜗轮的主要失效形式是齿面胶合，而胶合的发生与滑动速度有关，所以其许用接触应力与齿面间的滑动速度有关。铸造锡青铜蜗轮的主要失效形式是齿面点蚀，其发生是由接触应力所致，故许用接触应力与滑动速度无关。

6. 答：(1) 蜗杆传动在其啮合面间会产生很大的相对滑动速度，摩擦损耗大，效率低，工作时发热量大。在闭式蜗杆传动中，若散热不良，会因油温升高而使润滑油稀释，从而增大摩擦损失，甚至发生齿面胶合。(2) 主要措施：在箱体外壁加散热片，以增大散热面积；在蜗杆轴端加装风扇，以增大散热系数；在箱体油池中装设蛇形冷水管或采用压力喷油循环润滑，以加快冷却速度。

20.4.5 分析、设计计算题

1. 解：(1) $i_{12} = \dfrac{z_2}{z_1} = 40$，$z_2 = i_{12}z_1 = 40 \times 1 = 40$，$d_2 = mz_2$，$m = \dfrac{d_2}{z_2} = \dfrac{200}{40} = 5\text{mm}$

(2) $d_1=\dfrac{mz_1}{\tan\gamma_1}=\dfrac{5\times1}{\tan5.71°}=50$mm，$a=\dfrac{1}{2}(d_1+d_2)=\dfrac{1}{2}(50+200)=125$mm

2. 解：(1) $m=\dfrac{d_1}{q}=\dfrac{80}{10}=8$mm，$\gamma_1=\arctan\dfrac{z_1}{q}=\arctan\dfrac{2}{10}=11°18'36''$

(2) $z_2=iz_1=20\times2=40$，$d_2=mz_2=8\times40=320$mm，$\beta_2=\gamma_1=11°18'36''$

(3) $a=\dfrac{1}{2}(d_1+d_2)=\dfrac{1}{2}(80+320)=200$mm

3. 解：(1) $m=\dfrac{p_{a1}}{\pi}=\dfrac{15.71}{\pi}=5$mm

(2) $d_1=d_{a1}-2mh_a^*=60-2\times5\times1=50$mm

$$\gamma_1=\arctan\dfrac{mz_1}{d_1}=\arctan\dfrac{5\times2}{50}=11°18'36''，\beta_2=\gamma_1=11°18'36''$$

$$d_2=mz_2=5\times40=200\text{mm}$$

(3) $a=\dfrac{1}{2}(d_1+d_2)=\dfrac{1}{2}(50+200)=125$mm

4. 解：(1) 重物上升1m时，卷筒转动圈数 $N_2=\dfrac{h}{\pi D}=\dfrac{1\times1000}{\pi\times250}=1.27$，蜗杆转动圈数
为 $N_1=iN_2=40\times1.27=50.8$。

(2) $\gamma_1=\arctan\dfrac{mz_1}{d_1}=\arctan\dfrac{8\times1}{80}=5.71°$，$\varphi_v=\arctan f_v=10.2°$，$\gamma_1<\varphi_v$，所以蜗杆
传动满足反行程自锁条件。

(3) 不计轴承摩擦损耗及溅油损耗的效率时，蜗杆传动的效率为

$$\eta=\eta_1=\dfrac{\tan\gamma_1}{\tan(\gamma_1+\varphi_v)}=\dfrac{\tan5.71°}{\tan(5.71°+10.2°)}=0.351$$

$$T_2=W\dfrac{D}{2}=5000\times\dfrac{250}{2}=625000\text{N·mm}$$

$$T_1=\dfrac{T_2}{i\eta}=\dfrac{625000}{40\times0.351}=44515.67\text{N·mm}，l=\dfrac{T_1}{F}=\dfrac{44515.67}{100}=445.16\text{mm}$$

5. 解：如答图所示。

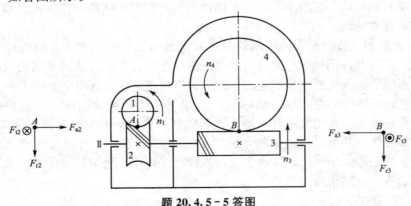

题 20.4.5 - 5 答图

6. 解：(1) 如答图所示，假设蜗杆1转向为顺时针，则 F_{t1} 向右。$F_{a2}=-F_{t1}$，则 F_{a2} 向
左。要使轴Ⅱ的轴向力相互抵消，则 $F_{a3}=-F_{a2}$，即 F_{a3} 向右。根据蜗杆传动主动轮"左右手

螺旋法则"可判断出 F_{a1} 指向纸面。$F_{t2}=-F_{a1}$，则 F_{t2} 背离纸面，即蜗轮 2 转向箭头向下。由 F_{a3} 向右，根据斜齿轮传动主动轮"左右手螺旋法则"可判断出斜齿轮 3 为右旋，斜齿轮 4 为左旋。

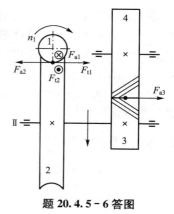

题 20.4.5 − 6 答图

(2) $F_{a3}=F_{a2}=F_{t1}=\dfrac{2T_1}{d_1}=\dfrac{2T_1}{50}=\dfrac{T_1}{25}$

$F_{a3}=F_{t3}\tan\beta=\dfrac{2T_3}{d_3}\tan\beta=\dfrac{2T_3}{\dfrac{m_n z_3}{\cos\beta}}\tan\beta=\dfrac{2T_3}{5\times20}\sin\beta=\dfrac{T_3}{50}\sin\beta$

$T_3=T_2=T_1 i_{12}\eta=T_1\times\dfrac{z_2}{z_1}\times\eta=T_1\times\dfrac{40}{3}\times1=\dfrac{40T_1}{3}$

$\dfrac{40}{3}T_1\times\dfrac{\sin\beta}{50}=\dfrac{T_1}{25}$，$\beta=\arcsin\dfrac{3\times50}{40\times25}=\arcsin0.15=8.63°$

第 21 章　滑 动 轴 承

21.4.1 填空题

1. 滚动轴承、滑动轴承、径向轴承、止推轴承；2. 干摩擦、边界摩擦、混合摩擦、流体摩擦、边界摩擦、混合摩擦、流体摩擦；3. 液体润滑、不完全液体润滑；4. 装拆不便，磨损后无法调整轴承间隙、装拆方便，轴承间隙可调；5. 轴瓦、轴承衬；6. 轴承合金、铜合金、铸铁；7. 提高轴承的磨合性和抗胶合能力、轴承合金；8. 整体式、对开式；9. 黏度较小、黏度较大、油性较好、润滑脂；10. 宽径比、相对间隙。

21.4.2 选择题

1. B；2. C；3. B；4. C；5. A；6. B；7. A；8. B；9. A；10. B；11. A；12. C；13. B；14. C；15. B；16. A；17. C；18. B；19. A；20. D。

21.4.3 简答题

1. 答：良好的减摩性、耐磨性和抗咬粘性；良好的摩擦顺应性、嵌入性和磨合性；足够的强度和抗腐蚀能力；良好的导热性、工艺性、经济性等。

2. 答：(1)油孔用来供应润滑油；油槽用来输送和分布润滑油。(2)油孔和油槽应开在非承载区，以免降低轴承的承载能力；油槽的长度应比轴瓦宽度短(油槽长度约为轴瓦宽度的80%)，以免油从油槽两端大量流失。

3. 答：(1)磨粒磨损和胶合。(2)保证边界油膜不破裂。(3)验算 $p\leqslant[p]$，保证润滑油不被过大的压力挤出，而导致轴瓦或轴承衬产生过度磨损；验算 $pv\leqslant[pv]$，限制轴承的温升，而避免边界油膜的破裂和发生胶合失效；验算 $v\leqslant[v]$，防止局部高压力区的 pv 值过大而磨损。(4)在液体动力润滑滑动轴承的启动和停车过程中，轴承处于混合摩擦状态，因而也要对 p、pv 和 v 进行验算。

4. 答：流体动压滑动轴承是利用轴颈与轴承表面间的收敛间隙，靠两表面间的相对滑动速度使具有一定黏度的润滑油充满楔形间隙，形成油膜，油膜产生的动压力与外载荷平衡，形成液体润滑。流体静压滑动轴承是利用油泵将具有一定压力的润滑油送入轴承间隙里，强制形成压力油膜以完全隔开摩擦表面，形成液体润滑，可使轴颈在任何转速下都能获得液体润滑。

5. 答：增大宽径比、减小相对间隙、增大润滑油黏度、提高轴的转速、降低轴颈和轴瓦的表面粗糙度。

21.4.4 设计计算题

1. 解：（1）根据 $[p]$ 求最大载荷 F_{max1}。

$$p = \frac{F}{Bd} \leqslant [p], \quad F_{max1} = Bd[p] = 100 \times 100 \times 15 = 1.5 \times 10^5 \text{N}$$

（2）根据 $[pv]$ 求最大载荷 F_{max2}。

$$pv = \frac{F}{Bd} \cdot \frac{\pi dn}{60 \times 1000} \leqslant [pv]$$

$$F_{max2} = \frac{B[pv]}{\pi n} \times 60 \times 1000 = \frac{100 \times 15}{\pi \times 1200} \times 60 \times 1000 = 23885 \text{N}$$

（3）验算滑动速度 v。

$$v = \frac{\pi dn}{60 \times 1000} = \frac{\pi \times 100 \times 1200}{60 \times 1000} = 6.28 \text{m/s} < [v] = 10 \text{m/s}$$

该轴承所能承受的最大径向载荷为 $F_{max} = F_{max2} = 23885 \text{N}$。

2. 解：（1）确定 h_{min}。

取 $S = 2$，则 $[h] = S(R_{z1} + R_{z2}) = 2 \times (1.6 + 3.2) = 9.6 \mu m$。轴承若获得液体动力润滑，则须满足 $h_{min} \geqslant [h]$，取 $h_{min} = 10 \mu m = 0.01 \text{mm}$。

（2）求承载量系数 C_p。

相对间隙：$\psi = \frac{\Delta}{d} = \frac{0.09}{60} = 0.0015$，偏心率：$\chi = 1 - \frac{h_{min}}{r\psi} = 1 - \frac{0.01}{30 \times 0.0015} = 0.78$。

根据宽径比 $\frac{B}{d} = 1$ 和 $\chi = 0.78$ 查表可得 $C_p = 2.921$。

（3）求 F。

轴承宽度：$B = \frac{B}{d} \times d = 1 \times 60 = 60 \text{mm} = 0.06 \text{m}$。

相对滑动速度：$v = \frac{\pi dn}{60 \times 1000} = \frac{\pi \times 60 \times 1500}{60 \times 1000} = 4.71 \text{m/s}$。

$$F = \frac{2\eta v B C_p}{\psi^2} = \frac{2 \times 0.0095 \times 4.71 \times 0.06 \times 2.921}{0.0015^2} = 6971 \text{N}$$

所以，轴承形成流体动力润滑时所能承受的最大径向载荷为 6971N。

第 22 章　滚 动 轴 承

22.4.1 填空题

1. 内圈、外圈、滚动体、保持架；2. 径向、轴向、径向和轴向；3. 深沟球、25、0；

4. 弱、高；5. 调心；6. 内、外圈滚道或滚动体上产生疲劳点蚀；7. 90%、疲劳点蚀；8. 8；9. 较低、较小；10. 基孔、基轴。

22.4.2 判断题

1. ×；2. √；3. ×；4. ×；5. √；6. √；7. ×；8. √；9. √；10. ×；11. ×；12. √；13. ×；14. ×；15. √；16. √；17. ×；18. √；19. ×；20. ×。

22.4.3 选择题

1. A；2. B；3. A；4. A；5. B；6. D；7. B；8. C；9. B；10. B、A；11. B；12. B；13. C；14. C；15. C、D；16. A；17. B；18. C；19. C；20. A；21. B；22. C；23. C；24. B；25. C；26. C；27. C；28. C；29. B；30. C；31. B；32. C；33. D；34. D；35. C；36. A、C、B、D。

22.4.4 简答题

1. 答：承受载荷较大时，应选用线接触的滚子轴承。承受纯轴向载荷时，应选用推力轴承；承受纯径向载荷时，应选用向心轴承；主要承受径向载荷时，应选用深沟球轴承；同时承受较大的径向和轴向载荷时，应选用角接触球轴承或圆锥滚子轴承；当轴向载荷比径向载荷大很多时，常用推力轴承和深沟球轴承的组合。

2. 答：(1)滚动轴承正常的失效形式是内、外圈滚道及滚动体发生疲劳点蚀。对于转速很低或只慢慢摆动的轴承，在过大的静载荷或冲击载荷作用下，其失效形式是滚动体或内、外圈滚道表面发生塑性变形。(2)对于正常工作的轴承，进行针对疲劳点蚀的寿命计算。对于转速很低或只慢慢摆动的轴承，进行静强度计算。

3. 答：在基本额定动载荷 C 的作用下，轴承工作 $10^6 r$ 后，一批轴承中有 10% 发生失效，而其余 90% 可以继续工作。C 越大，轴承的承载能力越强。而 P 是指轴承在径向力和轴向力作用下，为了能够对照和比较，换算出来的等效载荷。

4. 答：轴上的两个轴承中，一个轴承限制轴一个方向的轴向移动，另一个轴承限制轴另一个方向的轴向移动，两个轴承共同限制轴的双向移动。

5. 答：(1)预紧是指在安装轴承时采取某种措施，使轴承内保持一个相当的轴向力，以消除轴承游隙，并使滚动体和内、外套圈之间产生弹性预变形。(2)增加轴承刚度，减小轴承工作时的振动，提高轴承的旋转精度。

6. 答：外部载荷较大且方向一定时，如果外圈相对于轴承座静止不动，则半圈受载，载荷方向的点始终受最大的接触应力，寿命较短。外圈与轴承座孔选用稍松的过渡配合，可以使外圈作极缓慢的转动，从而使受载区有所变动，发挥非承载区的作用。同时，外圈所受最大接触应力的点会随着外圈的转动而改变，延缓外圈滚道出现疲劳点蚀，延长轴承的寿命。

22.4.5 设计计算题

1. 解：由 $L_h = \dfrac{10^6}{60n}\left(\dfrac{f_t C}{P}\right)^\varepsilon$（对于球轴承，$\varepsilon=3$）得

(1) $L_{h1} = \dfrac{10^6}{60n}\left(\dfrac{f_t C}{2P}\right)^3 = \dfrac{1}{8} \times \dfrac{10^6}{60n}\left(\dfrac{f_t C}{P}\right)^3 = \dfrac{1}{8} L_h = 1000\text{h}$

(2) $L_{h2}=\dfrac{10^6}{60\times 2n}\left(\dfrac{f_t C}{P}\right)^3=\dfrac{1}{2}\times\dfrac{10^6}{60n}\left(\dfrac{f_t C}{P}\right)^3=\dfrac{1}{2}L_h=4000h$

(3) $L_{h3}=\dfrac{10^6}{60n}\left(\dfrac{2f_t C}{P}\right)^3=8\times\dfrac{10^6}{60n}\left(\dfrac{f_t C}{P}\right)^3=8L_h=64000h$

2. 解：(1) 求当量动载荷 P_1、P_2。

初定 $\dfrac{F_a}{C_0}=0.025$，查表得 $e=0.22$。$\dfrac{F_{a2}}{F_{r2}}=\dfrac{900}{2000}=0.45>e$，查表得 $X_2=0.56$，$Y_2=2.0$。由教材或机械设计手册查取 $f_P=1.3$。

$$P_1=f_P F_{r1}=1.3\times 2000=2600N$$
$$P_2=f_P(X_2 F_{r2}+Y_2 F_{a2})=1.3\times(0.56\times 2000+2.0\times 900)=3796N$$

(2) 求基本额定动载荷。

由于 $P_1<P_2$，故按轴承2计算。$C_r'\geqslant P\sqrt[3]{\dfrac{60nL_h'}{10^6}}=3796\sqrt[3]{\dfrac{60\times 4000\times 4000}{10^6}}=37447N$

(3) 选择轴承型号。

由机械设计手册，按内径 $d=40mm$ 选择 6308 轴承，其 $C_r=40800N>C_r'=37447N$。$C_0=24000N$，$\dfrac{F_a}{C_0}=\dfrac{900}{24000}=0.0375$，仍满足 $\dfrac{F_{a2}}{F_{r2}}>e$，且 $Y_2<2.0$。选用深沟球轴承6308合适。

3. 解：(1) 该对轴承为反装。

(2) $F_{d1}=0.68F_{r1}=0.68\times 1000=680N$，方向向左。

$F_{d2}=0.68F_{r2}=0.68\times 2100=1428N$，方向向右。

$F_A+F_{d2}=800+1428=2228N>F_{d1}=680N$，轴有向右窜动的趋势，1轴承被压紧，2轴承被放松。$F_{a1}=F_A+F_{d2}=2228N$，$F_{a2}=F_{d2}=1428N$。

4. 解：$F_{r1}=\dfrac{L}{3L}F_R=1000N$，$F_{r2}=F_R-F_{r1}=2000N$

$F_{d1}=\dfrac{F_{r1}}{2Y}=\dfrac{1000}{2\times 1.7}=294N$，$F_{d2}=\dfrac{F_{r2}}{2Y}=\dfrac{2000}{2\times 1.7}=588N$，方向如答图所示。

$F_A+F_{d1}=500+294=794N>F_{d2}=588N$，轴有向右窜动的趋势，轴承1被放松，轴承2被压紧。$F_{a1}=F_{d1}=294N$，$F_{a2}=F_A+F_{d1}=794N$。

$$\dfrac{F_{a1}}{F_{r1}}=\dfrac{294}{1000}=0.294<e=0.35,\ X_1=1,\ Y_1=0$$
$$\dfrac{F_{a2}}{F_{r2}}=\dfrac{794}{2000}=0.397>e=0.35,\ X_2=0.4,\ Y_2=1.7$$
$$P_1=X_1 F_{r1}+Y_1 F_{a1}=1\times 1000+0\times 294=1000N$$
$$P_2=X_2 F_{r2}+Y_2 F_{a2}=0.4\times 2000+1.7\times 794=2150N$$

5. 解：$F_{d1}=0.68F_{r1}=0.68\times 3300=2244N$，方向向右。

$F_{d2}=0.68F_{r2}=0.68\times 1000=680N$，方向向左。

$F_A+F_{d2}=900+680=1580N<F_{d1}=2244N$，轴有向右窜动的趋势，轴承1被放松，轴承2被压紧。$F_{a1}=F_{d1}=2244N$，$F_{a2}=F_{d1}-F_A=2244-900=1344N$

$$\dfrac{F_{a1}}{F_{r1}}=\dfrac{2244}{3300}=0.68=e,\ X_1=1,\ Y_1=0$$

$$\frac{F_{a2}}{F_{r2}}=\frac{1344}{1000}=1.344>e=0.68, \quad X_2=0.41, \quad Y_2=0.87$$

$$P_1=X_1F_{r1}+Y_1F_{a1}=1\times3300+0\times2244=3300\text{N}$$

$$P_2=X_2F_{r2}+Y_2F_{a2}=0.41\times1000+0.87\times1344=1579\text{N}$$

6. 解：$F_{d1}=0.68F_{r1}=0.68\times4000=2720\text{N}$，方向向右。

$F_{d2}=0.68F_{r2}=0.68\times2500=1700\text{N}$，方向向左。

$F_A+F_{d2}=900+1700=2600\text{N}<F_{d1}=2720\text{N}$，轴有向右窜动的趋势，轴承 1 被放松，轴承 2 被压紧。$F_{a1}=F_{d1}=2720\text{N}$，$F_{a2}=F_{d1}-F_A=2720-900=1820\text{N}$。

$$\frac{F_{a1}}{F_{r1}}=\frac{2720}{4000}=0.68=e, \quad X_1=1, \quad Y_1=0$$

$$\frac{F_{a2}}{F_{r2}}=\frac{1820}{2500}=0.728>e=0.68, \quad X_2=0.41, \quad Y_2=0.87$$

$$P_1=f_P(X_1F_{r1}+Y_1F_{a1})=f_P(1\times4000+0\times2720)=4000f_P\text{N}$$

$$P_2=f_P(X_2F_{r2}+Y_2F_{a2})=f_P(0.41\times2500+0.87\times1820)=2608f_P\text{N}$$

$P_1>P_2$，故轴承 1 的寿命短。

7. 解：(1) AC——接触角 $\alpha=25°$；12——轴承内径为 60mm；3——轴承直径系列为中系列；0——轴承宽度系列为正常系列，略去；7——角接触球轴承。

(2) $F_{d1}=0.68F_{r1}=0.68\times4000=2720\text{N}$，方向向右。

$F_{d2}=0.68F_{r2}=0.68\times2000=1360\text{N}$，方向向左。

$F_A+F_{d1}=1000+2720=3720\text{N}>F_{d2}=1360\text{N}$，轴有向右窜动的趋势，轴承 1 被放松，轴承 2 被压紧。$F_{a1}=F_{d1}=2720\text{N}$，$F_{a2}=F_A+F_{d1}=1000+2720=3720\text{N}$。

(3) 若 F_r 和 F_A 均增加 1 倍，则当量动载荷 P 也增加 1 倍。因为 $L_h=\frac{10^6}{60n}\left(\frac{f_tC}{P}\right)^\varepsilon$（对于球轴承，$\varepsilon=3$），所以轴承寿命是原来的 $\left(\frac{1}{2}\right)^3=\frac{1}{8}$ 倍。

8. 解：(1) 求轴承派生轴向力 F_{d1}、F_{d2} 的大小和方向。

$F_{d1}=0.68F_{r1}=0.68\times8000=5440\text{N}$，$F_{d2}=0.68F_{r2}=0.68\times12000=8160\text{N}$，方向如答图所示。

(2) 求外部轴向合力 F_A。

$F_A=F_{ae2}-F_{ae1}=5000-3000=2000\text{N}$，方向与 F_{d2} 的方向相同，如答图所示。

(3) 求轴承所受的轴向力 F_{a1}、F_{a2}。

$F_A+F_{d2}=2000+8160=10160\text{N}>F_{d1}=5440\text{N}$，轴承 1 被压紧，轴承 2 被放松。

$F_{a1}=F_A+F_{d2}=10160\text{N}$，$F_{a2}=F_{d2}=8160\text{N}$

(4) 求轴承的当量动载荷 P_1、P_2。

$$\frac{F_{a1}}{F_{r1}}=\frac{10160}{8000}=1.27>e=0.68, \quad X_1=0.41, \quad Y_1=0.87$$

$$\frac{F_{a2}}{F_{r2}}=\frac{8160}{12000}=0.68=e, \quad X_2=1, \quad Y_2=0$$

$$P_1=f_P(X_1F_{r1}+Y_1F_{a1})=1\times(0.41\times8000+0.87\times10160)=12119\text{N}$$

$$P_2=f_P(X_2F_{r2}+Y_2F_{a2})=1\times(1\times12000+0\times8160)=12000\text{N}$$

$P_1>P_2$，轴承 1 的寿命短些。

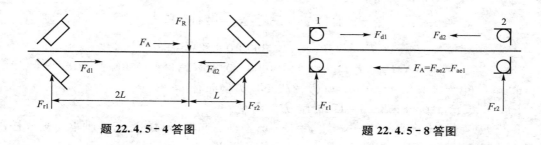

题 22.4.5－4 答图　　　　　　　　　题 22.4.5－8 答图

第 23 章　联轴器和离合器

23.4.1　填空题

1. 刚性、挠性；2. 无弹性元件的挠性、刚性；3. 齿式；4. 弹性套柱销联轴器；5. 计算转矩、轴的转速、轴的直径；6. 牙嵌式、摩擦式；7. 三角形、矩形、梯形、锯齿形、单向。

23.4.2　选择题

1. B；2. B；3. A；4. B；5. D；6. D；7. C；8. B；9. B；10. A；11. B；12. C；13. B。

23.4.3　简答题

1. 答：(1)径向位移、轴向位移、角位移和综合位移。(2)如果被连接两轴之间的相对位移得不到补偿，将会在轴、轴承及其他传动零件间引起附加动载荷，使工作情况恶化。

2. 答：(1)靠一个半联轴器上的凸肩与另一个半联轴器上的凹槽相配合而对中，用普通螺栓连接两个半联轴器，靠接合面之间产生的摩擦力矩来传递转矩。装拆时需要轴向移动，但用普通螺栓连接，装拆螺栓方便。(2)靠铰制孔用螺栓连接来实现两轴对中，靠螺栓杆承受挤压和剪切来传递转矩。装拆时不用轴向移动，但铰孔加工及装配螺栓时麻烦，尺寸相同时比前者传递的转矩大。

3. 答：(1)无弹性元件的挠性联轴器利用组成零件之间的动连接来补偿相对位移；有弹性元件的挠性联轴器利用弹性元件的变形来补偿相对位移。(2)无弹性元件的挠性联轴器没有弹性零件，不能缓冲减振，一般用于转矩较大、工作较平稳的场合。有弹性元件的挠性联轴器不仅能补偿综合位移，还能缓冲、吸振。适用于频繁启动、变载荷、高速度、经常正反转工作的场合。

第 24 章　轴

24.4.1　填空题

1. 心轴、传动轴、转轴、转轴；2. 轴肩或轴环、套筒、圆螺母、轴端挡圈、轴承端盖；3. 键、花键、销、紧定螺钉；4. 圆整(取整数值)；5. 降低应力集中，提高轴的疲劳强度；6. 传动轴、转轴、转轴、转轴、转轴。

24.4.2 判断题

1. ×；2. ×；3. √；4. √；5. √；6. √；7. √；8. √；9. ×；10. √；11. ×；12. ×；13. ×；14. ×；15. √；16. √；17. √；18. √。

24.4.3 选择题

1. C；2. B；3. C；4. B；5. B；6. A；7. A；8. B；9. C；10. B；11. C；12. B；13. B；14. B；15. C。

24.4.4 简答题

1. 答：(1)轴的结构设计和工作能力计算。(2)①选择轴的材料和热处理方式；②估算轴的最小直径；③轴的结构设计；④轴的工作能力计算，主要是强度校核，必要时进行轴的刚度和振动稳定性计算。

2. 答：轴和轴上零件要有准确、可靠的轴向及周向定位；轴上零件应便于装拆和调整；轴应具有良好的制造工艺性；轴的结构应有利于提高轴的强度和刚度，减小应力集中。

3. 答：不合适。因为就材料而言，影响零件刚度的性能参数是其弹性模量，在常温下合金钢与碳素钢的弹性模量值一般差不多，故用合金钢代替碳素钢并不能提高轴的刚度。

4. 答：(1)不一定。虽然合金钢的机械性能一般高于碳素钢，但同时对应力集中也较为敏感，若其结构及其制造工艺处理不当，则会产生较大的应力集中，反而会使其疲劳强度降低。(2)当采用合金钢时，应特别注意其结构设计，避免过大的应力集中，同时要注意表面粗糙度要求，以提高疲劳强度。

5. 答：(1)应力集中、绝对尺寸和表面质量。(2)对轴来说，为保证其静强度不能减小尺寸，只能设法减小应力集中、提高表面质量。减小应力集中的措施有：减小轴肩高度、设法增大轴肩处圆角半径、采用卸载结构等。提高表面质量的措施有：减小表面粗糙度，如果允许可采用表面强化的措施。

24.4.5 分析、计算与设计题

1. 解：(1)Ⅰ轴：只传递扭矩，为传动轴；Ⅱ轴：既传递扭矩，又受弯矩，为转轴；Ⅲ轴：只受弯矩，且转动，为转动心轴；Ⅳ轴：只受弯矩，且转动，为转动心轴。(2)卷筒结构改为图(b)，Ⅴ轴仍不受扭矩，只受弯矩，轴不转动，是固定心轴。卷筒结构改为图(c)，Ⅵ轴除了受弯矩外，在齿轮和卷筒之间轴受扭矩，是转轴。

2. 解：(1)应采用(b)方案。(2)两种方案的轴的弯矩图如答图所示，采用方案(b)时，轴与轮毂配合面分为两段，可减小轴上弯矩，提高其强度和刚度。(a)中的轴为转动心轴，轴的应力为对称循环应力；(b)中的轴为固定心轴，其弯曲应力为脉动循环，疲劳强度较高。

3. 解：(1) $M = \sqrt{M_H^2 + M_V^2} = \sqrt{4^2 + 1^2} \times 10^5 = 4.12 \times 10^5 \text{N} \cdot \text{mm}$

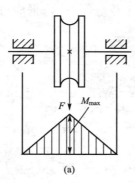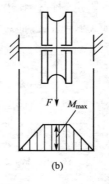

题 24.4.5-2 答图

对单向工作的转轴，取 $\alpha = 0.6$，则

$$M_{ca} = \sqrt{M^2 + (\alpha T)^2} = \sqrt{4.12^2 + (0.6 \times 6)^2} \times 10^5 = 5.47 \times 10^5 \, \text{N} \cdot \text{mm}$$

$$\sigma_{ca} = \frac{M_{ca}}{W} = \frac{M_{ca}}{0.1 d^3} = \frac{5.47 \times 10^5}{0.1 \times 50^3} = 43.76 \, \text{MPa}$$

(2) $\sigma_{max} = \dfrac{M}{W} = \dfrac{M}{0.1 d^3} = \dfrac{4.12 \times 10^5}{0.1 \times 50^3} = 32.96 \, \text{MPa}$

弯曲应力为对称循环应力，$\sigma_a = \sigma_{max} = 32.96 \, \text{MPa}$，$\sigma_m = 0$。

$$\tau_{max} = \frac{T}{W_T} = \frac{T}{0.2 d^3} = \frac{6 \times 10^5}{0.2 \times 50^3} = 24 \, \text{MPa}$$

扭转切应力为脉动循环应力，$\tau_a = \tau_m = \dfrac{\tau_{max}}{2} = 12 \, \text{MPa}$。

24.4.6 结构分析与设计题

1. 解：①轴端无倒角，轴承装拆不方便；②轴环过高，轴承拆卸困难；③轮毂与轴无键连接；④套筒与轴肩平齐，右轴承定位不可靠；套筒外径过大，轴承拆卸困难；⑤轴头过长，齿轮装拆不便；⑥精加工面过长，也不利于轴承的装拆；⑦轴与轴承盖间无密封件；轴承端盖孔与轴无间隙，动静件未分开，工作时会干涉；⑧联轴器与轴间无键连接；轴端无倒角，不利于装拆轴上零件。

2. 解：主要错误分析：①轴与轴承盖接触，动静件间应有间隙；②轴承盖与套杯凸缘间没有调整垫片，不能调整轴承游隙；③套杯凸缘和箱体间没有调整垫片，整个轴系的轴向位置不能调整；④轴承盖与右端轴承外圈之间的套筒多余；⑤圆锥滚子轴承反装，两个轴承的外圈均未轴向定位；⑥齿轮轴的轴向位置没有定位，受到轴向力时会发生窜动；

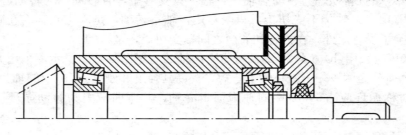

题 24.4.6-2 答图

⑦左端轴承内圈直径小于两侧轴的直径，轴承无法安装。改进后的结构如答图所示。

3. 解：主要错误分析：①联轴器轴向和周向均未定位；②联轴器与轴承盖接触；③轴与轴承盖接触；④轴与轴承盖间缺少密封件；⑤轴承盖与箱体之间缺少调整垫片，无法调整轴承游隙；⑥轴缺少台阶，左边轴承装拆不便；⑦套筒过高，轴承拆卸困难；⑧轴承内侧缺挡油环；⑨齿轮左端面与轴肩平齐，套筒轴向定位齿轮不可靠；⑩齿轮周向未定位；⑪轴右端伸出过长，增加了加工和装配长度；⑫箱体端面的加工面积过大；⑬轴承盖外端面的加工面积过大。改进后的结构如答图所示。

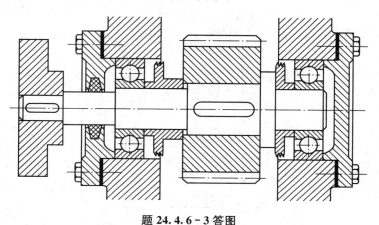

题 24.4.6-3 答图

4. 解：主要错误分析：①轴与轴承盖间缺少密封件；②套筒过高，右端轴承拆卸困难；齿轮为油润滑，轴承采用脂润滑，轴承内侧缺少挡油环；③齿轮右端面与轴肩平齐，套筒轴向定位齿轮不可靠；④联轴器轴向未定位；⑤联轴器周向未定位；⑥轴承采用两端固定支承方式，轴用弹性挡圈无用；⑦轴缺少台阶，轴的精加工面过长且轴承装拆不便；⑧联轴器未打通；⑨缺少调整垫片，无法调整轴承游隙；⑩轴环太高，左端轴承拆卸困难；⑪键过长，套筒无法装入；⑫箱体端面加工面积过大(加工面和非加工面没分开)；⑬轴承内侧缺少挡油环；⑭轴与轴承盖接触，动静件间应有间隙。改进后的结构如答图所示。

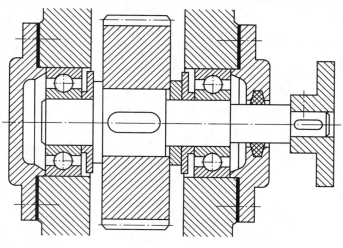

题 24.4.6-4 答图

5. 解：主要错误分析：①轴承外圈未定位，轴未定位；②此轴端装联轴器或带轮时，没轴向定位轴肩；③无垫片，不能调整轴承游隙；无套杯和调整垫片，不能调整锥齿轮的轴向位置；④轴承盖固定而轴转动，二者间应有间隙；⑤箱体端面加工面积过大(加工面和非加工面没分开)；⑥缺台阶，使精加工面过长，且装拆轴承时压配距离长，不方便；⑦凹进去太少，齿加工不方便；⑧轴承盖大端面的加工面和非加工面没分开；⑨锥齿轮直径大，箱体孔直径小，锥齿轮轴不能装入(设箱体是整体式结构)；⑩轴的结构使前轴承装不进去；⑪键槽位置不正确，端盖无法装入；⑫缺挡油环；⑬缺注油孔；⑭轴与轴承盖间缺密封；⑮轴承支点距离约为锥齿轮悬臂端伸出距离的 2 倍，为保证轴系的运转刚度，支点距离不宜过小。改进后的结构如答图所示。

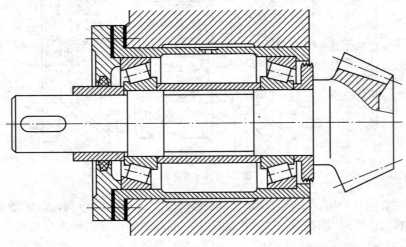

题 24.4.6 - 5 答图

综合测试卷参考解答

机械原理综合测试卷 **I**

一、填空题

1. 制造、运动；2. 静平衡、动平衡；3. 作用有等效转动惯量的等效构件的动能等于原机械系统的动能、作用在等效构件上的等效力矩的瞬时功率等于作用在原机械系统的所有外力的同一瞬时功率之和；4. 直动滑杆、曲柄摇块、导杆；5. 法向等距。

二、判断题

1. ×；2. √；3. √；4. √；5. ×；6. ×；7. √；8. √；9. ×；10. √。

三、选择题

1. B；2. A；3. D；4. B；5. D；6. C；7. D；8. B；9. B；10. C。

四、分析与计算题

1. 解：(1) 该机构中不存在局部自由度，复合铰链和虚约束情况如答图所示。

(2) 计算机构的自由度：

方法一：$n=7$、$p_1=9$、$p_h=1$，$F=3n-(2p_1+p_h)=3\times7-(2\times9+1)=2$。

方法二：$n=7$、$p_1=10$、$p_h=2$、$p'=3$，

$F=3n-(2p_1+p_h)+p'=3\times7-(2\times10+2)+3=2$。

(3) $F=2\neq$原动件数，原动件数不合适。

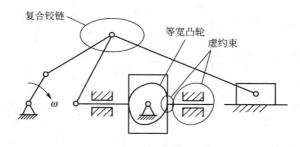

试卷 I-四-1 答图

2. 解：(1) $K=C_N^2=C_6^2=15$。

(2) P_{16}、P_{36} 分别在转动副 A、D 的中心上；由于齿轮节圆互作纯滚动，切点的相对

速度为零，所以切点就是两啮合传动齿轮的相对瞬心 P_{12}、P_{23}；由三心定理得齿轮1、3的相对瞬心 P_{13} 应在 P_{12} 与 P_{23} 连线和 P_{16} 与 P_{36} 连线的交点处，如答图所示。

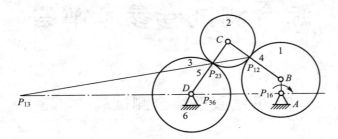

试卷 I-四-2 答图

（3）根据瞬心的定义得：$v_{P_{13}} = \omega_1 \overline{P_{13}P_{16}} = \omega_3 \overline{P_{13}P_{36}}$，则：$\dfrac{\omega_1}{\omega_3} = \dfrac{\overline{P_{13}P_{36}}}{\overline{P_{13}P_{16}}}$。

3. 解：取轮1为等效构件，等效转动惯量 J_e 为

$$J_e = J_1 + J_2 \left(\frac{\omega_2}{\omega_1}\right)^2 = J_1 + J_2 \left(\frac{z_1}{z_2}\right)^2 = J_1 + \frac{1}{9}J_2$$

等效阻力矩为：$M_{er} = M_2 \dfrac{\omega_2}{\omega_1} = M_2 \dfrac{z_1}{z_2} = \dfrac{1}{3}M_2$。

$\varphi_1 = i\varphi_2$，作 $M_{er}\text{-}\varphi_1$ 图，如答图所示。

在一个运动周期（6π）内，驱动功等于阻抗功。所以，$M_{ed} 6\pi = \dfrac{C}{3} \cdot 3\pi$，$M_{ed} = M_1 = \dfrac{C}{6}$。

作 $M_{ed}\text{-}\varphi_1$ 图，如答图所示。

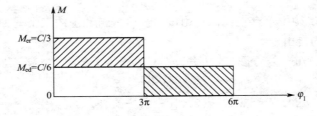

试卷 I-四-3 答图

在 $0\sim 3\pi$ 内为亏功，$\Delta W_1 = -\left(\dfrac{C}{3} - \dfrac{C}{6}\right) \cdot 3\pi = -\dfrac{\pi}{2}C$

在 $3\pi \sim 6\pi$ 内为盈功，$\Delta W_2 = \dfrac{C}{6} \cdot 3\pi = \dfrac{\pi}{2}C$

最大盈亏功为 $\Delta W_{max} = \pi C$

$$J_F = \frac{\Delta W_{max}}{\omega_m^2 [\delta]} - J_e = \frac{900 \Delta W_{max}}{\pi^2 n_1^2 [\delta]} - J_e = \frac{900\pi C}{\pi^2 n_1^2 [\delta]} - \left(J_1 + \frac{1}{9}J_2\right) = \frac{900C}{\pi n_1^2 [\delta]} - \left(J_1 + \frac{1}{9}J_2\right)$$

4. 解：（1）由 $d_{a2} = (z_2 + 2h_a^*)m$，得 $m = \dfrac{d_{a2}}{z_2 + 2h_a^*} = \dfrac{132}{42 + 2\times 1} = 3\text{mm}$

（2）由 $a = \dfrac{1}{2}m(z_1 + z_2)$，得 $z_1 + z_2 = \dfrac{2a}{m} = \dfrac{2\times 150}{3} = 100$，$z_1 = 58$

（3）$d_1 = mz_1 = 3\times 58 = 174\text{mm}$

(4) $d_{a1}=(z_1+2h_a^*)m=(58+2\times1)\times3=180\text{mm}$

(5) $d_{f1}=(z_1-2h_a^*-2c^*)m=(58-2\times1-2\times0.25)\times3=166.5\text{mm}$

(6) $h=(2h_a^*+c^*)m=2.25\times3=6.75\text{mm}$ 或 $h=\dfrac{d_{a1}-d_{f1}}{2}=\dfrac{180-166.5}{2}=6.75\text{mm}$

5. 解：(1) 对 1、2 轮系：$i_{12}=\dfrac{n_1}{n_2}=\dfrac{z_2}{z_1}=\dfrac{60}{2}=30$，$n_2=\dfrac{n_1}{i_{12}}=\dfrac{900}{30}=30\text{r/min}$。

蜗轮为右旋(蜗杆也为右旋)，用右手法则判断出蜗轮 2 转向箭头应向下。

$n_B=0$ 时，3、4-5、6 为定轴轮系：

$$i_{36}=\frac{n_3}{n_6}=\frac{z_4z_6}{z_3z_5}=\frac{50\times30}{25\times20}=3,\quad n_6=\frac{n_3}{i_{36}}=\frac{n_2}{i_{36}}=\frac{30}{3}=10\text{r/min}$$

用画箭头法判定，n_6 转向箭头向下。

(2) $n_B=6\text{r/min}$ 时，3、4-5、6 及 B 组成周转轮系，B 为系杆。

$$i_{36}^B=\frac{n_3-n_B}{n_6-n_B}=\frac{30-(-6)}{n_6-(-6)}=\frac{z_4z_6}{z_3z_5}=3,\quad n_6=6\text{r/min}$$

轮 6 转向与轮 3(2)的一致，箭头向下。

五、作图求解题

1. 解：(1) 如答图所示，工作行程(滑块 $C_1\to C_2$)，曲柄 AB 由 AB_1 转到 AB_2，转角为 $\varphi_1=180°+\theta$，所需时间 $t_1=\dfrac{\varphi_1}{\omega}=\dfrac{180°+\theta}{\omega}$；空行程(滑块 $C_2\to C_1$)，曲柄 AB 由 AB_2 转到 AB_1，转角为 $\varphi_2=180°-\theta$，所需时间 $t_2=\dfrac{\varphi_2}{\omega}=\dfrac{180°-\theta}{\omega}$。为了保证滑块在空行程具有急回运动特性，即 $t_1>t_2$，则曲柄的合理转向必为逆时针方向。

(2) 以曲柄为主动件，急位夹角 θ 和最小传动角 $\gamma_{\min}$ 的位置如答图所示。

(3) 此机构在以滑块为主动件的情况下出现死点，其死点为 C_1B_1A 和 C_2B_2A 两个位置。

2. 解：(1)凸轮的理论廓线、凸轮的基圆、凸轮机构的偏距圆、图示位置时凸轮机构的压力角 α 如答图所示。(2)该机构为正偏置。

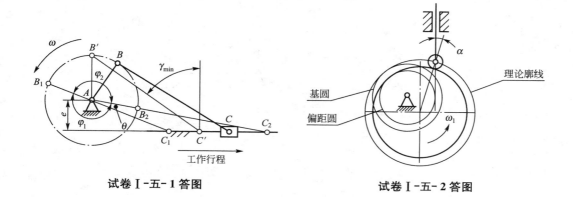

试卷 I -五- 1 答图 　　　　　　　　　 试卷 I -五- 2 答图

机械原理综合测试卷 Ⅱ

一、填空题

1. 构件；2. 大、两；3. 最大盈亏功；4. 曲柄、连杆；5. m、α、h_a^*、c^* 均为标准值，且分度圆上 $s=e$ 的直齿圆柱齿轮；6. 1、4、1、2、1、2。

二、判断题

1. ×；2. ×；3. ×；4. ×；5. √；6. ×；7. ×；8. √；9. ×；10. ×。

三、选择题

1. C；2. C；3. A；4. D；5. B；6. C；7. C；8. C；9. C；10. B。

四、分析与计算题

1. 解：(1) C、G 处为复合铰链；I 处为局部自由度；构件 7、8、9 属于重复结构，引入虚约束，导路 M' 为虚约束。

(2) 计算机构的自由度：

方法一：$n=9$、$p_1=12$、$p_h=2$，$F=3n-(2p_1+p_h)=3\times9-(2\times12+2)=1$。

方法二：$n=13$、$p_1=19$、$p_h=2$、$F'=1$、$p'=3$，
$F=3n-(2p_1+p_h)-F'+p'=3\times13-(2\times19+2)-1+3=1$。

(3) $F=1=$ 原动件数，原动件数合适。

2. 解：(1) 确定各瞬心的位置：P_{14} 在 A 点，P_{34} 在 D 点，P_{12} 在 B 点；P_{23} 在 CD 垂线的无穷远处；CB 延长线与 DA 延长线交点为 P_{13}；过 D 点作 CD 垂线，交 BA 延长线于 P_{24}，如答图所示。P_{24} 为构件 2 和 4 的绝对瞬心，即为构件 2 的回转中心。

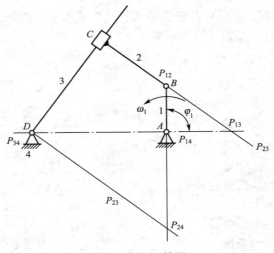

试卷 Ⅱ-四-2 答图

（2）对于 P_{12} 点：$\omega_2 \overline{P_{24}P_{12}} = \omega_1 \overline{P_{14}P_{12}}$，则：$\omega_2 = \omega_1 \dfrac{\overline{P_{14}P_{12}}}{\overline{P_{24}P_{12}}}$。

对于 P_{13} 点：$\omega_3 \overline{P_{34}P_{13}} = \omega_1 \overline{P_{14}P_{13}}$，则：$\omega_3 = \omega_1 \dfrac{\overline{P_{14}P_{13}}}{\overline{P_{34}P_{13}}}$。

3. 解：（1）设齿轮 1、2、3、4 的分度圆半径分别为 r_1、r_2、r_3、r_4。
根据齿轮 1 和齿轮 4 同轴条件，有 $r_4 - r_3 = r_1 - r_2$，即：$z_4 - z_3 = z_1 - z_2$。
所以，$z_4 = z_1 - z_2 + z_3 = 60 - 15 + 18 = 63$。

（2）反转法求转化轮系的传动比：

$$i_{14}^{H} = \frac{\omega_1 - \omega_H}{\omega_4 - \omega_H} = \frac{\omega_1 - \omega_H}{0 - \omega_H} = \frac{z_2 z_4}{z_1 z_3} = \frac{15 \times 63}{60 \times 18} = \frac{7}{8}, \quad i_{1H} = \frac{\omega_1}{\omega_H} = 1 - \frac{7}{8} = \frac{1}{8}$$

（3）$i_{1H} = \dfrac{1}{8} > 0$，系杆 H 的转向与齿轮 1 的转向相同。

4. 解：将薄壁转盘上的不平衡质径积 mr 等效到平衡基面 I 和 II 上。
在平衡基面 I 上：$-m_{\mathrm{I}} r_{\mathrm{I}} (b-a) = mrb$。

故有：$m_{\mathrm{I}} r_{\mathrm{I}} = -\dfrac{b}{b-a} mr$，方向向上。

在平衡基面 II 上：$m_{\mathrm{II}} r_{\mathrm{II}} (b-a) = mra$。

故有：$m_{\mathrm{II}} r_{\mathrm{II}} = \dfrac{a}{b-a} mr$，方向向下。

5. 解：（1）$E_b = E_a + f_1 = E_a + 1400$，$E_c = E_b - f_2 = E_a + 1400 - 1900 = E_a - 500$，$E_d = E_c + f_3 = E_a - 500 + 1400 = E_a + 900$，$E_e = E_d - f_4 = E_a + 900 - 1800 = E_a - 900$，$E_f = E_e + f_5 = E_a - 900 + 930 = E_a + 30$，$E_{a'} = E_f - f_6 = E_a + 30 - 30 = E_a$。

$E_{max} = E_b = E_a + 1400$，$E_{min} = E_e = E_a - 900$。所以，最大角速度出现在 b 点，最小角速度出现在 e 点。

（2）$\Delta W_{max} = E_{max} - E_{min} = (E_a + 1400) - (E_a - 900) = 2300\mathrm{J}$

$$J_F \geqslant \frac{\Delta W_{max}}{\omega_m^2 [\delta]} = \frac{900 \Delta W_{max}}{\pi^2 n^2 [\delta]} = \frac{900 \times 2300}{\pi^2 \times 3500^2 \times 0.01} = 1.712\mathrm{kg} \cdot \mathrm{m}^2$$

五、作图求解题

1. 解：（1）最短杆 AB 为曲柄；（2）CD 杆为摇杆，φ 角如答图所示；（3）当 CD 杆为原动件时，机构运动到 AB 与 BC 共线时（AB_1C_1 和 AB_2C_2），传动角为零，此时为死点位置。

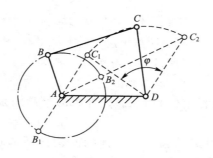

试卷 II-五-1 答图

2. 解：如答图所示。

3. 解：如答图所示。

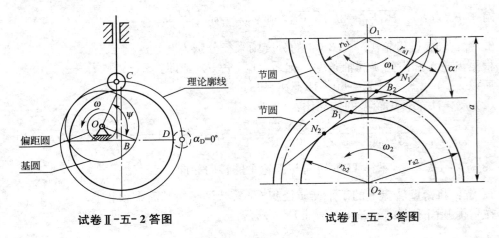

试卷Ⅱ-五-2答图　　　　　　　试卷Ⅱ-五-3答图

机械原理综合测试卷Ⅲ

一、填空题

1. Ⅱ；2. 偏心质量、矢径、大的；3. 双曲柄、双摇杆、曲柄摇杆；4. 增大凸轮基圆半径、增大偏距；5. 两轮的模数、压力角分别相等，且重合度 $\varepsilon_\alpha \geqslant 1$。

二、判断题

1. ×；2. √；3. ×；4. ×；5. ×；6. ×；7. ×；8. √；9. ×；10. ×。

三、选择题

1. C；2. C；3. B；4. C；5. B；6. A；7. C；8. C；9. C；10. B。

四、分析与计算题

1. 解：(1) 该机构中 D 处为复合铰链；B 处为局部自由度。

$n=5$、$p_1=6$、$p_h=2$，$F=3n-(2p_1+p_h)=3\times5-(2\times6+2)=1$

或 $n=6$、$p_1=7$、$p_h=2$、$F'=1$，$F=3n-(2p_1+p_h)-F'=3\times6-(2\times7+2)-1=1$

(2) 高副低代后的机构如答图(a)所示。

(3) 拆分的基本杆组如答图(b)所示。因杆组的最高级别为Ⅱ级，故该机构为Ⅱ级机构。

2. 解：(1) 先确定通过运动副直接相连的两构件间的瞬心：P_{16}、P_{12}、P_{24}、P_{34}、P_{36}、P_{45}、P_{56}。由三心定理得：P_{36}、P_{34}、P_{46} 共线，P_{45}、P_{56}、P_{46} 共线，从而确定出 P_{46}；P_{16}、P_{46}、P_{14} 共线，P_{12}、P_{24}、P_{14} 共线，从而确定出 P_{14}，如答图所示。

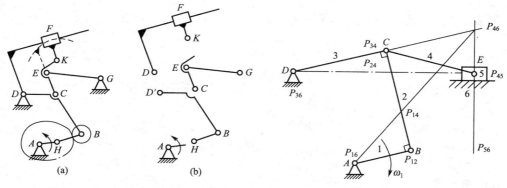

试卷Ⅲ-四-1答图   试卷Ⅲ-四-2答图

(2) P_{46} 为构件 4、6 的绝对瞬心，即构件 4 的定轴转动的中心。$\omega_1 \overline{P_{16}P_{14}} = \omega_4 \overline{P_{46}P_{14}}$，$\omega_4 = \omega_1 \dfrac{\overline{P_{16}P_{14}}}{\overline{P_{46}P_{14}}}$，$\omega_4$ 方向为逆时针。$v_E = \omega_4 \overline{P_{46}E} = \omega_1 \dfrac{\overline{P_{16}P_{14}} \cdot \overline{P_{46}E}}{\overline{P_{46}P_{14}}}$，方向向右。

3. 解：（1）根据一个周期中等效驱动力矩所做的功和阻力矩所做的功相等来求等效驱动力矩：

$$\int_0^{2\pi} M_d \, d\varphi = \int_0^{2\pi} M_r \, d\varphi, \quad M_d \cdot 2\pi = 1000 \times \frac{\pi}{4} + 100 \times \frac{7\pi}{4} = \frac{1700\pi}{4}, \quad M_d = 212.5 \text{N} \cdot \text{m}$$

（2）直接利用公式求 δ：

$$\omega_m = \frac{\omega_{max} + \omega_{min}}{2} = \frac{200 + 180}{2} = 190 \text{rad/s}, \quad \delta = \frac{\omega_{max} - \omega_{min}}{\omega_m} = \frac{200 - 180}{190} = 0.105$$

（3）求出最大盈亏功后，飞轮转动惯量可利用公式求解：

$$\Delta W_{max} = (1000 - 212.5) \times \frac{\pi}{4} = 618.5 \text{J}, \quad J_F = \frac{\Delta W_{max}}{\omega_m^2 [\delta]} = \frac{618.5}{190^2 \times 0.05} = 0.343 \text{kg} \cdot \text{m}^2$$

4. 解：对于 1、2-2'、3 组成的定轴轮系：

$$i_{13} = \frac{n_1}{n_3} = \frac{z_2 z_3}{z_1 z_2'} = \frac{25 \times 25}{20 \times 20} = \frac{25}{16}, \quad n_3 = \frac{16}{25} n_1 = \frac{16}{25} \times 1000 = 640 \text{r/min}$$

对于 1'、4'-4、3' 及 H(5) 组成的周转轮系：

$$i_{1'3'}^H = i_{13}^H = \frac{n_1 - n_5}{n_3 - n_5} = \frac{1000 - n_5}{640 - n_5} = \frac{z_4' z_3'}{z_1' z_4} = \frac{30 \times 60}{15 \times 45} = \frac{8}{3}, \quad n_5 = 424 \text{r/min}$$

对于 5-6 组成的定轴轮系：

$$i_{56} = \frac{n_5}{n_6} = \frac{z_6}{z_5} = 40, \quad n_6 = \frac{n_5}{40} = \frac{424}{40} = 10.6 \text{r/min}。 \, n_5 > 0，所以蜗杆 5 与齿轮 1 同向。蜗杆为右旋，用右手法则判定出蜗轮的转向为逆时针。

5. 解：（1）凸轮基圆半径：$r_0 = R - AO = 15 - 10 = 5 \text{mm}$。

（2）推程运动角：$\delta_0 = 180°$。

（3）推程：$h = 2AO = 20 \text{mm}$。

（4）由于平底垂直于导路的平底推杆凸轮机构的压力角恒等于零，所以 $\alpha_{max} = \alpha_{min} = 0°$。

（5）取 AO 与水平线夹角为凸轮转角 δ，则推杆位移方程为：$s = AO + AO\sin\delta = 10(1 + \sin\delta)$；推杆速度方程为：$v = s' = 10\omega\cos\delta$。当凸轮以 $\omega = 5 \text{rad/s}$ 回转，AO 成水平位置时（$\delta = 0°$ 或 $\delta = 180°$），推杆的速度为 $v = 10\omega\cos\delta = \pm 50 \text{mm/s}$。

6. 解：(1) $v=\omega r$，$r=\dfrac{v}{\omega}=\dfrac{60}{1}=60\text{mm}$；$p=\pi m=5\pi$，$m=5\text{mm}$；$r=\dfrac{mz}{2}$，$z=\dfrac{2r}{m}=$

$\dfrac{2\times60}{5}=24$。

(2) $xm=62-60=2\text{mm}$，$x=\dfrac{2}{m}=\dfrac{2}{5}=0.4>0$，是正变位齿轮。

$$s=\dfrac{\pi m}{2}+2xm\tan\alpha=\dfrac{\pi}{2}\times5+2\times0.4\times5\times\tan20°=9.31\text{mm}$$

$$r_{\text{b}}=r\cos\alpha=60\cos20°=56.38\text{mm}$$

五、作图求解题

解：(1) 曲柄摇杆机构(答图(a))：连架杆 AB 最短，且最短杆长度＋最长杆长度≤其余两杆长度之和。

(2) 偏置曲柄滑块机构(答图(b))：$l_{AB}+e\leqslant l_{BC}$。

(3) 摆动导杆机构(答图(c))：$l_{AC}<l_{AD}$。

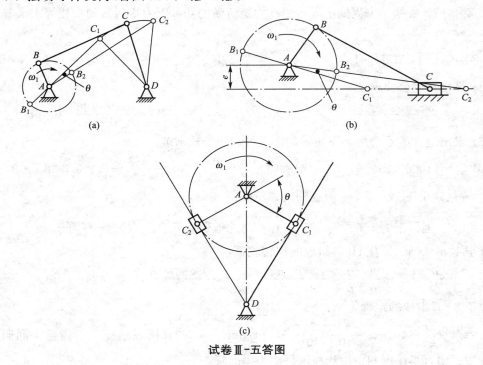

试卷Ⅲ-五答图

机械原理综合测试卷 Ⅳ

一、填空题

1. 低副、高副；2. 机构中有作为机架的固定构件，而运动链中没有；3. 0°、90°；

4. 转动中心、理轮廓线；5. 法、端、大端。

二、判断题

1. ×；2. ×；3. √；4. ×；5. √；6. ×；7. ×；8. √；9. ×；10. √。

三、选择题

1. C；2. C；3. A；4. C；5. A；6. B；7. B；8. B；9. C；10. B。

四、分析与计算题

1. 解：（1）该机构不存在复合铰链，局部自由度和虚约束情况如答图所示。

（2）计算自由度：

方法一：$n=4$，$p_1=5$，$p_h=1$，$F=3n-(2p_1+p_h)=3\times4-(2\times5+1)=1$。

方法二：$n=5$，$p_1=7$、$p_h=2$，$F'=1$、$p'=3$，

$F=3n-(2p_1+p_h)-F'+p'=3\times5-(2\times7+2)-1+3=1$。

2. 解：（1）$M_{ed}\cdot2\pi=\dfrac{\pi}{3}\times100+\dfrac{2\pi}{3}\times50+\dfrac{\pi}{3}\times100=100\pi$，$M_{ed}=50\text{N}\cdot\text{m}$。

（2）如答图所示。

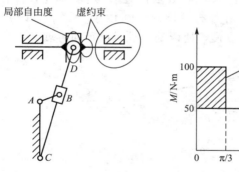

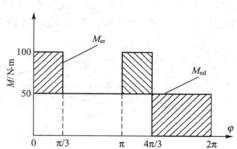

试卷 Ⅳ-四-1 答图　　　　试卷 Ⅳ-四-2 答图

$$E_{\frac{\pi}{3}}=E_{\pi}=E_0-\frac{50\pi}{3}，\quad E_{\frac{4\pi}{3}}=E_{\pi}-\frac{50\pi}{3}=E_0-\frac{100\pi}{3}，\quad E_{2\pi}=E_{\frac{4\pi}{3}}+\frac{100\pi}{3}=E_0$$

$$E_{max}=E_0=E_{2\pi}，\quad E_{min}=E_{\frac{4\pi}{3}}=E_0-\frac{100\pi}{3}$$

ω_{max} 发生在 $\varphi=0(2\pi)$ 处，ω_{min} 发生在 $\varphi=\dfrac{4}{3}\pi$ 处。

（3）$\Delta W_{max}=E_{max}-E_{min}=E_0-\left(E_0-\dfrac{100\pi}{3}\right)=\dfrac{100\pi}{3}\text{J}$。

（4）$J_F=\dfrac{\Delta W_{max}}{\omega_m^2[\delta]}=\dfrac{\frac{100\pi}{3}}{100^2\times0.05}=0.21\text{kg}\cdot\text{m}^2$。

3. 解：（1）$r_1=\dfrac{1}{2}mz_1=\dfrac{1}{2}\times2\times12=12\text{mm}$，$r_{a1}=r_1+h_a^*m=12+1\times2=14\text{mm}$，$r_{f1}=$

$r_1 - (h_a^* + c^*) m = 12 - 1.25 \times 2 = 9.5 \text{mm}$，$r_{b1} = r_1 \cos\alpha = 12\cos20° = 11.276 \text{mm}$，$s = e = \frac{1}{2}\pi m = \frac{1}{2}\pi \times 2 = 3.14 \text{mm}$。

（2）$a = \frac{1}{2}m(z_1 + z_2) = \frac{1}{2} \times 2 \times (12 + 26) = 38 \text{mm}$。

（3）$z_1 = 12 < z_{\min} = 17$，所以齿轮 1 根切。

（4）$a\cos\alpha = a'\cos\alpha'$，$\alpha' = \arccos\dfrac{a\cos\alpha}{a'} = \arccos\dfrac{38\cos20°}{40} = 26.78°$。

4. 解：（1）此轮系为复合轮系，将轮系拆分为定轴轮系 $z_1 - z_2$、周转轮系 $z_3 - z_4 - z_4' - z_5 - H(z_2)$ 及定轴轮系 $z_6 - z_7$。

在定轴轮系 $z_1 - z_2$ 中：$i_{12} = \dfrac{n_1}{n_2} = \dfrac{z_2}{z_1} = 1$，$n_1 = n_2$，$n_2$ 方向箭头向下。

在周转轮系 $z_3 - z_4 - z_4' - z_5 - H(z_2)$ 中：$i_{35}^H = \dfrac{n_3 - n_H}{n_5 - n_H} = \dfrac{0 - n_2}{n_5 - n_2} = \dfrac{z_4 z_5}{z_3 z_4'} = \dfrac{100 \times 100}{25 \times 25} = 16$。

$n_5 = \dfrac{15}{16}n_2$，即 n_5 与 n_2 同向。由蜗杆 6 转向箭头向下和右旋可判断出蜗轮 7 的转向为顺时针。

如答图所示，滑块从左极限位置 C_1 运动到右极限位置 C_2（工作行程）时，曲柄 AB 由 AB_1 转到 AB_2，转角为 $\varphi_1 = 180° + \theta$；滑块从右极限位置 C_2 运动到左极限位置 C_1（空行程）时，曲柄 AB 由 AB_2 转到 AB_1，转角为 $\varphi_2 = 180° - \theta$。由于 $\varphi_1 > \varphi_2$，说明滑块由 $C_1 \to C_2$ 所用时间比 $C_2 \to C_1$ 所用时间多、速度慢，所以蜗轮顺时针转向合理。

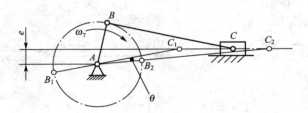

试卷 Ⅳ-四-4 答图

（2）$i_{12} = \dfrac{n_1}{n_2} = 1$，$i_{25} = \dfrac{n_2}{n_5} = \dfrac{n_2}{n_6} = \dfrac{16}{15}$，$i_{67} = \dfrac{n_6}{n_7} = \dfrac{z_7}{z_6} = 75$，

$i_{17} = \dfrac{n_1}{n_7} = i_{12} \cdot i_{25} \cdot i_{67} = 1 \times \dfrac{16}{15} \times 75 = 80$。轮 1 转 40 转时，蜗轮 7 转过 180°。

曲柄滑块机构的极位夹角 $\theta = 180°\dfrac{K-1}{K+1} = 180° \times \dfrac{1.4-1}{1.4+1} = 30°$。工作行程，曲柄 AB（蜗轮）应转过 $180° + 30° = 210°$。若滑块从左极限位置开始工作行程，轮 1 转 40 转时，滑块未能到达右极限位置，蜗轮还应再转 30°。

五、作图求解题

1. 解：各运动副反力的方向和作用线如答图所示。

2. 解：作图解答如答图所示。

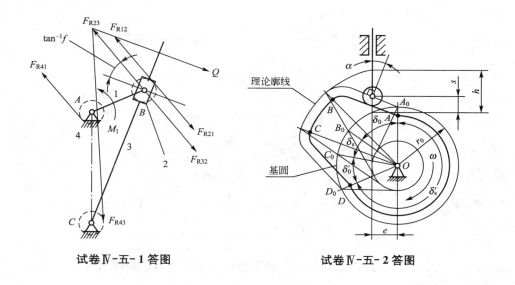

试卷Ⅳ-五-1 答图　　　　　　　　试卷Ⅳ-五-2 答图

机械原理综合测试卷 Ⅴ

一、填空题

1. 大、高速；2. $0<AB\leqslant30\mathrm{mm}$；3. 曲柄、机架；4. 不变、滚子、减小；5. 不变、变大。

二、选择题

1. C；2. A；3. C；4. C；5. A；6. D；7. A；8. B；9. C；10. B。

三、简答题

1. 答：(1)运动副是两个构件直接接触而组成的可动的连接。(2)高副和低副。(3)一个平面高副有两个自由度、一个约束；一个平面低副有一个自由度、两个约束。

2. 答：不能。根据机构死点的概念，此时传动角为0°，驱动力有效分力为0，机构无法运动。加大驱动力后，传动角仍为0°，驱动力有效分力仍为0。

四、分析与计算题

1. 解：(1) 该机构中不存在复合铰链，B 处为局部自由度，构件 DE 及导路 I、J 之一为虚约束。

(2) 计算自由度：

方法一：$n=6$，$p_1=8$、$p_\mathrm{h}=1$，$F=3n-(2p_1+p_\mathrm{h})=3\times6-(2\times8+1)=1$。

方法二：$n=8$，$p_1=12$、$p_\mathrm{h}=1$，$F'=1$、$p'=3$，

$F=3n-(2p_1+p_\mathrm{h})-F'+p'=3\times8-(2\times12+1)-1+3=1$。

2. 解：(1) 该轮系为复合轮系，包括定轴轮系 1-2、5-4′ 和周转轮系 2′-3-3′-4-A。

(2) 对于定轴轮系 $1-2$ 和 $5-4'$：

$i_{12}=\dfrac{n_1}{n_2}=\dfrac{z_2}{z_1}=\dfrac{60}{1}=60$，$n_2=\dfrac{n_1}{i_{12}}=\dfrac{1500}{60}=25\text{r/min}$，$n_2$ 方向箭头向上。

$i_{54'}=\dfrac{n_5}{n_4'}=\dfrac{z_4'}{z_5}=\dfrac{60}{20}=3$，$n_4'=\dfrac{n_5}{i_{54'}}=\dfrac{1500}{3}=500\text{r/min}$，$n_4'$ 方向箭头向下。

(3) 对于周转轮系 $2'-3-3'-4-A$：

$n_2'=n_2=25\text{r/min}$，设 n_2 方向为正，则 $n_4=n_4'=-500\text{r/min}$。

$$i_{2'4}^A=\dfrac{n_2'-n_A}{n_4-n_A}=\dfrac{25-n_A}{-500-n_A}=\dfrac{z_3 z_4}{z_2' z_3'}=\dfrac{20\times40}{30\times30}=\dfrac{8}{9}。$$

解得 $n_A=4225\text{r/min}$，转向与齿轮 2 同向，箭头向上。

3. 解：$W_{AI}=m_A r_A=0.1\text{kg}\cdot\text{m}$，$W_{BI}=m_B r_B\dfrac{l_B}{l_A}=m_B r_B=0.1\text{kg}\cdot\text{m}$

$$W_{BII}=m_B r_B\dfrac{l_A+l_B}{l_A}=2m_B r_B=0.2\text{kg}\cdot\text{m}$$

取 $\mu_W=0.01\text{kg}\cdot\text{m}$，画出 I、II 面上的质径积矢量多边形，如答图所示。

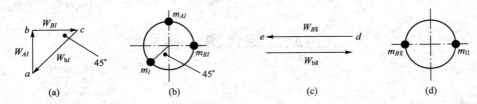

(a) (b) (c) (d)

试卷 V-四-3 答图

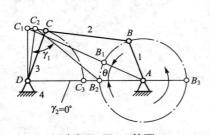

试卷 V-四-4 答图

$W_{bI}=\mu_W\,\overline{ca}=0.1414\text{kg}\cdot\text{m}$，$m_I=\dfrac{W_{bI}}{r}=7.07\text{kg}$，方位在左下角 45°。

$W_{bII}=\mu_W\,\overline{ed}=0.2\text{kg}\cdot\text{m}$，$m_{II}=\dfrac{W_{bII}}{r}=10\text{kg}$，方位在水平线右侧。

4. 解：(1) 由曲柄存在条件得：$l_{AB}+l_{AD}\leqslant l_{BC}+l_{CD}$。

$l_{CD}\geqslant l_{AB}+l_{AD}-l_{BC}=50+100-80=70\text{mm}$，$l_{CD\min}=70\text{mm}$。

(2) 如答图所示，曲柄 AB 与机架 AD 重叠共线时（AB_2C_2D）：

$$\gamma_1=\arccos\dfrac{l_{BC}^2+l_{CD}^2-(l_{AD}-l_{AB})^2}{2l_{BC}l_{CD}}=\arccos\dfrac{80^2+70^2-50^2}{2\times80\times70}=38.21°$$

曲柄 AB 与机架 AD 拉直共线时（AB_3C_3D）：

$$\gamma_2=180°-\arccos\dfrac{l_{BC}^2+l_{CD}^2-(l_{AD}+l_{AB})^2}{2l_{BC}l_{CD}}=180°-\arccos\dfrac{80^2+70^2-150^2}{2\times80\times70}=0°$$

所以，$\gamma_{\min}=0°$

曲柄 AB 与连杆 BC 拉直共线时（AB_1C_1D）：

$$\angle DAC_1=\arccos\dfrac{l_{AD}^2+(l_{BC}+l_{AB})^2-l_{CD}^2}{2l_{AD}(l_{BC}+l_{AB})}=\arccos\dfrac{100^2+130^2-70^2}{2\times100\times130}=32.2°$$

曲柄 AB 与连杆 BC 重叠共线时（AB_3C_3D）：

$$\angle DAC_3 = \arccos\frac{l_{AD}^2 + (l_{BC} - l_{AB})^2 - l_{CD}^2}{2l_{AD}(l_{BC} - l_{AB})} = \arccos\frac{100^2 + 30^2 - 70^2}{2\times 100\times 30} = 0°$$

$$\theta = \angle DAC_1 - \angle DAC_3 = 32.2° - 0° = 32.2°$$

$$K = \frac{180° + \theta}{180° - \theta} = \frac{180° + 32.2°}{180° - 32.2°} = 1.436$$

$K = \dfrac{t_1}{t_2} = 1.436$，$t_1 + t_2 = \dfrac{60}{n_1} = \dfrac{60}{60} = 1\text{s}$，解得 $t_1 = 0.59\text{s}$。

（3）如答图所示，摇杆 3 顺时针摆动为工作行程，则摇杆从 C_1D 转到 C_3D 时，曲柄应转过 $180° + \theta$；摇杆从 C_3D 转到 C_1D 时，曲柄应转过 $180° - \theta$，使空回行程具有急回运动特性。因此，可判断出曲柄应逆时针方向转动。

5. 解：（1）$n = 2$、$p_1 = 2$、$p_h = 1$，$F = 3n - (2p_1 + p_h) = 3\times 2 - (2\times 2 + 1) = 1$。

该机构中不含复合铰链和局部自由度。构件 2、3 属于重复结构，系杆 H 和机架两处接触构成两个转动副，因此构件 3 和系杆 H 的一个转动副为虚约束。

（2）$i_{12}^H = \dfrac{n_1 - n_H}{n_2 - n_H} = \dfrac{0 - 1400}{n_2 - 1400} = -\dfrac{z_2}{z_1} = -\dfrac{20}{40} = -\dfrac{1}{2}$，$n_2 = 4200\text{r/min}$。

$n_2 > 0$，n_2 转向与 n_H 相同。

（3）$d_{b1} = d_1\cos\alpha = mz\cos\alpha = 2\times 40\times\cos 20° = 75.175\text{mm}$

$$a' = \frac{1}{2}(d_1' + d_2') = \frac{1}{2}d_1'\left(1 + \frac{z_2}{z_1}\right) = \frac{1}{2}d_1'\left(1 + \frac{20}{40}\right) = 62\text{mm}, \quad d_1' = 82.67\text{mm}$$

$$d_{a1} = (z_1 + 2h_a^*)m = (40 + 2\times 1)\times 2 = 84\text{mm}$$

$$d_{f1} = (z_1 - 2h_a^* - 2c^*)m = (40 - 2\times 1 - 2\times 0.25)\times 2 = 75\text{mm}$$

$$a = \frac{1}{2}m(z_1 + z_2) = \frac{1}{2}\times 2\times(20 + 40) = 60\text{mm}$$

$$a\cos\alpha = a'\cos\alpha', \quad \alpha' = \arccos\frac{a\cos\alpha}{a'} = \arccos\frac{60\times\cos 20°}{62} = 24.58°$$

或 $\alpha' = \arccos\dfrac{d_{b1}}{d_1'} = \arccos\dfrac{75.175}{82.67} = 24.58°$

6. 解：（1）机构处于死点位置时，其传动角为 $0°$，所以连杆 2 与水平线之间的夹角 θ 为 $90°$。

（2）各运动副中反力如答图（a）所示。其中 $\beta = \arcsin\dfrac{2\rho}{l_{AB}}$（$\rho$ 为摩擦圆半径；l_{AB} 为连杆 AB 的杆长），$\varphi = \arctan f$。

滑块 3 力的平衡条件为：$\vec{P} + \vec{F}_{R23} + \vec{F}_{R43} = 0$。

滑块 1 力的平衡条件为：$\vec{Q} + \vec{F}_{R21} + \vec{F}_{R41} = 0$，$F_{R21} = -F_{R23}$。

力的多边形如答图（b）所示，由正弦定理可得：

$$F_{R23} = P\frac{\sin(90° - \varphi)}{\sin(\theta + \beta + \varphi)}, \quad F_{R21} = Q\frac{\sin(90° + \varphi)}{\sin(90° - \theta - \beta - \varphi)}$$

所以：$Q = P\dfrac{\cos(\theta + \beta + \varphi)}{\sin(\theta + \beta + \varphi)} = \dfrac{P}{\tan(\theta + \beta + \varphi)}$

由 $Q = \dfrac{P}{\tan(\theta + \beta + \varphi)} < 0$ 及 $\theta = 0° \sim 90°$ 得机构自锁条件为：$\theta > 90° - (\beta + \varphi)$。

即机构自锁时，连杆 2 与水平线之间的夹角 θ 为：$\theta > 90° - \left(\arcsin \dfrac{2\rho}{l_{AB}} + \arctan f \right)$。

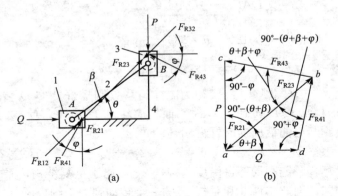

试卷 V-四-6 答图

五、作图求解题

解：作图解答如答图所示。

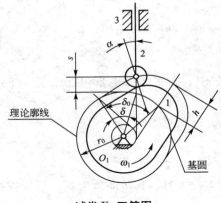

试卷 V-五答图

机械设计综合测试卷 Ⅰ

一、填空题

1. 210MPa、280MPa、140MPa；2. 两个半联轴器结合面间的摩擦力矩、螺栓杆承受挤压与剪切；3. 弯曲应力；4. 油孔、油槽；5. 对称循环、脉动循环。

二、判断题

1. √；2. √；3. √；4. ×；5. √；6. ×；7. √；8. √；9. ×；10. ×。

三、选择题

1. A；2. C；3. D；4. B；5. C；6. C；7. C；8. A；9. D；10. D。

四、简答题

1. 答：（1）细牙螺纹螺距小，升角小，自锁性好，螺杆强度高，但牙细不耐磨损，容易滑扣。（2）常用于粗牙对强度影响较大的零件（如轴和管状件）、受冲击振动和变载荷的连接、薄壁零件的连接、微调机构的调整螺纹等。

2. 答：（1）带的紧边和松边所受拉力不等，即存在拉力差；带有弹性，受拉变形，且紧边和松边的变形不等。（2）弹性滑动引起传动带的磨损、发热，传动效率降低；使主动轮和从动轮圆周速度不等，即存在滑动率，使带传动的瞬时传动比不恒定。

3. 答：（1）链传动的瞬时传动比在传动过程中是不断变化的。（2）由于刚性链节在链轮上呈多边形分布，在链条每转过一个链节时，链条前进的瞬时速度周期性地由小变大，再由大变小。可以证明链传动的瞬时传动比为 $i_{瞬}=\dfrac{\omega_1}{\omega_2}=\dfrac{R_2\cos\gamma}{R_1\cos\beta}$。在传动中 γ 角与 β 角不是时时相等的，因此其瞬时传动比也不断变化。

4. 答：（1）齿面疲劳点蚀；（2）首先出现在节线附近靠近齿根处；（3）该处属于单齿啮合区，接触点所受接触应力较大；该处齿廓相对滑动速度较低，润滑不良，不易形成油膜，摩擦力较大；该处润滑油容易被挤入裂缝，使裂纹扩张。

5. 答：相对滑动的两表面间必须形成收敛的楔形间隙；被油膜分开的两表面必须有足够的相对滑动速度，其运动方向必须使润滑油由大口流入，从小口流出；润滑油必须具有一定的黏度，供油要充分。

五、分析与计算题

1. 解：（1）将外载荷 F 向结合面的形心简化得：横向载荷：$F_R=5000N$；旋转力矩：$T=500F=500\times5000=2.5\times10^6 N\cdot mm$。

（2）在 F_R 作用下，各螺栓所受横向力均相等：
$$F_{R1}=F_{R2}=F_{R3}=F_{R4}=\frac{F_R}{z}=\frac{5000}{4}=1250N$$

（3）在 T 作用下，各螺栓所受横向力也相等：
$$F_{T1}=F_{T2}=F_{T3}=F_{T4}=\frac{T}{4r}=\frac{2.5\times10^6}{4\sqrt{80^2+80^2}}=5524.3N$$

（4）各螺栓受力情况如答图所示，由受力分析得，3、4 两螺栓所受的横向力最大。
$$F_{smax}=\sqrt{F_{R3}^2+F_{T3}^2-2F_{R3}F_{T3}\cos\alpha}$$
$$=\sqrt{1250^2+5524.3^2-2\times1250\times5524.3\times\cos135°}=6469N$$

2. 解：（1）由 $\sigma_F=\dfrac{KF_t}{bm}Y_{Fa}Y_{Sa}\leqslant[\sigma_F]$ 可看出 $\dfrac{Y_{Fa}Y_{Sa}}{[\sigma_F]}$ 比值小者强度较大。

$\dfrac{Y_{Fa1}Y_{Sa1}}{[\sigma_{F1}]}=\dfrac{2.80\times1.55}{314}=0.01382$，$\dfrac{Y_{Fa2}Y_{Sa2}}{[\sigma_{F2}]}=\dfrac{2.28\times1.73}{286}=0.01379$，$\dfrac{Y_{Fa2}Y_{Sa2}}{[\sigma_{F2}]}<\dfrac{Y_{Fa1}Y_{Sa1}}{[\sigma_{F1}]}$，故大齿轮的弯曲疲劳强度较大。

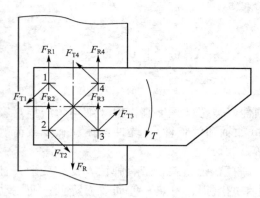

试卷Ⅰ-五-1 答图

(2) $\sigma_{F1} = 306\text{MPa} < [\sigma_{F1}] = 314\text{MPa}$，故小齿轮的弯曲疲劳强度满足要求。

由 $\dfrac{\sigma_{F1}}{Y_{Fa1}Y_{Sa1}} = \dfrac{\sigma_{F2}}{Y_{Fa2}Y_{Sa2}}$ 得，$\sigma_{F2} = \sigma_{F1}\dfrac{Y_{Fa2}Y_{Sa2}}{Y_{Fa1}Y_{Sa1}} = 306 \times \dfrac{2.28 \times 1.73}{2.80 \times 1.55} = 278.1\text{MPa}$，$\sigma_{F2} < [\sigma_{F2}] = 286\text{MPa}$，故大齿轮的弯曲疲劳强度也满足要求。

3. 解：(1) $R_1 = F_r \dfrac{L_2}{L_1 + L_2} = 9000 \times \dfrac{250}{200 + 250} = 5000\text{N}$

$R_2 = F_r \dfrac{L_1}{L_1 + L_2} = 9000 \times \dfrac{200}{200 + 250} = 4000\text{N}$（或 $R_2 = F_r - R_1 = 9000 - 5000 = 4000\text{N}$）

(2) $S_1 = \dfrac{R_1}{2Y} = \dfrac{5000}{2 \times 1.6} = 1562.5\text{N}$，$S_2 = \dfrac{R_2}{2Y} = \dfrac{4000}{2 \times 1.6} = 1250\text{N}$，其方向如答图所示。

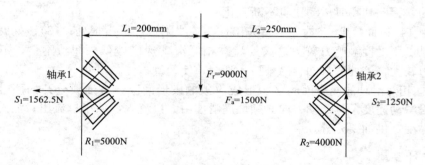

试卷Ⅰ-五-3 答图

(3) $F_a + S_2 = 1500 + 1250 = 2750\text{N} > S_1 = 1562.5\text{N}$，轴有向右窜动趋势。轴承1被压紧，轴承2被放松。$A_1 = F_a + S_2 = 2750\text{N}$，$A_2 = S_2 = 1250\text{N}$。

(4) 轴承1：$\dfrac{A_1}{R_1} = \dfrac{2750}{5000} = 0.55 > e = 0.37$，$X_1 = 0.4$、$Y_1 = 1.6$

$P_1 = f_p(X_1 R_1 + Y_1 A_1) = 1.2 \times (0.4 \times 5000 + 1.6 \times 2750) = 7680\text{N}$

轴承2：$\dfrac{A_2}{R_2} = \dfrac{1250}{4000} = 0.3125 < e = 0.37$，$X_2 = 1$、$Y_2 = 0$

$P_2 = f_p(X_2 R_2 + Y_2 A_2) = 1.2 \times (1 \times 4000 + 0 \times 1250) = 4800\text{N}$

六、结构分析与设计题

图中主要错误分析：

(1) 轴上两个键槽不在同一母线上。

(2) 轴与右端透盖接触，应有间隙。

(3) 轴与右端透盖之间没采取密封措施。

(4) 轴承端盖与套杯凸缘间没有调整垫片，不能调整轴承游隙。

(5) 套杯凸缘与箱体间没有调整垫片，不能调整轴系的轴向位置。

(6) 箱体上与套杯凸缘的接触面应铸有凸台，以减少加工面。

(7) 左端轴承的外圈装拆路线太长，装拆困难。

(8) 套杯左端的凸缘过长，左端轴承的外圈拆卸困难。

(9) 挡油环没有和左端轴承内圈顶上，小锥齿轮轴向定位不可靠。

(10) 锥齿轮轴向定位不可靠，应使轴头长度短于轮毂宽度 2～3mm。

(11) 轴上两个键的位置都没有靠近轴的两端，使轮毂装入困难。

(12) 安装锥齿轮轴段上的键槽过长，键和挡油环干涉。

改进后结构如答图所示。

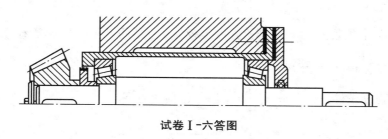

试卷 I-六答图

机械设计综合测试卷 Ⅱ

一、填空题

1. 60°、自锁、连接；2. 两侧面、工作面被压溃、轴的直径；3. 相对间隙、偏心距、半径间隙；4. 疲劳点蚀。

二、判断题

1. √；2. √；3. ×；4. ×；5. √；6. ×；7. ×；8. √；9. √；10. ×。

三、选择题

1. C；2. D；3. D；4. B；5. A；6. B；7. A；8. B；9. B；10. C。

四、简答题

1. 答：螺栓连接、双头螺柱连接、螺钉连接、紧定螺钉连接。螺栓连接：用于被连接件不太厚、有足够的装配空间的场合；双头螺栓连接：用于被连接件之一很厚，又需经常拆装的场合；螺钉连接：用于被连接件之一很厚，不经常拆装的场合；紧钉螺钉连接：用于固定两被连接件的相对位置，并可传递不大的力或转矩。

2. 答：(1)中心距过大，则传动的外廓尺寸大，且带易颤动，影响正常工作。(2)在中心距一定的条件下，传动比过大，则小带轮包角过小，会大大降低带传动的工作能力。(3)在带传动需要传递的功率一定的条件下，减小带轮直径，会增大所需的有效拉力 F_e，从而导致 V 带根数的增加，这样不仅增大了带轮的宽度，而且也增大了载荷在 V 带之间分配的不均匀性。另外，带轮直径的减小，会增加带的弯曲应力。

3. 答：(1)疲劳裂纹首先发生在危险截面受拉一侧。(2)因为材料的抗压能力大于抗拉能力。(3)一方面可改变设计参数及类型以减小齿根危险截面的弯曲应力 σ_F：①增大模数；②适当增大齿宽 b；③采用斜齿轮代替直齿轮；④采用正变位齿轮代替标准齿轮。另一方面改变齿轮材料或热处理方式，以增大许用弯曲应力 $[\sigma_F]$：①采用机械强度高的材料；②改软齿面为硬齿面，提高齿轮材料的硬度。

4. 答：(1)过蜗杆的轴线并垂直于蜗轮轴线的平面。(2)$m_{a1}=m_{t2}=m$、$\alpha_{a1}=\alpha_{t2}=\alpha$、$\gamma_1=\beta_2$，且两者螺旋线的旋向相同。

五、分析与计算题

1. 解：(1) 求预紧力 F_0。由螺栓强度等级为 4.6 级可知 $\sigma_S=240\text{MPa}$，则许用拉应力为：$[\sigma]=\dfrac{\sigma_S}{S}=\dfrac{240}{1.4}=171.43\text{MPa}$。

根据螺栓强度条件：$\sigma=\dfrac{4\times1.3F_0}{\pi d_1^2}\leqslant[\sigma]$ 得预紧力 F_0 为

$$F_0=\frac{\pi d_1^2[\sigma]}{4\times1.3}=\frac{\pi\times8.376^2\times171.43}{4\times1.3}=7266.19\text{N}$$

(2) 求最大牵引力 F_{Rmax}。由连接接合面不发生滑移的静力平衡条件：$fF_0zi\geqslant K_sF_R$ 得

$$F_R\leqslant\frac{fF_0zi}{K_s}=\frac{0.15\times7266.19\times2\times1}{1.2}=1816.55\text{N}，\text{所以}，F_{Rmax}=1816.55\text{N}。$$

2. 解：(1) 平均链速：$v=\dfrac{z_1n_1p}{60\times1000}=\dfrac{23\times970\times19.05}{60000}=7.08\text{m/s}$。

(2) 小链轮半径：$r_1=\dfrac{p}{2\sin\dfrac{180°}{z_1}}=\dfrac{19.05}{2\sin\dfrac{180°}{23}}=69.95\text{mm}$。

小链轮角速度：$\omega_1=\dfrac{2\pi n_1}{60}=\dfrac{970\pi}{30}=101.58\text{rad/s}$。

则最大链速：$v_{max}=\omega_1r_1=101.58\times69.95=7105.5\text{mm/s}=7.11\text{m/s}$。

最小链速：$v_{min}=\omega_1r_1\cos\dfrac{180°}{z_1}=7.11\cos\dfrac{180°}{23}=7.04\text{m/s}$。

3. 解：(1) 提升重物时，与卷筒固连在一起的蜗轮 4 应按顺时针方向转动，即在蜗杆传动啮合点处 F_{t4} 向右，F_{a3} 向左，由右手螺旋法则可判断出蜗杆转向 n_3 向上，因此电动机转向应向下。

$$n_4=\frac{60\times1000v}{\pi D}=\frac{60\times1000\times0.105}{250\pi}=8.02\text{r/min}$$

$$n_1=i_{14}n_4=\frac{z_2z_4}{z_1z_3}n_4=\frac{63\times40}{21\times1}\times8.02=962.4\text{r/min}$$

(2) $P_w=\dfrac{Wv}{1000}=\dfrac{10000\times0.105}{1000}=1.05\text{kW}$

$$P_1=\frac{P_w}{\eta_{总}}=\frac{P_w}{\eta_{联轴器}\eta_{轴承}^3\eta_{齿轮}\eta_{蜗杆}}=\frac{1.05}{0.99\times0.99^3\times0.98\times0.78}=1.43\text{kW}$$

(3) 蜗轮螺旋线方向应和蜗杆一致，即为右旋。

(4) 如答图所示，若要使轴Ⅱ的轴向力尽可能小，则 F_{a2} 应向右，F_{a1} 应向左，根据 F_{a1} 方向

和 n_1 转向，应用左、右手螺旋法则可判断出齿轮 1 的螺旋线方向应为左旋，因此齿轮 2 的螺旋线方向为右旋。

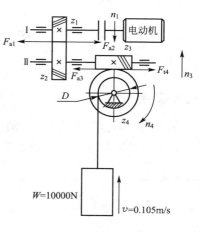

4. 解：（1）派生轴向力 F_{d1}、F_{d2}。

$F_{d1}=eF_{r1}=0.5\times7000=3500N$，方向向左。

$F_{d2}=eF_{r2}=0.5\times1200=600N$，方向向右。

（2）轴承轴向力 F_{a1}、F_{a2}。

$F_X+F_{d2}=4000+600=4600N>F_{d1}=3500N$，轴有向右窜动的趋势，轴承 I 被压紧，轴承 II 被放松。

$F_{a1}=F_X+F_{d2}=4600N$，$F_{a2}=F_{d2}=600N$。

（3）当量动载荷 P_1、P_2。

$$\frac{F_{a1}}{F_{r1}}=\frac{4600}{7000}=0.657>e=0.5,\ X_1=0.44,\ Y_1=1.12$$

$$\frac{F_{a2}}{F_{r2}}=\frac{600}{1200}=0.5=e,\ X_2=1,\ Y_2=0$$

$$P_1=X_1F_{r1}+Y_1F_{a1}=0.44\times7000+1.12\times4600=8232N$$

$$P_2=X_2F_{r2}+Y_2F_{a2}=1\times1200+0\times600=1200N$$

（4）计算危险轴承的寿命。

因为 $P_1>P_2$，所以轴承 I 为危险轴承。

$$L_h=\frac{10^6}{60n}\left(\frac{f_tC}{P_2}\right)^\varepsilon=\frac{10^6}{60\times1000}\times\left(\frac{70200}{8232}\right)^3=10335.8h,\ L_h>8000h，所选轴承合适。$$

试卷 II-五-3 答图

六、结构分析与设计题

主要错误分析：

（1）两侧的轴承端盖和箱体之间没有调整垫片，不能调整轴承游隙。

（2）轴的两端轴颈过长，与端盖接触，磨损严重，浪费材料，轴承内圈装拆路线太长，装拆困难。

（3）轴承为反装，轴承无法承受轴向力，无法将齿轮上的轴向力通过轴和轴承传到箱体上，应将轴承改为正装。

（4）两端套筒厚度应低于各自轴承的内圈高度，否则轴承拆卸困难。

（5）两个齿轮不能共用一个键，而且键过长，3 个套筒不能装配。

（6）两个齿轮间用套筒定位，不能固定齿轮与轴的相对位置。

（7）安装两齿轮的轴头长度应比对应的轮毂宽度短 2～3mm，齿轮轴向定位不可靠。

改正后的结构如答图所示。

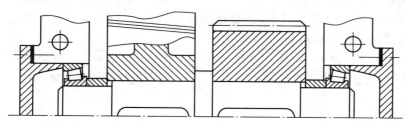

试卷 II-六答图

机械设计综合测试卷 Ⅲ

一、填空题

1. 判定零件的破坏形式、确定零件的极限应力、计算零件的安全系数；2. 增大、提高；3. 弹性滑动；4. 多孔质金属材料或粉末冶金材料；5. 心、转、心。

二、判断题

1. ×；2. √；3. √；4. √；5. ×；6. √；7. ×；8. √；9. ×；10. √。

三、选择题

1. D；2. B；3. C；4. B；5. A；6. B；7. C；8. A；9. B；10. B。

四、简答题

1. 答：(1)螺纹连接具有自锁性，螺纹连接拧紧后，在静载荷下，如不加反向的外力矩就不会自动松开。但在冲击、振动、变载荷作用下，或工作温度变化较大时，螺纹连接常常失去自锁能力，产生自动松脱现象，这不仅影响机器正常工作，还可能造成严重事故。因此，机器中的螺纹连接必须采取防松措施。(2)根据防松原理，防松类型分为摩擦防松、机械防松、破坏螺旋副运动关系防松。

2. 答：带传动适用于中心距较大的传动，且具有缓冲、吸振及过载打滑的特点，能保护其他传动件，适合普通车床的第一级传动。带传动存在弹性滑动，传动比不准确，不适合传动比要求严格的传动，而车床的主轴与丝杠间要求有很高的传动精度，不能采用带传动。

3. 答：由链传动的瞬时传动比计算公式 $i_{瞬} = \dfrac{\omega_1}{\omega_2} = \dfrac{R_2 \cos\gamma}{R_1 \cos\beta}$ 可知，R_1、R_2 为两链轮的半径，为定值；β、γ 为变量，二者的变化与链轮的齿数、链传动的中心距和链节距有关。若要使瞬时传动比为常数，则 β、γ 的变化必须一致。只有当两链轮的齿数相等($z_1 = z_2$)，中心距为链节距的整数倍($a = np$)时，链传动的传动比才等于常数。

4. 答：(1)接触应力相等。从接触应力计算公式可知，接触应力取决于两个齿轮的综合曲率半径、弹性影响系数、接触宽度和相互作用的法向力，不取决于一个齿轮的几何参数。而两个齿轮的上述参数是相等的，因此，两个齿轮的接触应力是相等的。(2)两个齿轮的许用接触应力是不相等的。因应力循环次数 $N_1 > N_2$，齿轮寿命系数 $K_{HN_1} < K_{HN_2}$，所以小齿轮的许用接触应力较小。

5. 答：AC——接触角 $\alpha = 25°$；12——轴承内径 60mm；3——轴承直径系列为中系列；0——轴承宽度系列为正常系列，略去；7——轴承类型是角接触球轴承。

五、分析与计算题

1. 解：(1)螺栓受力分析。在轴向载荷 F_Q 作用下，各螺栓受到相同的轴向工作载

荷 F：

$$F = \frac{F_Q}{z} = \frac{24000}{6} = 4000\text{N}$$

在横向载荷 F_R 作用下，支架与机座不发生相对滑移的条件为

$f\left(zF_0 - \frac{C_m}{C_b + C_m}F_Q\right) \geqslant K_s F_R$，可求得螺栓所需的预紧力 F_0：

$$F_0 \geqslant \frac{1}{z}\left(\frac{K_s F_R}{f} + \frac{C_m}{C_b + C_m}F_Q\right) = \frac{1}{6}\times\left(\frac{1.2\times6000}{0.15} + 0.8\times24000\right) = 11200\text{N}$$

螺栓所受的总拉力：$F_2 = F_0 + \frac{C_b}{C_b + C_m}F = 11200 + 0.2\times4000 = 12000\text{N}$。

(2) 确定螺栓直径 d。螺栓的许用应力：$[\sigma] = \frac{\sigma_s}{S} = \frac{480}{1.5} = 320\text{MPa}$。

螺栓小径：$d_1 \geqslant \sqrt{\frac{4\times1.3F_2}{\pi[\sigma]}} = \sqrt{\frac{4\times1.3\times12000}{320\pi}} = 7.878\text{mm}$。

按普通粗牙螺纹的国家标准 GB/T 196—2003 查得

M10 螺栓的小径 $d_1 = 8.376\text{mm} > 7.878\text{mm}$，故螺栓的公称直径 $d = 10\text{mm}$。

2. 解：(1) $\sigma_{H1} = \sigma_{H2}$、$[\sigma_{H1}] > [\sigma_{H2}]$，齿轮 1 的接触疲劳强度高。

(2) 由 $\sigma_F = \frac{KF_t}{bm}Y_{Fa}Y_{Sa} \leqslant [\sigma_F]$ 可看出 $\frac{Y_{Fa}Y_{Sa}}{[\sigma_F]}$ 比值小者强度高。

$\frac{Y_{Fa1}Y_{Sa1}}{[\sigma_{F1}]} = \frac{4.3}{320} = 0.01344$，$\frac{Y_{Fa2}Y_{Sa2}}{[\sigma_{F2}]} = \frac{4.0}{300} = 0.01333$，$\frac{Y_{Fa2}Y_{Sa2}}{[\sigma_{F2}]} < \frac{Y_{Fa1}Y_{Sa1}}{[\sigma_{F1}]}$，故齿轮 2 的弯曲疲劳强度高。

(3) 由 $\frac{\sigma_{F1}}{Y_{Fa1}Y_{Sa1}} = \frac{\sigma_{F2}}{Y_{Fa2}Y_{Sa2}}$ 得，$\sigma_{F1} = \sigma_{F2}\frac{Y_{Fa1}Y_{Sa1}}{Y_{Fa2}Y_{Sa2}} = 280\times\frac{4.3}{4.0} = 301\text{MPa}$。

$\sigma_{F1} = 301\text{MPa} < [\sigma_{F1}] = 320\text{MPa}$，$\sigma_{F2} = 280\text{MPa} < [\sigma_{F2}] = 300\text{MPa}$，故两个齿轮的弯曲疲劳强度足够。

(4) 一般 $b_1 > b_2$，为了避免因安装误差导致齿轮有效接触宽度减小。强度计算时，应以齿轮 2 的宽度 b_2 代入计算。

3. 解：(1) $F_{r1}L_2 + F_{ae}\frac{d_m}{2} = F_{re}(L_1 + L_2)$，$F_{r2}L_2 + F_{re}L_1 = F_{ae}\frac{d_m}{2}$

$$F_{r1} = \frac{F_{re}(L_1 + L_2) - F_{ae}\frac{d_m}{2}}{L_2} = \frac{5000\times(100+400) - 1000\times\frac{200}{2}}{400} = 6000\text{N}$$

$$F_{r2} = \frac{F_{ae}\frac{d_m}{2} - F_{re}L_1}{L_2} = \frac{1000\times\frac{200}{2} - 5000\times100}{400} = -1000\text{N}$$

(2) $F_{d1} = \frac{F_{r1}}{2Y} = \frac{6000}{2\times1.6} = 1875\text{N}$，方向向左。

$F_{d2} = \frac{F_{r2}}{2Y} = \frac{1000}{2\times1.6} = 312.5\text{N}$，方向向右。

(3) $F_{ae} + F_{d2} = 1000 + 312.5 = 1312.5\text{N} < F_{d1} = 1875\text{N}$，轴有向左窜动趋势，故轴承 1 为放松端，轴承 2 为压紧端。$F_{a1} = F_{d1} = 1875\text{N}$，$F_{a2} = F_{d1} - F_{ae} = 1875 - 1000 = 875\text{N}$。

(4) 轴承 1：$\frac{F_{a1}}{F_{r1}} = \frac{1875}{6000} = 0.3125 < e = 0.37$，$X_1 = 1$、$Y_1 = 0$

$$P_1 = f_p(X_1 F_{r1} + Y_1 F_{a1}) = 1.2 \times (1 \times 6000 + 0 \times 1875) = 7200\text{N}$$

轴承2：$\dfrac{F_{a2}}{F_{r2}} = \dfrac{875}{1000} = 0.875 > e = 0.37$，$X_2 = 0.4$、$Y_2 = 1.6$

$$P_2 = f_p(X_2 F_{r2} + Y_2 F_{a2}) = 1.2 \times (0.4 \times 1000 + 1.6 \times 875) = 2160\text{N}$$

(5) $L_{h1} = \dfrac{10^6}{60n}\left(\dfrac{f_t C}{P_1}\right)^{\varepsilon} = \dfrac{10^6}{60 \times 1450}\left(\dfrac{1 \times 54200}{7200}\right)^{\frac{10}{3}} = 9609.6\text{h}$

$$L_{h2} = \dfrac{10^6}{60n}\left(\dfrac{f_t C}{P_2}\right)^{\varepsilon} = \dfrac{10^6}{60 \times 1450}\left(\dfrac{1 \times 54200}{2160}\right)^{\frac{10}{3}} = 531658.2\text{h}$$

六、结构分析与设计题

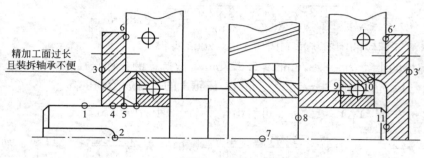

试卷Ⅲ-六答图

(1) 安装轮毂的第一段轴头应制有定位轴肩。

(2) 键槽过长，安装上的键与轴承端盖干涉(相碰)。

(3) 轴承端盖的加工面与非加工面没有区分开。

(4) 在轴与轴承端盖孔之间缺少密封圈。

(5) 在轴与轴承端盖孔之间应留有间隙。

(6) 在轴承端盖与箱体轴承座孔端面间缺少调整垫片。

(7) 在轴与齿轮孔间缺少周向定位的键连接。

(8) 套筒不能可靠地顶住齿轮(轴头长度应比对应轮毂长度短2~3mm)。

(9) 套筒过高，轴承拆卸困难。

(10) 轴承安装反了。

(11) 轴过长且与轴承端盖相碰。

机械设计综合测试卷 Ⅳ

一、填空题

1. 截面形状突变、增大；2. 三角形；三角形螺纹牙型角大，当量摩擦系数大，传动效率低；3. 张紧力(初拉力)、小带轮包角；4. 增大、变小；5. 球、滚子。

二、判断题

1. √；2. ×；3. ×；4. ×；5. ×；6. ×；7. ×；8. ×；9. ×；10. √。

三、选择题

1. D；2. A；3. A；4. B；5. A；6. B；7. C；8. A；9. C；10. C。

四、简答题

1. 答：(1)平键连接的轴与轮毂的对中性好，结构简单，装拆方便，对轴上的零件不能起到轴向固定的作用。(2)半圆键连接能自动适应轮毂键槽底部的倾斜，轴上键槽较深，对轴的强度削弱较大，宜用于轴端传递转矩不大的场合。

2. 答：(1)V带是不完全弹性体，工作一段时间以后，在拉力作用下会产生塑性伸长和磨损，使张紧力逐渐减小而松弛。这将使带传动的传动能力下降，甚至失效。因此，V带传动需要张紧，以调整带的初拉力。(2)定期张紧装置、自动张紧装置、张紧轮张紧装置。(3)V带传动若采用张紧轮张紧，张紧轮一般应放在松边内侧，使带只受单向弯曲；同时张紧轮还应尽量靠近大带轮，以免过分减小带在小带轮上的包角。

3. 答：(1)弹性滑动：带传动工作时，因紧边和松边拉力差引起带的弹性变形的变化而产生的带与带轮之间微量相对滑动。打滑：带传动工作时，因过载引起的带与带轮之间的显著相对滑动。(2)弹性滑动和打滑的区别在于：弹性滑动是摩擦型带传动正常工作时不可避免的固有特性，它只发生在带离开带轮前的部分包围弧上，是带与带轮间的微量相对滑动。打滑则是由于带传动载荷过大，使带两边拉力差超过带传动的最大有效拉力而引起的失效形式，是在设计时应该避免的，它发生在带与小带轮之间的整个包围弧上，是带与带轮之间显著的相对滑动。

4. 答：(1)大小齿轮材料及热处理方式选择合理。原因是：大小齿轮材料虽然相同，但热处理方式不同，小齿轮调质硬度高，大齿轮正火硬度较低，这样可以保持大小齿轮的硬度差，可以使大小齿轮趋于等强度；另一方面可以减小胶合的危险。(2)因为该传动为闭式软齿面齿轮传动，所以其主要失效形式是齿面疲劳点蚀，其次是齿根弯曲疲劳折断。(3)在已知条件和载荷系数不变时，若要求载荷沿齿宽分布较均匀，应对强度计算公式中的齿宽系数 ϕ_d 加以限制，齿宽系数 ϕ_d 取得越大，载荷沿齿宽分布越不均匀；齿宽系数 ϕ_d 取得越小，承载能力越小。所以，齿宽系数 ϕ_d 要取得适当。

5. 答：(1)用于轴与轴之间的连接，使它们一起回转并传递转矩。(2)用联轴器连接的两轴，只能在机器停车后，经过拆卸才能分离；用离合器连接的两轴，在机器工作中就能随时分离或接合。

五、分析与计算题

1. 解：(1)螺栓组连接受力分析。将 W 向接合面形心 O 平移得：横向载荷 $W = 1000\text{N}$，转矩 $T = WL = 1000 \times 700 = 700000\text{N} \cdot \text{mm}$。

(2)螺栓组受力分析。在 W 作用下，$R_1^W = R_2^W = R_3^W = R_4^W = \dfrac{W}{z} = \dfrac{1000}{4} = 250\text{N}$，方向如答图所示；在 T 作用下，$R_1^T = R_2^T = R_3^T = R_4^T = \dfrac{T}{\sqrt{2}\dfrac{L_1}{2}z} = \dfrac{700000}{\sqrt{2} \times 150 \times 4} = 825\text{N}$，方向如答图所示。

由受力图可知，在 W 和 T 共同作用下，螺栓 2、3 所受的横向载荷最大，即为

$$R_2 = \sqrt{(R_2^W)^2 + (R_2^T)^2 - 2R_2^W R_2^T \cos135°} = \sqrt{250^2 + 825^2 + 250 \times 825\sqrt{2}} = 1017.25\text{N}$$

（3）计算螺栓所需的预紧力。由螺栓 2 或螺栓 3 处连接不滑移的条件得：$fF_0 zi \geqslant$

$K_s R_2$，$F_0 = \dfrac{K_s R_2}{fzi} = \dfrac{1.3 \times 1017.25}{0.2 \times 1 \times 1} = 6612.13\text{N}$。

（4）螺栓强度计算：$d_1 \geqslant \sqrt{\dfrac{4 \times 1.3 F_0}{\pi\,[\sigma]}} = \sqrt{\dfrac{4 \times 1.3 \times 6612.13}{50\pi}} = 14.795\text{mm}$，故应选择

M18 的普通螺栓，其 $d_1 = 15.294\text{mm} > 14.795\text{mm}$。

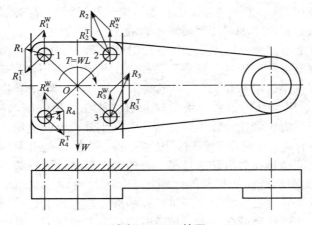

试卷 IV-五-1 答图

2. 解：解答如答图所示。

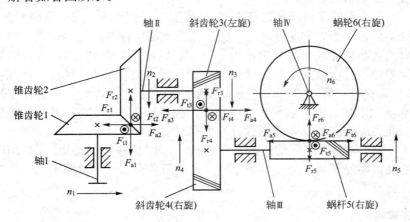

试卷 IV-五-2 答图

3. 解：（1）计算轴承的派生轴向力 F_{d1}、F_{d2}。

$F_{d1} = 0.68 F_{r1} = 0.68 \times 1000 = 680\text{N}$，方向向左。

$F_{d2} = 0.68 F_{r2} = 0.68 \times 2050 = 1394\text{N}$，方向向右。

（2）计算两个轴承所受的轴向力 F_{a1}、F_{a2}。

$F_{ae} + F_{d2} = 880 + 1394 = 2274\text{N} > F_{d1} = 680\text{N}$，轴有向右窜动的趋势，轴承 1 被压紧，

轴承 2 被放松。$F_{a1}=F_{ae}+F_{d2}=2274N$，$F_{a2}=F_{d2}=1394N$。

（3）计算两个轴承的当量动载荷 P_1、P_2。

$$\frac{F_{a1}}{F_{r1}}=\frac{2274}{1000}=2.274>e=0.68，X_1=0.41、Y_1=0.87$$

$$P_1=f_p(X_1F_{r1}+Y_1F_{a1})=1\times(0.41\times1000+0.87\times2274)=2388.38N$$

$$\frac{F_{a2}}{F_{r2}}=\frac{1394}{2050}=0.68=e，X=1、Y=0$$

$$P_2=f_p(X_2F_{r2}+Y_2F_{a2})=1\times(1\times2050+0\times1394)=2050N$$

（4）校核受载较大轴承的寿命。

因为 $P_1>P_2$，所以只需校核轴承 1 的寿命。

$$L_{h1}=\frac{10^6}{60n}\left(\frac{f_tC}{P_1}\right)^{\varepsilon}=\frac{10^6}{60\times5000}\left(\frac{1\times32800}{2388.38}\right)^3=8633.56h<L_h'=15000h，故所选轴承不$$
合适。

六、结构分析与设计题

（1）轴承盖外端面的加工面积过大。

（2）应有连接螺钉。

（3）应有调整轴承游隙的垫片。

（4）轴承端盖应顶住轴承外圈。

（5）套筒过高，左侧轴承拆卸困难。

（6）齿轮左端面与轴肩平齐，套筒轴向定位齿轮不可靠。

（7）应有键进行齿轮周向定位。

（8）轴肩过高，右轴承无法拆卸。

（9）轴与轴承盖间缺少密封件。

（10）轴与轴承盖接触，动静件间应有间隙。

正确结构如答图(b)所示。

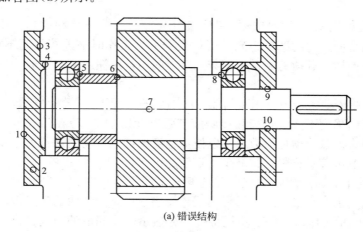

(a) 错误结构

试卷 IV-六答图（一）

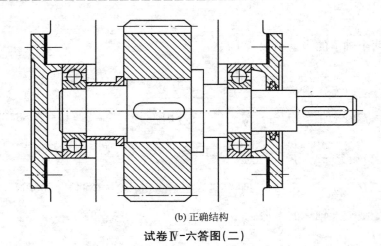

(b) 正确结构

试卷Ⅳ-六答图(二)

机械设计综合测试卷 V

一、填空题

1. 40、运动、68cSt；2. 双头螺柱、铰制孔用螺栓；3. 变应力；4. 增大、提高、增多；5. 一端固定，一端游动。

二、判断题

1. √；2. √；3. √；4. ×；5. ×；6. ×；7. ×；8. ×；9. √；10. ×。

三、选择题

1. D；2. A；3. D；4. B；5. A；6. B；7. A；8. A；9. A；10. B。

四、简答题

1. 答：承受横向工作载荷的螺栓组连接分为普通螺栓连接和铰制孔用螺栓连接。前者靠预紧力在结合面产生的摩擦力来承受横向载荷，工作时被连接件间不得有相对滑动；后者考虑螺杆不被横向载荷剪断及螺杆与孔壁之间不被压溃，它只需较小的预紧力，保证连接的紧密性。

2. 答：(1)在传动比、中心距及其他条件不变的情况下，若减小模数并相应地增加齿数，会使齿根弯曲强度下降，对齿面接触疲劳强度无影响。(2)在闭式传动中，若弯曲强度条件允许，减小模数、增加齿数，可以使重合度增加，传动的平稳性增加。模数小，齿顶圆直径也小，既可节省材料，又减少了切齿的工作量。

3. 答：中间平面通过蜗杆轴线，并与蜗轮轴线垂直。在中间平面上，蜗杆的齿廓与齿条相同，蜗轮的齿廓为渐开线，蜗杆与蜗轮相当于齿条与齿轮的啮合传动。

4. 答：(1)轴承工作时，摩擦功耗将转变为热量，使润滑油温度升高、黏度降低，导致轴承承载能力下降。因此，设计液体动力润滑径向滑动轴承时必须进行热平衡计算，以控制润滑油温升，将其限制在允许范围内。（2）若润滑油温升高造成入口温度过低（$t_i <$ 35℃），则表示轴承的热平衡难以建立，热量不容易散失。此时可通过加大轴承的相对间隙 ψ、减小宽径比 $\dfrac{B}{d}$、降低润滑油黏度 η、适当降低轴瓦及轴颈的表面粗糙度等办法来改进设计，改进后要重新进行计算。

5. 答：（1）滚动轴承中内外圈滚道以及滚动体任一元件出现疲劳点蚀之前，两套圈之间的相对运转总转数，也可用一定转速下的运转小时数表示。（2）一批相同的轴承在相同的条件下运转，当其中10%的轴承发生疲劳点蚀破坏（90%的轴承没有发生点蚀）时，轴承转过的总转数 L_{10}（单位为 10^6 转），或在一定转速下工作的小时数 L_h（单位为小时）。（3）是指轴承寿命 L_{10} 恰好为 1（10^6 转）时，轴承所能承受的最大载荷，表示轴承的承载能力。

五、分析与计算题

1. 解：（1）吊环中心通过盖板中心 O 点时，螺栓组受轴向工作载荷 F_Σ，单个螺栓受预紧力 F_0 和轴向工作拉力 F 的作用。

单个螺栓所受轴向工作拉力：$F = \dfrac{F_\Sigma}{z} = \dfrac{20}{4} = 5\text{kN}$。

每个螺栓所受的总拉力：$F_2 = F_1 + F = 0.6F + F = 1.6 \times 5 = 8\text{kN}$。

螺栓材料为45钢，性能等级为6.8级时，$\sigma_s = 480\text{MPa}$，$[\sigma] = \dfrac{\sigma_s}{S} = \dfrac{480}{3} = 160\text{MPa}$。

$$d_1 \geqslant \sqrt{\dfrac{4 \times 1.3 F_2}{\pi[\sigma]}} = \sqrt{\dfrac{4 \times 1.3 \times 8000}{160\pi}} = 9.097\text{mm}$$

查国家标准 GB/T 196—2003，取 M12，$d_1 = 10.106\text{mm} > 9.097\text{mm}$。

（2）将 F_Σ 向 O 点简化，得到一个轴向工作载荷 F_Σ' 和一个翻转力矩 M，其中：

$F_\Sigma' = F_\Sigma = 20\text{kN}$，$M = F_\Sigma \overline{OO'} = 20 \times 5\sqrt{2} = 100\sqrt{2}\text{kN} \cdot \text{mm}$

由 F_Σ' 引起的轴向工作拉力：$F^1 = F^2 = F^3 = F^4 = \dfrac{F_\Sigma'}{z} = \dfrac{20}{4} = 5\text{kN}$。

由 M 引起的轴向工作拉力：$-F_M^1 = F_M^3 = \dfrac{M}{2L_{3O}} = \dfrac{100\sqrt{2}}{200\sqrt{2}} = 0.5\text{kN}$。

显然螺栓3受力最大，其最大工作拉力：$F_{\max}^3 = F^3 + F_M^3 = 5 + 0.5 = 5.5\text{kN}$。

受力最大的螺栓3的总拉力：$F_2 = F_1 + F_{\max}^3 = 1.6F_{\max}^3 = 1.6 \times 5.5 = 8.8\text{kN}$。

$\sigma_{\max} = \dfrac{4 \times 1.3 F_2}{\pi d_1^2} \doteq \dfrac{4 \times 1.3 \times 8800}{\pi \times 10.106^2} = 142.62\text{MPa} < [\sigma] = 160\text{MPa}$，故吊环中心移至点 O' 后，螺栓强度仍能满足要求。

2. 解：（1）各轴转向如答图所示。

$$i_{34} = \dfrac{n_\mathrm{II}}{n_\mathrm{III}} = \dfrac{z_4}{z_3} = \dfrac{84}{21} = 4$$

$$i_{12} = \dfrac{n_\mathrm{I}}{n_\mathrm{II}} = \dfrac{z_2}{z_1} = \dfrac{60}{25} = 2.4$$

$$n_\mathrm{II} = n_\mathrm{III} i_{34} = 175 \times 4 = 700\text{r/min}$$

$$n_\mathrm{I} = n_\mathrm{II} i_{12} = 700 \times 2.4 = 1680\text{r/min}$$

$$T_\mathrm{III} = 9550 \dfrac{P_0}{n_\mathrm{III}} = 9550 \times \dfrac{5}{175} = 272.86\text{N} \cdot \text{m}$$

$$T_{II} = 9550 \frac{P_{II}}{n_{II}} = 9550 \times \frac{5}{700} = 68.21 \text{N} \cdot \text{m}$$

$$T_{I} = 9550 \frac{P_{I}}{n_{I}} = 9550 \times \frac{5}{1680} = 28.42 \text{N} \cdot \text{m}$$

（2）3 轮左旋，4 轮右旋。

（3）2、3 两轮的各分力方向如答图所示。

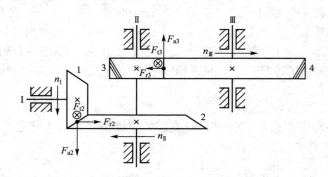

试卷 V-五-2 答图

3. 解：（1）计算派生轴向力 F_{d1}、F_{d2}。

$F_{d1} = eF_{r1} = 0.38 \times 935 = 355.3 \text{N}$，方向向左。

$F_{d2} = eF_{r2} = 0.38 \times 1910 = 725.8 \text{N}$，方向向右。

（2）计算轴向力 F_{a1}、F_{a2}。

$F_{ae} + F_{d2} = 580 + 725.8 = 1305.8 \text{N} > F_{d1} = 355.3 \text{N}$，轴有向右窜动的趋势，轴承 1 被压紧，轴承 2 被放松。$F_{a1} = F_{ae} + F_{d2} = 1305.8 \text{N}$，$F_{a2} = F_{d2} = 725.8 \text{N}$。

（3）计算当量动载荷 P_1、P_2。

$$\frac{F_{a1}}{F_{r1}} = \frac{1305.8}{935} = 1.4 > e = 0.38, \quad X_1 = 0.44、Y_1 = 1.47$$

$$P_1 = f_p(X_1 F_{r1} + Y_1 F_{a1}) = 1.1 \times (0.44 \times 935 + 1.47 \times 1305.8) = 2564 \text{N}$$

$$\frac{F_{a2}}{F_{r2}} = \frac{725.8}{1910} = 0.38 = e, \quad X_2 = 1、Y_2 = 0$$

$$P_2 = f_p(X_2 F_{r2} + Y_2 F_{a2}) = 1.1 \times (1 \times 1910 + 0 \times 725.8) = 2101 \text{N}$$

六、结构分析与设计题

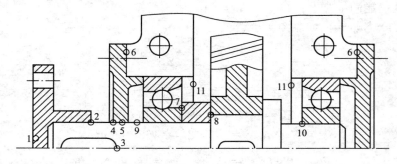

试卷 V-六答图

（1）联轴器上与轴配合的孔应为通孔。

（2）联轴器无轴向定位。

（3）键槽过长，键与轴承端盖干涉。

（4）透盖与轴（动静件）之间应有间隙。

（5）透盖处应设有密封装置。

（6）轴承盖与轴承座间应有调整轴承游隙的垫片。

（7）套筒高度高于轴承内圈厚度，轴承拆卸困难。

（8）与轮毂相配的轴段长度应短于轮毂长度。

（9）轴段过长，不利于轴承安装，应设计为阶梯轴。

（10）轴承内圈无定位。

（11）轴承用脂润滑，轴承内侧没有挡油环，润滑脂容易流失。

第六部分

机械设计综合课程设计题目汇编

设计题目汇编

题目一：插床机构综合与传动系统设计(一)

1. 工作原理

插床是靠刀具的往复直线运动和工作台的间歇移动来完成工件切削加工的。图1为其参考示意图，主要由齿轮机构、导杆机构和凸轮机构等组成。电动机经过传动装置使曲柄4转动，再通过导杆机构使装有刀具的滑块8沿导路 $y-y$ 作往复运动，以实现刀具的切削运动。刀具向下运动时切削，工作阻力 F 为常数，回程时不受力。为了缩短回程时间，提高生产率，要求刀具有急回运动。

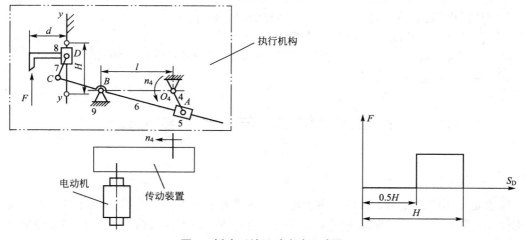

图1　插床系统运动方案示意图

2. 设计要求

该机布置要求电动机轴与曲柄轴4平行，使用寿命为10年，每日一班制工作，载荷有轻微冲击，允许曲柄4转速偏差为±5%，执行机构最小传动角不得小于60°，执行机构的传动效率按0.95计算，要求系统能过载保护，按小批量生产规模设计。

3. 设计数据(表1)

表1　设计数据

数据编号	1-1	1-2	1-3	1-4	1-5	1-6	1-7	1-8
工作阻力 F/N	12000	13000	13500	12800	11000	12500	13500	14800
力臂 d/mm	120	110	100	120	115	125	120	110

(续)

数据编号	1－1	1－2	1－3	1－4	1－5	1－6	1－7	1－8
刀具行程 H/mm	130	120	110	140	140	120	120	100
曲柄转速 n_4/(r/mm)	50	48	46	45	50	50	47	52
曲柄长度 l_4/mm	75	70	60	80	85	70	65	78
行程速比系数 K	2.0	1.9	1.6	2.0	1.8	1.7	2.0	1.8

4. 设计任务

(1) 根据插床机构的工作原理,拟定 2～3 个其他形式的执行机构,确定传动装置的类型,画出机械系统传动简图,并对这些不同的机构进行对比分析。

(2) 根据给定数据确定执行机构的运动尺寸,取 $l_{CD}=(0.5～0.6)l_{BC}$。

(3) 执行机构运动分析。分析滑块(刀具)8 的速度、加速度,导杆 6 的角速度、角加速度,并绘制它们的速度和加速度曲线,分析机构的最小传动角。

(4) 执行机构动态静力分析。分析克服工作阻力 F,曲柄所需的平衡力矩和功率,绘制出平衡力矩和功率的变化曲线,并求出最大平衡力矩和功率。

(5) 选择电动机,进行传动装置的运动和动力参数计算。

(6) 传动装置中传动零件的设计计算。

(7) 绘制传动装置中减速器部件装配图和箱体、齿轮及轴的零件图。

(8) 编写设计计算说明书。

题目二: 插床机构综合与传动系统设计(二)

1. 工作原理

插床是常用的机械加工设备,用于齿轮、花键和槽形零件等的加工。图 2(a)为某插床机构运动方案示意图。该插床主要由带转动、齿轮传动、连杆机构和凸轮机构等组成。电

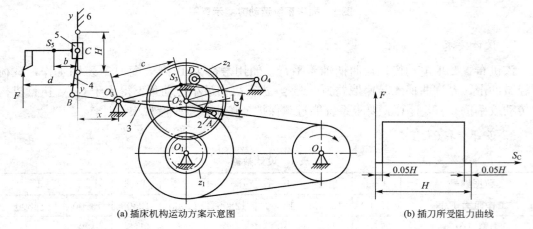

(a) 插床机构运动方案示意图   (b) 插刀所受阻力曲线

图 2 插床

动机经过带传动、齿轮传动减速后带动曲柄 1 回转，再通过导杆、滑块机构 1-2-3-4-5-6，使装有刀具的滑块沿导路 $y-y$ 作往复运动，以实现刀具切削运动。为了缩短空程时间，提高生产率，要求刀具具有急回运动。刀具与工作台之间的进给运动，是由固结于轴 O_2 上的凸轮驱动摆动从动件 O_4D 和其他有关机构(图中未画出)来实现的。

2. 设计数据(表 2)

表 2　设计数据

数据编号	2-1	2-2	2-3	2-4
插刀往复次数 n/(次/min)	30	60	90	120
插刀往复行程 H/mm	150	120	90	60
插削机构行程速比系数 K	2	2	2	2
中心距 $L_{O_2O_3}$/mm	160	150	140	130
杆长之比 L_{BC}/L_{O_3B}	1	1	1	1
质心坐标 a/mm	60	55	50	45
质心坐标 b/mm	60	55	50	45
质心坐标 c/mm	130	125	120	115
凸轮摆杆长度 L_{O_4D}/mm	125	125	125	125
凸轮摆杆行程角 ψ/(°)	15	15	15	15
推程许用压力角 $[\alpha]$/(°)	45	45	45	45
推程运动角 δ_0/(°)	60	90	60	90
回程运动角 δ_0'/(°)	90	60	90	60
远休止角 δ_{01}/(°)	10	15	10	15
推程运动规律	等加速等减速	余弦加速度	正弦加速度	五次多项式
回程运动规律	等速	等速	等速	等速
速度不均匀系数 δ	0.03	0.03	0.03	0.03
最大切削阻力 F/N	2300	2200	2100	2000
阻力力臂 d/mm	150	140	130	120
滑块 5 重力 G_5/N	350	340	330	320
构件 3 重力 G_3/N	150	140	130	120
构件 3 转动惯量 J_3/kg·m²	0.12	0.11	0.1	0.1

3. 设计任务

(1) 针对图 2(a)所示的插床的执行机构(插削机构和进给机构)方案，依据设计要求和已知参数，确定各构件的运动尺寸，绘制机构运动简图。

(2) 假设曲柄 1 等速转动，绘制滑块 C 的位移和速度的变化规律曲线。

(3) 在插床工作过程中，插刀所受的阻力变化曲线如图 2(b)所示，在不考虑各处摩擦、其他构件重力和惯性力的条件下，分析曲柄所需的驱动力矩。

(4) 确定电动机的功率与转速。

(5) 取曲柄轴为等效构件，确定应加于曲柄轴上的飞轮转动惯量。

（6）确定插床减速传动系统方案，设计减速传动系统中各零部件的结构尺寸。

（7）绘制插床减速传动系统的装配图和齿轮及轴的零件图。

（8）编写设计计算说明书。

题目三：压床机构综合与传动系统设计（一）

1. 工作原理

压床是靠压头（滑块）向下运动来冲压机械零件的。图 3(a)为压床系统的参考示意图。主要由传动装置和连杆机构组成。电动机经传动装置使六杆机构中的曲柄 4 转动，带动滑块 8 克服阻力 F 作往复运动。工作阻力如图 3(b)所示。

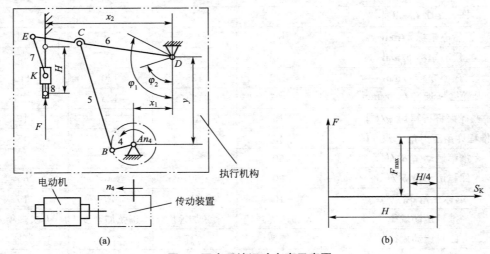

图 3　压床系统运动方案示意图

2. 设计要求

该机布置要求电机轴与曲柄轴垂直，使用寿命 10 年，每日一班制，不连续工作，载荷有中等冲击，允许曲柄 4 转速偏差为 ±5%，执行机构的传动效率按 0.95 计算，按单件小批生产设计。

3. 设计数据（表 3）

表 3　设计数据

数据编号	3−1	3−2	3−3	3−4	3−5	3−6	3−7	3−8
工作阻力 F_{max}/N	4000	4500	4100	4500	4200	3800	4200	4400
压头行程 H/mm	150	180	210	120	150	180	160	160
曲柄转速 n_4/(r/min)	98	95	92	89	98	95	93	89
距离 x_2/mm	140	170	200	140	170	200	150	180
坐标 x_1/mm	50	40	40	40	30	50	40	40

（续）

数据编号	3－1	3－2	3－3	3－4	3－5	3－6	3－7	3－8
坐标 y/mm	160	180	180	160	160	200	140	180
上极限角 φ_1/(°)	120	120	120	115	115	115	120	115
下极限角 φ_2/(°)	60	60	60	65	65	65	60	65

4. 设计任务

（1）根据压床的工作原理，拟定 2～3 个其他形式的执行机构，确定传动装置的类型，画出机械系统的传动简图，并对这些机构进行对比分析。

（2）根据设计数据确定执行机构的运动尺寸。取 $l_{CE}=0.5 l_{CD}$，$l_{EK}=(0.2\sim 0.3) l_{ED}$。

（3）执行机构运动分析。分析压头（滑块）8 的速度、加速度，杆 6 质心的速度、加速度，并绘制它们的速度和加速度曲线。

（4）执行机构的动态静力分析。分析克服工作阻力 F，曲柄 4 所需的平衡力矩，绘制克服工作阻力所需的曲柄平衡力矩曲线图，并求出最大平衡力矩。

（5）选择电动机，进行传动装置的运动和动力参数的计算。

（6）传动装置中传动零件的设计计算。

（7）绘制传动装置中减速器部件装配图和箱体、齿轮及轴的零件图。

（8）编写设计计算说明书。

题目四：压床机构综合与传动系统设计（二）

1. 工作原理

压床是应用广泛的锻压设备，用于钢板矫直、压制零件等。图 4(a)、4(b) 为某压床的运动方案示意图。电动机经联轴器带动三级齿轮（z_1-z_2、z_3-z_4、z_5-z_6）减速器将转速降低，带动压床执行机构（六杆机构 $ABCDEF$）的曲柄 AB 转动，六杆机构使冲头 5 上下往复运动，实现冲压工艺。

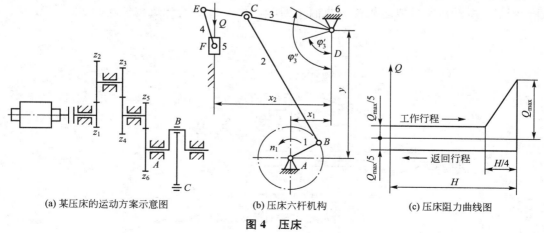

(a) 某压床的运动方案示意图　　(b) 压床六杆机构　　(c) 压床阻力曲线图

图 4　压床

2. 设计数据(表 4)

表 4　设计数据

数据编号	$x_1/$ mm	$x_2/$ mm	$y/$ mm	$\varphi_3'/(°)$	$\varphi_3''/(°)$	$H/$ mm	$\dfrac{CE}{CD}$	$\dfrac{EF}{DE}$	$n_1/$ (r/min)	$Q_{max}/$ kN
4-1	50	140	220	60	120	150	0.5	0.25	100	6
4-2	60	170	260	60	120	180	0.5	0.25	120	5
4-3	70	200	310	60	120	210	0.5	0.25	90	9

3. 设计任务

（1）针对图 4(b)所示的压床执行机构运动方案，依据设计要求和已知参数，确定各构件的运动尺寸，绘制机构运动简图，并分析组成机构的基本杆组。

（2）假设曲柄等速转动，画出滑块 5 的位移、速度和加速度的变化规律曲线。

（3）在压床工作过程中，压头所受的阻力变化曲线如图 4(c)所示，在不考虑各处摩擦、构件重力和惯性力的条件下，分析曲柄所需的驱动力矩。

（4）确定电动机的功率与转速。

（5）取曲柄轴为等效构件，要求其速度波动系数小于 3%，在不考虑其他构件转动惯量的情况下，确定应加于曲柄轴上的飞轮转动惯量。

（6）设计传动系统中各零部件的结构尺寸。

（7）绘制压床传动系统中减速器装配图和齿轮及轴的零件图。

（8）编写设计计算说明书。

题目五：摇摆式输送机机构综合与传动系统设计

1. 工作原理

摇摆式输送机是一种水平传送物料用的机械。由齿轮机构和六连杆机构等组成，如图 5 所示。电动机通过传动装置使曲柄 4 回转，再经过六连杆机构使输料槽 9 作往复移

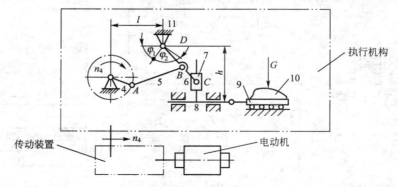

图 5　摇摆式输送机运动方案示意图

动，放置在槽上的物料 10 借助摩擦力随输料槽一起运动。物料的输送是利用机构在某些位置输料槽有相当大加速度，使物料在惯性力的作用下克服摩擦力而发生滑动，滑动的方向恒自左往右，从而达到输送物料的目的。

2. 设计要求

该布置要求电机轴与曲柄轴垂直，使用寿命为 5 年，每日二班制工作，输送机在工作过程中，载荷变化较大，允许曲柄转速偏差为 ±5%，六连杆执行机构的最小传动角不得小于 40°，执行机构的传动效率按 0.95 计算，按小批量生产规模设计。

3. 设计数据（表 5）

表 5 设计数据

数据编号	5-1	5-2	5-3	5-4	5-5	5-6	5-7	5-8
物料重量 G/N	3000	3120	2800	2900	2750	2875	3100	3200
曲柄转速 n_4/(r/min)	110	114	118	126	122	124	120	116
行程速比系数 K	1.12	1.2	1.12	1.2	1.25	1.15	1.2	1.17
位置角 φ_1/(°)	60	60	60	60	60	60	60	60
摇杆摆角 φ_2/(°)	70	60	73	73	70	70	60	60
l/mm	280	220	220	200	190	240	210	225
h/mm	360	360	310	280	340	340	330	330
l_{CD}/mm	270	270	220	210	250	240	250	230

4. 设计任务

（1）根据摇摆式输送机的工作原理，拟定 2~3 个其他形式的执行机构，确定传动装置的类型，画出机械系统传动简图，并对这些机构进行对比分析。

（2）根据设计数据确定六杆机构的运动尺寸，取 $l_{BD}=0.6l_{CD}$。

（3）机构的运动分析。分析并绘出输料槽 9 的位移、速度和加速度线图。

（4）机构的动态静力分析。物料与输料槽的摩擦系数 $f=0.4$，设摩擦力的方向与速度的方向相反。分析克服摩擦阻力所需的曲柄平衡力矩，求出最大平衡力矩及驱动功率的数值。

（5）选择电动机，进行传动装置的运动和动力参数计算。

（6）传动装置中传动零件的设计计算。

（7）绘制传动装置中的减速器部件装配图和箱体、齿轮及轴的零件图。

（8）编写设计计算说明书。

题目六：牛头刨床机构综合与传动系统设计

1. 工作原理

牛头刨床是一种靠刀具的往复直线运动及工作台的间歇运动来完成工件平面切削加工

的机床。图6为其运动方案示意图(本题目不研究工作台的间歇运动),电动机通过传动装置,使曲柄4转动,经摆动导杆机构使装有刨刀的刨头(即滑块8)往复移动。刨头右行为工作行程,在切削的前后各有一段0.05H的空刀距离,空回行程则无工作阻力。

2. 设计要求

电动机轴与曲柄轴4平行,刨刀刀刃D点与铰链C垂直距离为150mm,使用寿命10年,每日一班制工作,载荷有轻微冲击,允许曲柄转速偏差为±5%,要求导杆机构的最大压力角为最小值,执行机构的传动效率按0.95计算,系统有过载保护,按小批量生产规模设计。

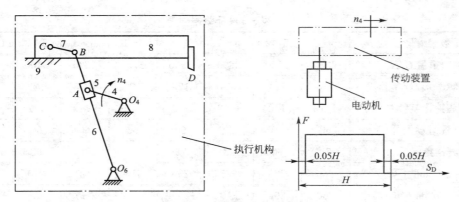

图6 牛头刨床运动方案示意图

3. 设计数据(表6)

表6 设计数据

数据编号	6-1	6-2	6-3	6-4	6-5	6-6	6-7	6-8
n_4/(r/min)	48	49	50	52	50	48	47	55
工作阻力 F/N	4500	4600	3800	4000	4100	5200	4200	4000
$l_{O_4O_6}$/mm	380	350	430	360	370	400	390	410
l_{O_4A}/mm	110	90	110	100	120	90	120	100
l_{O_6B}/mm	540	580	810	600	590	550	630	640
l_{BC}/l_{O_6B}	0.25	0.3	0.36	0.33	0.3	0.32	0.33	0.25

4. 设计任务

(1) 根据牛头刨床的工作原理,拟订2~3个其他形式的执行机构,确定传动装置的类型,画出机械系统传动简图,并对这些机构进行分析对比。

(2) 根据给定数据确定执行机构的运动尺寸。

(3) 机构的运动分析:分析刨头的位移、速度、加速度及导杆的角速度、角加速度,并绘制其运动曲线。

(4) 机构的动态静力分析:分析克服工作阻力曲柄所需的平衡力矩和功率,并求出最大平衡力矩和功率。

（5）选择电动机，进行传动装置的运动和动力参数计算。

（6）传动装置中传动零件的设计计算。

（7）绘制传动装置中减速器装配图和箱体、齿轮及轴的零件图。

（8）编写设计计算说明书。

题目七：自动送料冲床机构综合与传动系统设计

1. 工作原理

图 7(a) 为某冲床机构运动方案示意图。该冲床用于在板料上冲制电动玩具中需要的薄壁齿轮。电动机通过 V 带传动和单级齿轮传动（图中未画出）带动曲柄 O_1A' 转动，通过连杆 $A'C$ 带动冲头上下往复运动，实现冲制工艺。冲头每冲一次，板料自动送进，四杆机构 O_1ABO_2 和齿轮机构实现自动送料。

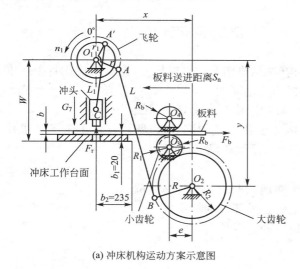
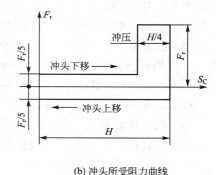

(a) 冲床机构运动方案示意图　　　　(b) 冲头所受阻力曲线

图 7　冲床机构

2. 设计数据与要求

依据冲床工况条件的限制，预先确定了有关几何尺寸和力学参数，见表 7。要求所设计的冲床结构紧凑、机械效率高。

表 7　设 计 数 据

数据编号	7－1	7－2	7－3	7－4
生产率 n/(件/min)	180	200	220	250
送料距离 S_n/mm	150	140	130	120
板料厚度 b/mm	2	2	2	2
轴心高度 W/mm	1060	1040	1020	1000

（续）

数据编号	7-1	7-2	7-3	7-4
冲头行程 H/mm	100	90	80	70
辊轴半径 R_b/mm	60	60	60	60
大齿轮轴心坐标 x/mm	270	270	270	270
大齿轮轴心坐标 y/mm	460	450	440	430
大齿轮轴心偏距 e/mm	30	30	30	30
送料机构最小传动角 γ/(°)	45	45	45	45
速度不均匀系数 δ	0.03	0.03	0.03	0.03
板料送进阻力 F_b/N	530	520	510	500
冲压板料最大阻力 F_r/N	2300	2200	2100	2000
冲头重力 G_7/N	150	140	130	120

3. 设计任务

（1）绘制冲床机构的工作循环图，使送料运动与冲压运动重叠，以缩短冲床工作周期。

（2）针对图 7(a) 所示的冲床的执行机构（冲压机构和送料机构）方案，依据设计要求和已知参数，确定各构件的运动尺寸，绘制机构运动简图。

（3）假设曲柄等速转动，画出冲头的位移和速度的变化规律曲线。

（4）在冲床工作过程中，冲头所受的阻力变化曲线如图 7(b) 所示，在不考虑各处摩擦、其他构件重力和惯性力的条件下，分析曲柄所需的驱动力矩。

（5）确定电动机的功率与转速。

（6）取曲柄轴为等效构件，确定应加于曲柄轴上的飞轮转动惯量。

（7）确定传动系统方案，设计传动系统中各零部件的结构尺寸。

（8）绘制冲床传动系统的装配图和齿轮、轴的零件图。

（9）编写设计计算说明书。

题目八：平板搓丝机执行机构综合与传动装置设计

1. 工作原理

图 8 为平板搓丝机结构示意图，该机器用于搓制螺纹。电动机 1 通过 V 带传动 2、齿轮传动 3 减速后，驱动曲柄 4 转动，通过连杆 5 驱动下搓丝板（滑块）6 往复运动，与固定上搓丝板 7 一起完成搓制螺纹功能。滑块往复运动一次，加工一个工件。送料机构（图中未画）将置于料斗中的待加工棒料 8 推入上、下搓丝板之间。

2. 设计要求

该机器室内工作，故要求振动、噪声小，动力源为三相交流电动机，电动机单向运

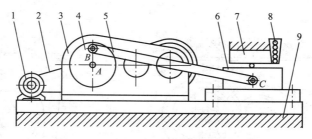

图 8　平板搓丝机结构示意图

转，载荷较平稳。工作期限为 10 年，每年工作 300 天，每天工作 8 小时。

3. 设计数据（表 8）

表 8　设计数据

数据编号	最大加工直径/mm	最大加工长度/mm	滑块行程/mm	搓丝动力/kN	生产率/(件/min)
8－1	8	160	300～320	8	40
8－2	10	180	320～340	9	32
8－3	12	200	340～360	10	24
8－4	14	220	360～380	11	20

4. 设计任务

（1）针对图 8 所示的平板搓丝机传动方案，依据设计要求和已知参数，确定各构件的运动尺寸，绘制机构运动简图。

（2）假设曲柄 AB 等速转动，绘制滑块 6 的位移、速度和加速度的变化规律曲线。

（3）在工作行程中，滑块 6 所受的阻力为常数（搓丝动力，见表 8），在空回行程中，滑块 6 所受的阻力为常数 1kN；不考虑各处摩擦、其他构件重力和惯性力的条件下，分析曲柄所需的驱动力矩。

（4）确定电动机的功率与转速。

（5）取曲柄轴为等效构件，确定应加于曲柄轴上的飞轮转动惯量。

（6）设计减速传动系统中各零部件的结构尺寸。

（7）绘制减速传动系统的装配图和齿轮、轴的零件图。

（8）编写设计计算说明书。

题目九：加热炉推料机的执行机构综合与传动装置设计

1. 工作原理

图 9 为加热炉推料机结构总图与机构运动示意图。该机器用于向热处理加热炉内送料。推料机由电动机驱动，通过传动装置使推料机的执行构件（滑块）作往复移动，将物料

送入加热炉内。

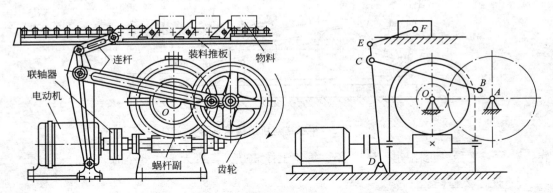

图 9　加热炉推料机结构总图与机构运动示意图

2. 设计要求

该机器在室内工作，要求冲击振动小。原动机为三相交流电动机，电动机单向转动，载荷较平稳，转速误差<4%。使用期限为 10 年，每年工作 300 天，每天工作 16 小时。

3. 设计数据(表 9)

表 9　设计数据

数据编号	9-1	9-2	9-3	9-4	9-5
滑块运动行程 H/mm	220	210	200	190	180
滑块运动频率 n/(次/min)	20	30	40	50	60
滑块工作行程最大压力角 α/(°)	30	30	30	30	30
机构行程速比系数 K	1.25	1.4	1.5	1.75	2
构件 DC 长度 l_{DC}/mm	1150	1140	1130	1120	1100
构件 CE 长度 l_{CE}/mm	150	160	170	180	200
滑块工作行程所受阻力(含摩擦阻力) F_{r1}/N	500	450	400	350	300
滑块空回行程所受阻力(含摩擦阻力) F_{r2}/N	100	100	100	100	100

4. 设计任务

(1) 针对图 9 所示的加热炉推料机运动方案，依据设计要求和已知参数，确定各构件的运动尺寸，绘制机构运动简图。

(2) 假设曲柄 AB 等速转动，绘制出滑块 F 的位移和速度的变化规律曲线。

(3) 在工作行程中，滑块 F 所受的阻力为常数 F_{r1}，在空回行程中，滑块 F 所受的阻

力为常数 F_{r2}；不考虑各处摩擦、其他构件重力和惯性力的条件下，分析曲柄所需的驱动力矩。

（4）确定电动机的功率与转速。

（5）取曲柄轴为等效构件，确定应加于曲柄轴上的飞轮转动惯量。

（6）设计减速传动系统中各零部件的结构尺寸。

（7）绘制减速传动系统的装配图和齿轮、轴的零件图。

（8）编写设计计算说明书。

题目十：木地板连接榫舌和榫槽切削机的执行机构与传动系统设计

1. 工作原理

室内地面铺设的木地板是由许多小块预制板通过周边的榫舌和榫槽连接而成，如图 10（a）所示。为了保证榫舌和榫槽加工精度，以减小连接处的缝隙，需设计一台榫舌和榫槽成型半自动切削机。

该机器执行构件工作过程如图 10（b）所示。先由构件 2 压紧工作台上的工件，接着端面铣刀 3 将工件的右端面切平，然后构件 2 松开工件，推杆 4 推动工件向左直线移动，通过固定的榫舌或榫槽成型刀，在工件上的全长上切出榫舌或榫槽。

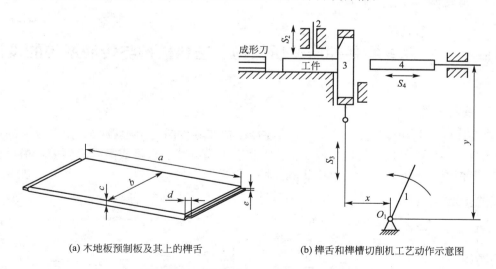

(a) 木地板预制板及其上的榫舌   (b) 榫舌和榫槽切削机工艺动作示意图

图 10　木地板连接榫舌和榫槽切削机的执行机构

2. 设计要求

推杆在推动工件切削榫槽过程中，要求工件作近似等速运动。室内工作，载荷有轻微冲击，原动机为三相交流电动机，使用期限为 10 年，每年工作 300 天，每天工作 16 小时，每半年做一次保养，大修期为 3 年。

3. 设计数据(表 10)

表 10　设计数据

数据编号	10－1	10－2	10－3	10－4
木地板尺寸 $a×b×c$/(mm×mm×mm)	450×50×8	550×60×10	750×80×12	850×90×15
榫舌或槽口尺寸 $d×e$/(mm×mm)	4×3	4.5×4	5×5	5.5×6
执行机构主动件 1 坐标 x、y/mm	50、220	60、230	65、240	70、240
执行构件行程 S_2、S_3、S_4/mm	18、20、80	20、24、90	25、28、100	30、32、120
推杆 4 工作载荷/N	2000	2500	3000	3500
端面切刀 3 工作载荷/N	1500	1800	2000	2200
生产率/(件/min)	80	70	60	50

4. 设计任务

(1) 进行总体方案的设计和论证，包括工件压紧、切端面、推动工件的机构及其传动系统的总体方案，绘制出原理方案图，完成系统运动方案选优分析。

(2) 设计执行机构，绘制出机构组合系统运动简图及运动循环图。

(3) 做传动系统或执行系统的结构设计，画出传动系统或执行系统的装配图。

(4) 设计主要零件，完成两张零件工作图。

(5) 编写设计计算说明书。

题目十一：薄壁零件冲床冲压机构、送料机构与传动系统的设计

1. 工作原理

该冲床的工艺动作如图 11(a)所示。在冲制薄壁零件时，上模(冲头)先以较大的速度接近坯料，然后以匀速进行拉延成形工作，接着上模继续下行将成品推出型腔，最后快速返回。上模退出下模后，送料机构从侧面将坯料送至待加工位置，完成一个工作循环。

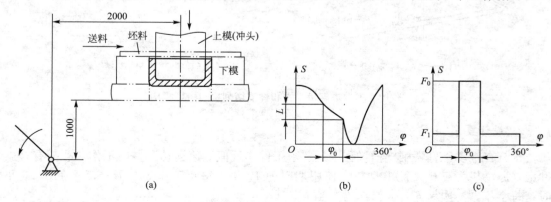

图 11　薄壁零件冲床工艺动作与上模运动情况

2. 设计要求

（1）动力源为电动机，下模固定，上模作上、下往复直线运动，其大致运动规律如图 11(b) 所示，该机具有快速下沉、等速工作进给和快速返回的特性。

（2）要求机构具有良好的传力性能，特别是工作段的压力角 α 应尽可能小，传动角 γ 大于或等于许用传动角 $[\gamma]=40°$。

（3）上模到达工作段之前，送料机构已将坯料送至待加工位置（下模上方），送料距离 $H=60\sim250\text{mm}$。

（4）上模工作段的长度 $L=40\sim100\text{mm}$，对应曲柄转角 $\varphi_0=60°\sim90°$，上模总行程长度必须大于工作段长度的两倍以上。

（5）上模在一个运动循环内的受力如图 11(c) 所示，在工作段所受阻力（冲压载荷）为 F_0，在其他阶段所受阻力 $F_1=50\text{N}$。

（6）行程速比系数 $K\geqslant1.5$。

（7）生产率为每分钟 70 件。

（8）机器运转的速度不均匀系数 δ 不超过 0.05。

（9）设计要求室内工作，有轻微冲击，动力源为三相交流 380/220V 电动机。使用期限为 10 年，大修周期为 3 年，每年工作 300 天，每天工作 16 小时。生产批量为 5 台，专业机械厂制造，可加工 7、8 级精度的齿轮、蜗轮。

3. 设计数据（表 11）

表 11 设计数据

数据编号	11-1	11-2	11-3	11-4	11-5
冲压载荷 F_0/N	9000	8000	7000	6000	5000
上模工作段长度 L/mm	40	55	70	85	100
上模工作段对应的曲柄转角 φ_0/(°)	60	65	70	80	90

4. 设计任务

（1）进行总体方案的设计和论证，包括冲压机构、送料机构及其传动系统，绘制出原理方案图，完成系统运动方案选优分析。

（2）设计执行机构，绘制出机构组合系统运动简图及运动循环图。

（3）做传动系统或执行系统的结构设计，画出传动系统或执行系统的装配图。

（4）设计主要零件，完成两张零件工作图。

（5）编写设计计算说明书。

题目十二：棒料校直机执行机构与传动系统设计

1. 课题背景

棒料校直是机械零件加工前的一道准备工序。如图 12 所示，若棒料弯曲，就要用大

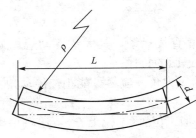

图 12　待校直的弯曲棒料图

棒料才能加工出一个小零件，材料利用率不高，经济性差，故在加工零件前需将棒料校直。

2. 设计要求

（1）需校直的棒料材料为 45 钢。

（2）室内工作，希望冲击振动小。

（3）原动机为三相交流电动机。

（4）使用期限为 10 年，每年工作 300 天，每天工作 16 小时，每半年做一次保养，大修期为 3 年。

3. 设计数据（表 12）

表 12　设计数据

数据编号	直径 d/mm	长度 L/mm	校直前最大曲率半径 ρ/mm	最大校直力/N	棒料在校直时转数/r	生产率/（根/min）
12-1	15	100	500	1000	5	150
12-2	18	100	400	1200	4	120
12-3	22	100	300	1400	3	100
12-4	25	100	200	1500	2	80

4. 设计任务

（1）确定棒料校直机的工作原理，进行总体方案的设计和论证，包括执行机构和传动系统，绘制出原理方案图，完成系统运动方案选优分析。

（2）设计执行机构。

（3）做传动系统或执行系统的结构设计，画出传动系统或执行系统的装配图。

（4）设计主要零件，完成两张零件工作图。

（5）编写设计计算说明书。

题目十三：高架灯提升装置设计

1. 课题背景

在高速公路、立交桥等地方都需要安装照明灯，这些灯具的尺寸大、安装高度高，在对路灯进行维修时需要专门的提升设备——路灯提升装置。该装置一般安装在灯杆内，尺寸受到灯杆直径的限制。如图 13 所示，动力通过传动装置传给工作机——卷筒，卷筒上装有钢丝绳，卷筒的容绳量与提升的高度相匹配。

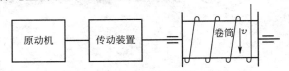

图 13　高架灯提升装置传动示意图

2. 设计要求

（1）提升装置用于城市高架路灯的升降，电力驱动，电动机水平放置，采用正、反转按钮控制升降。

（2）提升装置静止时采用机械自锁，并设有力矩限制器和电磁制动器。

（3）其卷筒上钢丝绳直径为 11mm，设备工作时要求安全、可靠，调整、安装方便，结构紧凑，造价低。

（4）提升装置为间歇工作，载荷平稳，半开式。

（5）生产批量为 10 台。

3. 设计数据（表 13）

表 13　设计数据

数据编号	13 - 1	13 - 2	13 - 3	13 - 4
提升力/N	5000	6000	8000	10000
容绳量/m	40	50	65	80
安装尺寸/mm	270×450	280×460	290×470	300×480
电动机功率不大于/kW	1.1	1.5	2.2	3

4. 设计任务

（1）设计提升装置总体运动方案，画出系统运动方案简图，完成系统运动方案的论证与选优分析。

（2）完成传动部分结构设计，画出传动部分装配图。

（3）设计主要零件，完成 2～4 张零件工作图。

（4）编写设计计算说明书。

题目十四：铸造车间型砂输送机传动装置设计

1. 设计要求

如图 14 所示，输送机由电动机驱动，经传动装置带动输送带移动。按整机布置，要求电机轴与工作机鼓轮轴平行，使用寿命为 5 年，每日两班制工作，工作时不逆转，载荷平稳，允许输送带速度偏差为±5%，工作机效率为 0.95，要求有过载保护，按小批量生产规模设计。

2. 设计数据（表 14）

表 14　设计数据

数据编号	14 - 1	14 - 2	14 - 3	14 - 4	14 - 5	14 - 6	14 - 7	14 - 8
输送带拉力 F/N	3000	3500	3800	2500	2200	2800	3200	3400

（续）

数据编号	14-1	14-2	14-3	14-4	14-5	14-6	14-7	14-8
输送带速度 $v/(\mathrm{m/s})$	1.0	0.9	0.8	1.2	1.3	1.1	0.9	0.85
鼓轮直径 D/mm	400	350	300	430	450	380	340	330

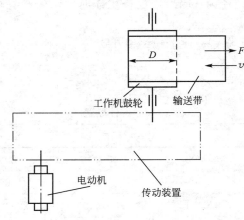

图 14　型砂输送机传动示意图

3. 设计任务

（1）至少设计 3 种传动方案，并对所提出的方案进行论证与选优分析。

（2）选择电动机，进行传动装置的运动和动力参数计算。

（3）进行传动装置中传动零件的设计计算。

（4）绘制传动装置的装配图和箱体、齿轮及轴的零件工作图。

（5）编写设计计算说明书。

题目十五：化工易燃易爆品生产车间链板式运输机传动装置设计

1. 设计要求

如图 15 所示，链板式运输机由电动机驱动，经传动装置带动链板式运输机的驱动链轮转动，拖动输送链移动，运送原料或产品。该机也可用于加工线或装配线上运送零件。整机结构要求电机轴与运输机的驱动链轮主轴平行布置，使用寿命为 5 年，每日两班制工作，连续运转，单向转动，载荷平稳，允许输送链速度偏差为 ±5%，工作机效率为 0.95，该机由机械厂小批量生产。

2. 设计数据（表 15）

表 15　设计数据

数据编号	15-1	15-2	15-3	15-4	15-5	15-6	15-7	15-8
输送链拉力 F/N	4800	4500	4200	4000	3800	3500	3200	3000

（续）

数据编号	15－1	15－2	15－3	15－4	15－5	15－6	15－7	15－8
输送链速度 v/(m/s)	0.7	0.8	0.9	1.0	1.0	1.1	1.1	1.2
驱动链轮直径 D/mm	350	360	370	380	390	400	410	430

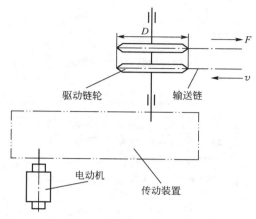

图 15　链板式运输机传动示意图

3. 设计任务

（1）至少设计 3 种传动方案，并对所提出的方案进行论证与选优分析。

（2）选择电动机，进行传动装置的运动和动力参数计算。

（3）进行传动装置中的传动零件设计计算。

（4）绘制传动装置的装配图和箱体、齿轮及轴的零件工作图。

（5）编写设计计算说明书。

题目十六：铸造车间碾砂机传动装置设计

1. 设计要求

如图 16 所示，碾砂机由电动机驱动，经传动装置带动碾砂机主轴转动，拖动碾轮在碾盘中滚动，压碎型砂。结构要求碾砂机主轴垂直布置，卧式电机轴水平布置。使用寿命为 8 年，每日三班制工作，连续工作，单向转动，工作中载荷有轻度冲击，允许碾机主轴转速偏差为 ±5%，按小批量生产规模设计。

2. 设计数据（表 16）

表 16　设计数据

数据编号	16－1	16－2	16－3	16－4	16－5	16－6	16－7	16－8
碾机主轴转速 n/(r/min)	28	29	30	31	32	33	34	35
碾机主轴转矩 T/N·m	1450	1400	1350	1300	1250	1200	1150	1100

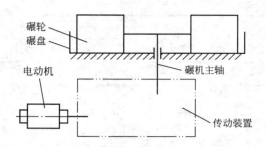

图 16 碾砂机传动示意图

3. 设计任务

（1）至少设计 3 种传动方案，并对所提出的方案进行论证与选优分析。

（2）选择电动机，进行传动装置的运动和动力参数计算。

（3）进行传动装置中的传动零件设计计算。

（4）绘制传动装置的装配图和箱体、齿轮及轴的零件工作图。

（5）编写设计计算说明书。

题目十七：热处理车间链板式运输机传动装置设计

1. 设计要求

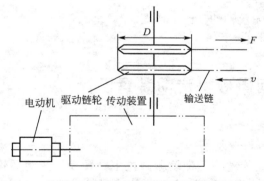

图 17 链板式运输机传动示意图

如图 17 所示，链板式运输机由电动机驱动，经传动装置带动链板式运输机的驱动链轮转动，拖动输送链移动，运送热处理零件。该机也可用于加工线或装配线上运送零件。整机结构要求电机轴与运输机的驱动链轮主轴垂直布置，使用寿命为 10 年，每日两班制工作，连续运转，单向转动，载荷平稳，允许输送链速度偏差为 ±5%，工作机效率为 0.95，按小批量生产规模设计，要求结构紧凑。

2. 设计数据（表 17）

表 17 设计数据

数据编号	17-1	17-2	17-3	17-4	17-5	17-6	17-7	17-8
输送链拉力 F/N	2500	2400	2300	2200	2100	2000	1900	1800
输送链速度 v/(m/s)	1.2	1.25	1.3	1.35	1.4	1.45	1.5	1.55
驱动链轮直径 D/mm	200	210	220	230	240	250	260	270

3. 设计任务

(1) 至少设计 3 种传动方案，并对所提出的方案进行论证与选优分析。

(2) 选择电动机，进行传动装置的运动和动力参数计算。

(3) 进行传动装置中的传动零件设计计算。

(4) 绘制传动装置的装配图和箱体、齿轮及轴的零件工作图。

(5) 编写设计计算说明书。

题目十八：手动圆柱螺旋弹簧缠绕机设计

1. 工作简图

如图 18 所示。

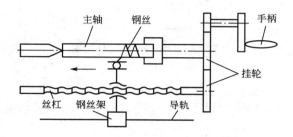

图 18　手动圆柱螺旋弹簧缠绕机工作简图

2. 设计要求

弹簧螺距通过调整挂轮传动比可变，钢丝应拉紧，弹簧直径可变，最大长度 $L_{\max}$ 为 300mm。

3. 设计数据(表 18)

表 18　设计数据

数据编号	18-1	18-2	18-3	18-4	18-5	18-6
弹簧中径 D_2/mm	16	20	25	30	35	40
钢丝直径 d/mm	2	2.5	3	3.5	4	4.5
弹簧螺距 p/mm	6	7	8	10	12	14

4. 设计任务

(1) 拟定系统总体运动方案，画出系统运动方案简图，完成论证报告。

(2) 完成传动系统或执行系统的结构设计，画出传动系统或执行系统的装配图。

(3) 设计主要构件和零件，完成 1 张构件图和 3 张零件工作图。

(4) 编写设计计算说明书。

题目十九：自动钢板卷花机设计

1. 工作简图

如图 19 所示。

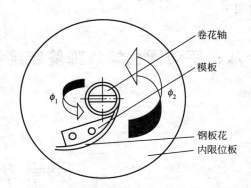

卷花轴
模板
ϕ_1
ϕ_2
钢板花
内限位板

图 19　钢板卷花机工作简图

2. 设计要求

卷花轴转过 ϕ_1 角后，内限位板转过 ϕ_2 角，外限位板可限位和退出，并有退料装置。

3. 设计参数

限位板直径 $D=400$mm；卷花轴转角 $\phi_1=360°$；内限位板转角 $\phi_2=180°$；钢板宽×厚：30mm×3mm；电动机功率 $P=1.1$kW；生产率：见表 19。

表 19　自动钢板卷花机生产率

数据编号	19－1	19－2	19－3	19－4	19－5	19－6	19－7	19－8	19－9	19－10
生产率/(次/min)	8	9	10	11	12	13	14	15	16	18

4. 设计任务

(1) 拟定系统总体运动方案，画出系统运动方案简图，完成论证报告。
(2) 完成传动系统或执行系统的结构设计，画出传动系统或执行系统的装配图。
(3) 设计主要构件和零件，完成 1 张构件图和 3 张零件工作图。
(4) 编写设计计算说明书。

题目二十：自动钢板折边机设计

1. 工作简图

如图 20 所示。

2. 设计要求

钢板定位后，压板下压钢板到工作台凹槽中折弯一次；左右推板左右推钢板折边，完成钢板折边任务；压板上提，退料杆退料，完成工序。

3. 设计数据

折边后钢板内槽宽 $a=250\text{mm}$；钢板外沿宽 $b\times$长 $c=300\text{mm}\times400\text{mm}$；折边后钢板高 $h=25\text{mm}$；钢板厚 $=2\text{mm}$；电动机功率 $P=1.1\text{kW}$；生产率：见表20。

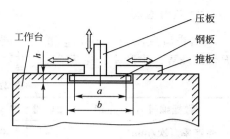

图 20　钢板折边机工作简图

表 20　钢板折边机生产率

数据编号	20-1	20-2	20-3	20-4	20-5	20-6	20-7	20-8	20-9	20-10
生产率/(次/min)	8	9	10	11	12	13	14	15	16	18

4. 设计任务

(1) 拟定系统总体运动方案，画出系统运动方案简图，完成论证报告。

(2) 完成传动系统或执行系统的结构设计，画出传动系统或执行系统的装配图。

(3) 设计主要构件和零件，完成 1 张构件图和 3 张零件工作图。

(4) 编写设计计算说明书。

题目二十一：螺旋挤香机设计

1. 工作简图

如图 21 所示。

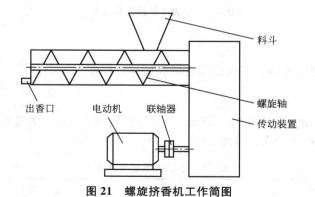

图 21　螺旋挤香机工作简图

2. 设计要求

螺旋轴每转 5r 后，停止 1.5s，由切刀将香切断，传送带将香运走。

3. 设计数据

出香口直径 $D=10$mm；挤香长度 $L=500$mm；电动机转速为 1460r/min；电动机功率 $P=1.1$kW；生产率：见表 21。

表 21　螺旋挤香机生产率

数据编号	21-1	21-2	21-3	21-4	21-5	21-6	21-7	21-8	21-9	21-10
生产率/(次/min)	8	9	10	11	12	13	14	15	16	18

4. 设计任务

(1) 拟定系统总体运动方案，画出系统运动方案简图，完成论证报告。
(2) 完成传动系统或执行系统的结构设计，画出传动系统或执行系统的装配图。
(3) 设计主要构件和零件，完成 1 张构件图和 3 张零件工作图。
(4) 编写设计计算说明书。

题目二十二：电动饼丝机设计

1. 工作简图

如图 22 所示。

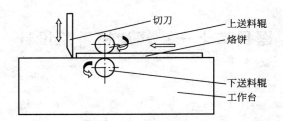

图 22　电动饼丝机工作简图

2. 设计要求

上、下送料辊间距可调，实现自动送料和切丝，机器无污染。

3. 设计数据

饼宽度 $B=200$mm；饼厚度 $a=5$mm；饼长度 $L=400$mm；饼丝宽度 $b=3$mm；电动机功率 $P=0.55$kW；生产率：见表 22。

表 22　电动饼丝机生产率

数据编号	22-1	22-2	22-3	22-4	22-5	22-6	22-7	22-8	22-9	22-10
生产率/(张/min)	3	4	5	6	7	8	9	10	11	12

4. 设计任务

（1）拟定系统总体运动方案，画出系统运动方案简图，完成论证报告。

（2）完成传动系统或执行系统的结构设计，画出传动系统或执行系统的装配图。

（3）设计主要构件和零件，完成1张构件图和3张零件工作图。

（4）编写设计计算说明书。

题目二十三：电动螺旋扳手设计

1. 工作简图

如图23所示。

2. 设计要求

（1）用来拧小型汽车上的轮胎的各种螺栓，电动机带动。

（2）扳手能把螺栓拧紧和旋松。

（3）主轴具有过载保护作用，加安全离合器（或采用带传动）。

（4）电动机不能负载启动，加操纵离合器。

（5）冲击负载过大，可在主轴上加飞轮。

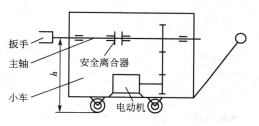

图 23　电动螺旋扳手工作简图

3. 设计数据（表23）

表 23　设计数据

数据编号	23-1	23-2	23-3	23-4	23-5	23-6	23-7
主轴额定转矩/(N·mm)	800	850	950	1000	1050	1100	1150
主轴额定转速/(r/min)	200	230	280	300	310	330	350
主轴距地面高度 h/mm	450						

4. 设计任务

（1）拟定系统总体运动方案，画出系统运动方案简图，完成论证报告。

（2）完成传动系统或执行系统的结构设计，画出传动系统或执行系统的装配图。

（3）设计主要构件和零件，完成1张构件图和3张零件工作图。

（4）编写设计计算说明书。

题目二十四：手摇微动升降台设计

1. 工作简图

如图24所示。

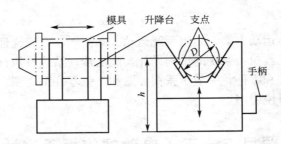

图 24　手摇微动升降台工作简图

2. 设计要求

(1) 用来支承制作大型石墨电极的模具,支点能够调整。

(2) 升降台可实现上下垂直微动,模具可实现水平轴向移动。

3. 设计数据(表 24)

表 24　设计数据

数据编号	24 - 1	24 - 2	24 - 3	24 - 4	24 - 5	24 - 6	24 - 7
电极直径 D/mm	400	410	420	430	440	450	460
电极重量 G/kg	1600	1700	1800	1900	2000	2100	2200
升降高度 h/mm	500	510	520	530	540	550	560

4. 设计任务

(1) 拟定系统总体运动方案,画出系统运动方案简图,完成论证报告。

(2) 完成传动系统或执行系统的结构设计,画出传动系统或执行系统的装配图。

(3) 设计主要构件和零件,完成 1 张构件图和 3 张零件工作图。

(4) 编写设计计算说明书。

题目二十五:卷扬机传动装置设计

1. 设计要求

如图 25 所示,卷扬机由电动机驱动,用于建筑工地提升物料。

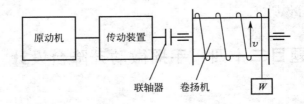

图 25　卷扬机传动示意图

(1) 室外工作，生产批量为 5 台。

(2) 动力源为三相交流 380/220V 电动机，电动机单向运转，载荷较平稳。

(3) 使用期限为 10 年，每年工作 300 天，两班制工作，大修周期为 3 年。

(4) 专业机械厂制造，可加工 7、8 级精度的齿轮、蜗轮。

2. 设计数据（表 25）

表 25　设计数据

数据编号	25-1	25-2	25-3	25-4	25-5	25-6	25-7	25-8	25-9	25-10
绳牵引力 W/kN	12	12	10	10	10	10	8	8	7	7
绳牵引速度 v/(m/s)	0.3	0.4	0.3	0.4	0.5	0.6	0.4	0.6	0.5	0.6
卷筒直径 D/mm	470	500	420	430	470	500	430	470	440	460

3. 设计任务

(1) 至少设计 3 种传动方案，并对所提出的方案进行论证与选优。

(2) 选择电动机，进行传动装置的运动和动力参数计算。

(3) 进行传动装置中的传动零件设计计算。

(4) 绘制传动装置装配图和箱体、齿轮及轴的零件工作图。

(5) 编写设计计算说明书。

题目二十六：爬式加料机传动装置设计（图 26）

1. 设计要求

(1) 单班制工作，间歇运转，工作中有轻微振动，工作环境有较大灰尘。

(2) 使用期限为 10 年，每年工作 300 天，单班制工作，大修周期为 3 年。

(3) 小批量生产，专业机械厂制造，可加工 7、8 级精度的齿轮、蜗轮。

2. 设计数据（表 26）

表 26　设计数据

数据编号	26-1	26-2	26-3	26-4	26-5
装料量/N	3000	3500	4000	4500	5000
速度/(m/s)	0.4	0.4	0.4	0.4	0.4
轨距/mm	662	662	662	662	662
轮距/mm	500	500	500	500	500

3. 设计任务

(1) 至少设计 3 种传动方案，并对所提出的方案进行论证与选优。

(2) 选择电动机，进行传动装置的运动和动力参数计算。

（3）进行传动装置中的传动零件设计计算。

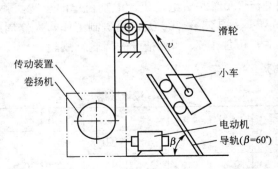

图 26　爬式加料机传动示意图

（4）绘制传动装置装配图和箱体、齿轮及轴的零件工作图。

（5）编写设计计算说明书。

题目二十七：链式运输机传动装置设计（图 27）

1. 工作条件

连续单向运转，工作时有轻微振动，空载起动；使用期 10 年，每年 300 个工作日，两班制工作，小批量生产，允许运输链速度偏差为 ±5%。

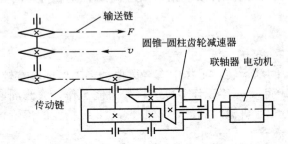

图 27　链式运输机传动示意图

2. 设计数据（表 27）

表 27　设计数据

数据编号	27－1	27－2	27－3	27－4	27－5	27－6	27－7	27－8	27－9	27－10
输送链工作拉力 F/N	3000	3500	4000	4500	5000	3000	3500	4000	4500	5000
输送链工作速度 v/(m/s)	0.8	0.84	0.9	0.96	1.0	0.8	0.84	0.9	0.96	1.0
输送链轮齿数 z	10	10	10	10	10	10	10	10	10	10
输送链链节距 p/mm	60	60	60	60	60	80	80	80	80	80

3. 设计任务

（1）选择电动机，进行传动装置的运动和动力参数计算。

（2）进行传动装置中的传动零件设计计算。

（3）绘制传动装置中减速器装配图和箱体、齿轮及轴的零件工作图。

（4）编写设计计算说明书。

题目二十八：带式运输机传动装置设计（图 28）

1. 工作条件

连续单向运转，载荷较平稳，空载起动；使用期 10 年，每年 300 个工作日，三班制工作，每班工作四小时，小批量生产，允许运输带速度偏差为 ±5%。

2. 设计数据（表 28）

表 28　设计数据

数据编号	28-1	28-2	28-3	28-4	28-5	28-6	28-7	28-8	28-9	28-10
输送带工作拉力 F/N	1100	1150	1200	1250	1300	1350	1450	1500	1500	1600
输送带工作速度 v/(m/s)	1.5	1.6	1.7	1.5	1.55	1.6	1.55	1.65	1.7	1.8
卷筒直径 D/mm	250	260	270	240	250	260	250	260	280	300

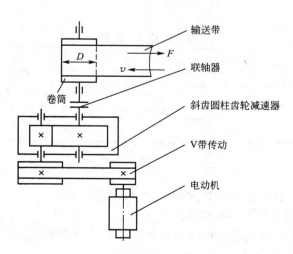

图 28　带式运输机传动示意图

3. 设计任务

（1）选择电动机，进行传动装置的运动和动力参数计算。

（2）进行传动装置中的传动零件设计计算。

（3）绘制传动装置中减速器装配图和箱体、齿轮及轴的零件工作图。

(4) 编写设计计算说明书。

题目二十九：带式运输机传动装置设计（图 29）

1. 工作条件

连续单向运转，载荷较平稳，空载起动；使用期 10 年，每年 300 个工作日，两班制工作，小批量生产，允许卷筒工作转速偏差为 ±5%。

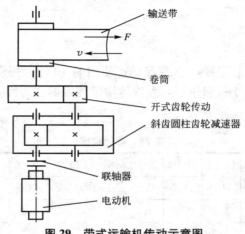

图 29 带式运输机传动示意图

2. 设计数据（表 29）

表 29 设 计 数 据

数据编号	29-1	29-2	29-3	29-4	29-5	29-6	29-7	29-8	29-9	29-10
输送带卷筒所需功率 P/kW	3.2	3.3	3.4	3.5	4.2	4.5	4.8	5.0	5.2	5.5
输送带卷筒工作转速 $n/(\mathrm{r/min})$	74	75	74	76	76	78	80	84	85	86
卷筒中心高 H/mm	300									

3. 设计任务

(1) 选择电动机，进行传动装置的运动和动力参数计算。
(2) 进行传动装置中的传动零件设计计算。
(3) 绘制传动装置中减速器装配图和箱体、齿轮及轴的零件工作图。
(4) 编写设计计算说明书。

题目三十：带式运输机传动装置设计（图 30）

1. 工作条件

连续单向运转，载荷较平稳，空载起动；使用期 10 年，每年 300 个工作日，两班制工作，小批量生产，允许运输带速度偏差为±5％。

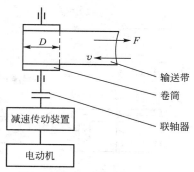

图 30　带式运输机传动示意图

2. 设计数据（表 30）

表 30　设计数据

数据编号	30-1	30-2	30-3	30-4	30-5	30-6	30-7	30-8	30-9	30-10
输送带工作拉力 F/N	1100	1150	1200	1250	1300	1350	1450	1500	1500	1600
输送带工作速度 v/(m/s)	1.5	1.6	1.7	1.5	1.55	1.6	1.55	1.65	1.7	1.8
卷筒直径 D/mm	250	260	270	240	250	260	250	260	280	300

3. 设计任务

（1）至少设计 3 种传动方案，并对所提出的方案进行论证与选优。

（2）选择电动机，进行传动装置的运动和动力参数计算。

（3）进行传动装置中的传动零件设计计算。

（4）绘制减速传动装置装配图和箱体、齿轮及轴的零件工作图。

（5）编写设计计算说明书。

题目三十一：带式运输机传动装置设计（图 31）

1. 工作条件

连续单向运转，载荷较平稳，空载起动；使用期 10 年，每年 300 个工作日，两班制工作，小批量生产，允许运输带速度偏差为±5％。

2. 设计数据（表 31）

表 31　设计数据

数据编号	31-1	31-2	31-3	31-4	31-5	31-6	31-7	31-8	31-9	31-10
输送带工作拉力 F/N	1500	1800	2000	2200	2400	2600	2800	2800	2700	2500
输送带工作速度 v/(m/s)	1.5	1.5	1.6	1.6	1.7	1.7	1.8	1.8	1.5	1.4
卷筒直径 D/mm	250	260	270	280	300	320	320	300	300	300

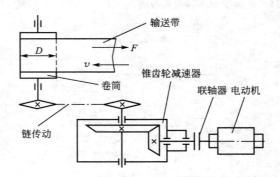

图31 带式运输机传动示意图

3. 设计任务

(1) 选择电动机，进行传动装置的运动和动力参数计算。
(2) 进行传动装置中的传动零件设计计算。
(3) 绘制传动装置中减速器装配图和箱体、齿轮及轴的零件工作图。
(4) 编写设计计算说明书。

题目三十二：带式运输机传动装置设计（图32）

1. 工作条件

连续单向运转，工作时有轻微振动，空载起动；使用期10年，每年300个工作日，单班制工作，小批量生产，允许运输带速度偏差为±5%。

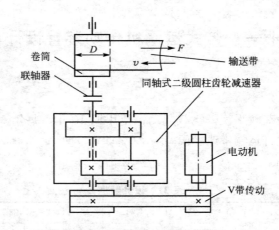

图32 带式运输机传动示意图

2. 设计数据（表 32）

表 32　设计数据

数据编号	32-1	32-2	32-3	32-4	32-5	32-6	32-7	32-8	32-9	32-10
运输机工作轴转矩 $T/N \cdot m$	1200	1250	1300	1350	1400	1450	1500	1250	1300	1350
输送带工作速度 $v/(m/s)$	1.4	1.45	1.5	1.55	1.6	1.4	1.45	1.5	1.55	1.6
卷筒直径 D/mm	430	420	450	480	490	420	450	440	420	470

3. 设计任务

（1）选择电动机，进行传动装置的运动和动力参数计算。
（2）进行传动装置中的传动零件设计计算。
（3）绘制传动装置中减速器装配图和箱体、齿轮及轴的零件工作图。
（4）编写设计计算说明书。

题目三十三：带式运输机传动装置设计（图 33）

1. 工作条件

连续单向运转，工作时有轻微振动，空载起动；使用期 10 年，每年 300 个工作日，两班制工作，小批量生产，允许运输带速度偏差为 ±5%。

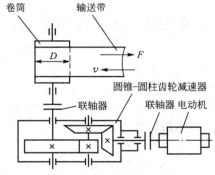

图 33　带式运输机传动示意图

2. 设计数据（表 33）

表 33　设计数据

数据编号	33-1	33-2	33-3	33-4	33-5	33-6	33-7	33-8	33-9	33-10
输送带工作拉力 F/kN	2.5	2.4	2.3	2.2	2.1	2.1	2.8	2.7	2.6	2.5
输送带工作速度 $v/(m/s)$	1.4	1.5	1.6	1.7	1.8	1.9	1.3	1.4	1.5	1.6
卷筒直径 D/mm	250	260	270	280	290	300	250	260	270	280

（续）

数据编号	33－11	33－12	33－13	33－14	33－15	33－16	33－17	33－18	33－19	33－20
输送带工作拉力 F/kN	2.1	2.1	2.3	2.3	2.4	2.4	2.4	2.5	2.5	2.6
输送带工作速度 $v/(m/s)$	1.0	1.2	1.0	1.2	1.0	1.2	1.4	1.2	1.4	1.0
卷筒直径 D/mm	320	380	320	380	320	380	440	380	440	320
数据编号	33－21	33－22	33－23	33－24	33－25	33－26	33－27	33－28	33－29	33－30
输送带工作拉力 F/kN	2.6	2.8	2.8	3.0	3.0	2.0	2.0	2.3	2.3	2.4
输送带工作速度 $v/(m/s)$	1.2	1.0	1.2	1.0	1.2	1.0	1.2	1.0	1.2	1.0
卷筒直径 D/mm	380	320	380	320	380	320	380	360	400	360
数据编号	33－31	33－32	33－33	33－34	33－35	33－36	33－37	33－38	33－39	33－40
输送带工作拉力 F/kN	2.4	2.4	2.5	2.5	2.6	2.6	2.8	2.8	3.0	3.0
输送带工作速度 $v/(m/s)$	1.2	1.4	1.2	1.4	1.0	1.2	1.0	1.2	1.0	1.2
卷筒直径 D/mm	400	400	360	400	360	400	360	400	360	400

3. 设计任务

（1）选择电动机，进行传动装置的运动和动力参数计算。

（2）进行传动装置中的传动零件设计计算。

（3）绘制传动装置中减速器装配图和箱体、齿轮及轴的零件工作图。

（4）编写设计计算说明书。

题目三十四：带式运输机传动装置设计(图34)

1. 工作条件

连续单向运转，工作时有轻微振动，空载起动；使用期 10 年，每年 300 个工作日，两班制工作，小批量生产，允许运输带速度偏差为±5%。

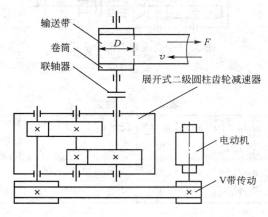

图 34　带式运输机传动示意图

2. 设计数据(表34)

表34   设计数据

数据编号	34-1	34-2	34-3	34-4	34-5	34-6	34-7	34-8	34-9	34-10
运输机工作轴转矩 $T/\text{N·m}$	800	850	900	950	800	850	900	800	850	900
输送带工作速度 $v/(\text{m/s})$	1.2	1.25	1.3	1.35	1.4	1.45	1.2	1.3	1.35	1.4
卷筒直径 D/mm	360	370	380	390	400	410	360	370	380	390
数据编号	34-11	34-12	34-13	34-14	34-15	34-16	34-17	34-18	34-19	34-20
输送带工作拉力 F/kN	3.6	3.8	4.0	4.2	4.4	4.6	4.8	5.0	5.2	5.4
输送带工作速度 $v/(\text{m/s})$	0.8	0.7	0.6	0.75	0.9	1.0	0.8	0.7	0.6	0.8
卷筒直径 D/mm	550	530	500	450	400	550	530	500	450	400
数据编号	34-21	34-22	34-23	34-24	34-25					
输送带工作拉力 F/kN	5.6	5.8	6.0	6.2	6.4					
输送带工作速度 $v/(\text{m/s})$	0.7	0.5	0.8	0.7	0.9					
卷筒直径 D/mm	550	500	450	400	530					

3. 设计任务

(1) 选择电动机,进行传动装置的运动和动力参数计算。

(2) 进行传动装置中的传动零件设计计算。

(3) 绘制传动装置中减速器装配图和箱体、齿轮及轴的零件工作图。

(4) 编写设计计算说明书。

题目三十五:带式运输机传动装置设计(图35)

1. 工作条件

连续单向运转,载荷较平稳,空载起动;使用期10年,每年300个工作日,两班制工作,小批量生产,允许运输带速度偏差为±5%。

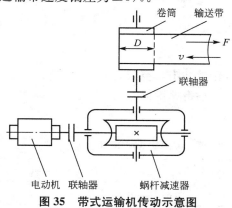

图35   带式运输机传动示意图

2. 设计数据(表35)

表35 设计数据

数据编号	35－1	35－2	35－3	35－4	35－5	35－6	35－7	35－8	35－9	35－10
输送带工作拉力 F/kN	2.2	2.3	2.4	2.5	2.3	2.4	2.5	2.3	2.4	2.5
输送带工作速度 v/(m/s)	1.0	1.0	1.0	1.1	1.1	1.1	1.1	1.2	1.2	1.2
卷筒直径 D/mm	380	390	400	400	410	420	390	400	410	420
数据编号	35－11	35－12	35－13	35－14	35－15	35－16	35－17	35－18	35－19	35－20
输送带工作拉力 F/kN	2.0	2.0	2.0	2.0	2.0	2.2	2.4	2.4	2.4	2.4
输送带工作速度 v/(m/s)	0.8	0.9	1.0	1.1	1.2	1.2	0.8	0.9	1.0	1.1
卷筒直径 D/mm	280	300	320	340	360	360	280	300	320	340
数据编号	35－21	35－22	35－23	35－24	35－25	35－26	35－27	35－28	35－29	35－30
输送带工作拉力 F/kN	2.4	2.6	2.6	2.6	2.6	2.6	2.8	2.8	2.8	2.8
输送带工作速度 v/(m/s)	1.2	0.8	0.9	1.0	1.1	1.2	0.8	0.9	1.0	1.1
卷筒直径 D/mm	360	280	300	320	340	360	280	300	320	340
数据编号	35－31	35－32	35－33	35－34	35－35	35－36				
输送带工作拉力 F/kN	2.8	3.0	3.0	3.0	3.0	3.0				
输送带工作速度 v/(m/s)	1.2	0.7	0.8	0.9	1.0	1.1				
卷筒直径 D/mm	360	260	280	300	320	340				

3. 设计任务

(1) 选择电动机,进行传动装置的运动和动力参数计算。

(2) 进行传动装置中的传动零件设计计算。

(3) 绘制传动装置中减速器装配图和箱体、齿轮及轴的零件工作图。

(4) 编写设计计算说明书。

题目三十六:带式运输机传动装置设计(图36)

1. 工作条件

连续单向运转,载荷有轻微冲击,空载起动;使用期5年,每年300个工作日,单班制工作,小批量生产,允许运输带速度偏差为±5%。

2. 设计数据(表36)

表36 设计数据

数据编号	36－1	36－2	36－3	36－4	36－5	36－6	36－7	36－8	36－9	36－10
输送带工作拉力 F/kN	1.6	1.8	2.0	2.2	2.4	2.6	2.3	3.0	3.2	3.4

（续）

数据编号	36－1	36－2	36－3	36－4	36－5	36－6	36－7	36－8	36－9	36－10
输送带工作速度 $v/(m/s)$	1.4	1.2	1.0	0.8	1.4	1.2	1.0	0.8	1.2	1.15
卷筒直径 D/mm	460	420	360	300	460	420	360	300	420	400
数据编号	36－11	36－12	36－13	36－14	36－15	36－16	36－17	36－18	36－19	36－20
输送带工作拉力 F/kN	3.8	4.0	4.2	4.4	5.0	1.5	1.6	1.8	2.0	2.2
输送带工作速度 $v/(m/s)$	1.1	0.95	0.9	0.85	0.8	1.4	1.2	1.0	0.8	1.4
卷筒直径 D/mm	380	360	340	320	300	450	440	400	320	440
数据编号	36－21	36－22	36－23	36－24	36－25	36－26	36－27	36－28	36－29	36－30
输送带工作拉力 F/kN	2.4	2.6	2.8	3.0	3.2	3.4	3.8	4.0	4.2	4.4
输送带工作速度 $v/(m/s)$	1.2	1.0	0.8	1.2	1.15	1.1	0.95	0.9	0.85	0.8
卷筒直径 D/mm	420	360	300	420	400	380	360	340	320	300

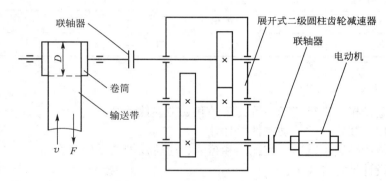

图 36　带式运输机传动示意图

3. 设计任务

（1）选择电动机，进行传动装置的运动和动力参数计算。

（2）进行传动装置中的传动零件设计计算。

（3）绘制传动装置中减速器装配图和箱体、齿轮及轴的零件工作图。

（4）编写设计计算说明书。

题目三十七：链板式运输机传动装置设计（图 37）

1. 工作条件

连续单向运转，载荷有中等冲击，空载起动；使用期 10 年，每年 300 个工作日，两班制工作，小批量生产，允许运输链速度偏差为±5%。

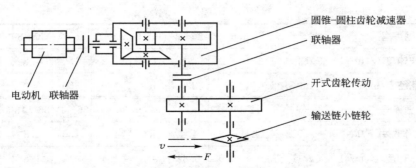

图 37　链板式运输机传动示意图

2. 设计数据(表37)

表 37　设计数据

数据编号	37-1	37-2	37-3	37-4	37-5	37-6
链条有效拉力 F/N	10000	10000	12000	11000	11000	12000
链条速度 $v/(m/s)$	0.3	0.35	0.4	0.35	0.4	0.45
链节距 p/mm	38.1	50.8	63.5	38.1	50.8	50.8
小链轮齿数 z	17	19	21	21	19	21

3. 设计任务

(1) 选择电动机,进行传动装置的运动和动力参数计算。
(2) 进行传动装置中的传动零件设计计算。
(3) 绘制传动装置中减速器装配图和箱体、齿轮及轴的零件工作图。
(4) 编写设计计算说明书。

题目三十八：盘磨机传动装置设计(图38)

1. 工作条件

连续单向运转,载荷有轻微振动,空载起动;使用期 10 年,每年 300 个工作日,两班制工作,小批量生产,允许主轴转速偏差为±5%。

2. 设计数据(表38)

表 38　设计数据

数据编号	38-1	38-2	38-3	38-4	38-5	38-6
主轴转速 $n_{主}/(r/min)$	30	40	50	25	45	35
电动机额定功率 P_{ed}/kW	4	4	5.5	3	4	5.5
电机满载转速 $n_m/(r/min)$	1440	1440	1440	960	960	960

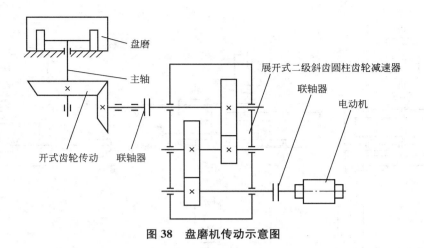

图 38　盘磨机传动示意图

3. 设计任务

(1) 选择电动机，进行传动装置的运动和动力参数计算。

(2) 进行传动装置中的传动零件设计计算。

(3) 绘制传动装置中减速器装配图和箱体、齿轮及轴的零件工作图。

(4) 编写设计计算说明书。

题目三十九：带式输送机的传动装置设计

1. 设计题目

图 39 为带式输送机的 6 种传动方案，设计该带式输送机传动系统。

2. 设计数据与要求

带式输送机的设计数据见表 39。输送带鼓轮的传动效率为 0.97(包括鼓轮和轴承的功率损失)，该输送机连续单向运转，用于输送散粒物料，如谷物、型砂、煤等，工作载荷较平稳，使用寿命为 10 年，每年 300 个工作日，两班制工作。一般机械厂小批量制造。

表 39　设 计 数 据

方案编号	(a)	(b)	(c)	(d)	(e)	(f)
输送带工作拉力 F/N	2700	2500	2300	2400	2600	2200
输送带工作速度/(m/s)	1.4	1.3	1.2	1.1	1.0	1.0
鼓轮直径 D/mm	260	250	240	230	220	210

3. 设计任务

(1) 分析各种传动方案的优缺点，选择(或由教师指定)一种方案，进行传动系统设计。

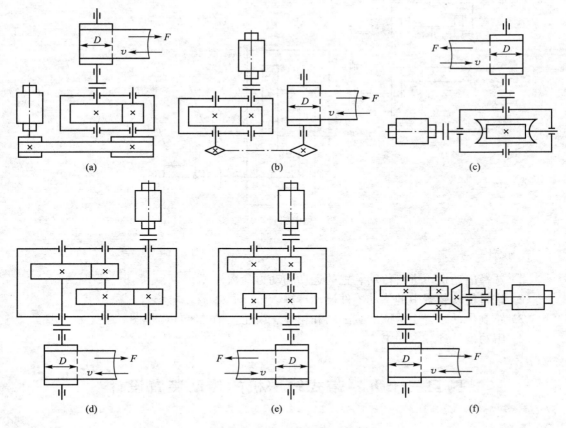

图 39　带式输送机的 6 种传动方案

（2）确定电动机的功率与转速，分配各级传动的传动比，并进行运动及动力参数计算。

（3）进行传动零部件的强度计算，确定其主要参数。

（4）对齿轮减速器进行结构设计，并绘制减速器装配图。

（5）对低速轴上的轴承以及轴等进行寿命计算和强度校核计算。

（6）对主要零件如轴、齿轮、箱体等进行结构设计，并绘制零件工作图。

（7）编写设计计算说明书。

题目四十：螺旋输送机的传动装置设计

1. 设计题目

图 40 为螺旋输送机的 6 种传动方案，设计该螺旋输送机传动系统。

2. 设计数据与要求

螺旋输送机的设计数据见表 40。该输送机连续单向运转，用于输送散粒物料，如谷

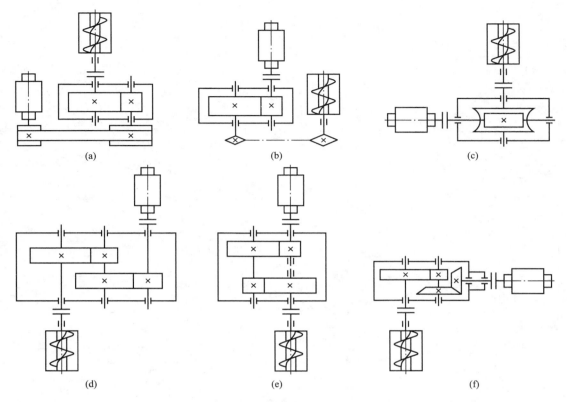

图 40　螺旋输送机的 6 种传动方案

物、型砂、煤等，工作载荷较平稳，使用寿命为 8 年，每年 300 个工作日，两班制工作。一般机械厂小批量制造。

表 40　设计数据

方案编号	(a)	(b)	(c)	(d)	(e)	(f)
输送螺旋转速 $n/(\text{r/min})$	170	160	150	140	130	120
输送螺旋所受阻力矩 $T/\text{N·m}$	100	95	90	85	80	75

3. 设计任务

（1）分析各种传动方案的优缺点，选择（或由教师指定）一种方案，进行传动系统设计。

（2）确定电动机的功率与转速，分配各级传动的传动比，并进行运动及动力参数计算。

（3）进行传动零部件的强度计算，确定其主要参数。

（4）对齿轮减速器进行结构设计，并绘制减速器装配图。

（5）对低速轴上的轴承以及轴等进行寿命计算和强度校核计算。

（6）对主要零件如轴、齿轮、箱体等进行结构设计，并绘制零件工作图。

（7）编写设计计算说明书。

参 考 文 献

［1］王三民. 机械原理与设计课程设计 ［M］. 北京：机械工业出版社，2005.

［2］王之栎. 机械设计综合课程设计 ［M］. 2 版. 北京：机械工业出版社，2010.

［3］陈作模. 机械原理学习指南 ［M］. 5 版. 北京：高等教育出版社，2008.

［4］濮良贵. 机械设计学习指南 ［M］. 4 版. 北京：高等教育出版社，2001.

［5］孙丽霞. 机械原理知识要点与习题解析 ［M］. 哈尔滨：哈尔滨工程大学出版社，2006.

［6］邢琳. 机械设计习题与指导：重点难点及典型题解析 ［M］. 北京：机械工业出版社，2005.

［7］侯玉英. 机械设计学习指导与典型题解 ［M］. 北京：高等教育出版社，2006.

［8］沙玲. 机械设计基础习题例解 ［M］. 北京：清华大学出版社，2009.

［9］孙桓. 机械原理 ［M］. 7 版. 北京：高等教育出版社，2006.

［10］濮良贵. 机械设计 ［M］. 8 版. 北京：高等教育出版社，2006.

［11］郑江. 机械设计 ［M］. 北京：北京大学出版社，2006.

［12］吕宏. 机械设计 ［M］. 北京：北京大学出版社，2009.

［13］门艳忠. 机械设计 ［M］. 北京：北京大学出版社，2010.

［14］王知行. 机械原理 ［M］. 2 版. 北京：高等教育出版社，2006.

［15］邹慧君. 机械原理 ［M］. 北京：高等教育出版社，1999.

［16］王跃进. 机械原理 ［M］. 北京：北京大学出版社，2009.

［17］朱理. 机械原理 ［M］. 北京：高等教育出版社，2004.

［18］吴宗泽. 机械设计 ［M］. 北京：高等教育出版社，2001.

［19］周开勤. 机械零件手册 ［M］. 5 版. 北京：高等教育出版社，2001.

北京大学出版社教材书目

◇ 欢迎访问教学服务网站 www.pup6.com，免费查阅已出版教材的电子书(PDF 版)、电子课件和相关教学资源。

◇ 欢迎征订投稿。联系方式：010-62750667，童编辑，13426433315@163.com，pup_6@163.com，欢迎联系。

序号	书　　名	标准书号	主　编	定价	出版日期
1	机械设计	978-7-5038-4448-5	郑　江，许　瑛	33	2007.8
2	机械设计	978-7-301-15699-5	吕　宏	32	2013.1
3	机械设计	978-7-301-17599-6	门艳忠	40	2010.8
4	机械设计	978-7-301-21139-7	王贤民，霍仕武	49	2012.8
5	机械设计	978-7-301-21742-9	师素娟，张秀花	48	2012.12
6	机械原理	978-7-301-11488-9	常治斌，张京辉	29	2008.6
7	机械原理	978-7-301-15425-0	王跃进	26	2013.9
8	机械原理	978-7-301-19088-3	郭宏亮，孙志宏	36	2011.6
9	机械原理	978-7-301-19429-4	杨松华	34	2011.8
10	机械设计基础	978-7-5038-4444-2	曲玉峰，关晓平	27	2008.1
11	机械设计基础	978-7-301-22011-5	苗淑杰，刘喜平	49	2013.6
12	机械设计基础	978-7-301-22957-6	朱　玉	38	2013.8
13	机械设计课程设计	978-7-301-12357-7	许　瑛	35	2012.7
14	机械设计课程设计	978-7-301-18894-1	王　慧，吕　宏	30	2012.7
15	机械设计辅导与习题解答	978-7-301-23291-0	王　慧，吕　宏	26	2014.1
16	机械原理、机械设计学习指导与综合强化	978-7-301-23195-1	张占国	63	2014.1
17	机电一体化课程设计指导书	978-7-301-19736-3	王金娥　罗生梅	35	2013.5
18	机械工程专业毕业设计指导书	978-7-301-18805-7	张黎骅，吕小荣	22	2012.5
19	机械创新设计	978-7-301-12403-1	丛晓霞	32	2012.8
20	机械系统设计	978-7-301-20847-2	孙月华	32	2012.7
21	机械设计基础实验及机构创新设计	978-7-301-20653-9	邹　旻	28	2012.6
22	TRIZ 理论机械创新设计工程训练教程	978-7-301-18945-0	删苏苏，马履中	45	2011.6
23	TRIZ 理论及应用	978-7-301-19390-7	刘训涛，曹　贺等	35	2013.7
24	创新的方法——TRIZ 理论概述	978-7-301-19453-9	沈萌红	28	2011.9
25	机械工程基础	978-7-301-21853-2	潘玉良，周建军	34	2013.2
26	机械 CAD 基础	978-7-301-20023-0	徐云杰	34	2012.2
27	AutoCAD 工程制图	978-7-5038-4446-9	杨巧绒，张克义	20	2011.4
28	AutoCAD 工程制图	978-7-301-21419-0	刘善淑，胡爱萍	38	2013.4
29	工程制图	978-7-5038-4442-6	戴立玲，杨世平	27	2012.2
30	工程制图	978-7-301-19428-7	孙晓娟，徐丽娟	30	2012.5
31	工程制图习题集	978-7-5038-4443-4	杨世平，戴立玲	20	2008.1
32	机械制图(机类)	978-7-301-12171-9	张绍群，孙晓娟	32	2009.1
33	机械制图习题集(机类)	978-7-301-12172-6	张绍群，王慧敏	29	2007.8
34	机械制图(第 2 版)	978-7-301-19332-7	孙晓娟，王慧敏	38	2011.8
35	机械制图	978-7-301-21480-0	李凤云，张　凯等	36	2013.1
36	机械制图习题集(第 2 版)	978-7-301-19370-7	孙晓娟，王慧敏	22	2011.8
37	机械制图	978-7-301-21138-0	张　艳，杨晨升	37	2012.8
38	机械制图习题集	978-7-301-21339-1	张　艳，杨晨升	24	2012.10
39	机械制图	978-7-301-22896-8	臧福伦，杨晓冬等	60	2013.8
40	机械制图与 AutoCAD 基础教程	978-7-301-13122-0	张爱梅	35	2013.1
41	机械制图与 AutoCAD 基础教程习题集	978-7-301-13120-6	鲁　杰，张爱梅	22	2013.1
42	AutoCAD 2008 工程绘图	978-7-301-14478-7	赵润平，宗荣珍	35	2009.1
43	AutoCAD 实例绘图教程	978-7-301-20764-2	李庆华，刘晓杰	32	2012.6
44	工程制图案例教程	978-7-301-15369-7	宗荣珍	28	2009.6
45	工程制图案例教程习题集	978-7-301-15285-0	宗荣珍	24	2009.6
46	理论力学（第 2 版）	978-7-301-23125-8	盛冬发，刘　军	38	2013.9
47	材料力学	978-7-301-14462-6	陈忠安，王　静	30	2013.4

48	工程力学(上册)	978-7-301-11487-2	毕勤胜，李纪刚	29	2008.6
49	工程力学(下册)	978-7-301-11565-7	毕勤胜，李纪刚	28	2008.6
50	液压传动（第2版）	978-7-301-19507-9	王守城，容一鸣	38	2013.7
51	液压与气压传动	978-7-301-13179-4	王守城，容一鸣	32	2013.7
52	液压与液力传动	978-7-301-17579-8	周长城等	34	2011.11
53	液压传动与控制实用技术	978-7-301-15647-6	刘 忠	36	2009.8
54	金工实习指导教程	978-7-301-21885-3	周哲波	30	2013.1
55	金工实习(第2版)	978-7-301-16558-4	郭永环，姜银方	30	2013.2
56	机械制造基础实习教程	978-7-301-15848-7	邱 兵，杨明金	34	2010.2
57	公差与测量技术	978-7-301-15455-7	孔晓玲	25	2012.9
58	互换性与测量技术基础(第2版)	978-7-301-17567-5	王长春	28	2013.1
59	互换性与技术测量	978-7-301-20848-9	周哲波	35	2012.6
60	机械制造技术基础	978-7-301-14474-9	张 鹏，孙有亮	28	2011.6
61	机械制造技术基础	978-7-301-16284-2	侯书林　张建国	32	2012.8
62	机械制造技术基础	978-7-301-22010-8	李菊丽，何绍华	42	2013.1
63	先进制造技术基础	978-7-301-15499-1	冯宪章	30	2011.11
64	先进制造技术	978-7-301-22283-6	朱 林，杨春杰	30	2013.4
65	先进制造技术	978-7-301-20914-1	刘 璇，冯 凭	28	2012.8
66	先进制造与工程仿真技术	978-7-301-22541-7	李 彬	35	2013.5
67	机械精度设计与测量技术	978-7-301-13580-8	于 峰	25	2013.7
68	机械制造工艺学	978-7-301-13758-1	郭艳玲，李彦蓉	30	2008.8
69	机械制造工艺学	978-7-301-17403-6	陈红霞	38	2010.7
70	机械制造工艺学	978-7-301-19903-9	周哲波，姜志明	49	2012.1
71	机械制造基础(上)——工程材料及热加工工艺基础(第2版)	978-7-301-18474-5	侯书林，朱 海	40	2013.2
72	机械制造基础(下)——机械加工工艺基础(第2版)	978-7-301-18638-1	侯书林，朱 海	32	2012.5
73	金属材料及工艺	978-7-301-19522-2	于文强	44	2013.2
74	金属工艺学	978-7-301-21082-6	侯书林，于文强	32	2012.8
75	工程材料及其成形技术基础（第2版）	978-7-301-22367-3	申荣华	58	2013.5
76	工程材料及其成形技术基础学习指导与习题详解	978-7-301-14972-0	申荣华	20	2013.1
77	机械工程材料及成形基础	978-7-301-15433-5	侯俊英，王兴源	30	2012.5
78	机械工程材料（第2版）	978-7-301-22552-3	戈晓岚，招玉春	36	2013.6
79	机械工程材料	978-7-301-18522-3	张铁军	36	2012.5
80	工程材料与机械制造基础	978-7-301-15899-9	苏子林	32	2011.5
81	控制工程基础	978-7-301-12169-6	杨振中，韩致信	29	2007.8
82	机械工程控制基础	978-7-301-12354-6	韩致信	25	2008.1
83	机电工程专业英语(第2版)	978-7-301-16518-8	朱 林	24	2013.7
84	机械制造专业英语	978-7-301-21319-3	王中任	28	2012.10
85	机械工程专业英语	978-7-301-23173-9	余兴波，姜 波等	30	2013.9
86	机床电气控制技术	978-7-5038-4433-7	张万奎	26	2007.9
87	机床数控技术(第2版)	978-7-301-16519-5	杜国臣，王士军	35	2012.9
88	自动化制造系统	978-7-301-21026-0	辛宗生，魏国丰	37	2012.8
89	数控机床与编程	978-7-301-15900-2	张洪江，侯书林	25	2012.10
90	数控铣床编程与操作	978-7-301-21347-6	王志斌	35	2012.10
91	数控技术	978-7-301-21144-1	吴瑞明	28	2012.9
92	数控技术	978-7-301-22073-3	唐友亮 余 勃	45	2013.2
93	数控技术及应用	978-7-301-23262-0	刘 军	49	2013.10
94	数控加工技术	978-7-5038-4450-7	王 彪，张 兰	29	2011.7
95	数控加工与编程技术	978-7-301-18475-2	李体仁	34	2012.5
96	数控编程与加工实习教程	978-7-301-17387-9	张春雨，于 雷	37	2011.9
97	数控加工技术及实训	978-7-301-19508-6	姜永成，夏广岚	33	2011.9
98	数控编程与操作	978-7-301-20903-5	李英平	26	2012.8
99	现代数控机床调试及维护	978-7-301-18033-4	邓三鹏等	32	2010.11

100	金属切削原理与刀具	978-7-5038-4447-7	陈锡渠，彭晓南	29	2012.5
101	金属切削机床	978-7-301-13180-0	夏广岚，冯凭	28	2012.7
102	典型零件工艺设计	978-7-301-21013-0	白海清	34	2012.8
103	工程机械检测与维修	978-7-301-21185-4	卢彦群	45	2012.9
104	特种加工	978-7-301-21447-3	刘志东	50	2013.1
105	精密与特种加工技术	978-7-301-12167-2	袁根福，祝锡晶	29	2011.12
106	逆向建模技术与产品创新设计	978-7-301-15670-4	张学昌	28	2013.1
107	CAD/CAM 技术基础	978-7-301-17742-6	刘军	28	2012.5
108	CAD/CAM 技术案例教程	978-7-301-17732-7	汤修映	42	2010.9
109	Pro/ENGINEER Wildfire 2.0 实用教程	978-7-5038-4437-X	黄卫东，任国栋	32	2007.7
110	Pro/ENGINEER Wildfire 3.0 实例教程	978-7-301-12359-1	张选民	45	2008.2
111	Pro/ENGINEER Wildfire 3.0 曲面设计实例教程	978-7-301-13182-4	张选民	45	2008.2
112	Pro/ENGINEER Wildfire 5.0 实用教程	978-7-301-16841-7	黄卫东，郝用兴	43	2011.10
113	Pro/ENGINEER Wildfire 5.0 实例教程	978-7-301-20133-6	张选民，徐超辉	52	2012.2
114	SolidWorks 三维建模及实例教程	978-7-301-15149-5	上官林建	30	2012.8
115	UG NX6.0 计算机辅助设计与制造实用教程	978-7-301-14449-7	张黎骅，吕小荣	26	2011.11
116	CATIA 实例应用教程	978-7-301-23037-4	于志新	45	2013.8
117	Cimatron E9.0 产品设计与数控自动编程技术	978-7-301-17802-7	孙树峰	36	2010.9
118	Mastercam 数控加工案例教程	978-7-301-19315-0	刘文，姜永梅	45	2011.8
119	应用创造学	978-7-301-17533-0	王成军，沈豫浙	26	2012.5
120	机电产品学	978-7-301-15579-0	张亮峰等	24	2013.5
121	品质工程学基础	978-7-301-16745-8	丁燕	30	2011.5
122	设计心理学	978-7-301-11567-1	张成忠	48	2011.6
123	计算机辅助设计与制造	978-7-5038-4439-6	仲梁维，张国全	29	2007.9
124	产品造型计算机辅助设计	978-7-5038-4474-4	张慧姝，刘永翔	27	2006.8
125	产品设计原理	978-7-301-12355-3	刘美华	30	2008.2
126	产品设计表现技法	978-7-301-15434-2	张慧姝	42	2012.5
127	CorelDRAW X5 经典案例教程解析	978-7-301-21950-8	杜秋磊	40	2013.1
128	产品创意设计	978-7-301-17977-2	虞世鸣	38	2012.5
129	工业产品造型设计	978-7-301-18313-7	袁涛	39	2011.1
130	化工工艺学	978-7-301-15283-6	邓建强	42	2013.7
131	构成设计	978-7-301-21466-4	袁涛	58	2013.1
132	过程装备机械基础（第 2 版）	978-301-22627-8	于新奇	38	2013.7
133	过程装备测试技术	978-7-301-17290-2	王毅	45	2010.6
134	过程控制装置及系统设计	978-7-301-17635-1	张早校	30	2010.8
135	质量管理与工程	978-7-301-15643-8	陈宝江	34	2009.8
136	质量管理统计技术	978-7-301-16465-5	周友苏，杨飒	30	2010.1
137	人因工程	978-7-301-19291-7	马如宏	39	2011.8
138	工程系统概论——系统论在工程技术中的应用	978-7-301-17142-4	黄志坚	32	2010.6
139	测试技术基础(第 2 版)	978-7-301-16530-1	江征风	30	2013.1
140	测试技术实验教程	978-7-301-13489-4	封士彩	22	2008.8
141	测试技术学习指导与习题详解	978-7-301-14457-2	封士彩	34	2009.3
142	可编程控制器原理与应用(第 2 版)	978-7-301-16922-3	赵燕，周新建	33	2011.11
143	工程光学	978-7-301-15629-2	王红敏	28	2012.5
144	精密机械设计	978-7-301-16947-6	田明，冯进良等	38	2011.9
145	传感器原理及应用	978-7-301-16503-4	赵燕	35	2011.9
146	测控技术与仪器专业导论	978-7-301-17200-1	陈毅静	29	2013.6
147	现代测试技术	978-7-301-19316-7	陈科山，王燕	43	2011.8
148	风力发电原理	978-7-301-19631-1	吴双群，赵丹平	33	2011.10
149	风力机空气动力学	978-7-301-19555-0	吴双群	32	2011.10
150	风力机设计理论及方法	978-7-301-20006-3	赵丹平	32	2012.1
151	计算机辅助工程	978-7-301-22977-4	许承东	38	2013.8

如您需要免费纸质样书用于教学，欢迎登陆第六事业部门户网(www.pup6.com)填表申请，并欢迎在线登记选题以到北京大学出版社来出版您的大作，也可下载相关表格填写后发到我们的邮箱，我们将及时与您取得联系并做好全方位的服务。